Handbuch der homöopathischen Veterinärmedizin für Hunde

Titel der niederländischen Originalausgabe:
Handboek Diergeneeskunde met Homeopathie bij Honden

Konrad-Zuse-Straße 3, D-54552 Nerdlen/Daun
Telefon: 06592 957389–0
Kontakt: info@kynos-verlag.de
www.kynos-verlag.de

Übersetzt aus dem Niederländischen von Gisela Rau.
Fachlektorat: Sabine Zemla

Grafik & Layout: Kynos Verlag
Gedruckt in Lettland

1. Auflage 2025
ISBN 978-3-95464-344-8

Bildnachweis: Umschlaggestaltung Nicole Hilgers unter Verwendung einer Grafik von Garage BNO; Alle Bilder innen: iStockphoto außer Eveline Meijer: S. 91, 121, 220; B. Brussaard: 88, 160; unpict-stock.adobe.com: S. 93; Olha Trotsenko-stock.adobe.com: S. 282

„Bijke": Sie war mein „spezifischer Reiz" für eine lebenslange Leidenschaft!

Foto: Gerrit M. Westerhuis | 1957

Inhaltsverzeichnis

Vorwort

„Als Tierarzt braucht man von Natur aus Einfühlungsvermögen, Aufmerksamkeit und Fürsorge für Tiere und ihre Besitzer. Als Tierarzt muss man nicht nur Tiere, sondern auch Menschen lieben …"

Meine Seelenverwandtschaft mit Tieren im Allgemeinen und Hunden im Besonderen ist in meiner DNA verankert. Seit der Grundschule war ich fest entschlossen, Tierarzt zu werden. Seit 50 Jahren übe ich nun meinen Beruf mit Liebe und Leidenschaft aus und habe immer noch nicht genug davon.
Die Homöopathie hat mir in meinem Beruf in mehrfacher Hinsicht einen großen Mehrwert verliehen: Sie hat mir zusätzliche Behandlungsmöglichkeiten für meine Patienten eröffnet, wenn die reguläre Veterinärmedizin keine (gute) Antwort auf die Frage einer bestimmten Behandlung parat hatte. Darüber hinaus hat mir das ganzheitliche Denkmodell der Homöopathie, das den Patienten in seinem gesamten Umfeld betrachtet, viele Anregungen gegeben, um meine reguläre tierärztliche Behandlung zu optimieren. Und so wurde meine Liebe und Leidenschaft für den Beruf immer intensiver und mit tiefer Zufriedenheit belohnt. Mit diesem Buch möchte ich mein Wissen, meine Erfahrung, meine Vision und hoffentlich auch meine Leidenschaft an künftige Generationen weitergeben. Ich hoffe, dass es dazu beitragen wird, noch mehr treffsichere Behandlungsmöglichkeiten für Patienten zu entwickeln und nützliche Hypothesen für die wissenschaftliche Forschung aufzuzeigen.

Atjo Westerhuis, Tierarzt
Loenen (Veluwe) | Frühjahr 2020

Einführung

Die Nachfrage nach veterinärmedizinischer Versorgung ist größer, als die universitäre oder evidenzbasierte Veterinärmedizin allein decken kann

Mein nunmehr 46 Jahre zurückliegender Wechsel von einem vielversprechenden Studium an der veterinärmedizinischen Fakultät der Universität Utrecht in die Überschaubarkeit der damaligen Praxis, in der ich zu arbeiten begann, ist mir noch frisch in Erinnerung. Damals hatte ich das Gefühl, dass ich mit schätzungsweise weit weniger als der Hälfte meiner Fachkenntnisse, die ich in Utrecht erworben hatte, meinen Lebensunterhalt für den Rest meiner Berufslaufbahn mit dem „Verteilen" von Penicillin, Prednison und Schmerzmitteln verdienen müsste.

Der Bedarf an veterinärmedizinischer Versorgung war damals und ist auch heute noch größer, als er von der universitären Veterinärmedizin allein gedeckt werden könnte. Und das trotz der enormen Entwicklungen in der tierärztlichen Diagnostik und Therapie im letzten halben Jahrhundert. Das Gefühl, in der Gesundheitsfürsorge eingeschränkt zu sein, entsteht schnell in den Fällen, in denen wir keine reguläre Behandlung im Angebot haben oder in Situationen, in denen wir Schmerzen oder Juckreiz nur unterdrücken, aber die Beschwerden nicht wirklich behandeln können. Bei Dauermedikation treten nicht selten unangenehme Nebenwirkungen auf, sodass das Mittel am Ende mehr Schaden anrichtet als die Krankheit selbst. Die zusätzlichen, praxiserprobten (empirisch fundierten) Möglichkeiten dann nicht zu nutzen, nur weil sie noch nicht wissenschaftlich untermauert (evidenzbasiert) sind, war und ist für mich als jemand, dem das Wohlergehen von Tieren leidenschaftlich am Herzen liegt, inakzeptabel. Ein echter Wissenschaftler sollte meines Erachtens immer über seinen wissenschaftlichen Tellerrand hinausschauen.

Die komplementäre oder empirische Tiermedizin kann einen Teil des verbleibenden Versorgungsbedarfs decken

Die einschlägige Gesundheitsversorgung von Tieren außerhalb der veterinären Hochschulmedizin wird heute nicht mehr als Alternativmedizin, sondern meist als Komplementärmedizin bezeichnet: Sie ist keine „stattdessen" Medizin, sondern eine „ergänzende". Tatsache ist, dass wir mit der universitären Veterinärmedizin allein den Versorgungsbedarf nicht ausreichend decken können und dass sich verschiedene Disziplinen der Tiergesundheitspflege außerhalb der regulären Tiermedizin inzwischen auf hohem Niveau entwickelt haben, wie etwa die Physiotherapie, die manuelle Therapie und die „alte Medizin" einschließlich der Pflanzenheilkunde (Phytotherapie), der Akupunktur und der Homöopathie. Hier suchte ich nach zusätzlichen Möglichkeiten für die mir anvertrauten Patienten.

Die „alten Heilmittel" dienen seit über zweihundertdreißig Jahren (Homöopathie) oder sogar seit Tausenden von Jahren (Phytotherapie und Akupunktur) dem Wohl und der Gesundheit von Mensch und Tier. So wie Kunst und Religion seit Jahrhunderten als selbstverständlich angesehen werden, sollten wir uns auch das Erbe der Medizin zu eigen machen und viel mehr daraus machen, anstatt es zu ignorieren und zu bekämpfen, weil es nicht in ein vorübergehendes wissenschaftliches Paradigma passt. Das sind wir unseren Patienten und deren Besitzern schuldig, die darauf vertrauen, dass wir alles tun, was in unserer Macht steht, um dem Wohlbefinden und der Gesundheit des Tieres zu dienen, anstatt uns selbst mit einem wissenschaftlichen Paradigma zu begrenzen, das nicht von Bestand ist.

Der Zugang der wissenschaftlichen Forschung zu vielversprechenden Hypothesen aus der Praxis ist zu begrenzt

Wissenschaftliche Forschung wird nur betrieben, wenn ein ernsthaftes kommerzielles oder gesellschaftliches Interesse besteht. Viele wissenschaftliche Forschungen sind finanziell nicht tragbar und werden daher nicht durchgeführt. Leider war dies (noch) zu oft der Fall bei der wissenschaftlichen Forschung im Bereich der komplementären Tiermedizin. Inzwischen gibt es hier und da eine Trendwende. Weltweit beobachten wir die erschreckende Zunahme von bakterieller Resistenz gegen Antibiotika, die eine ernsthafte Bedrohung für Mensch und Tier darstellt. Dies hat zu einer internationalen Verpflichtung geführt, den Einsatz von Antibiotika im Veterinärbereich um mehr als 70 % zu reduzieren. Da dies eine Lücke im tiermedizinischen Therapieangebot hinterlässt, wird nun intensiv nach Alternativen geforscht, wobei unter anderem die Phytotherapie zunehmend ins Blickfeld der Wissenschaftler rückt.

Der Ausgangspunkt jeder Behandlung muss eine korrekte Diagnose sein. Ohne eine Diagnose ist jede Behandlung ein Glücksspiel

Der Ausgangspunkt einer jeden Behandlung muss eine korrekte Diagnose sein. Ohne eine (professionelle) Diagnose ist jede Behandlung ein Glücksspiel. Das bedeutet, dass die Komplementärmedizin bei Tieren meines Erachtens nur von einem Tierarzt oder bei Überweisung des Patienten nur unter dessen Leitung angewendet werden kann (und auch sollte). Durch die Integration der Komplementärmedizin in die tägliche Praxisarbeit ist es außerdem möglich, von Fall zu Fall eine verantwortungsvolle Wahl zwischen regulärer und/oder komplementärer Behandlung zu treffen. Die Wahl sollte dabei in erster Linie von der Diagnose und nicht von der Vorliebe für ein bestimmtes Medikament bestimmt werden.

Es kommt vor, dass ein Besitzer eine notwendige übliche (reguläre) Behandlung aus Prinzip ablehnt und eine komplementäre Behandlung verlangt. Das Motiv ist oft der Glaube, dass eine reguläre Behandlung immer schädlich und eine komplementäre Behandlung immer sicher ist. Ganz abgesehen davon, dass beide Behauptungen falsch sind, ist es besser, eine reguläre Behandlung mit akzeptablen Nebenwirkungen durchzuführen, die wirksam ist, als eine komplementäre Behandlung ohne Nebenwirkungen, die unwirksam ist. Mit anderen Worten: Ein unschädliches Medikament, das nicht wirkt, ist ein wertloses Medikament.

Standpunkt der Fakultät für Veterinärmedizin der Universität Utrecht zur Komplementärmedizin

Die veterinärmedizinische Fakultät der Universität Utrecht vertritt laut ihrer Website „die Auffassung, dass wissenschaftlich ausgebildete Tierärzte nicht in die Anwendung alternativer Behandlungsmethoden einbezogen werden sollten. Sie sollten dies nicht wissenschaftlich ausgebildeten Heilpraktikern überlassen." Für Studenten der Tiermedizin bietet die Fakultät offenbar eine entmutigende Vorlesung mit dem Titel „Warum wir keine alternativen Behandlungsmethoden lehren" an. Diese Vorlesung wurde seinerzeit von einem inzwischen emeritierten Dozenten der Abteilung für Heimtiere der veterinärmedizinischen Fakultät der Universität Utrecht gehalten, der über keine ausreichenden Kenntnisse und Erfahrungen mit der Komplementärmedizin verfügte.

Die Fakultät verkleinert damit ihren eigenen Fokus und den der Studierenden auf die rein evidenzbasierte Tiermedizin. Sie ignoriert die Tatsache, dass der künftige Tierarzt schon bald mit der Realität konfrontiert sein wird, den Versorgungsbedarf in der Praxis nicht alleine mit evidenzbasierter Tiermedizin stemmen zu können.

Hoffentlich entschließt sich die Fakultät in Zukunft, diese Vorlesung für Tiermedizinstudenten an einen Praktiker zu übergeben, der über ausreichende Kenntnisse und (vor allem) Erfahrung auf dem Gebiet der Komplementärmedizin verfügt. Nur dann erfährt der Student die praktische Geschichte über die Komplementärmedizin, über ihre wirklichen Möglichkeiten und Grenzen, über Sinn und Unsinn. Erst dann kann er sich er seine eigene Meinung bilden und seine eigenen Entscheidungen treffen.

Es wäre gut, wenn Ausbilder sich mit der Tatsache auseinandersetzen würden, dass der beste Sportlehrer nicht unbedingt auch der beste Fußballer ist.

Die offizielle Definition der evidenzbasierten Veterinärmedizin räumt dem klinischen Fachwissen mehr Raum ein

Definition der evidenzbasierten Veterinärmedizin (EBVMA 2011):

Die evidenzbasierte Veterinärmedizin ist die formale Strategie zur Integration der besten verfügbaren Forschungsergebnisse in Verbindung mit klinischer Erfahrung sowie den besonderen Bedürfnissen oder Wünschen jedes Kunden in der klinischen Praxis. Vieles davon basiert auf Ergebnissen von Forschungsstudien, die kritisch angelegt und statistisch ausgewertet wurden.

Die offizielle Definition für eine evidenzbasierte Veterinärmedizin der *Evidence-Based Veterinary Medicine Association* lässt mehr Raum für „klinischen Sachverstand" und die „Bedürfnisse und Wünsche des einzelnen Kunden". Im Rahmen dieser Definition können wir uns als evidenzbasiert ausgebildete und praktizierende Tierärzte „mit der Anwendung alternativer Behandlungsmethoden befassen" und so auch verhindern, dass wir als professionelle Hüter des Wohlergehens und der Gesundheit unserer Patienten „die Leitung unserer Patienten nicht wissenschaftlich ausgebildeten Heilpraktikern überlassen müssen", die keine Diagnose stellen können, nicht die richtige Wahl zwischen regulärer und komplementärer Behandlung treffen können und daher nicht (rechtzeitig) eingreifen können, wenn eine reguläre Behandlung notwendig ist.

Die Homöopathie ist wegen der „lächerlich" hohen Verdünnungen das missverstandene Kind der Komplementärmedizin

Unter den Komplementärmedizinern ist die Homöopathie die mit Abstand am schwersten ernstzunehmende Medizin. Das dachte auch ich, als ich vor nunmehr 50 Jahren meine Tätigkeit als Tierarzt aufnahm und selbst beruflich mit der (tierärztlichen) Homöopathie in Berührung kam. Das unterstellte Wirkprinzip der Homöopathie ist, dass ein Stoff, der unverdünnt das Zellwachstum hemmt, verdünnt das Zellwachstum fördert. Dieses „Hormesis"-Prinzip ist aus der Pharmakologie bekannt und ich konnte es daher akzeptieren, aber die Tatsache, dass sehr hohe Verdünnungen sogar (weit) über 10^{-24} hinaus wirksam sein können, war für mich Hokuspokus. Jenseits von 10^{-24}, der so genannten Avogadro-Zahl, ist die Wahrscheinlichkeit sehr gering, dass noch ein einziges Molekül der ursprünglichen Substanz vorhanden ist. Die Tatsache, dass die Verdünnungen schrittweise im Verhältnis 1:10 verdünnt und geschüttelt werden, was als Potenzierung bezeichnet wird, machte die Sache für mich keineswegs glaubwürdiger. Hinzu kommt, dass sich Tierärzte damals fast ausschließlich mit der homöopathischen Materia Medica (lateinisch für „heilende Substanz") des Menschen begnügen mussten. Für die Veterinärmedizin gab und gibt es nur sehr wenig homöopathische Materia Medica.

Warum ein wissenschaftlich ausgebildeter Tierarzt trotzdem den homöopathischen „Hokuspokus" betreibt

Das Wirkprinzip und die klinische Wirksamkeit bei Tieren sind wissenschaftlich nicht bewiesen. Eine Arbeitsgruppe aus Wissenschaftlern und homöopathischen Tierärzten hat im Jahr 2017 überprüft, welche wissenschaftliche Forschung zur Homöopathie bei Tieren international verfügbar ist. Die Arbeitsgruppe konnte leider keine Erhebungen finden, die den Anforderungen der modernen wissenschaftlichen Forschung entspricht. Im Bereich der Humanhomöopathie gibt es jedoch inzwischen so viel gute klinische Forschung, dass die Homöopathie beim Menschen zweifellos wirksam sein kann. Darüber hinaus wurde viel fruchtbare Grundlagenforschung über das Wirkprinzip der Homöopathie betrieben. Es ist daher zu erwarten, dass überzeugende Beweise auf dem Gebiet der Veterinärhomöopathie nur eine Frage der Zeit sind.

Wiederholte Dokumentation der gleichen (guten) Ergebnisse in der Praxis, nach der gleichen Behandlung in der gleichen Indikation, von verschiedenen praktizierenden Tierärzten, unabhängig voneinander und weltweit, kann bereits einen gewissen (induktiven) Beweis für die klinische Wirksamkeit einer homöopathischen Behandlung liefern. In den letzten Jahren habe ich ein internationales Netzwerk von Tierarztkollegen aufgebaut, die Homöopathie und/oder andere Formen der komplementären Tiermedizin in ihre tierärztliche Praxis integrieren. Alle stehen mit beiden Beinen im Leben und haben stets ihren persönlichen „Bullshit-Detektor" eingeschaltet! Zusammen mit verschiedenen Teams habe ich inzwischen weltweit eine Community aufgebaut, u. a. als Gründer und Vorsitzender der Gruppe *Veterinärhomöopathie KNMvD* (1977), als Gründer und Vorstandsmitglied der *International Association for Veterinary Homeopathy* (1986), als Initiator und Organisator der *International Conference for Innovative Veterinary Medicine* (2015, 2016, 2017) und 22 Jahre lang als Dozent für tierärztliche Homöopathie-Weiterbildung für zahlreiche deutsche Tierärzte (1987–2009).

Durch sorgfältige Aufzeichnung relevanter Informationen und retrospektive Auswertung von Daten aus unseren Patientenakten erhalten wir auch ein viel besseres Verständnis der

Arzneimittelbilder pro Spezies. Damit steigt die Genauigkeit der homöopathischen Behandlung. Außerdem entstehen vielversprechendere Hypothesen für weitere zuverlässige wissenschaftliche Untersuchungen. Aufgrund des Mangels an geeigneten Arzneimittelbilder pro Tierart sind wissenschaftliche Beweise noch aussichtslos. Wissenschaftliche Forschung auf dem Gebiet der Homöopathie sollte nicht an großen Gruppen zufällig ausgewählter Hunde durchgeführt werden, sondern an kleineren (aber nicht zu kleinen) spezifischen Gruppen von Patienten, die für das zu untersuchende homöopathische Mittel am besten geeignet sind.

Integration der Homöopathie in die (reguläre) Tiermedizin mit Schwerpunkt auf die praktische Anwendung bei Hunden

Die Beschreibungen der Wirkweise und Anwendung der Homöopathie bei Hunden, die Erstellung der richtigen Arzneimitteldiagnose und die Interpretation der Reaktionen auf homöopathische Arzneimittel in diesem Buch sind das Ergebnis einer fachlich kritischen Auswertung von 50 Jahren praktischer Erfahrung. Die Theorie wird ausführlich mit praktischen Beispielen untermauert. Im Kapitel Materia Medica werden je nach Erfahrungsgrad mehr oder weniger ausführlich über hundert Arzneimittelbilder für Hunde besprochen.

Der klinische Teil konzentriert sich auf die häufigsten Bereiche: Bewegungsstörungen, Fortpflanzungsprobleme, chronischer Durchfall, Magen-Darm-Beschwerden und Hautprobleme.

Fazit

Mit diesem Buch möchte ich nicht nur mein Wissen, meine Erfahrung, meine Vision und hoffentlich auch meine Leidenschaft an zukünftige Generationen weitergeben. Ich hoffe, damit auch ein Bild von all den anderen Pionieren auf diesem Gebiet zu zeichnen, die unermüdlich innerhalb unserer Berufsordnung daran arbeiten, die dringend benötigten zusätzlichen Möglichkeiten der Komplementärmedizin für unsere Patienten professionell in die Tiermedizin zu integrieren.

Teil 1
Theorie

Funktionsprinzip und Anwendung

Empirische Medizin

Wirkprinzip und klinische Wirksamkeit der Homöopathie bei Hunden sind (noch) nicht wissenschaftlich abgesichert. Die Homöopathie ist eine empirische Medizin, die auf praktischen Erfahrungen beruht.
Der offizielle Fachbegriff für wissenschaftliche Begründungen lautet *evidenzbasiert*. Wir fügen dem den Terminus *empirisch basiert* für „erfahrungsbasierte Tiermedizin" hinzu. Aufgrund von gut dokumentierten und kritisch bewerteten Erfahrungen in der Klinik wissen wir heute, dass die Homöopathie bei Tieren in vielen Fällen wirksam ist.
Wir sind – gerade in der Tierhomöopathie – immer noch völlig abhängig von Erfahrungen – unseren eigenen und denen anderer. Zudem müssen wir uns immer wieder fragen, inwieweit Erkenntnisse verlässlich sind – die anderer, aber auch die unsere eigenen. Denn Erfahrungen können trügerisch sein. Der Wunsch ist nicht selten der Vater des Gedankens. Meine Standardfrage an einen Tierbesitzer, der sagt, dass es dem Patienten seit der Behandlung mit Homöopathie viel besser geht, lautet immer: „Wenn Sie in Prozent ausdrücken müssten, wie sich die Beschwerden Ihres Hundes während der (homöopathischen) Behandlung verbessert haben, was würden Sie dann sagen, 20 %, 40 %, 60 % oder 80 %?" – dann bekomme ich manchmal immer noch die Antwort: „Bestimmt 20 %". In den meisten Fällen kann ich hier davon ausgehen, dass das homöopathische Mittel mit Sicherheit nicht gewirkt hat.
Das ist möglicherweise arg verkürzt dargestellt, aber diese Kürze ist notwendig, um sich nicht zu „verrennen". Beobachter, sowohl Tierbesitzer als auch Fachleute, sind weit davon entfernt, objektiv zu sein. Und wenn ein Patient nach Verabreichung eines (homöopathischen) Mittels gesund wird, bleibt immer offen, ob es wirklich an diesem (homöopathischen) Mittel liegt oder ob es sich um einen normalen Krankheitsverlauf oder einen „Zufall" handelt. Ich kann berichten, dass ich regelmäßig bemerkenswerte homöopathische Erfolge bei routinemäßig behandelten Patienten erzielt habe, wobei Zeit, Zufall und Suggestion keine offensichtliche Erklärung für das gute Ergebnis waren.
Wenn dieselben positiven Erlebnisse immer wieder von verschiedenen Beobachtern unabhängig voneinander beobachtet werden, werden die Erfahrungen immer zuverlässiger. Vor diesem Hintergrund möchte ich auch meine Hypothese über das Wirkprinzip und die bestmöglichen Leitlinien für die Anwendung der Homöopathie bei Hunden sehen.

Das Ähnlichkeitsprinzip (Simile-Prinzip)

Das Wort Homöopathie bedeutet „ähnliche Krankheit" und leitet sich von den beiden griechischen Worten *homoios* (= ähnlich) und *pathos* (= Krankheit) ab. Begründer der Homöopathie ist Christian Friedrich Samuel Hahnemann (1755–1843), ein deutscher Arzt.

Samuel Hahnemann beobachtete, dass eine Krankheit verschwindet, wenn eine andere Krankheit auftritt, die der bestehenden auffallend ähnlich ist. Mit anderen Worten: Eine ähnliche Krankheit dient als Heilmittel. Und so fing alles an. Natürlich kann man nicht immer eine Krankheit als Heilmittel für eine andere Krankheit verwenden. Es ist viel zu riskant, einen Patienten mit einer zweiten Krankheit zu belasten, die wir nicht richtig dosieren und kontrollieren können. Außerdem gibt es nicht genug von diesen ähnlichen Krankheiten zur Behandlung aller Krankheiten von Mensch und Tier.

Es stellte sich heraus, dass viele pflanzliche, tierische, mineralische und chemische Stoffe Krankheitssymptome hervorrufen können, die den Krankheiten bei Mensch und Tier verblüffend ähnlich sind. Diese Stoffe können also anstelle einer ähnlichen Krankheit eingesetzt werden. Sie sind reichlich vorhanden, und wir können sie genau dosieren. Inzwischen sind weltweit Tausende dieser Stoffe bekannt. Sie werden auch gebraucht. Denn es gibt nicht nur viele verschiedene Krankheiten, sondern auch viele individuelle Unterschiede in der Pathologie zwischen Patienten mit der gleichen Krankheit. Und wenn in der Homöopathie die Ähnlichkeit zwischen Krankheit und Mittel (bis ins Detail) nicht ausreicht, ist auch das Mittel nicht ausreichend wirksam. Dass sich Patienten mit der gleichen Krankheit in den Details ihres Krankheitsbildes oft stark unterscheiden können, ist eine sehr wichtige Tatsache in der Arbeitsweise und Anwendung der Homöopathie.

Das Arzneimittelbild

Pflanzliche, tierische, mineralische und chemische Stoffe können unverdünnt bei einem gesunden Menschen oder Tier ein für eine bestimmte Substanz charakteristisches Krankheits- bzw. Vergiftungsbild hervorrufen. Da wir die Substanz als homöopathisches Mittel verwenden, sprechen wir nicht mehr von einem Vergiftungsbild der betreffenden Substanz, sondern von einem Arzneimittelbild. Ein Arzneimittelbild ist aber mehr als nur ein Vergiftungsbild. Arzneimittelbilder werden nicht nur aus Informationen von Vergiftungsbildern „konstruiert", sondern auch aus den Ergebnissen von Arzneimittelprüfungen und klinischen Erfahrungen.

Krankheitsbild oder „Vergiftungsbild"

Ein Krankheitsbild liefert uns in der Regel nur die Symptome, die am häufigsten bei einer großen Gruppe von Menschen oder Tieren auftreten, die das betreffende Arzneimittel in einer toxischen Konzentration zu sich genommen haben. Das Vergiftungsbild ist eigentlich ein regelmäßiges Krankheitsbild, das durch das Gift verursacht wird. Ein Vergiftungsbild besteht vor allem aus allgemeinen und lokalen Symptomen, an denen wir das reguläre Krankheitsbild eines bestimmten Giftes erkennen. Eine solche reguläre Krankheitsdiagnose kann durch zusätzliche übliche Untersuchungen wie etwa Labortests und/oder diagnostische Bildgebung bestätigt werden.

Arzneimittelprüfungen

In den sogenannten Arzneimittelprüfungen erheben wir zusätzliche individuelle Symptome. Soweit ich weiß, wurden (und werden) homöopathische Arzneimittelprüfungen nur an Menschen und nicht an Tieren durchgeführt. Bei Arzneimittelprüfungen werden gesunden

Probanden abgeschwächte Verdünnungen der Prüfsubstanz verabreicht. Die daraus resultierenden Symptome (*Feintoxikologie*) sind als individuelle Überempfindlichkeitsreaktionen zu betrachten und nicht als das grobe Bild einer Vergiftung. Bei den normalen Vergiftungssymptomen geht es um den Durchschnittshund, bei den „Überempfindlichkeitsreaktionen" um den einzelnen Hund. So entdecken wir die zusätzlichen individuellen Symptome, die wir dringend brauchen, um das am besten passende Mittel zu finden.

Was genau meinen wir mit zusätzlichen individuellen Symptomen? Um das beste ähnliche Mittel zu finden, das die Identität des einzelnen Patienten als Ganzes am besten erfasst, suchen wir in der Homöopathie nach den folgenden Arten von Symptomen und/oder Zeichen:

Konstitution (Typ)

Zunächst einmal schauen wir uns die Konstitution des Tieres an. Darin können wir oft schon Hinweise auf das ähnliche Mittel finden. Die Konstitution wird durch Veranlagung in Kombination mit individuellen Reaktionen auf Umwelteinflüsse bestimmt. Ein konkreter Konstitutionstyp zeichnet sich durch eine Kombination aus körperlichen Merkmalen und Verhalten aus.

Eigenartige Symptome

Wir schauen auch auf die buchstäblich eigenartigen Merkmale, *die* Symptome, die nicht sofort erklärt werden können. Ein Beispiel: Ein Hund mit schlechtem Appetit, der eher vollschlank ist und extrem wenig trinkt, passt sehr wahrscheinlich zum Arzneimittelbild von *Pulsatilla pratensis*.

Ursachen und Umstände (Modalitäten)

Die Ursachen, durch die die Symptome entstehen, und die Umstände, durch die sich die Symptome manifestieren, verschlimmern oder verbessern (Modalitäten), können ebenfalls wichtige Anhaltspunkte sein, um die Ähnlichkeit zwischen klinischem Bild und Arzneimittelbild zu bestimmen.

Verhaltensmerkmale

Schließlich machen wir in der Praxis ausgiebig Gebrauch von Verhaltensmerkmalen. Verhaltensmerkmale wurden in den letzten Jahrzehnten in der tierärztlichen Praxis häufig genutzt, um das beste ähnliche Mittel (Simillimum) zu finden.

Klinische Erfahrungen

Die dritte Möglichkeit, ein Arzneimittelbild zu erstellen, und diejenige, die wir hauptsächlich in der Veterinärmedizin nutzen, ist die Auswertung klinischer Erfahrungen. Indem wir die Arzneimitteldiagnose, die Behandlung und die Nachsorge kontinuierlich genau und detailliert aufzeichnen, können wir durch retrospektive Auswertungen viele Informationen über das richtige Arzneimittelbild für jede Tierart erhalten. Mit retrospektiv meinen wir: Wenn der Patient geheilt ist, schauen wir uns an, welches Medikament wir für welche Indikation verabreicht haben (detailliertes Krankheitsbild).

Dann besteht eine gute Chance, dass Symptome des detaillierten Krankheitsbildes auch in das Arzneimittelbild des verabreichten Mittels gehören. Wiederholte Erfolge mit demselben homöopathischen Mittel bei derselben Indikation können schließlich ein vollständigeres Arzneimittelbild ergeben, was die Trefferwahrscheinlichkeit in der Praxis weiter erhöht.

Randbemerkungen

Je ähnlicher das Krankheitsbild eines Patienten dem Arzneimittelbild ist, desto größer ist die Chance, dass die betreffende Substanz in homöopathischer Verdünnung die (ähnliche)

Krankheit tatsächlich heilen kann. Je größer die Ähnlichkeit ist, desto größer ist die Chance, dass eine Krankheit gründlicher behandelt werden kann.

Es ist alles andere als einfach, die richtigen Symptome zu finden. Dazu müssen wir viel Wissen über die tierärztlichen (und menschlichen) Arzneimittelbilder haben, die Kunst einer guten (homöopathischen) Anamnese verstehen und viel Geschick im Umgang mit dem Repertorium, dem Symptomenregister der homöopathischen Materia Medica, entwickeln. In Anbetracht der Fortschritte im Bereich der DNA-Analyse ist es meines Erachtens nicht ausgeschlossen, dass in Zukunft die Ähnlichkeit zwischen Krankheitsbild und Patient und damit die Wahl des besten ähnlichen homöopathischen Arzneimittels (*Simillimum*) über einen DNA-Test ermittelt werden kann.

In der Veterinärmedizin nutzen wir die Bilder von Humanarzneimitteln nach wie vor intensiv als Inspiration. Durch eine kritische Bewertung der klinischen Ergebnisse bei Tieren wandeln wir also menschliche Arzneimittelbilder in Arzneimittelbilder für jede tierische Spezies um.

Die Symptome zeigen sich nicht immer, d. h. sie können latent (still) sein. Es kann auch sein, dass die Symptome vom Besitzer gar nicht bemerkt werden. Homöopathische Tierärzte sind auf Besitzer angewiesen, die ihre Tiere gut beobachten können. Gerade bei chronischen Erkrankungen wird das ursprüngliche Krankheitsbild oft durch die üblichen Medikamente unterdrückt oder durch deren Nebenwirkungen verdeckt. Bei Patienten, die seit langem an Hautkrankheiten, Epilepsie oder einer Autoimmunerkrankung leiden, kann sich der Besitzer oft nicht einmal mehr an alle Details des ursprünglichen Krankheitsbildes aus der Zeit vor Beginn der Medikation erinnern.

Wenn die Homöopathie bei einem Patienten nicht wirkt, kann dies neben mangelnder Kenntnis des Arzneimittelbildes oder mangelndem Vorhandensein relevanter Symptome beim Patienten (Symptommangel) auch an einer zu dominanten Erkrankung und/oder unzureichender Reaktionsfähigkeit des Körpers liegen. Die Homöopathie ist nur eine Reiztherapie.

Definition der Begriffe

Krankheitsbild, Arzneimittelbild, Krankheits- und Arzneimitteldiagnose

Ich möchte noch kurz auf die Beschreibungen der Begriffe Krankheitsbild, Arzneimittelbild, Krankheitsdiagnose und Arzneimitteldiagnose eingehen. Ein unklares Verständnis der Bedeutung dieser Begriffe kann zu Missverständnissen führen.

Unter dem Begriff Krankheitsbild versteht man in der Homöopathie die Sammlung von Symptomen des regulären Krankheitsbildes und der oben genannten zusätzlichen Einzelsymptome. Das reguläre klinische Bild besteht aus lokalen und allgemeinen Symptomen, die die reguläre Krankheitsdiagnose, im Folgenden kurz nur Krankheitsdiagnose, bestimmen. Das reguläre klinische Bild bestimmt die Identität der erkrankten Person.

Das Krankheitsbild besteht aus der Kombination des regulären Krankheitsbildes und zusätzlicher individueller Symptome, die im Vordergrund stehen. Diese Kombination bestimmt die Arzneimitteldiagnose. Das klinische Bild ist entscheidend für die Identität des Erkrankten.

Die Krankheitsdiagnose ist die Diagnose der Krankheit, die Arzneimitteldiagnose ist die Diagnose des Kranken. Die Krankheit wird mit dem Namen des am ähnlichsten Arzneimittels (*Simillimum*) bezeichnet. Das größte Missverständnis entsteht dadurch, dass der Begriff *Krankheitsbild* in der Homöopathie und der Begriff *Krankheitsdiagnose* in der normalen Tiermedizin verwendet wird.

In der regulären Veterinärmedizin nennen wir die Reihe der wahrscheinlichsten Diagnosen Differenzialdiagnose (DD); in der Homöopathie nennen wir sie Differenzialarzneimitteldiagnose (im Folgenden abgekürzt als DgDx).

Hormesis

Um zu verhindern, dass die Substanz, die einem Patienten als Medikament verabreicht wird, der zu behandelnden Krankheit ein Vergiftungsbild hinzufügt und somit den Patienten nur noch kränker macht, müssen wir das Medikament verdünnen. Ein bekanntes Konzept in der Pharmakologie ist die „Hormesis". Hormesis bedeutet, dass unverdünnte toxische Substanzen zwar schädlich sind (indem sie etwa das Zellwachstum hemmen oder Zellen abtöten), während dieselben Substanzen in verdünnter Form die entgegengesetzte Wirkung haben können (etwa die Anregung des Zellwachstums). In der Homöopathie sind wir bereits davon ausgegangen, dass das Mittel ab einem bestimmten Verdünnungsgrad (Kipppunkt) die gegenteilige Wirkung hat: Es macht nicht mehr krank, sondern heilt. Sicherlich kann es keinen Zweifel daran geben, dass bei einer weiteren Verdünnung die heilende Wirkung irgendwann verschwindet. Vor allem bei den hohen Verdünnungen, die in der Homöopathie üblich sind. Es muss also noch etwas passieren.

Potenzieren

Die homöopathischen Verdünnungen werden stufenweise verdünnt, etwa in Schritten von 1:10, wobei jede Verdünnungsstufe mit kräftigem Verschütteln (lösliche Substanz) oder Verreiben (unlösliche Substanz) verbunden ist. Hahnemann nannte das stufenweise Verdünnen und Schütteln von Flüssigkeiten oder das Verreiben von Trockensubstanzen *Potenzierung*. In der Homöopathie geht man davon aus, dass das Ziel darin besteht, einen (energetischen) Abdruck der ursprünglichen Substanz im Verdünnungsmedium, einer Wasser-Alkohol-Lösung (bei löslichen Substanzen) oder Milchzucker (bei unlöslichen Substanzen) zu hinterlassen.

Es wird angenommen, dass dieser Fingerabdruck vom Organismus als eine Art Schlüsselkarte zur Auslösung bestimmter Reaktionen erkannt wird.
Bei der gewöhnlichen Verdünnung einer bestimmten Substanz ist die Konzentration und damit die Dosis bei einer niedrigen Verdünnung hoch, bei einer hohen Verdünnung ist die Konzentration und damit die Dosis niedrig. Es ist wahrscheinlich, dass bei der Potenzierung die Verdünnung höher, die Konzentration und die Dosis niedriger werden, aber die medizinische Wirkung spezifischer. Potenzieren bedeutet in der Homöopathie also nicht nur konservieren, sondern auch die Arzneiwirkung zu präzisieren (kräftiges Verschütteln). Gleichzeitig wird die Gefahr von Vergiftungserscheinungen verringert (stufenweise Verdünnung). In der Praxis sehen wir diese spezifische Wirkung auch bei Hochpotenzen. Es scheint so zu sein, dass je genauer die Ähnlichkeit zwischen Krankheitsbild und Arzneimittelbild ist, desto wahrscheinlicher ist es, dass eine Krankheit mit Hochpotenzen gründlicher behandelt werden kann.

Wissenschaft

Skeptiker sind der Meinung, dass homöopathische Verdünnungen nicht wirken können, insbesondere bei hohen Verdünnungen ($>10^{-12}$). Und natürlich ist im Rahmen des klassischen wissenschaftlichen Denkmodells nicht zu erwarten, dass Verdünnungen von (weit) über der Avogadroschen Zahl (10^{-24}) noch eine therapeutische Wirkung haben könnten. Die aktuelle Generation von Wissenschaftlern prüft die Homöopathie am klassischen wissenschaftlichen

Denkmodell, als ob wir mit diesem Denkmodell am Ende der Entwicklung der Wissenschaft angelangt wären. Was in das Paradigma passt, ist in Ordnung, was nicht passt, ist bereits beschlossene Sache, ohne sich die Mühe zu machen, die vielen praktischen Erfahrungen seriöser Kollegen zu prüfen. Der Blick über den wissenschaftlichen Tellerrand ist genau die Qualität, die einen Wissenschaftler zum Wissenschaftler macht. Bemerkenswerte und fachlichkritisch evaluierte Beobachtungen in der Praxis werden jedoch von Wissenschaftlern ignoriert und geleugnet.

Obwohl es immer noch viel mehr Fragen als Antworten gibt, gewinnen wir Schritt für Schritt mehr Wissen über Phänomene, die wir bisher nicht verstanden haben. Die Grundlagenforschung zur Wirkungsweise und möglichen Wirksamkeit der Homöopathie ist weithin verfügbar und ihre Ergebnisse sind überzeugend.

Im Zusammenhang mit der Hypothese, dass eine energetische Übertragung von therapeutischer Wirksamkeit, wie bei Potenzen, möglich wäre, möchte ich kurz eine Studie erwähnen, bei der die Identität oder der Abdruck einer Substanz über Photonen auf ein Lösungsmittel übertragen wird, das keinen Kontakt mit der ursprünglichen Substanz hatte.

Eine therapeutische Wirkung von Morphin wurde bei Probanden durch das Trinken von Wasser nachgewiesen, das zuvor einer pulsierenden magnetischen Quelle, Laserlicht, Mikrowellen und sogar Blitzlicht ausgesetzt worden war. Dabei wurde ein Morphinpräparat zwischen der Photonenquelle und dem Wasser platziert. Offenbar fand eine Informationsübertragung auf das Wasser und vom Wasser auf das Gehirn der Person statt, die das Wasser getrunken hatte.

Die bisherige Hypothese war bereits, dass es bei der Potenzierung zu einem (energetischen) Informationstransfer von der Ausgangssubstanz auf das Verdünnungsmedium (z. B. Alkohol-Wasser-Lösung) kommen würde. Die Forschung hat gezeigt, dass Feststoffe in der Lage sind, die Struktur von Wasser (spezifisch) zu verändern (z. B. durch Schütteln) und es daher möglich ist, in einer Lösung ohne Moleküle der Ausgangssubstanz (nach Verdünnung über 10^{-24}) die spezifische Botschaft der Ausgangssubstanz in einem stabilen Zustand zu erhalten. Wir sind uns bewusst, dass damit die klinische Wirkung der Potenzierung noch nicht bewiesen ist, aber die Behauptung, potenzierte Verdünnungen könnten niemals funktionieren, kann nach dieser Studie zumindest als verfrüht bezeichnet werden. Wo der Kipppunkt zwischen Hemmung und Stimulation liegt, d. h. bei welchem Verdünnungsgrad, hängt von der Art der Substanz und der individuellen Empfindlichkeit des Patienten gegenüber dieser Substanz ab.

Zubereitung

Wie bereits erwähnt, sind heute weltweit Tausende von verschiedenen Rohstoffen für homöopathische Arzneimittel in Gebrauch. 80 % davon sind pflanzlichen Ursprungs, die restlichen 20 % sind tierischen, mineralischen oder chemischen Ursprungs. Da die überwiegende Mehrheit der Rohstoffe pflanzlicher Herkunft ist, ist das Missverständnis nachvollziehbar, dass Homöopathie dasselbe sei wie Pflanzenheilkunde oder Phytotherapie.

Phytotherapeutika (pflanzliche Arzneimittel) werden in einer Urtinktur, der ersten Konzentration des Extrakts von Pflanzen oder Pflanzenteilen, oder allenfalls in niedrigen Potenzen (D1 oder D2) angewendet. Die Wahl des geeigneten pflanzlichen Arzneimittels für den Patienten erfolgt nicht nach dem Simile-Prinzip. Sie erfolgt auf der Grundlage dessen, was aus der klinischen Erfahrung bekannt ist und über die Wirkung der Inhaltsstoffe im Körper. In der Kräutermedizin spricht man daher vom passenden Mittel, nicht vom gleichen Mittel. Man könnte auch einfach sagen, dass das pflanzliche Mittel *vor* dem Kipppunkt angewendet wird, das homöopathische Mittel *danach*.

Die Rohstoffe werden an verschiedenen Stellen gründlich kontrolliert, insbesondere um sicherzustellen, dass immer das richtige Produkt verarbeitet wird. Lösliche (z. B. pflanzliche) Rohstoffe werden mit einer Alkohol-Wasser-Lösung gemahlen und vor der Verarbeitung zwei Wochen lang in Edelstahlbehältern mazeriert (zum Ziehen stehen gelassen). Danach wird der Pflanzenbrei unter hohem Druck ausgepresst und gefiltert. So entsteht die sogenannte Urtinktur, die als Grundlage für die Herstellung von homöopathischen Potenzen dienen kann.

Darüber hinaus werden Urtinkturen auch zu Tinkturen für die äußere Anwendung verarbeitet und bilden somit einen wichtigen Bestandteil von Salben und Gelen. Unlösliche Stoffe werden nach dem gleichen Prinzip wie lösliche Stoffe mit Laktose verdünnt. Die Urtinktur ist die konzentrierteste flüssige Zubereitung eines Rohstoffs und wird mit den Symbolen Ø, OER oder TM (Tincture mère/*Urtinktur*) gekennzeichnet.

Mögliche Potenzen

Aus dem ursprünglichen Rohmaterial werden potenzierte Verdünnungen (lösliche Stoffe) und Verdünnungen (unlösliche Stoffe) hergestellt.

Dezimalpotenzen (D)

D-Potenzen werden in 1:10-Schritten hergestellt. Das ist eine Potenzierung nach der Dezimalskala – das „D" kommt also von dem Wort Dezimal. Die Zahl nach dem „D" gibt die Anzahl der Verdünnungsstufen oder Potenzstufen an. D3, D6, D12, D30 und D200 sind verschiedene Potenzstufen.

Zur Herstellung der ersten Potenz werden einige Teile der Urtinktur in einer Wasser-Alkohol-Lösung aufgelöst. Diese wird mehrmals kräftig geschüttelt, und das Ergebnis ist eine D1. Bei der Herstellung der D1 machen wir einen Standardisierungsschritt, um zu einer 10 %igen Lösung zu gelangen, wobei bei der Verwendung von Pflanzen der Saftgehalt der Pflanze der Ausgangspunkt ist.

Zur Herstellung von D2 nimmt man einen Teil D1 und löst ihn in neun Teilen Alkohol-Wasser-Lösung auf. Diese Lösung wird wiederum einige Male kräftig geschüttelt und das Ergebnis ist D2.

Zur Herstellung von D3 nimmt man einen Teil D2, löst ihn in neun Teilen Alkohol-Wasser-Lösung auf, schüttelt sie mehrmals kräftig und erhält so D3.

Auf diese Weise gelangen wir Schritt für Schritt zu D3, D6, D12, D30 und D200. In der Praxis komme ich in den allermeisten Fällen gut mit den D-Potenzen aus und verwende in den meisten Fällen tatsächlich die fünf oben genannten D-Potenzen.

Centesimale Potenzen (C oder K)

Es ist auch möglich, die Verdünnungsschritte etwas größer zu machen, zum Beispiel 1:100 nach der Centesimalskala. Mit der Centesimalskala sind die Verdünnungen bei gleichem Verdünnungsschritt viel größer als mit der Dezimalskala. Man unterscheidet zwei Methoden der Centesimalpotenzierung, die Hahnemann- und die Korsakow-Methode. Bei der Hahnemann-Methode wird jede Potenz in einem neuen Glas hergestellt, bei der Korsakow-Methode werden alle Potenzen in einem Glas hergestellt. Wir sprechen dann von der Mehrglas- bzw. Einglasmethode. Homöopathische Arzneimittel die nach der Korsakow-Methode hergestellt werden, nennt man K-Potenzen. Sie werden nach der Einglasmethode mit einer Potenziermaschine gefertigt und extra gekennzeichnet, etwa „Arnica 200K" statt „Arnica C200. Der praktische Wert des Unterschieds in der Klinik ist (für mich) unklar. Ich würde behaupten, es gibt keinen. Die

Korsakow-Methode ist viel praktischer als die Hahnemann-Methode und ist vor allem für die extrem hohen Potenzen wie die MK und 10MK gedacht.

LM-Potenzen (LM)

Neben der C-, D- und K-Potenzskala kennen wir auch die LM (Q)-Potenzen. Bei der LM-Skala ist die Verdünnungsrate schon bei niedrigen Potenzen um ein Vielfaches höher (1:50.000) als bei den D und C Potenzen. LM-Potenzen sind ähnlich wie D-Potenzen, aber mit einer viel geringeren Wahrscheinlichkeit einer unerwünschten Verschlimmerung der Symptome.
Die LM-Potenzen werden von LM1 bis LM30 angewendet.

D, C, K oder LM-Potenz?

Auf die Frage, wann ein D, C, K oder LM-Potenz verschrieben werden soll, erhalten wir immer wieder rein spekulative Erklärungen. Mein Eindruck ist, dass die Wahl einer Potenzskala weitgehend auf einer individuellen Vorliebe beruht. Wichtiger als die Wahl der Potenzskala ist die Wahl der Potenzierungsstufe. Bei der Wahl der Potenzskala sollten wir uns bewusst sein, dass das Medikament umso spezifischer wirkt, je höher die Potenz ist, aber umso besser sollte das Medikament auf den einzelnen Patienten abgestimmt sein. Der Übersichtlichkeit halber verwende ich selbst seit 50 Jahren fast ausschließlich die folgenden Potenzen: niedrige und mittlere Potenzen: D3, D6, D12, D30, Hochpotenzen: D200 (200K), MK und manchmal 10MK. In Fällen, in denen eine unerwünschte Verschlimmerung der Symptome zu erwarten ist, wie z. B. bei Epilepsiepatienten, verschreibe ich bei der Wahl niedrigerer Potenzen lieber LM3, LM6, LM12 oder LM30 anstelle von D-Potenzen.

Aus der Praxis

Urtica urens oder Kleine Brennnessel

Urtica urens oder Kleine Brennnessel ist eine Pflanze, die in hohen Konzentrationen unter Umständen giftig sein kann, in niedrigeren als Lebensmittel und pflanzliches Arzneimittel verwendet wird, aber auch in noch niedrigeren Konzentrationen in potenzierten Verdünnungen als homöopathisches Arzneimittel eingesetzt werden kann. Von der Großen Brennnessel (*Urtica dioica*) weiß man, dass sie zwar in Urtinktur unbedenklich ist, aber in bestimmten Situationen vorsichtshalber kontraindiziert ist. Aufgrund der engen Verwandtschaft zwischen der Kleinen und der Großen Brennnessel ist es ratsam, dies bei der Verwendung von *Urtica urens-Tinktur* zu berücksichtigen.
Urtica urens kann auf verschiedene Weise verwendet werden. Nicht das Mittel selbst, sondern die Art seiner Anwendung entscheidet letztlich darüber, ob es sich um ein Gift, ein Nahrungsmittel, ein pflanzliches Mittel oder ein homöopathisches Arzneimittel handelt.

Kräutermedizin

Als pflanzliches Arzneimittel wird *Urtica urens* innerlich in Urtinktur (Ø) u. a. zur Anregung der Milchproduktion bei laktierenden Hündinnen verwendet, die nach der Geburt nicht genügend Milch produzieren.

Homöopathie

Als potenzierte Verdünnung (Homöopathie) wird es in einer D6 verwendet, um die unerwünschte Milchproduktion einer Hündin zu hemmen, z. B. bei Fehlgeburten oder zur Unterstützung der Entwöhnung von Welpen. In diesem Beispiel erkennen wir die Konzepte des Simile und des Kipppunktes. Wir wenden hier eine D6-Potenz an. Dies entspricht

rechnerisch einer einstufigen Verdünnung von 10^{-6} oder einer gewöhnlichen Verdünnung von 1:1.000.000. Eine D6 wird durch schrittweise Verdünnung im Verhältnis 1:10 (Dezimalskala) und kräftiges Schütteln hergestellt.
Ein ähnliches Mittel wird als „Similium" bezeichnet. Wenn der Patient insgesamt in mehreren Details mit einem bestimmten Mittel übereinstimmt, sprechen wir lieber vom „Simillimum", also dem besten ähnlichen Mittel.

Petroselinum crispum oder Petersilie

Als zweites praktisches Beispiel möchte ich *Petroselinum crispum* oder Petersilie nennen. Eine weitere Pflanze, die als Lebensmittel, Heilpflanze und homöopathisches Mittel verwendet werden kann.

Kräutermedizin

Als pflanzliches Arzneimittel stimuliert *Petroselinum crispum* in Urtinktur die Kontraktion der glatten Muskulatur, einschließlich der des Darms und der Blase. Petersilie ist traditionell ein bekanntes Mittel für Kaninchen mit Meteorismus (Wassersucht: Gasansammlung im Magen-Darm-Trakt), da es die Darmfunktion (glatte Muskulatur) anregt – eventuell in Kombination mit dem homöopathischen Mittel *Carbo vegetabilis* D6. *Petroselinum crispum* als Urtinktur ist in der Praxis auch bei Blasenwandlähmung nützlich, die unter anderem als Komplikation eines Bandscheibenvorfalls auftritt.
Auch durch andere Ursachen bedingte Schwächen der Blasenwandmuskulatur können zu einer schlechten Blasenentleerung führen, sodass Restharn zurückbleibt, was zu einer chronischen (wiederkehrenden) Blasenentzündung führen kann. Hier kann *Petroselinum crispum* Ø eine entscheidende Rolle bei der Wiederherstellung der Blasenwandfunktion spielen. Ein charakteristisches Merkmal der chronischen Zystitis aufgrund von Restharn, der durch eine gestörte Blasenwandfunktion verursacht wird, ist das Fehlen des für die Zystitis typischen häufigen Harndrangs. Es besteht daher ein großer Unterschied zu einer „normalen" Blasenentzündung. Im Falle einer Blasenentzündung aufgrund von Blasenschwäche und Restharn kann die Aussage des Besitzers lauten: „Nachts acht Stunden lang stubenrein und kein Harndrang". Dies kann ein ernsthafter Hinweis auf die Krankheitsdiagnose „Funktionsstörung der Blasenwand" und die Arzneimitteldiagnose *Petroselinum crispum* in Urtinktur sein. Normalerweise kommt es dann zusätzlich zu einer bakteriellen Sekundärinfektion (auch mit *Proteus mirabilis*).

Homöopathie

Als homöopathisches Mittel wird *Petroselinum crispum* in der Regel in einer D6 für das entgegengesetzte Syndrom einer schlaffen Blasenwand, nämlich einer spastischen Blasenwand eingesetzt. Durch die verkrampfte Blase kommt es zu einer charakteristischen Form der Inkontinenz: Urinverlust durch „Kontraktion". Nachts trocken, nach dem Aufwachen sofort unerträglicher Harndrang, tagsüber häufiger Harndrang. Unmittelbar nach dem Wasserlassen erfolgt weiteres Tröpfeln im Liegen (auch durch Krämpfe). Die Urinanalyse ergibt entweder keine Anomalien oder eine chronisch rezidivierende Zystitis (Restharn in der Blase).
Diese Form der Inkontinenz unterscheidet sich deutlich von der Kastrationsinkontinenz oder Sphinkter-Inkontinenz (Schließmuskelinkontinenz). Dort tritt passiver Harnverlust in Ruhe und im Schlaf auf, also auch oft in der Nacht. Von Harndrang kann also keine Rede sein.
In einigen Fällen von Blasenkrämpfen wird bei der Anwendung von *Petroselinum crispum* D6 anstelle einer Besserung Krampfs und seiner klinischen Symptome eine Verschlimmerung beobachtet, wenn dieses Arzneimittel verabreicht wird. Dies ist auch der Fall, wenn wir *Petroselinum crispum* Ø, D1 oder D2 gegen einen Blasenkrampf verabreichen.

Wir haben festgestellt, dass wir, wenn wir Patienten mit Blasenkrämpfen mit *Petroselinum crispum* in der Potenz D30 (10^{-30}) behandeln, die richtige Wirkung erzielen, die wir normalerweise von *Petroselinum crispum* D6 erwarten würden. D30 (10^{-30}) ist eine Verdünnung von 30 Schritten von 1:10, d. h. sechs Schritte von 1:10 über die Avogadrosche Zahl (10^{-24}) hinaus. Nach dem heutigen wissenschaftlichen Stand enthält eine solche Verdünnung kein einziges Molekül der ursprünglichen Substanz mehr und sollte deshalb gar keine medizinischen Wirkungen haben. Aber dennoch ...

Hier sehen wir, dass wir nicht nur das Medikament individuell abstimmen müssen, sondern auch die Auswahl der Potenzierung. Unserer Erfahrung nach liegt der Kipppunkt von *Petroselinum crispum* bei den meisten Patienten mit Blasenkrämpfen zwischen D2 und D6, bei einigen Patienten jedoch offenbar zwischen D6 und D30.

In einer Reihe von Fällen wird dieses charakteristische Bild auch von einer chronisch-rezidivierenden Blasenentzündung gezeigt. Da die Blase bei der krampfartigen Kontraktion der Blasenwand im Endstadium in manchen Fällen nicht vollständig entleert wird, verbleibt auch in diesen Fällen Restharn, was ebenfalls eine Ursache für eine Blasenentzündung ist. Der Unterschied im Zystitisbild durch Blasenwandlaxität (Gewebeschwäche) oder durch Blasenwandkrampf ist, dass im letzteren Fall tatsächlich ein häufiger Harndrang besteht. Dieser Patient ist nachts oft nicht (lange) stubenrein.

Wenn ein Patient das Medikament besser verträgt, muss die potenzierte Verdünnung höher sein, um eine Verschlimmerung der Symptome zu verhindern, sie kann aber auch höher sein, weil die potenzierte Wirkung immer noch vorhanden ist und, wie man annimmt, noch gezielter wirkt. Der Patient hat dann eine bessere Chance, mehr als nur symptomatisch behandelt zu werden.

Apis mellifica oder Honigbiene

Manche Hunde können extrem heftig auf den Stich einer Honigbiene (*Apis mellifica*) reagieren. Am bekanntesten ist bei jungen Hunden eine perakute (überwältigend schnelle), massive Schwellung von Schnauze, Augenlidern und Ohrmuscheln. *Apis mellifica* ist daher oft das ähnliche Mittel bei genau einer solchen allergischen Reaktion mit einer anderen Ursache, z. B. einer allergischen Reaktion aufgrund eines Wespenstichs. In einem solchen Fall ist es meist sinnvoller, eine kurzzeitig wirksame Anti-Allergie-Spritze (Kortikosteroid) zu geben. Diese wirkt zuverlässig und schnell, und bei einer solchen einmaligen Injektion sind die Nebenwirkungen vernachlässigbar.

Wir sollten uns dann bewusst sein, dass wir auf diese Weise nur ein Symptom (Schwellung, Schmerz) unterdrücken und damit die eigentliche Ursache nicht angehen: Warum ist der eine Hund allergisch gegen Wespenstiche und der andere nicht? Die Ursache für eine übermäßige Empfindlichkeit ist meist schwer oder gar nicht zu finden. Später stellt sich manchmal heraus, dass diese heftige Reaktion ein Vorbote für ein konstitutionelles Immunproblem war, bei dem sich eine möglicherweise veränderte körperliche Störung in einer Allergie äußern kann. Manchmal kann die charakteristische *Apis mellifica*-Reaktion in jüngeren Jahren ein Hinweis darauf sein, später ein Immunproblem mit *Apis mellifica* in homöopathischen Arzneimitteln zu behandeln. Durch die Behandlung mit einem Simillimum anstelle eines Kortikosteroids können wir das Problem auf einer tieferen Ebene angehen und möglicherweise zukünftige Probleme verhindern.

Dabei müssen wir immer darauf achten, dass wir uns, unseren Patienten und deren Besitzer nicht mehr versprechen, als wir halten können. Fehler im Bauplan des Lebens eines Individuums können nicht durch Homöopathie korrigiert werden.

Apis mellifica verursacht perakute und überschießende Schwellungen, die bei Berührung sehr empfindlich sind. Dieser Schmerz verschlimmert sich bei Wärme. Schmerzlose ödematöse Schwellungen, z. B. aufgrund von Stauungen, die durch eine Störung der lokalen Durchblutung verursacht werden, sind daher kein Hinweis auf *Apis mellifica*. Bei solchen Ödemen kann man mit dem Finger auf Gruben in der Schwellung drücken, ohne dass eine Schmerzreaktion auftritt. Die Lokalisation von *Apis melifica*-Schwellungen (ödematösen) sind in der Regel die Schnauze, die Augenlider und die Ohrmuscheln. Sie können aber auch als Quaddeln auf der Haut perakut und großflächig sichtbar werden. Ein ähnliches Bild zeigt sich auch bei jungen Welpen mit juveniler Zellulitis: eine perakute Schwellung der Augenlider, der Schnauze, der Ohrmuscheln und eine Schwellung des Unterkiefers oder der Unterkieferlymphknoten (*Kopfspeicheldrüsenerkrankung*) sowie Fieber. Diese Anomalie ist mit normalen Mitteln oft schwer zu heilen.

Antibiotika und sogar Kortikosteroide, selbst wenn sie über einen längeren Zeitraum verabreicht werden, haben oft keine ausreichende Wirkung. Zumal Kortikosteroide und Antibiotika in einem so jungen Alter über einen längeren Zeitraum gar nicht verabreicht werden sollten. *Apis mellifica* in homöopathischen Potenzen wirkt hier in den meisten Fällen besser und schneller, oft in Kombination mit *Echinacea purpurea Ø*. *Apis mellifica* kann, wie bereits erwähnt, ein tief wirkendes Mittel bei Krankheiten sein, die auf eine Fehlfunktion des Immunsystems zurückzuführen sind. Die jugendliche Zellulitis bei einem Welpen ist eine Fehlfunktion des Immunsystems. *Apis mellifica* kann auch ein geeignetes Mittel gegen Demodikose sein, wenn sie bei einem jungen erwachsenen oder etwas älteren Hund hartnäckig zu sein scheint. Dann kann die „Wespenstich"-Geschichte später im Leben ein wertvoller Hinweis auf *Apis mellifica* sein. In diesem Fall sind die lokalen Symptome ein starkes Indiz für das Mittel. Normalerweise sind rein lokale Symptome nicht ausreichend und wir benötigen viele weitere Symptome, um das am besten geeignete Mittel zu finden.

Eine deutliche Rechtsseitigkeit der Symptome, die ich zugegebenermaßen bei der juvenilen Zellulitis nicht oft gesehen habe, und auffallend wenig Durst könnten z. B. Symptome sein, die die Arzneimitteldiagnose *Apis mellifica* noch weiter bestätigen können. Wir gehen hier mit *Apis* mellifica also schon eine Stufe tiefer als bei den zuvor beschriebenen Mitteln *Urtica urens* und *Petroselinum crispum*.

Wenn die homöopathische Arznei auf der Grundlage lokaler Symptome ausgewählt wird, spricht man von klinischer Homöopathie (Similium).

Für eine tiefere Wirkung und damit einen gründlicheren Ansatz ist es notwendig, dass die Ähnlichkeit zwischen dem homöopathischen Mittel und dem gesamten individuellen Patienten (ganzheitlicher Ansatz) in jedem Detail stimmt. In einem solchen Fall, wenn das homöopathische Mittel auf der Grundlage aller Symptome und Merkmale des gesamten individuellen Patienten gewählt wird, sprechen wir von klassischer Homöopathie (Simillimum).

Phosphorus

Anhand der homöopathischen Mittel *Phosphorus* und *Arsenicum album* gebe ich ein Beispiel für den klassischen Ansatz. Beide Mittel können für einen Patienten mit (chronischem) Durchfall geeignet sein, aber die Unterschiede liegen im Detail. Wenn wir das falsche Mittel wählen, wird es nicht funktionieren oder einen gegenteiligen Effekt haben.

Der Phosphorus-Typ passt zu einem kräftigen, muskulösen Hund, wie z. B. einem Boxer oder einem Labrador Retriever. Er ist ein sehr agiler Hund, mit viel Energie, immer wachsam, immer präsent und ein „Möchtegern". Der

Phosphorus-Hund hat ein sehr gutes Durchhaltevermögen und ist kaum müde zu kriegen. Falls er eine Auszeit nimmt, ist diese sehr kurz, und dann geht es wieder mit Volldampf weiter – was oft anstrengend für den Besitzer ist. Heutzutage würde man von ADHS sprechen. Phosphor zeichnet sich durch relativ hohe Blutverluste aus, z. B. starkes und übermäßiges Bluten der Hündin während der Läufigkeit oder spontanes Nasenbluten. Wenn es zu Durchfall kommt, wird dieser meist von relativ großen Blutmengen begleitet. Ein Phosphorus-Typ ist durstig und trinkt große Mengen Wasser auf einmal. Oft wird das Wasser einige Zeit nach dem Trinken wieder erbrochen, nachdem es im Magen warm geworden ist.

Arsenicum album

Der Arsenicum album-Typ ist in der Regel nicht sehr kräftig, eher zierlich. Wir sehen diesen Typ unter anderem beim Collie. Es sind ruhige, introvertierte Typen, das genaue Gegenteil des Phosphorus-Typs. Der Arsenicum album-Typ zeichnet sich durch kleine Mengen aus: Er trinkt kleine Mengen Wasser, die im Gegensatz zum Phosphorus-Typ sofort wieder erbrochen werden. Kleine Essensreste, kleine Reste von (oft dünnem) Stuhl. Oft kleine Mengen Blut im Erbrochenen oder dünnen Stuhl. Er oder sie ist sozusagen bescheiden.

Differenzialdiagnose bei Durchfall – Phosphorus und Arsenicum album

Phosphorus	Arsenicum album
kräftiger, muskulöser Typ (etwa Boxer)	schwacher, magerer Typ (u. a. Collie)
extrovertiert	introvertiert
frech	bescheiden
Durchfall mit viel Blut im Stuhl	Durchfall mit wenig Blut im Stuhl
trinkt große Mengen auf einmal	trinkt oft kleine Schlucke
erbricht einige Zeit nach dem Trinken	erbricht sofort nach dem Trinken
guter Appetit	schwankender Appetit, von geringem bis gar keinem Appetit
gute Kondition und kräftige Muskulatur	ausgezehrt und schwach bemuskelt
etc.	etc.

Digitalis purpurea und Diazepam

Abschließend möchte ich über einige bemerkenswerte Beobachtungen berichten. Diese zeigen, dass Tiere, die auf eine bestimmte Substanz empfindlich reagieren, anders – nämlich entgegengesetzt reagieren können als weniger empfindliche Tiere.

Digitalis purpurea

Digitalis purpurea oder Fingerhut ist ein pflanzliches Arzneimittel, das in der regulären Tiermedizin als Herzmittel verwendet wird und auch als Herzmittel unter den Namen Digitalis und Digoxin (Lanoxin) bekannt ist. Patienten mit stark eingeschränkter Herzfunktion (Decompensatio cordis) und zu schnellem Herzschlag (Tachykardie) sprechen oft gut auf regelmäßige Gaben von Digitalis an. Die Herzfrequenz normalisiert sich und der Herzmuskel gewinnt an Kraft, sodass das Herz wieder ausreichend Blut durch den Körper pumpt.

Der Nachteil des Medikaments ist, dass die Spanne zwischen therapeutischer Wirkung und Vergiftungserscheinungen sehr klein ist. Es handelt sich um ein Medikament mit einer geringen Sicherheitsspanne. Für Digitalis bei Hunden bedeutet dies, dass ein Patient schon bei einer etwas zu hohen Dosis schnell erbricht. Manche Patienten reagieren so empfindlich auf Digitalis, dass sie schon bei niedrigen Dosen, die therapeutisch kaum oder gar nicht mehr wirksam sind, zu erbrechen beginnen.

In der Praxis habe ich festgestellt, dass, wenn wir diese Patienten, die überempfindlich auf Digitalis reagieren, mit *Digitalis purpurea* D6 in einer homöopathischen Potenz (entspricht rechnerisch einer Verdünnung von 1:1.000.000) behandeln, wir die gleiche Wirkung wie Digitalis in normaler Dosierung bei Patienten sehen, die weniger empfindlich auf dieses Mittel reagieren. Das Ergebnis ist, dass sich eine übermäßig hohe Herzfrequenz normalisiert und die Durchblutung des Körpers verbessert, wodurch weniger Symptome wie Flüssigkeitsansammlungen im Bauch- und Brustraum auftreten und vorhandene Hustensymptome abnehmen. Vorausgesetzt, dass die Reaktionsfähigkeit noch ausreichend ist.

Diazepam

Mit Diazepam, auch bekannt als Valium und Stesolid, habe ich ähnliche Erfahrungen gemacht wie mit Digitalis. Diazepam ist ein Beruhigungsmittel. Es gibt jedoch Patienten, die auf normal dosiertes Diazepam eher erregt als sediert (beruhigt) reagieren. Bei Patienten mit einer solchen Reaktion habe ich festgestellt, dass eine homöopathische Verdünnung von Diazepam, Diazepam D6, die arithmetisch einer regulären Verdünnung von 1:1.000.000 entspricht, bei den weniger empfindlichen Patienten die gleiche Wirkung zeigt wie Diazepam in regulärer Dosierung, nämlich eine Sedierung. Übrigens ist Unruhe auf ein Beruhigungsmittel wie Diazepam u. a. auch ein Symptom, das zur homöopathischen Arznei *Nux vomica* passt. Es wird angenommen, dass die homöopathischen Potenzen von *Nux vomica* in geeigneten Fällen die Erregungsschwelle anheben, so dass die Reaktion auf äußere Reize weniger stark ausfällt. Bei Hunden, die gut zu *Nux vomica* passen, kann man bei regelmäßiger Verabreichung von Diazepam oft eher eine Unruhe als eine Sedierung beobachten.

Mangelerscheinungen

Ein weiteres auffälliges Phänomen ist die Verwendung von (potenzierten) Verdünnungen von Substanzen mineralischen Ursprungs wie Kochsalz (*Natrium muriaticum*), Kalk (*Calcium carbonicum*, u. a.), Kieselsäure (*Silicea*) und Eisen (*Ferrum metallicum*) in der Homöopathie. Soweit kein Vergiftungsbild bekannt ist, basiert

das Arzneimittelbild auf Mangelsymptomen. Es wird davon ausgegangen, dass die Bioverfügbarkeit dieser für den Körper wichtigen Nährstoffe durch die Gabe ihrer konzentrierten Verdünnungen verbessert werden kann. Bei einem absoluten Mangel, bei dem nicht genügend über die Nahrung aufgenommen wird, reicht eine Supplementierung aus. Bei einem relativen Mangel, bei dem eine ausreichende Zufuhr nicht zu einer ausreichenden Aufnahme im Stoffwechsel führt, können wir potenzierte Verdünnungen der betreffenden Substanz verwenden. Bei einem relativen Mangel ist dies sehr wahrscheinlich ein besserer Ratschlag als eine langfristige Überdosierung mit Nahrungsergänzungsmitteln. Potenzierte Verdünnungen der Calciumverbindungen *Calcium carbonicum*, *Calcium phosphoricum* und *Calcium fluoratum* werden beispielsweise bei jungen Hunden während des Wachstums (Vorbeugung von Knochen- und Gelenkproblemen) und bei erwachsenen Hunden mit Arthrose (Sekundärprävention von Knochen- und Gelenkproblemen) eingesetzt.
Mein Lehrer, der homöopathische Arzt Arij Vrijlandt, sagte mir, dass es bei Anämie (Blutarmut) aufgrund von Eisenmangel besser sei, die Eisenmenge in der Ernährung zu normalisieren und darüber hinaus die Verfügbarkeit von Eisen auf lokaler Ebene mit *Ferrum metallicum* in homöopathischen Potenzen zu verbessern. Dies ist laut Vrijlandt einer langfristigen Eisenüberdosierung vorzuziehen.
Ich möchte noch einmal betonen, dass wir, bevor wir mit der homöopathischen Anwendung von Mitteln wie Kalzium, Phosphor, Kieselsäure und Eisen zur Verbesserung der Bioverfügbarkeit beginnen, natürlich zunächst alle Defizite auf ein normales Maß ergänzen müssen. Wir sollten nicht versuchen, absolute Defizite ausschließlich mit Homöopathie zu behandeln. Das wäre ein Kunstfehler. Hier kommen wir in das Gebiet der Zellsalze.

Zellsalze (Schüßler-Salze)

Zellsalze gehen auf den deutschen Arzt und Homöopathen Heinrich Schüßler (1821–1898) zurück und sind stark verdünnte Verbindungen (Salze) von Mineralien, von denen man annahm und immer noch annimmt, dass sie auf zellulärer Ebene an Stoffwechselprozessen beteiligt und für eine optimale Gesundheit von Mensch und Tier wichtig sind. Anstelle von Zellsalzen sprechen wir auch von Zellmineralien, denn letztlich sind es Verbindungen von Mineralien.
Obwohl die Wirksamkeit, die Sicherheit und das Wirkprinzip von Zellsalzen nach den Maßstäben der modernen wissenschaftlichen Forschung (noch) nicht bewiesen sind, sind es positive praktische Erfahrungen, die den Einsatz von Zellsalzen bei Mensch und Tier rechtfertigen. Die Wahrheiten über die Wirkungsweise von Zellsalzen in Veröffentlichungen müssen wir vorerst als Spekulationen ohne wissenschaftliche Grundlage betrachten.
Nach Schüßlers Spekulation werden diese Zellsalze oder Zellmineralien durch Auftragen der richtigen Verbindungen (Salze) und Verreiben (= Verdünnen der Trockenmasse) mit Laktose (Milchzucker) besser von den Körperzellen aufgenommen und verwendet.
Gleichzeitig würde dann auch die Bioverfügbarkeit von Mineralien aus Nahrungsmitteln und/oder Nahrungsergänzungsmitteln steigen. Zellsalze werden in D6 oder D12 angewendet, was rechnerisch einer Verdünnung von 1:1 Million bzw. 1:1 Billion entspricht. Schüßler mag für die Verdünnung der Substanzen oder Einreibungen der Homöopathie von seinem Beinahe-Zeitgenossen Samuel Hahnemann inspiriert worden sein, hat aber betont, dass sich das Wirkprinzip der Zellsalze von dem der Homöopathie unterscheide. Dennoch nannte Schüßler die Anwendung von Zellsalzen „abgekürzte Homöopathie". Es ist also logischer zu sagen, dass nicht das Wirkprinzip der Unterschied ist, sondern die Erstellung der Arzneimitteldiagnose. In

der Homöopathie stellen wir die Arzneimitteldiagnose anhand des regulären Krankheitsbildes plus zusätzlicher individueller Symptome, in der Zellsalztherapie stellen wir die Arzneimitteldiagnose anhand vermeintlicher Defizite auf lokaler Ebene. So gesehen sind Zellsalze Homöopathika.

Es wäre auch nicht logisch, wenn Schüßler zwar die Methode der Verdünnung aus der Homöopathie übernommen hätte, nicht aber den Begriff der Potenzierung als mögliche Erklärung für die Wirksamkeit der hohen Verdünnungen. Ohne den Begriff der Potenzierung hätte Schüßlers Theorie immer noch die Frage unbeantwortet gelassen, wie die angewandten extremen Verdünnungen wirken konnten, während die Homöopathie damals bereits eine Antwort darauf formuliert hatte.

Ob die Theorie der Potenzierung sinnvoll ist, sei dahingestellt, aber immerhin wird die Homöopathie in viel größerem Umfang von Ärzten und Tierärzten auf der ganzen Welt angewandt, die auch die Wirkung noch viel höherer Verdünnungen bzw. Potenzen sehen. Mineralien spielen auf allen Ebenen des Körpers eine wichtige Rolle bei einer Vielzahl von Stoffwechselprozessen. Natrium, Kalium und Chlor zum Beispiel spielen eine wichtige Rolle bei der Aufrechterhaltung des Flüssigkeitshaushalts und des Säuregehalts im Körper, beim Austausch von Nähr- und Abfallstoffen durch die Zellwand und die Reizleitung im Nervengewebe. So spielt Kalzium nicht nur als Baustein für die Knochen eine wichtige Rolle, sondern auch bei der Blutgerinnung, der Funktion von Enzymen und Hormonen und eben bei der Reizleitung im Nervengewebe.

Da es nicht möglich ist, die gewünschte Konzentration des betreffenden Minerals auf zellulärer Ebene zu messen, müssen wir uns bei der Auswahl der Zellsalze an den Symptomen und Merkmalen des Individuums oder einer Gruppe bestimmter Individuen (Junior, Senior, Sportler u.ä.) orientieren und das passende Zellsalz oder die passende Kombination von Zellsalzen finden. Angesichts der oben skizzierten Komplexität des Wirkungsspektrums der Mineralstoffe überlassen wir die Auswahl von Einzel- und Kombinationspräparaten der Schüßler-Zellsalze lieber Fachleuten mit großer praktischer Erfahrung wie eben homöopathischen Tierärzten.

Die 12 am häufigsten verwendeten Schüßler-Salze

Calcium fluoratum	*Magnesium phosphoricum*
Calcium phosphoricum	*Natrium chloratum*
Ferrum phosphoricum	*Natrium phosphoricum*
Kalium chloratum	*Natrium sulfuricum*
Kalium phosphoricum	*Silicea*
Kalium sulfuricum	*Calcium sulfuricum*

Praktische Erfahrungen mit der täglichen Einnahme von Zellsalzen bei Mensch und Tier zeigen uns anhand der körperlichen Eigenschaften und des Verhaltens, dass Schüßler-Salze offenbar einen positiven Einfluss auf die Gesundheit und das Wohlbefinden haben können. Wir können daher davon ausgehen, dass Schüßler-Salze aller Wahrscheinlichkeit nach die Bioverfügbarkeit von Mineralstoffen aus der Nahrung bzw. aus Nahrungsergänzungsmitteln optimieren und damit Stoffwechselprozesse auf zellulärer Ebene verbessern können. Zellmineralien können, ich wiederhole, niemals einen Mineralstoffmangel ergänzen, schließlich bieten wir sie in einer D6 oder D12 an. Grundsätzlich sollte die Ernährung genügend Mineralien enthalten, in der richtigen Form, in der richtigen Menge und im richtigen Verhältnis. Ein Ungleichgewicht zwischen den Mineralien mindert die endgültige Wirkung der einzelnen Mineralien. Aufgrund der hohen Verdünnungen haben Zellsalze

grundsätzlich keine Nebenwirkungen, mit Ausnahme von Überempfindlichkeiten.
Indikationsgebiete sind: Unterstützung des Wohlbefindens und der Gesundheit in den verschiedenen Lebensphasen, insbesondere im Wachstum und im Alter. Darüber hinaus können die Zellsalze zusätzlich bei geistigen und körperlichen Anstrengungen wie etwa Arbeitseinsätzen und sportlichen Betätigungen unterstützen und zur Regeneration beitragen, ebenfalls zur Unterstützung der Genesung in Momenten, in denen man sich nicht so wohl fühlt, nach Krankheiten und Operationen. Die Zellsalze spielen sicherlich auch eine präventive Rolle. Vorbeugung bedeutet in diesem Zusammenhang die Behandlung von latenten Befindlichkeiten, um zu verhindern, dass sie sich manifestieren.

Wechselwirkungen potenzierter Arzneimittel mit dem Organismus

Wir können nur vermuten, wie ein potenziertes Medikament im Körper wirkt, aber wir wissen es (noch) nicht genau. Es wird angenommen, dass bei der Potenzierung eine Übertragung von substanzspezifischer Energie oder eine substanzspezifische Anordnung von Trägermolekülen stattfindet. Der Träger würde einen Abdruck des Wirkstoffs enthalten. Selbst bei hohen (stofffreien) Verdünnungen bliebe dieser Abdruck der ursprünglichen Substanz im Träger erhalten. Mit Träger ist das Medium gemeint, in dem die Originalsubstanz gelöst (lösliche Stoffe) oder mit dem sie verrieben wird (unlösliche Stoffe), um potenzierte Verdünnungen zu erhalten. Dieser Abdruck könnte dann die Rolle der „ähnlichen Krankheit“ spielen. Diese könnte den anfälligen Körper dazu anregen, zusätzliche Abwehr- und Reparaturmaßnahmen zu ergreifen, die gegen die Krankheit des Patienten eingesetzt werden könnten. Diese Abwehr- und Reparaturmaßnahmen sind für die „Ghost Disease“ (Geisterkrankheit) selbst nicht erforderlich.
Es geht also um die Übertragung von Informationen. Das Leben ist von Informationen gesteuert. Die Forschung zeigt, dass sich ein Patient durch gezielte Informationen besser erholt, weil die Selbstheilung angeregt wird. Selbstheilung und Placebo sind das Gleiche, sie sind nur anders gesteuert. Es ist nicht falsch zu sagen, dass die Homöopathie (als informative Medizin) unsere Selbstheilung steuert und daher kaum vom Placebo-Effekt zu unterscheiden ist. Beide zielen auf eine positive Veränderung des Gesundheitszustandes.

Reiztherapie

Obwohl das Wirkprinzip der Homöopathie nicht wissenschaftlich fundiert ist, haben wir jetzt ein einfaches empirisches Modell, mit dem wir in der Praxis gut arbeiten können:

Empirisches Modell der Reiztherapie

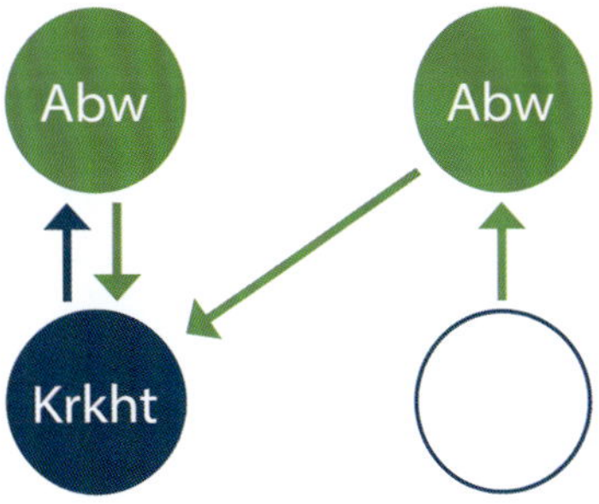

Anmerkungen
Die Krankheit (die blaue Kugel unten links) regt den Körper an, Abwehr- und Wiederherstellungsmaßnahmen zu ergreifen (die grüne Kugel oben links).
Die homöopathische Arznei (die weiße Kugel unten rechts) könnte man als „Geisterkrankheit“ in ihrer potenzierten Form bezeichnen. Das

homöopathische (ähnliche) Arzneimittel wird vom Körper als die (ähnliche) Krankheit „gesehen", auf die er mit krankheitsspezifischen Abwehr- und Genesungsmaßnahmen reagiert (die grüne Kugel oben rechts), die als zusätzliche Unterstützung für die Abwehr und Genesung von der eigentlichen Krankheit (die blaue Kugel unten links) dienen können.

Dosierung

Sobald die Arzneimitteldiagnose gestellt ist, legen wir die Dosierung fest. Bei der Dosierung bestimmen wir die Wahl des Arzneimittels, die Darreichungsform, die Dosis, die Häufigkeit der Verabreichung und die Dauer der Behandlung. Bei der Folgekonsultation passen wir die Arzneimitteldiagnose und/oder die Dosierung gegebenenfalls anhand der Ergebnisse an.

In der Veterinärhomöopathie ist bisher noch keine der Dosierungen wissenschaftlich belegt. Wir haben lediglich Leitlinien für Menschen, die von Generation zu Generation weitergegeben wurden.

Im Laufe seines Lebens hat der Begründer der Homöopathie, Samuel Hahnemann, seine Ansichten über die richtigen Dosierungsleitlinien mehrmals geändert. Das hat zur Folge, dass wir uns in den verschiedenen Leitlinien zurechtfinden müssen. Eigentlich verstehen wir nicht so recht, warum „die eine" wirken soll und „die andere" nicht. Auf jeden Fall ist es für den Neuling sehr verwirrend, auch weil sich die alten Hasen im Geschäft immer noch streiten, wenn es um die Potenzfrage geht.

Die Forschung zeigt, dass es in einer Reihe von aufsteigenden Potenzstufen abwechselnd Spitzen und Tiefpunkte im Wirkungsverlauf gibt (sinusförmiger Verlauf). Dies gibt uns Aufschluss über eine verhältnismäßige Wahl der Potenz. Wir hoffen, so endlose Spekulationen über die „richtige" Wahl der Dosierung loszuwerden, die weitgehend von der Kultur bestimmt wird, in der man lebt, an welche Lehrmeister man glaubt und in welcher Gewohnheit man festgefahren ist. Vorerst müssen wir uns für die Hypothese entscheiden, die in der Praxis praktikabel oder besser noch nachweislich wirksam zu sein scheint. Wie mein deutscher Kollege es ausdrückte: *Wer heilt, hat Recht.*

Ich begann mit dem Studium und der Anwendung der Homöopathie bei Tieren, insbesondere bei Hunden, im Jahr 1973, gleich nach Abschluss meines Studiums der Veterinärmedizin. Ich lernte das Handwerk anfangs von meinem Lehrer und sehr erfahrenen homöopathischen Arzt Arij Vrijlandt, von meinen langjährigen Kollegen sowie diversen Fortbildungen in Deutschland. In den 1970er Jahren verwendeten homöopathische Tierärzte, übrigens auch in den Niederlanden, überwiegend niedrige bis mittlere D-Potenzen.

Damals begannen wir in der Regel mit niedrigen Potenzen (D3, D6, D12), und wenn sich die Symptome verschlimmerten, entschieden wir uns für eine mittlere Potenz (D12, D30). Nur in seltenen Fällen verwendeten wir eine hohe Potenz (D200).

In Büchern wie *Klinische Homöopathie in der Veterinärmedizin* und der siebenbändigen Homöopathie für Tierärzte, beide von dem deutschen Tierarzt Hans Wolter, und *Unsere Hunde gesund durch Homöopathie* von unserem deutschen Kollegen Hans Günther Wolff finden wir umfassende und bewährte Ratschläge für die homöopathische Behandlung von Haustieren mit fast ausschließlich niedrigen Potenzen, insbesondere für Hunde, Katzen, Pferde und Rinder. Viele Tierärzte haben diese im Laufe der Jahre erfolgreich angewandt.

Hans Wolter erzählte mir einmal von der Behandlung der Aktinomykose bei Kälbern mit *Kalium iodatum* D3. Aktinomykose ist eine chronische Pilzinfektion, die unter anderem die Zunge, den Kehlkopf, den Kopf und den Unterkiefer befällt. Kaliumjodat wurde in der gängigen Tiermedizin als wirksames Mittel gegen

Aktinomykose angesehen. Um einen Hinweis auf die damalige Popularität des Medikaments zu geben: Als niederländischer Student lernte ich damals eine deutsche Redensart *„Wenn man nicht weiß wie, was und warum, gibt man Jod Kalium"*.

Um und während der Kriegsjahre war *Kalium iodatum* Mangelware. Wolter entdeckte dann, dass eine potenzierte Verdünnung von *Kalium iodatum* (D3) mindestens so wirksam war wie die üblichen Stoffdosen. Eine gewöhnliche Verdünnung von 1:1000 war nicht wirksam, eine D3 schon. Gehen wir davon aus, dass eine Krankheit eine energetische/ informationelle Störung eines hoch ausgelasteten Systems ist, dann kann dies ein praktisches Vorzeichen für eine gezielte energetische Informationsübertragung auch bei geringer Potenz sein.

Aus der Praxis

Bartje und die Wahl der falschen Potenz

Bartje, ein anderthalb Jahre alter Drentse Patrijshond-Rüde, wurde zur Einholung einer Zweitmeinung wegen Hüftdysplasie vorgestellt. Der Tierarzt hatte Bartje *Rhus toxicodendron* D6 fünf Tropfen dreimal täglich verschrieben. Unmittelbar nach der Verabreichung kam es zu einer massiven Verschlimmerung der Symptome.

Meine erste Reaktion war: Das Medikament ist gut, aber die Potenz ist zu niedrig. Dann ist eine Verschlimmerung vorprogrammiert. Da es sich bei der Hüftdysplasie um ein chronisches Leiden mit konstitutionellem Hintergrund handelt, das zum Teil genetisch bedingt ist, wählen wir lieber eine D30-Potenz, eine Dosis einmal täglich. Und die Erfahrung hat auch gezeigt, dass diese Potenz in der überwiegenden Mehrzahl der Fälle von Hüftdysplasie hervorragend wirkt. Für Bartje habe ich daher *Rhus toxicodendron* D30 verschrieben. Voller Überzeugung sagte ich der Besitzerin voraus, dass wir jetzt innerhalb von drei bis sechs Wochen eine Verbesserung der Symptome um mindestens 50 % bis 80 % sehen würden. Denn so ist es immer gewesen.

Zu meiner großen Überraschung verschlimmerten sich die Symptome jedoch wieder heftig, verbesserten sich aber spontan, nachdem die Medikamente abgesetzt worden waren. Barts Symptome waren sogar viel besser als zu dem Zeitpunkt, als er zum ersten Mal zu mir kam. Jetzt wussten wir also sicher: Das Mittel *Rhus toxicodendron* war richtig, aber die Potenz war es nicht.

Weitere Fragen ergaben, dass Bartje viel besser zu *Rhus toxicodendron* passte, als ich zunächst dachte. Die Besitzerin erzählte mir nun, dass sich die Beschwerden vor allem nach Spaziergängen bei schlechtem Wetter verschlimmerten und dass Bartje nachts sehr unruhig war, immer wieder aufwachte und eine Weile herumlief, bis er sich wieder hinlegte und einschlief – bis zur nächsten Runde.

Nach nur wenigen Gaben von *Rhus toxicodendron* MK, die sich an der Reaktion orientierten, war und blieb Bartje jahrelang symptomfrei. Er konnte lange Spaziergänge problemlos bewältigen und lief regelmäßig viele Kilometer am Fahrrad mit.

Fazit ist also, dass eine MK nicht stärker, sondern gezielter wirkt. Bei der Selbstheilung kommt es oft erst zu einer Erstverschlimmerung. Die Erstverschlimmerung bei Bartje zeigte auch, dass Homöopathie tatsächlich die Selbstheilung anregt.

Einige Anmerkungen

Eine längere und häufige Anwendung eines potenzierten Medikaments bei einem Patienten, bei dem der Kipppunkt noch nicht überschritten ist, kann zu Schäden führen. Bei einer offensichtlichen Verschlimmerung der sichtbaren Symptome ist es nicht so schwierig, rechtzeitig einzugreifen. Aber es ist auch möglich, dass schädliche Wirkungen für den Besitzer von außen betrachtet nicht so offensichtlich sind und so dessen Aufmerksamkeit und der des Therapeuten entgehen. In der Regel erkennen wir in diesen Fällen „von außen", dass sich das Wohlbefinden des Patienten verschlechtert, dass er ruhiger wird, weniger isst, weniger Lust hat zu gehen oder zu spielen – und so weiter.

Ein zusätzliches Handicap ist die Notwendigkeit, genau zu beobachten, was nach der Verabreichung des Medikaments passiert. Wie viel Geduld, Einfühlungsvermögen und Intelligenz muss ein Besitzer aufbringen, um sein Tier richtig zu beobachten? Vor allem muss sich der praktizierende Tierarzt auch darüber im Klaren sein, dass die Nachsorge nach der Verabreichung der Homöopathie Aufmerksamkeit und Zeit erfordert. Die Erreichbarkeit des Tierarztes für die kurzen Rückfragen des Besitzers sollte während der Nachsorge gesichert sein.

Ein homöopathischer (Tier-)Arzt tut gut daran, den Besitzer angemessen in der Beobachtung seines Tieres zu unterweisen. Hier ist die Aufklärung des Patienten mehr als notwendig. Ich fordere die Kollegen auf, den Patienten nach der Erstkonsultation immer wieder zu einer Folgekonsultation kommen zu lassen und sich erneut ausreichend Zeit für die Auswertung der Ergebnisse zu nehmen. Eine homöopathische Konsultation aus der Ferne, ohne den Patienten in der Klinik gesehen zu haben, bleibt ein Notbehelf. Daher sollte man so etwas lieber bleiben lassen.

Je besser der Patient in seiner Gesamtheit zum Arzneimittel passt, dem Arzneimittelbild des jeweiligen Arzneimittels ähnlicher ist, desto empfindlicher reagiert dieser Patient auch auf das Arzneimittel und dieses sollte in höheren Potenzen verabreicht werden. Bessere Passung bedeutet auch mehr kausale (ursächliche) Behandlung. Und so gesehen wird ein erfahrener homöopathischer (Tier-)Arzt vor allem bei chronischen Erkrankungen, aber auch bei akuten Erkrankungen, die aus einer chronischen Grundkonstitution resultieren, fast ausschließlich mittlere bis hohe Potenzen verwenden.

Hahnemann empfiehlt in seinem Hauptwerk *Organon der Heilkunst*, Hochpotenzen einmal anzuwenden, sie in Wasser aufzulösen, vor Gebrauch zu schütteln (potenzieren), dann zu verabreichen, die Reaktion abzuwarten und die Behandlung erst zu wiederholen, wenn die vorhergehende nachgelassen hat. Bei einer Wiederholung sollte die erste Verdünnung vor der Anwendung erneut geschüttelt (potenziert) und verabreicht werden und so weiter. Hahnemann hat das *Organon der Heilkunst* zu seinen Lebzeiten mehrfach überarbeitet. Aber erst 78 Jahre nach seinem Tod wurden daraus neue Erkenntnisse gewonnen, wie etwa die LM-Potenzen.

Im Prinzip gibt es keinen Grund, Hahnemann nicht zu folgen, aber in der Realität der heutigen Praxis sind Hahnemanns Ratschläge zur Art der Verabreichung nicht immer praktikabel und angesichts der Ergebnisse auch nicht notwendig. In Anbetracht der veränderten Erkenntnisse zu seinen Lebzeiten denke ich, dass Hahnemann als zeitgenössischer Wissenschaftler nicht damit gerechnet oder gehofft hat, dass die Entwicklung der Homöopathie nach seinem Tod stagnieren würde.

Es scheint, dass Tiere häufiger und länger homöopathisch behandelt werden müssen als Menschen. Bei Verhaltensproblemen sehen wir, dass wir in der Regel häufiger und länger „stimulieren" müssen, bis die Symptome verschwunden sind. Das sonst irrtümliche „sicherheitshalber noch ein bisschen länger weitermachen" erweist sich in einer Reihe von Fällen bei Tieren als ein Muss. Zum Beispiel behandeln wir Verhaltensprobleme oft mit D30, eine Dosis einmal täglich, und wir können in der Regel nicht nach drei bis sechs Wochen aufhören, selbst wenn sich die Symptome bis dahin vollständig gebessert haben. Wenn wir die Medikation bei Verhaltensproblemen vorzeitig beenden, kommt es häufig zu einem Rückfall, der nach zwölf Wochen ununterbrochener Verabreichung eben nicht erfolgt.

Dosierungsleitlinien

Ich gebe einen Überblick über die Dosierungsleitlinien, wie ich sie in meiner Praxis anwende: Wahl des Wirkstoffs, Darreichungsform, Dosis, Häufigkeit der Gabe. Bei der Folgekonsultation werden wir die Arzneimitteldiagnose und/oder die Dosierung auf der Grundlage der Ergebnisse anpassen, falls erforderlich.

Leitlinien für die Erstverschreibung

			L	M	H
Krankheit	Stadium	(per)akut	-		
		subakut		-	
		chronisch			-
	pathologischer Zustand	nicht ernsthaft, vital	-	-	-
		ernsthaft, nicht vital		-	
	Ursache	äußerliche, anormale Reaktion		-	-
		innerlich		-	-
	Auftreten	gelegentlich	-		
		wiederkehrend		-	-
Tier	Symptomwert	organisch	-		
		funktionell		-	
		tierspezifisch		-	-
		typgerecht		-	-
	Reaktivität (Empfindlichkeit)	langsam (höhere Häufigkeit der Verabreichung!)	-	-	-
		stabil	-	-	-
		labil		-	
Mittel	pflanzlich, tierisch, chemisch	ungiftig	-	-	-
		giftig		-	-
	Mineral	Metall		-	-
		Andere	-	-	-

L	Tiefe Potenzen	Ø, D1, D2, D3, D4, D6, (D12)	3 (2) x täglich
M	Mittlere Potenzen	(D12), D30	(2) 1 x täglich
H	Hohe Potenzen	D200/200K, MK, 10MK	abhängig von der Reaktion

Dosierungsleitlinien für die unterschiedlichen Verabreichungsformen (für Hunde)

Homöopathische Mittel werden vorzugsweise ins saubere Maul gegeben, d. h. mindestens eine halbe Stunde vor oder nach dem Essen. Im Prinzip können homöopathische Arzneimittel am besten über die Maulschleimhaut aufgenommen werden. Daher sollte das Maul sauber sein. Die Aufnahme über die Wangenschleimhaut (beim Menschen durch Lutschen) gelingt bei Tieren mit Globuli und Tabletten nicht.

Tropfen

Die Tropfen (*Guttae*) bestehen aus einer Alkohol-Wasser-Lösung (*Dilutio*) mit der „Information" des betreffenden homöopathischen Arzneimittels. Wegen des Alkoholgehalts sollten die Tropfen mit etwas Wasser verdünnt werden. Dies gelingt am besten, indem man die mit etwas Wasser verdünnten Tropfen mit einem Löffel oder einer 2- oder 5-ml-Einwegspritze (ohne Nadel) in die Wangentasche gießt oder sprüht. Da die Verabreichung von Medikamenten auf keinen Fall ein Kampf sein sollte, müssen wir die Tropfen in manchen Fällen leider etwas „verpacken". Lassen Sie die Tropfen z. B. an der Luft auf einem Teelöffel Zucker trocknen und verabreichen Sie sie dann erst – oder geben Sie sie mit einem Stück Brot oder Wurst.

Globuli

Globuli oder Streukügelchen können direkt ins Maulgegeben werden. Wahlweise können sie auch zerkleinert und in etwas Wasser aufgelöst verabreicht oder auf die Zunge gestreut werden.

Tabletten

Die Tabletten (*Pilulae*) können direkt ins Maul gegeben werden. Sie können auch leicht in etwas Wasser pulverisiert werden, um sie bei Bedarf auf die Zunge zu schmieren.

Dosis

Die Dosis selbst ist nicht von großer Bedeutung, sondern dient nur als Möglichkeit. Die Reizintensität zu verändern. Es gibt vereinzelt Hinweise darauf, dass ein Abweichen von der Richtdosis in Ausnahmefällen doch einen Unterschied machen kann. Die Leitlinien geben die allgemein akzeptierten Dosen an und sind in der Praxis auch eigentlich meistens gut. Verwenden Sie aber lieber die Leitlinien aus der untenstehenden Tabelle, um die richtige Dosis für die in diesem Buch erwähnten Medikamente zu finden.

Verabreichungsform	Einzeln*	Kombination*
Tropfen, Urtinktur ø, D1	3–20	keine Angabe, da nicht verfügbar
Tropfen, Potenzen ≥ D2	3–10	10–20
Tabletten	1–2	keine Angabe, da nicht verfügbar
Globuli	5–10	keine Angabe, da nicht verfügbar

* Dosis angegeben für Welpen und kleine Hunde – große(r) Hund.

Leitlinien für die Häufigkeit und Dauer der Gaben

Die Tabelle unten enthält Leitlinien für die Häufigkeit der Verabreichung bei niedrigen, mittleren und hohen Potenzen. Die Häufigkeit der Gabe ist *eine* Möglichkeit, aber sicher nicht die wichtigste, um die Reizstärke zu verändern. In der Praxis halten wir uns in der Regel einfach an die Leitlinien.

Die Dauer der Behandlung richtet sich grundsätzlich nach dem Grad der pathologischen Veränderung und damit verbunden nach dem Tempo, in dem sich der Patient erholt. Bei einer Reiztherapie wie der Homöopathie geht man theoretisch davon aus, dass man, sobald eine Besserung eingetreten ist, die Medikation absetzen und nur dann wieder fortsetzen sollte, wenn sich der Zustand nicht weiter verbessert oder gar verschlechtert.

In der Praxis zeigt sich, dass in akuten Fällen die Medikamente in niedrigen und mittleren Potenzen nicht abgesetzt werden sollten, bis die Besserung vollständig eingetreten ist. Dabei müssen wir berücksichtigen, dass in bestimmten Fällen die Möglichkeit besteht, dass eine 100%ige Besserung nicht mehr möglich ist. Bei einem Hund mit Arthrose kann die Lahmheit zwar zu 100% verschwinden, aber die Verletzungsempfindlichkeit bleibt bestehen. Die Wahrscheinlichkeit eines Rückfalls ist immer noch hoch und die Heilung der Verletzungen bei Arthrose dauert stets länger als bei gesunden Gelenken, z. B. bei einer gelegentlichen Zerrung. In der Praxis zeigt sich, dass in chronischen Fällen, bei denen wir je nach Reaktion dosieren, die Medikation nur dann wiederholt werden muss, wenn die Besserung stagniert oder es zu einem Rückfall kommt. Dabei müssen wir natürlich auch bedenken, dass in manchen Fällen die Möglichkeit besteht, dass eine vollständige Besserung nicht mehr möglich ist. Die praktische Erfahrung zeigt, dass eine Verhaltenstherapie immer mindestens zwölf Wochen lang fortgesetzt werden sollte. Wenn wir vorzeitig aufhören, weil sich der Patient vorher zu 100 % gebessert hat, wird es, von wenigen Ausnahmen abgesehen, immer einen Rückfall geben. Das liegt mit ziemlicher Sicherheit an der notwendigen Phase der Entwöhnung *(desensitization period)*, die bei Hunden auf mindestens acht Wochen geschätzt wird.

Tiefe Potenzen	Ø, D1, D2, D3, D4, D6, (D12)	3 (2) x täglich	1–6 Wochen oder länger
Mittlere Potenzen	(D12), D30	(2) 1 x täglich	6–12 Wochen oder länger
Hohe Potenzen	D200/200K, MK, 10MK	je nach Reaktion	≥ 12 Wochen

Arzneimitteldiagnose

Einige Vorbemerkungen

Krankheits- und Arzneimitteldiagnose

Die meisten Tierärzte, die Homöopathie anwenden, integrieren diese in ihre reguläre Praxis. Meiner Meinung nach ist dies auch die einzige Möglichkeit, diese Medizin verantwortungsvoll einzusetzen. Wir müssen immer die regulären und komplementären Behandlungsmöglichkeiten vergleichen (können) und fachlich in der Lage sein, die Möglichkeiten und Grenzen der beiden Therapien abzuwägen.

Nur wenige Tierärzte konzentrieren sich nach ihrer tierärztlichen Ausbildung ausschließlich auf die Homöopathie oder eine andere Komplementärmedizin und betreiben keine reguläre Tiermedizin mehr. Diese Tierärzte müssen dann eng mit einem regulär arbeitenden Kollegen zusammenarbeiten. Das Gleiche gilt für gut ausgebildete, erfahrene Homöopathen, die keine Tierärzte sind. Sie werden sicherlich eng mit einem Tierarzt zusammenarbeiten müssen, der der Komplementärmedizin gegenüber aufgeschlossen sein muss.

Die logische Konsequenz ist, dass es immer zwei Diagnosen geben sollte: eine (reguläre) Krankheitsdiagnose und eine (homöopathische) Heilungsdiagnose.

Die (reguläre) Krankheitsdiagnose wird auf der Grundlage der Ergebnisse des Gesprächs mit dem Besitzer zu Beginn der Konsultation (Anamnese), der Befunde bei der klinischen Untersuchung und der Ergebnisse zusätzlicher Diagnostik, wie z. B. Labortests und diagnostische Bildgebung erstellt.

Die (homöopathische) Arzneimitteldiagnose wird auf der Grundlage der (regulären) Krankheitsdiagnose *und* zusätzlicher individueller Symptome gestellt. Diese zusätzlichen individuellen Symptome spielen eine Schlüsselrolle bei der Erstellung der richtigen Arzneimitteldiagnose.

Die Bedeutung einer guten Anamnese

Eine gute Anamnese wird im hektischen Alltag der Tierarztpraxis manchmal vernachlässigt. Die Wahrscheinlichkeit, wichtige Informationen zu übersehen, steigt dadurch. Die Beobachtungen des Besitzers sind in den meisten Fällen von großem Mehrwert, nicht nur für die (homöopathische) Arzneimitteldiagnose, sondern auch für die (reguläre) Krankheitsdiagnose. Dem Besitzer die Zeit zu geben, seine Geschichte vollständig zu erzählen, ist gleich doppelt wertvoll. Der Besitzer verbringt Tag und Nacht mit seinem Hund in seiner eigenen Umgebung, der Tierarzt bekommt (nur) eine Momentaufnahme des Hundes in einer für den Hund ungewohnten Umgebung. Als Praktiker müssen wir genau zuhören, was der Besitzer zu sagen hat. Wir sollten sicherlich auch die Informationen berücksichtigen, die wir zwar nicht sofort in eine normale Diagnoseschublade einordnen können, die sich aber bei näherer Betrachtung als Hinweise auf die (reguläre) Krankheitsdiagnose erweisen. Die modernen Diagnosemittel haben den Tierarzt von heute etwas träge gemacht, was die Anamnese betrifft.

Eine gute Anamnese braucht Zeit. Das zahlt sich immer aus, vor allem durch eine bessere Qualität der tierärztlichen Versorgung. Wenn diese

Zeit, aus welchen Gründen auch immer, beim Ersttermin nicht zur Verfügung steht, muss ein längerer Folgetermin vereinbart oder an einen Kollegen verwiesen werden.
Eine korrekte Anamnese erfordert eine reibungslose Beziehung zwischen Tierarzt und Besitzer. Tierärzte, die ein natürliches Einfühlungsvermögen, Aufmerksamkeit und Fürsorge für Tiere *und* ihre Besitzer haben, sind eindeutig im Vorteil. Eine ordnungsgemäße Anamnese, insbesondere bei chronischen Beschwerden, braucht Zeit, mindestens 15 Minuten. Abgesehen von der Fähigkeit, dem Besitzer aufmerksam zuzuhören, muss der Tierarzt auch über ein großes Wissen und viel Erfahrung verfügen, damit er die richtigen Fragen stellen und wertvolle Anzeichen erkennen kann, die der Besitzer mit seinen eigenen Worten wiedergibt.

Altmodische Diagnostik

Die (reguläre) Krankheitsdiagnose liefert dem homöopathischen Tierarzt allgemeine und spezielle Symptome, um die Erkrankung bestimmen zu können. In der Homöopathie werden die Ergebnisse moderner Diagnoseinstrumente wie Labortests und bildgebende Verfahren bisher nur sehr begrenzt genutzt. Zusätzliche Einzelsymptome wurden in der klassischen Tiermedizin nie erfasst und sind auch in der modernen wissenschaftlichen Literatur nicht oder nur sporadisch zu finden. All dies hat dazu geführt, dass wir uns für die Arzneimitteldiagnose bis heute mit einer zweihundert Jahre alten traditionellen Diagnosemethode begnügen müssen, die auf einer Überlieferung detaillierter Merkmale des Erkrankten beruht. Und dann handelt es sich in der Regel auch noch um detaillierte Merkmale beim Menschen und nicht beim Tier.
Wir müssen uns damit abfinden, aber ideal ist das noch lange nicht. Ich bin der Meinung, dass wir uns in der Veterinärhomöopathie der Unzulänglichkeiten dieser Diagnosemethode (stärker) bewusst sein sollten. Die gute Nachricht ist, dass wir in der Praxis inzwischen viele klinische Erfahrungen mit Arzneimittelbildern bei Hunden sammeln konnten.
Die Homöopathie hat auf ihrem Weg zur wissenschaftlichen Absicherung noch einen langen und schwierigen Weg vor sich. So muss neben dem Nachweis des Wirkprinzips und der klinischen Wirksamkeit auch ein Weg erforscht werden, wie eine Arzneimitteldiagnose einfacher, zuverlässiger und effektiver gestellt werden kann.

Arzneimitteldiagnose in der Praxis

Ich stelle zunächst eine (reguläre) Krankheitsdiagnose. Bei der Anamnese erhebe ich auch (bereits) die für die Arzneimitteldiagnose benötigten zusätzlichen individuellen Symptome. Nach Anamnese und klinischer Untersuchung lasse ich bei Bedarf weitere Untersuchungen wie Labortests und bildgebende Diagnostik durchführen. Wenn sofort klar ist, dass der Patient mit einer regulären Behandlung besser dran ist, leite ich diese ein und mache vorerst nichts mit Homöopathie. Wenn ich denke, dass eine homöopathische Behandlung auch möglich oder sogar besser sein könnte, erstelle ich zusätzlich eine Arzneimitteldiagnose auf Basis meines vorhandenen Wissens oder anhand eines Repertoriums, eines aus der homöopathischen Materia Medica (Lehre der Arzneimittelbilder) erstellten Symptomregisters.
Sobald die (reguläre) Krankheitsdiagnose und/oder die (homöopathische) Arzneimitteldiagnose gestellt sind, stelle ich die verschiedenen Behandlungsmöglichkeiten innerhalb meiner Zuständigkeit einander gegenüber: reguläre Behandlung (Medikamente, Operation) und/oder homöopathische Behandlung. In dieser Phase entscheide ich auch, ob ich mich an andere Fachleute wenden möchte, die ich nicht in meinem Haus habe, z. B. an einen Fachtierarzt,

eine Fachperson aus einem nicht-veterinärmedizinischen Bereich der Tiergesundheit (z. B. Hundephysiotherapeuten), einen Hundeverhaltenstherapeuten und so weiter.
Im Prinzip hat der Besitzer die Wahl zwischen den drei Möglichkeiten: nichts tun und abwarten, die reguläre oder die homöopathische Behandlung. In der Praxis läuft es meist darauf hinaus, dass der Besitzer den Rat des Tierarztes befolgt. Wenn ein Besitzer die von mir empfohlene reguläre Behandlung ablehnt und stattdessen nur eine homöopathische Behandlung wünscht, konnte ich ihn bisher immer davon überzeugen, die reguläre Behandlung und nicht die Homöopathie zu wählen. Das liegt vor allem daran, dass der Besitzer darauf vertraut, dass ich auch in Bezug auf die Homöopathie weiß, wovon ich spreche.

Die Bedeutung der Genauigkeit

In vielen Fällen leite ich sofort eine reguläre Behandlung ein, insbesondere in lebensbedrohlichen Situationen, aber auch dann, wenn ich die Erfahrung gemacht habe, dass der reguläre Ansatz gut und ohne schädliche Nebenwirkungen funktioniert. In den meisten Fällen kennen wir die Erfolgsquote der regulären Behandlungen, weil sie nicht nur *evidenzbasiert* sind, sondern – was noch wichtiger ist – inzwischen auch *empirisch fundiert*. Wenn ich abwäge, ob ich mich für die reguläre Tiermedizin oder die Homöopathie entscheide, berücksichtige ich nicht nur die möglichen Nebenwirkungen einer Behandlung, sondern auch, ob die Behandlung nur vorübergehend ist, symptomatisch (nicht heilend, sondern Symptome unterdrückend) oder vielleicht eine nachhaltigere Lösung darstellt.
Für eine Reihe von homöopathischen Mitteln sind die Arzneimittelbilder inzwischen empirisch fundiert und ich kenne daher ihren Genauigkeitsgrad. Aber für viele homöopathische Mittel kennen wir die Arzneimittelbilder noch nicht sehr gut, sodass die Arzneimitteldiagnose weniger zuverlässig und somit die Treffsicherheit zweifelhaft ist. Hinzu kommt, dass bei Hunden oft ein Symptommangel vorliegt, der eine Arzneimitteldiagnose erschwert oder gar unmöglich macht.
Und schließlich ist die Homöopathie nur eine Reiztherapie und hat daher eine begrenzte Reichweite, die durch die Reaktionsfähigkeit des Körpers bestimmt wird.
In Fällen, in denen die reguläre Veterinärmedizin keine Behandlung bieten kann oder das Verhältnis zwischen Wirksamkeit und Nebenwirkungen inakzeptabel in Richtung Nebenwirkungen kippt, kann die Homöopathie früher eingesetzt werden. Dies gilt vor allem für chronische Erkrankungen, bei denen reguläre, symptomatisch wirkende Medikamente dauerhaft verordnet werden müssen, wie z. B. bei Arthrose, Hauterkrankungen und Epilepsie.

Weitere Gründe für eine reguläre Krankheitsdiagnose

Wie bereits angedeutet, bedarf es für eine homöopathische Behandlung grundsätzlich immer beider Diagnosen, der (regulären) Krankheitsdiagnose und der (homöopathischen) Arzneimitteldiagnose. Die Erstellung einer regulären Krankheitsdiagnose ist notwendig, um in geeigneten Fällen rechtzeitig eine notwendige und/oder bessere reguläre Behandlung einleiten zu können. Eine reguläre Krankheitsdiagnose ist auch wichtig, um die Prognose im Krankheitsverlauf abschätzen zu können. So wird vermieden, dass beim Besitzer falsche Erwartungen geweckt werden, z. B. bei bösartigen Erkrankungen, schwerem Nieren- oder Herzversagen und so weiter. Um die Potenz an den Schweregrad der Erkrankung anpassen zu können, müssen wir in der Lage sein, den Schweregrad des pathologischen Zustands abzuschätzen. Bei schweren pathologischen Anomalien kann die falsche Wahl der Potenz mitunter eine starke Verschlimmerung der Symptome verursachen. Und schließlich ist es notwendig, den üblichen Krankheitsverlauf (Pathogenese) zu kennen, um die regulären Krankheitssymptome von den zusätzlichen individuellen Symptomen unterscheiden zu können.

Sammlung von Symptomen

Das Ziel einer Arzneimitteldiagnose ist es, ein Syndrom (= Sammlung von Symptomen) in die Hand zu bekommen, das uns den Hinweis auf das beste ähnliche Arzneimittel oder Simillimum gibt. Neben den regulären Krankheitssymptomen sind es vor allem die zusätzlichen individuellen Symptome, die die (homöopathische) Arzneimitteldiagnose bestimmen. Hierfür benötigen wir Informationen vom Besitzer, die wir vor allem bei der Anamnese erhalten. Wir können dann hoffen, dass der Besitzer seinen Hund gut beobachtet und uns auf die zusätzlichen individuellen Symptome hinweisen kann, die wir benötigen. Da ein Besitzer normalerweise nicht an eine so umfangreiche Anamnese gewöhnt ist, ist es gut, ihm vorher zu erklären, wie die Homöopathie funktioniert. Dies kann zu Beginn der Konsultation geschehen, aber natürlich auch in einer Praxisbroschüre oder in einem Artikel auf der Website der Praxis.

Hierarchisierung der Symptome

Der nächste Schritt bei der Erstellung der Arzneimitteldiagnose besteht darin, die Symptome nach ihrem Symptomwert zu ordnen. Wir nennen dies Symptomhierarchisierung. Wir versuchen, zwischen den Symptomen zu unterscheiden, die (viel) entscheidender für das Simillimum sind, und solchen Symptomen, die (viel) weniger oder nicht entscheidend sind. Wir bezeichnen diese als hoch- bzw. niedriggradige Symptome.

Vergleich von Krankheits- und Arzneimittelbild

Sobald wir das beste Syndrom in der Hand haben, vergleichen wir es mit der Materia Medica. Wir verwenden dazu verschiedene Quellen:

Homöopathische Materia Medica

Die homöopathische Materia Medica, die Lehre von den Arzneimittelbildern, ist eine Zusammenstellung von Arzneimittelbildbeschreibungen. Größtenteils handelt es sich um Human- und, soweit vorhanden, um Tierarzneimittel. Wir verwenden diese in gedruckter oder digitaler Form vorliegenden Büchern als Lehr- und Nachschlagewerke. Um in der Praxis tatsächlich eine Arzneimitteldiagnose stellen zu können, ist es notwendig, die Arzneimittelbilder, insbesondere die bewährten Arzneimittelbilder des Hundes, gut zu kennen.

Materia Medica-Kenntnisse und „rote Fäden"

Die Materia Medica-Kenntnisse im Gedächtnis parat zu haben, macht sie zwar leichter verfügbar, aber sich alle (wertvollen) Details eines Arzneimittelbildes oder alle zusätzlichen Einzelsymptome zu merken, ist gerade für den Anfänger schwierig. Natürlich kann der rote Faden des Arzneimittelbildes aber bereits ein starker Anhaltspunkt für die Arzneimitteldiagnose sein. Beispiele für einen roten Faden finden sich in den Arzneimittelbildern von *Stramonium, Ignatia amara, Arnica montana* und *Calcium carbonicum*. Bei *Stramonium* ist die Gemeinsamkeit das Verhaltenssymptom „schwer zu beurteilen, was vertraut ist und was nicht". Bei *Ignatia amara* ist der gemeinsame Nenner das Kausalsymptom „Folgen eines psychischen Traumas", bei *Arnica montana* „Folgen eines körperlichen Traumas". Bei *Calcium carbonicum* ist der rote Faden die Modalität „alle Symptome verschlimmern sich rasch bei körperlicher Anstrengung". Aus

Erfahrung weiß ich, dass oft zusätzliche Einzelsymptome als Charakteristika des Krankheitsbildes erst wirklich ausschlaggebend für die Wahl des Simillimums sind.

Repertorium oder Symptomregister

Eine praktische Lösung für die Tatsache, dass man nicht alle Symptome eines umfassenden Arzneimittelbilds im Kopf haben kann, ist ein Repertorium oder eine Materia Medica in Form eines Symptomregisters. Umfassende Repertorien für die Humanhomöopathie gibt es sowohl in gedruckter Buchform als auch digital. Dadurch wird die komplette menschliche Materia Medica leichter zugänglich.
Ein veterinärmedizinisches Repertorium ist dagegen nur begrenzt verfügbar. Zum Teil sind veterinärmedizinische Symptomregister in Humanrepertorien untergebracht. Es gibt nur ein einziges eigenständiges tierärztliches Verzeichnis, nämlich das unseres erfahrenen US-amerikanischen Kollegen Richard Pitcairn. Wir dürfen an dessen Qualität zweifeln. Mit dem Wissen, dass noch viel zu wenige erprobte Arzneimittelbilder in der Praxis bekannt sind, liegt es auf der Hand, dass die aktuellen veterinärmedizinischen Repertorien hauptsächlich auf menschlichen Arzneimittelbildern beruhen, die zwar in der Anwendung der Homöopathie bei Hunden verwendet werden, aber noch nicht in ausreichender Zahl in der tierärztlichen Praxis erprobt worden sind. Obwohl das Repertorium einen schnellen Zugriff auf die Materia Medica ermöglicht, hat es sich bisher mehr oder ausschließlich auf den Menschen konzentriert. Daher sind die humanen und damit auch die bestehenden tierärztlichem Repertorien für den Tierarzt nur bedingt nutzbar. Aus diesem Grund ist es von großer Bedeutung, viel Wissen zu haben, vor allem aus verlässlicher tierärztlicher Erfahrung. Ein Wissen, das aus der Erfahrung (d. h. erprobtem Wissen) von uns selbst und von Kollegen stammt. Wir finden die tierärztlichen Nuancen nicht in den Arzneimittelbildern der Menschen wieder. Das zeigt sich zum Beispiel an den verschiedenen Formen der Aggression bei Hunden. Zum Beispiel: Der Graphites-Hund knurrt und läuft weg, der Ignatia amara-Hund schnappt unerwartet und heftig, beißt aber nicht, und der Aurum metallicum-Hund sucht Streit und keift. Der beste Weg, sich ein Arzneimittelbild in all seinen Schattierungen einzuprägen, ist, es mehr als einmal am Patienten live zu sehen. Im Allgemeinen ist ein Repertorium unterteilt in Kapitel (Organe), Rubriken (Symptome) und Unterrubriken (zusätzliche Symptomangaben). In den (Unter-)Rubriken werden, abgekürzt, die homöopathischen Mittel genannt, wobei die entsprechenden Symptombeschreibungen auch Teil der jeweiligen Arzneimittelbilder sind. Auf diese Weise kann geklärt werden, welches homöopathische Mittel am besten zu den gesamten Symptombeschreibungen der einzelnen Patienten passt.

Homöopathische Anamnese

Die homöopathische Anamnese ist eine Anamnese, die in erster Linie versucht, die zusätzlichen Einzelsymptome zu erfassen, die für die Erstellung einer Arzneimitteldiagnose nützlich sind. Das Stellen von Suggestivfragen oder das Spekulieren über die Antworten des Besitzers erhöht die Wahrscheinlichkeit falscher Ergebnisse.
Es kommt häufig vor, dass ein Hundehalter auf dieselben Fragen, die etwas anders formuliert und/oder bei einem Folgegespräch erneut gestellt werden, eine andere Antwort gibt oder die vorherige Antwort nuanciert. Wenn ein Besitzer zum Beispiel sagt, dass sein Hund viel trinkt, kann es wirklich so sein, aber es kann auch sein, dass der Besitzer denkt, sein Hund trinke viel, weil ein anderer Hund im Haus weniger trinkt. Am besten misst man in einem solchen Fall die über einen Zeitraum von 24 Stunden getrunkene Wassermenge und/oder untersucht den Urin

auf sein spezifisches Gewicht. Die Symptome sollten so wahrheitsgetreu wie möglich sein.

Authentizität, Intensität und Übertragbarkeit der Symptome

Die Symptome müssen authentisch, faktisch und nicht spekulativ sein und sie müssen einen gewissen Grad an Intensität aufweisen. Ein strukturelles Leiden ist oft eher ein Indiz für das Simillimum als eine gelegentliche Beschwerde. Gelegentliches Erbrechen ist normal, aber tägliches Erbrechen ist ein ernstes Problem. Die Symptome müssen in die homöopathische Materia Medica übertragbar sein oder sich als solche widerspiegeln. Da wir in der Veterinärmedizin immer noch häufig Bilder aus der Humanmedizin als Inspiration verwenden müssen, ist das Risiko einer Fehlübertragung recht hoch. Zusätzliche individuelle Symptome, die halbwegs charakteristisch für den Erkrankten sind, müssen daher auch eine gewisse Authentizität und Intensität aufweisen und übertragbar sein.

Symptomhierarchie

Für eine gute homöopathische Anamnese müssen wir konkret wissen, was wir mit zusätzlichen Einzelsymptomen meinen und was mit hochwertigen und geringwertigen Symptomen. Hochwertige Symptome spielen bei der Wahl des Mittels eine wichtigere Rolle als geringwertige. Am besten ist es, wenn wir ein nicht zu breites Syndrom mit hochwertigen Symptomen haben können. Ein umfangreiches Syndrom mit nur geringwertigen Symptomen bringt uns in der Regel nicht viel weiter.
Auf die zusätzlichen Einzelsymptome bin ich bereits im vorigen Kapitel sehr kurz eingegangen. Im Folgenden führe ich die Symptomtypen in einer Übersicht umfassender auf, und zwar in ihrer hierarchischen Reihenfolge, von oben nach unten, in abnehmender Bedeutung (Dignität).

Eine tabellarische Übersicht der Symptomhierarchie finden Sie auf S. 44.

Typ

Der Begriff Typ lässt sich am besten als die Summe von Merkmalen der Veranlagung, des Körperbaus (Konstitution), des Verhaltens und der individuellen Reaktionen auf die Umwelt beschreiben. Damit erübrigt sich für die praktische Anwendung eine weitere Diskussion über die Unterschiede zwischen Typ und Konstitution.
Auch wenn ein Typus gesund ist und keine Symptome aufweist, bleiben typische Merkmale vorhanden. Der Typus ist also weiterhin als solcher erkennbar. Ein bestimmter Typus ist prinzipiell prädisponiert (anfällig) für Pathologien, die in das ähnliche Arzneimittelbild passen. Das bedeutet nicht, dass ein bestimmter Typus immer alle Krankheiten aus dem ähnlichen Arzneimittelbild bekommt. Eine Krankheit entsteht nur, wenn ein ungünstiges Zusammentreffen von Auslösern, Ursachen und Umständen vorliegt.
Außerdem kann ein Erreger so heftig wirken, dass er das (reguläre) Krankheitsbild vollständig dominiert und zusätzliche individuelle Merkmale nicht mehr erkennbar sind. Dies sehen wir z. B. bei einer schweren Virusinfektion in einer größeren Gruppe von Tieren: hohe Erkrankungsrate, Einheitlichkeit des (regulären) Krankheitsbildes und Fehlen zusätzlicher individueller Symptome. Die Homöopathie hat in einem solchen Fall keine oder nur eine geringe Chance.

Miasma

In der Homöopathie kennen wir den Begriff Miasma (Erbkrankheit). Dabei soll es sich um die Übertragung von „krankem“ Erbgut handeln, wobei die Anfälligkeit für bestimmte Krankheiten von den Eltern an die Kinder weitergegeben wird. Es könnte bei Hunden daher sein, so die Annahme, dass Vorfahren, die zum Beispiel an Hundestaupe erkrankt sind, an ihre Nachkommen abnormes Erbgut weitergeben, das in irgendeiner Weise mit der Hundestaupe zusammenhängt. Es wäre dann möglich, dass ein (entfernter) Nachkomme noch anfällig für ein Krankheitsbild ist, das dem der Staupe entspricht. Wenn wir einen Patienten auf dieser Ebene ansprechen könnten, könnten wir natürlich noch kausaler arbeiten. Es stellt sich dann die Frage, wie weit wir in unserer Illusion von einer machbaren Schöpfung gehen können. Interessant, darüber nachzudenken, aber (noch) nicht als Wahrheit zu verkaufen. Der Vollständigkeit halber sollte ich erwähnen, dass ich glaube, in einer Reihe von Beobachtungen positive Erfahrungen mit gereinigten Verdünnungen der Distemperinum-Nosode (abgeleitet von der Hundestaupe) gemacht zu haben.

Bei Pathologien, bei denen der Verdacht auf eine Autoimmunerkrankung besteht, habe ich Symptome gesehen, die der Pathologie der Hundestaupe ähneln. Zum Beispiel bei der Aspergillose: Es handelt sich um einen hartnäckigen, therapieresistenten, chronischen, eitrigen Nasenausfluss, bei dem der Pilz *Aspergillus fumigatus* sehr wahrscheinlich nur eine erschwerende Rolle spielt und die zugrunde liegende Ursache eine Autoimmunerkrankung ist. Der herkömmliche Ansatz, der sich nur auf die Beseitigung von *Aspergillus* konzentriert, greift also zu kurz.

Ein weiteres Beispiel ist eine hartnäckige, therapieresistente chronische Entzündung der Pfote, bei der Löcher in den Ballen zu sehen sind, die auch charakteristisch für die Hundestaupe sein können (*Hartballen-Krankheit/Hard pad disease*). Leider endet die reguläre Behandlung oft mit einer (teilweisen) Amputation der Zehen. Auf diese Weise können wir aber nicht verhindern, dass weitere Zehen mit demselben Problem folgen. In solchen therapieresistenten Fällen, wie z. B. bei Aspergillose und chronischer Zehenentzündung, verordne ich einmalig *Distemperinum* MK und wiederhole die Gaben je nach Reaktion.

Ich habe eine gewisse Anzahl solcher Patienten gesehen. Es handelt sich also um etwas mehr als eine Einzelfall-Statistik. Außerdem habe ich nicht immer die Maßnahmen ergriffen, die der Arzt dabei getroffen hat. Im Falle einer Autoimmunerkrankung kontrolliere ich zumindest Cobalamin (Vitamin B12) im Blut des nüchternen Hundes. Sind die Werte zu niedrig oder an der Grenze, gebe ich Cobalamin per Injektion zu. Inzwischen ist mir klar, dass bei zu niedrigen Cobalaminspiegeln eine Supplementierung unumgänglich ist. Ein ausreichender Cobalaminspiegel im Blut entscheidet auch maßgeblich über den Erfolg einer regulären oder homöopathischen Behandlung.

In einer Reihe von Fällen habe ich zusätzlich zu der Distemperinum-Nosode auch *Thuja occidentalis* und/oder das Phytotherapeutikum *Oregano* (*Origanum vulgare* oder Wilder Majoran) verabreicht.

Abgesehen von der Tatsache, dass es zu einer übermäßigen Reaktion (Miasma?) gegenüber Impfungen kommen kann, scheint zu viel Impfung den Körper auch (über-)stimulieren zu können und Krankheitssymptome hervorzurufen, die denen der Krankheit ähneln, gegen die geimpft wird.

Nosode

Eine Nosode ist eine potenzierte Verdünnung von Krankheitsmaterial. In der Veterinärmedizin werden auch menschliche Nosoden verwendet, und zwar auf der Grundlage rein menschlicher Arzneimittelbilder und nicht, weil es sich um nachweisliche Krankheiten bei Hunden handelt. Bekannte Human-Nosoden sind Tuberculinum (Tuberkulose), Psorinum (Räude), Syphilinum (Syphilis) und Medorrhinum (Gonorrhö). Für mich bleibt es fraglich, ob es realistisch ist, von menschlichen Nosoden, die auf Hunde angewendet werden, viel zu erwarten. Früher wurden Nosoden tatsächlich aus

Krankheitsmaterial hergestellt. Heute werden Nosoden u. a. aus den entsprechenden Vakzinen hergestellt. Bei der Festlegung der Arzneimitteldiagnose, bei der Auswahl von Nosoden, die tief wirken sollen, habe ich immer das Gefühl, dass ich viel zu wenige (bei Hunden nachgewiesene) zusätzliche Einzelsymptome gesammelt habe, um auf gute Ergebnisse vertrauen zu können.

Eine wichtige Warnung: Nosoden sollten nicht als Ersatz für Impfungen oder Titerbestimmungen verwendet werden. Es wird davon ausgegangen, dass potenzierte Verdünnungen selektiv auf den Menschen wirken, der sie einnimmt. In der Praxis zeigt sich jedoch, dass bei größeren Tiergruppen auch krankheitsbezogene homöopathische Potenzen und nicht nur auf den Kranken bezogene Potenzen wirksam sein können, wie eine wissenschaftliche Studie zu Rattenkrankheiten aus Kuba zeigt.

Soziale Hierarchie

Bei der Identifizierung des Typs kann die Stellung des Hundes in der sozialen Hierarchie eine zusätzliche Unterstützung für die Wahl des Similimums sein. Wir sollten den Begriff Soziale Hierarchie nicht mit dem der Symptomhierarchie verwechseln. Bei der Sozialen Hierarchie geht es um den Grad der Dominanz und Unterwürfigkeit eines bestimmten Typs, während es bei der Symptomhierarchie um den hohen oder niedrigen Status eines bestimmten Symptoms geht.

Um eine Vorstellung davon zu bekommen, führe ich im Folgenden eine Auswahl einiger Arten und einige ihrer typischen Eigenschaften auf: von natürlicher Dominanz *(Platinum metallicum)* bis zu extremer Unterwürfigkeit *(Pulsatilla pratensis)*.

Überblick über die soziale Hierarchie (von dominant bis unterwürfig)

Dominanz ohne Aggression, geborener Anführer, führt allein durch seine Anwesenheit	*Platin metallicum*
Dominanz mit bewusster Aggression, Manifestation, ständiges Streiten	*Aurum metallicum*
Mischung aus Freundlichkeit, Unsicherheit und (reaktiver) Dominanz „aus gutem Grund“	*Lycopodium clavatum*
reflexhafte Aggression aus Angst ohne Beschwichtigung*	*Tarantula hispanica*
reflexhafte Aggression aus Misstrauen mit Beschwichtigung*	*Stramonium*
draufgängerisch, aufdringlich, Aufmerksamkeit erregendes Verhalten, Aggression bei Gegenreaktion möglich	*Phosphorus*
hinterhältig, Aggression aus dem Nichts, aggressive Eifersucht	*Lachesis mutus*
mäßig dominant (Hündin), Bluffen (Rüde)	*Nux vomica*
plötzlich aus Angst oder Verärgerung um sich schnappen, ohne zu beißen	*Ignatia amara*
reizbar, möchte in Ruhe gelassen werden, wenn er gestört wird: knurrt und rennt weg	*Graphites*
reflexartige Aggression aus Angst, schwere Panik und Hysterie, passiver Urin- und Stuhlabgang	*Hyoscyamus niger*
äußerst freundlich, anhänglich und unterwürfig (sklavisch), passiver Urinabgang	*Pulsatilla pratensis*

* Die Beschwichtigung besteht darin, dass der Hund, sobald er aus dem aggressiven Flow heraus ist, sofort eine unterwürfige Haltung einnimmt.

Aus der Praxis

Stabijhoun Boukje: Phosphorus-Typ

Boukje, eine Hündin der niederländischen Rasse Stabijhoun, wurde im Alter von zwei Jahren mit EPI (exokrine Pankreasinsuffizienz) vorgestellt. Dabei handelt es sich um eine Störung der Produktion von Verdauungsenzymen in der Bauchspeicheldrüse. Zu den Symptomen gehören vermehrtes Fressen, vermehrtes Trinken, häufiger Stuhlgang (manchmal Durchfall) und Abmagerung. Die Diagnose kann durch die Messung des TLI-Wertes im Blut des nüchternen Patienten bestätigt werden. Boukje hatte einen TLI-Wert von < 2 ug/l (normal sind 8–35 ug/l).

Boukje war ein Phosphorus-Typ: sportliches Model, enorm aktiv (wie Dynamit) und zerstörte alles im Haus, wenn sie allein war. Sie sprach fantastisch auf die Homöopathie (*Phosphorus* D30) an. Die Symptome verschwanden vollständig und Boukje nahm in kurzer Zeit wieder zu: von 14 auf 20 kg. Seltsamerweise blieb der TLI-Wert < 2 ug/l und nur vier Jahre später, im Alter von sechs Jahren, also viel zu jung, starb Boukje an einer Knochenmarkdepression (die Produktion neuer Blutzellen wurde eingestellt). Wie EPI ist auch die Knochenmarkdepression eine Erkrankung des Immunsystems. Auch hier konnten wir ihren Bauplan des Lebens offenbar nicht mit Homöopathie verändern.

Rottweiler Ben: Lycopodium-Typ

Ben war ein beeindruckend kräftiger, etwas abgemagerter Rottweiler, der knurrend und wedelnd auf dem Behandlungstisch stand, ganz nach dem Arzneimittelbild von *Lycopodium clavatum*: eine Mischung aus Freundlichkeit, Dominanz und Verunsicherung. Ben erholte sich vollständig von einer sehr chronischen Diarrhö. *Lycopodium clavatum* war seine Rettung. Zeit, Zufall und Suggestion waren keine logische Erklärung für diesen Erfolg. Jahrelang ging alles gut, doch leider starb Ben im Alter von etwa sieben Jahren an Leukämie, also ebenfalls viel zu jung. Auch da war es uns offensichtlich nicht gelungen, die Krankheit an der Wurzel auszurotten.

Überblick über die Symptomhierarchie (von hoch- nach niedriggradig)

1. Typ	Anlagen, Körperbau (Konstitution), Verhalten und individuelle Reaktionen auf die Umwelt
2. Ursache	z. B. physische und psychische Traumata, Vergiftungen, Schock, Impfungen usw.
3. Charakteristika	seltsame, auffällige, nicht sofort erklärbare Symptome
4. Verhalten	z. B. Angst, Aggression, Traurigkeit, Eifersucht und so weiter
5. Modalität im Allgemeinen	Zustände, in denen sich die Symptome verschlimmern oder verbessern, Links- oder Rechtsseitigkeit
6. Modalität lokal	Zustände, in denen sich die Symptome verschlimmern oder verbessern, Links- oder Rechtsseitigkeit
7. Allgemeine Symptome	z. B. Appetit, Läufigkeit, Zyklus der Hündin, Scheinträchtigkeit usw.
8. Lokal	z. B. Juckreiz der Haut, Ohrenentzündung, Durchfall und so weiter

Es ist wichtig, sich diese Relativität der Homöopathie immer wieder bewusst zu machen. Rechnen Sie als Einsteiger mit vielen Enttäuschungen. Es bleibt auch für den erfahrenen Homöopathen immer wieder eine harte Arbeit, das Simillimum zu finden, aber Erfolge motivieren dann umso mehr, weiterzumachen. Zumindest war und ist das bei mir so.

Beispiele für Typen

Die Nummern im Text entsprechen den Nummern in der Tabelle „Überblick über die Symptomhierarchie" links.

Graphites-Typ

Der Graphites-Typ (1) ist dick (7), dumm (4), langsam (7), traurig (4), kalt (5) und wird gerne in Ruhe gelassen. Auffällig ist seine Reizbarkeit (4), vor allem gegenüber Kindern, deren unberechenbare Bewegungen schnell als störend empfunden werden. Der Graphites-Typ knurrt dann und läuft normalerweise weg (4). Der Appetit ist mehr als gut (7), die Trinkmenge ist normal. Das Bild passt besonders gut zu der (üblichen) Krankheitsdiagnose der Hypothyreose (Schilddrüsenunterfunktion) (8). Das heißt aber noch lange nicht, dass ich aufgrund der (regulären) Krankheitsdiagnose „Hypothyreose" immer *Graphites* verschreibe.
Für die Behandlung mit Homöopathie haben wir noch zusätzliche individuelle Symptome, um sicher zu sein, dass es sich um einen Graphites-Typ handelt. Diese Symptome sind oft schwer oder gar nicht zu finden. Wenn ich nicht über die (reguläre) Krankheitsdiagnose der primären Hypothyreodie hinauskomme, bei der das T4 (Schilddrüsenhormon) im Blut zu niedrig und das TSH (Thyroidea-stimulierendes Hormon) zu hoch ist, behandle ich den Patienten mit Schilddrüsenhormon-Supplementierung (Levothyroxin) und (vorerst) nicht mit Homöopathie. Auf diese Weise gleichen wir nur die Schilddrüsenhormone aus, tun aber nichts gegen die nicht funktionierende Schilddrüse, die vermutlich durch eine Fehlfunktion des Immunsystems verursacht wird. Wenn wir dennoch das Simillimum finden, könnte es *Graphites sein*, aber durchaus auch ein anderes Mittel. Wir können dieses Mittel zusammen mit der Nahrungsergänzung verabreichen und allein auf der Grundlage regelmäßiger T4- und TSH-Kontrollen feststellen, ob die Nahrungsergänzung niedriger dosiert oder ihre Verabreichung abgesetzt werden kann. In der Praxis wird bei erfolgreicher Supplementierung nicht mehr auf die Homöopathie zurückgegriffen. Hier werden Hormone eingesetzt, um einen Mangel auf normale Blutwerte zu ergänzen. Im Prinzip gibt es dann keine Überdosierung, sodass Nebenwirkungen praktisch ausgeschlossen sind.

Lachesis mutus-Typ

Der Lachesis mutus-Typ (1) ist hinterhältig (heimtückisch) (4) und unglaublich eifersüchtig (4). Diese Eifersucht führt häufig zu Aggressionen (Angriffe und Beißereien) und streitsüchtigem Verhalten, vorzugsweise aus dem Hinterhalt. Bei Hunden äußert sich Eifersucht meist in aufdringlichem und übermäßig anhänglichem Verhalten. Streitsucht und Aggression als Folge von Eifersucht sind also an sich schon bemerkenswerte Verhaltensweisen (3). Über den Körperbau des Lachesis mutus-Typs kann ich nichts Besonderes berichten.
Sehr auffällig ist die ausgeprägte Linksseitigkeit der Beschwerden. Linkslastigkeit ist eine Modalität (6). Wenn mehrere lokale Symptome häufiger linksseitig sind, liegt eine generalisierte Modalität vor (5). Eine generelle Linksseitigkeit ist für *Lachesis mutus* charakteristisch bzw. deutet stark darauf hin (5). Nach einer Kastration sehen wir oft eine Verhaltensänderung (einschließlich Aggression) (2). Hier spielt sicherlich die traumatische Erfahrung eines chirurgischen Eingriffs

eine wichtige Rolle, aber ziemlich sicher auch die Tatsache, dass keine Sexualhormone mehr produziert werden.
Auch bei *Lachesis mutus* verdient eine Typus-Diagnose nur dann den ersten Platz in der Hierarchie, wenn es eine starke Kombination von Symptomen gibt. Wenn die drei genannten Merkmale aggressive Eifersucht (3), Linksseitigkeit (5/6) und Verhaltensauffälligkeiten (4) nach der Kastration (2) vorhanden sind, haben wir es mit einer charakteristischen Symptomkombination (3) zu tun, der Lachesis mutus-Typ (1) ist damit bestätigt und der Erfolg (fast) gesichert.

Calcium carbonicum-Typ

Der Calcium carbonicum-Typ (1) zeichnet sich vor allem (aber nicht nur) durch die Kombination einer mäßigen Konstitution (Veranlagung und Körperbau) (7), einer schlechten Ausdauer (7) und Verschlimmerung der Symptome durch körperliche Anspannung (5) aus. Der Calcium carbonicum-Typ ist dick und grob (großer Kopf, zu viel Haut), kraftlos und schwach (Muskeln, Gelenke, Sehnen, Bänder und Gelenkkapseln), mit miserabler Ausdauer (will, kann aber nicht). Zu schwer, zu schlaff und zu schwach mit überdurchschnittlicher Verletzungsanfälligkeit. Die Verschlimmerung verschiedener Beschwerden durch Anstrengung (2) ist eine bemerkenswerte Modalität als roter Faden im Arzneimittelbild von *Calcium carbonicum*, z. B. Durchfall oder Epilepsie durch körperliche Anspannung wie etwa durch (längeres) Gehen. Der Calcium carbonicum-Typ ist unsicher, ängstlich, nervös und hat oft einen etwas verzweifelten Blick (4), wenn er etwas tun muss, aber nicht will. Er kann bei Anstrengung recht keuchen (4).

Pulsatilla pratensis-Typ

Der weibliche Pulsatilla pratensis-Typ mag alle und jeden, ist extrem harmlos, niedrige Körperhaltung, übertriebenes Schwänzeln, aufdringliches Lecken, auf dem Rücken liegend und ständiges Urinieren (4/3). Dieses Bild allein ist ein starker Hinweis auf das Arzneimittelbild von *Pulsatilla pratensis*, aber es ist sicherer, noch weitere individuelle Symptome zu sammeln.
Eine charakteristische Merkmalskombination, die man als Schlüsselkombination (3/1) bezeichnen kann, ist das extrem unterwürfige Verhalten in Verbindung mit leichtem Übergewicht, trotz sehr mäßigen Appetits und extrem wenig Durst. Man muss Wasser regelrecht in ihn hineinschütten. Dann haben wir eine Beschreibung, die fast nahtlos auf *Pulsatilla pratensis* passt. In dieser Form verdient diese Typbeschreibung den ersten Platz.

Typ nicht immer auf Nummer eins

Der Typ steht immer auf Nummer eins in der Hierarchie. Theoretisch ist das auch richtig, aber in der Praxis müssen wir das etwas differenzierter sehen. Vor etwa 50 Jahren, als die Veterinärhomöopathie vor allem in unserem Land noch in den Kinderschuhen steckte, wurde ein Tier mit einem groben Körperbau leicht als Calcium carbonicum-Typ (z. B. Bernhardiner) und ein Tier mit einem schlanken Körperbau leicht als Arsenicum album-Typ (u. a. Collie) eingestuft. Aber mehrmals konnte ich einen Bernhardiner erfolgreich mit *Arsenicum album* gegen chronischen Durchfall behandeln, nachdem *Calcium carbonicum* nicht gewirkt hatte. Wir sollten uns also nicht nur auf den Typus verlassen. Er ist *ein*, aber nicht *der* Anhaltspunkt für das Simillimum. Wir sollten immer nach weiteren Symptomen suchen, die die Arzneimitteldiagnose bestätigen können, bevor wir eine Behandlung allein auf der Grundlage des Typs durchführen. In der Praxis ist die Nummer eins also oft nicht annähernd so hochwertig, wie ihr Platz in der Hierarchie vermuten lässt.

Ursache

Im Prinzip ist die Ursache von Beschwerden in der Übersicht über die Symptomhierarchie ein hochgradiges Symptom, aber in der Praxis ist das keineswegs immer die Ursache. Für die Arzneimitteldiagnose ziehen wir es vor, zusätzliche Einzelsymptome zu verwenden, die in diesen Fällen wirklich hochgradig sind.

Impfungen können die Ursache für Beschwerden bei Hunden sein, die auf bestimmte Impfstoffe überempfindlich reagieren: eine individuelle Reaktion. Auch bei Hunden, die zu viel und zu häufig geimpft wurden, können Impfungen die Ursache für Beschwerden sein. In vielen Fällen von Autoimmunproblemen wurde der gesamte Impfcocktail (Staupe, Hepatitis, Parvovirose, Leptospirose, Parainfluenza und Bordetella) im Alter von 6, 9 und 12 Wochen und danach jedes Jahr geimpft. Man kann es nicht beweisen, aber eine andere Impfpolitik einschließlich Titerbestimmung hat meiner Meinung nach zumindest zum Erfolg der homöopathischen Behandlung in diesen Fällen beigetragen.

Seelische Traumata sind regelmäßig die Ursache von Beschwerden: Verlust eines Freundes (Mensch oder Tier), Misshandlung, schlichte Überforderung des Besitzers mit dem Hund (z. B. bei Assistenzhunden), Angst, eine Operation, ein Unfall und so weiter. Ein körperliches Trauma ist nicht nur Ursache für körperliche, sondern oft auch für psychische Beschwerden. Wenn bei einem körperlichen Trauma Ursache und Wirkung in einem angemessenen Verhältnis zueinander stehen, handelt es sich bei beiden um niedriggradige Symptome. Steht die Folge nicht in einem negativen Verhältnis zur Ursache, haben wir es mit einem hochgradigen Symptom zu tun (auffällige individuelle Reaktion).

Fieber aufgrund einer Infektion, Schmerzen aufgrund eines Traumas, Durchfall nach dem Verzehr von verdorbenem Fisch: Solche Reaktionen sagen nichts über die Individualität des Patienten aus. Sie gehören zum durchschnittlichen, normalen Krankheitsverlauf, aber Fieber nach einer Impfung, extrem starke Schmerzen nach einem kleinen Trauma, Durchfall nach dem Verzehr von (sauberem) Fisch sind bemerkenswerte individuelle Reaktionen. Damit können wir etwas anfangen.

Liegt ein Floh- oder Wurmbefall vor, bei dem Flöhe oder Würmer die Ursache sind, können die daraus resultierenden Symptome einfach mit einer regulären Wurmkur oder einem regulären Flohmittel behoben werden.

Bei einer chronischen Hauterkrankung durch Malassezia (Hefepilze) oder einem chronischen Durchfall mit Schleim und Blut durch Giardien wissen wir, dass es mit einer Kur mit Ketoconazol (Hefepilze) bzw. einer Kur mit Fenbendazol (Giardien) nicht getan ist. Bei beiden Krankheiten müssen wir auch etwas gegen die eigentliche Ursache (Anfälligkeit) unternehmen, um ein erneutes Auftreten zu verhindern. Neben klinischen und zusätzlichen (Blut-)Untersuchungen, einschließlich Cobalamin (Vitamin B12) müssen wir in diesen Fällen auch eine medikamentöse Diagnose stellen, um die eigentliche Ursache, ein Immunproblem, zu bekämpfen.

Wir müssen sicher sein, dass der kausale Zusammenhang zwischen beispielsweise einer Impfung und den danach auftretenden Symptomen korrekt ist. Denn die Symptome danach sind nicht immer dieselben wie davor. Besitzer neigen dazu, schnell einen Zusammenhang zwischen Symptom und Ursache herzustellen. Tierärzte sollten sich davor hüten, solchen spekulativen Schlussfolgerungen allzu leicht zu folgen. Treten Probleme jedes Mal nach einer Impfung auf, kann der Zusammenhang zwischen Impfung und Beschwerden mit größerer Sicherheit angenommen werden. Treten jedes Mal vor, während oder nach einer Läufigkeit Probleme auf, die in der Ruhephase des Zyklus explizit nicht vorhanden sind, ist der Zusammenhang auch klar. Es stellt sich natürlich die Frage, ob

es bei einem eindeutigen Zusammenhang zwischen Beschwerden und Läufigkeit nicht besser wäre, sich für eine Kastration statt für eine homöopathische Behandlung zu entscheiden. Das muss dann von Fall zu Fall abgewogen werden.
Es ist wichtig, daran zu denken, dass eine allgemeine Ursache auch nur ein Anstoß für das Auftreten einer latenten Beschwerde sein kann. In diesem Fall spricht man nicht von einem kausalen oder ätiologischen Symptom, sondern von einer Modalität der Verursachung. Die Modalitäten stehen in der Hierarchie weiter unten. Bei Epilepsie, die durch Angst verursacht wird, ist die Angst in der Regel eine Modalität der Verschlimmerung. Die eigentliche Ursache liegt oft tiefer in der Konstitution des Patienten verborgen.

Aus der Praxis

Thuja occidentalis

Bei einem Milchglasauge handelt es sich um eine akute Hornhautentzündung mit Ödembildung (Vergrauung) der Hornhaut, meist einseitig. Sie kann ein bis drei Wochen nach der Impfung gegen infektiöse Leberentzündung *(Hepatitis contagiosa canis)* auftreten.
Die Anomalie trat früher gelegentlich auf, aber es ist schon lange her, dass ich sie gesehen habe. Mit der regulären Medizin konnten wir wenig dagegen ausrichten. Das homöopathische Mittel *Thuja occidentalis* D6 dreimal täglich eine Dosis (Tropfen oral verabreichen, nicht lokal ins Auge!) über drei Wochen hat Wunder gewirkt.
In der Homöopathie setzen wir *Thuja occidentalis* nach wie vor erfolgreich bei Autoimmunkrankheiten ein. Wenn bei Hunden bekannt ist, dass sie bei Impfungen Nebenwirkungen (wie schmerzhafte Injektionsstelle, Fieber, Durchfall, Husten usw.) bekommen, verschreibe ich präventiv *Thuja occidentalis* D6 eine Dosis dreimal täglich für eine Woche vor und eine Woche nach der Impfung. Bei der Impfberatung bitte ich den Besitzer, (vermutete) Nebenwirkungen innerhalb von drei Wochen nach der Impfung zu melden (später erinnert man sich nicht mehr), damit bei späteren Impfungen vorbeugend gehandelt werden kann. In diesem Fall ist die Ursache ein hochgradiges Symptom, quasi ein Schlüsselsymptom für *Thuja occidentalis.*

Ignatia amara

Seelische und körperliche Symptome, die nach dem Verlust eines geliebten Freundes auftreten (Mensch oder Tier) sprechen gut auf *Ignatia amara* D30 an, eine Dosis einmal täglich. In der englischen Materia Medica lautet die Beschreibung: *ailments from silent grief.* Manchmal wird das Mittel auch für einen traurigen Besitzer selbst empfohlen. Nennenswerte Folgen der stillen Trauer bei Hunden können sein: Depressionen mit Isolationstendenz, Pfotenknabbern und -belecken (Leckgranulom), chronisch rezidivierende Durchfälle (Colon, IBD), Hauterkrankungen und sogar krampfartige Anfälle. Es erstaunt mich immer wieder, dass der Hund in vielen solchen Situationen so gut auf *Ignatia amara* anspricht.

Stramonium

Stramonium eignet sich für Verhaltensänderungen wie Angst und Aggression nach einem körperlichen oder seelischen Trauma wie einem operativen Eingriff oder einem (wiederholten) Wechsel des Besitzers und der Umgebung. Der gemeinsame Nenner des Mittels ist, dass der Hund nicht mehr richtig einschätzen kann, was vertraut ist und was nicht. Stress und Schmerzen vor und/oder nach einem operativen Eingriff können der Hinweis darauf sein, dass das Vertrauen in die Umwelt geschwunden ist, Wiederholungsangst herrscht und daher eine Angst vor allem, was in der Umwelt ist, in der

Wahrnehmung des Hundes wiederum die Wiederholung eines traumatischen Erlebnisses signalisieren könnte. Selbst die normalsten Dinge können dann als bedrohlich empfunden werden.

Sulfur

Ich habe einmal einen bemerkenswerten Fall von Unterdrückung gesehen. Ein Hund mit Hautjucken, der aufgrund der lokalen Symptome sehr gut auf *Sulfur*, aber auch sehr gut auf viele andere Medikamente reagieren konnte, war zuvor bis zu dreimal mit verschiedenen Kortikosteroiden behandelt worden. Das erste Mal mit Prednisolon, das zweite Mal mit Dexamethason und das dritte Mal mit Betsolan. Alle drei Medikamente gehören zur Familie der Kortikosteroide.

In allen Fällen war der Juckreiz verschwunden, aber es traten wieder Symptome auf, die über die üblichen Nebenwirkungen der Kortikosteroide hinausgingen, wie z. B. vermehrter Hunger, vermehrter Durst und vermehrtes Urinieren. Nach der ersten Behandlung trat Niesen auf, nach der zweiten Behandlung Husten und nach der dritten Behandlung eine Lungenentzündung (Pneumonie) mit Fieber. Hier stand die Suppression (Unterdrückung) als Ursache nicht mehr in Frage.

Dieses ätiologische Symptom reduzierte die Zahl der Kandidaten für das Simillimum drastisch. Aus praktischer Erfahrung wusste ich, dass *Sulfur* neben *Arsenicum album, Pulsatilla pratensis* und *Mercurius vivus* sicherlich das ausgeprägteste Mittel zur Unterdrückung der Hautsymptome ist. Ich entschied mich für *Sulfur*. Und das mit Erfolg!

Wie bereits erwähnt, müssen wir darauf achten, dass wir uns nicht zu sehr von Spekulationen leiten lassen, weder vom Besitzer noch von uns selbst. Auch bei der Unterdrückung von Symptomen muss der Zusammenhang zwischen Ursache und Wirkung klar nachweisbar sein. Bei Hautbeschwerden, die nach der Behandlung einer Ohrenentzündung mit einer herkömmlichen Salbe auftreten, können wir nicht einfach die Unterdrückung als ätiologisches Symptom für die Arzneimitteldiagnose heranziehen. In der Praxis zeigt sich, dass hochwertige ätiologische Symptome nicht zur Disposition stehen. Das liegt zum großen Teil daran, dass wir oft den Zusammenhang zwischen Ursache und Wirkung nicht als solchen erkennen.

Schlüsselsymptom

Ein besonderes Symptom ist so charakteristisch (engl.: *peculiar*) für den einzelnen Patienten, dass es ein sehr starker Hinweis auf das Simillimum ist. Wenn das charakteristische Symptom allein (fast) ausreicht, um das Simillimum zu finden, nennen wir es ein Schlüsselsymptom. Es ist also ein wunderbares Instrument, um die richtige Arzneimitteldiagnose zu stellen. Das einzige Problem ist, dass wir es nur sehr selten finden. In einer Reihe von Fällen können niedriggradige Symptome eine charakteristische Symptomkombination bilden, die für sich genommen der Schlüssel zum Simillimum sein kann (hierarchische Aufwertung).

In der Praxis stellen wir fest, dass selbst charakteristische Symptome oder charakteristische Kombinationen von Symptomen nicht leicht zu finden sind. Je mehr Erfahrung wir haben, sowohl im regulären als auch im homöopathischen Bereich, desto mehr sind wir in der Lage, zum Kern des Falles vorzudringen und ein minimales Syndrom mit maximaler Wahrscheinlichkeit zu erhalten.

Aus der Praxis

Pulsatilla pratensis

Im Arzneimittelbild von *Pulsatilla pratensis* beim Hund sehen wir ein Beispiel für eine hierarchische Höherstufung von allgemein (7) zu charakteristisch (3) durch eine Kombination von allgemeinen Symptomen: Übergewicht (massig) mit sehr mäßigem Appetit und extrem wenig Durst. Besonders das wenige Trinken betont der Besitzer meist spontan während der Anamnese, ohne dass wir danach fragen, weil es offensichtlich ein Problem ist. Der Besitzer berichtet dann z. B., dass der Hund zum Trinken regelrecht gezwungen werden muss. Die Intensität des fehlenden Durstgefühls des Pulsatilla pratensis-Patienten ist so stark, dass dies an sich schon auffällig ist. Hier bewirkt die Intensität des Symptoms tatsächlich, dass ein allgemeines Symptom wie das wenige Trinken (7) in sich selbst hierarchisch auf die Ebene eines charakteristischen Symptoms (3) aufgewertet wird.

Ignatia amara

Charakteristisch für das Arzneimittelbild *von Ignatia amara* ist ein verlängerter Zyklus, der an sich ein häufiges Symptom ist (7), aber wenn die Intervalle zwischen zwei Perioden sehr lang sind, ist dies ein zusätzlicher Hinweis auf *Ignatia amara.* Vor allem, wenn die Hündin im Alter von achtzehn Monaten zum ersten Mal läufig wird. Es kann sein, dass wir eine stille Läufigkeit verpasst haben, aber wenn die Hündin im Alter von fünf Jahren nur dreimal läufig war (3), sieht es so aus, als ob *Ignatia amara* doch das Simillimum ist. Ebenso ist die Scheinträchtigkeit im Prinzip ein Allgemeinsymptom (5), aber wenn eine nicht trächtige Hündin einige Zeit nach der Läufigkeit nur Depressionen zeigt, ohne dass die Milchdrüsen anschwellen und die Milchproduktion ausbleibt (3), kann man auch hier von einer hierarchischen Aufwertung sprechen.

Tritt eine Beschwerde jeden Tag genau zum gleichen Zeitpunkt auf und gibt es keine Erklärung für ihr Auftreten aus der Umwelt, dann ist meist *Ignatia amara* das richtige Mittel. Wir nennen das dann ein charakteristisches Symptom (3). Ich habe einmal eine Hündin behandelt, die jeden Morgen um genau 6 Uhr im Haus urinierte. Auch wenn sie eine Stunde zuvor herausgelassen wurde, tat sie dies weiterhin. Es konnte keine Abnormalität festgestellt werden, auch nicht im Urin. Später stellte sich heraus, dass die Symptome in dem Moment aufgetreten waren, als ihr Hundekumpel an einem epileptischen Anfall gestorben war, um Punkt 6 Uhr morgens. Bei Beschwerden durch stillen Kummer (2) ist *Ignatia amara* das Mittel der Wahl; Ein Symptom, nachdem Sie Ihre Uhr stellen können.

Veratrum album

Das Fressen des eigenen Kots (also ausdrücklich nicht des anderer Hunde) ist eigentlich immer *Veratrum album:* bei Hunden, aber auch bei Pferden und sogar bei Kindern. Eigentlich ist es (nur) ein Verhaltenssymptom (4), aber wir wissen aus Erfahrung, dass auf der Basis dieses einen Symptoms eine effektivere Behandlung eingeleitet werden kann. Zumindest ist es ein auffälliges Verhaltenssymptom, und die Erfahrung hat gezeigt, dass es sich oft als Schlüsselsymptom erweist (3).

Verhalten

In der Regel sind Verhaltensmerkmale relativ leicht zu erkennen. Im Allgemeinen werden Verhaltensmerkmale gerne für die Einstellung der richtigen Medikamentendosierung verwendet. Aus dem Kapitel „Psyche“ des menschlichen Repertoriums können wir uns eine Menge Anregungen für Hunde holen. Inzwischen habe ich durch die retrospektive Auswertung der praktischen Ergebnisse bei der homöopathischen

Behandlung von Hunden mit etlichen Mitteln allmählich ein besseres Verständnis der Arzneimittelbilder im Allgemeinen und der Verhaltenssymptome im Besonderen gewonnen. Auch bei Verhaltenssymptomen sehen wir Symptome, die eine hierarchische Höherstufung verdienen, von Platz (4) zu Platz (3) oder Platz (2). In anderen Fällen trägt ein Verhaltenssymptom tatsächlich weniger zur Heilungsdiagnose bei.

Ein Symptom wie „anhänglich", im menschlichen Repertoire „zugewandt", ist bei Hunden nicht wirklich ein auf wenige Individuen beschränktes Symptom. Daher wird es ein Symptom sein, das wenig zur individuellen medizinischen Diagnose beiträgt. Es handelt sich also eigentlich immer um ein niedriggradiges Symptom, das sich etwa auf der gleichen Ebene befindet wie z. B. das (lokale) Symptom Hautjucken.

Angst vor Gewitter ist ebenfalls ein häufiges Symptom bei einer Vielzahl von Hundetypen. Im Repertorium ist die Angst vor Gewitter ein kleiner Abschnitt mit wenigen Mitteln, was darauf hindeutet, dass das Symptom nur bei einer begrenzten Anzahl von Substanzen und somit auch bei einer begrenzten Anzahl von Typen vorkommt. Bei Hunden sollte ein solcher Abschnitt allerdings viel mehr Substanzen enthalten. Ich habe festgestellt, dass dieser (humane) Abschnitt viel dazu beiträgt, ein Simillimum zu finden, wenn eine extreme Angst vor Donner besteht und der betreffende Hund den Donner schon Tage im Voraus spürt („Barometerangst"), erkennbar an abnormem unruhigem Verhalten.

Das Symptom „Fäkalien von (anderen) Hunden oder Menschen fressen" ist an sich ein Verhaltenssymptom (4), kann aber nicht als nützliches Symptom im Repertorium für Menschen gefunden werden. Die wenigen Rubriken mit ein bis zwei Mitteln scheinen für Hunde nicht nützlich zu sein. Im Prinzip kann diese hartnäckige zwanghafte Angewohnheit mit Homöopathie behandelt werden, wenn wir genügend andere zusätzliche individuelle (Verhaltens-)Symptome sammeln können. In diesem Zusammenhang ist das Symptom „Fäkalien von (anderen) Hunden fressen" kein hochwertiges Verhaltenssymptom, sondern wird hierarchisch zu einem unbrauchbaren, niedriggradigen Symptom herabgestuft (7). Es wurde bereits früher erörtert, dass das „Fressen des eigenen Kots" ein charakteristisches Symptom oder Schlüsselsymptom für *Veratrum album* ist. Dies macht ein Verhaltenssymptom (4) zu einem charakteristischen Symptom (3). Im Repertorium des Menschen finden wir einen kleinen Abschnitt „Eigene Fäkalien schlucken" mit vier Mitteln, darunter *Veratrum album*. Die Eindeutigkeit von *Veratrum album* bei Hunden, die ihren eigenen Kot fressen und nicht den von anderen Hunden oder Menschen, hat sich in der Praxis oft gezeigt, allein aufgrund dieser typischen Beschwerde! Bei einem Kaninchen ist ein solches Symptom bzw. ein solches Merkmal normal und daher geringfügig.

Anhand von Verhaltenssymptomen können wir Verhaltensprobleme erkennen, verwenden aber auch häufig Verhaltenssymptome, um das Bild zu vervollständigen, z. B. bei einem Patienten mit chronischen Hauterkrankungen oder Epilepsie.

Aus der Praxis

Lycopodium clavatum

Das Verhalten eines Hundes, zu dem *Lycopodium clavatum* passt, könnte man als eine Mischung aus Freundlichkeit, Unsicherheit und Dominanz beschreiben. Auf dem Behandlungstisch kann der Lycopodium-Typ manchmal ein wenig drohen (knurren), während er gleichzeitig mit dem Schwanz wedelt. Die Wahrscheinlichkeit, dass der Lycopodium clavatum-Typ tatsächlich beißt, ist nicht hoch, es sei denn, wir gehen zu weit. Zum Beispiel, wenn wir Schmerzen verursachen oder wenn der Hund meint, dass es gleich schmerzen wird. Oft sind

negative Umstände wie traumatische Erlebnisse mit anderen Hunden, ein Besitzer, der seinen Hund falsch behandelt, oder frühere schlechte Erfahrungen mit Tierärzten die Ursache für Probleme.
Es kommt häufig vor, dass Hautbeschwerden erfolgreich mit *Lycopodium clavatum* behandelt werden, während das Medikament nicht aufgrund von Hautsymptomen (8), sondern aufgrund von Verhalten (4), Darmproblemen (7) und einer Vorliebe für das Fressen von Kieselsteinen (3) gewählt wird.

Hyoscyamus niger

Das auffälligste Verhalten eines Hundes, auf den *Hyoscyamus niger* passt, könnte man als schwere defensive Angstaggression beschreiben. Auf dem Behandlungstisch schreit, kreischt, kläfft und beißt dieser Hund, manchmal sogar, bevor er vom Tierarzt berührt wird, und verliert aus Angst passiv Urin und manchmal Kot.
Der *Hyoscyamus niger*-Hund versucht auf jede erdenkliche Art und Weise zu fliehen und sich zu verstecken, ganz in Hysterie und Panik.

Crocus sativus

Der Crocus sativus-Hund kann wild mit einem anderen Hund spielen, während dieses Spiels plötzlich sehr aggressiv werden und wie aus dem Nichts zubeißen. Es kommt vom schnellen Spiel plötzlich zu extrem aggressiver Reaktion. Auch hier können wir ein Verhaltenssymptom (4) hierarchisch zu einem charakteristischen Symptom (3), einem Schlüsselsymptom, aufwerten.

Modalität und Lateralität

Modalitäten sind Bedingungen, durch die eine Verschlimmerung oder Verbesserung der Symptome eintritt, z.B. Verbesserung durch Kälte, Verschlimmerung nachts, besser bei Bewegung. Unter dem Begriff der Modalität wird auch der Begriff der Lateralität bzw. der linken oder rechten Lateralität verstanden. Modalität und Lateralität werden hierarchisch aufgewertet, da mehrere Symptome durch dieselbe Modalität oder Lateralität gekennzeichnet sind. Der Unterschied im hierarchischen Wert liegt zwischen einer allgemeinen Modalität (5) und einer lokalen Modalität (6). Rechtsseitigkeit oder Linksseitigkeit bedeutet, dass der Schwerpunkt der Beschwerde rechts oder links liegt. Entweder treten die Beschwerden dann immer nur rechts oder links auf, oder die Beschwerden treten häufiger und heftiger rechts auf als links oder umgekehrt. Oder die Beschwerden fangen immer rechts an und dann kommt links dazu, sind rechts intensiver und dauern länger als links, oder umgekehrt.
Wirklich klare Modalitäten, die wirklich einen guten Hinweis auf das richtige Medikament geben, sind leider nicht sehr häufig. Natürlich sehen wir in vielen Arzneimittelbildern Modalitäten. So viele, dass man den Wald vor lauter Bäumen nicht mehr sehen kann. Das Problem ist, dass die Intensität der Modalitäten in vielen Arzneimittelbildern nicht ausreichend ist. Lassen Sie mich das an einigen Beispielen verdeutlichen.

Aus der Praxis

Lachesis mutus

Lachesis mutus ist ein linksseitiges Mittel. Und zwar so extrem, dass man fast sagen könnte, bei einem rechtsseitigen Symptom ist *Lachesis mutus* eher nicht das richtige Mittel. Rechtsseitigkeit ist beinahe ein Ausschlusssymptom für *Lachesis mutus*.
Im Human-Repertorium (Synthese) finden wir im Abschnitt *Allgemeines* die Überschrift *Seite* und die Unterüberschriften *Links* (263 Mittel)

und *Rechts* (252 Mittel). Für die Repertorisation sind diese Überschriften nicht wirklich sinnvoll. Vor allem, wenn man bedenkt, dass es sich um eine allgemeine Modalität handelt. Was wiederum darauf hindeutet, dass es sich um einen ziemlich starken Hinweis in der Symptomhierarchie handelt.

Lycopodium clavatum

Lycopodium clavatum wird im Allgemeinen als ein rechtsseitiges Mittel beschrieben. In der Veterinärhomöopathie erleben wir diese Lateralität bei *Lycopodium clavatum* nicht so intensiv. Rechtsseitigkeit ist hierfür also keine starke Indikation. Im Falle von *Lycopodium clavatum* ist ein großer Teil der Lateralität rechts mit 252 Mitteln unbrauchbar. In diesem Fall können wir den hierarchischen Wert einer allgemeinen Modalität (5) und einer lokalen Modalität auf ein allgemeines (7) bzw. lokales Symptom (8) herabsetzen.
Auffallend bei *Lycopodium clavatum* ist das reizbare Verhalten der Hündin vor, während und unmittelbar nach der Läufigkeit. Wenn eine läufige Hündin gut zu *Pulsatilla pratensis* passt, aber eine erhöhte Reizbarkeit oder sogar Aggressivität aufweist, kann sie auch sehr gut zu *Lycopodium clavatum* passen. Tatsächlich sieht man *Lycopodium clavatum* und *Pulsatilla pratensis* oft dicht nebeneinander in einem Differenzialdiagramm „stehen". Vom Bild her sind sie sich also sehr ähnlich.

Rhus toxicodendron

Wenn ein Rhus toxicodendron-Hund lahmt, kommt es zu einer Verschlimmerung bei Beginn der Bewegung. Wir nennen dies Anlaufschwierigkeiten. Nach ein paar Schritten wird der Hund anscheinend warm, und wir sehen, dass die Lahmheit verschwindet, normalerweise vollständig. Der Ruta graveolens-Patient zeigt ebenfalls Anlaufschwierigkeiten, die sich jedoch bei fortgesetzter Bewegung nur teilweise bessern. Allein die Tatsache, dass sich die Symptome bei fortgesetzter Bewegung vollständig bessern (6), unterscheidet *Rhus toxicodendron* von den übrigen Mitteln und ist daher eine starke Indikation. Nur dann ist eine Modalität mehr wert als ein lokales Symptom. *Rhus toxicodendron* zeigt eine sehr deutliche Verschlimmerung vor allem durch feuchte Kälte (5). Im Gegensatz dazu zeigt der Wirkstoff *Ledum palustre* eine Verschlimmerung durch Hitze (5). Es ist gerade die Intensität des Symptoms, die den Wert einer Modalität mitbestimmt. Nicht die theoretische Beschreibung, sondern der praktische Inhalt des Begriffs Modalität ist wichtig.

Allgemein

Allgemeine Symptome sind zum Beispiel: Appetit, Durst, Hitze, Scheinträchtigkeit, Epilepsie und so weiter. In den meisten Fällen sind die Symptome nur nützlich, wenn wir zusätzliche individuelle Symptome hinzufügen. Zum Beispiel das extrem wenige Trinken (5) des Pulsatilla pratensis-Patienten. Die Intensität des Symptoms befördert es zu einem charakteristischen Symptom (3). Dass der extreme Charakter des nicht vorhandenen Durstgefühls in das Arzneimittelbild von *Pulsatilla pratensis* gehört, weiß ich aus der rückblickenden Auswertung meiner Praxisergebnisse. Viel Trinken ist auch ein Allgemeinsymptom (5), aber Durst z. B. bei Nierenversagen, Diabetes oder Cushing-Syndrom ist eine logische Folge der Erkrankung. Dadurch wird das Symptom Durst hierarchisch vom Allgemeinsymptom zu einem minderwertigen Allgemeinsymptom herabgestuft und steigt auf die Ebene eines minderwertigen Lokalsymptoms auf (8). Mit anderen Worten, es wird zu einem unbrauchbaren Symptom.
Das Symptom Appetitlosigkeit muss durch weitere Befragung und klinische Untersuchung präzisiert werden. Es kann auf ein körperliches Problem zurückzuführen sein. In diesem Fall ist

zunächst eine reguläre Diagnose erforderlich. Es kann sich um ein Begleitsymptom handeln, z. B. aufgrund von Heimweh oder Traurigkeit. Es kann sich auch um ein Akzeptanzproblem bei einem bestimmten Nahrungsmittel handeln. Auch das Symptom schnelles Essen oder Schlucken muss durch weitere Befragung und klinische Untersuchung präzisiert werden. Handelt es sich um ein Verhalten (Futterneid), einen Wurmbefall oder eine Stoffwechselstörung?

Lokales

Bei den lokalen Symptomen handelt es sich in der Regel um die Beschwerden, deretwegen ein Besitzer mit seinem Hund kommt: Ohrenentzündung, Hautjucken, Durchfall und so weiter.
Die endgültige Arzneimitteldiagnose wird in den meisten Fällen nicht allein auf der Grundlage lokaler Symptome gestellt. Lokale Symptome sind in der Regel solche, die zu der Krankheit passen und nicht charakteristisch für die individuelle Reaktion des Kranken sind. Wenn wir die Lokalsymptome weiter spezifizieren können, lassen sie sich auch hierarchisch aufwerten.

Aus der Praxis

Graphites

So ist beispielsweise eine symmetrische Kahlheit an markanten Stellen (u. a. hinter den Ohren, an den Flanken und an den Hosen) bei einem Hund an sich ein Leitsymptom (8), doch in der Praxis erweist sie sich als nützlicher Hinweis u. a. auf das Mittel *Graphites*. Wir könnten dann die hierarchische Höherstufung als 8+ bezeichnen. Wenn die Kahlstelle durch Kratzen infolge einer Ohrenentzündung verursacht wird, haben wir es mit einem logischen Folgesymptom und somit mit einem niedriggradigen lokalen Symptom zu tun (8).

Thuja occidentalis

Bei der Papillomatose handelt es sich um einige wenige bis mehrere warzenartige Wucherungen unterschiedlicher Größe auf der Maulschleimhaut und/oder der Zunge eines jungen Hundes. Die Anomalie wird durch ein Virus verursacht, das sich ausbreiten kann, weil das Immunsystem (noch) nicht voll entwickelt ist. Diese Patienten, so stellt sich heraus, passen eigentlich immer zu *Thuja occidentalis*. Ein bestimmtes lokales Symptom, das ein starker Indikator für das Mittel ist. Auch ein hierarchischer Wert von 8+.

Nuancierte Anwendung der Symptomhierarchie

Es liegt auf der Hand, dass wir die Symptomhierarchie nuanciert anwenden müssen. Die Trennung, wie sie im üblichen Hierarchieschema vorgenommen wird, kann in der Praxis nicht immer strikt umgesetzt werden. Am Rande sei bemerkt, dass viele dieser Nuancen dank der Erfahrungen in der tierärztlichen Praxis bekannt sind und sich anders gar nicht feststellen ließen. Normalerweise erfährt man nur, dass bestimmte Symptome starke Indikatoren für eine erfolgreiche Arzneimitteldiagnose sein können oder auch nicht.

Nebenwirkungen von regulären Arzneimitteln

Symptome (Nebenwirkungen), die durch reguläre Medikamente verursacht werden und nicht Teil des ursprünglichen Krankheitsbildes sind, sollten grundsätzlich nicht bei der Erstellung einer Arzneimitteldiagnose berücksichtigt werden. Einzelne Überempfindlichkeitsreaktionen auf reguläre Arzneimittel oder überproportionale Reaktionen auf reguläre Arzneimittel im Vergleich zum Durchschnittspatienten, dem das betreffende reguläre Arzneimittel ebenfalls verabreicht wurde, können jedoch ein Hinweis auf die Arzneimitteldiagnose sein (DgDx, *Nux vomica, Sulfur*).

Repertorisieren

Ziel der Arzneimitteldiagnose ist es, aus mehreren zum (homöopathischen) Krankheitsbild passenden Mitteln das beste ähnliche Mittel (Simillimum) für den einzelnen Patienten herauszufinden. Für die Arzneimitteldiagnose nutzen wir die humanhomöopathische Materia Medica als Inspiration und die aus der Praxis abgeleiteten Tierarzneimittelbilder, wie bereits erläutert, zum Auffinden der zusätzlichen individuellen Symptome. Die *Materia Medica* bzw. Arzneimittelbildbeschreibungen für Hunde in diesem Buch bestehen aus relevanten menschlichen Symptomen, die sich beim Hund bewährt haben, und typischen tierärztlichen Symptomen, die in der Praxis festgestellt wurden. Für die detaillierten Arzneimittelbilder beim Menschen verweise ich auf die einschlägige Literatur. Die Materia Medica des Menschen ist nach wie vor als unverzichtbares Nachschlagewerk zu sehen. Sie ist nach wie vor die Mutter der veterinärmedizinischen Abbildungen.
Die Nutzung des Repertoriums ist ein Fall für sich. In diesem Buch beschränke ich mich auf eine Einführung in das Repertorium. Um sich damit vertraut zu machen und die korrekte Bedeutung der für Hunde relevanten (Unter-)Rubriken zu verstehen, sind weitere Studien und Schulungen erforderlich. Im Folgenden werden einige zufällige praktische Beispiele angeführt, um eine Vorstellung davon zu vermitteln, wie eine Arzneimitteldiagnose in der Praxis erstellt wird. Die Verwendung eines Repertoriums zur Erstellung einer Arzneimitteldiagnose wird als Repertorisation bezeichnet. Das Ergebnis einer Repertorisation, eine Übersicht über die Differenzialdiagnose von Arzneimitteln (DgDx), wird als Differenzialdiagramm bezeichnet.

Aus der Praxis

Epilepsie

Epilepsie kann zu *Opium* passen, wenn sie durch plötzliche, sehr starke Angst ausgelöst wird und der Patient nach einem Anfall in einen sehr tiefen Schlaf fällt. Wenn dann auch noch ein Narkose- oder Beruhigungsmittel eine mögliche reale Ursache oder ein Auslöser (Modalität der Verschlimmerung) für einen Anfall sein kann, passt *Opium* noch besser. Beim Opium-Patienten sehen wir im Allgemeinen, dass sich (enorme) Erregung mit Dekompensation (übermäßige Trägheit, „Zombie-Verhalten", Tiefschlaf) abwechselt.
Epilepsie gehört häufig zu den symptomarmen Krankheiten. Nur in einem kleinen Prozentsatz (30 %–40 %) der Fälle ist es mir gelungen, Epilepsie zu heilen oder eine akzeptable Verbesserung zu erreichen. Die Tatsache, dass ich in 60 % bis 70 % der Fälle keine positiven Ergebnisse erziele, ist größtenteils auf die falsche medizinische Diagnose aufgrund des Fehlens zusätzlicher individueller Symptome zurückzuführen.

Beispiel für die Repertorisierung:

SW = Hierarchischer Symptomwert. RE = Repertoriumsrubriken (Radar®). AM = Anzahl der ähnlichen Mittel

	SW	RE	AM
1	5	ALLGEMEINES – BEDÜRFNISSE– agg.: Auslöser: Erschrecken	31
2	5	ALLGEMEINES – KONVULSIONEN – Medikamente – nach	10
3	5	SCHLAF – TIEF – Krämpfe nach	19

Differogramm

	Op.	Hyos.	Ign.	Cupr.	Nux-v.	Bell.	Bufo	Caust.	Acon.	Sec.
	3/9	3/7	3/6	3/5	2/5	2/4	2/4	2/4	2/3	2/3
1	3	3	3	2	-	1	2	2	2	2
2	3	2	2	1	3	-	2	2	-	1
3	3	2	1	2	2	3	-	-	1	-

Im Prinzip bauen wir ein Differenzialdiagramm (oder „Differogramm)" entsprechend der Übersicht über die hierarchischen Symptomwerte auf: hierarchisch hochgradige Symptome ganz oben, hierarchisch niedriggradige Symptome ganz unten. Der Schweregrad muss an der Spitze stehen und letztlich für die Arzneimitteldiagnose ausschlaggebend sein. In der Hektik des Alltags passiert es oft, dass ich die Symptome in zufälliger Reihenfolge eintrage und mir nicht die Zeit nehme, sie ordentlich aufzulisten. Selbst dann achte ich bei der endgültigen Wahl des Medikaments aber auf den hierarchischen Symptomwert. Die Notation 3/9 bedeutet, dass bei den drei ausgewählten Symptomen eine Übereinstimmung zwischen Krankheitsbild und dem betreffenden Arzneimittelbild besteht, in diesem Fall von *Opium*. Die Gesamtpunktzahl der Symptomstärken beträgt 9. Die Symptomstärke ist eine Bewertung dafür, inwieweit das Mittel mehr oder weniger gut in das Arzneimittelbild gehört. Je nachdem, welches Repertorium konsultiert wird, gibt es drei oder vier Symptomstärken: op. (1), *op. (2)*, op. (3) oder op. (1), *op. (2)*, op. (3), op. (4). Für mich ist der Unterschied zwischen 3 oder 4 Symptomen praktisch irrelevant.

Wir haben es hier mit allgemeinen Symptomen plus einer Modalität zu tun. Die endgültige Wahl kann durch die Gegenüberstellung der Arzneimittelbilder aus der klinischen Erfahrung der Anwendung der verschiedenen Wirkstoffe bei Hunden in der DgDx getroffen werden. Bei Auswirkungen von plötzlicher, intensiver Todesangst ist *Opium* bei Hunden in der Praxis oft das richtige Mittel, vor allem, wenn nach dem Anfall auch ein tiefer Schlaf auftritt. Wir geben dann zu Beginn *Opium* D30 einmal täglich eine Dosis. Da Epilepsiepatienten häufiger überempfindlich sind, kann es ratsam sein, statt D30 LM30 zu geben, um die Gefahr einer Verschlimmerung der Symptome weiter zu verringern.

Flohallergie

In der Homöopathie reicht manchmal eine normale Krankheitsdiagnose aus, in manchen Fällen genügt ein einziges zusätzliches Einzelsymptom, um das richtige Mittel zu wählen, aber in den allermeisten Fällen ist eine

Arzneimitteldiagnose auf der Grundlage eines vollständigen Krankheitsbildes, einschließlich zusätzlicher Einzelsymptome, vorzuziehen. Leider ist es in der Realität so, dass wir in Ermangelung von Symptomen keine Heilmitteldiagnose stellen und daher auch nicht homöopathisch behandeln können. Wenn wir keine Ähnlichkeit zwischen Krankheitsbild und Arzneimittelbild finden und auch keine ausreichenden Behandlungserfahrungen bei ähnlichen Patienten mit erfolgreicher Konfektionshomöopathie haben, dann ist jede Verschreibung ein Glücksspiel. Das sollte man lieber bleiben lassen. Wenn wir zum Beispiel bei einem Hund mit der (regulären) Krankheitsdiagnose Flohallergie nur das Symptom Juckreiz „sammeln" können, finden wir im menschlichen Repertorium einen Abschnitt mit 325 Mitteln dafür – also 325 Möglichkeiten für das Simillimum. Wenn sich der Juckreiz bei Hitze deutlich verschlimmert, und zwar nicht nur im Sommer,sondern auch im Winter in einem zu warmen Raum, ist die Zahl der Möglichkeiten bereits auf 27 begrenzt. Und wenn der Hund dank seines überdurchschnittlichen Appetits eher dünn ist, bleiben nur noch fünf übrig. Wenn wir dazu noch die Aussage haben „wird wütend, wenn man ihn korrigiert" und „erst normaler Stuhlgang, dann Durchfall" hinzufügen, haben wir eine vernünftige Grundlage für die Arzneimitteldiagnose von *Lycopodium clavatum*.

Typische nachgewiesene tierärztliche Symptome wie die Vorliebe für Kieselsteine (einschließlich Verschlucken) und das gleichzeitige Knurren auf dem Behandlungstisch machen *Lycopodium clavatum* zu einem erfolgreichen Simillimum.

Beispiel Repertorisation:

SW = Hierarchischer Symptomwert. RE = Repertoriumsrubriken (Radar®). AM = Anzahl der ähnlichen Mittel

	SW	RE	AM
1	3	ALLGEMEINES – AUSZEHRUNG – Appetit mit Auszehrung; Heißhunger	38
2	4+	GEMÜT – WUT – Widerspruch; aus	61
3	6	HAUT – JUCKEND – warm; werdend – agg.	32
4	8	STUHL – DÜNN – geformt, dann dünn	14
5	8	HAUT – JUCKEN	325

Differogramm

	Lyc.	Sulf.	Sil.	Phos.	Calc.	Bov.	Merc.	Psor.	Petr.	Staph.
	5/13	4/9	4/8	4/6	3/8	3/7	3/7	3/7	3/6	3/6
1	2	2	1	2	3	-	-	1	3	-
2	3	1	2	-	-	-	1	-	1	1
3	2	3	2	1	-	1	3	3	-	2
4	3	-	-	1	3	3	-	-	-	-
5	3	3	3	2	2	3	3	3	2	3

Das Bild der Flohallergie ist: starker Juckreiz im hinteren Körperbereich, vor allem an der Kruppe, der einen heftigen Kratzreflex auslösen kann, vor allem bei Berührung („man muss nur darauf zeigen"); mit „Verschlimmerung durch Hitze" als typische Modalität. Das erstgenannte Mittel ist dann oft *Ledum palustre,* möglicherweise in Kombination mit einer Floh-Nosode für *Ctenocephalides canis et felis* D30. Eine Verschlimmerung durch Hitze ist charakteristisch für *Ledum palustre*, auch bei anderen körperlichen Beschwerden. Bei der Wahl von *Ledum palustre*, möglicherweise in Kombination mit *Ctenocephalides canis et feli*s D30, konzentrieren wir uns auf die allergische Reaktion auf Insektenbisse einschließlich der Modalität „Verschlimmerung durch Hitze". Bei der Auswahl von *Lycopodium clavatum* wird von uns erwartet, dass wir uns auf die zugrundeliegende konstitutionelle Ursache der Allergie konzentrieren, weil sie breiter angelegt ist. Dass uns noch nicht erlaubt, den „Bauplan" des Patienten anzupassen, damit müssen wir leben lernen.

Das Symptom „Abmagerung trotz mehr als gutem Appetit" hat einen hierarchischen Symptomwert 3, wenn die Untersuchungen keine reguläre Krankheitsdiagnose ergeben, wie z. B. eine Wurminfektion oder EPI (exokrine Pankreasinsuffizienz). Wenn dies der Fall ist, wird der Symptomwert für die Arzneimitteldiagnose herabgestuft (8). Die reguläre Krankheitsdiagnose ist natürlich sehr wichtig, um gute Einschätzungen hinsichtlich der Prognose, der regulären Interventionen, der Unterscheidung zwischen regulären Krankheitssymptomen und zusätzlichen individuellen Symptomen und des Krankheitsstatus im Hinblick auf Potenzierung und Häufigkeit der Verabreichung machen zu können. Für die Erstellung der Arzneimitteldiagnose ist die reguläre Krankheitsdiagnose von untergeordneter Bedeutung.

Das Symptom „Juckreiz" ist eine viel zu große Rubrik mit einem (zu) niedrigen Symptomwert. In der Regel ziehen wir es vor, solche Symptome nicht in das Differenzialdiagramm aufzunehmen. Es hat keinen zusätzlichen Wert und würde eine Diagnose nur unnötig beeinflussen. Wir wissen aus eigener Erfahrung, dass das Symptom „erst normaler, dann dünner Stuhlgang" ein regelmäßiges Symptom ist, das bei einer Vielzahl von Hundetypen häufiger bei Kolitis auftritt. Eine Auswahl von nur 14 Mitteln ist dann weniger glaubwürdig. Außerdem handelt es sich um ein lokales Symptom, das schon aus diesem Grund einen niedriggradigen Symptomwert (8) hat. Es wäre auch besser, dieses Symptom nicht in das Diffogramm aufzunehmen.

Wir gehen davon aus, dass alle verwendeten Symptome ein hohes Maß an Authentizität und Intensität aufweisen. Wir haben die Übertragung nun „bewiesen", da die Verwendung der entsprechenden Rubriken bereits in vielen weiteren Fällen zu einer erfolgreichen Arzneimitteldiagnose bei Hunden geführt hat.

In vorliegenden Fall handelt es sich um eine sekundäre Flohallergie. Im Laufe des Heilungsprozesses nimmt das Gewicht des Hundes zu, der Zustand des Fells verbessert sich deutlich und die Flohallergie verschwindet.

Hüftdysplasie

Hüftdysplasie wird häufig mit einem zusammengesetzten Mittel oder Komplexmittel behandelt. Bei den klassischen Homöopathen finden diese Mittel keine Anwendung, denn auf diese Weise wird ein Mittel auf der Grundlage einer regulären Krankheitsdiagnose und nicht auf der Grundlage zusätzlicher individueller Symptome verabreicht. Dies wird dann manchmal scherzhaft als „Homöopathie von der Stange" bezeichnet. An anderer Stelle in diesem Buch ist ein Kapitel dem Für und Wider der Verwendung von Komplexmitteln gewidmet.

Ein Komplexmittel hat eigentlich immer eine organotrope Wirkung. Eine echte Konstitutionsbehandlung gibt es bei dieser Form der Homöopathie nicht. Bei der Hüftdysplasie ist die Ursache für das Auftreten zum Teil genetisch bedingt und sicherlich auch zum Teil während des Wachstums im ersten Lebensjahr des Welpen durch Umweltfaktoren bestimmt: Bewegung und Ernährung. In vielen Fällen sind die Weichen bereits gestellt, wenn sich die Symptome manifestieren. Kleine arthrotische Veränderungen sind bereits sichtbar. Eine vollständige Heilung können wir dann nicht mehr erwarten. Wir streben eine Verbesserung der klinischen Symptome und eine Sekundärprävention (Verhinderung einer Verschlimmerung) an, aber es zeigt sich, dass das Leiden symptomatisch sehr gut, auch langfristig, mit relativ akzeptablen Bewegungseinschränkungen behandelt werden kann.

Eine konstitutionelle Behandlung mit dem „Simillimum" wird sicherlich in der Lage sein, in der frühen Jugend präventiv zu wirken und auch später eine organotrope Behandlung unterstützen können.

Bei vielen Hunden mit Hüftdysplasie sehen wir ein zu schnelles Skelettwachstum. Im Alter von fünf bis zehn Monaten werden sie oft zu leptosomen Typen oder „Hochbeinern". Dieses Bild passt zu *Calcium phosphoricum*, muss aber als konstitutionell wirkendes Mittel den Merkmalen des Arzneimittelbildes ausreichend ähnlich sein, um zu wirken. Ein stark übergewichtiger Welpe, der schlaff und viel zu schwer ist, mit viel Haut und wenig Muskeln, grobknochig und mit lockeren Gelenken, ist eher für *Calcium carbonicum* geeignet. Um eine präventive Wirkung zu erzielen, muss die Behandlung daher in einem frühen Stadium erfolgen, meiner Meinung nach im Alter von null bis fünf Monaten.

Das Bild der Hüftdysplasie, vor allem zu Beginn, ist fast standardmäßig: Schmerzhafte Steifheit, die morgens schlimmer ist (Anlaufschwierigkeiten) und sich mit fortgesetzter Bewegung (Aufwärmen) verbessert. Diese Besserung nach dem Aufwärmen ist fast immer vorhanden. Bei längerer Bewegung, insbesondere bei Überbelastung, verschlimmern sich die Symptome wieder. Besonders feuchte Kälte, starke körperliche Belastung bei längerem Aufenthalt im kalten Regen verschlimmert die Symptome. Hier passt das Mittel *Rhus toxicodendron* perfekt. *Symphytum officinale* wird eher phytotherapeutisch eingesetzt, um schmerzhafte Knochenwucherungen zu unterstützen. Das Trio *Calcium phosphoricum* (oder *Calcium carbonicum*) D30, *Rhus toxicodendron* D30 und *Symphytum officinale* D3 oder D4 ist in der Lage, die Schmerzen im Gelenk zu verringern, was mehr Bewegung und Training ermöglicht (und auch erfordert), wodurch die Muskulatur der Hinterhand verbessert wird. Und gerade eine starke Muskulatur ist wichtig für die Beseitigung der klinischen Beschwerden. Die röntgenologischen Veränderungen werden allerdings nie weniger. Im Kapitel Orthopädie wird näher auf die drei Calciumverbindungen *Calcium phosphoricum, Calcium carbonicum* und *Calcium fluoratum* eingegangen, einschließlich ihrer präventiven Anwendung von Geburt an.

Grenzen des Repertoriums

Das Repertorium ist nur dann nützlich, wenn man sich erstens über die Grenzen der Anwendung eines auf der Grundlage der homöopathischen Materia Medica des Menschen erstellten Symptomregisters bei Hunden im Klaren ist. Und zweitens, wenn man sehr gut in der Anwendung geschult ist. Mit nützlich meine ich, dass wir damit erfolgreiche Mitteldiagnosen für Hunde stellen können.

Das (Human-) Repertorium ist sicherlich nicht das einzig brauchbare Instrument für die Erstellung einer Arzneimitteldiagnose, insbesondere nicht für den Tierarzt. Ich betone dies, weil das (Human-) Repertorium sogar von Tierärzten oft als eine fast biblische Wahrheit angesehen wird. Das empirisch fundierte Wissen der veterinärhomöopathischen Materia Medica ist für mich führend. Die humanhomöopathische Materia Medica ist jedoch in diesem Stadium der Entwicklung der Veterinärhomöopathie immer noch eine unverzichtbare Quelle der Inspiration. Die veterinärmedizinischen Repertorien, ob separat oder als Teil eines Humanrepertoriums, sind noch zu begrenzt und ihre Zuverlässigkeit ist daher fraglich.

Die besten Tierarzneimittelbilder beruhen auf Erfahrungen. Die Realität ist, dass wir mit einigen Medikamenten viel Erfahrung haben und mit vielen weniger, wenig oder gar keine.

Das ist auch der Grund, warum in diesem Buch manche Mittel ausführlich behandelt werden und andere nur kurz: Es ist eine Frage der mehr oder weniger großen Erfahrung damit. Für die Zuverlässigkeit der Symptome gibt es auch einen Unterschied zwischen solchen, die nur einmal von einem Tierarzt als zu einem bestimmten Arzneimittelbild passend gesehen wurden, und anderen, die von mehreren Tierärzten unabhängig voneinander wiederholt bei identischen Patientenbeschwerden notiert wurden.

Wie weit können wir menschliche und tierische Verhaltenssymptome gleichsetzen? Ein Tier hat andere Ess- und Lebensgewohnheiten. Wir verkennen typische Tier-Symptome. Denken Sie nur an die Analbeutel und die Rute. Sollten wir bei den Vorderbeinen auf Arm und Hand und bei den Hinterbeinen auf Bein und Fuß achten? Haut und Fell lassen sich nur schwer mit dem von Menschen vergleichen, obwohl ein großer Teil unserer Patienten Hautbeschwerden hat. Subjektive Symptome aus dem Humanrepertorium sind für uns als Tierärzte im Grunde nicht nützlich.

„Kents Repertorium" wurde traditionell als das umfassendste und handlichste Repertorium angesehen. Das heute am häufigsten verwendete Repertorium, „Synthesis", ist eine erweiterte Version von Kent. Eine Erweiterung ist nicht immer von Vorteil, vor allem dann nicht, wenn wir viele Symptome mit niedriggradigen (hierarchischen) Symptomwerten und geringer Symptomstärke hinzufügen.

Das Mittel *Sulfur* ist ein gutes Beispiel für einen Polychrest, also einem Mittel mit einem sehr breiten Wirkspektrum und einer vielfältigen Anwendbarkeit. Im Arzneimittelbild von *Sulfur* finden wir jedoch viele Symptome mit niedriggradigem hierarchischem Symptomwert (Lokalsymptome) und/oder geringer Symptomstärke. Bei der Repertorisierung setzt *Sulfur* das Differenzialdiagramm oft fälschlicherweise außer Kraft; Der Schwerpunkt liegt meist eher unten als oben.

Wenn man Rubriken nur mit vielen solchen, in zweierlei Hinsicht „geringwertigen Symptomen" anreichert, wird der Wert einer Rubrik irgendwann nur noch abnehmen. Beispiele hierfür sind die Rubriken in *Synthesis:* Seite, rechts und *Seite, links,* im Abschnitt Allgemeines. Eine allgemeine Modalität oder Lateralität ist an sich ein wertvolles Symptom, das seinen Wert für die Arzneimitteldiagnose aber aufgrund der Rubriken „Rechts" (252 Mittel) und „Links" (263 Mittel) vollständig verliert.

Sinnvoller ist es, hochwertige Rubriken (hoher Symptomwert) nur mit solchen Mitteln zu ergänzen, die das entsprechende Symptom auch überzeugend und intensiv in ihrem Arzneimittelbild haben (hohe Symptomstärke). In dem Maße, wie die empirisch basierten Tierarzneimittelbilder weiter wachsen, wird die veterinärhomöopathische Materia Medica verlässlicher und ein veterinärmedizinisches Repertorium mehr und mehr zu einem effektiven Werkzeug für den Tierarzt werden. Doch bis dahin ist es noch ein weiter Weg.

Schließlich ist noch anzumerken, dass das „Kent's Directory" in Amerika vor dem Jahr 1900 geschrieben wurde, was entscheidend für die einzelnen Rubriken ist. Die Lebensbedingungen und Lebensstile waren anders, es waren andere Zeiten und klimatische Bedingungen, die Sprache entsprach dem damaligen amerikanischen Englisch und die Symptomatik war altmodisch.

Laiensprache und Fachjargon werden abwechselnd verwendet. Auch daran muss man sich erst einmal gewöhnen, bevor man sich in diesem umfangreichen Verzeichnis zurechtfindet.

„Lesen" eines Differenzialdiagramms

Aus der Sammlung von Symptomen, die aus der (homöopathischen) Anamnese und der klinischen und ergänzenden Untersuchung gewonnen werden, versuchen wir durch Bewertung und Hierarchisierung ein individuelles Syndrom zu erstellen, das einen maximalen Wert für eine minimale Anzahl von Symptomen darstellt. Mehr Wert bedeutet eine bessere Indikation für das richtige Mittel. Eine Sammlung von Symptomen, die wir im Repertorium nur als große Rubriken finden, führt zu nichts. Eine Sammlung von authentisch und strukturell (mit ausreichender Intensität) auftretenden Symptomen, die hervorragend unter kleine (nicht zu kleine) spezifische Rubriken passen, führt schnell zur richtigen Arzneimitteldiagnose. Vor allem, wenn die Erfahrung zeigt, dass die Anwendung bestimmter (menschlicher) Rubriken beim Hund erfolgreich sein kann.

Beispiel für große, unspezifische Rubriken

Ein Labrador-Rüde, der immer sehr schnell aufregt ist und kaum mehr herunterfahren kann, hat unerträgliches Hautjucken. Er ist immer hungrig und zeigt lästiges hypersexuelles Verhalten, besonders wenn läufige Hündinnen in der Nähe sind. Die ersten 109 Mittel passen zu allen vier Rubriken. Es gibt kaum einen Unterschied im Symptomwert zwischen, sagen wir, den ersten sieben bis neun mittleren Abschnitten. Wir brauchen wirklich mehr (spezifische) Symptome, um in einem solchen Fall zu punkten.

Beispiel Repertorisation:

SW = Hierarchischer Symptomwert. RE = Repertoriumsrubriken (Radar®). AM = Anzahl der ähnlichen Mittel

	SW	RE	AM
1	4	GEMÜT – AUFREGUNG	362
2	7	MÄNNLICHE GENITALIEN – SEXUELLES VERLANGEN – erhöht	275
3	7	MAGEN – APPETIT – gesteigert	318
4	8	HAUT – JUCKEN	325

Differogramm

	Puls.	Graph.	Lyc.	Nat-m..	Nux-v.	Phos.	Staph.	Calc.	Sil.	Ars.
	4/12	4/11	4/11	4/11	4/11	4/11	4/11	4/10	4/10	4/9
1	3	3	2	3	3	3	3	2	2	2
2	3	2	3	2	3	3	3	3	3	1
3	3	3	3	3	3	3	2	3	2	3
4	3	3	3	3	2	2	3	2	3	3

Beispiel für kleine, spezifische Rubriken

Der Zwergpinscher, der ständig ängstlich ist, ist immer auf der Hut, zieht beim Spazierengehen heftig an der Leine unter dem Motto „Wie komme ich möglichst schnell durchs Leben". Er frisst Erde und ist aggressiv gegenüber seinem Besitzer, wenn dieser ihn anfasst. Spezifische (Human-) Mittel, von denen wir heute aus Erfahrung wissen, dass sie für Hunde nützlich sind: *Tarantula hispanica* als Nummer 1 mit vier passenden Rubriken und einer Gesamtpunktzahl von 10. Nummer 2 hat nur zwei passende Rubriken und eine Gesamtpunktzahl von nur 4.

Beispiel Repertorisation:

SW = Hierarchischer Symptomwert. RE = Repertoriumsrubriken (Radar®). AM = Anzahl der ähnlichen Mittel

	SW	RE	AM
1	4+	GEMÜT – RUHELOS – Angst; vor	12
2	4+	GEMÜT – RUHELOS– ängstlich – gehend; zwingend – schnell	7
3	4+	GEMÜT – WUT – berührt; wenn	8
4	3	ALLGEMEINES – FRESSEN und TRINKEN – Sand – Lust	2

Differogramm

	Tarent.	Ars.	Cimic.	Iod.	Lac-e.	Cham.	Ant-c.	Arg-n.	Ign.	Acon.
	4/10	2/4	2/2	2/2	1/4	1/3	1/2	1/2	1/2	1/1
1	1	1	1	1	-	-	-	-	2	1
2	3	3	1	-	-	-	-	2	-	-
3	3	-	-	1	4	3	2	-	-	-
4	3	-	-	-	-	-	-	-	-	-

Bei diesem Syndrom habe ich wiederholt die Erfahrung gemacht, dass sich die Symptomkombination als eine starke Indikation für das Mittel *Tarantula hispanica* erweist. Die Symptomkombination kann in diesem Fall hierarchisch nach Merkmal und/oder Typ geordnet werden.

Bei der Verwendung von (zu) großen Rubriken besteht die Gefahr, dass das Simillimum in der Menge untergeht. Bei der Verwendung von (zu) kleinen Rubriken besteht die Gefahr, dass wir uns auf eine zu kleine Menge von Ressourcen konzentrieren und somit das Simillimum vorzeitig ausschließen.

Manchmal müssen wir bei fehlenden Symptomen vorsichtig spekulieren, z. B. über die (mögliche) Ursache der Symptome. Wir müssen uns dann manchmal ein wenig von den Tatsachen entfernen und logisch denken. Wir müssen auch den Mut dazu haben, zu wagen, weise zu sein (*aude sapere*) – ganz nach dem Motto von Samuel Hahnemann. Vorausgesetzt, wir wissen, was wir tun und können es dem Besitzer erklären. Und stellen Sie sich auch ruhig selbst in Frage, wenn die Behandlung nicht funktioniert.

Um die Sache etwas zu vereinfachen, können wir ein „A-Symptom" auswählen und das gesamte Differogramm auf dieses aufsetzen. Das

„A-Symptom“ sollte dann sehr stark sein, oder mit anderen Worten einen hohen hierarchischen Wert haben. Auf diese Weise beschränken wir die Anzahl der in Frage kommenden Mittel auf die mittleren Teile, die in der dem „A-Symptom“ entsprechenden Rubrik aufgeführt sind. Die Methode des Aufsetzens eines Differogramms auf ein eindeutiges „A-Symptom“ haben wir vor allem zu der Zeit angewandt, als wir noch nicht über ein Repertorium in Form eines Computerprogramms, sondern nur in Buchform verfügten und daher manuell repertorisieren mussten.

Da wir nun über zusätzliche Informationen aus der klinischen Erfahrung mit Hunden für eine Reihe von Wirkstoffen verfügen, wird es einfacher sein, unter mehreren Wirkstoffen nach dem Prinzip der gemeinsamen Erstanwendung zu wählen.

Aus der Praxis

Die Praxis ist widerspenstig

Am Anfang meiner Karriere als Tierarzt wurde ich von einem Bauern namens Dirk zu einem kranken Kalb gerufen.

Dirk bewirtschaftete einen Hof gleich hinter dem Grebbeberg. Ich fand ein todkrankes Kalb in Dirks Stall vor. Na ja, wenn man das denn Stall nennen kann … Dirk hatte eine alte Tür in die Ecke einer etwas baufälligen Scheune gestellt und dahinter stand das Kalb. Er hatte nur noch einen Ballen sauberes Stroh hineingeworfen. Das Kalb, ein paar Wochen alt, stand mit heraushängender Zunge da und ihm lief der Speichel eimerweise aus dem Maul. Die Diagnose war schnell geklärt: Zungenlähmung aufgrund einer Bleivergiftung. Ein klassischer Fall. Diese Diagnose braucht man natürlich erst einmal. In jenen Jahren nannten wir alte Türen das „Lego des Bauern“. So mancher Bauer baute aus den alten Türen einen Notstall. Sie waren noch mit bleihaltiger Farbe gestrichen. Und was machen junge Kälber? Sabbern und lecken. Damals und heute gab es noch keine ausreichend wirksamen Behandlungsmöglichkeiten. Ich suchte Zuflucht im Human-Repertorium:

Rubriken im Repertorium

ALLGEMEINES – BLEI – Vergiftung von
Alaun. alum-sil. *Alumn.* ant-c. ars. *Bell.* carbn-s. CAUST. chin. cocc. *Coloc.* crot-t. cupr. gels. hep. iod. kali-br. *Kali-i.* kreos. lyc. mang. merc. *Nat-s.* nux-v. okou. *Op.* petr. pipe. *Plat.* plb. sul-ac. *Sulph.* Zink.

MUND – LÄHMUNG – Zunge
absin. *Acon. Acon-c.* aesc-g. agar. anac. anh. *Apis Arn.* ars. aster. bapt. *Bar-c.* bar-m. *Bell.* BOTH. brom. bufo *Cadm-s.* *CALC.* cann-i. canth. caps. carb-v. carbn-s. CAUST. cic. *Cocc.* colch. *Con.* conin. *Crot-c.* crot-h. *Cupr.* cupr-s. CUR. *Dulc.* EUPH. *Euphr.* GELS. glon. graph. *Gua.* guare. *Hell. Helo-s.* hep. hydr. *hydr-ac. Hyos.* ip. ix. lac-c. *Lach.* LAUR. linu-u. *Lob-p.* LYC. mang-o. meph. merc-c. merl. MEZ. *Mur-ac. Naja* nat-m. *Nux-m.* nux-v. olnd. OP. oxyurn-sc. PLB. plb-xyz. pyrus *Rheum Rhus-t.* ruta sec. sil. *Stram.* syph. tep. verat. vesp. zinc. zinc-s.

Beispiel Repertorisation:

SW = Hierarchischer Symptomwert. RE = Repertoriumsrubriken (Radar®). AM = Anzahl der ähnlichen Mittel

	SW	RE	AM
1	8	ALLGEMEINES – BLEI – VERGIFTUNG	33
2	8	MUND – LÄHMUNG – Zunge	86

Differogramm

	Caust.	Op.	Bell.	Gels.	Lyc.	Plb.	Cocc.	Cupr.	Ars.
	2/6	2/5	2/4	2/4	2/4	2/4	2/3	2/3	2/2
1	3	2	2	1	1	1	1	1	1
2	3	3	2	3	3	3	2	2	1

Die Bleivergiftung mit dem Status eines ursächlichen Symptoms gehört theoretisch an Position 2 in der Hierarchie, hat aber einen praktischen Hierarchiewert von 8. Die Folge der Bleivergiftung, die Zungenlähmung, ist ein lokales Symptom, das an Position 8 gehört. Es sind beides Symptome, die etwas über die Krankheit und nur wenig über den Kranken aussagen. Da keine weiteren Einzelsymptome gefunden wurden, erfolgte die Arzneimitteldiagnose hier letztlich nicht auf der Basis von (hierarchischen) Symptomwerten und Symptomstärken, sondern auf der Basis meines Wissens und meiner praktischen Erfahrung mit den ersten neun Mitteln, mit denen ich bereits einige Erfahrung hatte.

Ich habe das Kalb mit *Causticum* D12 behandelt, zweimal täglich fünf Tropfen. *Causticum* wird bei Hunden u. a. bei lokalen Lähmungen im Kopf- und Kehlkopfbereich eingesetzt, einschließlich Lähmungen des Gesichts und der Stimmbänder. Mit diesem Wissen wählte ich *Causticum*. Innerhalb von drei Wochen war das Kalb völlig gesund und wuchs fröhlich heran, während es einige Zeit vor der homöopathischen Behandlung (Dirk hatte den Tierarzt nicht sofort gerufen) nur noch schlimmer geworden war. Natürlich kann man nicht sagen, wie es dem Kalb ohne Homöopathie ergangen wäre. Letztlich wird die Prognose vor allem davon abhängen, wie viel Blei das Kalb aufgenommen hat.

Deutung der Reaktionen

Spezifische Reiztherapie

Die Wirkung der Homöopathie wird als Anregung der Selbstheilungskräfte des Körpers gesehen. Ein homöopathisches Mittel stimuliert den Körper, zusätzliche Abwehr- und Reparaturmaßnahmen zu ergreifen. Wir nennen die Homöopathie daher eine Reiztherapie.

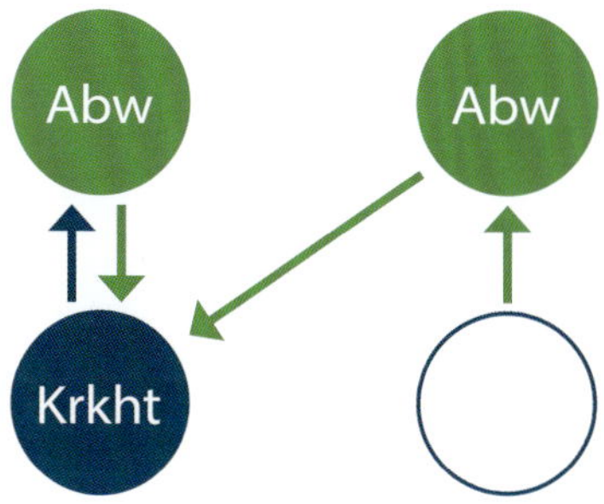

Die Krankheit (die blaue Kugel unten links) regt den Körper an, Abwehr- und Reparaturmaßnahmen zu ergreifen (die grüne Kugel oben links). Die homöopathische Arznei (die weiße Kugel unten rechts) könnte in ihrer potenzierten Form als *Ghost Disease* bezeichnet werden. Das homöopathische (ähnliche) Arzneimittel wird vom Körper als die (ähnliche) Krankheit wahrgenommen und reagiert mit krankheitsspezifischen Abwehr- und Genesungsmaßnahmen (die grüne Kugel oben rechts), die wiederum als zusätzliche Unterstützung für die Abwehr und Genesung von der eigentlichen Krankheit (die blaue Kugel unten links) dienen können.
Diese Darstellung des Sachverhalts, die auch auf zellulärer Ebene durch die wissenschaftliche Forschung von Van Wijk und Wiegant* nachgewiesen wurde, scheint in der Praxis ein wirksames Denkmodell für die Interpretation von Reaktionen auf die Homöopathie zu sein. Das Bild des Medikaments und das Bild der Krankheit müssen genau übereinstimmen, sonst bleibt der Reiz wirkungslos. Deshalb sprechen wir eher von einer spezifischen Reiztherapie.
Van Wijk und Wiegant konnten einen eindeutigen Zusammenhang feststellen (statistisch signifikant $p < 0,001$) in Bezug auf die Auswirkung der verwendeten Verdünnungen, auf die Wiederherstellung und das Ausmaß, in dem das Medikament in seiner Wirkung dem klinischen Bild ähnelt. Wenn die Ähnlichkeit gering ist, gibt es auch kaum eine Wiederherstellung nach Anwendung der Verdünnung. Dies verdeutlicht das Ähnlichkeitsprinzip auf zellulärer Ebene.

Art, Spezifität und Stärke des Reizes

Ein Reiz besteht aus drei Komponenten: *Art des* Reizes, *Spezifität* und *Stärke*. Alle drei müssen mehr oder weniger genau an die

* Wijk, R. van, F.A.C. Wiegant, *The similia principle in surviving stress; mammalian cells in homeopathy research*. Universität Utrecht (1997).

individuelle Empfindlichkeit des Patienten angepasst werden.

Wenn wir zum Beispiel bei einem Durchfallpatienten *Arsenicum album* D30 einmal täglich eine Dosis verschreiben, dann ist *Arsenicum album* die Reizart. Im Allgemeinen ist das ähnlichste Mittel oder das Simillimum die Reizart. Die Reizspezifität wird hauptsächlich durch die gewählte Potenz, hier D30, bestimmt. Die Meinungen über die Rolle der verschiedenen Potenzskalen gehen auseinander, selbst unter erfahrenen Praktikern. Was mich betrifft, so denke ich, dass sich der unterschiedliche Einfluss von verschiedenen Potenzskalen hauptsächlich auf das unterschiedliche Verhältnis zwischen der Anzahl der Potenzstufen und der Verdünnungsrate bezieht. Die Reizstärke wird im Wesentlichen durch die Dosis und die Häufigkeit der Gabe bestimmt, in diesem Fall einmal täglich eine Dosis. Die Dosis und die Häufigkeit der Gabe sind in diesem Zusammenhang fast immer von untergeordneter Bedeutung. Wir halten uns grundsätzlich an die Leitlinien (siehe Leitlinien für die Erstverschreibung). Bei der Erstverschreibung schätzen wir die Reizart (das Simillimum) und die Reizspezifität (Potenz) so gut wie möglich ein. Bei der Wahl der richtigen Reizart ist darauf zu achten, dass die Arzneimitteldiagnose zumindest so nahe wie möglich am Simillimum liegt. Für die Wahl der richtigen Reizspezifität verwenden wir praktisch nützliche Leitlinien, die wir beim Learning-by-doing gefunden haben (siehe Leitlinien für die Erstverschreibung). Die Reaktion auf die Behandlung aufgrund unseres ersten Rezepts zeigt, ob wir auf dem richtigen Weg sind oder nicht. Anhand der Reaktion(en) wissen wir, ob und wie wir unsere erste Verschreibung anpassen müssen. Nämlich ob wir das gleiche Medikament weitergeben oder ein anderes wählen, die gleiche oder eine andere Potenz wählen. Um die Art des Stimulus und die Spezifität der Injektion auf den Patienten abzustimmen, ist eine gründliche Folgeuntersuchung erforderlich.

Leitlinien für die Erstverschreibung

			L	M	H
KRANKHEIT	Stadium	(per)akut	-		
		subakut		-	
		chronisch			-
	pathologischer Zustand	nicht ernst, vital	-	-	-
		ernsthaft, nicht vital		-	
	Ursache	äußerliche, normale Reaktion	-		
		äußerliche, anormale Reaktion		-	-
		innerlich		-	-
	Vorkommen	gelegentlich	-		
		wiederkehrend		-	-

TIER	Symptomwert	organbezogen	-		
		funktionsbezogen		-	
		tierspezifisch		-	-
		typgerecht		-	-
	Reaktivität (Empfindlichkeit)	langsam (in höherer Frequenz verabreichen!)	-	-	-
		stabil	-	-	-
		labil		-	
MITTEL	pflanzlich, tierisch, chemisch	ungiftig	-	-	-
		giftig		-	-
	Mineral	Metall		-	-
		Andere	-	-	-

L	Tiefe Potenzen	Ø, D1, D2, D3, D4, D6, (D12)	3 (2) x täglich
M	Mittlere Potenzen	(D12), D30	(2) 1 x täglich
H	Hohe Potenzen	D200/200K, MK, 10MK	Je nach Reaktion

Praxisbeispiel

Arnika (Arnica montana)			
	Krankheitsbild	**Rezept**	**Motivation**
A	Hämatom lokalisiert; äußeres Trauma; Reaktion des Körpers normal, relativ zum Trauma	D6 3 x täglich 5 Tropfen 10 Tage	akut; nicht ernst; vital; äußerlich, normale Reaktion; gelegentlich; organbezogen; pflanzlich
B	chronische Hauterkrankung; nach schwerer Verletzung; anormale Körperreaktion, die in keinem Verhältnis zum Trauma steht: Schock, schwere Infektion, langwieriger Prozess; Arnica-Typ.	MK 2 Globuli Je nach Reaktion	chronisch; nicht ernst, existenziell; äußerlich, anormale Reaktion; wiederkehrend; typgerecht; pflanzlich

Dosis und Häufigkeit der Verabreichung

Für mich sind die Dosis, die Anzahl der Tropfen (Guttae), die Anzahl der Tabletten (Pilulae) oder die Anzahl der Kügelchen (Globuli oder Granula) bei der Einstellung der Reizstärke von untergeordneter Bedeutung. Trotz meiner Vorbehalte gegenüber alternativen Messgeräten habe ich den Rat von Kollegen schon mehrfach erfolgreich befolgt und Patienten u. a. mittels Kinesiologie, Lecher-Antenne und Bioresonanz vermessen, um die Richtdosis zu erhöhen oder zu verringern.

Die Häufigkeit der Gabe kann in Ausnahmefällen immer noch ein nützliches Instrument zur Anpassung der Reizstärke sein. In der Praxis sind die Leitlinien hierfür in den meisten Fällen korrekt. In einer begrenzten Anzahl von Fällen kann eine von den Leitlinien abweichende Häufigkeit der Verabreichung eine zusätzliche Möglichkeit sein, die Stimulusintensität anzupassen. Wir sehen zum Beispiel manchmal eine Reaktion bei Hunden, wenn wir eine hohe Potenz sieben Tage lang mit einmal täglich einer Dosis als Anreiz verabreichen und dann die Reaktion abwarten, die wir bei einer Einzeldosis nicht gesehen hätten. 1977 verschrieb unser deutscher Kollege Hans Günther Wolff in seinem Buch *Unsere Hunde – gesund durch Homöopathie* dreimal täglich eine Dosis *Pulsatilla pratensis* C30 für die Scheinträchtigkeit einer Hündin für sieben Tage.

Mögliche Reaktionen auf die Erstverschreibung

Die Reaktionen auf eine homöopathische Behandlung können darin bestehen, dass die Symptome bestehen bleiben, sich verbessern oder verschlimmern. Es können aber auch neue Symptome auftreten.

Die Symptome bleiben

1. Grund: Falsche Arzneimitteldiagnose

Der häufigste Grund ist, dass eine falsche Arzneimitteldiagnose gestellt wurde. Vor allem bei unerfahrenen Ärzten.

Ratschlag

Neuerstellung der Arzneimitteldiagnose auf der Grundlage der Neubewertung alter und/oder der Sammlung neuer Informationen, beginnend mit der (erneuten) Prüfung der Patientenakte, der (erneuten) Anamneseerhebung und gegebenenfalls einer weiteren klinischen und (zusätzlichen) ergänzenden Untersuchung. In der Tat sollten Sie den Patienten bei einer Folgekonsultation immer vollständig neu untersuchen, da sich durch alle möglichen Einflüsse ein völlig anderes Bild ergeben kann.

2. Grund: Hemmende Faktoren

Es gibt Faktoren, die die Wirkung des homöopathischen Mittels hemmen, wie z. B. Korticosteroide. Es kann auch sein, dass der Patient für die Homöopathie ungeeignet ist, zum Beispiel bei irreversiblen Gesundheitsschäden. Es gibt keine Selbstheilungskräfte mehr, an die man appellieren kann, die Reaktionsfähigkeit ist gleich null.

Ratschlag

Wir sollten, wenn möglich, die hemmenden Faktoren beseitigen. Man hat zum Beispiel den Eindruck, dass ein Patient nach einer längeren Behandlung mit Kortikosteroiden bis zu etwa drei Monate lang weniger gut auf die Homöopathie anspricht. Bei nicht wieder gutzumachenden Schäden sollten wir dem Besitzer mitteilen, dass eine homöopathische Behandlung in diesem Fall nicht möglich ist.

3. Grund: (Zu) langsame Reaktion

Das Mittel wirkt (zu) langsam oder der Patient spricht (zu) langsam auf die Homöopathie an.

Ratschlag

Haben Sie etwas mehr Geduld oder erhöhen Sie die Häufigkeit der Verabreichung.

Verbesserung der Symptome

Die Symptome verbessern sich (allmählich) bis hin zur Genesung

1 Grund: Die Behandlung schlägt an

Die homöopathische Behandlung schlägt an.

Wir haben die richtige Arzneimitteldiagnose gestellt, die richtige Potenz und die richtige Häufigkeit der Gabe gewählt. Die Heilung erfolgt in chronischen Fällen eher allmählich und kann in (per)akuten Fällen sehr schnell (innerhalb einer Stunde) eintreten. Es besteht jedoch immer die Möglichkeit, dass noch eine Spontanheilung eingetreten ist. Das heißt, die Heilung erfolgt dann *nach* der Verabreichung des Arzneimittels, aber nicht *wegen* des Arzneimittels.

Ratschlag

Die Unterscheidung zwischen Heilung durch Arzneimittel und Spontanheilung ist nicht immer leicht zu treffen. Wenn wir nicht sicher sind, ob die Heilung durch Homöopathie oder durch Spontanheilung zustande gekommen ist, sollten wir die Medikation in niedrigen Potenzen fortsetzen, wenn die Heilung noch nicht vollständig erfolgt ist, und sie absetzen, wenn sie es ist. Bei hohen Potenzen, bei denen wir entsprechend der Reaktion** dosieren, sollten wir abwarten und die Medikation vorerst nicht wiederholen.

Im Falle eines erneuten Auftretens müssen wir das Medikament bei niedrigen Potenzen ein weiteres Mal verabreichen, bei hohen Potenzen die Gabe einmal wiederholen. Tritt eine Besserung ein, besteht eine gute Chance, dass die Homöopathie für die Heilung verantwortlich war/ist. Wenn keine Besserung eintritt, ist es ratsam, eine neue Arzneimitteldiagnose auf der Grundlage einer Neubewertung der alten und/oder der Sammlung neuer Informationen zu erstellen. Man beginnt dabei mit der (erneuten) Prüfung der Patientenakte, der (erneuten) Anamneseerhebung und ggf. der erneuten Durchführung klinischer und (zusätzlicher) ergänzender Untersuchungen.

2. Grund: Andere Faktoren

Wir sollten auch die Auswirkungen anderer Maßnahmen auf die Heilung im Auge behalten, z. B. andere Medikamente, Ernährungsumstellungen, Verhaltenstraining und so weiter.

Ratschlag

Grundsätzlich sollten wir immer nur eine Behandlung durchführen, denn wenn mehrere Behandlungen gleichzeitig durchgeführt werden, ist es schwierig, den Verlauf der Behandlung richtig zu interpretieren. Darauf sollte der Besitzer auch hingewiesen werden, wenn er beabsichtigt, die Ernährung selbst umzustellen oder unsere Behandlung mit eigenen Mitteln zu unterstützen, ohne dies mit uns abzusprechen.

Die Symptome bessern sich in chronischen Fällen sehr schnell (mit schnellen Rückfällen)

Grund: Palliative Behandlung oder unzureichende Diagnose

Es handelt sich um eine palliative Behandlung, wenn die Arzneimitteldiagnose nicht das gesamte Krankheitsbild abdeckt.

Wie schnell ein homöopathisches Mittel eine Besserung bewirkt, hängt vor allem von der Schwere der krankhaften Veränderungen ab. In akuten Fällen kann die Homöopathie innerhalb von nur einer bis wenigen Stunden wirken. In chronischen Fällen wird mehr Zeit benötigt, um die pathologischen Veränderungen zu beseitigen. Bei einer sehr raschen Besserung, z. B. innerhalb weniger Tage, ist bei einer chronischen, langwierigen Erkrankung mit vielen pathologischen Veränderungen mit einer nur sehr kurzfristigen krankheitsmildernden Wirkung zu rechnen. Nach einer sehr raschen Besserung (z. B. innerhalb von ein bis zwei Tagen) kommt es innerhalb von etwa drei bis sieben Tagen zu einem Rückfall.

** Bei der Dosierung je nach Reaktion sollte bei der Anwendung von Hochpotenzen die Dosis nicht wiederholt werden, solange noch eine Besserung feststellbar ist. Bei niedrigeren Potenzen setzen Sie die Medikation so lange fort, wie eine Besserung noch spürbar ist.

Ratschlag
Neuerstellung der Arzneimitteldiagnose auf der Grundlage der Neubewertung alter und/oder der Sammlung neuer Informationen, beginnend mit der (erneuten) Prüfung der Patientenakte, der (erneuten) Anamneseerhebung und ggf. einer weiteren klinischen und (zusätzlichen) ergänzenden Untersuchung.

Die Symptome bessern sich, aber nicht über 80 % hinaus

1. Grund: Nicht spezifisch genug
Der Reiz ist nicht spezifisch genug.

Ratschlag
Wir setzen die Behandlung fort, indem wir eine höhere Potenz desselben Simillimums verabreichen. Wenn wir beim ersten Mal eine Einzeldosis einer höheren Potenz gegeben haben, wiederholen wir natürlich zuerst diese Potenz. Wenn dies nicht zu einer weiteren Verbesserung führt, setzen wir die Behandlung mit einer höheren Potenz fort, ebenfalls auf der Grundlage der Reaktion.

2. Grund: Krankheitsverlauf
Das weitere Krankheitsbild passt zu einem anderen Medikament.

Ratschlag
Wir müssen eine dem aktuellen (Rest-)Krankheitsbild angemessene Arzneimitteldiagnose stellen, die auf der Neubewertung alter und/ oder der Sammlung neuer Informationen beruht. Dies beginnt mit der (erneuten) Prüfung der Patientenakte, der (erneuten) Erhebung der Anamnese und, falls erforderlich, der erneuten Durchführung klinischer und (zusätzlicher) ergänzender Untersuchungen. Wir nennen dieses zweite Mittel ein ergänzendes Mittel.

3. Grund: Heilung nicht möglich
Eine weitere Heilung ist nicht möglich.

Ratschlag
Suchen Sie gegebenenfalls nach palliativen Maßnahmen in der Schul- und/oder anderen komplementären Tiermedizin.

Die Symptome verschlechtern sich

Symptome verschlechtern sich spontan

Grund: Der Krankheitsverlauf
Wenn sich die Symptome verschlimmern, kann dies auch auf einen normalen Krankheitsverlauf zurückzuführen sein. In einem solchen Fall bewirkt die homöopathische Arznei nichts, vielleicht aufgrund einer falschen Arzneimitteldiagnose. Es kann auch sein, dass die Arzneimitteldiagnose richtig ist, der Patient aber nicht auf die Homöopathie anspricht, z. B. aufgrund irreversiblen Veränderungen.

Ratschlag
Erneute Erstellung der Arzneimitteldiagnose auf der Grundlage einer Neubewertung der alten und/oder der Sammlung neuer Informationen, beginnend mit der (erneuten) Durchsicht der Patientenakte, der (erneuten) Erhebung der Krankengeschichte und ggf. der erneuten Durchführung klinischer und (zusätzlicher) ergänzender Untersuchungen. Wenn die Arzneimitteldiagnose wieder auf das gleiche Arzneimittel fällt, spricht der Patient möglicherweise nicht (mehr) auf die Homöopathie an.

Verschlimmerung der Symptome mit Verbesserung des Wohlbefindens

Grund: Homöopathische Erstverschlimmerung
Hier liegt eine echte homöopathische Erstverschlimmerung vor. Das Mittel ist gut, aber die Potenz ist zu niedrig. Das Wohlbefinden verbessert sich, aber die (körperlichen) Beschwerden werden mehr. Die Aktivierung der Selbstheilung, die so genannte Spontanheilung, erkennt man daran, dass vorübergehend eine

Verschlimmerung der Symptome und/oder eine Steigerung des Wohlbefindens eintritt. Dies ist eigentlich das wichtigste Indiz dafür, dass ein homöopathisches Arzneimittel tatsächlich die Selbstheilung aktiviert. Die Wirkung auf die Homöopathie ist also von einer spontanen Selbstheilung nicht zu unterscheiden.

Ratschlag

Wir müssen die Medikation im Falle einer Behandlung mit niedrigen und mittleren Potenzen abbrechen oder auf eine einmalige Gabe von Hochpotenzen warten. Definitionsgemäß muss es nach einer homöopathischen Erstverschlimmerung zu einer spontanen Besserung über den *Ausgangswert* hinaus kommen, d. h. dem Patienten geht es nach der Verschlimmerung spontan besser als zum Zeitpunkt der Medikamentengabe.

Dies kann in der Regel innerhalb von 10 bis 14 Tagen nach dem Absetzen des Medikaments richtig beurteilt werden. Tritt am Ende keine vollständige Besserung ein, wird eine höhere Potenz desselben Medikaments verschrieben.

Verschlimmerung der Symptome ohne Verbesserung des Wohlbefindens oder sogar mit einer Verschlechterung

Grund: Falsch gewähltes Mittel

Das falsche Mittel. Das gewählte ist sehr wahrscheinlich ein sehr nahe stehendes Mittel („Nachbarmittel").

Ratschlag

Wir sollten die Medikation im Falle einer Behandlung mit niedrigen und mittleren Potenzen stoppen oder im Falle einer einmaligen Gabe von hohen Potenzen abwarten. Dann kommt es zu einer Verbesserung bis zum Ausgangswert, oder anders gesagt, nach der Verschlimmerung ist der Patient wieder auf dem Niveau, auf dem die Medikation begonnen wurde. Dies kann in der Regel innerhalb von 10 bis 14 Tagen nach dem Absetzen des Medikaments richtig beurteilt werden. Wir müssen dann die Arzneimitteldiagnose auf der Grundlage der Neubewertung alter und/oder der Sammlung neuer Informationen neu erstellen. Dies beginnt mit dem (erneuten) Studium der Patientenakte, der (erneuten) Erhebung der Krankengeschichte und gegebenenfalls einer weiteren klinischen und (zusätzlichen) ergänzenden Untersuchung. Es wird sich dann in den meisten Fällen herausstellen, dass das neue Medikament vom Arzneimittelbild her dem angewandten Medikament sehr nahe steht („Nachbarmittel"). Wäre das angewandte Mittel nicht nahe am Simillimum, würde es im Prinzip gar nicht wirken, d. h. es könnte zu keiner Verschlechterung der Symptome kommen.

Ein auffälliger Unterschied zwischen einer homöopathischen Erstverschlimmerung und einer durch ein sehr nahe stehendes Mittel verursachten Verschlimmerung besteht darin, dass sich bei einer homöopathischen Erstverschlimmerung das allgemeine Wohlbefinden nicht verschlechtert, sondern eher verbessert, und dass sich bei der durch ein „Nachbarmittel" verursachten Verschlimmerung das allgemeine Wohlbefinden nicht verbessert, sondern eher verschlechtert.

Erstverschlimmerung und Verschlimmerung durch ein „Nachbarmittel"

Eine Verschlimmerung der Symptome ist eine regelmäßig vorkommende Reaktion und in den meisten Fällen handelt es sich um das falsche Mittel („Nachbarmittel") oder eine homöopathische Erstverschlimmerung. Jedes Mal, wenn sich die Symptome verschlimmern, müssen wir die Medikation mit einer Reihe von niedrigen und mittelhohen Potenzen stoppen oder mit einer einmaligen Gabe von Hochpotenzen abwarten.

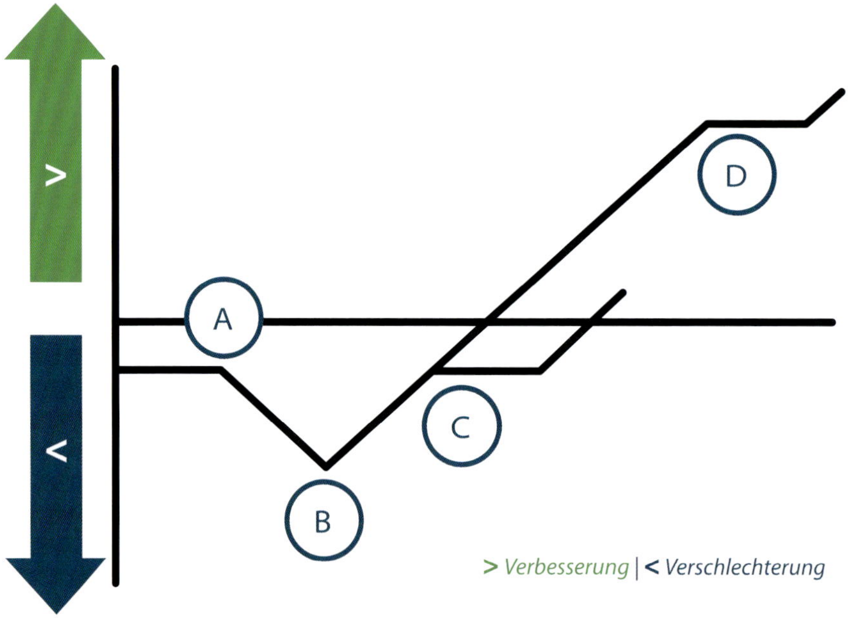

Erläuternde Illustration

A, AB

Bei A ist der Beginn der Medikation mit z. B. *Ignatia amara* D30 einmal täglich (alle 24 Stunden) fünf Globuli. Es kommt zu einer Verschlimmerung der (körperlichen) Symptome (AB). In einigen Fällen ist eine Verbesserung des Wohlbefindens zu beobachten (lebhafter, besserer Appetit usw.); dies ist wahrscheinlich eine homöopathische Erstverschlimmerung, die sich später im Verlauf der Stufen C und D bestätigt. In einigen Fällen kommt es zu einer Verschlimmerung des Wohlbefindens (apathischer, weniger Appetit usw.). Hier liegt wahrscheinlich eine Verschlimmerung durch ein „Nachbarmittel" vor, was später durch die Tatsache bestätigt wird, dass die Erholung nach der Verschlimmerung nicht über die Stufe C hinausgeht, die dem Ausgangswert A zu Beginn der Medikation entspricht.

B, BC

Um herauszufinden, ob es sich um eine Erstverschlimmerung oder eine Verschlimmerung durch ein „Nachbarmittel" handelt, setzen wir die Verabreichung von *Ignatia amara* D30 ab und warten 10 bis 14 Tage, um zu sehen, was ohne das Medikament passiert. Nach dem Absetzen des Medikaments sehen wir in den meisten Fällen, dass sich die Symptome auf Stufe C wieder verbessern, was der Situation bei Ausgangswert A entspricht. Wenn sich die Symptome nach dem Absetzen weiter verschlechtern, können wir in den meisten Fällen davon ausgehen, dass wir es mit einem normalen Krankheitsverlauf zu tun haben und somit nicht oder nicht nur mit einer durch das verabreichte Medikament verursachten Verschlimmerung. In Ausnahmefällen kommt es zu einer verminderten Reaktionsfähigkeit des Körpers, sodass die Verschlimmerung noch eine Weile anhält und die Genesung verzögert wird. In beiden

Situationen sollten wir dringend eine reguläre tierärztliche Behandlung in Betracht ziehen, z. B. mit Analgesie oder Infusionen und/oder, falls erforderlich, mit einem anderen homöopathischen Mittel zu antidotieren (gegenzusteuern). Jedes neu gefundene, noch besser wirkende Mittel ist in der Regel in der Lage, das ursprünglich falsche Mittel zu bekämpfen.

C, CD

Bleibt der Patient nach dem Punkt C auf der Stufe C, was dem Ausgangswert A zu Beginn der Medikation entspricht, kann man in den meisten Fällen von einer Verschlimmerung durch ein „Nachbarmittel" ausgehen. Im Grunde genommen müssen wir die Arzneimitteldiagnose auf der Grundlage einer Neubewertung alter und/oder der Sammlung neuer Informationen erneut stellen. Beginnend mit dem (erneuten) Studium der Patientenakte, der (erneuten) Erhebung der Krankengeschichte und ggf. der erneuten Durchführung klinischer und (zusätzlich) erforderlichen Untersuchungen. In vielen Fällen kommen wir dann zu einem „Nachbarmittel", in diesem Fall zum Beispiel zu *Nux vomica*, einem der Nachbarmittel von *Ignatia amara*. Bessert sich der Patient weiter spontan und ohne Medikamente (Weg C nach D), haben wir die Bestätigung für eine homöopathische Erstverschlimmerung, die wir aufgrund der Verbesserung des Wohlbefindens im Weg A nach B bereits vermutet haben. Wenn die Verbesserung auf D stagniert und wir erwarten, dass eine weitere Verbesserung möglich ist, können wir als Folgemaßnahme eine höhere Potenz geben: *Ignatia amara* D200, eventuell später eine MK oder 10 MK, je nach Reaktion, was in der Praxis in der Regel fünf Globuli alle zehn Tage bedeutet.

Beispiele für die gegenseitige Nachbarschaft sind *Stramonium* und *Hyoscyamus niger*, *Calcium carbonicum* und *Silicea*, *Graphites* und *Pulsatilla pratensis*, *Nux vomica* und *Ignatia amara*.

Langfristige Verschlimmerung

Grund: Zustand des Patienten

Es liegt eine schwere Krankheit vor, der Körper ist zu schwach, um angemessen zu reagieren.

Ratschlag

In diesen Fällen müssen wir vorsichtig dosieren. Nicht zu niedrig (materielle Potenzen), aber auch nicht zu hoch (energetische Potenzen). Wir ziehen es vor, je nach Reaktion zu dosieren. In diesen Fällen sollten wir auf jeden Fall LM-Potenzen in Betracht ziehen.

Verschlimmerung durch verschiedene Mittel (oft auch neue Symptome, siehe unten)

Grund: Patientenempfindlichkeit

Es gibt sehr empfindliche Patienten, die jedes Mal eine Verschlimmerung der Symptome zeigen, wenn sie verschiedene homöopathische Mittel einnehmen. Jedes Mittel scheint in der Lage zu sein, die fraglichen Arzneimittelsymptome hervorzurufen.

Ratschlag

In diesen Fällen entscheiden wir uns für LM-Potenzen. Es kann auch sein, dass in diesen Fällen die Homöopathie nicht die geeignete Behandlungsmethode ist und wir uns nach einer anderen Behandlungsmethode umsehen müssen.

Neue Symptome

Generell gilt: Wenn neue Symptome auftreten, sollten wir die Mittelverabreichung abbrechen und eine neue Arzneimitteldiagnose stellen. In der Praxis gibt es zwei gute Möglichkeiten, die allerdings besondere Aufmerksamkeit erfordern.

Neue Symptome sind tatsächlich neue Symptome

Ich habe einmal eine Hündin wegen Hautproblemen behandelt. Sie hätte m.E. gut zu *Graphites* gepasst. Während der Behandlung mit *Graphites* änderte sich das Bild, die Hündin wurde scheinträchtig: riesige Schwellung der Milchdrüsen und viel Milch, der vorher gute Appetit nahm ab und auch das Trinken wurde weniger. Die Scheinträchtigkeit passte nicht in das Bild von *Graphites*, aber die neuen Symptome passten perfekt zu *Pulsatilla pratensis*. Stellen Sie also bei neuen Symptomen immer eine Neudiagnose mit Mitteln, die auf dem gesamten neuen Bild basieren.

Neue Symptome sind alte Symptome

Wir sollten uns immer bewusst sein, dass neue Symptome auch alte Symptome sein können, die bei der vorherigen Konsultation nicht erwähnt oder übersehen wurden.

Heringsche Regel

Neue Symptome, die nach oder wegen einer homöopathischen Medikation auftreten, sollten immer dazu genutzt werden, unsere Arzneimitteldiagnose zu bestätigen oder anzupassen. In der Homöopathie nutzen wir bei der Beurteilung des Krankheits- oder Heilungsprozesses die Erkenntnisse der Heringschen Regel. Diesem Gesetz zufolge bessern sich Symptome während des Heilungsprozesses in einer bestimmten Reihenfolge:

- Von innen nach außen
- Von oben nach unten
- In umgekehrter chronologischer Reihenfolge des Auftretens der Symptome

Mein Lehrer, der homöopathische Arzt Arij Vrijlandt, hat mich gelehrt, dass ein Heilungsprozess beim Menschen zunächst eine Verbesserung des Wohlbefindens beinhaltet, dann das Wollen, dann das Können, dann das Tun und schließlich die Heilung. Nach dem umgekehrten Heringschen Gesetz bewegt sich eine Krankheit im Krankheitsverlauf auch in umgekehrter Richtung, d. h. von außen nach innen und von oben nach unten. Bei einem Krankheitsverlauf (Heilung) nach dem Heringschen Gesetz setzen wir die Medikation bei niedrigen und mittleren Potenzen fort oder warten bei einer einmaligen Gabe von hohen Potenzen zunächst ab. Bei einem Krankheitsverlauf (Erkranken) nach dem *umgekehrten* Heringschen Gesetz stoppen wir die Medikation bei niedrigen und mittleren Potenzen oder wiederholen die Medikation bei einer Einzelgabe von hohen Potenzen nicht. Bei einem Fortschreiten der Krankheit nach dem *umgekehrten* Heringschen Gesetz müssen wir die Arzneimitteldiagnose auf der Grundlage einer Neubewertung der alten und/oder der Sammlung neuer Informationen erneut stellen. Dies beginnt mit der (erneuten) Prüfung der Patientenakte, der (erneuten) Erhebung der Krankengeschichte und gegebenenfalls der erneuten Durchführung von klinischen und (zusätzlichen) ergänzenden Untersuchungen.

Aus der Praxis

Ich behandelte einen Hund wegen anhaltender Folgen einer Bisswunde an seiner rechten Hinterpfote, an der er sechs Monate zuvor von einem anderen Hund gebissen worden war. Es entstand eine verschmutzte, infizierte Wunde, die nicht abheilte. Der lokale Lymphknoten (in der Kniebeuge) war ebenfalls stark geschwollen. Langfristige Antibiotikagaben und Entzündungshemmer halfen nicht. Vielmehr wurde der Hund allgemein krank: Er fraß nicht mehr, hatte Fieber und die Krankheit verlagerte sich nach oben und nach innen. Auch die Lymphknoten im Bauchraum waren schmerzhaft geschwollen. Lokal hatten sich auch an anderen Stellen um die ursprüngliche Bisswunde herum Abszesse gebildet. Der Appetit war mit einem Mal verschwunden, die Körpertemperatur betrug fast 41° C. Der Hund war so krank, dass der Spezialist riet, die Pfote zu amputieren. Auf Bitten des Besitzers, der selbst homöopathischer Arzt ist, beschlossen wir dennoch, mit Homöopathie einen Versuch zu unternehmen, um das Bein zu retten. Der Spezialist stimmte zu, behielt den Hund aber auf meine Bitte hin unter seiner eigenen Kontrolle.

Ich habe den Hund entsprechend der Reaktion mit *Hepar sulfuris* D30 behandelt. Ein chronischer Fall, ein erschöpfter Patient – nicht zu niedrig und nicht zu hoch potenziert. Die erste Dosis wirkte drei Tage lang. Der Appetit verbesserte sich für eine Weile und auch der Körper: Die Temperatur sank leicht. Dann gab es einen Rückfall. Nach diesen drei Tagen gab ich eine weitere Dosis. Das funktionierte für etwa fünf Tage. Die dritte Dosis wirkte etwa sieben Tage lang. Die vierte Dosis wirkte nicht mehr. Es bestand die Gefahr, dass wir wieder am Anfang standen. Ich bin dann auf *Hepar sulfuris* D60 umgestiegen, einmal eine Dosis, was wie folgt wirkte: Der Appetit wurde wieder besser, das Fieber ging weiter zurück, die Schwellung der Lymphknoten ging zurück, zuerst im Bauch, später in der Kniebeuge, die Abszesse in der Pfote heilten ab und am Ende tauchte der Abszess der alten Bisswunde wieder auf, brach durch und heilte. Der Hund heilte aus und benutzte auch seine Pfote wieder voll. Ein Jahr später rief mich der Besitzer an, um mir mitzuteilen, dass sein Hund im vergangenen Jahr ohne Probleme auf der Pfote gelaufen war, jetzt aber wieder lahmte. Der Appetit war gut, kein Fieber, keine Abszesse und keine geschwollenen Lymphknoten. Weitere Nachforschungen ergaben, dass der Hund geimpft worden war, woraufhin die Beschwerden aufgetreten waren. Nach drei Wochen war die Lahmheit spontan verschwunden. Vielleicht war es nur eine Schwächung der Abwehrkräfte.

Eine Folge des Heringschen Gesetzes kann sein, dass eine Verschlimmerung der Symptome leicht unserer Aufmerksamkeit entgehen könnte. Angenommen wir behandeln ein Tier wegen einer lokalen Anomalie (z. B. Hautjucken oder Ohrenentzündung) mit (wie sich im Nachhinein herausstellt) einer zu niedrigen Potenz in einer zu hohen Frequenz. Dann können die lokal sichtbaren Beschwerden zwar abheilen, aber die Krankheit kann sich nach innen verlagern und dort, nicht sofort sichtbar, Schäden verursachen. Wir müssen also sehr aufmerksam auf (kleine) Anzeichen solcher Verschlimmerungen achten und die Besitzer entsprechend aufklären. Sie werden feststellen, dass bei einem solchen *umgekehrten* Heringschen Gesetz das Wohlbefinden geringer ist: Der Hund ist zum Beispiel weniger aktiv, hat weniger Appetit und so weiter. Dies sollte ausdrücklich mit dem Besitzer abgeklärt werden. Der Besitzer spricht es oft nicht an, weil die Anzeichen meist nicht sehr auffällig sind und kleine Abweichungen im Verhalten oft auf das Alter, das warme Wetter, die Stimmung im Haus oder Ähnliches schiebt. Wenn zu einem viel späteren Zeitpunkt andere Beschwerden auftreten, sollte man sich immer bewusst sein, dass diese durch ein Medikament verursacht worden sein könnten, das lange Zeit in niedrigeren Potenzen verabreicht wurde.

Komplexmittel

Einzel-Homöopathie (Simplex)

Im Prinzip geht es immer darum, ein einzelnes homöopathisches Arzneimittel oder Simplex zu verschreiben, das am besten zum Krankheitsbild des einzelnen Patienten einschließlich zusätzlicher individueller Symptome passt.
In manchen Fällen benötigt ein Patient ein zusätzliches homöopathisches Mittel, weil das verabreichte Simillimum allein keine vollständige Heilung herbeiführen kann. Dieses Mittel wird als komplementäres homöopathisches Mittel bezeichnet. Es ist eine Ergänzung zu einem anderen homöopathischen Mittel. Vor der Wahl der beiden homöopathischen Einzelmittel wird eine (individuelle) Arzneimitteldiagnose gestellt.

Zusammengestellte Homöopathie (Komplex)

Ein Komplex besteht aus mehreren homöopathischen Mitteln. Die Anzahl der Mittel kann von wenigen bis zu vielen variieren. Das zusammengesetzte homöopathische Arzneimittel wird auf der Grundlage einer regulären Krankheitsdiagnose verordnet, oft ohne zusätzliche individuelle Symptome und somit nicht auf der Grundlage einer (individuellen) Arzneimitteldiagnose. Bei der Anwendung eines Komplexmittels ist die Diagnostik wesentlich einfacher. Allerdings kann ein Simplex von organotrop bis typgerecht eingesetzt werden, während ein Komplexmittel fast ausschließlich organotrop eingesetzt wird, z. B. bei Arthrose, Unfruchtbarkeit, Schwäche und so weiter. Die Wirkung eines Komplexmittels ist fast immer symptomatisch.

Wechselwirkungen und Reaktionen

Wir wissen sehr wenig über die Wechselwirkungen zwischen den Inhaltsstoffen in einem Komplexmittel. Es ist denkbar, dass einzelne Mittel zusammen in einem Tiegel ein anderes Arzneimittelbild ergeben als jedes Mittel für sich. Das homöopathische Einzelmittel *Hepar sulfuris* beispielsweise ist eine Kombination aus *Calcium carbonicum* (gewonnen aus dem Inneren einer Austernschale) und *Sulfur* (gewonnen aus der Schwefelblume), aber das Arzneimittelbild von *Hepar sulfuris* ist nicht einfach eine Summe aus *Calcium carbonicum* und *Sulfur; Hepar sulfuris* hat sein eigenes Arzneimittelbild.
Über das Konzept der „Nachbarmittel" habe ich bereits im Abschnitt „Deutung der Reaktionen" geschrieben. Darin habe ich erklärt, dass sich sehr nahe stehende Mittel eine gegenseitige Verschlimmerung der Symptome verursachen können. In der Praxis habe ich die Erfahrung gemacht, dass z. B. eine Verschlimmerung bei dem homöopathischen Mittel *Stramonium* oft bedeutet, dass *Hyoscyamus niger* die richtige Arzneimitteldiagnose ist und andersherum. Es ist also nicht wünschenswert, „Nachbarmittel" in einem Komplex zusammenzufassen.
Bei der Erstellung der Arzneimitteldiagnose versuchen wir, dem Simillimum so nahe wie möglich zu kommen und die Leitlinien für die Wahl der Potenz zu befolgen. Wir können die endgültige Arzneimitteldiagnose und die Wahl

der Potenzierung erst dann richtig bestimmen, wenn wir die Reaktion auf unsere (erste) Verschreibung kennen. Diese Abstimmung ist bei Komplexmitteln schwierig oder gar unmöglich. Welches Medikament und/oder welche Potenzierung ist für welche Reaktion verantwortlich? Ein Komplex besteht hauptsächlich aus niedrigen Potenzen. Bei längerer und häufiger Verabreichung niedriger Potenzen müssen wir mit einer Überstimulation rechnen, die zu Symptomen führen kann, die sich unserer Wahrnehmung lange Zeit entziehen können (Umkehrung des Heringschen Gesetzes).

In vielen Fällen kennen Verordner und Hundehalter, die Komplexe anwenden, die Arzneimittelbilder der verschiedenen Komponenten des Komplexes nicht. Kennt man sie, kann man im Falle einer Exazerbation (Verschlechterung des Krankheitsbilds) bei einem Komplex oft gezielter vorgehen und trotzdem eine (individuelle) Arzneimitteldiagnose stellen und/oder das jeweilige Medikament in einer angepassten Potenz verabreichen.

Die Praxis

Trotz aller Argumente gegen den Einsatz von Komplexmitteln scheint es in der Praxis einen Platz für sie zu geben. Bei bestimmten Beschwerden wissen wir aus jahrelanger Erfahrung, dass die Verschreibung von Komplexhomöopathie, auch bei sehr großen Komplexen, wirksam sein kann. Aber warum sollte ein Komplexmittel wirken?

Viele homöopathische Mittel, z. B. solche pflanzlichen Ursprungs, werden aus einer Urtinktur hergestellt, die mehrere Substanzen enthält und sind daher eigenständige Komplexmittel. Der Unterschied zwischen Simplex-Mitteln, die aus einer zusammengesetzten Urtinktur hergestellt werden, und einem Komplexmittel besteht darin, dass bei ersteren ein ursprüngliches Arzneimittelbild als zusammengesetztes Mittel bezeichnet wird und bei letzteren nicht. Von diesen zusammengesetzten Simplexen sind insgesamt Ergebnisse von Arzneimittelprüfungen am Menschen bekannt sowie Giftbilder und klinische Erfahrungen an Mensch und Tier gesammelt. Mit Komplexen als Mischungen wurden meines Wissens noch keine Arzneimittelprüfungen an Menschen oder Tieren durchgeführt.

Um die Arzneimittelbilder bei Tieren festzulegen, nutzen wir die retrospektive Auswertung der klinischen Erfahrungen. In ähnlicher Weise können wir auch das Arzneimittelbild eines Komplexmittels als Ganzes herausfinden, indem wir die logischste Zusammensetzung für eine bestimmte Indikation auf der Grundlage der bekannten Arzneimittelbilder der einzelnen Komponenten, möglicherweise ergänzt durch tierärztliche Erfahrungen, entwickeln. Stellt man bei einer erneuten Behandlung fest, dass bestimmte Symptome nach der Behandlung mit einem Komplexmittel verschwinden, kann man davon ausgehen, dass diese Symptome zum Arzneimittelbild des Komplexmittels als Ganzes gehören könnten. Klarheit über die Wirksamkeit von Komplexen gibt es also nur durch die retrospektive Auswertung der klinischen Erfahrung.

Komplexmittel werden in manchen Fällen auch auf der Basis einiger homöopathischer Vorgaben (zusätzliche individuelle Symptome), wie z. B. Modalitäten, verordnet. Dann wird es schon ein bisschen mehr klassische Homöopathie. Zum Beispiel sind die charakteristischen Anlaufschwierigkeiten bei Hüftdysplasie, die sich bei Bewegung vollständig bessern, eine Modalität für das homöopathische Arzneimittel *Rhus toxicodendron*. Das macht die Behandlung mit einem Komplexmittel bei Hüftdysplasie mit diesen typischen Anlaufschwierigkeiten gleich viel passender.

Bedingungen für Komplexmittel

- Es wird empfohlen, nicht zu viele Mittel zusammenzulegen, vorzugsweise maximal fünf, besser noch weniger. Es gibt größere Komplexe, die sich bewährt haben. Hier wird die Theorie von der Praxis überholt.

- Ich denke, eine wichtige Voraussetzung ist, dass zumindest der professionelle Berater die Arzneimittelbilder der Inhaltsstoffe kennt. Aus zwei Gründen: Zum einen zusätzliche Informationen für eine vielleicht bessere Übereinstimmung zwischen Medikament und Krankheitsbild (Indikation) und zum anderen die Einsicht, welches Medikament möglicherweise die Ursache für eine Verschlimmerung der Symptome sein könnte.

- Mischen Sie vorzugsweise keine tiefenwirksamen Wirkstoffe wie *Sulfur, Lycopodium clavatum* und dergleichen oder Wirkstoffe, die wir als „Nachbarmittel" der anderen kennen. Dies gilt insbesondere im Hinblick auf mögliche unerwünschte Wechselwirkungen zwischen Wirkstoffen und Verschlimmerungen.

- Als Bestandteile sind aufgrund der organotropen Wirkung und der geringeren Individualität tiefe Potenzen von organotropen homöopathischen Arzneimitteln und/oder Urtinkturen (pflanzliche Arzneimittel) zu bevorzugen: maximal D12, ausnahmsweise eine D30.

Teil 2
Materia Medica

Arzneimittelbilder von *Abrotanum* bis *Zincum metallicum*

In der Homöopathie werden viele stark wirkende und manchmal giftige Ausgangssubstanzen verwendet. Deshalb sind diese Substanzen immer mit einer Angabe der Stärke versehen, in der sie nach dem homöopathischen Prinzip sicher verwendet werden können. Alle homöopathischen Substanzen D6/C3/3K oder LM1 sind im Allgemeinen vollkommen sicher. Diese Empfehlungen gelten für den Menschen (Quelle: Hahnemann-Apotheke) und ich halte mich auch bei Hunden daran.

A

Abrotanum

Zitronengras

Mittelherkunft

Das homöopathische *Arzneimittel Abrotanum* wird aus *Artemisia abrotanum* hergestellt. Die Pflanze ist auch als Zitronenkraut bekannt. Pflanzenfamilie: Asteraceae. Abk.: Abrot.

Arzneimittelbild

Abrotanum passt bei Beschwerden, die durch einen starken Wurmbefall entstehen. Glücklicherweise ist dies hierzulande nicht mehr so häufig der Fall, da die meisten Hunde regelmäßig „vorbeugend" entwurmt werden. Das Medikament ist nicht wirklich in der Lage, die Würmer zu vertreiben, dazu sollte eine reguläre Wurmkur verabreicht werden. Es kann jedoch bei der Wiederherstellung der körperlichen Verfassung helfen, nachdem die Würmer vertrieben wurden. Symptome aus dem Arzneimittelbild von *Abrotanum*, die zu den körperlichen Folgen eines schweren Wurmbefalls passen, sind: Durchfall aufgrund einer Dickdarmerkrankung (Colitis), Abmagerung trotz guten Appetits, trockene Haut und stumpfes Fell, ein geschwollener Bauch („Wurm-Bauch") und in extremen Fällen Schwäche und Erschöpfung.
Abrotanum ist auch bei krankheits- und altersbedingter Verschlechterung des Allgemeinbefindens angezeigt. Das Arzneimittelbild umfasst chronische Entzündungen des Dickdarms (Colitis), Abmagerung trotz guten Appetits und trockene Haut und stumpfes Fell.
Charakteristisch für das Arzneimittelbild von *Abrotanum* sind schmerzhafte Gelenke. In chronischen Fällen kann der Abrotanum-Patient

schließlich an Schwäche und Erschöpfung leiden. Charakteristisch für das Arzneimittelbild von *Abrotanum* ist die Verschlimmerung von Durchfall bei gleichzeitiger Besserung von Gelenkbeschwerden und umgekehrt.

Potenz und Dosierung

Im Prinzip kann *Abrotanum* bei den Auswirkungen von Wurmbefall in einer D3 dreimal täglich drei Tropfen (kleine Welpen) oder fünf Tropfen (größere Welpen) für drei bis sechs Wochen gegeben werden. Da der Zustand von Abrotanum-Patienten manchmal sehr schlecht ist, kann in Ausnahmefällen eine D6 vorzuziehen sein, auch dreimal täglich drei Tropfen (kleine Welpen) oder fünf Tropfen (größere Welpen) drei bis sechs Wochen lang. Bei älteren Hunden, bei denen das Merkmal der alternierenden Darm- und Gelenkbeschwerden ebenfalls zu beobachten ist, ist es besser, D12 oder D30 zu wählen, zwei- bzw, einmal täglich eine Dosis für sechs bis zwölf Wochen.

Hinweise

Keine

Aconitum napellus

Blauer Eisenhut

Mittelherkunft

Das homöopathische Arzneimittel *Aconitum napellus* wird aus der gleichnamigen Pflanze hergestellt, die im Deutschen als Blauer Eisenhut bekannt ist. Der Blaue Eisenhut ist giftig. Pflanzenfamilie: Hahnenfußgewächse (Ranunculaceae). Abk.: acon.

Giftige Pflanzen

Es gibt noch viele andere giftige Pflanzen, die in der Homöopathie verwendet werden; diese sind zu giftig, um phytotherapeutisch (als Kräuter) verwendet zu werden. Hiermit möchte ich noch einmal betonen, dass ein pflanzliches Heilmittel nicht unbedingt sicher ist und wir daher immer äußerst vorsichtig sein sollten, auch bei „Kräutern", die nicht richtig erforscht sind. Siehe „Warnhinweise".

Arzneimittelbild

Fieber

Aconitum napellus ist am besten bekannt als Mittel gegen plötzliches, sehr hohes Fieber (41°C), mit Schüttelfrost, beschleunigtem und stark erhöhtem Puls, Angst und Unruhe und heißer Haut.
Dies zeigt sich im allerersten Stadium der Entzündung (Anfangsstadium). Die Entzündung hat dann keine eindeutigen lokalen Merkmale. Bei Mensch und Pferd ist Fieber *ohne* Schwitzen charakteristisch für *Aconitum napellus*. Schwitzen oder Nichtschwitzen ist ein nützlicher Hinweis auf *Aconitum napellus* bei Menschen und Pferden, bei Hunden ist dies jedoch kein nützlicher Hinweis.
Bei einer Aconitum napellus-Intoxikation werden nach dem schnellen und erhöhten Puls eine Verlangsamung des Pulses, ein arrhythmischer Puls, Blutdruckabfall und schließlich Zusammenbrüche beschrieben.
Aconitum napellus ist im Prinzip ein Mittel, das zu (per)akuten (plötzlich auftretenden) Affektionen im Allgemeinen passt. Plötzlich und sehr intensiv, das ist *Aconitum napellus*, aber auch chronische Beschwerden als Folge (Nachwirkung) von (per)akuten Aconitum napellus-Beschwerden und/oder chronische Beschwerden, die zu mehreren (anderen) Symptomen aus dem Aconitum napellus-Arzneimittelbild passen, können mit diesem Mittel gut behandelt werden.

Aus der Praxis

Koliken bei einer Stute

Im Winter 1976 wurde ich zu einer Gelderländer Stute gerufen, die seit einiger Zeit sehr müde war, wenig Appetit hatte und an Gewicht verlor. Auffallend war, dass die Stute immer vollständig mit Lehm bedeckt war. Außerdem hatte sie chronischen Durchfall, der nicht auf die übliche Art und Weise auftrat.
Es handelte sich inzwischen um ein langjähriges Problem. Bei der Untersuchung wurden eine erhöhte Körpertemperatur und ein erhöhter Puls festgestellt, und die Bindehäute des Auges (Konjunktiven) waren zu rot. Bei der Auskultation (Abhören mit dem Stethoskop) des Abdomens hörte ich heftige Darmgeräusche (Borborygmus). Das Wetter war kalt und das Tier befand sich freilaufend auf einer feuchten Wiese.
Ich überwies das Pferd an die Universitätsklinik in Utrecht. Nach mehreren Wochen der Beobachtung, Diagnose und Behandlung erhielt ich die Nachricht aus Utrecht: „keine Diagnose, zweifelhafte Prognose", mit dem Rat, das Pferd schlachten zu lassen. In Anlehnung an das Buch *Klinische Homöopathie in der Veterinärmedizin* von Hans Wolter habe ich das Pferd, sobald es zu Hause war, mit *Aconitum napellus* D12 20 Tropfen zweimal täglich über mehrere Wochen behandelt. Das Pferd wurde beschwerdefrei und anschließend noch viele Jahre lang als Reitpferd eingesetzt.
Sehr wahrscheinlich hatte das Pferd heftige Kolikattacken erlitten, ohne dass der Besitzer dies bemerkte. Nach Wolter läuft die Aconitum napellus-Kolik folgendermaßen ab: Ein gesundes, vollblütiges Pferd bekommt plötzlich eine heftige Kolik (Bauchschmerzen), begleitet von großer motorischer Unruhe (ganz mit Lehm bedeckt!), heftig geröteten Bindehäuten und heftigem, lautem Borborygmus. Eine Kolik, die so schnell auftritt und so schnell wieder verschwindet, dass der Besitzer und erst recht der Tierarzt sie nicht bemerken. Und dann ist da noch die starke Tendenz zur Verschlimmerung: Winterkälte und Zugluft.
Aconitum napellus war der Stute wie auf den Leib geschrieben.
Dennoch wird ein (angehender) homöopathischer Tierarzt *Aconitum napellus* nicht häufig im

(per)akuten Stadium anwenden. Viele Patienten werden erst später zur Homöopathie vorgestellt. Wenn sie in einem sehr frühen Stadium, d. h. im Aconitum napellus-Stadium, vorgestellt werden, wird man als Tierarzt – kompetenter Homöopath oder nicht – immer noch lieber zuerst die verfügbaren regulären Mittel verwenden, nur um auf der sicheren Seite zu sein. Auch wenn wir uns bewusst sind, dass diese reguläre Behandlung symptomatisch ist und wir die Heilung dem Patienten selbst überlassen, In den meisten Fällen kann dies auch ohne die Unterstützung der Homöopathie geschehen.

In chronischen Fällen können wir dann immer noch dankbar auf die Homöopathie zurückgreifen.

Hans Wolter praktizierte noch in Zeiten, in denen es kaum reguläre Arzneimittel gab, teils weil sie noch nicht erfunden waren, teils weil sie durch Wirtschaftskrise und Krieg knapp waren. So war er oft gezwungen, auf die Homöopathie zurückzugreifen.

Heftiges Auftreten

Alles an *Aconitum napellus* ist plötzlich, heftig und sehr intensiv. Ob Mensch oder Tier: eine akute Infektionskrankheit bei Katzen mit hohem Fieber und heftiger Unruhe, panische Angst bei Hunden (blinde Panik) als Folge von Erschrecken, ein heftiger, kurzzeitiger und schmerzhafter Kolikanfall bei Pferden oder ein Schwein, das beim geringsten Erschrecken mit hoher Körpertemperatur (Hyperthermie) in Unruhe gerät und sogar darin verharren kann (Herztod): Das alles sind Beispiele für Aconitum napellus-Patienten.

Typ

Der Aconitum napellus-Hund ist kräftig und vollblütig und erregt sich leicht und sehr schnell (plötzlich). Vom Typ her ist der Aconitum napellus-Typ dem Phosphorus- und dem Arnica montana-Typ sehr ähnlich. Der Aconitum napellus-Typ ist der heftigste der drei Typen.

Plötzlicher heftiger Schreck, große Angst und Unruhe bis hin zu schwerer blinder Panik. Überempfindlichkeit der Sinne: Berühren, Hören von Geräuschen, Riechen bestimmter Gerüche und/oder Sehen unbekannter Gegenstände. Starkes Erschrecken mit heftigen Reaktionen.

Verstand ausgeschaltet, Blick ins Leere

Bei Hunden kennen wir die plötzliche heftige Schreckreaktion, die Flucht in blinder Panik, ohne nach oben oder unten zu schauen und ohne auf Hindernisse oder belebte Verkehrswege zu achten, die Flucht nach Hause mit ausgeschaltetem Verstand und Blick ins Leere, so schnell wie möglich. Sie sind nicht mehr ansprechbar. *Aconitum napellus* ist daher eines der ersten Mittel in der DgDx bei Angst vor Knallgeräuschen wie Feuerwerk und Gewitter. Neben panischem Fluchtverhalten können auch akute Herzstillstände aufgrund von starkem Schrecken in den Wirkungsbereich des Mittels fallen. Zu den Folgen eines schweren Schreckens (einer Todesangst, könnte man sagen), die in das Arzneimittelbild von *Aconitum napellus* passen, gehören sicher auch die psychischen Folgen von Verkehrsunfällen (DgDx *Arnica montana*) oder eines tief fliegenden Heißluftballons. Eine Folge kann Epilepsie sein (DgDx *Opium*). Für *Aconitum napellus* ist es charakteristisch, dass psychische Erlebnisse eine intensive und lang anhaltende Wirkung auf einen Hund haben.

Trockene Kälte

Hauptursache oder Modalität der Verschlimmerung bei körperlichen Krankheiten ist Kälte, insbesondere trockene Kälte, z. B. durch einen eisigen, schneidenden Nordostwind hat die gleiche Modalität. Zugluft ist auch eine wichtige Modalität der Verschlimmerung im Arzneimittelbild von *Aconitum napellus*.

Überhitzung

Aconitum napellus eignet sich auch gut für die (per)akuten Folgen von zu intensiver Sonneneinstrahlung. Bei den Folgen von (Sonnen-)Verbrennungen denken wir insbesondere auch an *Cantharis vesicatoria.*

Der Patient mit Überhitzung kann ein Modell für das Arzneimittelbild von *Aconitum napellus* sein: akuter Beginn, plötzlicher Beginn, sehr hohes Fieber, 41°C oder höher, Angst, Panik und Ruhelosigkeit, ein schneller und angespannter Puls, der irgendwann in eine Verlangsamung des Pulses, einen arrhythmischen Puls, Blutdruckabfall und schließlich Kollaps übergehen kann.

Heißes Wetter oder ein warmes Zimmer führen beim Aconitum napellus-Hund zu großer Unruhe und einer Verschlimmerung der Symptome. Plötzlich auftretendes hohes Fieber mit Unruhe und Panik beginnt oder verschlimmert sich meist am Abend oder in der Nacht. *Aconitum napellus* passt auch zu (per)akuten Beschwerden wie hohem Fieber und Gehirnsymptomen nach Impfungen (DgDx *Thuja occidentalis*).

Durst

Es besteht Durst oder ein erhöhtes Bedürfnis, viel kaltes Wasser zu trinken.

Schleimhäute

Ein weiteres charakteristisches Merkmal von *Aconitum napellus* sind die feuerroten Schleimhäute mit einem wässrigen, noch nicht eitrigen Ausfluss. Die Bildung von Schleim oder Eiter bedeutet, dass die Phase des *Aconitum napellus* bei Infektionskrankheiten vorbei ist. Beim Übergang zu Schleim oder Eiter ist der Patient besser für *Belladonna* bzw. *Mercurius vivus* geeignet. Dies betrifft nicht nur die Schleimhäute der Augen, sondern auch z. B. die Nasenschleimhäute, die Schleimhäute der tieferen Atemwege und den Urogenitaltrakt (einschließlich Vorhaut und Vagina).

Entzündung

Aconitum napellus in der DgDx Entzündung, kurz zusammengefasst:

- *Aconitum napellus:*
  Anfangsstadium: (per)akute Phase, plötzliches Auftreten von sehr hohem Fieber (41°C)

- *Belladonna:*
  Infiltrationsstadium: lokale Rötung, Schmerzen, Wärme, Schwellung, Fieber (40°C bis 41°C)

- *Apis mellifica:*
  Schmerzhafte Entzündung mit vielen Ödemen

- *Bryonia cretica:*
  Lokalisiert: hart, rot und sehr schmerzhaft, Fieber (39,5°C bis 40,5°C)

- *Mercurius solubilis / corrosivus:*
  Neigung zur Eiterung / Geschwürbildung

- *Hepar sulfuris:*
  Schmerzhafte eitrige Entzündung, Abszess

- *Lachesis mutus:*
  Septikämie und Toxämie: Verbreitung von Bakterien, Bakterientoxinen und Gewebeschäden über das Blut im ganzen Körper (Blutvergiftung)

Potenz und Dosierung

Grundsätzlich geben wir *Aconitum napellus* in akuten Fällen nicht niedriger als eine D6 dreimal täglich eine Dosis für ein bis drei Wochen. Bei chronischen Aconitum napellus-Fällen geben wir eine D12 zweimal täglich eine Dosis für drei bis sechs Wochen. Bei Aconitum napellus-Typen geben wir lieber höhere Potenzen: D30 einmal täglich eine Dosis, oder, als Folgedosis, D200

(200K) einmal wöchentlich eine Dosis, eventuell als Folgedosis MK, je nach Reaktion, was in der Praxis in der Regel einmal wöchentlich eine Dosis beträgt.
Bei Überhitzung sollte man neben Sofortmaßnahmen wie Kühlung durch Abdecken mit vielen nassen Tüchern und gründliches Benetzen mit kaltem Wasser mit *Aconitum napellus* D6 behandeln, dreimal mit Intervall von einer Stunde. Bei Patienten, die zuvor unter normalen Bedingungen mit dem Aconitum napellus-Typ übereinstimmen, behandeln wir mit *Aconitum napellus* D12, dreimal im Abstand von einer Stunde. Es ist nicht gut, eine schnelle Abkühlung mit Eis zu erzwingen.

Hinweise

Erst ab D3/C2/2K erhältlich.

Aethusa cynapium

Hundspetersilie

Mittelherkunft

Das homöopathische Arzneimittel *Aethusa cynapium* wird aus der gleichnamigen Pflanze hergestellt, die auch als „Hundspetersilie“ bekannt ist. Pflanzenfamilie: Doldenblütler (Umbelliferae). Abk.: aeth.

Arzneimittelbild

Heftiges Erbrechen und Durchfall bei Welpen, die die Muttermilch nicht vertragen. In der Regel handelt es sich dabei um Erbrechen: Die Milch wird sofort nach dem Trinken herausgeschleudert. Danach haben die Welpen sofort wieder Hunger. Der Durchfall wird von Bauchschmerzen begleitet, die sich durch Unruhe, Quieken und Jammern bemerkbar machen. Anstelle von Mutter- oder Kuhmilch kann dann auch Ziegenmilch in Frage kommen.

Potenz und Dosierung

Aethusa cynapium D3 dreimal täglich zwei bis Tropfen mit Wasser verdünnt über fünf bis sieben Tage.

Hinweise

Erst ab der D3/C2/2K erhältlich. Der Name Hundspetersilie bedeutet eigentlich, dass es sich nicht um die gute Petersilie (*Petroselinum*) handelt.

Agaricus muscarius

Fliegenpilz

Mittelherkunft

Das homöopathische Arzneimittel *Agaricus muscarius (Amanita muscaria)* wird aus dem gleichnamigen Pilz hergestellt, der als Fliegenpilz bekannt ist. Pflanzenfamilie: Amanitaceae. Abk.: agar.

Arzneimittelbild

Typ

Der Agaricus muscarius-Typ kann zu einem überaktiven, ungestümen und begeisterten Boxer passen, aber wir sehen auch oft das Gegenteil, den ruhigen Agaricus muscarius-Typ. Bemerkenswerterweise ist der Agaricus muscarius-Typ sehr neugierig und erkundet in aller Ruhe alles gründlich, wobei er sich offenbar sehr für seine Umwelt interessiert.

Im Sprechzimmer macht der ruhige Agaricus muscarius-Typ einen völlig entspannten Eindruck, er geht ruhig hin und her, beschnuppert hier und da alles, wie z. B. den Papierkorb und das Instrumententablett, und schaut gelegentlich nach draußen, um zu sehen, ob es etwas Interessantes zu sehen gibt. Der Agaricus muscarius-Typ hat alles unter Kontrolle, als ob er sich im Sprechzimmer ganz zu Hause fühlt.

Wenn der Agaricus muscarius-Typ erzieherisch angesprochen oder ermahnt wird, nimmt er eine gleichgültige Haltung ein, was bedeutet, dass er die Aufregung nicht versteht und in Folge nichts damit anfangen kann und will. Manchmal werden junge Agaricus muscarius-Typen als dumm und strukturell ungehorsam bezeichnet, weil sie schwer zu erziehen sind. Der Agaricus muscarius-Typ zeigt oft erst in einem sehr späten Stadium sexuelle Regungen.

Unsauberkeit

Der Agaricus muscarius-Typ ist manchmal noch bis zu einem Alter von acht bis zwölf Monaten nicht stubenrein. Er setzt Urin oder Kot im Haus ab, und zwar nicht heimlich, sondern auch dann, wenn der Besitzer danebensteht. Wird er dafür ermahnt, versteht er das nicht.

Zerstörungswut

Ein bekanntes Symptom im Arzneimittelbild des Agaricus muscarius-Typs ist Zerstörungswut, zum Beispiel von seinem Körbchen oder der Couch. Außerdem ist das Stehlen von Essbarem ein charakteristisches Symptom für *Agaricus muscarius*, obwohl der Appetit nicht gesteigert ist, denn dann wäre es ein logisches Symptom.

Hautjucken ohne Hautläsionen

Ein charakteristisches lokales Symptom im Arzneimittelbild von *Agaricus muscarius* ist Hautjucken ohne Hautläsionen. Die Lokalisation reicht vom Schritt über den Rücken bis zum Hinterkopf. Bei Berührung oder bloßem Zeigen darauf kommt es zu einem heftigen Kratzreflex, wobei mit den Hinterpfoten gekratzt und mit der Hinterhand hektisch hin- und hergedreht wird. Dieses Bild (typische Lokalisation und intensiver Kratzreflex) entspricht auch der Floh- und Milbenallergie. In diesen Fällen treten allerdings Hautveränderungen auf: Wunden, Schorf, Haarausfall. Bei Floh- und Milbenallergie wird oft *Ledum palustre* verordnet (als Similium), aber in manchen Fällen gibt es ein Mittel, das noch besser passt (das Simillimum).

Parästhesien

Der Juckreiz im Arzneimittelbild von *Agaricus muscarius* könnte möglicherweise durch Kribbeln (Parästhesien) verursacht werden. Die Wirkung von *Agaricus muscarius* zielt auf das Nervensystem. Eine Indikation, die zu *Agaricus muscarius* passen könnte, sind Parästhesien aufgrund von Erfrierungen. *Agaricus muscarius* ist auch bei nervösen Zuckungen (konvulsive Tic-Störungen) angezeigt. In der Vergangenheit haben wir solche Zuckungen manchmal als Überbleibsel nach einer Staupe gesehen. Neben *Agaricus muscarius* wird auch das homöopathische Arzneimittel *Zincum metallicum* zur Behandlung von nervösen Zuckungen eingesetzt. Bei *Agaricus muscarius* verschwinden die Nervenzuckungen während des Schlafes, nicht aber bei *Zincum metallicum*.

Aus der Praxis

Ich habe einmal einen Agaricus muscarius-Typ behandelt, bei dem sich in der Anamnese herausstellte, dass der Hund eine Vorliebe für das Fressen von Pilzen hatte. Nach erfolgreicher Behandlung mit *Agaricus muscarius* D30 war dieses Verhalten nicht mehr vorhanden.

Potenz und Dosierung

In den meisten Fällen verschreiben wir *Agaricus muscarius* als typotrope Anwendung in einer D30 eine Dosis einmal täglich für zwölf Wochen. Falls erforderlich, kann D200 (200K) oder höher als Folgemittel angewendet werden, je nach Ansprechen, was in der Praxis normalerweise einer Dosis einmal pro Woche entspricht. Bei Hunden, die nicht in das Gesamtbild von *Agaricus muscarius* passen, kann *Agaricus muscarius* organotrop in einer D6 dreimal täglich eine Dosis über drei bis sechs Wochen angewendet werden.

Hinweise

Erst verfügbar ab D4/C2/2K.

Agnus castus

Mönchspfeffer

Mittelherkunft

Das homöopathische Arzneimittel *Agnus castus* (*Vitex agnus castus*) wird aus der als „Mönchspfeffer" bekannten Pflanze hergestellt. Pflanzenfamilie: Verbenaceae (Eisenkrautgewächse). Abk.: agn. Im Mittelalter wurden die Beeren von *Agnus castus* zur Hemmung des sexuellen Verlangens verwendet.

Arzneimittelbild

Unserer Erfahrung nach scheint *Agnus castus* in der Lage zu sein, den Sexualtrieb auf ein normales Maß zu reduzieren. Bei unzureichendem Sexualtrieb könnte es anregend wirken, bei übermäßigem Sexualtrieb könnte es hemmend wirken. Bei beiden Indikationen werden die gleichen Potenzen verwendet. Für Fälle, in denen der verliebte Hund die Familie und Nachbarn mit ununterbrochenem Jammern nachts um den Schlaf bringt, ist es ein geeignetes Mittel, aber auch für den Hund mit schwacher Potenz. Was das zugrundeliegende Wirkprinzip betrifft, so sollten wir hier eher an eine Regulierung als an eine Anregung und Hemmung denken.

In der Urtinktur (D1 = Ø) scheint *Agnus castus* eine anregende (oder regulierende) Wirkung auf die Milchproduktion zu haben. Auch hierüber haben wir keine vollständige Klarheit, da *Agnus castus* für diese Indikation eigentlich immer in der Kombination *Agnus castus* D1= Ø, *Alfalfa* Ø, *Asa foetida* D6 und *Urtica urens* Ø verordnet wird.

Potenz und Dosierung

Bei übermäßigem und mangelhaftem Sexualtrieb kann *Agnus castus* organotrop in einer D6 eine Dosis dreimal täglich für ein bis drei Wochen verabreicht werden. Bei mangelnder Milchproduktion empfehle ich die getestete Kombination *Agnus castus* D1= Ø, *Alfalfa* Ø, *Asa foetida* D6 und *Urtica urens* Ø, zu gleichen Teilen, unmittelbar nach der Geburt (Partus) dreimal im Abstand von ein bis zwei Stunden 10 bis 20 Tropfen, dann drei- bis viermal täglich 10 bis 20 Tropfen für mindestens eine Woche.

Hinweise

Beim Menschen wird davon abgeraten, Urtinktur während der Schwangerschaft zu verwenden.***

*** Low Dog T., Chaste tree extract in women's health. A critical review: *Alternative & Complementary Therapies* 2009; 15(3): 119–125.

Alfalfa

Luzerne

Mittelherkunft

Das Phytotherapeutikum Alfalfa (*Medicago sativa*) wird aus der gleichnamigen Pflanze hergestellt, die auch als Luzerne bekannt ist. Pflanzenfamilie: Fabaceae (Hülsenfrüchtler). Abk.: alf.

Arzneimittelbild

Alfalfa stimuliert die Milchproduktion der Hündin bei fehlender oder unzureichender Milchproduktion nach dem Partus. Wir empfehlen die Verabreichung von *Alfalfa* in der bewährten Kombination *Agnus castus* D1= Ø, *Alfalfa* Ø, *Asa foetida* D6 und *Urtica urens* Ø, 10 bis 20 Tropfen dreimal im Abstand von ein bis zwei Stunden unmittelbar nach der Geburt, dann 10 bis 20 Tropfen drei- bis viermal täglich für mindestens eine Woche.

Hinweise

Keine

Aloe

Aloe

Mittelherkunft

Das homöopathische Arzneimittel Aloe wird aus *Aloe ferox* oder *Aloe socotrina* hergestellt. Pflanzenfamilie: Asphodeloideae. Abk.: aloe.
Der Pflanzensaft wird als Wundheilmittel und als Mittel gegen Sonnenbrand verwendet. Der Pflanzensaft wird in der Kosmetik verwendet, das Fruchtfleisch in Getränken.

Arzneimittelbild

Meine einschlägigen praktischen Erfahrungen mit Aloe beschränken sich vor allem auf Colitis (Dickdarmentzündung). Aloe ist als homöopathisches Mittel bei akuter und chronischer Colitis mit Schleim, (frischem) Blut und Blähungen angezeigt. Charakteristisch ist der plötzliche Harndrang, vor allem am Morgen, der den Hund mitunter unsauber sein lässt. Der Hund wird durch den Drang gleichsam aus dem Körbchen getrieben (DgDx *Sulfur*). Auch die Modalität „Durchfall nach dem Fressen oder Trinken" ist in einer Reihe von Fällen vorhanden und eine Indikation für die Wahl von Aloe als Medikament. Manchmal kommt es beim Urinieren zu unwillkürlichem Stuhlgang. Übrigens ist diese Schwäche des Schließmuskels des Anus auch bei festem Stuhlgang möglich. Der scheinbar passive Stuhlverlust bei Aloe ist oft eher ein Kontrollverlust aufgrund von starkem Drang und nicht eine Schwäche des Schließmuskels. Bei einer Schwäche des Anus-Schließmuskels aufgrund eines neurologischen Problems sollten wir eher an *Causticum* denken. Starkes Bauchgrummeln und Anzeichen von Bauchschmerzen kurz vor der Defäkation sind hörbar bzw. sichtbar. In einigen wenigen Fällen sehen wir eine Vorwölbung des Enddarms nach außen (Rektumprolaps).

Potenz und Dosierung

Im Allgemeinen wird *Aloe* in einer D6 oder D12, eine Dosis drei- bzw. zwei mal täglich, angewendet, für zwei bis drei Wochen.

Hinweise

Bis zu D3 (Tropfen) und D1 (Globuli) sollte dieses Mittel nicht während der Trächtigkeit verabreicht werden, da Aloe auch eine abführende Wirkung haben kann.

Antimonium tartaricum

Brechweinstein

Mittelherkunft

Das homöopathische Arzneimittel *Antimonium tartaricum* wird synthetisch durch Kombination von Kaliumtartrat mit Antimonoxid hergestellt. Die chemische Verbindung ist in der Homöopathie auch unter dem Namen *Tartarus emeticus* oder Brechweinstein bekannt. Reine chemische Verbindung: Kaliumantimonyltartrat. Abk.: ant-t.

Arzneimittelbild

Der Antimonium tartaricum-Typ ist durch drei auffällige Symptome im Arzneimittelbild gekennzeichnet: Chronische Diarrhö, Verhaltensstörungen und übermäßige Kallusbildung.
Beim Antimonium tartaricum-Typ handelt es sich um chronischen Durchfall mit wässrigem, schleimigem Ausfluss im Wechsel mit Verstopfung. Auffallend ist das Verhalten des Hundes. Er ist reizbar, unverträglich, traurig, müde und schläft häufig. Charakteristisch für *Antimonium tartaricum* sind auch schmerzhafte,

lokal schwielige Hautstellen und schwielige Auswüchse an den Pfotenballen, mit schief wachsenden Krallen, die abbrechen oder ganz abfallen können, begleitet von einer sehr schmerzhaften Krallenbettentzündung. An sich sind das schon Beschwerden, die einen stutzig machen würden. Auch an anderen Stellen des Körpers können sich schwielige Verdickungen mit Rissen bilden, etwa an Lefzen- und Augenwinkeln, Ellenbogen, Fersen und Nase. Manchmal sieht man auch schwielige Warzen.

Husten

Weitere Merkmale im Arzneimittelbild von *Antimonium tartaricum* sind Husten mit großer Schleimproduktion, der scheinbar nicht oder nur schwer abgehustet werden kann, zum Teil kann der Hund es auch nicht, wenn beispielsweise zusätzlich eine Kreislaufstörung wie bei einer Herzinsuffizienz vorliegt. *Antimonium tartaricum* ist besonders bei Infektionen der unteren Atemwege angezeigt. Schleim abhusten, Erbrechen und wahrscheinlich funktionierender Stuhlgang zeigen eine Verbesserung des Wohlbefindens. Der Ipecacuanha-Patient hingegen fühlt sich nach Erbrechen und Abhusten des Schleims schlechter. Beim Antimonium tartaricum-Patienten verschlimmern sich die Symptome im Liegen, bei Hitze und besonders am Morgen. Es ist typischerweise ein Mittel für den alten Hund.

Potenz und Dosierung

In der Regel verschreiben wir eine typotrope Behandlung in einer D30 einmal täglich eine Dosis für zwölf Wochen, eventuell (als Folgemaßnahme) eine D200 (200K) oder höher, je nach Ansprechen. In einigen Fällen behandeln wir organotrop in einer D6 oder D12 drei- oder zweimal täglich eine Dosis über drei bis sechs Wochen oder länger. Bei diesen Patienten ist in jedem Fall ist eine professionelle Beratung erforderlich, die eine reguläre Diagnostik, gegebenenfalls eine reguläre Behandlung, Überwachung und Nachsorge einschließt.

Hinweise

Aus Sicherheitsgründen erst ab D4/C2/2K verfügbar.

Apis mellifica

Gift der Honigbiene

Mittelherkunft

Das homöopathische Arzneimittel *Apis mellifica* wird aus dem Gift der *Apis mellifera* oder Honigbiene hergestellt. Tierreich: Insekten. Abk.: apis. Bei weitem die meisten Erfahrungen mit *Apis mellifica* habe ich mit Hautbeschwerden gemacht, aber es hat sich gezeigt, dass *Apis mellifica* ein tiefgreifendes Mittel bei Krankheiten sein kann, die auf eine Fehlfunktion des Immunsystems zurückzuführen sind.

Arzneimittelbild

Einen Apis mellifica-Typ bei Hunden habe ich im Laufe der Jahre nicht entdecken können. Für mich liegt der Schwerpunkt der Arzneimitteldiagnose bei Hunden vorerst auf den Hautbeschwerden. Es gibt verschiedene Hautbilder von *Apis mellifica*:

Urtikaria

Urtikaria oder Nesselsucht ist eine akute allergische Reaktion, bei der einige bis manchmal viele heftig juckende Hautverdickungen (Quaddeln) auftreten. Bei Patienten, die überdurchschnittlich gut in das Heilungsmuster von *Apis mellifica* passen, kann Rechtsseitigkeit eine zusätzliche Indikation für das Medikament sein. Bei deutlicher Linksseitigkeit ist bei diesen Beschwerden in erster Linie an *Lachesis mutus* zu denken.

Wespenstich

Eine akute allergische Reaktion auf einen (vermuteten) Wespenstich kann auch auf das Arzneimittelbild von *Apis mellifica* passen. Wir sehen eine akute, erhebliche, schmerzhafte, ödematöse Schwellung der Schnauze, der Augenlider und oft der Ohren. Die Schwellung ist sehr empfindlich bei Berührung. Der Hauptunterschied zum Ödem, einer Flüssigkeitsansammlung in der Unterhaut aufgrund einer Stauung im Blutkreislauf oder eines zu niedrigen Eiweißspiegels im Blut, besteht darin, dass diese Form des Ödems sich kalt anfühlt und nicht schmerzhaft ist, wenn man mit dem Finger eine Vertiefung hineindrückt.

Zum Arzneimittelbild von *Hepar sulfuris* passt eine entzündlich bedingte Schwellung infolge einer Infektion mit (Tendenz) zur Eiterbildung. Diese Schwellung ist, wie das zu *Apis mellifica* passende Bild, sehr berührungsempfindlich, aber der Schmerz lässt bei Wärme nach, während beim Apis mellifica-Patienten im Gegenteil eine Verschlimmerung des Schmerzes bei Wärme und eine Besserung bei Kühlung auftritt. *Ledum palustre* ist auch bei den Folgen von Insektenstichen angezeigt, allerdings treten hier viel weniger Schwellungen auf. Bei *Ledum palustre* ist eine Verschlimmerung der Symptome durch Wärme angebracht. *Ledum palustre* (≥ D12) ist auch bei einem allergischen Schock infolge eines oder mehrerer Wespenstiche gleichzeitig angezeigt.

Juvenile Zellulitis

Bei jungen Welpen sehen wir gelegentlich eine juvenile Zellulitis. Dabei handelt es sich um eine perakute Schwellung der Augenlider, Schnauze und Ohrmuscheln, oft mit Vorhandensein von rot-blauen Pusteln. Wir sehen auch eine erhebliche Schwellung der Unterkieferlymphknoten, beschleunigten Puls, Fieber und Unruhe. Diese Anomalie ist mit normalen Mitteln oft nur schwer zu kontrollieren. Antibiotika und sogar Kortikosteroide, auch wenn sie über einen längeren Zeitraum verabreicht werden, haben oft keine ausreichende Wirkung. *Apis mellifica* D12 drei bis fünf Tropfen zweimal täglich über drei Wochen, erzielt in den meisten Fällen bessere und schnellere Ergebnisse. Wir kombinieren *Apis mellifica* meist mit *Echinacea purpurea* Tinktur Ø dreimal drei bis fünf Tropfen täglich über drei Wochen.
Wie bereits erwähnt, kann *Apis mellifica* bei Krankheiten, die auf eine Fehlfunktion des Immunsystems zurückzuführen sind, eine tiefgreifende Wirkung entfalten. Die juvenile Zellulitis bei einem Welpen ist eine solche Fehlfunktion des Immunsystems. *Apis mellifica* kann auch das

geeignete Mittel für Demodikose (Milbenkrätze) bei einem jungen erwachsenen oder etwas älteren Hund sein, wenn sich diese als hartnäckig erweist. Dann kann eine Anamnese mit einer Wespenstichallergie oder einer juvenilen Zellulitis ein wertvoller Hinweis für die Arzneimitteldiagnose sein. Es wird vermutet, dass bei der juvenilen Zellulitis eine bakterielle Allergie ebenfalls eine Rolle spielt, insbesondere eine allergische Reaktion auf das Bakterium Staphylococcus aureus. Neben der Behandlung mit *Apis mellifica* und *Echinacea purpurea* kann eine Staphylokokken-Nosode in einer D30-Potenz eine zusätzliche Unterstützung sein, eine Dosis einmal täglich für mindestens zwölf Wochen. In einigen Fällen verabreichen wir eine (proprietäre) Blut-Urin-Autonosode in einer C15 oder C30 durch subkutane Injektion.

Kahlheit (Alopezie) ohne Juckreiz

Manchmal sieht man, oft bei Rüden, große kahle Hautstellen ohne Juckreiz an der Hinterhand (Kruppe), die nicht symmetrisch verteilt, aber oft deutlich umrandet sind. Die kahle Haut ist anthrazitfarben und fühlt sich manchmal kalt an. Die Flecken können sich über die Flanke(n) und über den Rücken nach vorne erstrecken, normalerweise nicht über die Schulterblätter hinaus.
DgDx Graphites, *Lachesis mutus* und *Pulsatilla pratensis.*

Hot Spots

Bei Hunden mit wiederkehrenden, akut auftretenden, örtlich begrenzten, eitrigen Hautentzündungen (Hot Spots) müssen wir auf jeden Fall weiter schauen als bis zur oberen Hautschicht. Wenn diese Symptome wiederholt auftreten und sich an mehreren Stellen manifestieren, sollte immer zuerst nach dem zugrunde liegenden Problem gesucht werden. Dazu gehören eine (homöopathische) Anamnese, eine klinische Untersuchung und zusätzliche Untersuchungen, einschließlich der Messung (etwa 10 Stunden nüchtern) von Cobalamin (Vitamin B12) und Folsäure im Blut. Diese rezidivierenden Patienten sind für eine homöopathische Behandlung geeignet. Natürlich sollte bei diesen rezidivierenden Beschwerden der Einsatz des Simillimums angestrebt werden; es überrascht nicht, dass die naheliegendsten Mittel, *Apis mellifica, Hepar sulfuris* und *Ledum palustre* oft die ersten sind, die sich aus der Repertorisation ergeben.

Persistierende Eierstockfollikel

Persistierende Eierstockfollikel der Hündin, die zu übermäßiger Hitze führen, gehören zu den Allheilmitteln von *Apis mellifica.* Zu den Beschwerden gehören: übermäßige Läufigkeit, übermäßiger Ausfluss, übermäßige Anziehungskraft auf Rüden und Unfruchtbarkeit. Bei einer Hündin, bei der *Apis mellifica* wegen mehrerer zusätzlicher individueller Symptome nicht geeignet ist, kann eine organotrope Behandlung mit *Apis mellifica* D6 und *Cimicifuga racemosa* D3, beide in Tropfenform (Dilutio) und beide dreimal täglich fünf Tropfen für drei Wochen angewendet werden.

Wenig Durst

Ein auffälliges Symptom kann wenig Trinken sein. Es passt vor allem zu *Pulsatilla pratensis*, aber *Apis mellifica* ist in dieser Hinsicht ein gutes zweites Mittel. Unruhe wird als Charakteristikum für *Apis mellifica* genannt. Meines Erachtens ist Unruhe bei Apis mellifica-Hunden eher eine Folge von körperlichem Unbehagen.

Potenz und Dosierung

Apis mellifica kann in akuten Fällen organotrop in einer D6 dreimal täglich eine Dosis für ein bis drei Wochen verwendet werden – für andere Fälle ≥ D12. Je besser der Patient in das Arzneimittelbild passt, desto eher wählen wir eine höhere Potenz: D30 oder (als Fortsetzung) D200 (200K), manchmal MK, einmal täglich eine Dosis bzw. je nach Ansprechen, was in der Praxis meist einmal wöchentlich eine Dosis bedeutet.

Hinweise

Erst ab D3/C2/2K verfügbar.

Argentum nitricum

Silbernitrat

Mittelherkunft

Das homöopathische Arzneimittel *Argentum nitricum* wird aus Silbernitrat hergestellt. Das Mittel ist auch unter dem Namen Höllenstein bekannt. Mineralreich: Reine chemische Zusammensetzung $AgNO_3$. Abk.: arg-n.

Arzneimittelbild

Argentum nitricum-Menschen sind Lebenskünstler und wirken auch so: spontan, offen, fröhlich und herzlich. Bei Hunden ergibt sich ein etwas differenzierteres Bild.

Typ

Der Argentum nitricum-Typ ist nervös, temperamentvoll, unruhig, aufgeregt, ständig ängstlich und zurückhaltend wie ein verängstigtes wildes Tier, aber immer überaktiv. Der Argentum nitricum-Typ ist ruhelos aus Angst, im Gegensatz zum Tarantula hispanica-Typ. Der Phosphorus-Typ ist ruhelos, weil er möglichst alles aus dem Leben heraushalten will. Der Aurum metallicum-Typ ist ruhelos, um so viel wie möglich zu bewegen. Oft ist der Argentum nitricum-Typ ein schlanker, (leicht) magerer, kleiner Hund.

Erwartungsangst

Die Symptome treten auf oder verschlimmern sich, wenn der Argentum nitricum-Hund Angst hat, insbesondere wenn er beängstigende Situationen erwartet (Erwartungsangst). Der Argentum nitricum-Typ hat akuten oder chronischen Durchfall aus Angst *vor* beängstigenden Situationen, Gelsemium sempervirens-Typen haben Durchfall *nach* solchen Ereignissen.

Luft schlucken

Luft schlucken ist eine charakteristische Beschwerde, die zu *Argentum nitricum* (DgDx *Nitricum acidum*) passt. Sie verursacht Aufstoßen und Blähungen. Diese Angewohnheit führt zu einer Luftansammlung im Magen, die nicht nur die Magenschleimhaut reizt, sondern auch das Risiko einer Magendrehung (Magentorsion) erhöht. Das Luftschlucken wird häufig durch Übelkeit verursacht. Zu den organotropen Mitteln, die bei Luftansammlungen im Magen (Meteorismus) eingesetzt werden, gehören *Carbo vegetabilis* und *Petroselinum crispum*.

Epilepsie

Argentum nitricum kann manchmal zu Epilepsie passen. Im Vorstadium von auftretenden epileptischen Anfällen kommt es zu Unruhe und weiten Pupillen, manchmal schon Tage vorher. Die Anfälle treten oft nachts auf. Es kann sein, dass *Argentum nitricum* keine oder eine geringere Wirkung auf die Anfälle hat, weil sich der mögliche Auslöser bereits während der Sozialisierungsphase manifestiert hat. Hier zeigen sich wieder mal die Grenzen der Homöopathie.

Follikuläre Konjunktivitis

Argentum nitricum ist angezeigt bei chronischer follikulärer Konjunktivitis (Bindehautausfluss mit zahlreichen winzigen geschwollenen Drüsen), besonders auch an der Innenseite des dritten Augenlids oder der Nickhaut (membrana nictitans). Die Behandlung kann mit *Hepar sulfuris* (viel eitriger Ausfluss) oder *Kalium bichromicum* (Ausfluss zäh wie Gummi) kombiniert werden. Beide in organotropen Potenzen D6 oder D12.

Potenz und Dosierung

Argentum nitricum wird fast immer in einer D30 eine Dosis einmal täglich, für zwölf Wochen verabreicht. Höhere Potenzen, D200 (200K) oder höher, sollten je nach Ansprechen gegeben werden, was in der Praxis in der Regel einer Dosis einmal pro Woche entspricht. Bei organotroper Anwendung und bei Patienten, die nicht vollständig in das Arzneimittelbild von *Argentum nitricum* passen, werden die niedrigeren Potenzen angewendet: D6 oder D12 drei- bis zweimal täglich eine Dosis für drei Wochen.

Hinweise

NB 1

Es muss beachtet werden, dass die homöopathischen Tropfen nicht in das Auge getropft, sondern mit etwas Wasser verdünnt oral ins (saubere) Maul verabreicht werden müssen.

NB 2

Erst ab D3/C2/2K verfügbar.

Aristolochia clematitis

Pfeifenblume

Mittelherkunft

Das homöopathische Arzneimittel *Aristolochia clematitis* wird aus der gleichnamigen Pflanze hergestellt, die auch als Pfeifenblume bekannt ist. Pflanzenreich-Familie: Aristolochiaceae (Pfeifenblumengewächse). Abk.: arist-c.
In der Volksmedizin wurde das Mittel zur Einleitung der Geburt verwendet. Aristos bedeutet „besser", lochia bedeutet „Geburt".

Arzneimittelbild

Aristolochia clematitis wurde früher bei Fruchtbarkeitsstörungen beim Menschen, aber auch bei Tieren eingesetzt, vor allem in niedrigeren Potenzen (D1–D3). Es war ein erfolgreiches Mittel. Aufgrund umfangreicher Erfahrungen, vor allem bei Frauen, geht man davon aus, dass das Mittel den gesamten Prozess vom noch unreifen Follikel über die reife Eizelle und den Eisprung bis hin zur Bildung eines Gelbkörpers unterstützt, d. h. sowohl die FSH- als auch LH-Funktion.

Der Verkauf des Mittels in geringer(er) Verdünnung wurde vor nunmehr etwa 30 Jahren wegen der angeblich krebserregenden Eigenschaften der Aristolochia-Säuren verboten. Es ist nach wie vor sehr fraglich, ob diese Maßnahme gerechtfertigt war, insbesondere wenn es sich um potenzierte Verdünnungen handelt, die nur für kurze Zeit verabreicht wurden.
Damals fanden wir in der Kombination von *Pulsatilla pratensis* und *Cimicifuga racemosa* einen guten organotropen Ersatz. Es wird angenommen, dass *Pulsatilla pratensis* die FSH-Ebene bis zum Einsetzen der sichtbaren Brunst unterstützt. *Cimicifuga racemosa* soll die LH-Ebene vom Beginn der sichtbaren Brunst an unterstützen.

Potenz und Dosierung

In den wenigen Fällen, in denen *Aristolochia clematitis* aufgrund zusätzlicher individueller Symptome aus der Repertorisation als mögliches Simillimum herausfällt, verabreiche ich das Mittel in einer D30 einmal täglich eine Dosis zwölf Wochen lang. In den unteren Potenzen ist *Aristolochia* nicht mehr erhältlich. An ihre Stelle sind heute die organotrope Anwendung von *Pulsatilla pratensis* D3 und *Cimicifuga racemosa* D3 getreten.

Hinweise

Erst ab D12/C6/6K erhältlich. Wegen des Risikos der so genannten Aristolochia-Säuren, die die Nieren schädigen und beim Menschen sogar Krebs auslösen können, gilt für den Gehalt an Aristolochia-Zubereitungen in der Homöopathie ein äußerst sicherer Grenzwert. Dieser sichere Grenzwert wird für alle Aristolochia-Arten eingehalten. Aristolochia-Säuren sind übrigens hauptsächlich in der Wurzel enthalten, die in der Homöopathie nicht verwendet wird.

Arnica montana

Echte Arnika

Mittelherkunft

Das homöopathische Arzneimittel *Arnica montana* wird aus der gleichnamigen Pflanze hergestellt. Pflanzenfamilie: Asteraceae (Korbblütler). Abk.: arn.
Arnica montana ist eines der bekanntesten homöopathischen Mittel, das auch von Menschen verwendet wird, die sonst keine Homöopathie verwenden.

Arzneimittelbild

Nicht nur bei blauen Flecken

Arnica montana wird häufig bei akuten Beschwerden infolge stumpfer Verletzungen wie Prellungen (Kontusionen), Verstauchungen (Distorsionen) und/oder Hämatomen eingesetzt. *Arnica montana* wird sowohl innerlich in homöopathischen Potenzen als auch äußerlich in einer Tinktur, die in einer Salbe oder einem Gel verwendet wird, angewendet.

Weniger bekannt ist, dass *Arnica montana* viel mehr kann als nur Prellungen zu heilen und einfache Sportverletzungen zu unterstützen. *Arnica montana* kann oft auch bei chronischen Erkrankungen erfolgreich eingesetzt werden.

Typ

Arnica montana-Typen sind im Allgemeinen vollblütige, kräftige, lebhafte, fröhliche, temperamentvolle, manchmal etwas nervöse Hunde. Ein Typ, den man bei kräftig bemuskelten Arbeits- und Sporthunden sieht. Vom Körperbau her steht *Arnica montana* in der DgDx u. a. neben *Phosphorus, Calcarea phosphorica* und *Aconitum napellus*, aber ansonsten gibt es mehr Unterschiede als Gemeinsamkeiten zwischen den genannten Mitteln.

Physisches Trauma

Ursache für Arnica montana-Beschwerden ist oft ein physisches Trauma, z. B. ein (Verkehrs-) Unfall, Misshandlung, Kampf mit anderen Hunden, operative Eingriffe und so weiter. Die Folgen eines physischen Traumas können akute körperliche Beschwerden (bis hin zum Schock), aber auch chronische körperliche und chronische psychische Beschwerden sein.

Akute Beschwerden

Zu den akuten Symptomen gehören nicht nur Blutergüsse (Prellungen), Verstauchungen (Distorsionen), (leichte) Blutungen und Blutergüsse (Hämatome), sondern auch Verletzungen, Muskelrisse, (komplizierte) Knochenbrüche und so weiter. Geeignet für *Arnica montana* sind z. B. auch Nasenblutungen und Blasenblutungen nach Unfällen. Schädelverletzungen, die zu krampfartigen Anfällen führen, können ebenfalls zu *Arnica montana* passen, dann oft in Kombination mit *Hypericum perforatum* (Arnika der Nerven). *Arnica montana* eignet sich für Muskelverletzungen mit mäßigem Verlust von

Muskelgewebe und leichten Blutergüssen. Bei schweren Muskelrissen mit größeren Blutungen denken wir eher an *Bellis perennis*.

Chronische Beschwerden

Bei chronischen Beschwerden geht es eher um die relativ großen (und langfristigen) Auswirkungen eines physischen Traumas auf die körperlichen und geistigen Funktionen. Wenn in diesen typischen Fällen die Beschwerden chronisch werden, sehen wir z. B. chronische Lethargie, chronische Beschwerden des Bewegungsapparates, chronische therapieresistente Hautbeschwerden und so weiter. In einer Reihe von Fällen können wir den Zusammenhang zwischen Trauma und Spätfolgen nicht (mehr) mit Sicherheit feststellen. Häufiger ist man sich gar nicht bewusst, dass es überhaupt einen Zusammenhang gibt. Dass z. B. Hautbeschwerden eine Folge von Traumata sein können, lernen wir nicht in der Schule der regulären Tiermedizin. Das Trauma wird oft nach einigen Jahren vergessen. Bei Hunden aus Tierheimen, Streunern und so weiter haben wir in der Regel überhaupt keine Anamnese und eine ätiologische Diagnose ist sehr schnell spekulativ.

Trauma hat stärkere Auswirkungen als erwartet

Charakteristisch für den Arnica montana-Typ ist, dass die *Folgen des Traumas schlimmer* sind, *als man aufgrund des Traumas erwarten würde*. Aufgrund dieser Eigenschaft wissen wir, dass der betreffende Patient noch besser zu *Arnica montana* passt als der Patient, bei dem das Ursache-Wirkung-Verhältnis normal ist. Je besser der Patient zu einem bestimmten Mittel passt, desto höher ist der Kipppunkt des Mittels, und daher sollte eine höhere Potenz gewählt werden.

Heilungstendenz verzögert

Bei den typischen Arnica montana-Fällen sehen wir oft, dass sich die Heilungstendenz verzögert, wie z. B. bei hartnäckigen, anhaltenden lokalen Entzündungen oder komplizierten Knochenbrüchen.

Aus der Praxis

Ich habe einmal einen Hund wegen etwas behandelt, das ich der Einfachheit halber als posttraumatische Depression bezeichne. Nach einem schweren Zusammenstoß mit einem Lastwagen war der Hund nie wieder derselbe: extrem lethargisch, keine Lust zum Laufen, viel Schlaf. Und das, obwohl merkwürdigerweise nie sichtbare körperliche Beschwerden aufgetreten waren und bei den umfangreichen klinischen und zusätzlichen Untersuchungen keine körperlichen Auffälligkeiten festgestellt worden waren. Mehr als sechs Monate nach dem Unfall verschwand die Lethargie wie Schnee in der Sonne auf ein paar Dosen *Arnica montana* D200 hin. So stark war die Reaktion. Und das, obwohl Zeit, Zufall und Suggestion nicht mehr die logischsten Erklärungen für seine Heilung waren.

Physische Überlastung

Arnica montana eignet sich nicht nur für die Folgen von körperlichen Verletzungen, sondern auch für die Folgen von körperlicher Überanstrengung. Auch hier ist es charakteristisch für den Arnica montana-Typ, dass die Folgen der Überanstrengung schlimmer sind, als es der Grad der Überanstrengung vermuten lässt. Arnica kann z. B. auch bei einem schweren Geburtsvorgang (Partus), bei Leistungsschwäche durch Erschöpfung, übermüdeten Arbeits- und Sporthunden, erschöpften Streunerhunden, sehr aktiven Deckrüden, bei Erschöpfung durch chronische Herzschwäche oder einen langwierigen Infekt eingesetzt werden.

Aus der Praxis

Der überraschende Zusammenhang zwischen Trauma und chronischen Hauterkrankungen

Eine kräftige, gut bemuskelte Malinois-Hündin von etwa drei Jahren litt schon seit längerem unter Hautproblemen: Pickel, Wunden, Schorf und ein starker Juckreiz. Es war das Bild dessen, was man im Fachjargon als Pyodermie bezeichnet. Eine Pyodermie ist eine Hautentzündung, die durch ein eiterndes Bakterium verursacht wird. Der Eiter ist jedoch nicht deutlich sichtbar. Vielmehr ist die Haut oft trocken.
Die Pyodermie wurde mit Antibiotika gut behandelt, aber der Juckreiz blieb. Es gab also noch ein weiteres tieferliegendes Problem. Neue Pickel, Wunden und Schorf kehrten in der Regel innerhalb einer Woche nach Abschluss der Antibiotika-Behandlung zurück. Es steckte also mehr dahinter als nur eine bakterielle Infektion. Unabhängig davon, ob wir drei, vier oder mehr Wochen lang ein Antibiotikum verabreichten, kam es innerhalb einer Woche nach Absetzen des Medikaments zu einem Rückfall. Die Flecken, Wunden und der Schorf waren über den ganzen Körper verteilt, insbesondere auf dem Rücken, den Flanken und zwischen den Zehen. Letztere waren beim Gehen sehr schmerzhaft. Sowohl reguläre als auch homöopathische Behandlungen zeigten vorübergehend wenig oder gar keine Wirkung.
Ich hatte alle diagnostischen Register gezogen: Haut- und Haartests auf Milben, Pilze und Hefen, Allergietests, Hautbiopsien und Bluttests. Der Besitzer fühlte sich nicht mehr wohl dabei, die Hündin lebenslang auf Prednisolon zu setzen, vor allem, weil er bereits die Erfahrung gemacht hatte, dass sie schlecht darauf reagierte: Sie wurde extrem lethargisch, trank viel und wurde inkontinent. Der Besitzer war kurz vor dem Aufgeben und fragte nach meiner Meinung zum Einschläfern. Bei einem gerade mal vier Jahre alten Hund!
Wir führten ein Sondierungsgespräch. Hatten wir wirklich alles ausprobiert? Hatten wir ganz bestimmt nichts übersehen? Und natürlich ließen wir in diesem auch alle unsere Erfahrungen und Erlebnisse des Besitzers mit seiner Hündin vorbeiziehen. Die einschneidendsten davon bekamen in der Rückschau nun mehr Aufmerksamkeit.
Dabei berichtete der Besitzer beiläufig, er sei immer noch davon überzeugt, dass alles Leid nach einem Unfall mit einem Stock begonnen hatte. Bis zum Alter von etwa zwei Jahren war mit seiner Hündin alles in Ordnung, aber irgendwann bekam sie aufgrund ihres wilden Verhaltens einen Stock direkt in die Kehle, was eine böse Wunde in der Schleimhaut verursachte, genau dort, wo eine der beiden Mandeln liegt. Sie war sehr krank und brauchte lange Zeit, um sich vollständig zu erholen. Die Wunde blutete stark, war stark entzündet und der Hund erlitt auf dem Weg zum Tierarzt sogar einen Schock. In der Klinik wurde sie sofort an einen Tropf angeschlossen und erhielt Medikamente gegen den Schock sowie Antibiotika.
Ich verschrieb *Arnica montana* in der hohen Potenz D200 und verabreichte diese Potenz mehrmals im Abstand von 10 bis 14 Tagen. Die Hautbeschwerden verschwanden vollständig. Der Besitzer war genauso verblüfft wie ich selbst. Ein einfaches Mittel gegen Prellungen hatte mehr geschafft als die Schulmedizin mit all ihrem Können. Oder wagen wir es, nach fast einem Jahr erfolgloser regulärer und homöopathischer Versuche immer noch, wissenschaftlich korrekt von Placebo oder Zufall zu sprechen? Wir müssen sicher nicht alles blindlings glauben, aber sagen wir, dass dieses Ergebnis gelinde gesagt bemerkenswert ist.

Bewegungsdrang trotz Schmerzen

Eine bemerkenswerte Modalität für *Arnica montana* sind Unruhe und Bewegungsdrang trotz

Schmerzen. Am deutlichsten sehen wir dieses Bild bei einem kürzlich angefahrenen Hund auf der Intensivstation der Tierklinik. Blutergüsse, Quetschungen, Brüche und damit viele Schmerzen. Bei diesen Patienten sieht man ständige Unruhe und Bewegungsdrang. Das arme Tier will oder besser gesagt muss sich aus eigenem Antrieb bewegen, aber das ist so schmerzhaft, dass es von Jammern, Winseln, Kreischen begleitet wird. In einem solchen Fall versucht man verzweifelt, den Patienten ruhig zu halten. Obwohl sich die Schmerzen bei (jeder) Bewegung verschlimmern, bleiben diese ständige Unruhe und der Bewegungsdrang bestehen.
Unruhe und Bewegungsdrang trotz Schmerzen sehen wir auch im Arzneimittelbild von *Rhus toxicodendron*. Der wesentliche Unterschied zwischen den beiden Mitteln besteht darin, dass bei *Arnica montana* der Schmerz bei weiterer fortgesetzter Bewegung bestehen bleibt, während bei *Rhus toxicodendron* der Schmerz nach einer kurzen Erstverschlimmerung verschwindet – und zwar meist vollständig (Sport-Steifigkeit). Nach dem Hinlegen legt sich der Arnica montana-Hund immer wieder auf eine andere Seite. Jedes Mal, wenn das arme Tier versucht, sich hinzulegen, schreit es vor Schmerzen. Die Unruhe ist nachts am schlimmsten.

Postoperative Schmerzen

Der Arnica montana-Patient kann bei Berührung plötzlich und völlig unerwartet heftig zubeißen, sogar den Besitzer selbst. Ich warnte zum Beispiel einen Besitzer eines Boxers, der nichts anderes gewohnt war, als dass sein Hund absolut zuverlässig war und niemals biss, dass dieser aufgrund von Schmerzen nach einem Verkehrsunfall oder beim Nachlassen der Anästhesie nach einer Operation plötzlich und völlig unerwartet blind und heftig um sich beißen könnte. Die betroffenen Körperteile sind sehr schmerzhaft und berührungsempfindlich. Neben heftigem Beißen ist manchmal auch ein heftiges Entkommen als Abwehrreaktion zu beobachten. Achten Sie also auf die Reaktion von *Arnica montana* beim Patienten, der aus der Narkose erwacht.
Arnica montana ist ein ideales Mittel, das vor und nach einer Operation gegeben werden kann, um Schmerzen zu lindern, die Wundheilung zu fördern und diese heftige Beißreaktion zu verhindern – beginnend eine Woche vor der Operation und mindestens eine Woche danach. Diese heftige Reaktion auf Schmerz, auf Berührung, wird auch sehr stark bei Patienten beobachtet, die *Chamomilla* erhalten. Sie haben Schmerzen nicht nur als Folge von physischen Traumata, sondern zum Beispiel auch von Bauchkrämpfen.

Leckgranulom

Bei den psychischen Auswirkungen eines körperlichen Traumas denken wir an Angst, Erschrecken, Müdigkeit, Lethargie, Depressionen oder sogar Apathie. Ein (psychogenes) Leckgranulom nach einem körperlichen Trauma passt sehr oft zu *Arnica montana*. Ein Leckgranulom ist eine Stelle, z. B. an einer Vorderpfote, das dadurch entsteht, dass der Hund ständig und zwanghaft daran leckt und/oder beißt, und zwar so heftig, dass eine kahle Stelle und eine Beschädigung der Haut entsteht, auf der sogar wildes Fleisch wachsen kann. Dieses sich selbst verletzen ist ein psychologischer Tic. Man spricht von einem Übersprungsverhalten, ähnlich dem Nägelkauen beim Menschen. Für ein Leckgranulom als Folge von Nervosität (Panik) wird *Hyoscyamus niger* das passende Mittel sein, für stille Trauer als Ursache denken wir an *Ignatia amara*. Im Grunde geht es bei *Arnica montana* also immer um die Folgen eines körperlichen Traumas. Bei Folgen von seelischen Traumata ist *Arnica montana* nicht das (erste) Mittel, an das wir denken. Es ist also nicht das Leckgranulom, auf das die Heilungsdiagnose gestellt wird, sondern die Vorgeschichte dazu. Bei einem

Leckgranulom, das z. B. durch eine schwere Milbenallergie verursacht wird, bei der ein unerträglicher Juckreiz auf dem Rücken des Hundes (wo er nicht richtig hinkommt) dazu führt, dass er sich als Übersprungshandlung aus Frust in die Pfote beißt, denken wir eher an *Ledum palustre*, bekannt als Mittel gegen Insektenallergie.

Automutilation (Selbstverstümmelung)

Arnica montana ist auch das bevorzugte Mittel bei Selbstverstümmelung oder Selbstverstümmelung als Folge eines körperlichen Traumas. Bei der Selbstverstümmelung frisst der Patient buchstäblich Teile seines eigenen Körpers (z. B. die Zehen), wahrscheinlich wegen des unerträglichen Juckreizes der Nervenenden in dem betroffenen Bereich. Ich habe in meiner Praxis einmal einen Zwergpinscher behandelt, der sich nach einem Verkehrsunfall alle Zehen abgefressen hatte und erst nach der Behandlung mit *Arnica montana* aufhörte, den Rest der Pfote zu fressen. Differenzialdiagnostisch sollten wir daher auf jeden Fall *Hypericum perforatum* ("die Arnika der Nerven") in Betracht ziehen, das eventuell in Kombination mit *Arnica montana* gegeben werden kann.

Schock

Ein Schock oder ein Kreislaufkollaps aufgrund eines körperlichen Traumas ist eine typische Indikation für *Arnica montana*. Merkmale des Schocks sind Blutdruckabfall mit kalten Extremitäten und kalter Nase. Meist besteht eine Untertemperatur des ganzen Körpers. Charakteristisch für *Arnica montana* kann ein warmer Kopf (mit kalter Nase) sein, zusätzlich zu einem kalten Körper und kalten Gliedmaßen. *Arnica montana* ist daher bei einem Kreislaufkollaps (Schock) zur Unterstützung der regulären Notfallmaßnahmen geeignet.
Die Folgen des Schocks sind: ein gestörtes Gefühl im ganzen Körper, große Schwäche und Erschöpfung wie nach großer körperlicher Anstrengung.
Schwindel und Übelkeit können auftreten. Infolge des Kreislaufkollapses kommt es auch zu einer Lungenstauung mit Rasselgeräuschen und Husten (einschließlich Abhusten von blutigem Schleim). Apathie und Erregung wechseln sich ab: Der wiederkehrende Bewegungsdrang wechselt sich mit Phasen der Apathie ab.
Ein Schock kann eine lebensbedrohliche Situation darstellen. Deshalb ist es notwendig, zunächst reguläre Maßnahmen zu ergreifen, wie z. B. die intravenöse Gabe von Infusionen und Kortikosteroiden (lebensrettend bei Schock). Wir sollten in einem solchen Fall niemals beweisen wollen, dass wir den Fall auch mit Homöopathie allein lösen können. Auch wenn ich keinen Zweifel daran habe, dass *Arnica montana* in diesen Fällen ein geeignetes Mittel ist, so ist es doch ein Trugschluss, hier auf die bewährte reguläre Behandlung zu verzichten.
Da Schockpatienten labil sind und sehr empfindlich auf *Arnica montana* reagieren, ist es notwendig, eine höhere Potenz zu verabreichen, je nach Reaktion und daher nicht zu häufig (um sicher zu sein). Auf keinen Fall niedriger als D30, auch wenn klar ist, dass es sich nicht um einen Arnica montana-Typ handelt. Die Gabe von *Arnica montana* D6 könnte „homöopathische Sterbehilfe" bedeuten.

Bandscheibenvorfall

Ein Bandscheibenvorfall tritt in der Regel in der Lendenwirbelsäule auf, aber wir sehen ihn auch häufig in der Halswirbelsäule. Die Abweichung passt gut zu *Arnica montana*. Die Ursache für den Bandscheibenvorfall ist eine verminderte Qualität des Gewebes in der Bandscheibe. Irgendwann ist die Qualität so schlecht, dass bei einem sonst nicht so schweren Trauma das Gewebe der Bandscheibe reißt und Material nach außen "fällt", das zusammen mit Blut und Entzündungsflüssigkeit auf das Rückenmark

drückt, was zu Schmerzen und neurologischen Ausfällen in der Hinterhand führt.
Im Nackenbereich treten in der Regel meist nur Schmerzen auf, in der Lendengegend Schmerzen und häufiger neurologische Ausfälle. Die Symptome sind Schmerzen, spastische (steife) Lähmung und/oder lytische (schlaffe) Lähmung der Hinterbeine sowie in schweren Fällen Verlust der Blasen- und/oder Mastdarmfunktion. Bei der spastischen Lähmung kommt es zu einer erhöhten Reizempfindlichkeit, die sich in Krämpfen äußert. Bei der lytischen Lähmung kommt es zu einer geringen Reizempfindlichkeit, die zu Lähmungen führt.
Organotrop bildet *Arnica montana* D6 (Gewebetrauma mit Schwellung) eine bewährte Kombination mit *Hypericum perforatum* D6 (Nervenschädigung) und *Nux vomica* D6 (neurologische Probleme). Bei lytischen Lähmungen wählen wir *Nux vomica* D3, bei spastischen Lähmungen *Nux vomica* D6, jeweils in der Potenz vor und nach dem Kipppunkt.
Die unmittelbare Ursache kann ein Trauma (z. B. eine Verdrehung) sein, die eigentliche Ursache ist jedoch eine schlechte Qualität der Bandscheibe, die zu einem Einreißen des Bandscheibengewebes und einer Schwellung führen kann, wodurch Druck auf das Rückenmark entsteht. Natürlich sollte man deshalb immer mit einem aufbauenden Mittel behandeln, das die Qualität der Bandscheiben verbessert. Wir denken hier an *Calcium carbonicum* für die etwas schwereren größeren Typen und *Silicea* für die etwas leichteren kleineren Typen.
Die teils starren (spastischen), teils schlaffen (lytischen) Lähmungen der Hinterhand, wie wir sie beim Bandscheibenvorfall sehen, passen ebenfalls in das Arzneimittelbild von *Arnica montana*. Früher nannte man die Auswirkungen eines Bandscheibenvorfalls auch Dackellähme, aber wir sehen sie nicht nur beim Dackel, sondern auch bei anderen Rassen.

Ein Bandscheibenvorfall, insbesondere bei neurologischen Ausfällen, sollte in erster Linie immer regulär behandelt werden, entweder operativ (in der Regel nicht notwendig) oder mit hochdosierten Kortikosteroiden (in der Regel schnell wirksam).

Indikationen auf einen Blick

Körperliche Auswirkungen von Traumata

Prellungen (Kontusionen), Verstauchungen (Distorsionen), Blutergüsse (Hämatome), Wunden, Muskelrisse, (komplizierte) Knochenbrüche, kleinere Blutungen in den Muskeln und die Unterhaut, Nasenbluten, Blasenbluten, krampfartige Anfälle, Schock, chronische Beschwerden des Bewegungsapparates, chronische therapieresistente Hauterkrankungen (Pyodermie) und so weiter.

Körperliche Folgen von Überanstrengung

Bandscheibenvorfall, schwere Geburt, einschließlich Kontraktionsschwäche aufgrund von Erschöpfung, Übermüdung bei Arbeits- und Sporthunden, erschöpfte streunende Hunde, sehr aktive Deckrüden, Schwäche aufgrund von chronischer Herzinsuffizienz (zusätzlich zu den üblichen Medikamenten) oder Erschöpfung aufgrund einer drastischen Infektion, erschöpfende Magen-Darm-Probleme und so weiter.

Psychische Folgen eines körperlichen Traumas oder einer körperlichen Überlastung

Leckgranulome, (defensive) Aggression, Angstzustände, Erschrecken, (post-traumatische) Depression, Lethargie, introvertiertes Verhalten, Apathie, Selbstverstümmelung.

Potenz und Dosierung

Äußerlich

Arnica montana wird beim Menschen auch äußerlich in Form einer Tinktur angewendet, die in der Regel in eine Salbe oder ein Gel eingearbeitet wird. Sie darf nur auf intakter Haut und nicht auf offenen Wunden angewendet werden. Ich verschreibe *Arnica montana* bei Hunden eigentlich nie äußerlich, sondern verwende sie fast ausschließlich innerlich in potenzierter Form. Abgesehen von der erhöhten Gefahr von Verschlimmerungen, z. B. durch Ablecken der Salbe oder des Gels durch Hunde, die empfindlich auf das Produkt reagieren, gibt es auch einen praktischen Grund (die dicht behaarte Haut), warum ich *Arnica montana* nicht in der äußerlichen Form verordne.

Innerlich

Nach dem Kipppunkt wird *Arnica montana* in homöopathischen Potenzen die Symptome weniger verschlimmern und eher verbessern: Resorption der ausgeschiedenen Flüssigkeit (Blut und Serum), Verringerung der Schwellung, Verringerung der Schmerzen und schnellere Genesung der Schäden.

Bei akuten und örtlich begrenzten Beschwerden bei Hunden, die nicht eindeutig auf *Arnica montana* zurückzuführen sind, und wenn keine ernsthafte Erkrankung vorliegt, verschreibe ich *Arnica montana* D6 dreimal täglich eine Dosis für die Dauer der Behandlung, mindestens aber drei Wochen. In allen anderen Fällen, in denen sich aufgrund mehrerer zusätzlicher, individueller Symptome herausstellt, dass der Hund überdurchschnittlich gut zu *Arnica montana* passt, und wenn es sich um einen schweren pathologischen Zustand handelt, entscheide ich mich für eine D30 einmal täglich eine Dosis oder D200 (200K), manchmal MK, je nach Reaktion.

Hinweise

Die D1=Ø hat einen Warnhinweis für die innerliche Anwendung während der Trächtigkeit. Bei der äußerlichen Anwendung von Zubeireitungen, die *Arnica montana* enthalten (*Arnica montana Tinktur* extern), besteht die Gefahr einer Überempfindlichkeit. Äußerlich anzuwendende Präparate werden aus den oberirdischen Teilen von *Arnica montana* hergestellt, die besonders häufig Überempfindlichkeitsreaktionen hervorrufen. Für die innere Anwendung wird die Wurzel verwendet.

Arsenicum album

Weißes Arsen

Mittelherkunft

Das homöopathische Arzneimittel *Arsenicum album* (*Acidum arsenicosum*) wird aus der gleichnamigen chemischen Verbindung hergestellt. Die chemische Verbindung Arsentrioxid (As_2O_3) ist auch unter den Namen Arsensäure und weißes Arsen bekannt. Abk.: ars.
Wenn wir *Arsenicum album* verschreiben, fragt der Besitzer nicht selten nach einer Erklärung – und das zu Recht, denn *Arsenicum album* war früher als Rattengift bekannt. Es sei daran erinnert, dass fast alle Substanzen in bestimmten

Dosen nützlich sein können und in übermäßigen Dosen giftig werden. Denken Sie nur an Alkohol.

Arzneimittelbild

Ich selbst lernte Arsen als Roborans (Stärkungsmittel) für Pferde kennen, die „schlecht aus dem Winter kamen": schlechter Appetit, Abmagerung, schlechter Fellzustand und chronischer Durchfall. Das Mittel war als Fowlersche Lösung bekannt, eine stark verdünnte Arsenlösung. Später wendete ich in diesen Fällen *Arsenicum album* D6 an, mit gleichem Erfolg. Ein schönes Beispiel für ein tödliches Gift, das in einer viel geringeren Konzentration eine umgekehrte Wirkung hat (Hormesis, ein bekanntes Phänomen aus der Pharmakologie).
Arsenicum album-Menschen sind akribische Typen, sehr präzise in allem, sie sind sauber, fürsorglich, penibel, auf der Suche nach Gewissheiten und gute Bürger. Gemäß dem Motto „Wie der Herr, so der Hund" finden wir einige dieser Eigenschaften auch beim Arsenicum Album-Hund.
So seltsam es auch klingen mag, *Arsenicum* ist sogar ein (zugegebenermaßen nicht essenzielles) Spurenelement für den menschlichen und tierischen Körper. Die homöopathisch angewandten Potenzen von *Arsenicum album* wirken auf alle Körperzellen, sehr wahrscheinlich auf der gleichen Ebene, auf der *Arsenicum album* als Spurenelement wirkt.

Akute Arsenvergiftung beim Menschen

Das normale klinische Bild einer Arsenintoxikation beim Menschen ist: Erbrechen (Galle, Schleim und kleine Blutfäden), Durchfall (wie Reiswasser, leicht blutig), Bauchschmerzen, schmerzhafter Stuhldrang (Tenesmus), Durst, allgemeiner Verfall, Abmagerung und Erschöpfung. Die Extremitäten des Körpers, insbesondere Nasenspitze, Hände und Füße sind kalt. Es bestehen Angstzustände und Unruhe.

Akute Arsenvergiftung bei Hunden

Das übliche klinische Bild einer Arsenvergiftung bei Hunden ist: Erbrechen, Durchfall, der blutig sein kann, Anzeichen von Bauchschmerzen und extreme Unruhe. Die Folgen von starkem Erbrechen und starkem Durchfall sind Austrocknung (Dehydratation), Schwäche, Erschöpfung und Kreislaufkollaps (Schock).
Sowohl bei Menschen als auch bei Hunden ist bekannt, dass Arsen bei oraler Verabreichung keine unmittelbar schädigende (ätzende) Wirkung auf die Schleimhäute des Magen-Darm-Trakts hat: Auch wenn es parenteral (durch Injektion) verabreicht wird, können die typischen Gewebeschäden (Läsionen) an den Schleimhäuten des Magen-Darm-Trakts beobachtet werden: ödematöse Entzündung der Magen-Darm-Wand, Nekrose des Magen-Darm-Schleimepithels und wässriger, blutiger Stuhlgang mit Schleimhautablösungen.

Chronische Arsenvergiftung beim Menschen

Bei der chronischen Vergiftung des Menschen machen sich vor allem Hautsymptome bemerkbar: trockene Haut mit Schuppung und fleckiger Rötung der Haut (Erythem), Haarausfall, auch Nägel und Zähne können ausfallen, verdickte Hornhaut (Hyperkeratose) und blasse Hautfarbe. Außerdem kommt es zu einer Überempfindlichkeit der Sinne mit späterem Verlust des Hör- und Geruchssinns. In erster Linie sind Gewebe des Verdauungstrakts, der Leber, der Nieren, der Milz, der Lunge und der Epidermis (Oberhaut) betroffen.

Polychrest

Arsenicum album ist eines der größten Polychreste. Ein Polychrest ist ein Mittel, das oft zu einer Vielzahl von Krankheiten passt. Ein Mittel, das man kennen sollte! *Arsenicum album* kann bei akuten und chronischen Beschwerden eingesetzt werden.

Typ

Bei allen Tierarten sind Arsenicum album-Typen schlanke, leicht gebaute, nicht sehr kräftige Typen. Meist sogar zu schlank. Die Bemuskelung ist mäßig. Man kann nicht gerade von einem athletischen Körperbau sprechen. Die Erscheinung ist sicher nicht so kräftig wie bei Phosphorus-Typen. Ein schneller Kraftverlust passt gut zum Arzneimittelbild von *Arsenicum album*.

Arsenicum album-Typen sind unsicher, zurückhaltend, angespannt, unruhig, nervös, ängstlich und sprunghaft. Vielleicht ist schüchtern die beste Beschreibung. Wir sehen nicht die enorme Unruhe des Nitricum acidum-Typs oder das geschäftige, extrovertierte Verhalten des Nux vomica-Typs oder das panische und hysterische Verhalten des Hyoscyamus niger-Typs. Das Verhalten des Arsenicum album-Typs entspricht eher dem introvertierten Verhalten des Ignatia amara-Typs.

Auf dem Behandlungstisch macht der Arsenicum album-Typ einen resignierten Eindruck, ebenso der Ignatia amara-Typ. Im Gegensatz zum menschlichen Arsenicum album-Typus empfinde ich den Arsenicum album-Typus bei Hunden im Allgemeinen nicht als zimperlich, und er zeigt auch keine Tendenz zu aggressivem Verhalten bei der Untersuchung. Beim Arsenicum album-Typ können sich Unruhe und Depression abwechseln, wobei die Depression oft etwas zu überwiegen scheint.

Der Arsenicum album-Typ kann aber auch sehr lebhaft und geschäftig sein. Soweit wir wissen, gibt es eine rassespezifische Veranlagung für den Arsenicum album-Typ beim Collie, beim Sheltie und beim Hovawart, dem vom Typ her am wenigsten ausgeprägten der drei. Ich habe aber z. B. auch große, kräftige Hunde, die vom Typ her überhaupt nicht zu *Arsenicum album* passen, wie den Bernhardiner und den Berner Sennenhund, regelmäßig erfolgreich mit *Arsenicum album* gegen chronischen Durchfall behandelt, weil offenbar genügend zusätzliche individuelle Symptome zum Arzneimittelbild passten.

Bemerkenswert ist, dass ein Arsenicum album-Typ eine ausgezeichnete Selbstpflege und Sauberkeit aufweist. Dies gilt nicht nur für Hunde, sondern auch für Menschen und Katzen. Bei Hunden sieht sogar bei Hautbeschwerden das (restliche) Fell picobello aus und man riecht den Hund nicht. Der Sulfur-Hund mit Hautbeschwerden hat ein desolates Fell: tote Haare, Schuppen und Verfilzungen. Der Sulfur-Hund riecht, der Arsenicum album-Hund nicht. Der Sulfur-Hund sieht oft etwas verwahrlost aus. Die Arsenicum Album-Frau sieht tipptopp gepflegt aus und hat alles gut im Griff, Die Sulfur-Frau ist ungepflegt, rundum unansehnlich und hat kein Interesse an Sauberkeit. Mein Lehrer, der homöopathische Arzt Arij Vrijlandt, sagte mir, dass man bei einer Frau die Sulfur-Diagnose bestätigen kann, indem man den Inhalt ihrer Handtasche überprüft: ein riesiges Durcheinander!

Ätiologie

Zu den Ursachen von Arsenicum album-Beschwerden gehören Virusinfektionen (z. B. Parainfluenza oder Parvovirose), Vergiftungen, verdorbene Speisen und eiskalte Speisen oder Getränke, wie eiskaltes Wasser, gefrorenes Fleisch oder Schnee. Auch Autoimmunerkrankungen nach oder ausgelöst durch Impfungen können gut zu *Arsenicum album* passen. Hier ist dann nicht die Impfung die Ursache, sondern der Auslöser für die individuelle

Überempfindlichkeitsreaktion des Hundes auf die Impfung. Wir sehen *Arsenicum album* auch als eines der Mittel für Beschwerden, die nach einer Unterdrückung von Hautbeschwerden, z. B. durch innere und äußere Medikation mit Kortikosteroiden, auftreten oder dadurch ausgelöst werden. Hautbeschwerden können dann in Atemwegs- oder Magen-Darm-Beschwerden übergehen. Diese „Verschiebung" von Krankheiten kann selbst ein interessantes zusätzliches Einzelsymptom bei der Arzneimitteldiagnose sein.

Charakteristische Kombination

Eine charakteristische Kombination, auch bei anderen Tierarten wie Katzen und Pferden:

- Relativ rascher Gewichtsverlust, einschließlich relativ raschem Muskelschwund.
- Schwankender Appetit, von mäßig bis gar nicht oder wenig, besonders morgens ist oft kein Appetit vorhanden, oft gefolgt von morgendlichem Erbrechen.
- Durstig, trinkt aber oft nur kleine Schlucke.
- Anfälligkeit für Infektionen der Atemwege und Magen-Darm-Probleme.

Auffallend ist, dass in etlichen Fällen die Beschwerden im Atemtrakt beginnen und dann von Beschwerden im Magen-Darm-Trakt gefolgt werden. Es beginnt zum Beispiel mit einer Erkältung, dann kommt es zu einer schnellen Abmagerung und einige Zeit später (ein bis drei Wochen) zu chronischem Durchfall, der den Zustand des Tieres weiter verschlechtert: Abmagerung, Lethargie und schlechter Fellzustand.
Erhebliche Abmagerung in kurzer Zeit ist ein Kennzeichen für *Arsenicum album*. Ein Kastrat, der zu dünn ist, während ein Kastrat normalerweise mehr oder weniger übergewichtig ist, *könnte* gut zu *Arsenicum album* passen. Vor allem, wenn bei der klinischen und ergänzenden Untersuchung keine eindeutige Ursache für die rasche Abmagerung gefunden werden kann, könnte dies ein starker Hinweis auf *Arsenicum album* sein. Auch bei *Nitricum acidum* sehen wir die relativ schnelle Abmagerung. Bei alten Hunden oder schwächenden Krankheiten können bei starkem Verdacht auch Mittel wie *Causticum* und *Abrotanum* angebracht sein.

Kleine Häppchen

Als Charakteristikum von *Arsenicum album* könnte man durchaus auch die auffallend kleinen Mengen sehen: Oft kleine Schlucke trinken, oft kleine Mengen Stuhl ausscheiden, oft kleine Mengen erbrechen, oft mit ein wenig Blut im Erbrochenen oder Stuhl (DgDx *Ipecacuanha*). Im Arzneimittelbild von *Arsenicum album* finden wir das Symptom: häufiges Trinken von kleinen Wassermengen, die sofort wieder erbrochen werden. Beim Phosphorus-Typ sehen wir, dass er nur wenige Male am Tag trinkt, dafür aber viel Wasser auf einmal, das er einige Zeit *nach der* Einnahme wieder erbrechen kann. Beim Arsenicum album-Patienten besteht der Durchfall aus kleinen, dünnflüssigen Ausscheidungen, die sehr übelriechend sein können, oft mit einer sehr geringen Menge Blut (DgDx *Ipecacuanha*). Bei Phosphorus-Patienten mit Durchfall sehen wir in der Regel eine relativ große Menge Blut im Stuhl.

Modalitäten

Eine charakteristische Modalität kann darin bestehen, dass ein Arsenicum album-Hautpatient zwar eine feuerrote Haut hat, sich sein Zustand aber bei Wärme verbessert und bei Kälte verschlechtert. Der Arsenicum album-Hautpatient sucht auch Wärme. Das ist an sich schon auffällig. Im Allgemeinen verschlimmern sich Hauterkrankungen bei Hunden regelmäßig in einer

warmen, schwülen Umgebung. Das Verwirrende ist, dass der Arsenicum album-Patient ambivalent sein kann. Es gibt Arsenicum album-Fälle, bei denen eben eine Verschlimmerung bei Hitze und eine Besserung bei Kälte auftritt.
Arsenicum album-Männer können hypersexuell sein, haben aber nicht die Kraft, sich als solche auf eine sehr durchdringende Weise zu präsentieren. Dies steht in völligem Gegensatz zum Phosphorus-Typus, der alles tun wird, um dies zu zeigen. Eine bekannte Modalität von *Arsenicum album*, auch beim Menschen, ist die Periodizität der Symptome. Dies trifft übrigens fast nie auf Hauterkrankungen bei Hunden zu. Bei *Arsenicum album* sehen wir z. B. bei Magen-Darm-Beschwerden eine Periodizität von ein bis drei Wochen. Bei Krankheiten wie Epilepsie und IBD (Inflammatory bowel disease), die immer periodisch auftreten, müssen wir der hierarchischen Symptomwahrheit der Modalität Periodizität kritisch gegenüberstehen.
Nicht selten findet man in *Arsenicum album* eine Verschlimmerung der Symptome nach Mitternacht (0.00 Uhr bis 03.00 Uhr), z. B. Hautjucken und Durchfall.

Haut

Arsenicum album und *Sulfur* sind beide „Brenner". Charakteristisch für *Arsenicum album* bei Hunden ist eine diffuse, intensive Rötung, begleitet von Hunderten von kleinen Pickeln (Papeln), meist am Bauch, manchmal auch an den Flanken und Pfoten. Der Sulfur-Patient hat ebenfalls eine diffuse Rötung, oft im Schritt, die sich auch ausbreiten kann, mit großen Pusteln (Eiterbläschen) hier und da, manchmal mit Eiter und Krusten. Es gibt auch Sulfur-Patienten, die eine trockene intensive feuerrote Hautentzündung (Dermatitis) haben, aber keine Ausbrüche. Auch bei *Arsenicum album* sehen wir manchmal ein trockenes Fell mit vielen Schuppen oder ein klebriges, schmutziges, zerzaustes Fell, das wir sonst nur bei Sulfur-Patienten sehen. In einigen wenigen Fällen sind auch die Ohren betroffen.

Schleimhäute

Arsenicum album zeichnet sich durch feuerrote Schleimhäute aus: feuerrote Bindehäute feuerrote Mandeln, feuerrote Vaginalschleimhaut und so weiter. Feuerrot ist ein Markenzeichen für *Arsenicum album*. Die Entzündungen sind schwer und brennend. Neben der Bindehautentzündung (Konjunktivitis) kann es auch zu einer Entzündung der Hornhaut (Keratitis) und einer Entzündung der Augenlider (Blepharitis) kommen.

Potenz und Dosierung

In den meisten Fällen wird es uns gelingen, ein vollständiges Bild von *Arsenicum album* zu erhalten. In der Praxis sehen wir die vollständigen Bilder ziemlich oft. In all diesen Fällen bevorzugen wir höhere Potenzen D30 einmal täglich eine Dosis für zwölf Wochen oder (als Fortsetzung) D200 (200K), eventuell eine MK, beides orientiert an der Reaktion. Für organotrope Behandlungen wählen wir eine D6, oder häufiger, in chronischen Fällen, eine D12 drei- oder zweimal täglich eine Dosis.

Hinweise

Erst verfügbar ab D4/C2/2K.

Asa foetida

Teufelsdreck

Mittelherkunft

Das homöopathische Arzneimittel *Asa foetida (Ferula asa foetida)* wird aus der gleichnamigen Pflanze hergestellt, die auch als Teufelsdreck bekannt ist.
Pflanzenfamilie: Apiaceae (Doldenblütler). Abk.: asaf.

Arzneimittelbild

Milchbildung

Asa foetida ist angezeigt:

- im Falle einer Scheinträchtigkeit
- bei unzureichender Milchproduktion nach der Geburt
- zur Unterstützung bei der Entwöhnung von Welpen

Asa foetida reguliert die Milchproduktion auf ein normales Maß. Dies hat zur Folge, dass die Milchproduktion während der Scheinträchtigkeit und beim Absetzen der Welpen abnimmt und bei zu geringer Milchproduktion nach der Geburt zunimmt.

Verhalten

Ein charakteristisches Merkmal von *Asa foetida* ist das Verhalten, anhand dessen man es von anderen Mitteln unterscheiden kann, die auf die genannten Indikationen passen. Die scheinträchtige Hündin, auf die *Asa foetida* passt, verhält sich mehr oder weniger hysterisch. Sie ist unruhig, läuft ständig hinter dem Besitzer her, hechelt, winselt, zeigt Nestbauverhalten und adoptiert „Ersatzwelpen" wie z. B. Pantoffeln. Es ist ratsam, dem nicht nachzugeben. Im Allgemeinen, aber besonders für die Asa foetida-Hündin, ist viel Ablenkung, viel Bewegung in der freien Natur, eine Modalität zur Verbesserung der Symptome.
Asa foetida eignet sich auch für die frischgebackene Mutter, die sehr nervös und ein wenig hysterisch ist und nicht weiß, was sie mit den Welpen machen soll. Denken Sie daran, dass dieses Verhalten auch zu einem akuten Kalziummangel passt. Es versteht sich von selbst, dass die Kalziumzufuhr dann die erste Maßnahme sein sollte.

Verkürzter Zyklus

Eine zusätzliche Bestätigung der Arzneimitteldiagnose von *Asa foetida* kann eine vorzeitige Hitze oder ein verkürzter Zyklus sein, z. B. ein Zyklus von vier bis fünf Monaten. Die Asa foetida-Hündin ist auch außerhalb der Läufigkeit sehr attraktiv für Rüden, zeigt darüber hinaus selbst übermäßiges Interesse an Rüden und bietet sich sogar spontan an. Das ist bemerkenswert, denn im Durchschnitt hasst ein Asa foetida-Rüde es, angefasst zu werden. Wenn Hündinnen außerhalb der Läufigkeit übermäßig attraktiv für Rüden sind, aber dennoch Rüden abstoßen, kann eine Vaginitis vorliegen. Hier ist in der Regel eine andere Heilungsdiagnose angebracht. Offenbar ähnelt der Geruch des Ausflusses bei einer Vaginitis für einen Rüden dem Geruch einer läufigen Hündin.

Chronische Entzündungen

Asa foetida ist auch bei chronischen Entzündungen mit Geschwürbildung im Dickdarm, der Haut und der Knochen angezeigt. Es kann bei chronischen Entzündungen der Analbeutel mit eitrigem, übelriechendem Inhalt eingesetzt werden.

Potenz und Dosierung

Asa foetida wird in der Regel organotrop in den niedrigen Potenzen D4 oder D6 verabreicht, eine Dosis dreimal täglich für ein bis drei Wochen. Bei chronischen Entzündungsproblemen kann es über längere Zeiträume verabreicht werden. Bei dieser organotropen Anwendung wird in der Regel auch eine Verbesserung des Verhaltens beobachtet. Für die meisten Asa foetida-Patienten lautet der pragmatische Ratschlag meines Erachtens, mit einer D6 zu beginnen und anhand der Reaktionen zu sehen, ob eine höhere Potenz, D12 oder D30, zwei- oder einmal täglich eine Dosis erforderlich ist.
Asa foetida wird häufig in folgenden Mittelkombinationen verabreicht:

Mittelkombination bei Scheinträchtigkeit

Asa foetida D6, *Ignatia amara* D6, *Salvia officinalis* D2, *Urtica urens* D6: 10 bis 20 Tropfen der Kombination dreimal täglich. Die Dosis ist abhängig vom Körpergewicht. Diese Kombination kann auch zur Regulierung der Milchproduktion während der Entwöhnung der Welpen verwendet werden.

Mittelkombination bei unzureichender Milchbildung nach dem Partus

Agnus castus D1= Ø, *Alfalfa* Ø, *Asa foetida* D6 und *Urtica urens* Ø: unmittelbar nach dem Partus dreimal im Abstand von ein bis zwei Stunden 10 bis 20 Tropfen, danach drei- bis viermal täglich 10 bis 20 Tropfen der Kombination für mindestens eine Woche. Die Dosis ist abhängig vom Körpergewicht.

Hinweise

Keine

Aurum metallicum

Gold

Mittelherkunft

Das homöopathische Arzneimittel *Aurum metallicum* wird aus dem gleichnamigen Element Gold hergestellt. Ausgangsmaterial für die Herstellung der homöopathischen Potenzen ist Goldpulver. Abk.: Aur.

Arzneimittelbild

Aus der Praxis: Der ‚Brüller'

Meine erste Begegnung mit einem Aurum metallicum-Patienten vor etwa 30 Jahren steckt mir heute noch in den Knochen. Ich wurde zu einem „Brüller" gerufen, so sagen wir in den Niederlanden zu einer bösen „nymphomanischen" Kuh. Ursache: zu viel Brunsthormon (Östrogen) aus degenerierten Eierstockfollikeln.
Die Kuh war noch weit hinten auf der Wiese, als ich mit einer mit voller Anti-Hormonen gefüllten Spritze bewaffnet über den Zaun kletterte. Sie hatte mich sofort bemerkt: Kopf in der Luft, große Augen und geweitete Nüstern. Sobald ich mich ihr auf etwa zehn Meter genähert hatte, stürzte sie wie ein wilder Stier auf mich zu, brüllte und schnaubte. Was soll das heißen, „nur ein Pieks"? Ich schaffte es gerade noch, mich über den Zaun in Sicherheit zu bringen. Und der Bauer? Er stand da, schaute zu und bekam sich nicht mehr ein vor Lachen! Wütend, herrschsüchtig, voll drauf los: Das ist Aurum metallicum.

Aurum metallicum-Typ beim Menschen

Die Beschreibung des Aurum metallicum-Typs beim Menschen ist eine gute Darstellung dessen, was wir auch beim Hund sehen. Ich zitiere den deutschen Arzt Otto Leeser:

„Der Aurum Typ ist ein Mensch von chronischer Gereiztheit, Aggressivität und explosiver Affektivität; er bezwingt alles mit seiner Willenskraft, nur nicht sein starkes Ich. Deshalb ist er ungeduldig, unduldsam und unversöhnlich. Das ist bei seiner egozentrischen Extraversion verständlich. Sein affektives Machtstreben ist expansiv, wirklichkeitsnah, empirisch und praktisch; dafür ist sein Denken von Affekten beunruhigt, so dass er nicht zur Selbsteinsicht kommt."

Aurum metallicum-Typ beim Hund

Körperbau

Der Typ *Aurum metallicum* wird beschrieben: kurz, stämmig, kräftig gebaut, vollblütig, kraftvoll und im Allgemeinen etwas schwerfällig. Mit einiger Regelmäßigkeit sehe ich auch andere Typen bei Hunden, z. B. den athletischen Typus mit einem durchtrainierten Körper, zu dem auch *Aurum metallicum* sehr gut passt. Die endgültige Wahl von *Aurum metallicum* als Simillimum erfolgt nicht aufgrund des typischen Körperbaus, sondern aufgrund anderer, zusätzlich individueller Symptome, insbesondere aufgrund charakteristischer Verhaltenssymptome. Der Aurum metallicum-Typ tritt bei Hündinnen und Rüden auf.

Verhalten

Grundsätzlich müssen wir beim Aurum Metallicum-Typ zwei psychische Zustände berücksichtigen: Erregung und Unausgeglichenheit (Dekompensation). Bei Hunden haben wir es eigentlich immer mit der erregten Form zu tun. Beim Menschen sehen wir häufiger die unausgeglichene Form, die zu (schweren) Depressionen und nicht selten zu suizidalem Verhalten führen kann.

Starke Dominanz

Der erregte Aurum metallicum-Hund ähnelt in mancher Hinsicht dem Nux vomica Hund. Beide sind hyperaktiv, hastig in allem und hektisch.

Ein deutlicher Unterschied zu *Nux vomica* ist, dass der Aurum metallicum-Hund aus einem Übermaß an Selbstvertrauen heraus handelt. Der Aurum metallicum-Hund hat einen viel stärkeren Willen, ist hartnäckiger, gibt nicht auf und drängt sich viel weiter vor.

Der Aurum metallicum-Typ ist egozentrisch, aggressiv und dominant und geht ohne zu zögern in die Vollen. Der Aurum metallicum-Typ ist viel dominanter und aggressiver als der Nux vomica-Typ. Wir sehen dieses Verhalten bei Rüden und Hündinnen.

Leistungsantrieb

Der Aurum metallicum-Typ ist nicht nur ungeheuer aktiv, hastig und hektisch, sondern vor allem auch sehr impulsiv. Der rote Faden, der sich durch das Aurum metallicum-Arzneimittelbild zieht, ist die innere Unruhe durch ständigen Leistungsantrieb: ein unbändiger Drang nach körperlicher und geistiger Aktion.

Wütend und streitsüchtig

Ein weiteres Merkmal von *Aurum metallicum* ist, dass der geringste Widerstand einen vergleichsweise extrem heftigen Wutanfall auslöst. Der Aurum metallicum-Typ ist reizbar und temperamentvoll, aber auch streitsüchtig. Scheinbar grundlos sucht er Streit und zettelt ihn an. Aurum metallicum-Typen sind triebhaft, immer auf Streit aus und misstrauisch.

Überempfindlich gegen Schmerzen

Der Aurum metallicum-Typ ist überempfindlich gegen Schmerzen, aber manchmal auch gegen Geräusche und Gerüche. Der Aurum metallicum-Hund schnappt sofort zu, wenn ihm etwa eine Spritze verabreicht werden soll. Nur mit klarer Ansage kann der Hund dazu gebracht werden. Gelingt das, kann eine Injektion ohne Probleme verabreicht werden, aber er bleibt trotzdem äußerst angespannt.

Der Nux vomica-Hund ist ebenfalls überempfindlich gegen Schmerzen, aber er liegt so ängstlich angespannt auf dem Tisch, dass er auf die Injektion nicht mal reagiert. Er traut sich nicht zu reagieren, denn der Nux vomica-Hund fühlt sich weniger wichtig als der Aurum metallicum-Hund. Bei der Injektion versucht der Phosphorus-Hund mit großer Kraft vom Behandlungstisch zu fliehen.

Beruhigen

Besänftigen, beruhigen, streicheln, trösten baut in den meisten Fällen die Aggression beim Aurum metallicum-Typ ab. Dies steht im Gegensatz zu den Typen *Natrium muriaticum* und *Sepia officinalis*, die beruhigenden Worten gegenüber nur noch misstrauischer werden. Die „Nymphomanen-Kuh" vom Beispiel aus meiner Praxis wurde immer dann ruhiger, wenn sie gemolken wurde.

Misstrauisch

Der Aurum metallicum-Hund ist misstrauisch und mag bestimmte Personen nicht, denen er sich dann aggressiv nähert (lautes Knurren). Der Nux vomica-Hund wird eine unwillkommene Person laut bellend anlocken, dabei immer weiter zurücktreten, den Schwanz einziehen und manchmal einen kurzen Schritt nach vorne machen (Bluff). Der Nux vomica-Hund beißt nur, wenn er die Erfahrung gemacht hat, dass er damit Erfolg haben kann (Konditionierung). Der Nux vomica-Hund beißt von hinten in die Hose, wenn die betreffende Person wegläuft. Der Aurum metallicum-Hund greift ohne zu zögern frontal an. Der Aurum metallicum-Typ merkt sich gut, wer ihm oder ihr Schaden zugefügt hat und ist dann furchtlos und sehr aggressiv gegenüber der betroffenen Person.

Markieren

Der Aurum metallicum-Hund kann sehr gut alleine bleiben, aber wenn der Besitzer zu einer Zeit, zu der er normalerweise zu Hause ist, nicht da ist, kann er im Haus markieren. Dies geschieht auch, wenn der Besitzer den Hund nicht zur üblichen Zeit ausführt. Das Markieren im Haus kann bei einem Aurum metallicum-Hund unter anderem auch eine Folge von Hypersexualität sein, ob man das Markier-Verhalten korrigiert hat oder nicht.

Risikoanalyse

Aurum metallicum wird in der Praxis häufig bei Aggressivität eingesetzt. Wir sollten jedoch bedenken, dass diese Form der Aggressivität in der Natur des Hundes verankert sein kann, dass sie (fast) instinktiv ist. In wirklich unkontrollierbaren Fällen von Aggressivität, die regelmäßig zu schweren Beißvorfällen führen, werden wir feststellen, dass Homöopathie und/oder Verhaltenstherapie nicht mehr wirksam sind. In diesen Fällen besteht die Möglichkeit der Euthanasie als letzte Lösung. Tierärzte und Besitzer müssen sich ihrer Verantwortung in Bezug auf das Verhalten von Aurum metallicum-Typen voll bewusst sein und eine angemessene Risikoanalyse durchführen.

Ursachen

Die Ursache für ein Aurum metallicum-Verhalten ist neben der Veranlagung die Unterdrückung des egozentrischen Verhaltens und dem zwanghaften Drang zur Leistung. Konkrete Beispiele für Ursachen des Verhaltens, die in das Arzneimittelbild *von Aurum metallicum* passen, sind: zu harte Korrekturen oder Bestrafungen, Wegzerren von einer läufigen Hündin, Wegnehmen von Futter oder Kauartikel und so weiter. Es stellt sich die Frage, ob man hier von (hochwertigen) ätiologischen Symptomen oder von Modalitäten der Verschlimmerung eines genetisch bedingten Verhaltens sprechen sollte. Sicher ist, dass gerade die Heftigkeit der Reaktion charakteristisch für den Aurum metallicum-Typ ist. Diese charakteristische ungehemmt heftige Reaktion rechtfertigt eine hierarchische Aufwertung des Verhaltenssymptoms.

Schuldgefühle

Ein auffälliges Symptom bei Aurum metallicum-Menschen wäre ein Schuldgefühl nach einem Vergehen. Ich habe das in der Praxis nie bei Aurum metallicum-Hunden gesehen, wohl aber bei solchen, zu denen *Stramonium* passt.

Chronische Entzündungen

Charakteristisch für das Arzneimittelbild von *Aurum metallicum* sind: chronische, anhaltende, fieberhafte Entzündungsprozesse ohne Heilungstendenz, die allmählich zur Beseitigung von funktionsfähigem Gewebe oder zu schweren Gewebedefekten mit Nekrosen führen.
Beispiele sind chronische Entzündungen der Nasenschleimhaut (Rhinitis), einschließlich der Nasen- und Stirnhöhlen (Sinusitis), chronische Maulschleimhaut (Stomatitis), chronische Ohrentzündungen (Otitis).
Eine bekannte Indikation für *Aurum metallicum* ist die chronische Augenentzündung mit Schädigung der Hornhaut (Keratitis) und der Bindehaut (Konjunktivitis) aufgrund unzureichender Tränenproduktion (trockenes Auge). Der vollständige Name für diese Abweichung lautet Keratoconjunktivitis sicca, abgekürzt KCS. Aufgrund der chronischen Entzündung sehen wir Blutgefäße und Pigmentablagerungen auf der Hornhaut, manchmal sogar ein Stück Gewebewucherung. Infolgedessen wird die Hornhaut trüb und der Patient erblindet auf dem betroffenen Auge. Wenn wir *Aurum metallicum* wählen, dann immer, vor allem am Anfang, zusätzlich zur regulären Behandlung – vorzugsweise natürlich bei dem Patienten, der wirklich zu *Aurum metallicum* passt. Wenn wir die Homöopathie wählen, dann vorzugsweise das Simillimum und neben oder nach der regulären Behandlung.

Modalitäten

Der Aurum metallicum-Typ ist kühl. Darüber hinaus sehen wir eine Verschlimmerung der (körperlichen) Beschwerden bei Kälte, kalter Luft und im Winter. Wärme, Aufwärmen, warme Luft im Sommer und Bewegung an der frischen Luft führen zu einer Besserung der Beschwerden. Nachts kann er unruhig sein. Beim Menschen bessern sich die Beschwerden auch nachts, während der Ruhezeit und im Liegen können sie sich aber verschlimmern. Die Beschwerden können sich auch während der Läufigkeit verschlimmern, insbesondere, wenn die Hündin ovuliert.

Potenz und Dosierung

In den meisten Fällen können wir eine Typendiagnose stellen, also verschreiben wir *Aurum metallicum* in einer D30 einmal täglich eine Dosis über zwölf Wochen, oder (als Folgemaßnahme) D200 (200K) oder MK, beides in Abhängigkeit von der Reaktion. Für die organotrope Anwendung empfehle ich *Aurum metallicum* in einer D12 zweimal täglich eine Dosis über drei bis sechs Wochen, manchmal auch länger, zu verschreiben.

Hinweise

Erst verfügbar ab D3/C2/2K. Dieser sichere Grenzwert gilt für alle Goldverbindungen.

B

Belladonna

Schwarze Tollkirsche

Mittelherkunft

Das homöopathische Arzneimittel *Belladonna* wird aus der *Atropa belladonna* hergestellt. Diese Pflanze ist auch als Tollkirsche bekannt. Pflanzenfamilie: Solanaceae (Nachtschattengewächse). Abk.: bell.
Zur Familie der Nachtschattengewächse gehören auch die in der Homöopathie verwendeten Pflanzen *Hyoscyamus niger* oder Schwarzes Bilsenkraut und *Datura stramonium* oder Gemeiner Stechapfel. Die Kartoffel *(Solanum tuberosum)* gehört ebenfalls zu dieser Pflanzenfamilie.

Arzneimittelbild

Ohrentzündung bei Kindern

Im Humanbereich ist *Belladonna* am besten bekannt als homöopathisches Arzneimittel für Kinder mit akuten schmerzhaften (Mittel-)Ohrentzündungen, die mit (hohem) Fieber, rotem und heißem Gesicht und kalten Händen und Füßen einhergehen. Die Entzündung tritt in der Regel plötzlich auf, abends oder nachts, und kann auch am nächsten Morgen plötzlich wieder verschwinden.

Verwandtschaft

In der Praxis sehen wir regelmäßig die Verwandtschaft zwischen *Belladonna, Stramonium* und *Hyoscyamus niger* in deren Arzneimittelbildern. Im Differenzialdiagramm werden die drei Mittel oft eng nebeneinander gestellt. Verallgemeinert könnte man sagen, dass *Belladonna* eher zu körperlichen Beschwerden, *Stramonium* eher zu seelischen Problemen und *Hyoscyamus niger* zu einer Mischung aus beidem passt.

Typ

Belladonna-Typen sind vital und haben einen kräftigen Körperbau. Im Allgemeinen sind sie ziemlich angespannt und jähzornig. Explosive Wut ist ein Markenzeichen der Belladonna-Typen.

Ursachen

Häufig entstehen Syndrome, die zu *Belladonna* passen, aus einer Infektion, aber *Belladonna* kann auch zu Störungen passen, bei denen eine Infektion keine Rolle spielt. Schließlich kann *Belladonna* auch zu Prozessen passen, die nicht mit einer Entzündung einhergehen, wie

z. B. Epilepsie. Wenn es hinreichende Ähnlichkeit zwischen dem Krankheitsbild und dem Arzneimittelbild der *Belladonna* gibt, unabhängig davon, ob eine (ansteckende) Krankheit vorliegt oder nicht, kann das Medikament mit guten Ergebnissen eingesetzt werden.

Verhalten

Der Belladonna-Typ ist durch Unruhe, schnelle Erregung und explosive Wut gekennzeichnet. Belladonna ist durch eine ausgeprägte Überempfindlichkeit der Sinne, Überempfindlichkeit gegenüber Schmerz, Berührung und Vibration gekennzeichnet. Das Verhalten kann manchmal manische, psychotische Formen annehmen. Während des Fiebers kann abnormales Verhalten durch Halluzinationen beobachtet werden. Bei Belladonna-Typen kann man ängstliches Verhalten und Abwehrbewegungen bei der Untersuchung beobachten, aber das Verhalten ist weniger intensiv als bei Aconitum napellus-Typen. Manchmal versteckt sich der Hund aus Angst.

Aus der Praxis

Ich habe einmal einen West Highland White Terrier (Westie) behandelt, der manchmal jagend hinter unsichtbaren Fliegen her war. Dann rannte der kleine Hund durch das Haus und schnappte wie besessen nach Fliegen, die gar nicht da waren. Er schüttelte ständig den Kopf, als ob er etwas in den Ohren hätte. Manchmal findet man bei solchen Patienten „Flocken" auf der Linse oder in der Augenkammerflüssigkeit, aber das war hier nicht der Fall. Auch im äußeren Gehörgang konnten keine Auffälligkeiten festgestellt werden. Es könnte sich auch um einen Tic handeln. Dafür ist unter anderem *Phosphorus* indiziert, ebenso wie für Hunde, die zwanghaft den eigenen Schwanz jagen und sich dabei unermüdlich im Kreis drehen. Aber *Phosphorus* hatte bei diesem Hund keine Wirkung. *Hyoscyamus niger*, verwandt mit *Belladonna*, wirkte in diesem Fall ebenfalls nicht.
Irgendwann kam der Verdacht auf, dass das Verhalten eine Reaktion auf Geräusche war. Der Besitzer erzählte mir, dass der Hund während einer schwierigen Zwingerhusteninfektion aus England importiert worden war. Im Zuge dieser hartnäckigen Infektion hatte er eine schwere Mittelohrentzündung (Otitis media) erlitten. Wir vermuteten, dass das Fliegenfangen bei diesem Hund eher durch eine unangenehme Hörempfindlichkeit, die möglicherweise durch die Überreste einer alten Mittelohrentzündung verursacht wurden, ausgelöst wurde als durch Sehstörungen.
Außerdem passen die Bilder von Zwingerhusten und Mittelohrentzündung gut zu *Belladonna*. Ich verschrieb Belladonna D30 und die Symptome verschwanden wie von selbst. Charakteristisch für *Belladonna* waren hier: Infektion (Zwingerhusten), akute Mittelohrentzündung, explosives Verhalten.

Allgemein

Bei Fieber, das zu *Belladonna* passt, fühlen wir einen warmen Kopf und kalte Pfoten. Der Hund hat oft erweiterte Pupillen. Manchmal kommt es zu einer ausgeprägten Lichtempfindlichkeit. Die Symptome sind schwer, aber nicht so extrem wie bei *Aconitum napellus*. Bemerkenswert ist, dass die Symptome schnell auftreten und auch schnell wieder verschwinden. Der Belladonna-Patient friert. Eine Erkältung nach Überhitzung ist ein charakteristisches Merkmal von *Belladonna*.

Radar® (s. S. 432)

ALLGEMEINES – SCHMERZ – erscheint plötzlich und verschwindet auch wieder plötzlich
Arg-n. arum-t. asaf. aster. *Bamb-a.* **BELL.** borx. cact. canth. *Carb-ac.* carbn-s. caust. cham. chr-met. coff. colch.

crot-h. cupr. dios. eup-per. eup-pur. fl-ac. ictod. ign. irid-met. **KA-LI-BI.** kali-s. calm. loxo-lae. lyc. mag-p. mang-p. merc-c. *Mez.* nat-f. neon NIT-AC. nux-m. ovi-p. oxyt. pert-vc. petr. *Phyt.* Puls. *Rhus-t.* ruta sabin. spig. stry. sul-ac. sulph. thal. thuj. tritic-vg. tub. valer. vanil.

Ein bemerkenswerter Unterschied zum Aconitum napellus-Typ ist, dass ein Belladonna-Typ nicht durstig ist, aber schwitzt. Beim Aconitum napellus-Typ ist es umgekehrt: er schwitzt nicht und hat Durst. Generell kann man noch sagen, dass das Auftreten von Schwitzen häufig ein Merkmal des Übergangs vom Aconitum napellus- zum Belladonna-Stadium ist. Schwitzen ist ein Merkmal, das wir bei Hunden nicht gut deuten können, bei Menschen und Pferden aber schon.

Modalitäten

Die Symptome treten in der Regel plötzlich auf und verschwinden schnell wieder. Es kann eine gewisse Periodizität geben. Die Symptome werden durch Kälte (nach Überhitzung), Zugluft, Berührungen, Erschütterungen, Stöße, Aufregung, Sinnesreize im Allgemeinen und Sonnenwärme verschlimmert. In der Regel treten die Symptome abends und nachts auf und verschlimmern sich.

Lokal

Belladonna wird in der Homöopathie bei akuten, oft infizierten Entzündungen eingesetzt, wenn die Entzündung sich gerade zu lokalisieren beginnt (Infiltrationsphase). *Belladonna* passt also nach Aconitum napellus (Anfangsstadium).
Wenn aber zum Beispiel eine deutliche eitrige Entzündung droht oder vorliegt oder wenn sich Bakterien, Bakteriengifte und Abfallprodukte aus dem Gewebezerfall über das Blut im ganzen Körper ausbreiten (Septikämie und Toxämie), dann denkt man nicht mehr an *Belladonna*, sondern an *Mercurius vivus, Hepar sulfuris* und *Lachesis mutus*.

Entzündung

Belladonna in der DgDx Entzündung kurz zusammengefasst:

- *Aconitum napellus:*
  Anfangsstadium: (per)akute Phase, plötzliches Auftreten von sehr hohem Fieber (41°C).

- *Belladonna:*
  Infiltrationsstadium: lokale Rötung, Schmerzen, Wärme und Schwellung, Fieber (40°C bis 41°C).

- *Apis mellifica:*
  Schmerzhafte Entzündung mit vielen Ödemen.

- *Bryonia cretica:*
  Lokalisiert: hart, rot und sehr schmerzhaft Fieber (39,5°C bis 40,5°C).

- *Mercurius solubilis / corrosivus:*
  Neigung zur Eiterung, Geschwürbildung.

- *Hepar sulfuris:*
  Schmerzhafte eitrige Entzündung und Abszess.

- *Lachesis mutus:*
  Septikämie und Toxämie: Verbreitung von Bakterien, Bakterientoxinen und Gewebezerfall über das Blut im ganzen Körper.

Merkmale für eine Entzündung sind, sofern sichtbar, Rötung (verstärkte Durchblutung), Schmerz (pochender Schmerz), Wärme (Hitzegefühl und Brennen) und Schwellung. *Belladonna* passt im Prinzip zu allen Entzündungen, wenn es im richtigen Stadium verabreicht wird. In der normalen Praxis werden *Aconitum napellus* und *Belladonna* oft nicht als erstes Mittel bei akuten, infizierten Entzündungen eingesetzt. Der Tierarzt wird in der Regel zunächst reguläre Entzündungshemmer (Schmerzmittel) und, falls erforderlich, Antibiotika verabreichen.

Potenz und Dosierung

Belladonna wird organotrop in einer D6 dreimal täglich eine Dosis über ein bis drei Wochen verabreicht. In (per)akuten Fällen zunächst dreimal im Abstand von einer Stunde und danach dreimal täglich eine Dosis. Im chronischen Nachgang eines akuten Entzündungsprozesses verabreichen wir zwölf Wochen lang eine D30 einmal täglich eine Dosis, eventuell (als Nachbehandlung) in einer D200 (200K), manchmal in einer MK, je nach Reaktion, die in der Regel meist einmal alle 7 bis 14 Tage beträgt.

Hinweise

Erst ab D3/C2/2K verfügbar.

Bellis perennis

Gänseblümchen

Mittelherkunft

Das homöopathische Mittel *Bellis perennis* wird aus der gleichnamigen, im Volksmund als Gänseblümchen bekannten Pflanze hergestellt. Pflanzenfamilie: Asteraceae (Korbblütler). Abk.: bell-p.

Arzneimittelbild

Verletzungen

Von *Bellis perennis* weiß man heute, dass das Indikationsgebiet dem von *Arnica montana* ähnlich ist, sich aber durch mehr Gewebeschädigungen – vor allem des Muskelgewebes – und durch ausgedehnte Hämatome von diesem unterscheiden kann. Das sind Gründe, weshalb *Arnica montana* und *Bellis perennis* oft zusammen gegeben werden.
Bellis perennis ist wie *Arnica montana* bei Traumata indiziert, unter anderem bei Unfällen, Verstauchungen (Distorsionen) und Prellungen (Kontusionen), die zu Gewebeschäden und Blutergüssen (Hämatomen) führen. *Bellis perennis* ist auch bei chirurgischen Wunden indiziert, vor allem wenn es zu relativ großen Gewebeschäden und (größeren) Hämatomen kommt. Bei Schnitt-, Stich- und Bisswunden kommen auch *Hypericum perforatum*, *Ledum palustre* und *Staphisagria* in Betracht.

Modalitäten

Die Wirkweise von *Bellis perennis* ist ähnlich wie die von *Arnica montana* einerseits und *Rhus toxicodendron* andererseits. Wenn das Gewebe stärker geschädigt ist, verschlimmern sich die Schmerzen logischerweise mit dem Auftreten und bessern sich auch nicht mit fortgesetzter Bewegung. Wie bei *Arnica montana* verschlimmert eine Massage die Schmerzen und wird daher nicht akzeptiert. Wir sehen dann nicht die für *Rhus toxicodendron* charakteristischen Anlaufschwierigkeiten: Verschlimmerung der Schmerzen durch die anfängliche Bewegung, aber vollständige Besserung durch fortgesetzte Bewegung. Der Rhus toxicodendron-Patient empfindet die Massage als Erleichterung, anders als der Arnica montana-Patient und der Bellis perennis-Patient.

Bei Bellis perennis-Patienten sehen wir wie bei Rhus toxicodendron-Patienten die Modalität der Verschlimmerung durch feuchte Kälte. Das Auftreten oder die Verschlimmerung von Beschwerden kommt durch feuchte Kälte unmittelbar nach einer körperlichen (Über-) Belastung mit einem Anstieg der Körpertemperatur aufgrund von körperlicher Anspannung.

Potenz und Dosierung

In akuten Fällen wird *Bellis perennis* meist als organotropes Mittel in einer D6 dreimal täglich eine Dosis für ein bis drei Wochen verordnet. Bei chronischen Beschwerden, die sich für *Bellis perennis* eignen, wie z. B. bei älteren Hunden, die in ihrem Leben oft sportliche Höchstleistungen erbringen mussten, geben wir *Bellis perennis* auch in einer D6 dreimal täglich eine Dosis für drei bis sechs Wochen, dann als Erhaltungsdosis zwei- bis einmal täglich eine Dosis. In diesen Fällen sollten wir auf eine homöopathische Erstverschlimmerung achten. Tritt eine Exazerbation auf, sollte die Medikation abgesetzt werden, und wenn nötig, sollte die Behandlung mit *Bellis perennis* D12 zweimal täglich eine Dosis fortgesetzt werden, oder es sollte ein anderes Mittel auf der Grundlage einer neuen Arzneimitteldiagnose gewählt werden. Als organotropes Mittel wird *Bellis perennis* D6 häufig in Kombination mit *Arnica montana* D6, *Rhus toxicodendron* D6, *Ruta graveolens* D6 und *Hypericum perforatum* D6 verwendet.

Hinweise

Keine

Berberis vulgaris

Gewöhnliche Berberitze

Mittelherkunft

Das homöopathische Arzneimittel *Berberis vulgaris* wird aus der gleichnamigen Pflanze hergestellt, die auch als Berberitze, Sauerdorn oder Essigbeere bekannt ist.
Pflanzenfamilie: Berberidaceae (Berberisfamilie).
Abk.: berb.

Arzneimittelbild

Ich lernte *Berberis vulgaris* schon früh in meiner „Homöopathie-Karriere" kennen. *Berberis vulgaris* ist ein hervorragendes Mittel gegen Harnsteine. In einer Zeit, in der es noch keine wirksamen diätetischen Lebensmittel gab, konnten wir ein solches Mittel gut gebrauchen, aber die Ergebnisse waren enttäuschend. Mit ziemlicher Sicherheit, weil *Berberis vulgaris* nicht (ausreichend) auf die Ausfällung von Struvitkristallen, der häufigsten Form von Gries und Steinen bei Hunden, wirkt.

Unterschiede in der Pathophysiologie

Berberis vulgaris in Urtinktur soll beim Menschen in den Leberstoffwechsel eingreifen, sodass das Blut mit Harnsäure überladen wird. Harnsäure ist ein (giftiges) Abbauprodukt von Proteinen. Eine hohe Harnsäurekonzentration kann dazu führen, dass Harnsäure an bestimmten Stellen auskristallisiert, zum Beispiel an den (kleinen) Gelenken (Gicht) oder in den Harnwegen (Urolithiasis). Beim Hund wird die Harnsäure in Allantoin umgewandelt, außer beim Dalmatiner, der durch einen genetischen Defekt wie der Mensch zuviel Harnsäure produziert und sie nicht richtig in Allantoin umwandeln kann.
Bei Hunden haben wir es unter anderem mit Struvit-, Kalziumoxalat-, Zystin- und Xanthin-Kristallen oder -Steinen zu tun. Die Pathophysiologie der verschiedenen Kristall-/Steinformen ist ebenfalls unterschiedlich. Bei Struvit ist oft eine Infektion der Hauptauslöser, bei Kalziumoxalat spielt oft ein Überschuss der Verbindung eine große Rolle, bei Zystin liegt eine gestörte Rückresorption von Zystin in den Nieren vor, und Xanthin-Kristalle/Steine treten im Urin während der Behandlung mit Allopurinol bei Hunden mit Leishmaniose auf. Darüber hinaus gibt es eine Vielzahl anderer komplizierender Faktoren, wie z. B. Ernährungsmängel, Darmflora, pH-Wert und so weiter. Aufgrund der Unterschiede in der Pathophysiologie *ist Berberis vulgaris* also offensichtlich nicht das Standardmittel bei allen Formen der Urolithiasis. Die häufig auftretenden Struvitkristalle oder -steine (b) scheinen nicht in das Arzneimittelbild von Berberis *vulgaris* zu passen (siehe weiter unten).

Oxalatsteine

Ich persönlich habe den Eindruck, dass *Berberis vulgaris* in niedrigen Potenzen (z. B. D6) bei Hunden mit rezidivierenden Oxalatsteinen trotz einer strengen Diät mit extrem niedrigem Proteingehalt etwas bewirken kann. An dieser

Stelle sei erwähnt, dass ich neben *Berberis vulgaris* D6 dreimal täglich eine Dosis für mindestens sechs Wochen, auch *Koemis Koetjing-Tinktur* (*Orthosiphonis stamineus* oder Indischer Nierentee) dauerhaft verordne. Es wird vermutet, dass vor allem die Steigerung der Diurese die Wirkung bestimmt. Die Dosierung ist, je nach Gewicht des Hundes, dreimal täglich 3 bis 20 Tropfen mit Wasser verdünnt zum Einnehmen (dauerhaft). Zusätzlich empfehle ich eine Ernährung mit wenig Eiweiß, dafür aber mit hoher biologischer Wertigkeit.
Berberis vulgaris kann bei Entzündungen der Blase (Zystitis) und/oder der Nieren (Nephritis) eingesetzt werden. Wenn bei einem Patienten mit wiederkehrenden Struvitproblemen genügend zusätzliche individuelle Symptome gesammelt werden können, können wir Berberis vulgaris verwenden, denn hier sind die Kristall- und Steinbildung eine Folge der Pathophysiologie von *Berberis vulgaris*.

Symptome

Ein charakteristisches Merkmal von *Berberis vulgaris* kann ein schneller Wechsel von gegensätzlichen Symptomen sein. So wechseln sich z. B. Perioden mit Juckreiz auf der Haut mit Perioden ohne Juckreiz ab, Durst wechselt sich ab mit Perioden ohne Durstgefühl, Hunger wechselt sich mit Appetitlosigkeit ab, klarer Urin wechselt sich mit trübem Urin ab. Diese Variation der Symptome kann durch eine Veränderung der Menge an Stoffwechselschlacke im Blut verursacht werden.

Modalitäten

Eine bemerkenswerte Modalität für *Berberis vulgaris* bei Blasenentzündungen sind (starke) Schmerzen während und nach der Miktion (Urinieren). Der Berberis vulgaris-Patient kann stundenlang ruhig liegen, ohne dass es zu einem Harndrang kommt. Sobald sich der Patient bewegt, verspürt er Harndrang (DgDx *Petroselinum crispum*), gefolgt von schmerzhaftem Wasserlassen und heftigem Pressen. Der Hund mit einer Blasenentzündung, die zu *Cantharis vesicatoria* passt, zeigt ständig große Unruhe und legt sich deshalb nicht ruhig hin. Der Harndrang ist unaufhörlich. Der Cantharis vesicatoria-Hund will ständig von draußen nach drinnen und umgekehrt. Es zeigt (starke) Schmerzen vor, während und nach dem Wasserlassen.
Der Berberis vulgaris-Patient kann einen deprimierten, resignierten Blick haben und sich in seiner Haut unwohl fühlen. Dies ist mit Sicherheit auf seine körperlichen Beschwerden zurückzuführen.
Berberis vulgaris verursacht, zumindest beim Menschen, ausstrahlende und wandernde Schmerzen. Der Schmerz wird vom Menschen als stark und stechend empfunden, vor allem im Lenden- und Nierenbereich. Bei Hunden ist er schwer zu diagnostizieren.

Haut

Wenn die Leberfunktion beeinträchtigt ist und sich giftige Abfallprodukte (Stoffwechselschlacken) ansammeln, ist es denkbar, dass Hautbeschwerden auftreten. Auch wenn bei einer Blutuntersuchung keine auffälligen Leberwerte festgestellt werden, kann die Entgiftungsfunktion der Leber ins Stocken geraten.
Wir sehen chronische Dermatitis (Hautentzündung), eine Kombination aus Pyodermie (Staphylokokkeninfektion) und Seborrhoe. Seborrhoe ist eine chronische Hautentzündung mit anthrazitfarbener (pigmentierter) Haut, Hautverdickung, manchmal sogar bis zur Elefantenhaut, mit reichlicher Talgabsonderung. Es ist verständlich, dass eine solche Haut stinkt. Die Hautprobleme bleiben bestehen, und in einigen Fällen verschlimmern sich die Beschwerden allmählich. Auch die Ohren samt Ohrmuscheln sind chronisch entzündet. Chronische Entzündungen des äußeren Gehörgangs (Otitis

externa) mit Verstopfung der Gehörgänge und honigartigem Ohrenschmalz. Neben bakteriellen Infektionen treten auch Hefepilzinfektionen auf.
Außerdem unerträglicher Juckreiz und die typischen Hautveränderungen im Nackenbereich, in den Achselhöhlen, an der Brust, am Bauch (Nabelbereich) und am Perineum (Haut unter dem Schwanz, um den Anus, die Vulva und den Hodensack), um das Präputium (Vorhaut) und nicht zuletzt zwischen den Zehen und Pfotenballen. Von oben betrachtet sieht das Fell ausgezeichnet aus, also kein Verdacht auf Floh- oder Milbenbefall. Die Lokalisation ist wirklich nur auf der Unterseite des Hundes. Wir sehen oft den für *Berberis vulgaris* typischen Wechsel zwischen Juckreiz und fehlendem Juckreiz. In den meisten (anderen) Fällen von Hautjucken sehen wir diesen Wechsel zwischen Juckreiz und keinem Juckreiz nicht. Dieses Symptom sollte also auffallen. Das übelriechende Lefzenekzem passt sicherlich auch in das Hautbild von *Berberis vulgaris*. Weitere Untersuchungen zu einem zugrunde liegenden Immunproblem sind wünschenswert.
Dieses Bild haben wir früher häufiger bei Spaniels gesehen. Wenn eine Beschwerde in gewissem Maße rassespezifisch oder verwandtschaftsbegründet ist, müssen wir von einer genetischen Veranlagung ausgehen. Daher wird *Berberis vulgaris* in einer Reihe von Fällen, obwohl es das geeignete Mittel ist, keine oder nur eine Teilwirkung haben.
Auch die Schleimhäute sind beteiligt: u. a. chronische Bindehautentzündung (Konjunktivitis), chronische Entzündung der Scheide (Vaginitis), chronische Entzündung der Vorhaut (Balanoposthitis). Wir wissen, dass die Beschwerden von *Berberis vulgaris* vor allem mit einem Mangel an Entwässerung über Leber und Nieren einhergehen. Wir messen immer mindestens die Leber- und Nierenwerte im Blut, finden aber beim üblichen Blutscreening selten echte Hinweise auf eine Leber- oder Nierenfunktionsstörung. Darüber hinaus sollten gerade in diesen Fällen Cobalamin (Vitamin B12) und Folsäure im Blut gemessen werden.

DgDx

Graphites ist oft die erste Wahl für dieses Hautleiden. *Bei Graphites* gibt es keinen Wechsel der Symptome und es zeigt sich ein ausgeprägtes Bild einer trägen Schilddrüsenunterfunktion (Hypothyreose). Beim Thuja occidentalis-Patienten ist die Haut nicht so dick, oft nur trocken, grau schuppig und meist nicht juckend. Manchmal sieht man kleine pigmentierte Warzen. Das Phytotherapeutikum *Solidago virgaurea Ø* wird angewendet, um die Diurese (Entwässerung) zu verbessern. Achten Sie auch darauf, dass der Patient immer ausreichend trinkt. *Carbo vegetabilis* gehört meines Erachtens auch zur DgDx.
Um die Arzneimitteldiagnose zu stellen, wird empfohlen, das Human-Repertorium heranzuziehen. Hier verwenden wir, wenn auch kritisch, die menschliche Materia Medica in Ermangelung ausreichender tierärztlicher Informationen.

Potenz und Dosierung

In vielen Fällen wird *Berberis vulgaris* organotrop in einer D6 dreimal täglich eine Dosis für mindestens sechs Wochen oder länger angewendet. Wenn zusätzliche individuelle Symptome festgestellt werden, die zu *Berberis vulgaris* (Tier oder Mensch) passen, entscheiden wir uns für eine D30 einmal täglich eine Dosis für zwölf Wochen, oder (als Folgemaßnahme) für D200 (200K), einmal wöchentlich eine Dosis.

Hinweise

Keine

Borax veneta

Natriumtetraborat

Mittelherkunft

Das homöopathische Arzneimittel *Borax veneta* wird aus Borax hergestellt, einem Salz, das in einem Bergsee in Tibet natürlich vorkommt. Die chemische Verbindung Borax ist auch als Natriumtetraborat bekannt. Chemische Formel: $Na^2B^4O_7$. Abk.: borx.

Arzneimittelbild

Angst vor Feuerwerk und Gewitter

Borax veneta ist das homöopathische Mittel für einen Hund mit ausgeprägter Angst vor plötzlichen, lauten, knallenden Geräuschen wie Feuerwerk und Gewitter.

Reisekrankheit

Passend zum Arzneimittelbild von *Borax veneta* ist eine Form der Reisekrankheit, die vor allem während Autofahrten in hügeligen Gegenden auftritt, insbesondere bei Abwärtsbewegungen. Die Angst vor plötzlichen lauten, knallenden Geräuschen ist in diesem Zusammenhang sicherlich eine Modalität der Verschlimmerung.

DgDx Reisekrankheit

Für die Übelkeit beim Autofahren ist das DgDx *Borax veneta*, *Cocculus indicus*, *Petroleum* und *Tabacum*. Für Angstzustände ist die DgDx *Hyoscyamus niger* und *Nux vomica*. Siehe Arzneimittelbild von *Cocculus indicus* für eine etwas umfassendere DgDx.

Potenz und Dosierung

Bei ausgeprägter Angst vor plötzlichen, lauten, knallenden Geräuschen, wie z. B. Feuerwerk und Gewitter, verabreichen Sie *Borax veneta* D3 dreimal täglich eine Dosis eine bis drei Wochen oder länger, z. B. im Dezember bis Silvester.
Bei Reisekrankheit eine Dosis eine halbe Stunde vor Reiseantritt, danach eine Dosis alle Stunde oder alle zwei Stunden.
Besser ist es, dreimal täglich eine Dosis zu geben, beginnend eine Woche vor der (ersten) geplanten Autofahrt. Danach sechs bis acht Wochen lang verabreichen. Wenn der Hund in diesem Zeitraum fünf Fahrten lang beschwerdefrei ist, kann das Medikament im Allgemeinen abgesetzt werden. Der Hund wird dann meist beschwerdefrei bleiben.

Hinweise

Keine

Bryonia

Weiße Zaunrübe

Mittelherkunft

Das homöopathische Arzneimittel *Bryonia* wird aus der Wurzel der Pflanze *Bryonia alba* hergestellt, die auch als Weiße Zaunrübe bekannt ist, mitunter auch aus der bei uns selteneren *Brynoa cretica* oder *dioica* (rotfruchtige Zaunrübe). Pflanzenfamilie: Cucurbitaceae (Gurkengewächse). Abk.: bry.

Arzneimittelbild

Bryonia ist eines der bekanntesten anti-entzündlichen Mittel. Es handelt sich um eine sehr hartnäckige und starke Entzündung, die schon bei der kleinsten Bewegung oder Berührung äußerst schmerzhaft ist.

Typ

Der Bryonia-Typ ist, soweit bei Tieren bekannt, sehr reizbar und wird schnell nervös. Die Reaktion erklärt sich meiner Meinung nach in den meisten Fällen vor allem durch den starken Schmerz bei der kleinsten Bewegung. Meiner Meinung nach handelt es sich also um ein Verhaltenssymptom, das eher eine logische Konsequenz von Schmerzen als Teil des Typs ist. Dasselbe gilt meines Erachtens nach für die Tatsache, dass der Bryonia-Patient gerne allein ist, keine Gesellschaft um sich herum duldet und sich an einem ruhigen Ort isoliert.
Beim Chamomilla-Typus kommt es ebenfalls zu reizbarem Verhalten aufgrund von Schmerzen, aber hier fällt auf, dass die Reaktion im Verhältnis zum Grad des Schmerzes stark übertrieben ist. Es kommt zu extrem hysterischem Verhalten: Lautäußerungen, Zerstören von Dingen wie Vorhänge, Möbel und Telefonkabel. Bei Chamomilla-Typen ist dieses auffällige Verhalten Teil des Typs.

Ursachen

Die Beschwerden von *Bryonia* werden durch ein Trauma, eine Überanstrengung, eine Infektion (Viren oder Bakterien) oder ein Problem des Immunsystems, wie eine Hirnhautentzündung ohne Infektion (aseptische Meningitis), verursacht. *Bryonia* hat eine Affinität zu Muskeln, Sehnen und Sehnenscheiden, Bändern und Gelenkkapseln. Bei sehr schmerzhaften Sehnenscheidenentzündungen (Tendovaginitis) ist *Bryonia* eines der ersten Mittel, das man in Betracht ziehen sollte.

Charakteristische Modalität

Besonders charakteristisch für *Bryonia* ist die auffällige Verschlimmerung der starken Schmerzen durch die kleinste Bewegung und durch (leichte) Berührung. Der Bryonia-Patient ist auch extrem empfindlich bei der Untersuchung. Im Gegensatz dazu kommt es zu einer deutlichen Verbesserung der Schmerzsymptome, wenn der Hund ganz still in der gleichen

Position liegenbleibt. Der Bryonia-Patient bleibt praktisch bewegungslos liegen.
Bemerkenswert ist auch die Besserung der Schmerzen durch festen Druck auf die schmerzende Stelle. Dies kann durch einen festen Verband, aber auch durch Liegen auf der wunden Stelle geschehen. Diese Mitteleigenschaft finden wir auch in der Tatsache, dass ein Bryonia-Patient mit Rachenproblemen eine Besserung der Schluckbeschwerden beim Schlucken fester Nahrung zeigt, dagegen aber eine Verschlimmerung beim Trinken. Bei Schmerzen in den Unterleibsorganen bringt das Liegen auf dem Bauch keine Besserung. Es ist unwahrscheinlich, dass das Liegen auf dem Bauch die Bewegung im Bauchraum stoppt, aber im Falle einer Milchdrüsenentzündung (Mastitis) wird das Liegen auf der schmerzenden Milchdrüse die Schmerzen lindern.

Ausnahme

Es ist jedoch bemerkenswert, dass *Bryonia* auch bei chronischer Arthritis (Arthrose) mit aufflammender akuter Arthritis (Arthrose) oft das geeignete Mittel ist. Wir sehen dann oft ein Symptom, das normalerweise zu *Rhus toxicodendron* passt: Anlaufschwierigkeiten wie bei der Ellenbogenarthrose (ED). Der Unterschied zwischen *Bryonia* und *Rhus toxicodendron* besteht jedoch darin, dass sich bei *Bryonia* die Lahmheit bei fortgesetzter Bewegung nicht vollständig bessert, bei *Rhus toxicodendron* hingegen schon.
Zu Beginn meiner Laufbahn habe ich lange Zeit keine *Bryonia* für Ellenbogenarthrose verschrieben, weil die typische Verschlimmerung der Lahmheit bei der kleinsten Bewegung fehlte. Wenn die Modalität vorhanden ist, bedeutet das offenbar eine starke Indikation für *Bryonia*, aber wenn sie nicht vorhanden ist, bedeutet das nicht, dass die Arzneimitteldiagnose *Bryonia* bereits a priori ausgeschlossen ist.

Durst

Der Bryonia-Patient ist durstig, hat ein großes Verlangen nach kaltem Wasser, trinkt viel auf einmal und in großen Abständen, genau wie der Phosphorus-Patient. Das wird auch als charakteristisches Symptom angesehen. Meiner Erfahrung nach handelt es sich eher um ein allgemeines Merkmal mit einem durchschnittlichen hierarchischen Symptomwert.

Entzündung

Bryonia ist einer der bekanntesten Entzündungserreger. Es handelt sich um eine sehr hartnäckige und sehr starke und schmerzhafte Entzündung. Ein Schmerz, der sich im Grunde bei der kleinsten Bewegung oder Berührung verstärkt. Eine Bryonia-Entzündung entwickelt sich weniger akut (subakut) als die *Aconitum napellus* (perakut) und *Belladonna* (akut) zugeordnete Entzündung. Beim Bryonia-Patienten ist die Körpertemperatur gewöhnlich nicht so hoch, 39,5°C bis 40°C, beim Belladonna-Patienten höher, 40°C bis 41°C, beim Aconitum napellus-Patienten am höchsten, 41°C. Bryonia- und Aconitum napellus-Typen schwitzen dabei nicht, Belladonna-Typen schon. Wir sehen diesen Unterschied bei Menschen und Pferden, bei Hunden ist dies kein relevantes Symptom. Obwohl auch nässende Entzündungen zu *Bryonia* passen können, ist Trockenheit ein Kennzeichen für *Bryonia*. Abgesehen von der fehlenden Schweißbildung, die bei Hunden normal ist, sehen wir oft ausgeprägte trockene Schleimhäute, was bei Hunden bewertbar ist. Dies kann zu trockenem (schmerzhaftem) Husten, trockenem Stuhlgang und Verstopfung führen.

Modalitäten

Wärme, warme Umgebung und warme Umschläge verschlimmern die Symptome bei Bryonia-Patienten. Selbst ein Wetterwechsel von kalt zu warm verschlimmert die Symptome. Bemerkenswert ist, dass sich der Husten bei Wärme verschlimmert und bei Kälte bessert. Bei den meisten Patienten, die husten, kommt es zu einer Verschlimmerung des Hustens beim Wechsel von drinnen (warm) nach draußen (kalt); Bei Bryonia-Patienten ist es genau umgekehrt, von draußen (kalt) nach drinnen (warm). Der Husten ist am Morgen schlimmer.

Radar® (s. S. 432)

HUSTEN – WARM – Raum – Betreten eines warmen Raumes nach dem Aufenthalt an kalter Luft
Acon. All-c. ANT-C. anth. ars. bov. *Brom.* BRY. carb-v. carc. *Coc-c.* com. con. cupr. dig. ip. med. *Nat-c. Nat-m. Nux-v.* op. *Pneu.* PULS. rumx. sep. squil. *Sulph.* thyr. verat. verb.

Unter den infrage kommenden Mitteln finden wir *Bryonia*. Dies zeigt einmal mehr, wie nützlich es ist, das Repertorium zusammen mit fundiertem Materia Medica-Wissen zu nutzen.
Beim Repertorisieren kommen auch Mittel ins Spiel, die wir nicht so gut kennen wie die, die wir auswendig gelernt haben. Trotzdem müssen wir unser gesamtes Wissen über die DgDx-Reihen in unseren Kopf bringen. Außer im Arzneimittelbild von Bryonia sehen wir eine Verschlimmerung durch Hitze auch in den Arzneimittelbildern von *Ledum palustre*, *Apis mellifica* und *Sulfur*. Im Arzneimittelbild von *Hepar sulfuris* hingegen ist eine Besserung durch Hitze sehr auffällig.
Die in der Humanliteratur für *Bryonia* erwähnte rechtsseitige Modalität ist bei Hunden nicht überzeugend nachgewiesen worden.

Andere Beschwerden

Gelenkentzündung

Bryonia kann bei einer subkutanen, sehr schmerzhaften Gelenkentzündung (Arthritis) mit den Merkmalen von *Bryonia* eingesetzt werden: verhärtete und heiße Schwellung, die bei der kleinsten Bewegung unerträgliche Schmerzen verursacht. Bei Arthritis ist *Bryonia* als alleiniges Mittel oft ausreichend wirksam. Die Schmerzen bei diesen Entzündungen sind ebenfalls charakteristisch für *Bryonia*.

Bandscheibenvorfall in der Halswirbelsäule

Ein (per)akuter Bandscheibenvorfall in der Halswirbelsäule mit dem gleichen charakteristischen quälenden Schmerz bei der kleinsten Bewegung kann unter anderem auch zu *Bryonia* passen. Da ein Vorfall (Prolaps) oft das Bild zeigt, das zu *Bryonia* passt, ist es schwierig, sie in der Arzneimitteldiagnose von den üblichen organotropen Mitteln zu unterscheiden: *Arnica montana*, *Hypericum perforatum* und *Nux vomica*. Wenn eine Erhöhung der Körpertemperatur vorliegt (39,5°C bis 40°C), ist das ein zusätzliches Indiz für *Bryonia*. Auch eine Schleimbeutelentzündung (Bursitis) kann zu *Bryonia* passen, sofern die starken Schmerzen und die charakteristische(n) Modalität(en) stimmen.

Muskeln, Sehnen und Gelenke

Bryonia hat eine Affinität zu Muskeln, Sehnen und (vor allem) Sehnenscheiden, Bändern und Gelenkkapseln, d. h. sie hat oft das gleiche Wirkungsgebiet wie *Rhus toxicodendron*. Ein deutlicher Unterschied ist, dass *Bryonia* mit starken Schmerzen verbunden ist, während *Rhus toxicodendron* eher mit Steifheit in Verbindung gebracht wird. Bei *Bryonia* handelt es sich um eine Entzündung, die nicht nur durch Trauma und Überanstrengung, sondern vor allem durch eine Infektion hervorgerufen wird.

Seröse Hohlräume

Ein wichtiges Einsatzgebiet von *Bryonia* sind die serösen Hohlräume, die innen mit Flüssigkeit absondernden Membranen ausgekleidet sind. Zu diesen Hohlräumen gehören Brustkorb, Bauch, Gelenke, Sehnenscheiden, Schleimbeutel, Herzbeutel, Gehirn und Rückenmark. Die Entzündung der entsprechenden Membranen wird als Rippenfellentzündung (Brustkorb), Peritonitis (Bauch), Arthritis (Gelenk), Tendovaginitis (Sehnenscheide), Bursitis (Schleimbeutel), Perikarditis (Herzbeutel) und Meningitis (Gehirn und Rückenmark) bezeichnet. Dabei handelt es sich teils um trockene (für *Bryonia* charakteristische) Entzündungen, teils um Entzündungen mit austretender Flüssigkeit (exsudative Entzündungen).

Bei Entzündungen der serösen Schleimhäute sollte in allen Fällen zunächst die Anwendung regulärer Behandlungsmöglichkeiten in Betracht gezogen werden. In akuten Fällen sollte man bedenken, dass die Vorhersagbarkeit der Wirksamkeit eines regulären Ansatzes besser ist als die einer homöopathischen Behandlung. Die Homöopathie ist nur eine Reiztherapie und damit auf das beschränkt, was die körpereigenen Abwehrkräfte und die Genesung leisten können. Außerdem ist die Erstellung der Arzneimitteldiagnose kompliziert, sodass die Gefahr einer falschen Arzneimitteldiagnose durchaus gegeben ist.

Es hat sich gezeigt, dass die Homöopathie in Fällen, in denen die reguläre Behandlung nicht oder nur unzureichend anschlägt, in einer Reihe von Fällen durchaus noch etwas bewirken kann. Vielleicht ist es in diesen Fällen ein bisschen so wie mit dem viel zu engen Drehverschluss einer Flasche: Der erste macht die Vorarbeit für den nächsten, der die Flasche dann aufbekommt. Bei Arthritis ist *Bryonia* als einziges Mittel oft ausreichend wirksam. Die Schmerzen bei diesen Beschwerden sind auch für *Bryonia* charakteristisch.

Husten

Der Bryonia-Schmerz tritt auch bei einem trockenen, sehr schmerzhaften Reizhusten auf. Der Husten wird krampfhaft zurückgehalten, es wird sehr vorsichtig gehustet, weil die (kleinste) Bewegung Schmerzen verursacht. Man muss sich beim Husten die Brust halten, jede Bewegung der Brust tut weh.

Potenz und Dosierung

Bryonia wird organotrop in einer D6 (bei akuten Entzündungen) oder einer D12 (bei chronischen Entzündungen) in drei bzw. zwei Dosen täglich über mindestens drei Wochen angewendet. Aus der „alten Schule" kennen wir noch den Einsatz der Kombination *Bryonia* D6 und *Phosphorus* D6 zusätzlich zur regulären Behandlung bei chronischen Folgeerscheinungen einer Kombination von Pleura- und Lungenentzündung (Pleuropneumonie). Bei Arthrose verwenden wir oft die Kombination *Bryonia* D12, *Calcium fluoricum* D12, *Hekla lava* D6, *Ruta graveolens* D6 und *Symphytum officinale* D4 oder D6 10 bis 20 Tropfen der Kombination zweimal täglich. Die Dosierung erfolgt je nach Gewicht des Hundes. Wenn Krankheits- und Arzneimittelbild bei mehreren zusätzlichen Einzelsymptomen übereinstimmen, geben Sie *Bryonia* in einer D30 einmal täglich eine Dosis für zwölf Wochen, oder (als Fortsetzung) in einer D200 (200K), manchmal in einer MK, je nach Reaktion.

Hinweise

Erst ab D3/C2/2K erhältlich.

C

Calcium carbonicum (ostrearum)

Austernschalenkalk

Mittelherkunft

Das homöopathische Arzneimittel *Calcium carbonicum ostrearum* oder einfach nur *Calcium carbonicum* (manchmal mit dem Zusatz *Hahnemanni)* wird aus den schneeweißen Teilen aus der Innenseite der Schale der Europäischen Auster (*Ostrea edulis*), also Austernschalenkalk, hergestellt. Tierfamilie: Ostreidae (Austernfamilie). Abk.: calc.
Der Zusatz „Hahnemanni" deutet darauf hin, dass es sich nicht um reines Calciumcarbonat als Ausgangsstoff handelt, sondern um ein Naturprodukt, das nicht nur aus Calciumcarbonat, sondern aus mehreren Bestandteilen besteht, die zweifellos auch zum Arzneimittelbild beitragen.

Arzneimittelbild

Typ

Calcium carbonicum ist am besten bekannt als das Typmittel bei Hunden, die kompakt gebaut sind und einen dicken Schädel haben, die zu schnell wachsen (vor allem in die Breite). Im Vergleich dazu ist *Calcium phosphoricum* das Typmittel für den schlanken, schlaksigen Hund, der zu schnell (in die Höhe) wächst (leptosomaler Typ). Der Calcium carbonicum-Typus ist häufiger bei großen (kompakten) Rassen und Kreuzungen anzutreffen, aber auch bei den etwas kompakt gebauten kleinen Rassen und Kreuzungen ist dieser Typus zu finden. Der Calcium carbonicum-Typ ist bei den größeren Hunden definitiv zu grob und schwer. Die Proportionen stimmen nicht: viel Haut, viel Fett und wenig Muskeln, grobe, plumpe Beine und Kopf, aber zu schwache Gelenke, was zu leichten und häufigen Verletzungen führt. Der Calcium carbonicum-Typus ist schwabbelig, füllig, neigt zu Fettleibigkeit und hat einen dicken Bauch. Aufgrund der Schwäche des Bandapparates (des Skeletts) ist nicht selten auch ein Hängerücken zu beobachten.

Schlechte Ausdauer

Die auffälligsten Merkmale des Calcium carbonicum-Typs sind die schlechte Ausdauer und die Verschlimmerung der Symptome durch körperliche Anstrengung, ganz zu schweigen von übermäßiger körperlicher Anstrengung. Der Calcium carbonicum-Typ ist schnell müde, alles ist ihm zu viel.

Bei Calcium carbonicum-Typen ist es keine Frage des Wollens, sondern des Nicht-Könnens, wenn wir von körperlichen Aktionen sprechen. Bei *Graphites* geht es um das Nicht-Wollen und Nicht-Können. Bei *Phosphorus* ist es das Wollen, das Können und vor allem das Tun. Denken Sie einen Moment lang an einen übergewichtigen Jungen, der alles mitmachen möchte, aber körperlich bei weitem nicht dazu in der Lage ist. Er hat dicke Schweißtropfen auf der Stirn und muss viel zu früh aufgeben. Wenn man ihn zu Dingen zu zwingen versucht, die er nicht schaffen kann und er deshalb ausgelacht wird, wird er traurig und reizbar. Das ist ein Calcium carbonicum-Typ. Er ist in der Regel eben nicht apathisch, *Graphites* schon. Das ist oft eine klare Unterscheidung zwischen den beiden Mitteln. Ausnahmen bestätigen die Regel.

Sturheit

Der Calcium carbonicum-Typus wird manchmal immer noch als stur beschrieben. Ich denke, eine solche Beschreibung bedarf einer näheren Erläuterung. Stur ist, wenn man keine Rücksicht auf andere nimmt und alle körperlich und/oder seelisch regelrecht überrollt. Ein Graphites-Typ tut das, weil er schon genug Probleme mit sich selbst hat. Ein Phosphorus-Typ tut das, weil er glaubt, er sei der Mittelpunkt des Universums. Ein Calcium carbonicum-Typ dagegen ist aus Unsicherheit oder Verzweiflung stur.

Verzweiflung

Der Calcium carbonicum-Typ hat unter ungewohnten, stressigen Umständen oft einen angespannten Blick, etwas ängstlich große Pupillen – man könnte sagen, einen verzweifelten Blick. Er ist dann nervös, ängstlich, unsicher, etwas zurückhaltend gegenüber anderen Hunden und (fremden) Menschen, vor allem, wenn er zu etwas gezwungen wird. Wenn wir einen Calcium carbonicum-Typ auf dem Behandlungstisch haben, wird er sich krampfhaft wehren, etwas panisch sein, sehr angespannt sein, große Pupillen vor Angst haben und vielleicht sogar kurz schnappen, aber defensiv, ohne bewusste Aggression oder Dominanz. Es kann dabei zu kleinen, aber eher ungewollten Bisswunden kommen.

Assimilationsstörung

Alle Beschwerden lassen sich letztlich auf eine Assimilationsstörung zurückführen, die dem Arzneimittelbild von *Calcium carbonicum* zugrunde liegt. Assimilationsstörung bedeutet, dass die Aufnahme von (Nähr-)Stoffen aus der Umwelt (Nahrung, Sauerstoff, Sonnenlicht u.ä.) für gesunde Körperfunktionen nicht optimal ist. Dies hat zur Folge, dass der Stoffwechselprozess sich verzögert, was die Genesung von Krankheiten verlangsamt und zu chronisch verlaufenden Krankheiten führt.

Typische Modalitäten

Die wichtigste und auch die auffälligste Eigenschaft von *Calcium carbonicum* ist die Verschlimmerung der Symptome bei körperlicher Anstrengung, zum Beispiel das Auftreten oder die Verschlimmerung von Durchfall aufgrund von körperlicher Anstrengung: der Durchfall wird schlimmer, je länger man läuft. Ein weiteres deutliches Beispiel für eine Verschlimmerung durch körperliche Anstrengung ist ein epileptischer Anfall, der bereits durch eine leichte körperliche Anstrengung ausgelöst wird. Die Modalität ist hier ein so starker Indikator für das Medikament, dass wir sie hierarchisch als charakteristisches Symptom einstufen.

Andere Modalitäten

Der Calcium carbonicum-Typ verträgt Milch manchmal schlecht, was zu Erbrechen und Durchfall führt. Dies ist besonders bei Welpen zu beachten. Der Calcium carbonicum-Typ bevorzugt Eier (manchmal mit Schale). Wir sehen bei Calcium carbonicum-Patienten auch eine

Vorliebe für Kalk, Zement und Erde. Dass das Fressen roher Kartoffeln wirklich ein Schlüsselsymptom für *Calcium carbonicum* ist, wie manchmal behauptet wird, wage ich aufgrund meiner Erfahrungen zu bezweifeln. Wir sehen auch eine Verschlimmerung durch Kälte und Feuchtigkeit. Der Calcium-carbonicum-Patient ist fröstelig, was natürlich auf den verlangsamten Stoffwechsel zurückzuführen ist.

Lokale und allgemeine Beschwerden

Es ist bekannt, dass der Calcium carbonicum-Typus auch eine geringere Widerstandskraft, eine Tendenz zu einer langsameren Genesung und eine höhere Anfälligkeit für Infektionen aufweist. *Calcium carbonicum* ist im Allgemeinen das Mittel für chronische, schlecht heilende Entzündungen, Wunden und dergleichen. Wir sehen chronisch entzündete Schleimhäute mit Polypenbildung, chronisch entzündete und vergrößerte (hypertrophierte) Lymphknoten wie Mandeln (Tonsillen) können zu *Calcium carbonicum* passen. Es ist als Mittel gegen Tumore und Polypen bekannt. Entwicklungsstörungen wie Skelettprobleme, Nabelbruch, Kryptorchismus und verzögerter Zahnwechsel passen gut zu *Calcium carbonicum*.
Calcium carbonicum kann auch geeignet sein, wenn die Blutgerinnung verlangsamt stattfindet. Calcium-Ionen spielen eine wichtige Rolle bei der Blutgerinnung.

Eine zu frühe, zu lange und zu starke Hitze bei Hündinnen kann ein Hinweis auf *Calcium carbonicum* sein, ist aber in der Praxis viel eher ein Hinweis auf *Phosphorus*. Die Arzneimittelbilder unterscheiden sich deutlich voneinander, sodass eine Unterscheidung anhand anderer Symptome durchaus möglich ist.
Calcium carbonicum kann bei chronischen orthopädischen Beschwerden wie Hüftdysplasie, Spondylose, Ellbogendysplasie, Bandscheibenvorfall und Cauda-Equina-Syndrom (CES) (DgDx *Calcium carbonicum*, *Calcium phosphoricum* und *Calcium fluoratum*) eine Rolle bei der (sekundären) präventiven Unterstützung spielen.

Potenz und Dosierung

Bevorzugte typotrope Anwendung von *Calcium carbonicum* als Simillimum in hohen Potenzen: D200 (200K), MK, 10 MK, je nach Ansprechen. Als (sekundäre) präventive Unterstützung bei chronischen orthopädischen Beschwerden wählen wir die D12 oder D30 jeweils zwei oder eine Dosis einmal täglich. Auch dann sollte eine minimale Ähnlichkeit bei einer Reihe weiterer individueller Symptome gegeben sein.

Hinweise

Keine

Calcium fluoratum

Fluorit, Flussspat

Mittelherkunft

Das homöopathische Arzneimittel *Calcium fluoratum,* auch als *Calcarea fluorica* bezeichnet, wird aus dem natürlich vorkommenden Mineral Fluorit oder Flussspat hergestellt. Abk.: calc-f. Es ist wichtig zu wissen, dass Fluorit neben dem Hauptbestandteil Calciumfluorid auch noch Spuren von Kieselsäure *(Silicea)* enthält. Kieselsäure ist ein wichtiges Element für das Bindegewebe und das Immunsystem, die beide aus dem embryonalen Bindegewebe (Mesenchym) hervorgehen.

Arzneimittelbild

Typ

Der Calcium fluoratum-Typ ist bei Hunden meines Wissens (noch) nicht eindeutig bestätigt worden. Möglicherweise ist der Calcium fluoratum-Patient noch hektischer und magerer als der Calcium phosphoricum-Patient, im Übrigen mit gutem bis sehr gutem Appetit. Die Heilungstendenz bei Patienten, die *Calcium fluoratum* einnehmen, kann, insbesondere bei komplizierten (infizierten) Brüchen, noch schlechter sein als bei Patienten, die die beiden anderen Calciumverbindungen, *Calcium carbonicum ostr.* und *Calcium phosphoricum,* einnehmen.

Gewebeverhärtungen

Charakteristisch für den Calcium fluoratum-Patienten sind Verhärtungen am Knochen (Exostosen) und im Bindegewebe (Sklerose). Es besteht eine starke Affinität zu Bändern und Gelenkkapseln, insbesondere im Bereich der Anheftung des Sehnengewebes am Knochen. Eine schlechte Qualität des Bindegewebes führt dazu, dass die Gelenke weniger gut funktionieren, was ein wichtiger Faktor bei der Entstehung chronischer orthopädischer Beschwerden ist.
Calcium fluoratum wird daher in der Regel organotrop bei chronischen Prozessen eingesetzt, die durch weniger gut funktionierende Gelenke entstehen. Die Hauptindikation ist Arthrose mit Sklerose der Bänder und Exostosen.
Bei Welpen mit Patellaluxation Grad 1 wird von einer möglichen vorbeugenden Wirkung berichtet. Wahl der Potenz und Dosierung in diesem Fall: D12 eine Dosis zweimal täglich, ab einem Alter von ca. zwölf Wochen für mindestens drei Monate.
Die Grundsubstanz von *Calcium fluoratum* enthält, wie oben erwähnt, Spuren von Kieselsäure *(Silicea).* Kieselsäure ist ein wichtiges Element für das Gewebe und das Immunsystem. Beide stammen aus dem embryonalen Bindegewebe (Mesenchym).
Möglicherweise ist dies der Grund, warum *Calcium fluoratum* zu einer etwas schlechteren Konstitution mit pathologischer Tendenz passt. Bei Welpen ist diese Eigenschaft (etwas weniger vital) oft ausschlaggebend für die Wahl des Mittels, vor allem, wenn sie zu keinem der beiden anderen Mittel (DgDx *Calcium carbonicum ostr., Calcium phosphoricum* und *Calcium fluoricum*) wirklich passen.

Potenz und Dosierung

Calcium fluoratum wird in der Regel organotrop in einer D12 zweimal täglich eine Dosis verabreicht. Wenn es den Welpen nicht so gut geht, also der Allgemeinzustand offensichtlich nicht optimal ist, kann eine D30 einmal täglich eine Dosis die bessere Wahl sein.

Hinweise

Erst verfügbar ab D4/C2/2K.

Calcium phosphoricum

Kalziumhydrogenphosphat

Mittelherkunft

Das homöopathische Arzneimittel *Calcium phosphoricum* (auch *Calcarea phosphorica* genannt) wird aus der chemischen Verbindung Kalziumhydrogenphosphat hergestellt. Abk.: calc-p.
Das Skelett besteht zu 99 % aus Calciumphosphat. Daher ist uns *Calcium phosphoricum* als Mittel bei Problemen des Skelettwachstums und des Gebisses besonders vertraut.

Arzneimittelbild

Typ

Calcium phosphoricum-Typen unter den Hunden neigen im ersten Lebensjahr dazu, leptosom (hochgewachsen) zu sein. Sie wachsen ab dem Alter von drei bis vier Monaten sehr schnell in die Höhe. Ihre Bemuskelung ist stärker als bei den Calcium carbonicum- und Calcium fluoricum-Typen, aber der Calcium phosphoricum-Typ ist sicherlich nicht so sportlich wie der Phosphor-Typ. Der Calcium carbonicum-Typ nimmt mehr an Volumen zu.

Orthopädische Beschwerden

Calcium phosphoricum wirkt spezifisch bei Wachstumsfugen und wird daher besonders bei Problemen des Längenwachstums der Röhrenknochen während des Wachstumsschubs eingesetzt. Wenn sich Knochen und Gelenke nicht ausgewogen entwickeln, steigt das Risiko von Verletzungen. Viele kleine Verletzungen, die während des Wachstums immer wieder auftreten, tragen schließlich auch zur Entwicklung chronischer orthopädischer Beschwerden bei, die sich im ersten Lebensjahr oder manchmal auch erst in einem (viel) späteren Alter manifestieren.
Beim Calcium carbonicum-Typ entsteht die Verletzungsanfälligkeit vor allem durch große Schlaffheit und (relative) Fettleibigkeit, beim Calcium fluoratum- und Calcium phosphoricum-Typ durch ungleichmäßige Skelettentwicklung und Herumtoben, beim Phosphorus-Typ vor allem durch Herumtoben.
Die Muskelbildung ist beim Calcium phosphoricum-Typ weniger schwach als beim Calcium carbonicum-Typ, aber der Calcium phosphoricum-Typ ist nicht so sportlich wie der Phosphorus-Typ. Manchmal kann man den Unterschied zwischen den drei Wirkstoffen sogar an den Bauchmuskeln erkennen. Der volle, schlaffe Bauch des Calcium carbonicum-Typs, die straffe Bauchlinie des Phosphorus-Typs und der gerade noch sichtbare schlaffe Bauch des Calcium phosphoricum-Typs.

Verhalten

Der Calcium phosphoricum-Typ ist ängstlich, nervös, ungeduldig, leicht erregbar, hektisch, angespannt, labil, launisch, leicht erregbar mit heftigen Reaktionen, sehr unruhig und hyperaktiv. Hyperaktivität erhöht das Verletzungsrisiko. Wir sehen diesen Typus bei Belgischen, Deutschen und Holländischen Schäferhunden. Dies ist dann das Phosphorelement in *Calcium phosphoricum*. Calcium carbonicum-Typen sind das Gegenteil von hyperaktiv. Der Calcium phosphoricum-Typ ermüdet schneller als der Phosphorus-Typ. Calcium Phosphoricum-Typen haben es immer eilig, lassen sich leicht ablenken, bringen nichts richtig zu Ende, sind jähzornig, bewegen sich von einem Ort zum anderen, wissen nicht, was sie wollen, sind schnell eingeschnappt und haben keine guten Absichten.

Dem Calcium phosphoricum-Typ wird eine Vorliebe für das Essen von Papiertaschentüchern nachgesagt. Ich habe das nicht wirklich als ein sehr spezifisches Symptom des Mittels gefunden. Wir sehen zwar das Lecken an Kalk und Steinen, aber auch das ist nicht wirklich charakteristisch.

Modalitäten

Der Calcium phosphoricum-Typ ist empfindlich gegenüber Kälte, Zugluft und Nässe (Tauwetter). Die Symptome können sich dadurch verschlimmern. Eine Verschlimmerung tritt im Allgemeinen bei Wetterumschwüngen auf, besonders aber beim Wechsel von heiß zu kalt. Die Beschwerden verschlimmern sich auch bei körperlicher Anstrengung. Die Modalitäten bestimmen nicht wirklich die Arzneimitteldiagnose. Die Verschlimmerung durch Anstrengung ist beim Calcium phosphoricum-Typ hierarchisch nicht annähernd so hoch angesiedelt und damit für die Arzneimitteldiagnose nicht annähernd so entscheidend wie bei *Calcium carbonicum*.

Andere Symptome

Im Allgemeinen sehen wir bei *Calcium phosphoricum* Verzögerungen, auch in Bezug auf andere körperliche und geistige Merkmale. Zum Beispiel: verzögerter Zahnwechsel, verspätete erste Läufigkeit, verspäteter Hodenabstieg, verspätetes Anheben des Beines beim Urinieren (Rüde). Beschwerden während des Zahnwechsels, wie wässriger Durchfall mit starker Gasbildung, können gut zu *Calcium phosphoricum* (DgDx *Chamomilla*) passen.

Epilepsie ist eine Indikation, die sowohl bei *Calcium phosphoricum* als auch bei *Calcium carbonicum* gut in das Arzneimittelbild passt, allerdings nur bedingt. Zur Bestätigung der Arzneimitteldiagnose sind eigentlich zusätzliche individuelle Merkmale erforderlich (DgDx *Calcium carbonicum*, *Calcium phosphoricum* und *Calcium fluoratum*).

Potenz und Dosierung

Die bevorzugte typotrope Anwendung von *Calcium phosphoricum* als Simillimum in hohen Potenzen ist: D200 (200K), MK, 10 MK, je nach Ansprechen. Als (sekundäre) präventive Unterstützung bei chronischen orthopädischen Beschwerden entscheiden wir uns für D12 oder D30 jeweils zwei Dosen oder eine Dosis einmal täglich. Auch dann muss zumindest eine Ähnlichkeit in einer Reihe weiterer Einzelsymptome bestehen.

Hinweise

Keine

Calendula officinalis

Ringelblume

Mittelherkunft

Das homöopathische Arzneimittel *Calendula officinalis* wird aus der gleichnamigen Pflanze hergestellt, die auch als Ringelblume bekannt ist. Pflanzenfamilie: Asteraceae (Korbblütler). Abk.: cal-o.

Arzneimittelbild

Die meisten Erfahrungen habe ich mit der äußerlichen Anwendung von Calendula officinalis-Tinktur, 1:10 verdünnt, fast ausschließlich in Form einer Salbe oder eines Gels. Streng genommen wird *Calendula officinalis* dann als pflanzliches Heilmittel (Phytotherapeutikum) angewendet. Darüber hinaus verwende ich *Calendula officinalis* innerlich in potenzierter Form (D3). Ich gehe davon aus, dass ich *Calendula officinalis* damit zwar einer potenzierten Verdünnung, aber noch vor dem Kipppunkt verabreiche. Streng genommen handelt es sich um eine phytotherapeutische und nicht um eine homöopathische Anwendung.

Wirkung

Calendula officinalis-Salbe oder -Gel wird auf offene Wunden aufgetragen, die aufgrund von übermäßigem Gewebeverlust nicht geschlossen (genäht) werden können oder die aufgrund von Infektionen und/oder Entzündungen in tieferen Geweben nicht geschlossen werden sollten. Die Salbe oder das Gel wird besonders für offene Wunden empfohlen, die schlecht heilen.
Bei der Behandlung offener Wunden mit *Calendula officinalis* zeigt sich, dass die Abgrenzung zwischen abgestorbenem (nekrotischem) und gesundem Gewebe (viel) schneller erfolgt. Außerdem sehen wir ein schneller fortschreitendes Granulationsgewebe (Narbengewebe), mit dem sich die Wunde schnell füllt. Diese Granulation geht normalerweise nicht über die Wundränder (Haut) hinaus. In der nächsten Phase (Epithelisierung) wachsen neue gesunde Hautzellen (Epithelzellen) über die Wunde, sodass die Wunde vollständig mit (neuer) Haut bedeckt ist. Im Allgemeinen ist man der Meinung, dass nach einer Behandlung mit *Calendula officinalis*, lokal und/oder oral, die endgültige Narbe kleiner und schöner ist.
Neben der Unterstützung der Wundheilung soll *Calendula officinalis* auch die Abwehr von Infektionen und die Stillung kleinerer Blutungen fördern.

Schlechte Wundheilung

Wenn es in den darunter liegenden Geweben wie Muskeln, Sehnen, Bändern, Knochenmembranen und Knochen zu ernsthaften Störungen (Gewebeschäden, Entzündungen, Infektionen) kommt, kann dies zu einer schlechten Wundheilung führen. Eine schlechte Wundheilung kann schließlich zu einer unansehnlichen unruhigen

Narbe, der Entwicklung einer Fistel oder der Bildung von wildem Fleisch führen.

Wildes Fleisch oder Fistel

Wenn das Granulationsgewebe (Narbengewebe, das die Wunde ausfüllt) über die Wundränder hinauswächst, d. h. nicht nur in der Wunde, sondern auch auf der Wunde wuchert, sprechen wir von Wildem Fleisch. Eine Fistel ist ein offener Verbindungsknoten zwischen einer nicht heilenden Hautwunde und einer tiefer liegenden chronischen Entzündung.
Bei Wildem Fleisch und Fisteln ist die äußerliche Behandlung mit Calendula officinalis-Salbe oder – Gel nach wie vor eine gute Option, doch muss auch das zugrunde liegende Problem behandelt werden.

Tumore

Bei offenen Tumoren ist die äußerliche Anwendung von *Calendula (auch) in homöopathischen Verdünnungen (oral)* immer noch einen Versuch wert, aber die Erfolgsaussichten sind hier sehr begrenzt.

Praktische Anwendung

Behandlung von (schlecht heilenden) Wunden ohne Komplikationen

Calendula officinalis in Salbe oder Gel äußerlich, vorzugsweise unter Verbänden, Salbe einmal täglich und/oder Calendula officinalis D3 innerlich eine Dosis dreimal täglich. In bestimmten Fällen verschreibe ich eine homöopathische Verdünnung (D3) von Calendula officinalis. Ich tue dies zum Beispiel in Fällen, in denen eine lokale Behandlung mit Calendula officinalis-Salbe oder -Gel nicht oder nur unzureichend wirksam ist. Indikationen sind: schlecht heilende offene Wunden und eine unansehnliche unruhige Narbe.

Behandlung von Fistel(n) und/oder Wildem Fleisch

Calendula officinalis in Salbe oder Gel topisch, vorzugsweise unter Verbänden, Salbe einmal täglich. Auch zur Behandlung der zugrunde liegenden Schäden, Entzündungen und Infektionen.
In der Regel verabreichen wir innerlich einen Komplex, der die folgenden Bestandteile enthält: *Arnica montana* D3, *Calendula officinalis* D3, *Ruta graveolens* D2, *Rhus toxicodendron* D4, *Symphytum officinalis* D6 zu gleichen Teilen. Dosierung: 10 bis 20 Tropfen dreimal täglich. Die Dosierung hängt vom Körpergewicht ab.

Kommentare

Tritt während der Behandlung eine Überreaktion auf, z. B. eine relativ starke Schwellung, Blutungen des Granulationsgewebes und/oder stärkere Schmerzen, ist es ratsam, die Behandlung für eine Weile zu unterbrechen und zu sehen, ob die Überreaktion wieder abklingt. In solchen Fällen kann es notwendig sein, die Häufigkeit der Behandlung anschließend zu reduzieren. Es kann sich auch herausstellen, dass der Körper nach Abklingen der Überreaktion die Heilung ohne weitere Behandlung spontan schneller vollzieht.
Wird der Calendula-Verband nach einem Tag entfernt, kann die Wunde (und der Verband) stark stinken. Es ist dann ratsam, die Wunde mit sauberem, gegebenenfalls abgekochtem und abgekühltem Leitungswasser zu spülen.

Hinweise

Phytotherapeutisch, als äußerliche Tinktur, nicht bei Tieren anwenden, die (über)empfindlich auf Komposita reagieren, wie z. B. bei bekannter Überempfindlichkeit gegen *Arnica montana.*

Cantharis

Spanische Fliege

Mittelherkunft

Das homöopathische Arzneimittel *Cantharis* wird aus dem Käfer *Lytta vesicatoria (Syn.: Cantharis vesicatoria)* hergestellt, der besser als Spanische Fliege bekannt ist. Tierfamilie: Meloidae (Ölkäfer). Abk.: canth.

Arzneimittelbild

Vergiftungsbild

Die Spanische Fliege gehört zur Familie der sogenannten Blasenkäfer. Sie scheidet eine hochgiftige, blasenbildende Substanz (Cantharidin) aus, wenn sie in die Enge getrieben wird. Die Blasenbildung ist daher ein sehr charakteristisches Symptom im Arzneimittelbild von *Cantharis*.

Die Blasenbildung ist, wie im Fall einer Blasenentzündung, nicht immer von außen sichtbar. Die Spanische Fliege ist auch als Aphrodisiakum bekannt. In Wirklichkeit reizt aber das giftige, blasenbildende Cantharidin die Schleimhaut der Harnröhre, sodass mehr Blut in den Penis fließt und eine Erektion leichter eintritt.

Da die Sicherheitsspanne, d. h. die Spanne zwischen wirksamer und toxischer Dosis, sehr klein ist, ist Cantharidin als Aphrodisiakum verboten. Cantharidin kann selbst bei nicht zu hohen Dosen schwere Wunden an den Schleimhäuten von Maul, Rachen, Magen, Darm und Harnwegen verursachen.

Es wurde beschrieben, dass Cantharidin aufgrund seiner ähnlichen chemischen Struktur in der Lage ist, Ascorbinsäure (Vitamin C) inaktiv zu machen. Es wird empfohlen, bei einem Krankheitsbild, das zu *Cantharis* passt, zusätzlich Vitamin C zu verabreichen.

Homöopathie

Aus dem Intoxikationsbild von Cantharidin wird deutlich, dass eine wichtige Indikation für *Cantharis* (per)akute Schleimhautentzündungen, vor allem im Bereich der Harnwege, sind: Nephritis und Zystitis mit brennenden, schneidenden Schmerzen und sehr schmerzhaftem Harndrang (Tenesmus). Es kommt zu einer raschen und ausgedehnten Schädigung der oberflächlichen Schicht (Epithel) von Haut und Schleimhäuten mit Blasenbildung. Charakteristisch für *Cantharis* ist großer Durst mit Abneigung gegen das Trinken. Dies ist auf schmerzhafte Schleimhäute beim Schlucken zurückzuführen.

Zu den bekannten Indikationen für *Cantharis* gehören auch Erektionen aufgrund einer brennend-schmerzhaften Entzündung der Harnröhre (Urethritis) sowie brennende Schmerzen und Juckreiz im Bereich des Präputiums oder der Vulva. Die Kombination von Blasenentzündung und erhöhter sexueller Erregung beim Menschen ist ein bekanntes Kennzeichen für *Cantharis*.

Die „Cantharis-Blasenentzündung"

Cantharis ist bei akuter Blasenentzündung mit folgenden Symptomen angezeigt:
Der Patient ist ganz plötzlich sehr unruhig, keucht und will ständig nach draußen. Er steht oder sitzt sofort für längere Zeit in der Urinierposition und drückt ständig stark. Diese Aktion wird viele Male hintereinander wiederholt. Es scheint, als ob er jeden Tropfen Urin aus der Blase herauspressen möchte. Wir sehen oft, dass der Cantharis-Patient am Ende nur noch tröpfchenweise blutigen Urin produziert. Offensichtlich ist das Wasserlassen sehr schmerzhaft (Stöhnen). Sobald er wieder drinnen ist, will er sofort wieder hinaus. Der Cantharis-Patient ist sichtlich in Panik. Der Anblick kann so unangenehm sein, dass der Besitzer seinen Hund nicht selten als Notfall beim Tierarzt anmeldet, wofür dieser Verständnis aufbringen sollte. Gerade die Heftigkeit der Symptome – brennende, schneidende Schmerzen mit Blut – kann *Cantharis* von anderen homöopathischen Mitteln abgrenzen.
Auffallend sind der ständige Drang und die scheinbar starken Schmerzen, der intensive schmerzhafte Harndrang (Tenesmus) vor, während und nach der Miktion (Uriniervorgang). Bei *Berberis* ist der Drang nur während und nach der Miktion vorhanden. Bei der Blasenspiegelung (Zystoskopie) oder Blasenoperation (Zystotomie) sehen wir bei *Cantharis* eine blasenartig geschwollene, tiefrote Schleimhaut, die bei der geringsten Berührung stark zu bluten beginnt.
Eine chronische Blasenentzündung mit Blutgerinnseln im letzten Teil des Wasserlassens kann für *Hepar sulfuris* geeignet sein. Auf dem Röntgenbild oder dem Ultraschallbild sehen wir dann oft eine verdickte Blasenwand auf der Höhe der Blasenspitze. Hier kann sich ein Überbleibsel einer embryonalen Struktur (Urachusdivertikel) befinden, die zu lokalen chronischen Entzündungen neigt. *Hepar sulfuris* D12 eine Dosis zweimal täglich für drei bis sechs Wochen.

Ursachen

Ursachen für Symptome, die in das Bild von *Cantharis* passen, können Verbrennungen (Feuer und Sonne), Erfrierungen und die Einwirkung chemischer Substanzen sein. In der Praxis ist die Ursache jedoch alles andere als eindeutig. Meiner Meinung nach sind die psychischen Symptome, wie schnelle und intensive Reizung und Aggression, hauptsächlich Folgen des intensiven und brennenden Schmerzes.
Cantharis hat eine heilende Wirkung auf die Blasenbildung bei Verbrennungen zweiten Grades. Darüber hinaus ist es wichtig bei Komplikationen von Nierenentzündungen (DgDx *Urtica urens*).
Zu *Cantharis* (DgDx *Mercurius vivus* und *Hepar sulfuris*) könnte z. B. eine brennende Entzündung durch eine chemische Substanz im Maul- und/oder Rachenraum mit oder ohne Geschwüre passen. Zu *Cantharis* könnten zum Beispiel auch Durchfälle passen, die auf chemische blasenbildende Substanzen zurückzuführen sind. Auch bei Erkrankungen der Atemwege, die auf blasenbildende chemische Dämpfe zurückzuführen sind, passen zu *Cantharis*, aber die wichtigsten Indikationen sind Erkrankungen der Nieren und Harnwege.

Modalitäten

Die Modalitäten sind nicht so offensichtlich und daher kein starkes Indiz für eine Arzneimitteldiagnose. Dass Bewegung und Berührung die Beschwerden verschlimmern, ist beispielsweise bei verbrannter, schmerzhafter Haut oder bei Schleimhäuten nicht so auffällig, und eine Besserung durch Kälte ist in diesem Fall auch nicht so überraschend.

Potenz und Dosierung

Normalerweise verschreiben wir *Cantharis* organotrop in einer niedrigen Potenz, D6 eine Dosis dreimal täglich für drei Wochen. Patienten mit sehr ausgeprägten Cantharis-Symptomen sind möglicherweise besser für das Mittel geeignet, als es die lokalen Symptome allein vermuten lassen würden. Wir sehen dann eine Verschlimmerung der Symptome bei einer D6. In diesen Fällen verschreiben wir *Cantharis* D12 oder D30 für zwei Dosen bzw. eine Dosis einmal täglich über drei bis sechs Wochen.

Hinweise

Erst ab D3/C2/2K verfügbar.

Carbo vegetabilis

Holzkohle

Mittelherkunft

Das homöopathische Arzneimittel *Carbo vegetabilis* wird aus gut geglühter Holzkohle von Buchen- oder Birkenholz gewonnen. *Carbo vegetabilis* bedeutet wörtlich pflanzliche Kohle. Der enthaltene Kohlenstoff bestimmt weitgehend das Aussehen dieses Mittels.
Abk.: carb-v.

Arzneimittelbild

Verhalten

Das Verhalten des Carbo vegetabilis-Patienten ist mit ziemlicher Sicherheit das Ergebnis seines schlechten körperlichen Zustands und kann nicht als Merkmal eines Typs angesehen werden. Zu den Symptomen gehören Apathie, Gleichgültigkeit, Introvertiertheit Angst, Unruhe, vor allem nachts, und Abneigung gegen Gesellschaft (will allein gelassen werden). Der Carbo vegetabilis-Typ kann aggressiv reagieren.

Diarrhö

Ich lernte *Carbo vegetabilis* in Kombination mit *Nux vomica* als Standardmittel gegen Durchfall kennen: *„Carbo-Nux"*. Besonders die charakteristische enorme Gasansammlung (Meteorismus) im Magen-Darm-Trakt, Aufstoßen und Pupsen war und ist eine starke Indikation für *Carbo vegetabilis*. Ich habe *Carbo vegetabilis* manchmal als die homöopathische Aktivkohle bezeichnet. Später erwies sich *Carbo vegetabilis* auch als besonders geeignet für Patienten mit Ohnmacht oder Schock aufgrund einer Durchblutungsstörung (Kollaps), nicht selten im Zuge einer schweren Erkrankung.

Meteorismus

Carbo vegetabilis ist ein interessantes Mittel bei Gasansammlungen im Magen (Meteorismus) und um zu verhindern, dass die Gasansammlung im Magen extreme Formen annimmt (Magendilatation), die schließlich zu einer Magendrehung oder Magentorsion führen können. Im Falle einer akuten Magendilatation und natürlich auch im Falle einer Magendrehung sollte zunächst ein regulärer Eingriff vorgenommen werden. Sich in einer solchen Situation ausschließlich auf *Carbo vegetabilis* zu verlassen, ist völliger Unsinn und kann als grober Behandlungsfehler gewertet werden. Vorstufen der Magendilatation wie Übelkeit (Appetitlosigkeit), Luftschlucken, übermäßiges Aufstoßen, Bauchgurgeln und Blähungen können natürlich mit *Carbo vegetabilis* behandelt werden. *Carbo vegetabilis* ist auch eine sinnvolle Option zur Nachbehandlung nach einer Magen-Thorax-Operation mit Fixierung des Magens an der Bauchdecke (Gastropexie). Differenzialdiagnostisch sollten wir bei Meteorismus auch *Argentum nitricum* und *Nitricum acidum* in Betracht ziehen (beide sind bekannt als „Luftschlucker"), *China* und *Lycopodium clavatum*. Wenn zusätzliche individuelle Symptome darauf hindeuten, dass die oben genannten Alternativen besser geeignet sind, sollten sie natürlich anstelle von *Carbo vegetabilis* angewendet werden. Als palliatives Mittel zur Unterstützung der Magenwandkontraktion kann die organotrope Anwendung von *Petroselinum crispum* Ø in Betracht gezogen werden.

Schwere Krankheitsverläufe

Betrachtet man das Arzneimittelbild von *Carbo vegetabilis* weiter, so scheint das Mittel auch für Krankheiten mit schwerem Verlauf geeignet zu sein. Das sind oft Krankheiten, bei denen nicht mehr erwartet werden kann und darf, dass ein homöopathisches Mittel noch wirksam sein kann. Es sind Krankheiten, bei denen alle regulären Behandlungsmöglichkeiten herangezogen werden müssen und die Homöopathie vielleicht noch etwas unterstützen kann, ganz nach dem Motto: „Einen Versuch ist es wert".

Bösartiger Verlauf

Grob gesagt kann das Arzneimittelbild von *Carbo vegetabilis* bei schwerer Pathologie als eines beschrieben werden, das zu einer chronischen Krankheit mit einem langsamen, aber meist bösartigen Verlauf passt. In der Literatur wird behauptet, *Carbo vegetabilis* könne Tote zum Leben erwecken. Verlassen Sie sich nicht darauf! Falls dies eintritt, handelt es sich sicherlich um eine Fehleinschätzung der Reaktionsfähigkeit des Patienten und nicht um ein homöopathisches Wunder.

Blutkreislauf

Carbo vegetabilis ist indiziert bei Schlaffheit, Ohnmacht, Schock (Kollaps) und diffusen Blutungen (Hämorrhagien). Der Verlauf der Krankheit (Pathogenese) ist eine gestörte Blutzirkulation mit Stauung in den Venen, was zu einem Anstieg des Kohlendioxids (CO2) im Blut führt und die Erschöpfung verstärkt. *Carbo vegetabilis* hat trotz des kalten Körpers ein dringendes Bedürfnis nach frischer Luft und möchte nicht mit einer Decke zugedeckt werden, sondern nimmt sie sogar weg. Wegen der Enge sitzt oder steht der Carbo vegetabilis-Patient lieber, als dass er sich hinlegt. Die Schleimhäute sind blau (zyanotisch). Die *Kapillarfüllzeit*, abgekürzt CRT (Capillary Refill Time), ist > zwei Sekunden (normal < zwei Sekunden).

Der gesamte Körper ist schlecht durchblutet, wodurch sich die Funktion aller Organe verschlechtert.

Auffallend sind die kalten Beine, Füße und Nase, auch der Atem ist kalt (DgDx *Veratrum album* und *Tabacum*). Es treten Blutungen auf, dunkles wässriges Blut ohne Gerinnsel. Es kommt zur Ausbreitung von Bakterien, Bakterientoxinen und Toxinen aus dem Gewebezerfall über das Blut zu den Organen (Septikämie und Toxämie). Die Funktion des Magen-Darm-Trakts verschlechtert sich, gekennzeichnet durch übermäßige Gasansammlung (Meteorismus), chronisch entzündete Magen-Darm-Schleimhaut, begleitet von dunkelroten Blutungen. Der Appetit kann von sehr gut bis sehr schlecht reichen. Bei Magengeschwüren, Magenblutungen und sicherlich bei Magenkrebs kann Carbo vegetabilis natürlich höchstens etwas lindernd wirken. Bei dem Symptom wässriger, blutiger (dunkelroter), stinkender Stuhl ist die DgDx

Carbo vegetabilis, Podophyllum peltatum, Pyrogenium, Tabacum und Veratrum album.
Carbo vegetabilis kann auch das geeignete Mittel für langwierige (chronische) Hautkrankheiten sein, zum Beispiel beim Bild der Seborrhöe. Geruch und schlechte Heilungstendenz sind charakteristisch für *Carbo vegetabilis*. Auch Geschwüre, Gangräne und Ödeme können zum Arzneimittelbild von *Carbo vegetabilis* gehören.

Ursachen

Ursachen für ein Carbo vegetabilis-Syndrom können sein: Störungen des Herz- und Kreislaufsystems, Schock, (Lebensmittel-)Vergiftungen, bösartige Infektionen wie Erysipel (Wundbrand) und die Ausbreitung von Bakterien, Bakterientoxinen und Toxinen aus dem Gewebezerfall über das Blut zu den Organen (Septikämie und Toxämie).

Modalitäten

Die Modalitäten, die zu *Carbo vegetabilis* passen, sind: Der Meteorismus verschlimmert sich nach dem Essen, vor allem nach dem Verzehr von zu fetten oder verdorbenen Speisen. Angst und Unruhe sind nachts schlimmer, Kurzatmigkeit wird durch frische Luft deutlich verbessert, obwohl dem Carbo vegetabilis-Patienten normalerweise kalt ist. Aufstoßen und Blähungen verbessern das allgemeine Wohlbefinden. Auch ein enormer Flüssigkeitsverlust kann die Symptome verschlimmern, z. B. bei Erbrechen und Durchfall, Hitze und Laktation.

Potenz und Dosierung

Carbo vegetabilis kann gut als organotropes Mittel bei Durchfall, Meteorismus, übermäßigem Aufstoßen und Blähungen in einer D6 dreimal täglich eine Dosis für ein bis drei Wochen verwendet werden. Bei Durchfall in der Kombination *„Carbo-Nux"*, *Carbo vegetabilis* D6 und *Nux vomica* D6 dreimal täglich eine Dosis von beiden für ein bis drei Wochen lang. Bei schwerer Pathologie verschreiben wir *Carbo vegetabilis* in einer höheren Potenz ≥ D12, bei vorzugsweise in einer D30 einmal täglich oder besser auf der Grundlage der Reaktion, z. B. eine Dosis zweimal wöchentlich oder D200 (200K), ebenfalls auf der Grundlage der Wiederwirkung. In Fällen, die für *Carbo vegetabilis* geeignet sind, kommen sicherlich LM-Potenzen ins Spiel.

Hinweise

Keine

Caulophyllum thalictroides

Frauenwurzel

Mittelherkunft

Das homöopathische Arzneimittel *Caulophyllum thalictroides* wird aus der gleichnamigen Pflanze hergestellt, die auch als Frauenwurzel oder Blauer Hahnenfuß bekannt ist. Pflanzenfamilie: Berberidaceae (Berberisgewächse). Abk.: Caul.

Arzneimittelbild

Ich verwende *Caulophyllum thalictroides* in einer homöopathischen Potenz, um die Erweiterung des Gebärmutterhalses während der Geburt zu fördern und die Wehen zu verstärken. In Kombination mit *Sabina* und *Secale cornutum* ist *Caulophyllum thalictroide*s im Prinzip einsetzbar, um Reste von Fruchtwasser und Nachgeburten zur Vorbeugung von Gebärmutterentzündungen zu entfernen. *Caulophyllum thalictroides* ist jedoch vor allem das Mittel für den Beginn der Wehen, insbesondere für eine bessere Erweiterung des Muttermundes. Das Mittel sollte erst verabreicht werden, wenn die Wehen tatsächlich einsetzen und die Hündin zum ersten Mal ein leichtes Sacken des Unterleibs zeigt, so als ob sie den Atem kurz anhält und wieder loslässt. *Caulophyllum thalictroides* sollte nicht zu früh eingesetzt werden, schon gar nicht, wenn der Progesteronspiegel noch nicht das Ende der Trächtigkeit erreicht hat. Spritzen Sie auch in diesem Stadium (noch) kein Oxytocin.

Potenz und Dosierung

Der Prozess von der Dilatation bis zur Geburt des ersten Welpen kann mit *Caulophyllum thalictroides* D4, fünf Tropfen, maximal dreimal im Abstand von einer Stunde unterstützt werden. Wenn die Hündin körperlich erschöpft ist oder zu sein scheint, kann *Caulophyllum thalictroides* D4 mit *Arnica montana* D6, dreimal eine Dosis in Abständen von zwei bis drei Stunden, ergänzt werden.

Hinweise

Bis zu D3/C1 in Dilutio oder Tabletten und bis zu D1 in Globuli. *Caulophyllum thalictroides* sollte während der Trächtigkeit und Laktation nicht angewendet werden.

Unterstützung der Gebärmutter

Beginn des Partus	*Caulophyllum thalictroides* D4
während des Partus, Wehenschwäche	*Oxytocin-Injektionen, Sabina* D3
unmittelbar nach dem Partus, Rückbildung	*Secale cornutum* D4
nach dem Partus, verspätete Blutung	*Ustilago maydis* D3

Causticum

Ätzkalk

Mittelherkunft

Das homöopathische Arzneimittel *Causticum* wird durch Erhitzen von frisch gebranntem Kalk mit Kaliumbisulfat und anschließender Destillation hergestellt. Chemische Zusammensetzung: enthält Kalium und OH-Ionen. Abk.: caust.
Wegen seiner ätzenden Wirkung nannte Hahnemann diese Substanz *Causticum*. *Causticum* ist wie *Hepar sulfuris* eine Kombination aus Kalk und Schwefel, hat aber eine sehr ausgeprägte medizinische Wirkung.

Arzneimittelbild

Die erste erfolgreiche Begegnung mit *Causticum* war für mich die Behandlung eines alten Hundes mit Harninkontinenz und tropfenweisem Urinverlust sowohl in Ruhe als auch in Bewegung. Erst später entdeckte ich, warum diese Beschwerde so gut zu *Causticum* passte.

Typ

Causticum-Typen bei Menschen werden manchmal als empfindsame Menschen mit einem starken Sinn für soziale Gerechtigkeit beschrieben. Sie sind sehr sensibel und mitfühlend, lehnen Ungerechtigkeit und Autorität ab und können mit Traurigkeit und Sorgen nicht umgehen.
Ich habe nur begrenzte Erfahrung mit *Causticum* als Typisierungsmittel bei Hunden. Ich denke, dass *Causticum* auch bei Hunden zu emotional sensiblen Hunden passt. *Causticum* zeigt in dieser Hinsicht Ähnlichkeit mit *Ignatia amara*. Es ist auch kein Unruhestifter, sondern ein ruhiger, etwas zurückhaltender Hund, sicherlich auch etwas ängstlich. Der Causticum-Typ wird möglicherweise ängstlicher (sichtlich erregt) reagieren als der Ignatia amara-Typ, der sich in seinen Reaktionen auf Angst etwas besser beherrschen kann.
Causticum eignet sich für alte/ältere, abgemagerte Hunde. Das Fell ist trocken, struppig und die Muskulatur ist verkümmert (Atrophie). In der Regel liegt eine Arthrose in mehreren Gelenken vor. Der Habitus des Causticum-Typs entspricht dem des Abrotanum-Typs: trockenes Fell, Muskelschwund und Arthrose.

Gesamteindruck

Causticum-Patienten zeichnen sich durch chronische, schleichende, besonders degenerative Prozesse aus. *Causticum* passt zu Alterungsprozessen mit den Folgen chronischer Organüberlastung und immunbedingten Krankheiten. Die Verschlechterung erfolgt im Allgemeinen allmählich. Obwohl *Causticum* als Polychrest bei einer Vielzahl von Beschwerden in verschiedenen Teilen des Körpers wirksam sein kann, hat es eine besondere Affinität zum Nerven- und Bindegewebe.
Aufgrund der Progressivität der Symptome ist es verständlich, dass Causticum-Patienten nicht selten in einem Stadium vorgestellt werden, in dem die Symptome irreparabel sind. Die Prognose bei Causticum-Patienten ist oft zurückhaltend. In solchen Fällen sollte der Besitzer rechtzeitig darauf hingewiesen werden, dass die Wirkung des Medikaments nur teilweise und/oder vorübergehend sein kann und eine vollständige Heilung oft nicht mehr möglich ist.

Lokale Beschwerden

Lokale Lähmung

Mehr oder weniger ein (lokales) Merkmal von *Causticum* könnte man als lokale neurologische Schwäche bezeichnen; teilweise, unvollständige Lähmung (Parese) oder vollständige Lähmung (Paralyse). Beispiele sind Stimmbandlähmung, Blasenwand-/Blasenschließmuskellähmung, Lähmung eines Gesichtsnervs, Horner-Syndrom und neurologische Schwäche in der Hinterhand: Zittern der (Hinter-)Beine. Bei Stimmbandlähmung (Heiserkeit) verschreiben wir *Causticum* D6, zusammen mit *Paris quadrifolia* D6 beide dreimal täglich eine Dosis für drei bis sechs Wochen. Es gibt eine gute chirurgische Option, aber manchmal ist ein chirurgischer Eingriff nicht wünschenswert, z. B. wegen des hohen Narkoserisikos.
Tröpfchenweiser Urinverlust beim alten Hund, sowohl in Ruhe als auch bei Bewegung, passt oft gut zu *Causticum*. Es ist also ein etwas anderes Bild als bei der kastrationsbedingten Schließmuskelinkontinenz. Dort tritt der passive Harnverlust nur in Ruhe oder im Schlaf auf. Blasenwandlähmungen, die durch chronische Überdehnung aufgrund von Überfüllung entstehen, passen ebenfalls zum Bild von *Causticum*. Natürlich ist die Wahrscheinlichkeit einer Wirkung bei Hunden, die auch sonst gut in das Arzneimittelbild von *Causticum* passen, höher.

Ätzende Absonderungen

Man könnte auch stark ätzende, entzündungsbedingte Absonderungen (Exsudate) als Merkmal von *Causticum* bezeichnen. Das Fehlen des brennenden Charakters der Absonderungen ist jedoch kein Ausschlusssymptom für *Causticum*. Heftige, sehr schmerzhafte und verletzende Absonderungen sind jedoch ein starker Hinweis.

Haut

Causticum passt zu dem Hautbild, das wir im Allgemeinen bei alten Hunden sehen: ein trockenes und dürres Fell mit vielen abgestorbenen Haaren, vielen Schuppen, einigen Verfilzungen, altersbedingten Warzen und Hautreizungen durch brennende Absonderungen, z. B. brennende Augen mit Entzündung der Augenlider (Blepharitis). Beim Abrotanum-Patienten sehen wir auch eine Kombination aus trockenem Fell, Muskelschwund und Arthrose, aber nicht die heftigen Absonderungen. *Sulfur* ist im Allgemeinen das Mittel vor allem für den alten Hund mit chronischen Hautbeschwerden und chronischem Durchfall.

Modalitäten

Trockene Kälte verschlimmert die Symptome. Beschwerden können durch stille Trauer entstehen oder sich verschlimmern (ähnlich wie bei *Ignatia amara*).

Potenz und Dosierung

Bei organotroper Anwendung verschreiben wir *Causticum* in einer D6 oder D12 drei- oder zweimal täglich eine Dosis für mindestens sechs Wochen. In chronischen Fällen und bei alten Hunden wird eine Dauermedikation gegeben. Bei typotroper Behandlung verschreiben wir höhere Potenzen: D30 einmal täglich eine Dosis für zwölf Wochen oder, als Fortsetzung, D200 (200K), MK oder 10MK, je nach Ansprechen.

Hinweise

Aus Sicherheitsgründen erst ab D3/C2/2K erhältlich.

Chamomilla

Echte Kamille

Mittelherkunft

Das homöopathische Arzneimittel *Chamomilla* wird aus *Matricaria recutita* hergestellt. Die Pflanze ist auch als Echte Kamille bekannt. Pflanzenfamilie.: Asteraceae (Korbblütler). Abk.: cham.

Arzneimittelbild

Die in der Kamille enthaltenen Arzneistoffe haben eine entzündungshemmende, heilende und krampflösende Wirkung. In der Kräutermedizin wird sie häufig bei Kindern mit Zahnschmerzen und Darmkrämpfen eingesetzt.

Typ

Der Chamomilla-Typ bei Hunden zeichnet sich vornehmlich durch ein auffallendes Verhalten aus und nicht durch einen ausgeprägten Körperbau wie beim Calcium carbonicum-Typ. Der Chamomilla-Typ ist dominant und steht in der sozialen Hierarchie unter den Platinum metallicum- und Aurum metallicum-Typen, aber über dem Lycopodium clavatum-Typ.
Der Chamomilla-Typ zeigt ein extrem verwöhntes Verhalten. Wenn ihm etwas nicht gefällt und er daran gehindert wird, kann er (unerwartet) Menschen, die scheinbar als rangniedriger angesehen werden (etwa die Kinder der Familie),

extrem aggressiv angreifen, begleitet von einer bedrohlichen Hysterie, die manchmal zu schweren Bissverletzungen führt. Herrchen oder Frauchen, die scheinbar als ranghöher angesehen werden, haben in einigen Fällen immer noch eine (gewisse) Dominanz, die sie aber nur mit Schwierigkeiten ausüben können. Das auffälligste Merkmal eines Chamomilla-Typs ist auch eine übermäßige (hysterische) Reaktion auf Schmerz, die zu zwanghaftem, destruktivem Verhalten führen kann.
Die Ursache für das Verhalten ist ein Problem der familiären Rangordnung, verstärkt durch eine misslungene Erziehung oder typischerweise durch einen Hund, der in der falschen Familie gelandet ist. Opposition ist der wichtigste Auslöser; ein verwöhnter Chamomilla-Typ erlebt schnell alles als Opposition. Im Allgemeinen ist der Chamomilla-Patient sehr unruhig (besonders in fremder Umgebung), sehr reizbar und sehr rebellisch.

Koliken

Chamomilla ist angezeigt bei entzündlichen Darmerkrankungen (IBD), insbesondere bei chronisch wiederkehrenden Koliken (Bauchschmerzen). Die meisten Hunde mit dieser Form von IBD bewegen sich kaum, und wenn dann nur verkrampft, geraten dabei aber nicht in Panik. Der Chamomilla-Typ dagegen gerät außer Rand und Band, rennt quietschend, jaulend, kreischend und in völliger Panik durchs Haus und zerstört Hausrat wie Kissen, Polstermöbel, Telefonkabel und dergleichen. Diese stark übertriebene Reaktion auf (Bauch-) Schmerzen ist ein charakteristisches Verhaltenssymptom für Chamomilla-Typen. Damit rückt ein Verhaltenssymptom im Arzneimittelbild von *Chamomilla* in der Symptomhierarchie vom vierten auf den dritten Platz. Bei der hier beschriebenen Form der IBD kommt es oft nicht zu Erbrechen und/oder Durchfall, aber wenn der Chamomilla-Patient erbricht, dann mit scheinbar großer Anstrengung – auch hier wieder mit viel Theater!

Modalität

Neben den oben beschriebenen Auslösern für abweichendes Verhalten sehen wir bei dem Patienten, zu dem *Chamomilla* passt, auch das Symptom Durchfall etwa als Folge von Zahnwechsel. Auch bei Durchfall überwiegt der psychogene Faktor: Bei Durchfall ist der Stuhl meist grün mit viel Schleim.

Potenz und Dosierung

Da beim Chamomilla-Typ die körperlichen Beschwerden auch charakterlich bedingt sind (psychogene Beschwerden), verordnen wir in fast allen Fällen *Chamomilla* in einer D30 einmal täglich eine Dosis für zwölf Wochen, oder (als Fortsetzung) D200 (200K) oder MK, je nach Reaktion. Bei organotroper Anwendung, d. h. wenn nur lokale und allgemeine Beschwerden zu *Chamomilla* passen, verabreichen wir *Chamomilla* in einer D6 dreimal täglich eine Dosis für ein bis drei Wochen.

Hinweise

Keine

China officinalis

Chinarinde

Mittelherkunft

Das homöopathische Arzneimittel *China officinalis* wird aus der Rinde des Baumes *Cinchona pubescens* oder *Cinchona succirubra* (Roter Chinarindenbaum) hergestellt. Pflanzenfamilie: Rubiaceae (Rötegewächse). Abk.: chin.
Achtung – nicht verwechseln mit dem homöopathischen Arzneimittel *Cina,* das aus der Pflanze *Cina maritima* stammt und „Zina“ ausgesprochen wird.

Arzneimittelbild

Chinin

China officinalis enthält eine Reihe von Alkaloiden, von denen Chinin das bekannteste ist. Der Bitterstoff Chinin ist auch für den bitteren Geschmack von Tonic Water und Bitter Lemon verantwortlich. In verschiedenen Dosierungen wird Chinin sowohl als normales Arzneimittel als auch als homöopathisches Mittel konsumierbar und ist in hohen Dosen sogar ein tödliches Gift. Hahnemann führte die erste Arzneimittelprüfung mit *China officinalis* durch.
Chinin wurde und wird noch immer in einigen wenigen Fällen zur Behandlung von Malaria eingesetzt. Es tötet den Erreger (Plasmodium) ab, wirkt entzündungshemmend (antiphlogistisch), schmerzlindernd (analgetisch) und fiebersenkend (antipyretisch).

Nebenwirkungen von Chinin

Aus seiner Verwendung als Malariamittel sind auch die Nebenwirkungen von Chinin beim Menschen bekannt. Dazu gehören allergische (Haut-)Reaktionen bei längerer Einnahme, Zittern, Schwindel, Erbrechen, Hörstörungen (Taubheit, Tinnitus), Sehstörungen (Lichtempfindlichkeit, Nachtblindheit und verschwommenes Sehen), Kopfschmerzen, Magenschmerzen und Übelkeit. In höheren Dosen wirkt Chinin auch auf die glatte Muskulatur. Es ist bekannt, dass es in Chinin-Fabriken gelegentlich zu Fehlgeburten aufgrund der Einnahme überhöhter Chinindosen kam.
Übrigens wurde Chinin auch als Mittel zur Unterstützung der Wehen während der Geburt verwendet. In falschen Händen wurde es manchmal auch als Mittel zur Auslösung einer Abtreibung (abortivum) verwendet, was manchmal zum Tod durch Überdosierung führte. Der Tod konnte durch Lähmung oder Versagen des Herzmuskels verursacht werden.
Weniger bekannt ist der mit Chinin einhergehende Abbau von roten Blutkörperchen (Hämolyse), der Hämatome in Muskeln, Brusthöhle, Bauchfell (Peritoneum), Schleimhäuten der vorderen Atemwege, funktionellem Lungengewebe (Lungenparenchym) und Haut verursacht.

Arzneimittelprüfungen und Erfahrungen

Arzneimittelprüfungen am Menschen und Erfahrungen in der tierärztlichen Praxis mit *China officinalis* haben die richtigen Schwerpunkte für die homöopathische Anwendung aufgezeigt. Die Nebenwirkungen des Arzneimittels, obwohl sie hierarchisch niedrig eingestufte Symptome sind, können natürlich eine weitere Bestätigung für die Richtigkeit der Arzneimitteldiagnose sein.
Eine allgemeine Bemerkung zur Chininvergiftung kann dennoch dazu beitragen, das Arzneimittelbild von *China officinalis* besser zu verstehen und sich bei Gelegenheit daran zu erinnern. Die toxische Wirkung von Chinin (in hohen Dosen) ist auf die Hemmung von Enzymen zurückzuführen, die eine Rolle im Zellstoffwechsel spielen und die DNA-Synthese blockieren. Dadurch werden sowohl aufbauende (anabole) als auch abbauende (katabole) Prozesse in den Zellen gehemmt. *China officinalis* hat vor allem eine Affinität für den Verdauungstrakt (und die Leber). Darüber hinaus fallen die allgemeine Überempfindlichkeit und die Überempfindlichkeit des Nervensystems, der Sinne und der Haut auf.

Typ

Über den China officialis-Typ bei Hunden ist mir nicht viel bekannt. Wir sollten an introvertierte, sehr sensible Hunde mit einem sturen Charakter und einer mageren, trockenen Konstitution denken. Der China officinalis-Typ ist empfindlich, sowohl psychisch (leicht reizbar mit heftigen Reaktionen) als auch körperlich (überempfindlich gegen Berührung und Schmerz), manchmal mit heftigen Abwehrreaktionen. Oft wechseln sich überempfindliche Reaktionen mit Schwäche, Unruhe und Depression ab. Charakteristisch für den Menschen und wahrscheinlich auch für den Hund sind nächtliche Unruhe (Schlaflosigkeit), Angst und Überempfindlichkeit gegenüber Geräuschen. Tagsüber ist der Hund dann sehr müde und schläfrig.

Charakteristische Merkmale

Ein weiteres Merkmal von *China officinalis* ist, dass trotz Fieber ein ausgezeichneter Appetit vorhanden ist.

Flüssigkeitsverlust

Diarrhö

Im Mittelpunkt der Anwendung von *China officinalis* bei Tieren steht die Ätiologie der Folgen eines erschöpfenden Flüssigkeitsverlustes (Dehydratation), sowohl bei direkten Folgen als auch bei möglichen Spätfolgen. Im letzteren Fall ist die Zuordnung von Ursache und Wirkung nicht mehr immer ausreichend klar.
Akuter Durchfall (vor allem bei jungen und alten Hunden) mit rascher Erschöpfung durch übermäßigen Flüssigkeitsverlust, der zur Dehydrierung führt, ist eine sehr wichtige Indikation für *China officinalis*. Es kommt zu schmerzlosem Ausfluss von wässrigem gelbem bis gelbbraunem Durchfall, teilweise mit unverdauter Nahrung (DgDx *Podophyllum peltatum*). Durchfall aufgrund einer Infektion, aber auch z. B. aufgrund eines übermäßigen Eiweißverlustes, *Protein-Losing-Enteropathie* oder PLE. *China officinalis* wird im Falle von PLE nicht immer in der Lage sein, die Problematik vollständig abzudecken. Wenn ein besseres ähnliches Mittel gewählt werden kann, ist das natürlich vorzuziehen. Bei der PLE beginnen wir mit einer gründlichen regulären Diagnostik plus dem notwendigen regulären Ansatz. Zusätzlich können wir das Simillimum als Unterstützung hinzufügen. Wenn wir das Simillimum aufgrund eines Symptommangels nicht finden können, ist *China officinalis* sicherlich zu empfehlen.

Sonstiger Flüssigkeitsverlust

Nicht nur bei Dehydrierung, sondern auch bei erschöpfender Milchproduktion zum Zeitpunkt eines großen Wurfes mit schnell wachsenden Welpen kann sich schließlich das Bild ergeben, das zu *China officinalis* passt. Die Hündin kann sich in bestimmten Fällen völlig aufgeben. In solchen Fällen kann *China officinalis* als Stärkungsmittel (Roborans) verordnet werden. *China officinalis* ist aber niemals ein Ersatz für eine Kalziumergänzung bei akuter Hypokalzämie (Eklampsie oder Puerperale Tetanie). Auch die Folgen eines erschöpfenden Blutverlustes (Anämie) können für *China officinalis* geeignet sein. Folgen von Flüssigkeitsverlust aufgrund übermäßigen Schwitzens (Menschen und Pferde) und starken Speichelflusses sind theoretisch auch für *China officinalis* geeignet.
Mit dem ätiologischen Symptom „Folgen eines erschöpfenden Flüssigkeitsverlustes" sprechen wir in der Tat bereits die wichtigste Eigenschaft von *China officinalis* an: Die logischen Folgen des Flüssigkeitsverlustes sind Lethargie, Erschöpfung und große allgemeine Schwäche.

Periodizität

Ein weiteres Merkmal von *China officinalis* ist die Periodizität der Symptome (DgDx *Arsenicum album*). Die Periodizität ist in der Tat ein charakteristisches Symptom für *China officinalis*, hat aber z. B. bei IBD keinen zusätzlichen Wert, da die Periodizität bei Darmdurchfall in der Regel ganz normal ist. Die Periodizität ist hier ein Merkmal der Krankheit und daher nicht charakteristisch für die Individualität des Kranken. Übrigens ist die Periodizität kein Eliminierungssymptom. Keine Periodizität bedeutet nicht, dass *China officinalis* deshalb nicht das richtige Mittel sein könnte. Periodische Fieberanfälle sind möglicherweise etwas charakteristischer als periodische Dickdarmdurchfälle.

Appetit

Im Arzneimittelbild von *China officinalis* fin den wir mehrere Merkmale im Hinblick auf den Appetit:

- Fressen oft kleiner Happen (u. a. DgDx *Arsenicum album*).
- Hungrig, aber schon nach ein paar Bissen gesättigt (DgDx multiple simillima).
- Anorexie (überhaupt nicht essen), aber der Appetit kehrt nach ein paar Happen vollständig zurück (DgDx einschließlich *Lycopodium clavatum)*.

Im letzteren Fall hat der Hund beispielsweise morgens keinen Appetit, aber dieser kehrt vollständig zurück, wenn man ihm kleine Mengen an Leckerlis anbietet oder ihn zwingt, sie zu nehmen, woraufhin er spontan seine volle Portion frisst.

Modalitäten

Die Beschwerden verschlimmern sich bei Kälte, kalter Luft, Zugluft und feuchtem Wetter und verbessern sich bei Wärme. Durchfall tritt vor allem nach dem Essen, nach dem Trinken (Milch) und nachts auf. Essen, Ruhe und Schlaf bringen keine Besserung. Der China officinalis-Patient ist extrem berührungsempfindlich, während harter Druck eine Besserung bewirkt. Berührungen können einen Schmerzanfall auslösen. Unterleibsschmerzen bessern sich durch Zusammenziehen oder Druck auf den Unterleib. Ebenfalls charakteristisch für *China officinalis* ist Meteorismus (Gasansammlung im Magen-Darm-Trakt). Auffallend ist häufiges Aufstoßen (Gestank aus dem Maul) und Pupsen, was Erleichterung bringt.

Potenz und Dosierung

In akuten Fällen mit nicht allzu schwerer Pathologie können wir *China officinalis* in niedrigen Potenzen D6 oder D12 drei- bis zweimal täglich eine Dosis für ein bis drei Wochen anwenden. In chronischen Fällen wählen wir eine höhere Potenz, normalerweise eine D30 einmal täglich eine Dosis für zwölf Wochen, manchmal auch höhere Potenzen D200 (200K) oder MK, je nach Ansprechen. Bei schweren Pathologien kommen die LM-Potenzen ins Spiel, LM6, LM12 und LM30, drei-, zwei- bzw. einmal täglich eine Dosis.

Hinweise

Eine Warnung gilt für die Verwendung während der Trächtigkeit und Laktation bis zu D3/C1 in Tropfenform oder Tabletten und bis zu D1 in Globuli.

Cimicifuga racemosa

Traubensilberkerze

Mittelherkunft

Das homöopathische Arzneimittel *Cimicifuga racemosa* (Actea racemosa) wird aus der gleichnamigen Pflanze hergestellt, die auch als Traubensilberkerze bekannt ist. Pflanzenfamilie: Ranunculaceae (Hahnenfußgewächse). Abk.: cimic.

Arzneimittelbild

Ich kenne *Cimicifuga racemosa* vor allem als Heilmittel für Fruchtbarkeitsstörungen bei Hunden. Es scheint, dass *Cimicifuga racemosa* die weitere Reifung (nach FSH) von Follikeln und Eizellen stimulieren kann, den Östrogenspiegel weiter erhöht und den Eisprung sowie die Bildung eines funktionierenden Gelbkörpers fördert. Der Gelbkörper produziert das Hormon Progesteron, das die Trächtigkeit aufrechterhält und somit die Wahrscheinlichkeit einer vorzeitigen Resorption verringert.

Pulsatilla pratensis ist ein Mittel, von dem wir annehmen, dass es die FSH-Funktion auf ovarieller Ebene organotrop unterstützt und die Entwicklung von Ovarialfollikeln und Eizellen in der Vorbrunstphase oder Proöstrus stimuliert. *Pulsatilla pratensis* wird *bis zum* ersten Tag der sichtbaren Hitze verabreicht, *Cimicifuga racemosa ab dem* ersten Tag der sichtbaren Hitze. *Cimicifuga racemosa* ist angezeigt, wenn die Hündin nicht steht, wenn bekannt ist (über den Progesterontest), dass der Eisprung nicht oder zu spät stattfindet, wenn der Blutausfluss zu lange anhält und wenn der Verdacht auf eine frühe Resorption besteht. Informationen hierzu erhalten wir hauptsächlich aus der Anamnese. Siehe Abschnitt Gynäkologie.

Potenz und Dosierung

Bei verspäteter Hitze *Pulsatilla pratensis* D3 (dilutio!) dreimal täglich fünf Tropfen beginnend vier bis sechs Wochen vor der zu erwartenden Hitze oder ab dem Zeitpunkt, an dem keine Hitze mehr zu erwarten ist, bis zum Tag eins der sichtbaren Hitze (erster Tag des blutigen Ausflusses). Grundsätzlich sollte eine dreiwöchige Behandlung ausreichend sein. *Cimicifuga racemosa* D3 (dilutio!) dreimal täglich fünf Tropfen ab dem ersten Tag der sichtbaren Hitze bis sechs Wochen nach der Empfängnis. Also: *Pulsatilla pratensis* (FSH) *bis zum* ersten Tag der Hitze und *Cimicifuga racemosa* (LH) *ab dem* ersten Tag der Hitze.

Nota bene

Wir geben *Pulsatilla pratensis* D3 und *Cimicifuga racemosa* D3 immer in flüssiger Form (Dilutio). Es hat sich mehrfach gezeigt, dass sie in Tabletten- oder Globuliform nicht so gut wirken.

Hinweise

Aus Sicherheitsgründen erst ab D3/C2/2K erhältlich. Daher sollte ein phytotherapeutischer Extrakt auch nicht in der Schwangerschaft/Tragezeit verwendet werden. Er könnte aufgrund seiner Gebärmutter stimulierenden Wirkung eine Fehlgeburt auslösen.
Extrakte aus *Cimicifuga* sollten auch nicht bei hormonempfindlichen Tumoren wie Brust- oder Gebärmutterhalskrebs verwendet werden.

Cina maritima

Wurmsamen

Mittelherkunft

Das homöopathische Arzneimittel *Cina maritima* wird aus der gleichnamigen Pflanze hergestellt. Sie ist im Deutschen als Wurmsamen, Zitwerbeifuß, Zitwerblüte, Zitwersamen oder Wurmsaat bekannt. Pflanzenfamilie: Asteraceae (Korbblütengewächse). Abk.: cina.

Arzneimittelbild

Traditionell wurde diese aus den russischen und asiatischen Steppengebieten stammende Pflanze zur Bekämpfung von Würmern verwendet.

Spulwurmbefall

Meine Erfahrungen mit *Cina maritima* beschränken sich auf die Fälle bei Hunden, in denen ich das Medikament organotrop bei wiederkehrenden Spulwurm-Infektionen eingesetzt habe. Die logischste Ursache für wiederkehrende Wurminfektionen ist die Rekontamination. Zu

Beginn meiner Laufbahn als praktizierender Tierarzt, in den 1970er Jahren, sahen wir sehr viel häufiger schwere Wurminfektionen mit schwerwiegenden gesundheitlichen Folgen, insbesondere bei jungen Hunden (Welpen). Häufige Symptome waren Erbrechen (Wurmbefall), Durchfall (Ausscheidung von Würmern), Husten und gelegentlich sogar zentrale neurologische (Gehirn-) Symptome. Damals traten noch Würfe auf, in denen sich die Welpen durch das Gewirr von Spulwürmern hindurcharbeiteten, defäkierten und wieder erbrachen.

In dieser Zeit habe ich regelmäßig *Cina maritima* eingesetzt. Ich habe Grund zu der Annahme, dass eine verminderte natürliche Resistenz gegen Wurmbefall durchaus auch die Ursache für einen wiederkehrenden (massiven) Spulwurmbefall sein kann. Die Frage bei wiederkehrendem Wurmbefall ist also, ob es an der Umwelt (Wiederbefall) oder am individuellen Hund (Anfälligkeit) liegt. Und natürlich ist ein massiver Wurmbefall ein Angriff auf die Widerstandskraft des Hundes, der damit in eine Abwärtsspirale gerät.

Mein Rat ist, die Würmer mit regulären Mitteln zu bekämpfen. Bei wiederkehrenden Wurminfektionen, insbesondere bei chronischen Folgen wie Appetitlosigkeit, Erbrechen, Durchfall und so weiter verschreibe ich nach der regulären Wurmkur *Cina maritima*. Phytotherapie (Kräuter) können möglicherweise eine weitere Rolle bei der Verbesserung des Zustands spielen. Ich habe den starken Eindruck, dass wir mit *Cina maritima* die Anfälligkeit für rezidivierende Wurminfektionen verringern können.

Potenz und Dosierung

Als Konstitutionsmittel bei Wurminfektionen verschreibe ich *Cina maritima* D6 dreimal täglich eine Dosis für sechs bis acht Wochen.

Hinweise

Aus Sicherheitsgründen erst ab D3/C2/2K erhältlich. Die Pflanze enthält unter anderem Santonin, aus dem früher ein Mittel gegen Würmer hergestellt wurde, weil es eine lähmende Wirkung auf den Wurm hat. Inzwischen gibt es viel sicherere reguläre Mittel gegen Würmer.

Cocculus indicus

Kockelskörner

Mittelherkunft

Das homöopathische Arzneimittel *Cocculus indicus* wird aus den reifen getrockneten Samen der Pflanze *Anamirta cocculus (Menispermum cocculus)*, auch als Indische Scheinmyrte bekannt, hergestellt. Pflanzenfamilie: Menispermaceae (Mondsamengewächse). Abk.: cocc.

Arzneimittelbild

Cocculus indicus ist Teil des DgDx der Reisekrankheit: *Cocculus indicus, Borax veneta, Petroleum, Tabacum nicotiana, Hyoscyamus niger* und *Nux vomica*.

Reisekrankheit

Andere Begriffe für Reisekrankheit sind Autokrankheit, Seekrankheit oder Flugkrankheit. Die Krankheitssymptome werden durch Bewegungen ausgelöst, die für die Gleichgewichtsorgane ungewöhnlich sind. Dass die Reisekrankheit nicht bei jedem Hund auftritt, ist vor allem auf psychologische Faktoren zurückzuführen. Darüber hinaus spielt auch der Allgemeinzustand des Hundes eine Rolle, ganz zu schweigen vom Fahrverhalten des Besitzers, dem Wellengang oder der stickigen Umgebungsluft.

Geben Sie auf jeden Fall etwa eine Stunde vor der Reise eine kleine Mahlzeit. Der Magen-Darm-Trakt sollte nicht leer, aber auch nicht zu voll sein.

Zu den Symptomen der Krankheit gehören Lethargie, Gähnen, vermehrter Speichelfluss, Sabbern, häufiges Schlucken und Erbrechen. Bei einem Hund, der im Auto unruhig ist und hechelnd, keuchend, winselnd oder bellend aus dem Gleichgewicht kommt, aber nicht sabbert und/oder erbricht, kann man eigentlich nicht von einer Reisekrankheit sprechen. Die Behandlung dieser „Krankheit" wird hier erörtert, unterscheidet sich jedoch von der Behandlung der echten Reisekrankheit.

Die großen Vorteile der homöopathischen Behandlung der Reisekrankheit sind, dass es keine Nebenwirkungen wie die narkotisierende Wirkung von regulären Mitteln gibt und dass eine vollkommene Besserung möglich ist. Wenn es um Reisekrankheit geht, bevorzugen wir einen homöopathischen Ansatz.

DgDx Reisekrankheit: Cocculus indicus D4

Cocculus indicus ist bei der echten Reisekrankheit indiziert. Von großer Angst und Verzweiflung geplagt, liegt der reisekranke Cocculus indicus-Patient da wie ein Häufchen Elend. Er muss ganz still liegen, am besten auf dem Boden des Wagens. Er will absolut nichts fressen, aber das ist bei der Reisekrankheit ganz normal. Obwohl der Hund fast apathisch ist, reagiert er gereizt, wenn man ihn zum Beispiel zwingt, sich an einer anderen Stelle im Auto hinzulegen. In einigen Fällen kommt es zu Urin- oder Kotabsatz. Auch vermehrte Blähungen können sich bemerkbar machen, ebenso natürlich Sabbern und Erbrechen. Nach der Reise erholt sich ein Cocculus-Patient nur langsam.

Borax veneta D3

Große Angst vor plötzlichen, lauten Geräuschen (einschließlich Gewitter und Feuerwerk). Die Reisekrankheit tritt vor allem bei Autofahrten in hügeligen Gegenden auf, wenn es bergab geht. Ein wirklich gutes Mittel gegen die Reisekrankheit.

Hyoscyamus niger D30

Immer nervös, hysterisches Verhalten und Angstpinkeln. Das besagte Verhalten zeigt sich auch, wenn der Hund nicht in einem Auto sitzt. Es passt zum Typ des Hundes. Reisenervosität spielt hier eine große Rolle, aber wir sehen auch wirklich das Bild der *Reisekrankheit.*

Nux vomica D30

Unruhe, Hin- und Herlaufen und Reaktion auf alles. Der Nux vomica-Patient erbricht normalerweise nicht. Auch hier sehen wir die Verhaltenssymptome unter anderen Bedingungen als im Auto. Dies ist wirklich ein Mittel für Stress, Unruhe und Panik im Zusammenhang mit dem Autofahren/Verreisen.

Petroleum D6/D30

Auch die Reisekrankheit des Petroleum-Typ ist weitgehend auf Nervosität zurückzuführen. Der Hund ist weder so apathisch wie der Cocculus indicus-Hund, noch so unruhig. Typisch für den Petroleum-Patienten ist, dass ihm zwar übel ist (Sabbern und Erbrechen), er aber Appetit hat und Fressen die Symptome verbessert. Der Petroleum-Hund sollte also auf keinen Fall

nüchtern eine Autofahrt antreten. Es wird vermutet, dass der Petroleum-Hund unter dem Einfluss von Benzingeruch reisekrank wird. Nach den Regeln der Ähnlichkeit und der Wirkumkehr, die der Homöopathie zugrunde liegen, ist diese Vermutung nicht unwahrscheinlich.
Zwei charakteristische Symptome können den Hinweis auf *Petroleum* noch verstärken: erstens eine trockene, kahle, knotige Haut am Übergang von der Haut zur Schleimhaut (z. B. ums Maul, die Augen und den Anus) und zweitens weit weniger Hautbeschwerden im Winter. Letzteres ist typisch, da sich viele Hauterkrankungen bei Hunden im Winter verbessern und im Sommer verschlimmern.

Tabacum D6

Reisekrankheit, die durch Tabakgeruch verschlimmert wird (im Auto bitte nicht rauchen!). Charakteristisch für den Tabacum-Patienten ist, dass er sich eiskalt anfühlt. Der Hund bleibt mucksmäuschenstill. Bei Hitze verschlimmert sich sein Zustand, Lüften (Frischluft) bewirkt eine sofortige Besserung der Symptome.

Passiflora incarnata

Bei Bedarf kann die phytotherapeutische *Passiflora incarnata*-Tinktur eingesetzt werden, um unruhige Hunde ohne weitere Beschwerden zu unterstützen.

Potenz und Dosierung

Urtinktur (Passiflora incarnata)

Dreimal täglich 5 bis 20 Tropfen (je nach Größe des Hundes), vorzugsweise mindestens einen Tag vor der Autofahrt verabreichen. Wenn der Hund bereits einige Tage vor der Reise unruhig ist (Erwartungsangst), kann bereits mit der Verabreichung von Homöopathie oder Phytotherapie begonnen werden. Bei langen Fahrten empfiehlt es sich, bei Bedarf zwei- bis dreimal *Passiflora incarnata*-Tinktur im Abstand von drei bis vier Stunden zu verabreichen.

D3, D4, D6

Eine halbe Stunde vor der Reise eine Dosis, danach eine Dosis jede Stunde oder alle zwei Stunden. Höchstens dreimal verabreichen. Besser ist es, ab einer Woche vor der (ersten) geplanten Reise dreimal täglich eine Dosis zu geben, dann sechs bis acht Wochen lang verabreichen. Wenn der Hund in diesem Zeitraum fünf Autofahrten/Reisen lang symptomfrei ist, kann das Medikament im Allgemeinen abgesetzt werden. Der Hund ist dann meist dauerhaft beschwerdefrei.

D30

Einmal täglich eine Dosis für zwölf Wochen. Die D30 wird angewendet, wenn zusätzlich individuelle, dem Mittel entsprechende Symptome auftreten. Wenn der Hund während dieses Zeitraums für fünf Fahrten symptomfrei ist, kann das Medikament in der Regel abgesetzt werden. Der Hund ist dann in der Regel dauerhaft symptomfrei.

Hinweise

Aus Sicherheitsgründen erst ab D3/C2/2K erhältlich, vor allem wegen der giftigen Substanz Picrotoxin, auch bekannt als Cocculin.

Colocynthis

Koloquinte

Mittelherkunft

Das homöopathische Arzneimittel *Colocynthis* wird aus *Citrullus colocyntis* hergestellt. Die Pflanze ist auch unter dem Namen Koloquinte oder Bittergurke bekannt. Pflanzenfamilie: Cucurbitaceae (Salatgurkengewächse). Abk.: coloc.

Arzneimittelbild

Typ

Eine eindeutige Beschreibung des Colocynthis-Typs bei Hunden kann ich nicht geben. Merkmale, die zu einem Colocynthis-Typ passen könnten, wären, dass Beschwerden als Folge von Frust, Erregung oder geistiger Instabilität auftreten (DgDx *Ignatia amara*). Eine Folge könnte zum Beispiel das Erbrechen aus Frust sein. Charakteristisch für einen Colocynthis-Patienten ist, dass er schwallartig erbricht und/oder hat (meist) starke Schmerzen im Magen-Darm-Trakt, die (meist) nicht von Dauer sind, sondern anfallsartig auftreten. Es ist wahrscheinlich, dass reizbares und unruhiges Verhalten durch körperliches Unbehagen verursacht wird und umgekehrt.

Schwallartiges Erbrechen

Ein sehr auffälliges zusätzliches Einzelsymptom ist das schwallartige Erbrechen: Plötzlich, scheinbar grundlos und scheinbar ohne Anstrengung schleudert der Colocynthis-Patient den vollen Mageninhalt mit einem Mal nach vorne heraus. Dies geschieht in der Regel beim Aufstehen, nachdem er eine Weile gelegen hat. Es könnte eine Modalität der Verschlimmerung sein, wahrscheinlicher ist aber, dass der Colocynthis-Typ bereits das krampfhafte Zusammenziehen des Magens spürt (DgDx *Aethusa cynapium*) und deshalb aufsteht, um den Mageninhalt weit von sich weg zu erbrechen.

Die Nahrung kommt oft unverdaut wieder heraus, obwohl sie schon lange im Magen war, d. h. eigentlich schon im Darm sein müsste. So erbricht der Colocynthis-Patient am nächsten Morgen die Abendmahlzeit unverdaut. Manchmal ist die Ursache offensichtlich, meistens aber nicht.

Möglicherweise ist die unmittelbare Ursache eine Verkrampfung (Spasmus) des letzten Teils des Magens (Pars pylorica) vor dem Übergang (Pylorus) zum Zwölffingerdarm (Duodenum). Diese Symptome können chronisch werden und allmählich liegt eine Verdickung (Hypertrophie) der Pars pylorica vor. In solchen Fällen kann die Homöopathie nicht mehr ausreichend wirken und ein chirurgischer Eingriff wird erforderlich sein.

Modalitäten

Colocynthis passt gut zu chronisch rezidivierenden Unterleibsschmerzen (Koliken).

Bauchschmerzen treten bei Colocynthis-Patienten anfallsartig auf. Schwere Unterleibskrämpfe verschlimmern sich bei Bewegung, im Gegensatz zum Platinum metallicum-Patienten, bei dem sich die Unterleibskrämpfe bei Bewegung sogar verbessern. Kolikschmerzen bessern sich, wenn der Colocynthis-Patient zusammengerollt liegt. Das Gegenteil, nämlich eine Besserung der Schmerzen durch Hohlkreuz, flache Vorderbeine auf dem Boden und Stehen auf den Hinterbeinen („Gebetshaltung"), findet sich im Arzneimittelbild von *Plumbum metallicum*. Eine Verschlimmerung der Symptome tritt besonders am Abend und in der Nacht ein.

DgDx Kolik

Obwohl *Colocynthis* mehr oder weniger das Routinemittel bei chronisch rezidivierenden Koliken (Bauchschmerzen) ist, sollten wir auf jeden Fall versuchen, genügend zusätzliche Einzelsymptome zu finden, damit wir das Simillimum von den DgDx *Colocynthis*, *Cuprum metallicum*, *Ignatia amara*, *Nux vomica*, *Platinum metallicum*, *Plumbum metallicum* und *Staphisagria* abgrenzen können.

Potenz und Dosierung

Akute Fälle, wie Koliken oder schwallartiges Erbrechen, können mit *Colocynthis* D6 dreimal täglich eine Dosis für ein bis zwei Wochen behandelt werden. Da Colocynthis-Symptome krampfartig auftreten, kann das Mittel auch nur bei Vorliegen von Symptomen gegeben werden. Bei einer typotropen Anwendung geben wir *Colocynthis* in einer D30 eine Dosis einmal täglich über zwölf Wochen, eventuell (als Folgemaßnahme) in einer D200 (200K), je nach Reaktion, was in der Praxis meist einer Dosis einmal pro Woche bedeutet.

Hinweise

Aus Sicherheitsgründen erst ab D3/C2/2K erhältlich.

Crocus sativus

Safrankrokus

Mittelherkunft

Das homöopathische Arzneimittel *Crocus sativus* wird aus der gleichnamigen Pflanze hergestellt, die auch als Safrankrokus bekannt ist. Pflanzenfamilie: Iridaceae (Schwertliliengewächse). Abk.: croc.
Aus diesem Krokus wird Safran gewonnen.

Safran ist das wertvollste Gewürz der Welt, denn für die Herstellung von einem Kilogramm getrocknetem Safran werden etwa 150.000 Blüten und 400 Arbeitsstunden benötigt.

Arzneimittelbild

Typ

Der Crocus sativus-Typ kommt unter anderem bei Terriern und Kreuzungen vor. Er zeichnet sich hauptsächlich durch sein Verhalten und nicht durch seinen Körperbau aus. Der Crocus sativus-Typ ist selbstbewusst und unternehmungslustig. In der sozialen Hierarchie steht er unter den Platinum metallicum-Typen und Aurum metallicum-Typen, aber über dem Lycopodium clavatum-Typ.

Der Crocus sativus-Typ hat ein bemerkenswertes Verhalten: Das Tier hat vor nichts Angst und ist unverfroren. Es kann zu einem plötzlichen, heftigen Wechsel des Verhaltens kommen, von einem Extrem zum anderen. Beispielsweise spielt der Crocus sativus-Typ mit einem anderen Hund auf fröhlich-wilde Weise: Beide rennen hintereinander her, drehen sich rasend schnell und purzeln übereinander. Eine regelrechte Explosion an Energie. Und dann, einfach so, kommt es zu einer gewaltigen Aggression, mit heftigem Beißen und schweren Verletzungen – ohne Vorwarnung.

Potenz und Dosierung

Crocus sativus wird in einer D30 einmal täglich eine Dosis zwölf Wochen lang verabreicht, u. a. auf der Grundlage des oben beschriebenen Verhaltensproblems. Bei Bedarf (als Folgemaßnahme) kann je nach Ansprechen D200 (200K) oder MK verabreicht werden, was in der Praxis in der Regel einmal wöchentlich eine Dosis bedeutet. Möglicherweise kann das menschliche Repertorium bei der Erstellung der Arzneimitteldiagnose weitere Anregungen geben.

Hinweise

Nicht in der Trächtigkeit und Laktation verwenden! Dieser Warnhinweis gilt für D3/C1 in Tropfen- oder Tablettenform und für D1 in Globuliform.

Cuprum metallicum und Cuprum aceticum

Kupfer

Mittelherkunft

Das homöopathische Arzneimittel *Cuprum metallicum* wird aus dem Element Kupfer hergestellt. Das homöopathische Arzneimittel *Cuprum aceticum* wird aus der chemischen Verbindung Kupferacetat hergestellt. Chemische Zusammensetzung: Cu bzw. $Cu(CH^3COO)_2$ Abk.: cupr. und cupr-ac.

Arzneimittelbild

Typ

Ich kann (noch) keine Rasse nennen, die mehr als durchschnittlich zum Typ von *Cuprum metallicum* passt und ein Vorbild für das Mittel sein kann. Meine Erfahrung mit diesem Mittel ist sehr begrenzt. Soweit ich weiß, ist der Typus bei Hunden hauptsächlich durch ein ausgeprägtes Verhalten gekennzeichnet. Der Cuprum metallicum-Typ ist durch Angst und Schrecken gekennzeichnet. Es besteht eine sehr starke geistige und körperliche Anspannung. Nach einer gewissen Zeit unterdrückter Wut oder Angst kommt es zu heftiger, blinder Aggression mit Beißereien und schweren Verletzungen. Die Hauptursache für die geistige und körperliche Anspannung ist bei weitem die Unterdrückung der Aggression mit völliger Verkrampfung, Knurren und so weiter.

Krämpfe

Charakteristisch für das Arzneimittelbild von *Cuprum metallicum* ist das plötzliche Auftreten von heftigen Krampfzuständen: epileptische Anfälle mit Schreien, krampfartige Bauchkrämpfe (Koliken) mit Schreien (DgDx *Chamomilla*) oder krampfartiger Husten durch krampfartiges Zusammenziehen der Bronchien (eher eine Indikation für *Cuprum aceticum*).

Cuprum aceticum

Cuprum aceticum ist organotrop bei schwerem Bronchialkrampf angezeigt: Die Bronchien ziehen sich plötzlich krampfartig zusammen und verursachen einen trockenen Erstickungshusten.

Der Patient hält den Kopf tief gesenkt. Solche Krämpfe können durch eine Reizung der Bronchialschleimhaut entstehen. *Cuprum metallicum* ist nicht das erste Mittel, an das wir in der akuten Phase des Zwingerhustens denken, sondern eher, wenn der Husten aufgrund einer komplizierenden Bronchitis chronisch wird. Das Mittel ist auch bei dem mit einer Verengung der Luftröhre einhergehenden Erstickungshusten (Trachealkollaps) angezeigt, den wir vor allem bei kleinen Rassen wie dem Yorkshire-Terrier beobachten. Der Trachealkollaps entsteht, weil die Knorpelringe, die normalerweise die hohle Röhrenform der Luftröhre verstärken, erweichen.

Bei der Behandlung des Trachealkollapses ist die Prognose mit dem homöopathisch eingesetzten *Cuprum aceticum* davon abhängig, inwieweit eine Knorpelerweichung der Trachaea vorliegt und außerdem auch vom Temperament des Hundes.

Potenz und Dosierung

Im Falle einer organotropen Behandlung (einschließlich Bauchschmerzen) verschreiben wir *Cuprum metallicum* in einer D12 zweimal täglich eine Dosis für drei bis sechs Wochen. Bei medikamentöser Behandlung und Epilepsie bevorzugen wir *Cuprum metallicum* D30 einmal täglich eine Dosis für zwölf Wochen. *Cuprum aceticum* wird in der Regel organotrop in einer D4 dreimal täglich eine Dosis für mindestens drei bis sechs Wochen angewendet. Möglicherweise kann das menschliche Repertorium weitere Anregungen für die Arzneimitteldiagnose liefern.

Hinweise

Aus Sicherheitsgründen erst ab D3/C2/2K erhältlich.

D

Damiana

Mittelherkunft

Das homöopathische Arzneimittel *Damiana* wird aus *Turnera diffusa*, auch bekannt als *Turnera aphrodisiaca*, hergestellt, einer Pflanze aus der Gattung der Safranmalven (Turneraceae), Familie der Passionsblumengewächse.
Abk.: dam.
Die Azteken verwendeten *Damiana* gegen Impotenz.

Arzneimittelbild

Schließmuskel- oder Kastrationsinkontinenz

Unfreiwilliger Urinverlust in Ruhe und im Schlaf wird durch ein körperliches Problem verursacht und tritt nach der Kastration aufgrund eines reduzierten Hormonspiegels auf. Es wird angenommen, dass *Damiana* bei Hormonmangel wirkt. *Damiana* wirkt bei Rüden potenzsteigernd. Passiver Urinabgang ist nicht zu beobachten, wenn der Hund in Aktion ist. Auch für diesen Zustand gibt es eine wirksame und sichere reguläre Behandlung. Er tritt nicht nur bei Hündinnen, sondern auch bei Rüden auf, nicht oder nur sporadisch bei unkastrierten Hunden.
Diese körperliche Anomalie wird nicht immer klinisch manifest. Manchmal wird sie erst später im Leben, viele Jahre nach der Kastration, klinisch manifest. Dabei spielen noch andere Faktoren eine Rolle.
Zum Beispiel ein leichtes neurologisches Defizit aufgrund eines Rückenproblems (Spondylose), das auch die Nervenversorgung des Blasenschließmuskels beeinträchtigen kann. Es kann auch sein, dass die Urinproduktion erhöht ist, z. B. durch ein (beginnendes) Nierenversagen, wodurch die Blase etwas häufiger übervoll ist. Das sind dann quasi die Tropfen, die den Eimer zum Überlaufen bringen.
Bei (unbehandelten) Patienten mit Schließmuskelinkontinenz sehen wir oft, dass es nur manchmal Probleme mit unwillkürlichem Urinverlust gibt und dann wieder eine Zeit lang nicht. Der abgesenkte Hormonspiegel ist eine feststehende Tatsache und ist daher nicht für die wechselhafte Inkontinenz verantwortlich. Es zeigt sich, dass bei der Schließmuskelinkontinenz eine emotionale Modalität im Spiel ist, die unter bestimmten Umständen dafür verantwortlich ist, dass sich die Schließmuskelinkontinenz klinisch manifestiert. Deshalb können

homöopathische Mittel wie *Hyoscyamus niger* und *Pulsatilla pratensis* mit den entsprechenden Typen zur Behandlung der Sphinkter-Inkontinenz eingesetzt werden, oft ohne reguläre, phytotherapeutische oder andere homöopathische Intervention. Bevor eine Hyoscyamus niger- oder Pulsatilla pratensis-Hündin mit einer Vorgeschichte von unwillkürlichem Urinabgang kastriert wird, sollte man sich darüber im Klaren sein, dass diese Hündinnen überdurchschnittlich stark zur Schließmuskelkontinenz neigen (prädisponiert sind).

Potenz und Dosierung

Damiana D1 = Ø oder D3 eine Dosis dreimal täglich für ein bis zwei Wochen oder länger, falls erforderlich (in Absprache mit dem Tierarzt). In jedem Fall sollte man versuchen, das Simillimum zu finden.

Hinweise

Die D1 = Ø nicht während der Trächtigkeit und Laktation verwenden!

Digitalis purpurea

Roter Fingerhut

Mittelherkunft

Das homöopathische Arzneimittel *Digitalis purpurea* wird aus der gleichnamigen Pflanze hergestellt, die auch als Roter Fingerhut bekannt ist. Pflanzenfamilie: Scrophulariaceae (Braunwurzgewächse). Abk.: dig-p

Verwendung

Vor mehr als zwei Jahrhunderten war der englische Arzt William Withering der erste, der die Bedeutung der Blüten als Herzmittel feststellte. Die Wirkstoffe werden auch heute noch in der Schulmedizin verwendet.

Digitalis purpurea ist ein pflanzliches Arzneimittel, das in der regulären Tiermedizin als Herzmittel verwendet wird und unter den Namen Digitalis, Digoxin und Lanoxin bekannt ist. Patienten mit stark eingeschränkter Herzfunktion (decompensatio cordis) und übermäßig schnellem Herzschlag (Tachykardie) sprechen oft gut auf regelmäßige Gaben von Digitalis an. Die Herzfrequenz normalisiert sich und der Herzmuskel gewinnt an Kraft, so dass das Herz wieder ausreichend Blut durch den Körper pumpt. Nachteil des Arzneimittels ist, dass die Spanne zwischen therapeutischer Wirkung und Vergiftungssymptomen sehr klein ist. Man spricht dann von einem Arzneimittel mit einer engen Sicherheitsspanne. Für Digitalis bedeutet dies, dass ein Patient (Hund) bei einer nur geringfügig zu hohen Dosis leicht erbricht. Manche Patienten sind so empfindlich gegenüber Digitalis, dass sie bereits bei niedrigen Dosen, die therapeutisch kaum oder gar nicht mehr wirksam sein können, zu erbrechen beginnen. In der Praxis habe ich festgestellt, dass, wenn wir diese Patienten, die überempfindlich auf Digitalis reagieren, mit *Digitalis purpurea* D6 in einer homöopathischen Potenz behandeln, die rechnerisch einer Verdünnung von 1:1.000.000 entspricht, wir die gleiche Wirkung wie bei Digitalis in normaler Dosierung bei Patienten sehen, die weniger empfindlich auf dieses Mittel reagieren. Das Ergebnis ist auch, dass sich die Herzfrequenz normalisiert und der Herzmuskel an Kraft gewinnt, so dass das Herz wieder ausreichend Blut durch den Körper pumpt, wodurch Stauungsphänomene wie Flüssigkeitsansammlungen in den Bauch- und Brusthöhlen reduziert und die vorhandenen Hustensymptome verringert werden.

Potenz und Dosierung

Patienten, die überempfindlich auf Digitalis reagieren, sind mit *Digitalis purpurea* D6 eine Dosis dreimal täglich, so lange wie nötig zu behandeln. Es kann versucht werden, die Dosis auf eine Unterdosierung zu reduzieren, zwei- bis einmal täglich eine Dosis.

Hinweise

Aus Sicherheitsgründen erst ab D3/C2/2K erhältlich. Außerdem gilt für D3 Dilution eine Trächtigkeitswarnung!

Dulcamara

Bittersüßer Nachtschatten

Mittelherkunft

Das homöopathische Arzneimittel Dulcamara wird aus der gleichnamigen Pflanze (vollständiger Name *Solanum Dulcamara*) hergestellt, die auch als Bittersüßer Nachtschatten bekannt ist. Pflanzenfamilie: Solanaceae (Nachtschattengewächse). Abk.: dulc.

Arzneimittelbild

Eiseskälte

Meine Erfahrung mit der Anwendung von homöopathischen Potenzen von *Dulcamara* ist begrenzt. Sehr auffällig ist jedoch die offensichtliche Modalität der Verschlimmerung durch (feuchte) Kälte, und zwar in viel stärkerem Maße als bei Rhus toxicodendron-Patienten.

Wenn man an die Auswirkungen von extremer Kälte denkt, fällt einem als erstes *Dulcamara* ein. Beispiele: Muskel-, Sehnen- und Gelenkprobleme, Blasenentzündung, Bronchitis und Lungenentzündung durch Schwimmen in eiskaltem Wasser. Diese Modalität kann bei *Dulcamara* hierarchisch aufgewertet werden, so dass trotz Symptommangels eine erfolgreiche Arzneimitteldiagnose auf der Grundlage dieser starken Modalität gestellt werden kann.

Potenz und Dosierung

Dulcamara D6 eine Dosis dreimal täglich für ein bis drei Wochen.

Hinweise

Aus Sicherheitsgründen erst ab D3/C2/2K erhältlich.

E

Echinacea purpurea

Roter Sonnenhut

Mittelherkunft

Das phytotherapeutische Arzneimittel *Echinacea purpurea* wird aus der gleichnamigen Pflanze hergestellt, die auch als Roter Sonnenhut bekannt ist.
Innerhalb der Gattung Echinacea betrachten wir Echinacea angustifolia, den Schmalblättrigen Sonnenhut, als gleichwertig in Bezug auf die Wirkung. Pflanzenfamilie: Asteraceae (Korbblütler). Abk.: ech-p

Anwendung

Das Arzneimittel *Echinacea purpurea* wird manchmal auch „Leukozyten-Anreger" genannt. Seine Wirkung soll auf der Stärkung des Immunsystems durch Erhöhung der Anzahl der weißen Blutkörperchen beruhen. Mittlerweile sind die Forschungen und Ergebnisse aus der großflächigen Anwendung bei Mensch und Tier hinreichend überzeugend, was die Wirksamkeit betrifft. Selbst in höheren Dosen erweist sich die Pflanze als ungiftig, und auch bei lokaler Anwendung sind keine Gewebeschäden zu beobachten. *Echinacea purpurea* wird phytotherapeutisch und damit nicht nach dem Simile-Prinzip angewendet.

Immunabwehr

Die Hauptwirkung von *Echinacea purpurea* besteht in der Stärkung der körpereigenen Abwehrkräfte gegen bakterielle, virale und parasitäre Infektionen. *Echinacea purpurea* wird manchmal als „homöopathisches Antibiotikum" bezeichnet.
Die Ähnlichkeit mit der Homöopathie besteht in der stimulierenden Wirkung auf die Selbstheilungskräfte des Körpers. Die Verwandtschaft mit Antibiotika besteht darin, dass es hilft, Infektionen zu beseitigen. *Echinacea purpurea* wirkt indirekt über die Selbstheilungskräfte des Körpers, Antibiotika direkt durch Abtötung oder Hemmung von Bakterien in ihrer Entwicklung. Im Labor wurde festgestellt, dass *Echinacea purpurea* Bakterien und Pilze auf einem Nährmedium nicht abtöten kann. *Echinacea purpurea* tötet auch keine Viren, Würmer, Darm- oder Blutparasiten. Wenn die Selbstheilungskräfte des Körpers nicht ausreichend sind oder die Infektion zu dominant ist, können wir mit *Echinacea purpurea* nichts für unsere Patienten tun.

Anwendung zusammen mit Homöopathie

Echinacea purpurea wird oft zusammen mit einem homöopathischen Mittel eingesetzt. So bildet es beispielsweise eine gute Kombination mit *Apis mellifica* bei juveniler Zellulitis bei Welpen oder kann als Überbrückung für die ersten drei Wochen nach einer Autonosoden-Injektion dienen, wenn diese noch nicht wirksam ist. Generell *gilt: Echinacea* purpurea ist eine zusätzliche Unterstützung bei der homöopathischen Behandlung von Infektionen, zum Beispiel neben Mitteln wie *Belladonna, Hepar sulfuris, Mercurius vivus, Tarantula cubensis, Lachesis mutus* und *Pyrogenium.*

Potenz und Dosierung

Grundsätzlich verwende ich *Echinacea purpurea* innerlich als Ø, dreimal täglich eine Dosis, für drei Wochen, nicht kürzer und nicht länger. *Echinacea purpurea* kann auch innerlich in einer D3 dreimal täglich eine Dosis für drei Wochen angewendet werden.

Man kann hier eine Analogie zur Wirkung von *Kalium iodatum* sehen, wo Hans Wolter gezeigt hat, dass *Kalium iodatum* D3, d. h. in potenzierter Form, genauso wirksam ist wie in Urtinktur. Vielleicht macht hier die individuelle Empfindlichkeit gegenüber dem Arzneimittel den Unterschied bei der Wahl von Ø oder D3 aus. Bei *Echinacea purpurea* wissen wir noch nicht, welche (zusätzlichen) Eigenschaften für diese erhöhte individuelle Empfindlichkeit verantwortlich sind. Auch deshalb verschreibe ich sicherheitshalber standardmäßig die Urtinktur.

Echinacea purpurea-Tinktur kann auch äußerlich angewendet werden. Ich selbst habe keine nennenswerten Erfahrungen damit.

Hinweise

Keine. Es gibt jedoch Anbieter, die vorsichtshalber vor der Verwendung von Echinacea Urtinktur und Extrakten in der Schwangerschaft/Trächtigkeit warnen.

G

Gelsemium sempervirens

Gelber Jasmin

Mittelherkunft

Das homöopathische Arzneimittel *Gelsemium sempervirens* wird aus der gleichnamigen Pflanze hergestellt, die auch als Gelber Jasmin oder Carolina-Jasmin bekannt ist.
Die Pflanze gehörte zur gleichen Familie wie *Nux vomica* und *Ignatia amara*, wird aber heute den Gelsemiaceae zugeordnet. Abk.: gels.

Arzneimittelbild

Typ

Ich kann (noch) keine Rasse nennen, die mehr als durchschnittlich zum Typ von *Gelsemium sempervirens* passt und als Vorbild für das Mittel dienen kann. Dieser Typ ist hauptsächlich durch das Verhalten und nicht durch den Körperbau gekennzeichnet. Beispiele hierfür sind Jagdhunde wie Pointer, Setter, Drentse Patrijshond, Stabijhoun und ähnliche. Der Gelsemium sempervirens-Typ ist dominant und liegt unterhalb der Platinum metallicum-Typen und Aurum metallicum-Typen sowie oberhalb des Lycopodium clavatum-Typs.

Aufregung

Der rote Faden, der sich durch das Arzneimittelbild von *Gelsemium sempervirens* zieht, ist eine extrem schnelle und intensive Erregung. Diese Erregung kann durch Vorfreude oder Angst vor kurz bevorstehenden Dingen ausgelöst werden. Bei einem Rüden kann eine läufige Hündin der Auslöser für das Verhalten von *Gelsemium sempervirens* sein, aber auch die enorme Leidenschaft für die Jagd oder andere sportliche Aktivitäten kann die Erregung beim Gelsemium sempervirens-Hund in große Höhen treiben.
Die Beschwerden, die eine Folge dieser psychischen Anstrengungen sind, treten bei dem Gelsemium sempervirens-Patienten nach einem Ereignis auf. Beim Argentum-nitricum-Patienten sehen wir ebenfalls eine Erwartungsangst, aber die Beschwerden, die eine Folge dieser psychischen Anstrengungen sind, treten dann *vor* dem Ereignis auf. Der Calcium carbonicum-Patient zeigt eine Verschlimmerung der Beschwerden vor allem durch körperliche Anstrengung. Beim Gelsemium sempervirens-Hund sind die Folgen von Angst und Aufregung Durchfall, insbesondere chronisch rezidivierende Darmkrankheiten, und Epilepsie.

Fokus

Der Gelsemium sempervirens-Patient ist weniger sprunghaft als der Argentum nitricum-Patient: Er weiß nur zu gut, was er will. Charakteristisch für einen Gelsemium sempervirens-Patienten ist extreme Unruhe mit anhaltender Fokussierung und Zittern am ganzen Körper. Mit anhaltender Fokussierung meine ich, dass der Hund übermäßig auf das betreffende Objekt, z. B. ein Stück Wild oder eine läufige Hündin, fixiert ist, und aggressiv reagiert, wenn er dabei gestört wird. Er vergisst einfach zu trinken. Vielleicht eine logische Erklärung für das Symptom „fehlendes Durstgefühl" im Arzneimittelbild von *Gelsemium sempervirens*.

Hypersexualität

Der Gelsemium sempervirens-Rüde zeigt eine übermäßig starke sexuelle Erregung. Wenn er die Gelegenheit bekommt, geht er in die Vollen. Wird er für dieses äußerst lästige hypersexuelle Verhalten korrigiert, kann er sehr gereizt bis heftig aggressiv reagieren. Es kommt zur Ejakulation ohne Erektion. Auch eine vorzeitige Ejakulation während der Paarung und eine sekundäre Impotenz durch extreme Erregung können auftreten.
Bei einer Gelsemium sempervirens-Hündin kann eine extreme Erregung während der Geburt zu einer schlechten Dilatation und Wehenschwäche führen.

Dekompensation

Gelegentlich sehen wir ein ganz anderes (entgegengesetztes) Arzneimittelbild, das offenbar auch zu *Gelsemium sempervirens* passt. Ich habe es häufiger bei Katzen und Rindern gesehen. Ein Bild, das als Folge einer akuten Virusinfektion mit starkem Schnupfen, hängenden Oberlidern (Ptosis), Apathie, Verdacht auf starke Kopfschmerzen – mit lokalen Hirnnervenausfällen als Komplikation – einhergeht. Ein solches ambivalentes Arzneimittelbild ist in der homöopathischen Materia Medica häufiger anzutreffen.

Potenz und Dosierung

Wir verwenden *Gelsemium sempervirens* eigentlich immer in D30 eine Dosis einmal täglich über zwölf Wochen. Falls erforderlich, können höhere Potenzen verwendet werden, D200 (200K) oder MK, je nach Reaktion, was in der Praxis in der Regel eine Dosis einmal pro Woche bedeutet.

Hinweise

Zur Sicherheit erst ab D3/C2/2K erhältlich.

Gnaphalium polycephalum

Vielköpfiges Ruhrkraut

Mittelherkunft

Das homöopathische Arzneimittel *Gnaphalium polycephalum* wird aus der gleichnamigen, in Nordamerika heimischen Pflanze hergestellt, die auch als Vielköpfiges Ruhrkraut bekannt ist. Pflanzenfamilie: Asteraceae (Korbblütengewächse). Abk.: gnaph.

Arzneimittelbild

Beim Menschen

Gnaphalium polycephalum ist beim Menschen als Komplexmittel (Gnaphalium Pentarkan) für Ischias bekannt geworden. Ischias ist eine Erkrankung des unteren Rückens mit Ausstrahlung von Schmerzen, Taubheitsgefühl und/oder Stechen am Ischiasnerv, dem Nerv, der vom letzten Teil des Rückenmarks, dem Übergang zwischen dem letzten Lendenwirbel und dem Hüftknochen, zum Bein verläuft. Ischias ist auch als Hexenschuss oder Lumbago beim Menschen bekannt.

In der Humanliteratur werden noch folgende Symptome aus dem Arzneimittelbild von *Gnaphalium polycephalum* berichtet: Darmbeschwerden, Harnbeschwerden, Prostatabeschwerden und erhöhter Sexualtrieb.

Ich habe diese Symptome (noch) nicht bei dem Hund gesehen – sie waren entweder nicht da oder ich habe sie übersehen.

Cauda-Equina-Syndrom (CES)

Ischiasbeschwerden beim Menschen und das Cauda-Equina-Syndrom (CES) beim Hund sind sich sehr ähnlich. Ich verwende *Gnaphalium Pentarkan* bei CES mit guten Ergebnissen.

Gnaphalium polycephalum ist gekennzeichnet durch intensive, lokalisierte, einschießende Schmerzen bei einer falschen Bewegung im lumbosakralen Bereich, am Übergang vom letzten Lendenwirbel (L7) zum ersten Sakral- oder Kreuzbeinwirbel (S1). Als Folge einer neurologischen Störung auf der Höhe des Kreuzbeins (L7 bis S1) kann sich eine diffuse Lahmheit in einem der Hinterbeine entwickeln, die sich durch ausstrahlende Schmerzen, Kribbeln oder Taubheit äußert. Diffus, weil bei der klinischen Untersuchung keine Schmerzen im lahmenden Bein festgestellt werden können. Taubheit an den Hinterbeinen kann auch dadurch diagnostiziert werden, dass das betroffene Bein weniger Spannung (Tonus) hat. Die Lähmung am Hinterbein ist fast immer einseitig, selten auch beidseitig. Manueller Druck auf den Rücken und ein Hohlkreuz können am Kreuzbein (Os sacrum) starke Schmerzen auslösen. Mit zusätzlicher bildgebender Diagnostik (Röntgen, CT) ist die Diagnose relativ einfach zu stellen.

Potenz und Dosierung

Zusammensetzung Gnaphalium Pentarkan: *Aconitum napellus* D4, *Dulcamara* D3, *Gnaphalium polycephalum* D2, *Phytolacca decandra* D3, *Rhus toxicodendron* D4 dreimal täglich 10 bis 20 Tropfen der Kombination für sechs Wochen lang. Nach sechs Wochen wird die Dosierung wochenweise über zweimal täglich und einmal täglich bis auf null reduziert. Danach je nach Bedarf, ein bis drei Wochen lang.

Relevante Merkmale der weiteren Wirkstoffe in diesem Komplex sind: *Aconitum napellus*: (per)-akute und kurzzeitige sehr intensive Schmerzen. *Dulcamara*: Kälte als eine sehr ausgeprägte Modalität. *Phytolacca decandra*: nagende, intensive rheumatische Schmerzen. *Rhus toxicodendron*: Sehnen- und Muskelschmerzen aufgrund von Fehlbelastungen.

Hinweise

Keine

Graphites

Graphit

Mittelherkunft

Das homöopathische Arzneimittel *Graphites* wird aus Graphit hergestellt. Graphit ist ein Mineral und besteht hauptsächlich aus reinem Kohlenstoff. Es enthält auch geringe Mengen an Kieselsäure, Eisen, Kalzium und Mangan. Eine Bleistiftmine besteht aus Graphit. Abgekürzte Schreibanweisung: graph.

Arzneimittelbild

Typ

Der Graphites-Typ wird am besten als „dick, dumm, langsam, traurig und kalt" beschrieben. Der Graphites-Hund schläft viel und hat wenig Lust auf Spaziergänge. Beim Spaziergang stapft er immer hinterher. Morgens ist die Trägheit am größten.
Vom Körperbau her könnte man den Graphites-Typ mit dem Calcium carbonicum-Typ verwechseln, allerdings ist der Graphites-Typ eher apathisch, der Calcium carbonicum-Typ eher angespannt. Der Graphites-Patient betritt den Behandlungsraum schleppend nach dem Besitzer und scheint während der Anamnese abwesend zu sein. Auch auf dem Behandlungstisch steht er teilnahmslos auf dem Tisch. Der Calcium carbonicum-Typ muss mit etwas Druck in den Behandlungsraum „gezogen" werden. Man sieht ihm die Unruhe im Gesicht an. Wird der Calcium carbonicum-Typ auf den Behandlungstisch gelegt, leistet er Widerstand, gerät mehr oder weniger in Panik und beißt aus Angst schon mal um sich.

Schilddrüse

Das Bild von *Graphites* ist dem Bild einer Schilddrüsenunterfunktion (Hypothyreose) sehr ähnlich. Bei allen Patienten, auf die das Arzneimittelbild von *Graphites* zutrifft, führen wir Blutuntersuchungen durch: Bestimmung des Schilddrüsenhormons (T4) und des schilddrüsenstimulierenden Hormons aus der Hirnanhangsdrüse (TSH).
Patienten mit im Blut nachweisbaren langsamen Schilddrüsenfunktion (primäre Hypothyreose) sollten wir Schilddrüsenhormone supplementieren. Dies ist auch längerfristig eine geeignete und sichere Behandlung. Wenn das Bild passt, aber die Blutwerte (T4, TSH) normal sind oder sich durch die Supplementierung inzwischen normalisiert haben, kann *Graphites* in Betracht gezogen werden, vorausgesetzt, wir können mit zusätzlichen individuellen Symptomen das diagnostizierte *Graphites* bestätigen und haben kein anderes Simillimum gefunden. Ob eine bereits eingeleitete Schilddrüsenhormon-Supplementierung reduziert werden soll, kann nur durch Überwachung der Blutspiegel (T4, TSH) festgestellt werden.
Ich selbst entscheide mich bei einer Schilddrüsenunterfunktion prinzipiell eher für eine Nahrungsumstellung als für die Homöopathie, da sich eine Nahrungsumstellung als wirksam und langfristig sicher erweist.

Verhalten

Der Graphites-Hund kann gegenüber Kindern und Welpen reizbar sein. Wenn er von Kindern angesprochen und angefasst oder von einem aufdringlichen, verspielten Welpen angerempelt wird, kann er kurz knurren, läuft dann aber weg. Er zeigt also keine aggressives Verhalten, sondern möchte einfach nur in Ruhe gelassen werden; Es ist ihm alles zu viel. *Platinum metallicum* zeigt Aggression ganz besonders gegenüber Welpen. Die Aggression gegenüber

Welpen ist in der Tat eine sehr heftige Reaktion, bei der der Welpe zwar wie am Spieß schreit, aber in der Regel keine Schäden wie z. B. Bisswunden davonträgt. Der Graphites-Typ ist verunsichert, ängstlich, aber nicht hysterisch. Er ist nicht panisch, sondern nur leicht gereizt. Der Platinum metallicum-Typ ist eine natürliche Führungsautorität. Ein Blick reicht aus, um die Dinge unter Kontrolle zu bekommen und zu halten, Kämpfen ist nicht nötig.

Gewebeschlaffheit

Ein charakteristisches lokales Symptom von *Graphites* bei einer Hündin sind hängende, schlaffe, Milchzitzen, die wie „Lappen" unter dem Bauch hängen. Das Ungewöhnliche daran ist, dass diese Gewebeschlaffheit bei Hündinnen auftritt, die noch nie einen Wurf hatten und noch nie scheinschwanger waren – also ohne logische Ursache. Ohnehin tritt eine Scheinträchtigkeit bei einer Graphites-Hündin eigentlich niemals auf und ich habe den Eindruck, dass die Scheinträchtigkeit bei *Graphites* eher ein Ausschlusssymptom ist.

Das Faszinierende ist, dass sich diese hängenden Gewebelappen wieder straffen können, wenn der Patient gut auf *Graphites* anspricht. Dabei ist es eigentlich unvorstellbar, dass bei einer solchen Anomalie jemals wieder eine straffe Bauchlinie zu sehen sein wird. Charakteristisch für den Graphites-Rüden ist auch, dass vor allem Hodensack und Vorhaut stark herabhängen. Der Zyklus der Hündin ist etwas länger, etwa 9–11 Monate, und/oder die Läufigkeit ist weniger intensiv. Bei *Graphites* sehen wir Fruchtbarkeitsstörungen: gedeckt, aber nicht aufgenommen (= nicht trächtig).

Haut

Symmetrische Kahlstellen

Die bekannteste Indikation für *Graphites* sind symmetrische Kahlstellen, meist ohne, manchmal mit Juckreiz. Wir sehen das Bild vor allem beim Wetterhoun, aber es gibt noch weitere Rassen, bei denen diese typische Anomalie auftritt. Es besteht eine symmetrische Kahlheit hinter den Ohren, an den Flanken und an den Hosen. In einem fortgeschrittenen Stadium breitet sie sich aus und kann Hals und Nacken ebenfalls erfassen. Diese symmetrische Kahlheit ist an sich ein starkes Symptom für *Graphites*. Eine hierarchische Aufwertung eines ansonsten (nur) lokalen Symptoms. Eine Kahlheit hinter den Ohren bei einer Ohrenentzündung könnte auch durch Kratzen verursacht werden und ist dann ein geringgradiges (lokales) Symptom.

Seborrhö

Eine bekannte Indikation für *Graphites* ist die Seborrhö (Elefantenhaut). Dabei handelt es sich um eine chronische Haut- und Ohrenentzündung mit Talgabsonderung, die zu fettiger, verdickter und anthrazitfarben pigmentierter Haut führt. Häufig verursacht ein Hefepilz (Dermassezia pachydermatis) zusätzlich Komplikationen. Typisch für Hefepilze ist eine chronische (übelriechende) Haut- und Ohrenentzündung mit anthrazitfarbener Verfärbung der Haut an der Innenseite der Ohren, am Hals, manchmal auch um die Augen und die Schnauze, zwischen den Zehen, besonders in den Achselhöhlen und Leisten, um den Anus, die Vulva und die Vorhautöffnung. Hornhautbildung tritt u. a. an den Ellenbogen auf (viel weniger als bei *Antimonium tartaricum*).

Im Allgemeinen sind trockene, verklebte Haut an der Nase, den Pfotenballen und Zitzen Merkmale, die in das Arzneimittelbild von *Graphites* passen. Fissuren (Risse) in Körperöffnungen gehören ebenfalls zum Arzneimittelbild von *Graphites*.

Akne

Chronische Entzündungen der Haut mit Pusteln (Akne), insbesondere der mittleren Zehenhaut, des Kinns und der Schnauze, können ebenfalls zu *Graphites* (DgDx *Hepar sulfuris*) passen.

Augen

Auch chronische Augenentzündungen gehören zum Krankheitsbild von *Graphites*: chronische Bindehautentzündungen (Konjunktivitis) mit schleimigem, manchmal leicht eitrigem Ausfluss, chronische Lidrandentzündungen (Blepharitis), oft begleitet von Lidkahlheit und chronische Hornhautentzündungen (Keratitis) mit schlecht heilenden Hornhautgeschwüren.
Vor etwa 30 Jahren berichteten homöopathische Ärzte über die Behandlung von Kindern mit einem hartnäckigen Hornhautgeschwür (Ulcus corneae), das durch einen Herpesvirus verursacht wurde, mit *Graphites* D6 in Kombination mit *Silicea D6*. Die Kombination *Graphites* D6 und *Silicea D6* dreimal täglich eine Dosis von beiden für mindestens sechs bis zwölf Wochen, scheint auch bei Hunden mit einem Hornhautgeschwür, das nicht heilen will (indolentes Geschwür), wirksam zu sein – selbst nach einer Kürettage (chirurgische Entfernung eines Gewebes durch Ausschabung) oder einer immer wieder aufflammenden Entzündung. Eine typotrope Behandlung ist hier natürlich vorzuziehen.

Stoffwechsel

Im Allgemeinen sehen wir beim Graphites-Hund, dass der Stoffwechsel verlangsamt ist. Nicht selten sehen wir eine niedrige Körpertemperatur und einen niedrigen Puls. Im Allgemeinen besteht eine Überempfindlichkeit gegenüber Infektionen und die Heilungstendenz ist verzögert. Der Appetit des Graphites-Patienten ist in der Regel gesteigert, aber das Trinken ist normal. Dies steht im Gegensatz zum Bild des Cushing-Patienten, der (extrem) durstig und (extrem) hungrig ist.

Modalitäten

Graphites ist mehr oder weniger stark linksseitig. Die Entzündung des äußeren Gehörganges (Otitis externa) ist bei Graphites-Patienten oft linksseitig (DgDx *Ignatia amara*, *Sulfur* und *Hepar sulfuris*). *Ignatia amara* und *Sulfur*: feuerrotes linkes Ohr bei beiden. *Hepar sulfuris*: eitriger Ausfluss, der nach altem Käse riecht. *Graphites*: honigartiger Ausfluss.

Potenz und Dosierung

In der organotropen Anwendung verordnen wir bei bestimmten Indikationen (u. a. chronische Entzündungen) *Graphites* in D6 in Kombination mit *Silicea* D6 von beiden dreimal täglich eine Tablette über mindestens sechs bis zwölf Wochen.
Bei symmetrischer Kahlheit ohne Juckreiz im Fell geben wir *Graphites* in einer D6 dreimal täglich eine Tablette in Kombination mit Melatonin, einmal täglich 5 mg (bei kleinen Hunden) und zweimal täglich 5 mg (bei großen Hunden) für mindestens zwei Monate – vorausgesetzt, es besteht kein Juckreiz, der Hund hat keine zusätzlichen Symptome einer Schilddrüsenunterfunktion und die Blutwerte (T4, TSH) sind normal. Rechnen Sie damit, dass die vollständige Erholung von Hautbeschwerden mindestens zwei bis drei Monate dauert.
Bei einer typotropen Behandlung geben wir zwölf Wochen lang einmal täglich eine D30-Dosis, eventuell (als Folgemaßnahme) D200 (200K), MK oder 10MK, je nach Reaktion.

Hinweise

Keine

H

Harpagophytum procumbens

Teufelskralle

Mittelherkunft

Das homöopathische Mittel *Harpagophytum procumbens* wird aus der gleichnamigen Pflanze hergestellt, die auch als Teufelskralle bekannt ist. Die Pflanze wird auch als pflanzliches Arzneimittel verwendet. Pflanzenfamilie: Pedaliaceae (Sesamgewächse). Abk.: harp.

Arzneimittelbild

Morbus Bechterew

Meine erste Begegnung mit *Harpagophytum procumbens* war ein Vortrag des deutschen Arztes Kant über dieses Mittel auf einem Homöopathiekongress der Firma VSM in Zeist, irgendwann in der zweiten Hälfte der 1970er Jahre. Ich war beeindruckt von den Ergebnissen, die das Mittel bei Morbus Bechterew und Hüftarthrose beim Menschen erzielte. Ich beschloss, *Harpagophytum procumbens* auch bei Hunden mit Spondylose einzusetzen. Und das seit vielen Jahren mit Erfolg. Morbus Bechterew ist eine Diskospondylitis, eine chronische Erkrankung bei Menschen, bei der es aufgrund einer Entzündung der Bandscheibe und der beiden angrenzenden Wirbelkörper zu schmerzhafter Steifheit und letztlich zur Versteifung der Wirbelsäule kommt. Diese Anomalie ist der Spondylose bei Hunden sehr ähnlich.

Spondylose

Harpagophytum procumbens wird organotrop als pflanzliches Arzneimittel oder als homöopathisches Mittel bei chronischer Arthritis (Arthrose) der Wirbelübergänge oder Wirbelgelenke und der größeren Gelenke, wie Hüft- und Kniegelenke, angewendet.
Die Spondylose ist eine chronische sterile Entzündung (Entzündung ohne Infektion) der Gelenke, deren degenerative Prozesse häufig im Bereich der Bandscheiben beginnen und dann auf die Wirbelkörper übergreifen. Es bilden sich Knochensporne (Exostosen), die im Verlauf an Größe zunehmen und Wirbelsegmente wie eine Brücke an den Wirbelübergängen knöchern verbinden. Das führt zunächst zu einer schmerzhaften Steifheit der Wirbelsäule und später, wenn die Knochenbrücken geschlossen sind, zu deren vollkommenen Versteifung.

Modalitäten

Die Modalitäten im Arzneimittelbild von *Harpagophytum procumbens* sind minderwertig, d. h. sie sind nicht wirklich hilfreich. *Harpagophytum procumbens* ist leicht von anderen Mitteln zu unterscheiden. Aus Erfahrung wissen wir, dass *Harpagophytum procumbens* in den meisten Fällen von Spondylose ein geeignetes und sicheres Mittel ist. Die Schmerzsymptome bessern sich bei Wärme und Ruhe, verschlimmern sich aber bei Unruhe und feuchtem Wetter, besonders beim Wechsel von trockenem zu feuchtem Wetter. Die Symptome sollen sich auch besonders nachts verschlimmern. Zumindest ist dies für den Menschen beschrieben worden.

Während die Modalitäten beim Menschen offensichtlich sein mögen, sind sie mir bei Tieren nie besonders aufgefallen.

Potenz und Dosierung

Ich habe das Mittel und die Potenzwahl aus der Humanhomöopathie übernommen: *Harpagophytum procumbens* D6 grundsätzlich dreimal täglich eine Dosis für sechs bis zwölf Wochen.

Kombination mit anderen Mitteln

Später begann ich, das Mittel bei Spondylose in einer Kombination zu verwenden: *Harpagophytum procumbens* D6, *Plumbum metallicum* D12 und *Strychninum nitricum* D12 zweimal täglich eine Dosis der Kombination für zwölf Wochen und danach einmal täglich eine Dosis als Erhaltungsdosis zu geben. In der Praxis läuft es meist darauf hinaus, die Kombination dauerhaft zu geben, ein- oder noch einmal zweimal täglich eine Dosis. Der Zusatz von *Plumbum metallicum* und *Strycnninum nitricum* soll auch den neurologischen Teil des Problems angehen.

Homöopathie versus Phytotherapie

Harpagophytum procumbens wird auch in der Phytotherapie im D1 = Ø bei ähnlichen Indikationen eingesetzt. Dies würde bedeuten, dass die D1 = Ø und D6 beide auf der gleichen Seite des Kipppunktes liegen. Obwohl ich selbst in fast allen Fällen von unkomplizierter Spondylose gute Erfahrungen mit der D6-Potenz in der Kombination zweimal täglich eine Dosis, gemacht habe, könnte es durchaus sein, dass bei unzureichenden Ergebnissen mit der D6-Potenz noch Ergebnisse mit *Harpagophytum procumbens* D3 oder D1 = Ø, beide dreimal täglich eine Dosis, erzielt werden könnten.
Ich selbst habe noch nie eine Verschlimmerung der Symptome unter D6 gesehen, wie z. B. eine Verschlimmerung der schmerzhaften Steifheit, aber wenn das der Fall sein sollte, z. B. bei einem sensibilisierten Patienten mit sehr chronischen Symptomen, könnte auch D12 eine Option sein, zweimal täglich eine Dosis.

Hinweise

In Anlehnung an die Empfehlungen in der Humanliteratur (Geert Verhelst, *Großes Handbuch der Heilpflanzen*) ist es ratsam, das D1 = Ø von *Harpagophytum procumbens* auch bei Hunden nicht während der Trächtigkeit und Laktation, nicht neben (regulären) blutverdünnenden Medikamenten und nicht bei Blutungen anzuwenden. Das bedeutet, dass *Harpagophytum procumbens* in dieser Stärke auch nicht ab zwei Wochen vor einem chirurgischen oder zahnärztlichen Eingriff verabreicht werden sollte.

Hekla lava

Lava des Vulkans Hekla

Mittelherkunft

Das homöopathische Arzneimittel *Hekla lava* wird aus der Lava des Vulkans Hekla in Island hergestellt. Die Lava enthält Aluminium-, Magnesium- und Kalziumsilikate. Abk.: hecla.

Arzneimittelbild

Intoxikation

In der Nähe des Hekla-Vulkans ist das Weidegras mit Lava „kontaminiert". Schafe, Rinder und Pferde, die darauf grasen, können im Sommer unter großen Knochenwucherungen (Exostosen) an den Kieferknochen leiden, insbesondere an den Unterkiefern. Auch die anderen Knochen des Schädels, der Hüfte und der Schienbeine sind oft verdickt und sperrig und so spröde und zerbrechlich, dass sie beim Kochen spontan in zwei Teile brechen können. Schwellungen an den Unterkiefern bestehen aus lockerem Knochengewebe und sind dunkler gefärbt als der ursprüngliche Knochen. In schweren Fällen finden sich unter den Schwellungen Hohlräume bis hin zum Knochenmark (Osteoporose). Die Lymphknoten im Hals sind geschwollen und verhärtet. Bemerkenswerterweise verschwinden die (Kiefer-)Verdickungen spontan im Winter, wenn die Tiere im Stall gehalten werden.

Knochenverfall

Ich habe *Hekla lava* regelmäßig bei chronischen Entzündungen im Knochenbereich eingesetzt, insbesondere bei infizierten Entzündungen mit Knochenauflösung (Osteoporose), Knochenmarkentzündung (Osteomyelitis), Absterben von Knochengewebe (Knochennekrose) und Abszessbildung.
Eine solche Beschreibung passt auch auf Karies in Zähnen und umliegenden Kieferknochen. Ich habe verfallende entzündliche Prozesse in Knochen und Knochenmark gehabt, bei denen eine hohe Wahrscheinlichkeit bestand, dass bei pathologischen Frakturen nach vorsichtiger Extraktion der verfaulten Elemente eine vollständige funktionelle Heilung mit einer Kombination aus NSAID, Anitibiotikum und *Hekla lava* D6 beobachtet wurde. Angesichts der Geschwindigkeit der funktionellen Erholung habe ich keinen Zweifel an der sinnvollen Rolle von *Hekla lava* in solchen Fällen. *Hekla lava* ist auch als Mittel bei komplizierten (infizierten) Knochenbrüchen indiziert, bei denen die Gefahr besteht, dass die Knochen nicht zusammenwachsen oder die Verbindung zwischen den Frakturteilen nicht wiederhergestellt werden kann.
Hekla lava findet auch Anwendung bei zersetzenden Entzündungen des Knochens im Nasen- und Nasennebenhöhlenbereich (Sinus) mit Knochenverfall. Es sollte eine Langzeitbehandlung durchgeführt werden, mindestens vier Monate und dann vorzugsweise in Kombination mit *Symphytum officinale*.

Kombination mit Symphytum officinale

Grundsätzlich verschreibe ich am häufigsten *Hekla lava* in Kombination mit *Symphytum officinale*. Beide Mittel überschneiden sich.
Bei *Symphytum officinale* liegt der Schwerpunkt eher auf dem traumatisierten Knochen und der Knochenhaut (Periost). Es ist daher auch ein bewährtes Mittel zur Unterstützung der Heilung von Knochenbrüchen infolge von Traumata, Knochenhautentzündungen und schmerzhaften Knochenwucherungen (Exostosen). Alle Formen von Exostosen können prinzipiell eine Indikation für *Symphytum officinale* sein.

Auch Exostosen bei Osteoarthritis passen zu *Symphytum officinale*.

Symphytum officinale, insbesondere in Kombination mit *Hekla lava*, kann bei der Heilung von Knochenmarkentzündungen (Osteomyelitis) oder dem Zerfall von Knochengewebe (Osteoporose) eine Rolle spielen.

Bei *Hekla lava* liegt der Schwerpunkt eher auf der Entzündung des Knochenmarks (Osteomyelitis), Knochenschwund (Osteoporose) und dem Absterben von Knochengewebe (Knochennekrose), doch kann *Hekla lava* in Kombination mit *Symphytum officinale* sicherlich auch bei der Heilung von Knochenbrüchen und der Konsolidierung von Knochenwucherungen (Exostosen) eine Rolle spielen.

Hekla lava wird nach dem Simile-Prinzip und damit homöopathisch eingesetzt. *Symphytum officinale* wird phytotherapeutisch angewendet, allerdings in potenzierten Verdünnungen.

Knochentumore

Hekla lava ist theoretisch bei Knochentumoren mit Knochenhautentzündung, Knochenmarkentzündung (Osteomyelitis) und Knochenschwund (Osteoporose) angezeigt. Berüchtigt bei Hunden ist das sehr bösartige Osteosarkom, das vor allem an den Enden der langen Röhrenknochen auftritt. Der Tumor ist sehr schmerzhaft und führt häufig zu spontanen (pathologischen) Frakturen an der Tumorstelle und zu Metastasen im ganzen Körper, insbesondere in der Lunge. Obwohl das Bild gut zu *Hekla lava* passt und es in der Humanliteratur auch bei Osteosarkom empfohlen wird, habe ich in meiner fünfzigjährigen Laufbahn nie Erfolg mit dem Mittel bei Osteosarkomen gehabt – auch nicht in Kombination mit *Symphytum officinale* und dem Simillimum. Wenn ein Versuch unternommen wird, wird empfohlen, LM-Potenzen zu verabreichen und zusätzlich eine regelmäßige Analgesie einzuhalten.

Im Moment ist und bleibt es eine sehr schmerzhafte Krankheit mit einer schlechten Prognose.

Potenz und Dosierung

Ich verwende *Hekla lava* normalerweise organotrop in niedrigen Potenzen. Je nach Zustand des Patienten in einer D3 (bei vitalen Patienten) oder in einer D6 (bei weniger vitalen Patienten), dreimal täglich eine Dosis, vier Monate lang. Ich zweifle nicht daran, dass es Kollegen gibt, die höhere Potenzen von *Hekla lava* bei sehr chronischen Beschwerden erfolgreich anwenden. Ich bevorzuge es, bei chronischen Beschwerden zusätzlich zur organotropen Anwendung der Kombination *Hekla lava* D3 oder D6 und *Symphytum officinale* D4 oder D6 das Simillimum zu verordnen, wenn möglich.

Hinweise

Für *Hekla lava* keine. Siehe auch Arzneimittelbild von *Symphytum officinale*.

Hepar sulfuris

Kalkschwefelleber

Mittelherkunft

Das homöopathische Arzneimittel *Hepar sulfuris* wird aus der durchgeglühten Mischung des schneeweißen Inneren der Austernschale/ Austernkalk (*Ostrea edulis*) und Schwefel hergestellt. Das Mittel ist auch als Kalkschwefelleber bekannt. Seine chemische Zusammensetzung besteht hauptsächlich aus CaS (Calciumsulfid). Abk.: hep.

Aus den einzelnen Ausgangsstoffen werden die homöopathischen Arzneimittel *Calcium carbonicum* und *Sulfur* hergestellt. Obwohl *Hepar sulfuris* also eine Mischung aus *Calcium carbonicum* und *Sulfur* ist, hat es ein ganz eigenes Arzneimittelbild.

Arzneimittelbild

Ich habe *Hepar sulfuris* als homöopathisches Mittel bei eitrigen Entzündungen, insbesondere bei Abszessen, kennengelernt. Um mit *Hepar sulfuris* wirklich erfolgreich zu sein, müssen wir eine genauere Arzneimitteldiagnose stellen, die auf zusätzlichen individuellen Symptomen beruht. Es wird sich also zeigen, dass *Hepar sulfuris* mehr ist als ein einfaches Mittel gegen Abszesse.

Aus der Praxis

Ich behandelte einen Hund wegen anhaltender Folgen einer Bisswunde an seiner rechten Hinterpfote, an der er sechs Monate zuvor von einem anderen Hund gebissen worden war. Es entstand eine verschmutzte, infizierte Wunde, die nicht abheilte. Der lokale Lymphknoten (in der Kniebeuge) war ebenfalls stark geschwollen. Langfristige Antibiotikagaben und Entzündungshemmer halfen nicht. Vielmehr wurde der Hund allgemein krank: Er fraß nicht mehr, hatte Fieber und die Krankheit verlagerte sich nach oben und nach innen. Auch die Lymphknoten im Bauchraum waren schmerzhaft geschwollen. Lokal hatten sich auch an anderen Stellen um die ursprüngliche Bisswunde herum Abszesse gebildet. Der Appetit war mit einem Mal verschwunden, die Körpertemperatur betrug fast 41°C. Der Hund war so krank, dass der Spezialist riet, die Pfote zu amputieren. Auf Bitten des Besitzers, der selbst homöopathischer Arzt ist, beschlossen wir dennoch, mit Homöopathie einen Versuch zu unternehmen, um das Bein zu retten. Der Spezialist stimmte zu, behielt den Hund aber auf meine Bitte hin unter seiner eigenen Kontrolle.

Ich habe den Hund entsprechend der Reaktion mit *Hepar sulfuris* D30 behandelt. Ein chronischer Fall, ein erschöpfter Patient – nicht zu niedrig und nicht zu hoch potenziert. Die erste Dosis wirkte drei Tage lang. Der Appetit verbesserte sich für eine Weile und auch der Körper: Die Temperatur sank leicht. Dann gab es einen Rückfall. Nach diesen drei Tagen gab ich eine weitere Dosis. Das funktionierte für etwa fünf Tage. Die dritte Dosis wirkte etwa sieben Tage lang. Die vierte Dosis wirkte nicht mehr. Es bestand die Gefahr, dass wir wieder am Anfang standen. Ich bin dann auf *Hepar sulfuris* D60 umgestiegen, einmal eine Dosis, was wie folgt wirkte: Der Appetit wurde wieder besser, das Fieber ging weiter zurück, die Schwellung der Lymphknoten ging zurück, zuerst im Bauch, später in der Kniebeuge, die Abszesse in der Pfote heilten ab und am Ende tauchte der Abszess der alten Bisswunde wieder auf, brach durch und heilte. Der Hund heilte aus und benutzte auch seine Pfote wieder voll. Ein Jahr später rief mich der Besitzer an, um mir mitzuteilen, dass sein Hund im vergangenen Jahr ohne Probleme auf der Pfote gelaufen war, jetzt aber wieder lahmte. Der Appetit war gut, kein Fieber, keine Abszesse und keine geschwollenen Lymphknoten. Weitere Nachforschungen ergaben, dass der Hund geimpft worden war, woraufhin die Beschwerden aufgetreten waren. Nach drei Wochen war die Lahmheit spontan verschwunden. Vielleicht war es nur eine Schwächung der Abwehrkräfte.

Ein überempfindlicher Typ

Beim Hepar sulfuris-Typ sehen wir eine hohe Reizbarkeit, die sich z. B. in einer verhältnismäßig hohen Schmerzüberempfindlichkeit äußert; z. B. Schreien bei der Ohruntersuchung (Otoskopie) bei einer leichten Ohrentzündung *(*Otitis externa). Ein kurz vor dem Aufbrechen stehender Abszess ist ohnehin sehr schmerzhaft. Dieser Schmerz ist aber verhältnismäßig normal und daher nicht wirklich typisch für *Hepar sulfuris*.
Aber auch in der (gesamten) klinischen Untersuchung sind bei Hepar sulfuris-Patienten schnell heftige Abwehrbewegungen zu beobachten, wie z. B. Versuche, vom Behandlungstisch zu springen und abwehrend zuzubeißen.
Generell passen Angst in einer fremden, ungewohnten Umgebung und Überempfindlichkeit gegenüber allen Sinnesreizen zum Arzneimittelbild. Das kennen wir auch beim Nux vomica-Typ. Es ist nicht auszuschließen, dass ein Hepar sulfuris-Typ, wie der Nux vomica-Typ, überempfindlich auf (reguläre) Medikamente reagiert. Möglicherweise ist dies auf den Anteil der Schwefelblume zurückzuführen, die auch die Quelle des homöopathischen Arzneimittels *Sulfur* ist, das ebenfalls bei Unverträglichkeiten gegenüber (regulären) Medikamenten angezeigt ist. In der Tierarztpraxis gibt es sicherlich Zeiten, in denen der Hepar sulfuris-Typ wie auch der Nux-vomica-Typ auf dem Behandlungstisch festgehalten werden müssen. Dabei ist der Hepar sulfuris-Typ mit Sicherheit nicht so tolerant wie der Nux vomica-Typ. Der Nux vomica-Typ steht starr, wie eingefroren auf dem Behandlungstisch, versucht auch nicht herunterzuspringen und lässt alles auf sich zukommen. Der Hepar sulfuris-Typ hingegen wählt oft eine bedrohliche und aggressive Art, um sich zu wehren. Der Chamomilla-Typ ist viel dominanter und reagiert noch heftiger als der Hepar sulfuris-Typ. In dieser DgDx sollte auch der Hyoscyamus niger-Typ nicht fehlen, obwohl er in der untenstehenden menschlichen Sektion fehlt. Der Hyoscyamus niger-Typ reagiert aus panischer Angst extrem hysterisch, oft schon lange bevor er überhaupt berührt wurde, mit Flucht, Schnappen und passivem Urin- und Kotverlust.
Beim Hyoscyamus niger-Typ ist es also eher die Angst als der Schmerz, der den Widerstand hervorruft. Beim Aconitum napellus-Typ sehen wir, dass er bei der geringsten Gelegenheit sofort in Panik gerät und blindlings flieht, so weit er kann. Der Aconitum napellus-Typ kommt aus Angst in der Regel nicht zum Beißen.

Radar® (s. S. 432)

GEMÜT – EMPFINDLICH – Schmerzen, auf
ACON. apis *Arn. Ars.* asaf. Aur. Bell. canth. CHAM. chin. cimic. COFF. colch. cupr. daph. ferr. ferr-p. graph. HEP. *Hyper.* ign. *Kali-c.* lyc. mag-c. mag-s. mang. mosch. nat-s. nit-ac. *Nux-v.* op. *Phyt. Pip-m.* psor. sacch. sars. scut. stann. stram. ther. vesp.

Modalitäten

Eine starke Modalität von *Hepar sulfuris* ist die Verschlechterung durch (feuchte) Hitze. Mindestens ebenso auffällig ist die Empfindlichkeit und Verschlechterung durch (trockene) Kälte und Zugluft. Es ist bekannt, dass sich die Symptome beim Menschen in der Nacht und am Morgen verschlimmern. Dies könnte auch bei Hunden der Fall sein.

Andere Beschwerden

Entzündungen allgemein

Hepar sulfuris steht auf der Liste der am häufigsten verwendeten Entzündungshemmer:

- *Aconitum napellus:*
  bisher keine offensichtlichen lokalen Entzündungsmerkmale festgestellt.

- *Belladonna:*
  lokale Entzündung: rot, schmerzhaft, warm und geschwollen.

- *Mercurius solubilis/corrosivus:*
  lokal bedrohliche Vereiterung.

- *Hepar sulfuris:*
  lokal eitrige Entzündung und Abszessbildung.

- *Lachesis mutus:*
  Verbreitung von Bakterien, Bakterientoxinen und Toxinen aus dem Gewebezerfall über die Blutbahn durch den Körper (Septikämie, Toxämie).

Eitrige Entzündungen und Abszesse

Hepar sulfuris ist angezeigt bei eitrigen Entzündungen der Haut, Schleimhäute und Drüsen, einschließlich Abszessen. Es ist geeignet, wenn eine überdurchschnittliche Anfälligkeit für eitrige Entzündungen und daraus resultierende Abszesse besteht. Dies spiegelt sich auch in der Wahl der Potenzen wider. Im Allgemeinen setzen wir *Hepar sulfuris* organotrop in einer D6 ein. Bei Patienten, die überdurchschnittlich stark zu eitrigen Entzündungen und Abszessbildung neigen, setzen wir *Hepar sulfuris* organotrop in einer Potenz ≥ D12 und keinesfalls niedriger ein. Gerade bei einer vergleichsweise extremen Reaktion, z. B. infolge einer Bisswunde, wie oben unter „Aus der Praxis" beschrieben, ist der Patient für den Hepar-sulfuris-Typ (noch) besser geeignet, als wenn nur ein lokales Hepar-sulfuris-Symptom vorliegt. Eine solche Reaktion auf eine einfache Bisswunde sehen wir selten.

Pyodermie

Hepar sulfuris kann bei einer Pyodermie eingesetzt werden. Ursache kann eine primäre oder sekundäre bakterielle Allergie oder ein Autoimmunproblem sein. Letzeres kann durch eine Demodikose (Hundekrätze) eventuell erschwert werden.

Bei der primären oder sekundären bakteriellen Allergie kommt es zu einer Eiterung mit Juckreiz. Bei der Pyodermie aufgrund eines Autoimmunproblems tritt oft kein Juckreiz auf.

Da reguläre Ansätze wie Waschungen, Diäten, Antibiotika, Kortikosteroide (z. B. Prednisolon), Ciclosporine und moderne Juckreiz-Hemmer das zugrunde liegende Problem nicht behandeln, erreichen wir damit nur eine Verbesserung der Symptome (Juckreiz-, Haut- und Fellveränderungen), – und auch nur so lange, wie die Symptome medikamentös unterdrückt werden –, aber keine langfristige Heilung.

Bei einer Pyodermie ist ist die eitrige Beschaffenheit der Hautentzündung mit bloßem Auge oft nicht als solche zu erkennen. Weitere Symptome, an denen wir erkennen können, dass wir es mit einer Pyodermie zu tun haben, die zu *Hepar sulfuris* passt, sind: die typischen epidermalen Collarettes, ein schnelle Reaktion auf ein gezieltes Antibiotikum (Nachweis einer bakteriellen Komponente), eine verhältnismäßig überempfindliche Reaktion auf Berührungen und ein heftiger Kratzreflex. Collarettes zeigen sich zunächst als lokale Entzündung (Pickel), um die herum die Haare kreisrund ausfallen. Die kahlen Flecken sind rot, manchmal pigmentiert und haben einen schuppigen Rand. Sie sehen ein wenig aus wie kleine Pilzflecken (Trichophytie).

Ich habe auch Fälle mit *Hepar sulfuris* behandelt, bei denen Pyodermie ohne Juckreiz auftrat. Als DgDx sollten wir dann unbedingt auch

Apis mellifica und *Thuja occidentalis* in Betracht ziehen. In Fällen von Pyodermie ohne Juckreiz kann auch eine allgemeine Abneigung gegen Berührungen bestehen. Das ist möglicherweise eine Bestätigung dafür, dass die Überempfindlichkeit beim Hepar-Sulfuris-Patienten hauptsächlich ein Verhaltenssymptom ist und nicht eine logische Folge von Schmerzen oder Juckreiz. Bei einer deutlichen Überwucherung mit Demodex wird empfohlen, ein reguläres Antimilbenmittel zu verwenden. Die Demodex-Milbe an sich kann eine zusätzliche Belastung für das Immunsystem darstellen.

Ohrenentzündung

Wir sehen bei Hepar-Sulfuris-Patienten eine verhältnismäßig zu starke Reaktion, wenn eine lokale Entzündung bei Berührung, z. B. durch den Einsatz eines Otoskops (Instrument zur Untersuchung des Ohres), sehr schmerzhaft ist. Wenn zum Beispiel ein Hund bei einer leichten eitrigen Entzündung des äußeren Gehörgangs (eitrige Otitis externa) extrem schmerzhaft reagiert, kann dies ein Zeichen für *Hepar sulfuris* sein. Bei einer Pseudomonas-Infektion ist die Entzündung etwas tiefgreifender, eine Schmerzreaktion ist in der Regel normal und somit Abwehrbewegungen eine logische Folge eines lokalen Symptoms. Charakteristisch für eine Otitis externa, die zu *Hepar sulfuris* passt, ist der Geruch nach altem Käse.

Entzündungen der Schleimhäute

Grundsätzlich denken wir bei allen eitrigen (purulenten) bis schleimigen (muko-purulenten) Entzündungen auch an *Hepar sulfuris*. Zum Beispiel bei Nasenschleimhautentzündungen (Rhinitis), Entzündungen der Schleimhäute der Nasennebenhöhlen (Sinusitis), der Bindehaut der Augen (Konjunktivitis) und der unteren Atemwege (Bronchitis). Auch eitrige Entzündungen der Scheide (Vaginitis) und der Gebärmutter (Endometritis) passen in das Krankheitsbild von *Hepar sulfuris*.

Entzündungen der Drüsen

Ulzerierte (von einem Geschwür befallene) Entzündungen von Drüsen wie Lymphknoten (Lymphadenitis) oder Milchdrüsen (Mastitis), die zu Abszessen führen, können mit *Hepar sulfuris* behandelt werden.

Potenz und Dosierung

Im Allgemeinen wenden wir *Hepar sulfuris* organotrop in einer D6 dreimal täglich eine Dosis für ein bis drei Wochen an. Eine D6-Potenz wird einen Abszess schneller reifen lassen können. Um Abszesse reifen zu lassen, ist das *Myristica sebifera* D3 dreimal täglich eine Dosis für mehrere Tage, ein geeignetes Mittel.
Bei Patienten, die überdurchschnittlich häufig zu eitrigen Entzündungen und Abszessen neigen, verwenden wir *Hepar sulfuris* in einer Potenz ≥ D12 und auf keinen Fall niedriger. Bei chronischer eitriger Rhinitis oder Sinusitis könnte *Hepar sulfuris* in einer D12 oder D30 zwei- oder einmal täglich eine Dosis sehr gut passen. *Hepar sulfuris* kann eine tiefe Wirkung haben und so werden wir in einer Reihe von Fällen am meisten von dem Mittel als Simillimum in einer D200 (200K) oder MK profitieren, je nach Reaktion.

Hinweise

Keine

Hyoscyamus niger

Schwarzes Bilsenkraut

Mittelherkunft

Das homöopathische Arzneimittel *Hyoscyamus niger* wird aus der gleichnamigen Pflanze hergestellt, die auch als Bilsenkraut bekannt ist. Pflanzenfamilie: Solanaceae (Nachtschattengewächse). Abk.: hyos.
Bei der DgDx kommen einem neben *Hyoscyamus niger* zunächst die beiden anderen Mittel der Familie in den Sinn: *Stramonium* (Datura) und *Belladonna* (Atropa). Es ist daher wichtig, die Unterschiede zwischen den drei Wirkstoffen zu kennen.

Arzneimittelbild

Typ

Hyoscyamus niger-Typen sind in der Regel kleine(re) Rassen, aber auch mittlere und große Rassen können Ähnlichkeit mit den Heilmitteln von *Hyoscyamus niger* haben, obwohl die Symptome bei ihnen weniger schwerwiegend und offensichtlich sein können. *Hyoscyamus niger* ist mit *Stramonium* verwandt, sowohl was den Ursprung als auch was das Arzneimittelbild betrifft. Die Ursachen für das Verhalten von *Hyoscyamus niger* sind die gleichen wie bei *Stramonium*. Beide sind unsicher, was sie sich zutrauen können und was nicht. Die Reaktionen darauf sind unterschiedlich.

Verhalten

Beim Hyoscyamus niger-Typ können Eifersucht und Heimweh zu Verhaltensänderungen führen. Er ist unterwürfig, aber nicht so freundlich wie der Pulsatilla pratensis-Typ. Der Hyoscyamus niger-Typ ist sehr unruhig, sehr misstrauisch und zeigt heftige Angstaggressionen. Er rennt auf einen mutmaßlichen Angreifer zu und kläfft hysterisch. Dabei handelt es sich in der Regel um einen Fremden, es kann aber auch versehentlich der Besitzer selbst sein, der kurzzeitig nicht erkannt wird.
Der gemeinsame Nenner im Arzneimittelbild von *Hyoscyamus niger* und *Stramonium* ist eine Frage der Einschätzung. Wenn sich ein mutmaßlicher Angreifer nähert, wird der Hyoscyamus niger-Typ fliehen und/oder sich verstecken. Wird er wirklich in die Enge getrieben, beißt er sicherlich unter lautem Gebell sehr heftig zu, während er Urin und in sehr bedrohlichen Situationen sogar Kot verliert.
Auf dem Behandlungstisch kann der Hyoscyamus-Patient den Tierarzt in erhebliche Verlegenheit bringen: hysterisches Schreien, Urin- und Kotverlust aus reiner Angst, ohne dass man ihn angelangt hat. Unwillkürlicher (unbewusster) Urinverlust tritt auch bei Freude und während des Schlafes auf der eigenen Liegefläche auf (nasses Körbchen). Im letzteren Fall erfolgt der unwillkürliche Abgang in vollkommener Entspannung. Es gibt in diesem Moment keinen emotionalen Faktor, wie das bei Angst, Freude oder unterwürfigem Verhalten der Fall ist.

Sphinkter-Inkontinenz

Unwillkürlicher Urinabgang in Ruhe und im Schlaf wird durch ein körperliches Problem verursacht, das oft nach der Kastration aufgrund des gesunkenen Hormonspiegels auftritt (Sphinkter-Inkontinenz oder Kastrationsunsauberkeit). Auch für diese Anomalie gibt es wirksame und sichere reguläre Behandlungen.

Die körperliche Anomalie wird nicht immer klinisch manifest. Manchmal tritt sie erst im späteren Leben auf, viele Jahre nach der Kastration. Hier spielen noch andere Faktoren eine Rolle, zum Beispiel ein leichtes neurologisches Defizit aufgrund eines Rückenproblems (z. B. Spondylose), das auch die Nervenversorgung des Schließmuskels der Blase beeinträchtigen kann. Es kann auch sein, dass die Urinproduktion erhöht ist, z. B. bei (beginnendem) Nierenversagen, was dazu führt, dass die Blase etwas häufiger übervoll ist. Dies sind dann quasi die Tropfen, die den Eimer zum Überlaufen bringen. Wir sehen oft, dass (unbehandelte) Patienten mit Schließmuskelinkontinenz nur manchmal Probleme mit unwillkürlichem Urinverlust haben und dann wieder eine Zeit lang nicht. Der verminderte Hormonspiegel ist eine feststehende Tatsache und ist daher nicht für die wechselhafte Inkontinenz verantwortlich. Es scheint, dass bei der Schließmuskelinkontinenz eine emotionale Modalität im Spiel ist, die unter bestimmten Umständen dafür verantwortlich ist, dass sie sich klinisch manifestiert. Dies ist der Grund, warum homöopathische Mittel wie *Hyoscyamus niger* und *Pulsatilla pratensis* bei den jeweiligen Typen verwendet werden können, um die Schließmuskelinkontinenz zu behandeln, oft ohne reguläre, phytotherapeutische oder andere homöopathische Intervention. Bevor man eine Hyoscyamus niger- oder Pulsatilla pratensis-Hündin mit unwillkürlichem Harnabgang kastriert, sollte man sich darüber im Klaren sein, dass diese Hündinnen überdurchschnittlich stark zur Schließmuskelinkontinenz prädisponiert (veranlagt) sind. Beim Stramonium-Typ kommt es nicht zum unwillkürlichen (nicht absichtlichen), sondern zum willkürlichen (absichtlichen) Urinieren: Markieren.

Andere Merkmale

Wie der Stramonium-Typ hat auch der Hyoscyamus niger-Typ Angst vor dem Alleinsein, vor allem offenbar nachts. Ein merkwürdiges Merkmal von *Hyoscyamus niger* ist das Rupfen (Löcher beißen) an seiner Decke oder das Nagen an sich selbst, insbesondere an den Pfoten. Abweichungen, die mit dem Nägelkauen und Hautziehen beim Menschen vergleichbar sind; eine Art Übersprungverhalten. Dieses Übersprungverhalten kann als Folge von Schmerzen auftreten, von Juckreiz, körperlichen Einschränkungen oder anderen Beschwerden. Zum Arzneimittelbild von *Hyoscyamus niger* gehören auch: Reisekrankheit durch extreme Angst beim Autofahren, ein neuropathtischer Husten mit den Modalitäten der Verschlimmerung in der Nacht, im Liegen und beim Alleinsein (DgDx *Ignatia amara*), Manifestationen der Hysterie, wie z. B. das Fangen imaginärer Fliegen (DgDx *Phosphorus*).

Als Folge des zwanghaften Beleckens kann sich an einer oder mehreren Pfoten oder an einer bestimmten Stelle der Bauchhaut ein Leckgranulom entwickeln, das spontan abheilt, wenn der Hund es nicht mehr erreichen kann (Verband, Hemd), aber sofort wieder auftritt, wenn der Hund wieder darankommt. Wird die betroffene Pfote bandagiert, ist die andere Pfote an der Reihe. Zum Beispiel kann ein Schäferhund, der im Training sehr angespannt ist, anfangen, sich in die Pfote zu beißen und ein Leckgranulom entwickeln.

Wir sollten uns bewusst sein, dass große Hunde nicht oder viel weniger hysterisch oder panisch sind und trotzdem zu *Hyoscyamus niger* passen können.

Potenz und Dosierung

Hyoscyamus niger wird bei Verhaltensproblemen in einer D30 einmal täglich eine Dosis, über zwölf Wochen verschrieben. Bei Bedarf (als Folgemaßnahme) kann D200 (200K) oder MK angewendet werden, je nach Reaktion, was in der Praxis in der Regel einmal wöchentlich eine Dosis ausmacht. Für die Verschreibung bei Reisekrankheit siehe unter dem Arzneimittelbild von *Cocculus indicus*.

Hinweise

Aus Sicherheitsgründen erst ab D3/C2/2K erhältlich.

I

Ignatia amara

Ignatiusbohne

Mittelherkunft

Das homöopathische Arzneimittel *Ignatia amara* wird aus den Früchten der *Strychnos Ignatii* hergestellt. Die Pflanze ist auch als Ignatiusbaum und ihre Früchte unter dem Namen Ignatiusbohnen bekannt. Pflanzenfamilie: Loganiaceae (Brechnussgewächse). Abk.: ign.

Arzneimittelbild

Alkaloide

Die Hauptbestandteile der Ignatiusbohne sind die Alkaloide Strychnin und Brucin, die vor allem eine Affinität zum Nervengewebe haben. Die Früchte (Brechnüsse) der verwandten *Strychnos Nux vomica* enthalten ebenfalls die Alkaloide Strychnin und Brucin. Der Unterschied in Wirkung zwischen den beiden Arzneimitteln ist wahrscheinlich auf Unterschiede im Verhältnis der beiden Alkaloide zueinander und auf Unterschiede bei den anderen Inhaltsstoffen zurückzuführen.

Typ

Der auffälligste Unterschied zwischen dem Ignatia amara- und dem Nux vomica-Typ ist, zumindest in der Tiermedizin, dass der Ignatia amara-Typ ein introvertiertes Verhalten und der Nux vomica-Typ ein extrovertiertes Verhalten zeigt.

Beim Ignatia amara-Typ und beim Nux vomica-Typ steht die Spannung zwischen Hund und Umwelt im Vordergrund. Es wird angenommen, dass *Ignatia amara* eine regulierende Wirkung auf der Hypophysenebene hat.

Vorbild

Wir sehen oft Ignatia amara-Typen beim Golden Retriever. Diese Rasse, insbesondere die Hündin, könnte ein Vorbild für den Ignatia amara-Typ sein. Wir kennen keinen Körperbau, der für den Ignatia amara-Typ charakteristisch ist, wohl dagegen eine charakteristische Attitüde.

Einzelgänger

In der Familie ist das Verhalten des Ignatia amara-Typs ambivalent. Einerseits passt er sich von alleine oder wenn er gezwungen wird problemlos ans Familienleben an, andererseits schließt er sich vorzugsweise aus und kann sich sogar physisch isolieren.

Charakteristisch für den Ignatia amara-Typ ist: ruhig, freundlich, gesellig, nicht emphatisch, bescheiden und schüchtern. Obwohl er sich problemlos anpasst, wenn er gezwungen wird, wird man bei genauerer Betrachtung feststellen, dass er in bestimmten Fällen leidet. Das muss man zum Beispiel bei einem Diensthund berücksichtigen, der ständig beansprucht wird und zu wenig Zeit für sich hat.

Bemerkenswerte Aussagen, die Besitzer während der Anamnese über ihren Ignatia amara-Hund machen, sind z. B.: „Von dieser Rasse kann man locker 20 Hunde halten“, „Mir macht er das Leben mit ihm sehr leicht, sich selbst macht er es schwer“, „in seinem Kopf geht mehr vor sich, als man von außen sehen kann“.

Sensibel

Der Ignatia amara-Typ reagiert empfindlich auf psychischen Druck. Emotionale Belastungen treffen ihn schwer und halten lange nach. Der Ignatia amara-Typ verarbeitet alles alleine und will niemanden stören.

Impulsives Verhalten

Ignatia amara gehört zu den vier wichtigsten Arzneimitteln bei impulsivem Verhalten. Differenzialdiagnostisch denken wir an *Hyoscyamus niger* bei Pfotenbissen, die zu einem Leckgranulom führen – einer Folge von Hysterie und Panik. *Arnica montana* ist eine Folge von Trauma und *Hypericum perforatum* eine Folge von Nerventrauma.
Übermäßiges Seufzen, Gähnen und massives Sabbern, was sehr charakteristisch für *Ignatia amara* ist, sind ebenfalls Beispiele für impulsives Verhalten.

Auf dem Behandlungstisch

Auf dem Behandlungstisch ist der Ignatia amara-Typ nicht annähernd so verkrampft wie der Nux vomica-Typ; der Nux vomica-Hund steht starr wie eingefroren auf dem Behandlungstisch. Der Ignatia amara-Typ lässt alles resigniert über sich ergehen, aber man sieht an seinem äußeren Zittern, dass er innerlich verkrampft ist. Im Prinzip ist der Ignatia amara-Typ nie aggressiv, aber er kann plötzlich hysterisch ausrasten, wenn ihm etwas nicht gefällt. Bisswunden treten nicht oder nur sehr selten (und dann völlig unbeabsichtigt) auf. Wenn eine solch heftige Reaktion zu Bisswunden führt, ist das meist ein Zeichen dafür, dass der Patient nicht zu *Ignatia amara*, sondern zu einem anderen Mittel passt. *Crocus sativus* zum Beispiel.
Wir sehen dies nie auf dem Behandlungstisch, sondern eher dann, wenn ein Rüde gegenüber einer Ignatia amara-Hündin etwas aufdringlich ist, vor allem während der Paarung zum Beispiel. *Ignatia amara* knurrt, *Pulsatilla pratensis* legt sich auf den Rücken und *Sepia officinalis* weist den aufdringlichen Rüden kurz in die Schranken.

Ursachen

Ich habe *Ignatia amara* vor allem als Heilmittel für Beschwerden kennengelernt, die aus stiller Trauer resultieren. In einer Reihe von Fällen gebe ich *Ignatia amara* D30 einmal täglich eine Dosis, sowohl dem Besitzer als auch den anderen Tieren im Haus, wenn sie sichtlich unter der Trauer über den Tod eines geliebten Hausgenossen, egal ob Zwei- oder Vierbeiner, leiden.

Radar® (s. S. 432)

GEDANKEN – BESCHWERDEN AUFGRUND VON – Trauer
Acet-ac. acon. alum. alum-p. am-m. AMBR. aml-ns. Anac. ant-c. *Apis Arn.* ars. art-v. AUR. aur-ar. *Aur-m-n.* aur-s. bar-s. *Bell. Bry.* cadm-s. calea-zc. calc. *Calc-p.* caps. carc. CAUST. cham. chin. clem. *Cocc.* coff. colch. *Coloc.* con. *Crat.* crot-h. cycl. cypr. cypra-eg. dig. *Dros.* elaps. *Gels. Graph.* hippoc-k. *Hura Hyos.* <u>IGN.</u> ip. *Kali-br.* kali-c. kali-p. LACH. laur. lob-c. lob-s. lyc. mag-c. naja nat-c. <u>NAT-M.</u> nat-p. nat-s. nit-ac. nux-m. *Nux-v. Op.* paull. PH-AC. PHOS. phys. pic-ac. *Plat.* psor. *Puls.* pyrus rhus-t. *Samb. Sep.* seq-s. *Sol-o.* spig. STAPH. stram. sulph. tarent. tritic-vg. tub. *Uran-n.* VANIL. verat. *Zinc.*

Bei den Folgen von (stiller) Trauer denken wir in der DgDx zuerst an *Ignatia amara* und *Natrium muriaticum*, beide 4-w. (4-wertig) in der Rubrik „Beschwerden durch Trauer". Im Arzneimittelbild von *Ignatia amara* bei Hunden sehen wir als wichtige körperliche Folgen der Trauer: Hautbeschwerden (Allergien), IBD oder Inflammatory Bowel Disease (chronischer Durchfall), krampfartige Anfälle, (psychogener) Husten und Leckgranulome (Übersprungverhalten).
Ignatia amara passt zu den Folgen ähnlicher Ereignisse wie: Enttäuschung, Bestrafung, Misshandlung, zu harte Behandlung, zu enge Grenzen (Assistenzhunde), verlassen werden und Heimweh. Beim Heimweh sehen wir ein für

Ignatia amara charakteristisches Detail. Obwohl der Ignatia amara-Hund sehr gut alleine sein kann, auch gerne alleine ist und sich daher gerne abkapselt, hat er Heimweh, was sich z. B. darin äußert, dass er nicht frisst, wenn er alleine gelassen wird oder in einer Pension untergebracht ist. Diese Widersprüchlichkeit ist typisch für *Ignatia amara*.

Symptome

Ein sehr charakteristisches Symptom von *Ignatia amara* ist die widersprüchliche Symptomatik und/oder der schnelle Wechsel der Symptome zwischen den Extremen.

Radar® (s. S. 432)

ALLGEMEINES – GEGENSÄTZLICHE und alternierende Zustände
Abrot. agar. *Aloe* alum. alumn. anac. apoc. arn. ars. aur. bell. bry. camph. *Carc.* chin. choc. cimic. croc. crot-t. graph. IGN. kali-bi. kali-c. lac-c. med. mosch. NAT-M. op. *Plat.* podo. psor. PULS. rhus-t. sanic. *Sep. Staph. Thuj.* tritic-vg. TUB.

GEMÜT – WUT – plötzlich – im Wechsel mit – Fröhlichkeit
acon. *Aur.* cann-s. caps. croc. hyos. ign. seneg. stram.

Ignatia amara sollte in der letztgenannten Sektion mindestens 2-w. oder 3-w. (2-wertig oder 3-wertig) sein, was den Hund betrifft, *Crocus sativus* sogar 4-w. (4-wertig). Ein Beispiel für einen Widerspruch ist: Die Mutterhündin verlässt die neugeborenen Welpen sofort nach der Geburt ihres Wurfes und versteckt sich hinter Büschen im Garten. Oder der Hund frisst unverdauliche Dinge wie Plastiktüten, Holz und dergleichen, erbricht aber nie.
Ein Beispiel für einen plötzlichen Wechsel der Symptome zwischen den Extremen: ein Ignatia amara-Hund ist normalerweise ruhig, freundlich zu jedem, passt sich allem an, kann aber manchmal unerwartet, einfach so, hysterisch schreien und/oder heftig knurren (ohne zu beißen). Das würde man von einem so lieben und sozialen Hund eigentlich nicht erwarten. Wechselnde Stimmungen sind auch bei *Pulsatilla pratensis* zu beobachten. Plötzliche und sehr heftige Stimmungswechsel zwischen den Extremen, viel mehr noch als bei *Ignatia amara*, sehen wir bei *Crocus sativus*: völlig unerwartete heftige Aggression mit großen Bisswunden beim fröhlichen Spiel.
Ein weiteres bekanntes Merkmal des Ignatia amara-Hundes ist das plötzliche, anfallsartige, massive Sabbern ohne offensichtliche körperliche Ursache. Ganz sicher eine Manifestation von Übersprungverhalten. Wir kennen auch das regelmäßige Seufzen als ein Übersprungverhalten.

Radar® (s. S. 432)

MUND – SPEICHELN – plötzliche Anfälle
carb-v. dig. ign. nat-m. visc.

Biologische Uhr

Im Allgemeinen ist der Ignatia amara-Typ auf feste Gewohnheiten und feste Zeiten eingestellt; ein Hund der (biologischen) Uhr. Ein seltenes, aber sehr charakteristisches Symptom für *Ignatia amara* ist, dass die Symptome immer wieder zur gleichen Zeit auftreten. So habe ich einmal einen Hund wegen Harninkontinenz behandelt. Dieser Hund pinkelte jeden Morgen um Punkt sechs Uhr ins Haus. Der Hund war kerngesund, trank normal und Urin- und Bluttests zeigten keine Auffälligkeiten. Bei der Anamnese für die zweite, möglicherweise dritte Konsultation erfuhr ich, dass die Inkontinenz entstanden war, nachdem ein Gefährte (ein anderer Hund im Haus) gestorben war, und zwar um sechs Uhr morgens. „Beschwerden aus Trauer und „Beschwerden kehren zur gleichen Stunde zurück", dann hat man mit zwei Symptomen die Heildiagnose.

Radar® (s. S. 432)

ALLGEMEINES – PERIODIZITÄT – Stunde – Rückkehr der Beschwerden zur selben Stunde
ant-c. *Aran.* ars. bov. Cact. CEDR. cench. chin. *Chinin-s.* cina cocc. ign. ip. kali-bi. kali-br. lyc. nat-m. sabad. sel. sil. tarent. tub. verb.

Läufigkeit

Charakteristisch für *Ignatia amara* ist auch die stark verlängerte (ein bis zwei Jahre) oder ausbleibende (Amenorrhoe) Läufigkeit der Hündin. Die erste Läufigkeit tritt oft viel zu spät auf, zum Beispiel im Alter von 15 bis 18 Monaten. Es ist nicht immer klar, ob es sich bei der ersten Läufigkeit im Alter von etwa neun Monaten um eine stille Läufigkeit gehandelt hat oder nicht. *Ignatia amara* ist eine wichtige Behandlungsmöglichkeit bei Fruchtbarkeitsproblemen.

Scheinträchtigkeit

Zum Arzneimittelbild von *Ignatia amara* gehört auch die Scheinträchtigkeit. Merkmale der zu *Ignatia amara* passenden Scheinträchtigkeit sind Depressionen, kein Appetit (Anorexie) oder häufiger ein völlig normaler Appetit, was bei Scheinträchtigkeit an sich schon bemerkenswert ist, kaum oder keine Schwellung der Milchdrüsen und kaum oder keine Milchproduktion. Depressionen sind besonders auffällig, alleine sein wollen und Isolation sind dann stärker ausgeprägt.
Der Hauptunterschied in der Trächtigkeit zwischen den Ignatia amara- Typen und Pulsatilla pratensis-Typen ist, dass die Pulsatilla pratensis-Hündin in der Trächtigkeit eine enorme Schwellung der Milchdrüsen und eine enorme Milchproduktion aufweist. Bei der Pulsatilla pratensis-Hündin mit Scheinträchtigkeit sehen wir auch einige Depression, aber vor allem in geschlossenen Räumen; im Freien ist die Depression völlig „weg“. Im Allgemeinen ist schlechter Appetit, dennoch leicht übergewichtig und wenig trinken charakteristisch für *Pulsatilla pratensis*.

Modalitäten

Ignatia amara gilt beim Menschen als überwiegend linksseitig. In der Tiermedizin ist dies in der Regel nicht erkennbar. Rötungen und leicht verdickte Haut speziell an der linken Ohrmuschel, begleitet von Juckreiz und Schmerzen, sind ein deutlicher Hinweis auf *Ignatia amara* (DgDx *Sulfur*). Eine Ohrentzündung, die zu *Hepar sulfuris* oder *Graphites* passt, ist ebenfalls linksseitig. Bei *Hepar sulfuris* kommt es zu einer sehr schmerzhaften und empfindlichen Entzündung mit dünnflüssigem Ausfluss, der nach altem Käse riecht. Bei *Graphites* ist der Ausfluss honigartig. Im letzteren Fall handelt es sich meist um eine sehr chronische Otitis externa.
Seltsamerweise verträgt der Ignatia amara-Patient keinen Trost. Das würde man nicht erwarten. Das ist keine Besonderheit von *Ignatia amara*, sondern charakteristisch für das Mittel.

Radar® (s. S. 432)

GEMÜT – TROST – agg.
acon. *Aloe* arg-n. arn. Ars. aur. *Aur-m-n. Bell.* borx. cact. calc. *Calc-p.* calc-sil. Carc. cham. chin. coff. cupr. *Dys.* falco-pe. graph. *Hell.* hydroph. IGN. kali-c. *Kali-p.* kali-s. kali-sil. calm. *Lil-t. lyc.* melal-alt. merc. <u>NAT-M.</u> *Nit-ac.* nux-v. *Phos. Plat.* sabad. sabal sabin. <u>SEP.</u> SIL. staph. streptoc. sulph. SYPH. tarent. thuj. visc. *Zink.*

Ein auffälliges Merkmal von Ignatia amara-Katzen ist, dass sie eindeutig keine Schoßkatzen sind. Sie wollen oft nicht gestreichelt werden, lassen sich nicht dazu bringen, auf Ihrem Schoß zu sitzen, setzen sich aber gelegentlich auf Ihren Schoß, wenn sie es selbst wollen. Ein ähnliches Verhalten beobachten wir auch bei Hunden.

Potenz und Dosierung

Ignatia amara wird organotrop in einer D6 dreimal täglich eine Dosis für drei bis sechs Wochen verschrieben, um (auf Hypophysenebene) die Behandlung einer Fruchtbarkeitsstörung zu unterstützen, oft in Kombination mit *Pulsatilla pratensis* D3 und (als Folgemaßnahme) mit *Cimicifuga racemosa* D3. In diesen Fällen wird, wenn es sich um einen Ignatia amara-Typ handelt, eine D30 anstelle einer D6 verabreicht, einmal täglich eine Dosis für zwölf Wochen lang.

Bei allen typotropen Behandlungen geben wir *Ignatia amara* in einer D30 einmal täglich eine Dosis zunächst für zwölf Wochen. Wir sehen in einer Reihe von Fällen, dass *Ignatia amara* in einer D30 eine enorme Verbesserung (50 % bis 80 %) für etwa drei bis sechs Wochen zeigt, aber dann tritt ein Rückfall auf, trotz Fortführung der Medikation. In den meisten Fällen sehen wir wieder eine Verbesserung der Symptome und eine längerfristige Heilung durch die Fortsetzung der Medikation mit der Gabe von Hochpotenzen: D200 (200K), eine Dosis alle zehn Tage, eventuell (als Folgemaßnahme) MK, oder 10MK, je nach Ansprechen. Bei einem Patienten, der in vielerlei Hinsicht eine sehr überzeugende Eignung für *Ignatia amara* aufweist, beginne ich sofort mit D200 (200K).

Bei Patienten mit Epilepsie ist es ratsam, Hochpotenzen streng nach Ansprechen zu verabreichen oder LM-Potenzen zu verschreiben.

Hinweise

Aus Sicherheitsgründen erst ab D3/C2/2K erhältlich.

Ipecacuanha

Brechwurzel

Mittelherkunft

Das homöopathische Arzneimittel *Ipecacuanha* wird aus *Carapichea Ipecacuanhae* hergestellt, die auch als Brechwurzel bekannt ist. Pflanzenfamilie: Rubiaceae (Rötegewächse). Abk.: ip.

Arzneimittelbild

Früher wurde *Ipecacuanha* als Mittel zum Erbrechen verwendet. In der Homöopathie lernte ich es als wirksames Mittel gegen Erbrechen kennen. Selbst bei einem Hund mit einem bösartigen Magentumor hörte das häufige Erbrechen für lange Zeit auf. Schließlich musste der Patient doch eingeschläfert werden. *Ipecacuanha* konnte den Tumor, wie bereits erwartet, nicht heilen.

Intoxikation

Ipecacuanha stimuliert unverdünnt die Drüsen der Schleimhäute. Das Arzneimittel verursacht eine übermäßige Sekretion (Ausfluss) von Wasser oder wässrig-öliger Flüssigkeit, insbesondere der Schleimhäute der Augen, der Atemwege und des Magen-Darm-Trakts. Die Symptome sind jeweils eine Entzündung der Bindehaut des Auges (Konjunktivitis), eine Entzündung der Bronchien und eine Entzündung der Atemwege (Bronchitis), die zu krampfartigem Husten führt, sowie eine Gastroenteritis (Magen-Darm-Entzündung), die Erbrechen und Durchfall zur Folge hat.

Neben der Stimulierung der Schleimhäute regt

Ipecacuanha unverdünnt auch den Vagusnerv an. Der Vagusnerv ist ein Nerv, der unter anderem die Funktion der Atmungs- und Verdauungsorgane reguliert. Er steuert auch die Erweiterung und Verengung der Blutgefäße und beeinflusst den Herzschlag. Die Stimulierung des Vagusnervs führt zu einem erhöhten Tonus der unwillkürlichen (glatten) Muskulatur des Magen-Darm-Trakts (Krämpfe) und der Bronchien und/oder zu einem verminderten Tonus (Lähmung) der kleinsten Blutgefäße (Kapillaren oder Kapillaren), was Blutungen verursacht.

Homöopathie

In homöopathischen Potenzen wirkt *Ipecacuanha* daher besonders auf den Magen-Darm-Trakt, die Atemwege, die Kapillaren und den Nervus vagus (über das verlängerte Mark).

Erbrechen

Das bei weitem auffälligste Symptom von *Ipecacuanha* ist Übelkeit und Erbrechen. Bei dieser Indikation setze ich *Ipecacuanha* D6 häufig erfolgreich als organotropes Mittel ein. Bei Magen-Darm-Schleimhautentzündungen (Gastroenteritis), zu denen *Ipecacuanha* passt, ist es nicht so sehr die Entzündung der Magenschleimhaut im Vordergrund, sondern vor allem die Stimulierung des Vagusnervs. Übelkeit (Speichelfluss) und Erbrechen sind grundsätzlich immer vorhandene Symptome bei Ipecacuanha-Beschwerden. Der Stuhl ist gelb, wässrig, schaumig und blutig. Es besteht eine Abneigung gegen Nahrung.

Husten

Ein Merkmal von *Ipecacuanha* ist auch die Kombination von krampfhaftem Husten und Erbrechen. Dabei handelt es sich nicht um ein Würgen, wie es oft beim Husten zu beobachten ist, sondern um echtes Erbrechen. Der krampfartige Husten hat als Ursache eine Verengung der vorderen Atemwege, vom Kehlkopf bis zu den kleinsten Verzweigungen der Bronchien (Bronchioli). Die Bronchitis, die zu *Ipecacuanha* passt, hat einen spastischen Charakter mit Würgereiz und einem Reizhusten, der nur beim Atmen auftritt und bei dem ein wenig Blut hinzukommt.

Blutungen

Ein mindestens ebenso wichtiges Merkmal von *Ipecacuanha* sind die kleinen Blutungen und Blutgerinnsel. Blutgerinnsel finden sich unter anderem in Erbrochenem und abgehustetem Schleim. Kleine Blutungen (Hämorrhagien), die gleichzeitig mit Übelkeit und Erbrechen auftreten, sind ein starker Hinweis auf *Ipecacuanha*. Ein kleiner blutiger Ausfluss während der Schwangerschaft oder etwas Blut in der Milch kann manchmal auch ein Hinweis auf *Ipecacuanha* sein, wenn gleichzeitig Übelkeit und Erbrechen vorhanden sind. Die Kombination ist charakteristisch für *Ipecacuanha*.

Modalitäten

Beim Ipecacuanha-Patienten fällt auf, dass das Erbrechen die Symptome nicht verbessert, weder das Erbrechen selbst noch andere begleitende (konkomitierende) Symptome. Häufiger kommt es sogar zu einer Verschlimmerung der Symptome.

Potenz und Dosierung

Ich verwende *Ipecacuanha* organotrop in einer D6 dreimal täglich eine Dosis für ein bis drei Wochen.

Hinweise

Aus Sicherheitsgründen erst ab D3/C2/2K erhältlich.

K

Kalium bichromicum

Kaliumbichromat

Mittelherkunft

Das homöopathische Arzneimittel *Kalium bichromicum* wird aus der chemischen Verbindung Kaliumbichromat hergestellt. Chemische Formel: $K^2Cr^2O^7$. Abk.: kali-bi.

Arzneimittelbild

Humanes *Kalium bichromicum* war/ist als homöopathisches Arzneimittel hauptsächlich für seine Wirkung bei Erkältungen mit Sinusitis bekannt.

Zäher Schleim

Als homöopathisches Arzneimittel hat *Kalium bichromicum* eine schleimlösende Wirkung. Es wird unter anderem bei Schleimhautabsonderungen mit besonders zähem, schleimigem bis eitrigem Sekret eingesetzt. Typisch für *Kalium bichromicum* ist der fadenziehende Schleim. Das Mittel löst zähe Sekrete, sodass sie leichter abfließen. Wir setzen *Kalium bichromicum* unter anderem bei zähem, eitrigem Ausfluss aus der Gebärmutter und/oder der Scheide, bei Ansammlung von zähem, eitrigem Auswurf in den Atemwegen, bei verstopftem Abfluss der Tränenkanäle durch eitirgen Ausfluss, bei Ansammlung von zähem, eitrigem Schleim in den Nasen- und Nasennebenhöhlen und bei zähem, eitrigem Schleim bei chronischer Entzündung der Bindehaut und der Hornhaut (KCS) ein.

Potenz und Dosierung

Ich habe *Kalium bichromicum* bisher immer organotrop in einer D6 dreimal täglich eine Dosis über drei bis sechs Wochen angewendet. Es lässt sich in vielen Fällen gut mit *Cinnabaris* D6, ebenfalls dreimal täglich eine Dosis über drei bis sechs Wochen kombinieren. *Cinnabaris* wird in der Regel ebenfalls organotrop angewendet. Bei der für *Kalium bichromicum* geeigneten Indikation handelt es sich meist um einen chronischen Zustand, sodass beide Mittel am besten neben dem Simillimum eingesetzt werden.

Hinweise

Aus Sicherheitsgründen erst ab D4/C2/2K erhältlich.

L

Lachesis mutus

Buschmeister-Schlange

Mittelherkunft

Das homöopathische Arzneimittel *Lachesis mutus* wird aus dem Gift der Schlange *Lachesis muta* hergestellt, die auch als Buschmeister bekannt ist. In ihrer südamerikanischen Heimat heißt sie Surucucu. Sie gehört zur Familie der Vipern und ist eine der größten Schlangen der Welt. Abk.: lach.

Arzneimittelbild

Blutvergiftung

Seit Beginn meiner Tätigkeit als praktizierender Tierarzt verwende ich die homöopathische Anwendung von *Lachesis mutus* dankbar bei schweren Infektionen, die durch eine Blutvergiftung verursacht werden und für ein todkrankes Tier verantwortlich sind, dessen Prognose aus Sicht der regulären Tiermedizin oft zweifelhaft ist. Bei der Blutvergiftung verbreiten sich Bakterien, Bakterientoxine und Toxine aus abgestorbenem Gewebe über die Blutbahn im Körper (Septikämie bzw. Toxämie). Eine Blutvergiftung kann unter anderem als Folge einer nicht rechtzeitig erkannten oder vernachlässigten Gebärmutterinfektion mit Eiteransammlung in der Gebärmutter (Pyometra) auftreten. Charakteristisch für *Lachesis mutus* kann eine Diskrepanz zwischen Puls und Körpertemperatur sein: hohe Temperatur und niedriger Puls oder niedrige Temperatur und hoher Puls.

Erst später erfuhr ich von *Lachesis mutus* als einem Mittel, das in homöopathischen Potenzen auch bei bestimmten Verhaltensauffälligkeiten eingesetzt werden kann.

Intoxikation

Nach einem Biss der Buschmeisterschlange wirkt das Gift auf drei Ebenen: lokal, auf Blutgefäße (vaskulär) und auf Gehirn und Rückenmark (zerebrospinal).
Von der Bisswunde geht eine phlegmonöse Entzündung aus, die sich schnell durch die Zwischenräume von Geweben ausbreitet. Dabei entsteht ein hartes und schmerzhaftes entzündliches Ödem und die Gefahr der Eiterbildung steigt. Durch die zellauflösende (zytolytische) Wirkung des Schlangengiftes tritt Blut aus den defekten lokalen kleinen Blutgefäßen (Kapillaren) aus und es kommt zu Gewebsnekrosen. Da lokal auch die Durchblutung stagniert (Stase), kommt es zu einer (violett)-bläulichen Verfärbung (Zyanose) von Haut und/oder Schleimhäuten.
Die Auswirkungen auf die Muskeln von Herz und Blutgefäßen sind zweifach: (zu) hoher Blutdruck oder (zu) niedriger Blutdruck. Wir sehen (zu) hohen Blutdruck (Hypertonie) durch

Zusammenziehen der Blutgefäße mit einem schnellen, kräftigen Puls, oder wir sehen einen (zu) niedrigen Blutdruck (Hypotonie) durch Entspannung der Blutgefäße mit einem langsamen, kraftlosen Puls. Auch bei der Blutgerinnung ist eine Zweiteilung zu beobachten. Auf der einen Seite gibt es eine verstärkte Blutgerinnung, auf der anderen Seite eine Hemmung der Blutgerinnung, die zu einem Blutstau führt. Bei einer verstärkten Blutgerinnung bildet sich leichter ein Blutgerinnsel (Thrombus) in einem Blutgefäß, das vom Blut weggeschwemmt werden (Embolie) und sich an einer anderen Stelle im Körper festsetzen kann. Das wiederum kann zu einem lokalen Verschluss eines Blutgefäßes führen, wodurch das Gewebe, das Blut aus dem betroffenen Blutgefäß erhält, abstirbt (Infarkt).
Die bereits erwähnte zellauflösende (zytolytische) Wirkung des Lachesis mutus-Toxins betrifft auch die Blutzellen: Die roten Blutkörperchen (Erythrozyten) zerfallen (Hämolyse) und verursachen eine Gelbfärbung (Ikterus) von Haut und Schleimhäuten. Gelbsucht (Ikterus) tritt also nicht nur bei Leber-Gallenblasen-Problemen auf, sondern auch bei beschleunigtem Abbau der roten Blutkörperchen (hämolytischer Ikterus). Auch die weißen Blutkörperchen (Leukozyten) werden zerstört, was zu einem Mangel an weißen Blutkörperchen und damit zu einer geringeren Abwehrkraft, aber auch zu einer relativ geringen Eiterbildung führt.
Das Toxin von *Lachesis mutus* ist giftig für das Nervensystem (neurotoxische Wirkung), insbesondere für das Gehirn und das Rückenmark (zerebrospinales Nervensystem).

Aus der Praxis

In den ersten Jahren meiner Karriere als praktizierender Tierarzt habe ich neben Haustieren auch Nutztiere und Pferde behandelt.
Ich habe einmal eine todkranke, extrem lethargische Kuh mit *Lachesis mutus* D6 (per Injektion) gegen ein „blaues Euter" behandelt. Die Kuh, die mit einer stabilen Kette in einem (altmodischen) Stall angebunden war, geriet etwa eine Stunde nach der Injektion völlig in Panik, riss sich von der Halskette los und hyperventilierte schließlich stark an der Stelle, an der sie zusammenbrach.
Vermutlich eine Reaktion des Nervensystems (homöopathische Erstverschlimmerung) auf eine für diese Patientin etwas zu niedrige Potenz.
Am nächsten Tag fraß die Kuh bereits wieder etwas. Das abgestorbene Gewebe wurde beschleunigt abgestoßen und die Kuh erholte sich vollständig. Die Milchproduktion erholte sich jedoch nicht, da es zu einem erheblichen Verlust an produktivem Eutergewebe kam.

Typ

Der Lachesis mutus-Typ ist weder unterwürfig noch dominant. Trotz innerer Erregung hält er sich oft zurück, wirkt einigermaßen ruhig, mäßig ängstlich und zeigt sich keineswegs so pingelig, so fahrig und so wachsam wie der Nux vomica-Typ. Ein bisschen zurückhaltend, könnte man sagen.
Der griechische Arzt Vithoulkas beschreibt das Wesen des Lachesis mutus-Typs beim Menschen als „eine Überreizung, die ein Ventil braucht". Bei Hunden habe ich oft den Eindruck, dass sich der Lachesis mutus-Typ äußerlich eher zurückhaltender verhält, als er tatsächlich ist. Dies auch unter dem Druck der Erziehung und Ausbildung durch den Besitzer. Ich denke, dass dies oft die innere Spannung überdeckt. *Lachesis mutus* kann bei einem leidenschaftlichen Hund mit einem enormen (Arbeits-)Drang eine Zeitbombe sein, vorausgesetzt, er bekommt den Raum dazu.
Schauen Sie sich zum Beispiel den Antrieb und das Engagement eines Australian Shepherds bei sportlichen Aktivitäten an. Die Unterdrückung des Ventils kann beim Lachesis

mutus-Typ Ängste und Phobien auslösen und/oder verschlimmern.

Heimtückisch

Der Lachesis mutus-Typ kann sich aufgrund dieses pflichteifrigen, kontrollierten Verhaltens auch heimtückisch (sneaky) verhalten. Schleichend, mit angelegten Ohren und gesenkter Haltung, führt er seine aggressiven Handlungen aus, oft auch aus dem Hinterhalt. Ein Lachesis mutus-Typ schleicht oft unbedarft um sein Ziel herum und greift an. Und dann auch heftig! Der Lachesis mutus-Typ ist entschlossen und gnadenlos. Diese niedere Einstellung verrät ein schuldbewusstes Verhalten: „Ich muss und werde es tun, obwohl ich weiß, dass ich es nicht darf".

Eifersüchtig

Eine Aggression ist in der Regel durch grenzenlose Eifersucht motiviert. Diese Form der Eifersucht äußert sich aber nicht in einer freundlichen Aufforderung, beachtet zu werden, was wir bei Hunden oft sehen, wenn wir eine andere Person oder ein Tier streicheln.
Die Eifersucht des Lachesis mutus-Typs ist krankhaft und die Reaktion zeichnet sich durch Intoleranz, Aggression und vor allem durch aktive Auseinandersetzung mit dem Rivalen aus.
Der Lachesis mutus-Typ kann beißen, was aber meist schlimmer aussieht, als es tatsächlich ist. Die krankhafte Eifersucht bei *Lachesis mutus* kann auch als pathologische Besitzgier und egozentrisches Verhalten erklärt werden.

Widerspruch

Wir können uns gut vorstellen, dass der Lachesis mutus-Typ, wenn er die Gelegenheit zum Widerspruch bekommt, diesen auch zeigt. Tatsächlich toleriert er keine Autorität und keine Opposition. Er wird Widerspruch aber letztlich ertragen, anders als beispielsweise der Lycopodium clavatum-Typ, der protestiert (knurrt), oder der wirklich dominante Aurum metallicum-Typ, der sofort in die Konfrontation geht. Wenn sich ein junges Paar erst einen Hund hat und später ein Baby bekommt, kann die aggressive Eifersucht des Hundes sehr gut zu *Lachesis mutus* (DgDx *Nux vomica*) passen.

Ursachen

Gründe für das Verhalten von *Lachesis mutus* können sein: Unterdrückung von Emotionen oder Hormonen, zu strenge Erziehung, Kastration, eine Spritze zur Läufigkeitsunterdrückung und so weiter.

Merkmale

Eine sehr charakteristische Symptomkombination im Arzneimittelbild von *Lachesis mutus* ist das Auftreten von Beschwerden nach der Kastration, ausgeprägte Linksseitigkeit, heimtückisches Verhalten und krankhafte Eifersucht. Sind diese vier Symptome vorhanden, ist die Lachesis mutus-Mitteldiagnose fast immer erfolgreich.

Modalitäten

Die ausgeprägte Linksseitigkeit des Lachesis mutus-Typs fördert dieses Symptom in der Hierarchie von der lokalen Modalität zum charakteristischen Symptom. Die Linksseitigkeit des Lachesis mutus-Typs ist so offensichtlich, dass man fast sagen könnte: Wenn die Symptome betont rechtsseitig sind, ist das ein Ausschlusssymptom für *Lachesis mutus*. Natürlich wird die endgültige Arzneimitteldiagnose auf der Grundlage des Gesamtbildes und nicht nur auf der Grundlage einer Einzelheit gestellt. Ausnahmen können schließlich immer vorkommen.
Die beiden Abschnitte „links- und rechtsseitig" im Kapitel „Allgemeines" sind für eine allgemeine Modalität viel zu groß und werden so zu einem bedeutungslosen Lokalsymptom herabgestuft. Die Nuancen, wie wir sie in der Praxis

von der Linksseitigkeit im Arzneimittelbild von *Lachesis mutus* kennen, gehen hier in der Masse unter. Das (humane) Repertorium liefert uns diese Informationen nicht, also müssen wir sie uns einfach aus unserer tierärztlichen Praxis gewinnen.

Beim Lachesis mutus-Typ bessern sich die Beschwerden, wenn ein körperlicher oder geistiger Flow ausgelöst wird, z. B. durch Hitzeeinwirkung, durch eitrigen Ausfluss (Pyometra), durch viel Bewegung an der frischen Luft oder wenn sich ein „Ventil" in irgendeiner Weise öffnet. Eine Verschlimmerung der Symptome tritt auf durch Ruhe, Schlaf, Hitze, durch Aufenthalt im Freien oder durch Unterdrückung von Ergüssen (z. B. Hitze). In diesen Fällen wird das Ventil geschlossen bleiben.

Wir wissen heute auch, dass Lachesis mutus-Hunde, genau wie Lachesis mutus-Menschen, nachts aufstehen. Der Lachesis mutus-Hund ist ein „Nachthund".

Es besteht eine Überempfindlichkeit gegenüber Berührungen des Kehlkopfes, die sich z. B. bemerkbar macht, wenn ein Hund das Tragen eines Halsbandes ablehnt, vor allem aber, wenn die Berührung des Kehlkopfes der Auslöser für Husten und Kurzatmigkeit (Dyspnoe) ist. Eine Kurzatmigkeit aufgrund von Eifersuchtsverhalten, die nachts und morgens schlimmer ist, passt zu *Lachesis mutus* (kleine Rassen).

Potenz und Dosierung

Aus Erfahrung weiß ich, dass *Lachesis mutus* bei organotroper Anwendung möglichst nicht in niedrigeren Potenzen verschrieben werden sollte. Am sichersten ist ≥ D12. Bei Verhaltensproblemen sollte *Lachesis mutus* D30 einmal täglich eine Dosis für 12 Wochen verschrieben werden. Erforderlichenfalls kann D200 (200K) oder MK (als Folgemaßnahme) je nach Ansprechen verabreicht werden, was in der Praxis in der Regel eine Dosis pro Woche bedeutet.

Hinweise

Aus Sicherheitsgründen nur ab D4/C2/2K erhältlich.

Ledum palustre

Sumpfporst

Mittelherkunft

Das homöopathische Mittel *Ledum palustre* wird aus der gleichnamigen Pflanze hergestellt, die auch als Sumpfporst bekannt ist. Pflanzenfamilie: Ericaceae (Heidekrautgewächse). Abk.: led.

Arzneimittelbild

Ich kannte *Ledum palustre* hauptsächlich als homöopathisches Mittel gegen Mückenstiche beim Menschen.

Typ

Wie beim Menschen sind auch bei Tieren keine (guten) Beschreibungen eines Ledum palustre-Typs bekannt. Dennoch scheint es Tiere zu geben, die überdurchschnittlich empfindlich auf das Mittel reagieren, da sie auf Einzeldosen einer hohen Potenz (D200) gut ansprechen, während sie bei niedrigeren Potenzen (D30 und darunter) eine Verschlimmerung der Symptome zeigen. Dies ist eher ein Merkmal für eine typotrope als für eine organotrope Anwendung.

Schnitt- und Stichwunden

Das homöopathische Mittel *Ledum palustre* wird bei den Auswirkungen von Schnitt- und Stichwunden angewendet. Dazu gehören chirurgische Wunden, Insektenstiche, Bisswunden und kleine Splitter. Die homöopathische Anwendung von *Ledum palustre* konzentriert sich dabei nicht nur auf die lokale Pathologie von Schnitt- und Stichwunden, sondern auch auf die Auswirkungen, die sie auf konstitutioneller Ebene haben. Eine allgemeine Reaktion des Immunsystems, wie bei einer Insektenstichallergie, gehört daher auch zum Indikationsgebiet von *Ledum palustre*.

Mein von mir geschätzter Lehrer, der homöopathische (Allgemein-)Arzt Arij Vrijlandt, stellte einmal einen anschaulichen Fall einer Landwirtin mit chronischer rheumatischer Arthritis im Knie vor. Nach einer intensiven Anamnese stellte sich heraus, dass die Patientin einige Zeit vor dem Auftreten des Knieproblems an demselben Bein bzw. Fuß von einer Wespe gestochen worden war, die sich in ihrem Holzschuh befunden hatte, als sie hineintrat. Durch die homöopathische Anwendung von *Ledum palustre* wurde ein anhaltendes schmerzhaftes Knieproblem beendet. Neben der charakteristischen Ätiologie „Folgen eines Insektenstichs" waren zwei weitere Symptome sehr charakteristisch für *Ledum palustre*: Die Behandlung des Knies mit einer Wärmelampe (Infrarotlicht) führte zu einer Verschlimmerung der Schmerzsymptome.

Außerdem gab es ein aufsteigendes Problem vom Fuß bis zum Knie. *Ledum palustre* steht in der DgDx für Insekten-, Floh- oder Milbenallergien ganz oben auf der Liste.

Modalitäten

Wärme und Kälte

Eine sehr auffällige Modalität bei *Ledum palustre* ist eine Verschlimmerung der Symptome durch Wärme und eine Besserung durch Kälte (z. B. kalte Umschläge). Dies gilt für Schmerzen, aber auch für Juckreiz. Diese Modalität, Verschlimmerung durch Wärme und Besserung durch Kälte, ist besonders bemerkenswert bei Entzündungen z. B. der Gelenkkapsel, die auch ein Symptom im Arzneimittelbild von *Ledum palustre* ist. Meistens sehen wir als Modalität bei den Anomalien von Muskeln, Sehnen und Bändern eine Verschlimmerung durch Kälte und eine Verbesserung durch Wärme. Die Verschlimmerung durch Wärme kann als eine hierarchisch aufgewertete lokale Modalität in *Ledum palustre* betrachtet werden. Es ist ein starker Indikator für das Mittel, wenn dieses Symptom deutlich im Vordergrund steht.

Von unten nach oben

Im Fall der Landwirtin haben wir eine weitere Modalität von *Ledum palustre* gesehen, nämlich dass die Symptome von unten nach oben wandern. Das können wir auch bei Hunden beobachten.

Diagonales Aufreten der Symptome
Laut der Materia Medica des Menschen ist ein weiteres typisches Merkmal von *Ledum palustre* das diagonale Auftreten von Symptomen. Bei Hunden habe ich das eigentlich noch nie so deutlich gesehen. Bei Kniearthrose am rechten (hinteren) Bein und Ellenbogenlähmung am linken (vorderen) Bein z. B. muss man damit rechnen, dass es sich nicht um ein typisches Ledum palustre-Symptom handelt, sondern einfach um eine Überlastung des linken Ellenbogens durch die Verlagerung des Schwerpunkts auf das vordere linke Bein infolge der Schonung des rechten Hinterbeins.

Starker Juckreiz

Bei Hauterkrankungen, die mit *Ledum palustre* in Zusammenhang stehen, wie z. B. Floh- und Milbenallergie, wird der Juckreiz durch Berührungen verschlimmert. Schon die kleinste Berührung löst einen sehr intensiven Kratzreflex aus, bei dem sich der Hund in alle Richtungen dreht. Floh- und Milbenallergien werden durch Hitze verschlimmert, vor allem bei warmem Wetter oder staubigen Wolldecken (mit vielen Milben), bei grellem Sonnenschein durch die großen Fenster eines Wohnzimmers oder im Winter, wenn die Heizung auf 24°C oder mehr eingestellt ist. Oft sind diese Beschwerden im Sommer am schlimmsten, aber natürlich sind dann auch Flöhe und Milben aktiver und in größerer Zahl vorhanden (beschleunigter Lebenszyklus). Vor allem im Fellwechsel sind die Tiere anfälliger für allergische Reaktionen.
Das klinische Bild der Floh- und Milbenallergie ist ein starker Juckreiz, vor allem an der Kruppe und an der Hinterhand (Flöhe) oder in einem Band quer über den Rücken vom Schwanzansatz bis zum Hinterkopf (Milben), mit einem sehr starken Kratzreflex bei Berührung der betroffenen Hautpartie. Die Haut ist übersät mit Pickeln, Schorf und selbst zugefügten Läsionen als Folge von Beißen, Belecken, Kratzen und Reiben, manchmal bis die Haut wund ist und sogar leicht blutet. Abgesehen von den Hautproblemen auf dem Rücken gibt es sonst nicht viele Hautprobleme. Höchstens in der Achselhöhle, versehentlich durch Kratzen an den Vorderpfoten und durch Beißen in die Pfoten als Übersprungshandlung wegen des starken Juckreizes.
Häufig liegt eine sekundäre Floh- oder Milbenallergie vor, sodass man immer versuchen sollte, das Simillimum zu finden und nicht in allen Fällen blind *Ledum palustre* zu verschreiben.

Aus der Praxis

Bei einem braunen Deutsch-Langhaar-Rüden, der im Moor von Dutzenden von Wespen angegriffen worden war, trat ein allergischer Schock mit folgendem Bild auf: unkoordinierte Bewegungen (wie betrunken), schwacher Puls, stark beschleunigter Herzschlag (Tachykardie), blassblaue (zyanotische) Schleimhäute, Umfallen und Bewusstlosigkeit, weite Pupillen und eine Körpertemperatur von 40°C.
Ich träufelte *Ledum palustre* D6 auf die Maulschleimhaut, dreimal im Abstand von zehn Minuten eine Dosis. Nach einer halben Stunde ging der Hund wieder schwanzwedelnd aus der Tür, der Puls war wieder deutlich zu spüren, die Herzfrequenz normalisierte sich fast wieder, die Schleimhäute färbten sich wieder gut und die Körpertemperatur betrug 38,5°C. Ich gab dann dreimal im Abstand von je einer Stunde nochmals eine Dosis, sodass auch die immer noch häufigen Beiß- und Kratzattacken verschwanden. Ich behandelte den Hund noch vier Tage lang mit einer Dosis *Ledum palustre* D6 dreimal täglich.
Dieser Fall ist jetzt etwa 40 Jahre her.
Ich möchte anmerken, dass ich heutzutage in einer solchen akuten Phase ein schnell wirkendes Kortikosteroid intravenös verabreichen würde und zusätzlich *Ledum palustre* D30 je

nach Reaktion anwenden würde, anstatt eine so tiefe Potenz so häufig zu verabreichen mit dem Risiko einer (fatalen) Verschlechterung der Symptome bei einem Hund im Schock.
Bei einem solchen Schock sollte man an *Ledum palustre* denken und nicht beispielsweise an *Arnica montana*, wo der Schock eine Folge eines körperlichen Traumas ist, oder an *Cocculus indicus*, wo die Bewegungslosigkeit durch Reisekrankheit verursacht wird, oder an *Veratrum album*, wo die Teilnahmslosigkeit in erster Linie auf ein Kreislaufproblem zurückzuführen ist.

Allgemein

Hunde, die *Ledum palustre* vertragen, fühlen sich in der Regel kalt an, während Kälte die Symptome verbessert. Manchmal treten Schwindel, Benommenheit, Schläfrigkeit und/oder reizbares Verhalten auf. Es ist nicht klar, inwieweit körperliches Unbehagen dabei eine Rolle spielt. Als Verhaltenssymptom für die Arzneimitteldiagnose von *Ledum palustre* kann dieses Symptom meines Erachtens hierarchisch vorläufig zurückgestuft werden.

Stechender Schmerz

In das Arzneimittelbild von *Ledum palustre* passt eine Vielfalt von Beschwerden der Atemwege, der Lunge, des Verdauungstraktes, der Harnwege, des Bewegungsapparates und des Nervengewebes. Charakteristisch für *Ledum palustre* ist eigentlich in allen Fällen der stechende Schmerz. Eine Eigenschaft, die bei einem Hund nicht immer eindeutig festgestellt werden kann.

Beißender Juckreiz

Bei Hunden mit Floh- und Milbenallergie beobachten wir einen sehr intensiven, scheinbar beißenden Juckreiz der Haut.
Unter beißendem Juckreiz verstehe ich das plötzliche, örtlich begrenzte intensive Beißen im Fell oder einen plötzlichen intensiven Kratzreflex, als ob der Hund gestochen würde. Charakteristisch für *Ledum palustre* ist die Intensität des Juckreizes und die Besessenheit, mit dem geleckt, gebissen, gekratzt und sich gescheuert wird. Manchmal wird dies von einem kleinen Winseln begleitet.

Andere Beschwerden

Hot Spots

Manchmal sehen wir lokalisierte, stark juckende, nässende, eitrige Hautentzündungen, die auch dazu führen, dass die Haut wie besessen gebissen oder gekratzt wird. Es ist möglich, dass der Juckreiz schlimmer ist als der Schmerz, und es ist auch möglich, dass Hunde wie wir Menschen bei Mückenstichen die Erfahrung machen, dass Kratzen den Juckreiz nur verschlimmert.
Wir nennen diese Flecken, die sehr schnell auftreten können, Hot Spots. Möglicherweise steckt auch eine Insektenstichallergie dahinter.
Bei der DgDx denken wir in erster Linie an *Apis mellifica*, wenn wir an die Auswirkungen eines Insektenstichs oder einer Insektenallergie denken. Der Unterschied zu *Ledum palustre* besteht darin, dass wir bei *Apis mellifica* ödematöse Schwellungen der Haut und/oder flüssige Quaddeln auf der Haut (Urtikaria oder Nesselsucht) sehen. Die flüssigen Quaddeln bei Nesselsucht sind dem Hautbild nach Kontakt mit Brennnesseln sehr ähnlich.
Offensichtlich handelt es sich nicht nur um eine sekundäre Selbstverletzung, denn manchmal ist zu beobachten, dass sich die intensive akute Hautentzündung (Dermatitis) eines Hot Spots spontan und schnell auf eine große Fläche ausbreiten kann. *Ledum palustre* ist die erste Wahl bei der Behandlung (eventuell auch zur Vorbeugung) eines Hot Spots. *Apis mellifica* ist eine gute zweite Wahl. Vor allem bei wiederkehrenden Hot Spots ist es ratsam, zumindest den Cobalamin (Vitamin B12)-Spiegel im Blut des Patienten zu messen – die Ergänzung eines Mangels kann das Problem lösen.

Kleine Gelenke

Bemerkenswert ist der Bezug zu den kleinen Gelenken im Handgelenk (Carpus), im Sprunggelenk (Tarsus), zu den Gelenken der Mittelhandknochen (Metacarpus) und der Ferse (Tarsus carpus), zu den Mittelfußknochen (Metatarsus) und insbesondere zu den Zehengelenken. *Ledum palustre* hat sich als bewährtes Mittel sowohl bei akuten als auch bei chronischen Entzündungen der Zehengelenke, einschließlich Arthrose, erwiesen. Auch wenn wir nicht immer die Modalität der Verschlimmerung durch Hitze und Verbesserung durch Kälte sehen. *Ledum palustre* D6 bildet zusammen mit *Hypericum perforatum* D6 ein gutes Paar bei Zehentraumata, von Prellungen (Quetschungen) bis hin zu schweren Gewebeschäden. In solchen Fällen ist die Homöopathie oft die erste Wahl. Die Kombination beider Mittel ist auch bei (subkutanen) Splittern, Stacheln oder Grasspelzen angezeigt, um dem Körper das „Abstoßen" zu erleichtern. In manchen Fällen kann eine Prävention mit beiden Mitteln die chirurgische Entfernung erleichtern.
Eine Prellung der Augenhöhle oder ein „blaues Auge" eignet sich gut für *Ledum palustre*, besser als *Arnica montana*.

Potenz und Dosierung

In der organotropen Behandlung verschreiben wir *Ledum palustre* in akuten Fällen in einer D6 dreimal täglich eine Dosis für drei bis sechs Wochen und in chronischen Fällen in einer D12 zweimal täglich eine Dosis für sechs bis zwölf Wochen.
Bei Floh- und Milbenallergie verschreiben wir D30 eine Dosis einmal täglich für zwölf Wochen oder länger, falls erforderlich. Häufig stellen wir fest, dass das D30 irgendwann nicht mehr ausreichend wirkt (keine weitere Verbesserung oder Rückfall). In diesen Fällen wechseln wir zu *Ledum palustre* D200 (200K) oder MK, eine Dosis einmal pro Woche. Wenn auch diese Potenz nicht mehr ausreichend wirkt (bis zum Rückfall), können wir je nach Reaktion weitere 10MK verabreichen.

Hinweise

Zur Sicherheit erst ab D3/C2/2K erhältlich.

Lilium tigrinum

Tigerlilie

Mittelherkunft

Das homöopathische Arzneimittel *Lilium tigrinum (Lilium lancifolium)* wird aus der gleichnamigen Pflanze hergestellt, die auch als Tigerlilie bekannt ist. Pflanzenfamilie: Liliaceae (Liliengewächse). Abk.: lil-t.e

Arzneimittelbild

Ich habe nur sehr begrenzte Erfahrung mit der homöopathischen Anwendung von *Lilium tigrinum*. Wie im Arzneimittelbild von *Sepia officinalis* finden wir auch im Arzneimittelbild von *Lilium tigrinum* die Symptome Vaginalprolaps (Ausstülpung der Vaginalwand nach außen) und passiver Urinabgang. Passiver oder unwillkürlicher Urinabgang tritt nur im Schlaf oder in einem anderen ähnlichen Moment der Entspannung auf (Schließmuskelinkontinenz). Passiver Urinverlust ist in Stresssituationen besonders schlimm. Beide Anomalien sind das Ergebnis einer Gewebeschwäche wie hier der glatten Muskulatur. Vielleicht ist bei einem Vaginaprolaps zuerst an *Lilium tigrinum* zu denken. Der Lilium tigrinum-Patient zeichnet sich durch ein außergewöhnlich unruhiges und aggressives Verhalten aus, viel mehr als es bei dem Sepia officinalis-Patienten der Fall ist. In diesen Fällen können wir bei zusätzlichen individuellen Symptomen mehr Inspiration aus der homöopathischen Materia Medica des Menschen ziehen, um ein vollständigeres Bild zu erhalten.

Potenz und Dosierung

Lilium tigrinum D30 eine Dosis einmal täglich für zwölf Wochen, oder (als Fortsetzung) D200 (200K) oder höher, je nach Ansprechen.

Hinweise

Keine. Homöopathische Arzneimittel sind im Allgemeinen ab D6/C3/3K vollkommen sicher.

Lycopodium clavatum

Keulen-Bärlapp

Mittelherkunft

Das homöopathische Arzneimittel *Lycopodium clavatum* wird aus den Sporen der gleichnamigen Pflanze hergestellt, die auch als Keulen-Bärlapp, Kolben-Bärlapp oder Wolfsklaue bekannt ist. Pflanzenfamilie: Lycopodium diaceae (Bärlappgewächse). Abk.: lyc.

Arzneimittelbild

Typ

Charakteristisches Verhalten

Charakteristisch für das Verhalten von *Lycopium clavatum* ist eine Mischung aus Freundlichkeit und Unsicherheit, die zu bestimmten Zeiten in dominantes Verhalten übergeht. Der Lycopodium clavatum-Typ steht aufrecht auf

dem Behandlungstisch, ist angespannt (versteift) und zittert am ganzen Körper, wedelt und knurrt manchmal. Sobald er wieder auf dem Boden ist, entspannt er sich und sucht die freundliche Annäherung.
In diesem Verhalten sehen wir manchmal auch Extreme, die oft durch Umweltfaktoren entwickelt werden, wobei die Besitzer-Hund-Beziehung eine führende Rolle spielt. Auf der einen Seite sehr freundlich, unsicher und unterwürfig, auf der anderen Seite sehr misstrauisch bis betont dominant und aggressiv. Unterwürfigkeit oder Dominanz zeigen sich dabei immer als Reaktion auf etwas. Der Lycopodium clavatum-Typ ist von Natur aus nicht wirklich dominant, aber wenn eine gewisse Grenze erreicht ist, kann er eine dominante Haltung einnehmen. Der Lycopodium clavatum-Typ kann eine starke Abneigung (gegen die Anwesenheit) von fremden Menschen oder bestimmten Personen haben, manchmal scheinbar ohne Grund.

Widerspruch

In diesem Zusammenhang betone ich, dass der Lycopodium clavatum-Typ nicht nachgibt und auch nicht zu irgendetwas gezwungen werden möchte. Zu strenge Kommandos, zu harte Korrekturen oder Strafen sind für einen Lycopodium clavatum-Typ kontraproduktiv. Frust wird unterdrückt, bis die Grenze erreicht ist. Das bedeutet auch, dass der Lycopodium clavatum-Typ nicht getröstet werden will. Beruhigende Worte für einen Lycopodium clavatum-Typ auf dem Behandlungstisch verstärken seinen misstrauischen Blick und seine Haltung.

Konstitution

Der Lycopodium clavatum-Typ ist in der Regel etwas mager und wiegt nicht viel. Aber auch das Gegenteil ist möglich: Übergewicht. Bei *Lycopodium clavatum* kann der Appetit trotz Abmagerung gut sein. Im Falle von *Pulsatilla pratensis* ist es das Gegenteil: Appetitlosigkeit und leichtes Übergewicht. Da es bei *Lycopodium clavatum* oft Probleme mit der Verdauung gibt, ist es verständlich, dass Abmagerung auftritt. Es ist jedoch nicht auszuschließen, dass ein Hund mit Übergewicht auch zu *Lycopodium clavatum* passen kann, wenn genügend andere entsprechende Symptome vorhanden sind.
Das Fell ist oft etwas trocken und wirkt staubig („Schuppen"). Die Haare können abbrechen (Trichorrhexis), was besonders am Widerrist zu beobachten ist. Erwachsene Lycopodium clavatum-Hunde werden oft älter geschätzt, als sie tatsächlich sind. Ein schlechter Zustand von Haut und Fell kann leicht zu Hautkrankheiten wie sekundären Floh- und Milbenallergien führen.
Ein besonderes Symptom, das nicht häufig vorkommt, aber charakteristisch für *Lycopodium clavatum* ist, ist die Vorliebe, Kieselsteine zu essen.

Lycopodium versus Pulsatilla

Man würde es nicht erwarten, aber der Pulsatilla pratensis-Typ, der unterwürfigste Typ in der Homöopathie, und der dominante Lycopodium clavatum-Typ liegen in einem Differenzialdiagramm bemerkenswert oft nahe beieinander. Der Lycopodium clavatum-Typ liegt viel näher am Pulsatilla pratensis-, Graphites- und Ignatia amara-Typ als z. B. am dominanten Platinum metallicum- und Aurum metallicum-Typ. Ein Rottweiler-Rüde z. B. passt oft zu *Lycopodium clavatum,* Aber wir finden auch Pulsatilla pratensis-Typen bei dieser Rasse, mehr bei den Hündinnen.
Jegliche Aggression bei einem Rottweiler ist meiner Meinung nach eine reine Folge von Konditionierungs- oder Fütterungsfehlern. Sie liegt wohl kaum in der Natur des Tieres. Ich denke, auch beim reizbaren Pulsatilla pratensis-Hund liegt meist eine (langfristige) Fehlkonditionierung vor, nach dem Motto: „Ich lasse (fast) alles mit mir machen, aber auch für mich gibt es Grenzen". Diese Grenzen werden beim Lycopodium clavatum-Typ viel früher erreicht als beim

Pulsatilla pratensis-Typ. Der Pulsatilla pratensis-Typ ist sicher nicht so erregbar wie der Sepia officinalis-Typ, und er wird auch nie so dominant wie der Lycopodium clavatum-Typ.

Radar® (s. S. 432)

GEMÜT – UNTERWÜRFIG
agar. cham. gard-j. Gels. lyc. m-arct. **PULS.** sil. staph. streptoc. sulph.

Die veterinärmedizinische Anwendbarkeit dieser eh schon kleinen humanen Sektion wird noch weiter eingeschränkt, wenn man bedenkt, dass sich der Hund von *Agaricus muscarius* absolut nicht oder kaum beeindrucken lässt, und dass die Hunde von *Chamomilla* und *Gelsemium sempervivens* erheblichen Druck benötigen würden, bevor sie sklavisches Verhalten an den Tag legen – vielmehr gelingt es fast nie. *Staphisagria* passt zwar zu diesem Symptom, zeigt aber mehr hypochondrisches Verhalten und nicht das sklavische Verhalten des Pulsatilla pratensis-Hundes. Der Pulsatilla pratensis-Hund ist hier wirklich mit Abstand der unterwürfigste Hund.

Toleranz

Lycopodium clavatum-Typen werden in der Humanhomöopathie als feige beschrieben. Auch als intolerant. Ich würde behaupten, dass ein Lycopodium clavatum-Typ bis zu einem gewissen Grad tolerant ist, was als feige und misstrauisch ausgelegtt werden könnte, aber über diese Grenze hinaus ist er intolerant und sehr mutig. Die Grenze wird durch die Gene, das Geschlecht, die Konditionierung und vor allem durch den Moment bestimmt.
Wir kennen ein Symptom von *Lycopodium clavatum*, das wir durchaus als feige bezeichnen könnten: Aggression gegenüber kleineren Hunden. Es ist jedoch schwierig, den Unterschied zwischen Korrektur und Aggression zu erkennen.
Der Platin metallicum-Typ zum Beispiel ist absolut nie aggressiv, kann aber Welpen besonders heftig korrigieren. In diesem Fall sprechen wir nicht von Aggression, sondern von einer hierarchischen Korrektur. Vielleicht sollten wir bei *Lycopodium clavatum* auch eher an eine hierarchische Korrektur denken als an feiges Handeln. Wenn ein Zwang für den Hund inakzeptabel ist, wie z. B. ein zu hartes Kommando, ein zu massives körperliches Vorgehen oder eine zu schmerzhafte Behandlung, akzeptiert ein Lycopodium clavatum-Typ dies nicht mehr. Er ist dann fair genug, dass er immer zuerst warnt (Haare aufstellen, knurren) und beißt nicht aus heiterem Himmel, wie es ein Stramonium- und ein Hyoscyamus niger-Typ tut. Der Lycopodium clavatum-Hund warnt, wenn die Grenze erreicht ist, ein Zeichen von „bis hierher und nicht weiter", aus „Vorsicht", nicht aus Feigheit.
Der Aurum metallicum-Typ beißt heftig und vorsätzlich, er sucht Streit. Der Sepia officinalis-Typ hat immer einen Grund, gereizt zu reagieren und zu beißen, um seinen Standpunkt deutlich zu machen. Der Ignatia amara-Typ knurrt plötzlich und heftig, manchmal begleitet von Bellen, beißt wild um sich, verletzt aber niemanden. Der Nux vomica-Typ beißt aus Angst gerne von hinten. Dieses etwas feige Verhalten sehen wir vor allem beim Nux vomica-Rüden. Die Nux vomica-Hündin ist unerschrocken. Sie greift nicht oft an, aber wenn, dann von vorne.
Zusammenfassend lässt sich sagen, dass ein Lycopodium clavatum-Typ einein gewisses Maß an Unausgeglichenheit und emotionale Spannung aufweist, das sich in dominantem Verhalten (Rüden) oder in unterwürfigem Verhalten (Hündin) äußern kann. In solchen Momenten ist der Lycopodium clavatum-Rüde scheinbar selbstbewusst. Seine Dominanz ist ein Mittel, um sich zu behaupten, seine Ausstrahlung verschafft ihm Respekt.

Radar® (s. S. 432)

GEMÜT – DIKTATORISCH
allox. anac. *Androc.* apis aran-ix. arizon-l. arn. ars. aur. aur-m-n. *Aur-s.* bamb-a. bora-o. calc-s. *Camph.* carc. caust. cham. chel. *Chin.* chir-fl. cich. con. *Cupr.* dendr-pol. *Dulc.* falco-pe. ferr. *Fl-ac.* granit-m. kali-c. *Kola* lac-e. lac-h. lac-leo. lach. lil-t. **LYC** *Med. Merc.* nux-v. ozone pall. phos. *Plat.* polys. pulse. sal- fr. sep. *Sil.* spong. stram. sul-ac. *Sulph.* thuj. vanil. verat. vitis-v.

GEMÜT – DIKTATORISCH – Liebe zur Macht
granit-m. ignis-alc. lyc.

Im ersten Abschnitt des Repertoriums für Menschen ist der Symptomwert für *Lycopodium clavatum* 3/3. In der Praxis scheint es, dass sie für Hunde höchstens 1/3 betragen sollte. Meiner Meinung nach kann *Lycopodium clavatum* im zweiten Abschnitt gestrichen werden, zumindest für Hunde. Im ersten Abschnitt beträgt der Symptomwert von *Aurum metallicum* 1/3. Meines Erachtens sollte er für Hunde besser 3/3 betragen und auch im zweiten Abschnitt als 3/3 hinzugefügt werden.

Sonstige Angaben

Im Allgemeinen eignet sich *Lycopodium clavatum* für chronische Krankheiten mit Abmagerung. Diese Abmagerung ist nicht so schnell und stark wie bei den Arsenicum album-Typen und Nitricum acidum-Typen. *Lycopodium clavatum* kann als Simillimum bei Beschwerden des Verdauungstraktes angezeigt sein und verwandten Organen, einschließlich Speichel- und Lymphknoten, Leber und Bauchspeicheldrüse (Pankreas). Darüber hinaus kann *Lycopodium clavatum* auch als Simillimum bei Nierenbeschwerden auftreten.

Appetit

In Bezug auf den Appetit kann ein charakteristisches Merkmal des Lycopodium clavatum-Patienten darin bestehen, dass er entweder hungrig ist, aber schnell satt wird, oder keinen Appetit hat, aber nach dem ersten Bissen wieder reichlich Appetit bekommt, oder mit Begeisterung zum frisch gefüllten Futternapf geht, aber nicht frisst.

Meteorismus

Charakteristisch für *Lycopodium clavatum* ist ein aufgeblähter Bauch durch übermäßige Gasbildung, vorwiegend im Darm, was zu Aufstoßen und Pupsen führt. Im Arzneimittelbild von *Carbo vegetabilis* befindet sich die Gasansammlung hauptsächlich im Magen. Dies ist auch bei *Nitricum acidum* und *Argentum nitricum* der Fall, aber hier wird die Gasansammlung durch Luftschlucken verursacht.

IBD

Im Prinzip passt *Lycopodium clavatum* zu chronischer Dickdarm-Diarrhö (IBD im Dickdarm). In Anbetracht seines breiteren Anwendungsbereichs ist *Lycopodium clavatum* zweifellos auch ein geeignetes Mittel für Patienten mit Dünndarm-IBD, bei der möglicherweise durch exokrine Pankreasinsuffizienz (EPI) oder Proteinverlust-Enteropathie (PLE) Komplikationen auftreten.

Ursachen

Die Ursache von Lycopodium clavatum-Beschwerden sind Stoffwechselstörungen. Frust und ähnliche Gefühle sollten eher als Modalität der Verschlimmerung denn als Ätiologie betrachtet werden.

Modalitäten

Lycopodium clavatum ist dafür bekannt, rechtsseitig zu sein. Und das ist es auch, aber es ist sicherlich kein Ausschlusskriterium für *Lycopodium clavatum*, wenn ein Symptom nicht rechts-, sondern linksseitig ist.

Lycopodium clavatum kann sich durch eine Verschlimmerung der Symptome zwischen 16 bis 20 Stunden und vier bis acht Stunden auszeichnen.

Da eine venöse Stauung vorliegt, werden Kälte und Ruhe die Symptome verschlimmern, ähnlich wie bei *Pulsatilla pratensis*.

Frische Luft und Bewegung verbessern sie allerdings. Der Lycopodium clavatum-Typ liebt wie der Pulsatilla pratensis-Tyo die freie Natur und lebt dort voll und ganz auf. Eine läufige Hündin beispielsweise ist im Haus ruhig und träge, aber im Freien sehr aktiv.

Ähnlich wie bei *Pulsatilla pratensis* kommt es auch hier zu einer Verschlimmerung der Symptome vor und während der Läufigkeit. Die Lycopodium clavatum-Hündin kann vor und während der Läufigkeit ein reizbares Verhalten zeigen. Wir sehen auch reizbares Verhalten bei der Lycopodium clavatum-Hündin während einer Fehlgeburt. Auf jeden Fall viel häufiger und viel schneller als beim Pulsatilla pratensis-Hund, wo dies nur selten vorkommt.

Scheinträchtigkeit

Lycopodium clavatum steht nicht auf der üblichen Liste der homöopathischen Mittel für eine Scheinträchtigkeit wie *Ignatia amara*, *Pulsatilla pratensis* und *Asa foetida*, aber es kann verwendet werden, wenn der Rest des Arzneimittelbildes passt.

Radar® (s. S. 432)

BRUST – MILCH – bei Frauen, wenn kein Zusammenhang mit einer Schwangerschaft besteht

apis ars. *Asaf.* bamb-a. bell. borx. bry. calc. calc-i. carc. cham. croc. *Cycl.* ign. kola lac-c. lyc. *Merc.* nux-m. nux-v. phos. **PULS.** reser. rhus-t. sabin. sep. stram. sulph. thlas. thuj. *Tub. Urt-u.* vip.

Die Bewertung der drei besten Mittel für Scheinträchtigkeiten lautet: *Ignatia amara* 1/3, *Pulsatilla pratensis* 3/3 und *Asa foetida* 2/3. *Lycopodium clavatum* wird wie *Ignatia amara* mit 1/3 bewertet. Bei Hunden wissen wir, dass bei Ignatia amara-Typen während der Scheinträchtigkeit eine Depression ohne Anschwellen der Brustdrüsen und ohne Milchproduktion auftritt, während bei *Lycopodium clavatum*, wie auch bei *Pulsatilla pratensis* und *Asa foetida*, ein Anschwellen der Brustdrüsen und eine Milchproduktion auftreten. In der Tat gehört *Ignatia amara* für Hunde nicht in diese (menschliche) Abteilung.

Harnleitersteine

Lycopodium clavatum kann bei der Bildung von Harnleitersteinen angezeigt sein. In allen Fällen sollten weitere individuelle Zusatzsymptome die Richtigkeit der Arzneimitteldiagnose bestätigen, damit *Lycopodium clavatum* als Simillimum verordnet werden kann.

Potenz und Dosierung

Grundsätzlich wende ich *Lycopodium clavatum* als Simillimum an. Ich beginne mit einer D30 einmal täglich eine Dosis für mindestens zwölf Wochen, eventuell (als Follow-up) D200 (200K) oder MK je nach Ansprechen.

Hinweise

Keine

M

Mercurius solubilis
(einschließlich DgDx der Mercurius-Gruppe)

Quecksilber

Mittelherkunft

Das homöopathische Arzneimittel *Mercurius solubilis* wird aus den Elementen Quecksilber, Quecksilberoxid und Quecksilbernitrat hergestellt. Bei dieser Zubereitungsmethode entsteht eine kolloidale Lösung des ansonsten unlöslichen Quecksilbers. Abk.: merc.
Die anderen homöopathischen Arzneimittel der Quecksilber-Gruppe werden aus chemischen Verbindungen von Quecksilber hergestellt. *Mercurius corrosivus* und *Mercurius dulcis* (Quecksilberchlorür) werden aus Quecksilberchlorid hergestellt. *Mercurius iodatus flavus* und *Mercurius iodatus ruber* werden aus gelbem bzw. rotem Quecksilberiodid hergestellt. Mercurius cyanatus wird aus Quecksilbercyanid hergestellt. *Cinnabaris* wird aus Quecksilbersulfid hergestellt.
In der Praxis gehe ich praktischerweise davon aus, dass das Arzneimittelbild von *Mercurius solubilis* die Grundlage für alle Quecksilberpräparate ist.

Arzneimittelbild

Entzündung

Ich lernte *Mercurius solubilis* als Nummer 3 in der Liste der ersten vier Entzündungsmedikamente kennen:

- *Aconitum napellus:*
  Anfangsstadium der Entzündung
- *Belladonna:*
  entzündliches Bild ist rot, schmerzhaft, warm und geschwollen
- *Mercurius solubilis:*
  beginnende Vereiterung
- *Hepar sulfuris:*
  Vereiterung

Später habe ich zusätzlich zu der organotropen Indikation „Entzündung mit beginnender Eiterung" regelmäßig die tiefgreifenden konstitutionellen Wirkungen von *Mercurius solubilis* und insbesondere von *Mercurius corrosivus* kennengelernt.

Typ

Der Mercurius solubilis-Typ ist introvertiert. Nach außen hin erscheint er daher meist als ruhiger und stabiler Typ. Doch in seinem Inneren herrschen Unruhe, Angst, Hetze und ein Misstrauen gegenüber seiner Umwelt. Ein Merkmal des Mercurius solubilis-Typs ist zum Beispiel die Angst vor (geschäftiger) Gesellschaft.

Aufgestaute Spannung

Es gibt manchmal Momente, in denen aufgestaute Spannungen nach außen treten. In bestimmten Fällen kann sich die aufgestaute Energie des Mercurius solubilis-Typs entladen, manchmal mit heftigen Aggressionsausbrüchen, die sich gegen bestimmte Menschen oder Tiere richten – und dann kann er durchaus auch mal zubeißen. Manchmal ist das Verhalten psychisch bedingt, manchmal treten Depressionen und Antriebslosigkeit auf. Auch Symptome wie Erschrecken, Zittern (Tremor) und Krämpfe, epileptischen Anfällen ähnlich, kann er zeigen.

Auf dem Behandlungstisch

Wir bezeichnen auch die Ignatia amara-Typen, die Arsenicum album-Typen und in bestimmten Fällen die Veratrum album-Typen als introvertiert. Lassen Sie mich versuchen, den Unterschied zu *Mercurius solubilis* aufzuzeigen. Auf dem Behandlungstisch ist der Mercurius solubilis-Typ angespannt, aber weder zittert noch knurrt er. Er ist ständig auf der Hut, nervös, könnte man sagen, nimmt aber trotzdem eine würdevolle Haltung ein und überlegt lange, ob es einen Grund zum Handeln gibt, den es normalerweise nicht gibt. Er versucht manchmal einfach nur zu entkommen. Ignatia amara-Typen und Arsenicum album-Typen sind einfach nur verängstigt und warten resigniert und zitternd auf ihr Schicksal, während Veratrum album-Typen einen apathischen Eindruck machen, geistesabwesend sind und ganz in ihrer eigenen Welt leben. Beispiele hierfür wären ein West Highland White Terrier (*Mercurius solubilis*), ein Golden Retriever (*Ignatia amara*), ein Sheltie (*Arsenicum album*) und ein Husky (*Veratrum album*).

Sensorische Reize

Der Mercurius solubilis-Typ ist sehr empfindlich gegenüber sensorischen Reizen, aber aufgrund seines introvertierten Verhaltens merkt man das nicht immer. Sicherlich nicht wie bei einem Nux vomica-Typ, der übermäßig (extrovertiert) auf sensorische Reize reagiert. Die Reize werden aber sehr wohl wahrgenommen und gespeichert (DgDx *Ignatia amara*). Der Mercurius solubilis-Typ kann sich lange Zeit gut beherrschen und seine Gefühle unterdrücken. Und das kann eine größere Belastung für sein Immunsystem sein, als wir es von außen überhaupt beurteilen können.

Dieses Beherrschen und Unterdrücken kann auch ein wichtiger Teil der Ätiologie für Störungen des Immunsystems sein, wie z. B. (Haut-) Allergien und chronische therapieresistente (Schleimhaut-)Entzündungen. Aus den Reaktionen auf Umweltreize lässt sich ablesen, dass der Mercurius solubilis-Typ ein scharfer Beobachter ist („selektives" Sehen) und somit viele Reize aufnimmt. Es geht also viel mehr in seinem Kopf vor, als wir es uns vorstellen können.

Ursachen

Die Unterdrückung von Emotionen und körperlichen Symptomen kann zu Mercurius solubilis-Beschwerden führen. Die Unterdrückung von Hautbeschwerden kann zum Beispiel Durchfall verursachen. Wenn bei der Verabreichung von *Mercurius solubilis* die Hautbeschwerden in Durchfall übergehen, sollte man entweder an eine höhere Potenz von Mercurius solubilis oder an Sulfur denken. Umgekehrt kann Mercurius solubilis das richtige Mittel sein, wenn nach einer Sulfur-Gabe Durchfall auftritt. In solchen Fällen müssen wir zunächst eine neue Arzneimitteldiagnose stellen. Erst dann können wir entscheiden, was zu tun ist: eine andere Potenz oder ein anderes Mittel. Wichtig ist dabei auch, wie der Körper reagiert, wenn wir das Medikament abgesetzt haben (tiefe Potenzen) oder etwas länger warten müssen (höhere Potenzen), bis die letzte Dosis abgeklungen ist.

Chronische Entzündung

Obwohl *Mercurius solubilis* bei akuten Entzündungen, die sich im dritten Stadium (beginnende Vereiterung) befinden, durchaus geeignet ist (in niedriger Dosierung), scheint es vor allem bei chronischen Entzündungen angezeigt zu sein, die trotz regulärer Behandlung nicht abheilen oder immer wiederkehren, vermutlich aufgrund einer konstitutionellen Veranlagung.

Mercurius solubilis kann daher auch eine stark konstitutionelle Wirkung haben.

Grundsätzlich können Entzündungen aller Schleimhäute des Körpers zu *Mercurius solubilis* passen. Neben Entzündungen der Maul- und Rachenschleimhaut, des Dickdarms, des Enddarms und der Harnwege können auch Entzündungen der Geschlechtsorgane, Vaginitis (Scheidenentzündung) und Endometritis (Gebärmutterentzündung) bei der Hündin für *Mercurius solubilis* geeignet sein, auch wenn Rötung, Schwellung und Eiterungsneigung auftreten.

Zu *Mercurius solubilis* passen Entzündungen der Haut, der Unterhaut (Subcutis), des Bindegewebes in allen Körperteilen und der Organe, die zur Eiterung neigen. Bei Entzündungen des äußeren Gehörganges (Otitis externa), Nasenschleimhautentzündungen (Rhinitis) und Bindehautentzündungen (Konjunktivitis) kommt *Mercurius solubilis* ebenfalls schnell ins Spiel. Auch Entzündungen der Gelenkkapseln, der Knochenhaut, des Sehnengewebes, der Sehnenscheiden und des Zahnfleisches fallen in das Indikationsgebiet von *Mercurius solubilis*.

Neben akuten und chronischen Blasenentzündungen kann *Mercurius solubilis* auch bei chronischer Nephritis (Nierenentzündung) sinnvoll sein. Bei fortgeschrittenen entzündlichen Prozessen sind die Gewebeveränderungen so umfangreich, dass die Schäden nicht mehr behoben werden können und homöopathische Mittel, wie die aus der Mercurius-Gruppe und zum Beispiel *Plumbum metallicum* nicht mehr wirken können.

Merkmalskombination

Ein auffälliges Merkmal von *Mercurius solubilis* ist eine Entzündung der Schleimhäute der Maulhöhle (Stomatitis), des Rachens (Pharyngitis) und/oder der Mandeln (Tonsillitis) in Kombination mit einer Entzündung der Schleimhäute des Dickdarms oder Kolons (Colitis) und des Mastdarms oder Rektums (Proktitis) sowie eine Entzündung gleichzeitig am Eingang und Ausgang des Magen-Darm-Trakts. Neben der Kombination von Maulschleimhautentzündung (Stomatitis) und Colitis kennen wir aus der Praxis auch eine Kombination von Stomatitis und Zystitis (Blasenentzündung), als charakteristische Kombination für *Mercurius solubilis*.

Ein West Highland White Terrier mit dem oben beschriebenen Charakter, einer chronischen Maulschleimhautentzündung und einer chronischen Blasenentzündung passt perfekt zu *Mercurius solubilis*. Bei sehr chronischen und heftig auftretenden Erregungszuständen mit viel Tenesmus (schmerzhaftem Harndrang) denken wir eher an *Mercurius corrosivus* als an *Mercurius solubilis*.

Membrane

Mit fortschreitender Entzündung kann sich erkranktes Schleimhautgewebe ablösen, was zur Bildung von grau-gelbem Schaum, den so genannten Membranen (Krusten aus geronnener Wundflüssigkeit und abgestorbenen Blut- und Gewebezellen), zur Bildung von Geschwüren (Ulcera) und manchmal sogar zu einer bösartigen Entzündung führt, die sich unter der Schleimhaut ausbreitet (gangränöse Entzündung). Bei einer solchen Entzündung im Maul kommt es zu übermäßigem Speichelfluss (Ptyalismus), oft mit blutigem Speichel und natürlich mit einem üblen Gestank aus dem Maul (Foetor ex ore).

Tenesmus

Bei Colitis, Proktitis und Zystitis, also Entzündungen des Dickdarms, des Enddarms bzw. der Blase, ist neben den oben genannten Schleimhautläsionen der Tenesmus (schmerzhafter Harndrang) bei *Mercurius solubilis* auffällig. Da die entzündlichen Schäden und der Tenesmus schwerer werden, wählen wir *Mercurius corrosivus* anstelle von *Mercurius solubilis*.

Wachstumsschmerzen

Eine besondere Indikation für *Mercurius solubilis* ist die Panosteitis, bei der eine Entzündung des Knochengewebes vorliegt und Wachstumsschmerzen durch gutartige Knocheninseln hervorruft (Enostose). Diese Anomalie ist bei Hundebesitzern besser bekannt als Wachstumsschmerz.
Die Ursache ist nicht bekannt, es wird jedoch ein immunbedingter Prozess (Ursache: Immundysfunktion) im Knochenmark vermutet. Die reguläre Behandlung besteht aus NSAID und/oder Kortikosteroiden. Eine eher durschnittliche Wirkung und starke Nebenwirkungen verleiten dazu, nach einer Alternative zu suchen. In diesen Fällen verschreibe ich *Mercurius solubilis* D6 dreimal täglich eine Dosis für drei bis sechs Wochen.

Modalitäten

Ein weiteres Merkmal von *Mercurius solubilis* kann eine Überempfindlichkeit gegenüber Kälte und Wärme sein – eine ebenso empfindliche Reaktion auf Hitze und Kälte wie das Quecksilber im Thermometer. Eine Verschlimmerung der Symptome tritt häufig nachts auf.

DgDx Quecksilber-Gruppe

In der Praxis gehen wir praktischerweise davon aus, dass das Arzneimittelbild von *Mercurius solubilis* die Grundlage für alle Mittel der Mercurius-Gruppe bildet. Die meisten Erfahrungen habe ich mit *Mercurius solubilis* und *Mercurius corrosivus*. Mit den anderen Mitteln der Mercurius-Gruppe habe ich viel weniger Erfahrung. Ich muss mich daher auf die Hauptlinien bei diesen Mitteln beschränken, die sie voneinander unterscheiden.

Um die Arzneimitteldiagnose zu erstellen, müssen wir oft auf die menschliche Materia Medica und das menschliche Repertorium für diese Mittel als Inspiration zurückgreifen. Für die endgültige Wahl des Simillimums ist es jedoch nützlich, zumindest eine gewisse Kenntnis der verschiedenen Arzneimittel der Mercurius-Gruppe zu haben, wenn sie aus der Repertorisation nahe beieinander liegen.

Mercurius corrosivus

Das Arzneimittelbild ist durch eine invasive (eindringende) Pathologie gekennzeichnet. Der Krankheitsverlauf ist etwas aggressiver als bei *Mercurius solubilis*. Beispiele sind eine chronische therapieresistente Kolitis mit vergrößerten Geschwüren (Colitis ulcerosa) mit sehr schmerzhaftem Harndrang (Tenesmus). Eine chronisch verlaufende, therapieresistente Blasenentzündung mit Entwicklung einer stark verdickten Blasenwand und Ablösung großer Schleimhautstücke, ebenfalls begleitet von einem enormen Tenesmus. Der Urin enthält viel Blut und Schlieren. Schwere Schleimhautkorrosion (Gewebezerfall) im Maul sehen wir bei alten Hunden, oft begleitet von einer chronischen (latenten) Nephritis, bei der es zu einer Absenkung der Niere kommen kann (Wanderniere). Natürlich sollte hier zuerst eine professionelle Zahnbehandlung erfolgen. In allen Fällen passt für eine homöopathische Nachbehandlung *Mercurius corrosivus*.

Mercurius dulcis

Mercurius dulcis hat die geringste lokale Wirkung auf die Schleimhäute und wirkt somit eher sanft. Es wirkt vor allem auf Leber und Nieren, z. B. bei Hepatitis mit Ikterus (Leberentzündung mit Gelbsucht).

Mercurius jodatus flavus und Mercurius jodatus ruber

Mercurius iodatus flavus und *Mercurius iodatus ruber* wirken vor allem auf entzündete Abwehrsysteme wie die Mandeln (Tonsillitis) und Lymphknoten (Lymphadenitis), sowie auf entzündete Schleimhäute des Rachens (Pharyngitis), des Kehlkopfs (Laryngitis) und der Nebenhöhlen (Sinusitis).

In der Humanhomöopathie soll die Rechtsseitigkeit eine charakteristische Modalität und damit eine starke Indikation für *Mercurius iodatus flavus* sein, die Linksseitigkeit eine sehr charakteristische Modalität für *Mercurius iodatus ruber*, ebenso wie für *Lachesis mutus*. Für beide Mercurius-Varianten habe ich (noch) keine Bestätigung für diese eindeutigenModalitäten bei Hunden gefunden.

Mercurius cyanatus

Mercurius cyanatus ist angezeigt bei ausgedehnter Membranbildung auf entzündeten und geschwürigen Schleimhäuten. Unter Membranen versteht man grau-gelbe Krusten, die aus geronnener Wundflüssigkeit mit abgestorbenen Blut- und Gewebezellen bestehen.

Cinnabaris

Cinnabaris ist eine Quecksilber-Schwefel-Verbindung. Es wird bei sehr chronischen eitrigen Entzündungen eingesetzt.

Potenz und Dosierung

Bei einer akuten lokalen Entzündung ohne Konstitutionsstörung oder Ähnlichkeit auf höherer Ebene kann man ruhig *Mercurius solubilis* D6 dreimal täglich eine Dosis für drei bis sechs Wochen verschreiben. Sogar Enostosen (gutartige Knocheninseln), bei denen man davon ausgehen kann, dass es sich um eine konstitutionelle Störung handelt, sprechen gut auf eine D6 dreimal täglich eine Dosis für drei bis sechs Wochen an. In manchen chronischen Fällen ist es besser, eine D12 zweimal täglich eine Dosis für sechs bis zwölf Wochen anzuwenden.

In allen anderen Fällen vorzugsweise Hochpotenzen: D30 eine Dosis einmal täglich, eventuell als Fortsetzung D200 (200K), MK, je nach Reaktion. In sehr chronischen Fällen mit einer schweren Pathologie und einer sehr starken Ähnlichkeit mit *Mercurius solubilis*, vorzugsweise *Mercurius corrosivus* verabreichen, in einer MK und auf der Grundlage der Reaktion.

Hinweise

Aufgrund der Quecksilbertoxizität erst ab D6/C3/3K erhältlich.

Myristica sebifera

Talgmuskatnussbaum

Mittelherkunft

Das homöopathische Arzneimittel *Myristica sebifera* (Myristica fragrans) wird aus dem gleichnamigen Baum hergestellt, der auch als Talgmuskatnussbaum bekannt ist. Pflanzenfamilie: Myristicaceae (Muskatnussgewächse). Abk.: myris.

Arzneimittelbild

Myristica sebifera wird verwendet, um die Reifung von großen und kleinen Abszessen zu beschleunigen. Es kann auch z. B. bei eitrigen Entzündungen der Augenlider eingesetzt werden. *Myristica sebifera* wird manchmal als homöopathisches Messer bezeichnet.

Potenz und Dosierung

Zur Ausreifung eines Abszesses/von Abszessen wird *Myristica sebifera* organotrop in einer D3 eine Dosis dreimal täglich über mehrere Tage angewendet.

Hinweise

Keine

N

Natrium muriaticum

Kochsalz

Mittelherkunft

Das homöopathische Arzneimittel *Natrium muriaticum* wird aus Kochsalz hergestellt. Kochsalz oder Natriumchlorid ist in hohen Dosen ein Gift, in ausreichend niedrigen Dosen ein Lebensmittel und in potenzierter Form ein homöopathisches Arzneimittel. Reine chemische Verbindung: NaCl. Abk.: nat-m.

Arzneimittelbild

Intoxikation

Manchmal verwenden Besitzer eine Handvoll Kochsalz, um ihren Hund zum Erbrechen zu bringen, wenn er etwas Verdorbenes gefressen hat. Tun Sie das nicht! Zu den Symptomen einer Kochsalzvergiftung gehören: gastrointestinale Symptome aufgrund einer direkten Reizung der Magen-Darm-Schleimhaut, einschließlich Geschwüren und Blutungen, die zu Appetitlosigkeit, Erbrechen, Durchfall, Dehydrierung, niedrigem Blutzucker und Schock führen.
Kochsalz ist eine Verbindung aus Natrium und Chlor. Zusammen mit Kalium bilden diese Elektrolyte die Grundlage für alle Zellfunktionen im Körper einschließlich der Impulsleitung im Nervengewebe. Eine zu hohe Konzentration führt zu Funktionsstörungen in allen Zellen des Körpers, z. B. in der Lunge (Lungenödem) und im Gehirn (neurologische Symptome wie epileptische Anfälle). Das Blut übersäuert.

Typ

Der Natrium muriaticum-Typ ist ängstlich, misstrauisch und vor allem scheu. Es kann sogar sein, dass sich der Hund nur bei einer Person innerhalb der Familie richtig wohlfühlt. Bei der geringsten Annäherung von Fremden schreckt er zurück und versucht, sie mit Knurren zu verscheuchen. Im Behandlungsraum verfolgt er das Geschehen um ihn herum sehr angespannt und mit einigem Abstand. Bei ernsthafter Annäherung durch einen Fremden knurrt, bellt und/oder beißt der Natrium muriaticum-Typ manchmal sogar. Auf dem Behandlungstisch lehnt er sich steif gegen seinen Besitzer. Bemerkenswerterweise kann der Natrium muriaticum-Typ mit etwas Feingefühl untersucht werden, ohne auf dem Behandlungstisch unerwünschte Beißattacken fürchten zu müssen.
Die Aggressivität des Natrium muriaticum-Typs liegt zwischen dem Verhalten des Hyoscyamus niger-Typs und dem des Lycopodium clavatum-Typs. Nicht hysterisch kläffend flüchtend (Hyoscyamus niger), aber auch nicht mutig auf das Ziel zusteuernd (Lycopodium clavatum). Beruhigendes Reden hilft nicht, das Knurren oder Bellen wird nur noch schlimmer.
Der Natrium muriaticum-Typ ist oft nicht in der Lage zu urinieren oder zu defäkieren, wenn jemand in der Nähe ist Er wird dann alle Anstrengungen unternehmen, um sich möglichst weit weg zu lösen. Manchmal sehen wir tropfenweisen Urinverlust, besonders bei voller Blase. Ein leichtes neurologisches Versagen der Hinterhand passt u. a. auch zu *Natrium muriaticum.* Es besteht daher leider auch die Möglichkeit, an Degenerativer Myelopathie zu erkranken. Bei dieser Erkrankung handelt es sich um einen fortschreitenden neurologischen Ausfall über

einen langen Zeitraum (Monate oder länger), der nicht auf reguläre Medikamente anspricht, aber im Prinzip auch nicht durch Homöopathie aufgehalten werden kann.

Zeichen

Natrium und Chlor spielen eine wichtige Rolle im Wasserhaushalt des Körpers. In der Humanhomöopathie ist ein bemerkenswertes Symptom für *Natrium muriaticum*: was feucht sein sollte, ist trocken, und was trocken sein sollte, ist feucht.

Ein weiteres Merkmal des Natrium muriaticum-Typs ist, dass die chronisch rezidivierende Diarrhö (Colon ICD) oft nur morgens auftritt und am Nachmittag spontan vorbei ist. Außerdem ist der Natrium muriaticum-Hund hager und trotz guten Appetits und ausreichender Ernährung eher mager. Der Natrium muriaticum-Typ ist auch recht durstig.

Modalitäten

Ein Natrium muriaticum-Hund mag keine Sonnenwärme. Die Symptome verschlimmern sich bei Kälte und Nässe. Der Natrium muriaticum Hund bevorzugt im Allgemeinen Salz oder eher salziges Futter.

Haut

Das Hautbild von *Natrium muriaticum* ist in erster Linie eine sekundäre Floh- oder Milbenallergie. „Sekundär" bedeutet, dass der schlechte Haut- und Fellzustand seine Ursache in einem anderen zugrundeliegenden Problem hat, welches die Anfälligkeit für eine solche Allergie erhöht. Das Grundproblem kann ein konstitutioneller Fehler sein, der in der Homöopathie eher typotrop als organotrop behandelt wird. Die sekundäre Floh- oder Milbenallergie ist ein Hautleiden, das sich für eine Vielzahl homöopathischer Mittel eignet. *Natrium muriaticum* ist nur dann angezeigt, wenn das Gesamtbild passt, einschließlich bestätigender zusätzlicher Einzelsymptome.

Die Hautsymptome bei der Flohallergie sind in der Regel vor allem an der Kruppe (Hinterhand) lokalisiert, bei der Milbenallergie sehen wir die Stellen meist zuerst in Kopf- und Ohrengegend. Bei Berührung kommt es zu einem heftigen Kratzreflex mit den Hinterbeinen. Das Fell ist trocken, verdünnt sich lokal und es bilden sich kleine Schorfstellen.

Potenz und Dosierung

In allen Fällen wird zunächst *Natrium muriaticum* in einer D30 verordnet, einmal täglich eine Dosis für 12 Wochen. Optional wird in der Folge eine D200 (200K) verabreicht, je nach Reaktion, die in der Regel eine Dosis einmal pro Woche beträgt. Höhere Potenzen habe ich selten angewendet.

Hinweise

Keine

Nitricum acidum

Salpetersäure (HNO_3)

Mittelherkunft

Das homöopathische *Nitricum acidum* (HAB-Name Acidum nitricum) wird aus Salpetersäure hergestellt. Reine chemische Verbindung; (HNO_3). Abk.: nit-ac.

Arzneimittelbild

Warzen

Nitricum acidum lernte ich als Mittel zur Behandlung von Warzen kennen. In der DgDx „Warzen" stehen *Nitricum acidum*, *Thuja occidentalis* und *Causticum* ganz oben auf der Liste. *Nitricum acidum* ist vor allem bei leicht blühenden Warzen angezeigt, *Thuja occidentalis* neben den gewöhnlichen Warzen auch bei Papillomatose bei jungen Hunden und *Causticum* bei altersbedingten Warzen.

Bei kleinen, warzenartigen Tumoren, wie z. B. leicht blutenden Wucherungen um den Anus (Zirkumanaldrüsenadenome) beim älteren Hund, steht die reguläre Behandlung im Vordergrund und die Homöopathie hat meist keinen Mehrwert. Bei zirkulären Analdrüsenadenomen besteht die Möglichkeit, dass es nicht nur zu kleinen Blutungen kommt, sondern zu einer starken Blutung, die nur durch den Tierarzt gestoppt werden kann. Wird bei der Zell- oder Gewebeuntersuchung eine bösartige Warze festgestellt, ist ein regulärer Eingriff immer die erste und oft die einzige Behandlungsmöglichkeit.

Immunsystem

Inzwischen habe ich besondere Erfahrungen mit *Nitricum acidum* als homöopathisches Arzneimittel bei Störungen des Immunsystems, ähnlich wie bei Lupus erythematodes und Pemphigus foliaceus (katzenspezifisch). Charakteristisch sind leicht blutende, verklebte Haut, meist am Übergang von Haut zu Schleimhaut, an Körperstellen wie Maul, Nase, Augen, Anus, Vorhaut und Vulva. Die Absonderungen (Sekrete) brennen und es sieht aus, als seien die Ränder der Körperöffnungen angenagt worden. *Nitricum acidum* passt zu stinkender Haut und Schleimhautentzündungen mit Geschwüren. Das homöopathische Mittel *Petroleum* eignet sich ebenfalls für verklebte Hauterscheinungen an den Körperöffnungen, die jedoch in der Regel trocken sind und wenig oder gar nicht zu Blutungen neigen.

Diarrhö

Bei Durchfall, der auf *Nitricum acidum* zurückzuführen ist, kommt es zu einem brennenden Anus und Rektum mit anhaltendem Pressen nach der Defäkation. Normalerweise ist viel Blut vorhanden. Schleimhautblutungen sind charakteristisch für *Nitricum acidum*. Wie bei *Arsenicum album* kommt es zu einer raschen Abmagerung. Wie bei *Argentum nitricum* kommt es auch bei *Nitricum acidum* zu Luftschlucken. Im Prinzip kann *Nitricum acidum* auch bei perianalen Fisteln angezeigt sein, aber hier muss zunächst eine reguläre Behandlung erfolgen, einschließlich einer Cobalamin-Supplementierung, wenn ein Mangel diagnostiziert wurde, und einer chirurgischen Entfernung der entzündeten Analbeutel.

Potenz und Dosierung

Zur organotropen Behandlung *Nitricum acidum* D6 dreimal täglich eine Dosis, für drei bis sechs Wochen. Bei Störungen des Immunsystems empfehle ich *Nitricum acidum* D30 einmal täglich eine Dosis für zwölf Wochen oder (als Folgemaßnahme) D200 (200K), je nach Ansprechen.

Hinweise

Aus Sicherheitsgründen erst ab D3/C2/2K erhältlich.

Nux vomica

Brechnuss

Mittelherkunft

Das homöopathische Arzneimittel *Nux vomica* wird aus dem gleichnamigen Baum hergestellt, der mit vollem Namen *Strychnos Nux vomica* heißt und auch als Brechnussbaum bekannt ist. Familie des Pflanzenreichs: Loganiaceae (Brechnussgewächse). Abk.: nux-v.

Arzneimittelbild

Strychnin

Ein wichtiger Ansatzpunkt zum Verständnis des Arzneimittelbildes der homöopathisch angewandten Arznei *Nux vomica* ist das Vergiftungsbild von Strychnin, dem Hauptbestandteil der Brechnuss. *Nux vomica* in Urtinktur (nicht homöopathisch erhältlich) fördert vor allem Übererregbarkeit und Krämpfe. Strychnin ist offenbar ganz entscheidend für die Wirkung der ganzen Pflanze.

Intoxikation

Strychnin wurde früher häufig als Maulwurfstod eingesetzt, um Schädlinge, insbesondere Maulwürfe und Ratten, zu bekämpfen. Böswillige Individuen benutzten es früher auch, um Hunde und Katzen in ihrer Umgebung absichtlich tödlich zu vergiften. Bis nach der ersten Hälfte des letzten Jahrhunderts verwendeten Tierärzte Strychnin sogar als Euthanasiemittel. Unglaublich! Von den Strychnin-Vergiftungsfällen bei Hunden kann ich mich noch gut an die enorme Überempfindlichkeit gegenüber allen Sinnesreizen (Hören, Sehen, Fühlen etc.) erinnern, mit heftiger Erregung bis hin zu Krampfanfällen, die sich mit Dekompensation in einen tiefen komatösen Zustand abwechselten. Schrecklich!

Reizschwelle

Das hochgiftige Strychnin wirkt auf die Erregungsübertragung im Zentralnervensystem (Gehirn und Rückenmark), wo es eine Absenkung der Erregbarkeitsschwelle bewirkt, wahrscheinlich durch Aufhebung des reizdämpfenden Mechanismus. Infolgedessen kommt es zu tetanusähnlichen (tetanischen) Krämpfen als Reaktion auf äußere, sensorische Reize.

Tetanische Krämpfe

Wegen der auffallenden Ähnlichkeit zwischen den Vergiftungsbildern von Strychnin und dem Tetanustoxin aus dem Tetanusbakterium Clostridium tetani habe ich versucht, *Nux vomica* homöopathisch bei Tetanuspatienten anzuwenden. Das sollte funktionieren, wenn man nach dem Ähnlichkeitsprinzip arbeitet und nur die sichtbare Symptomatik einbezieht. Es schien aber nicht zu funktionieren. Dies ließe sich dadurch erklären, dass Strychnin im zentralen Nervensystem wirkt und Tetanus-Toxin im peripheren Nervensystem. Wir sehen also, die Ähnlichkeit muss nicht nur in der allgemeinen Symptomatik bestehen, es muss auch eine Ähnlichkeit zwischen der Pathogenese der Krankheit und der Ausgangssubstanz des Arzneimittels bestehen. Bei einer Strychninvergiftung wird der Erregungsmechanismus im zentralen Nervensystem (Gehirn und Rückenmark) ausgeschaltet. Die Folge ist, dass alle willkürlichen und unwillkürlichen Muskeln im Körper über die peripheren Nerven, die Verbindung zwischen zentralem Nervensystem und Muskeln, stark überreizt werden können. In der Folge treten ungehemmt tetanische Krämpfe auf, die sich mit Lähmungen abwechseln. Schon kleinste Sinnesreize können die heftigsten Reaktionen auslösen.

Verwandtschaft

Die Zusammensetzung von *Nux vomica* ist eng mit der von *Ignatia amara* verwandt. Die Unterschiede zwischen den beiden Mitteln lassen sich durch die unterschiedlichen Anteile der beiden Alkaloide Strychnin und Brucin und Unterschiede in den anderen Bestandteilen erklären.

Typ

Der rote Faden

Der rote Faden, der sich durch das Bild von *Nux vomica* zieht, ist eine herabgesetzte Erregungsschwelle. Nux vomica-Typen reagieren sehr heftig auf äußere sensorische und geistige Reize. Man könnte sagen, dass äußere Reize mehr Einfluss auf die Nux vomica-Typen als auf andere Typen haben. Bei Nux vomica erzeugt dies hauptsächlich Erregung (extrovertiertes Verhalten). Auch bei Ignatia amara-Hunden wirken äußere sensorische und mentale Reize stark ein. Der Ignatia amara-Hund reagiert darauf aber offenbar nicht oder mit depressivem Verhalten (introvertiertes Verhalten).

Unruhe

Der Nox vomica-Hund (Rüde) läuft unruhig im Behandlungsraum hin und her. Vom Besitzer, zum Tierarzt, zum Assistenten, zum Besitzer, zum Fressnapf, zum Besitzer, zum ... und so weiter. Dabei reagiert er auf alles, was er hört, sieht, fühlt oder riecht. Der Nux vomica-Typ hat ständig ein sehr lebhaftes Spiel mit den Ohren und kann dabei fiepen, hecheln und/oder bellen. Auf dem Behandlungstisch steht er wie eingefroren. Der Kopf ist nach vorne und leicht nach unten geneigt, alle Muskeln sind steif, die Hinterbeine sind leicht zur Seite und nach hinten geneigt, die Vorderbeine sind leicht zur Seite und nach vorne geneigt, wild entschlossen, an seinem Platz zu bleiben, meistens ohne Aggression, aber verängstigt und vollkomen angespannt.

Fremde Umgebung

Der Nux vomica-Typ ist in einer fremden

Umgebung unruhig, nervös und hektisch, in vertrauter Umgebung aber oft sehr ruhig. Es sei denn, es klingelt (Überempfindlichkeit der Sinne), denn dann reagiert er sofort mit unaufhörlichem Bellen und rennt zur Tür.

Männlich oder weiblich

Der Nux vomica-Rüde ist unterwürfig und kann aus Angst Urin verlieren. Die Nux vomica-Hündin ist nicht unterwürfig, sondern eher dominant und viel entspannter als der Nux vomica-Rüde. Würde man nur einen Nux vomica-Rüden kennen, dann würde man eine Nux vomica-Hündin leicht falsch einschätzen. Der Nux vomica-Rüde ist geschäftig, lebhaft, unruhig, fast etwas neurotisch, leicht reizbar, sprunghaft, ängstlich, wachsam und unterwürfig. Die Nux vomica-Hündin ist dagegen ruhig, viel stabiler und selbstbewusster und nur leicht dominant.

Spezifische Ängste

Ein charakteristisches Merkmal von *Nux vomica* ist, dass die Angst oder der Schrecken oft auf ein bestimmtes Objekt beschränkt ist. Zum Beispiel Angst vor Flugzeugen, nachdem der Nux vomica-Hund sich einmal durch das Geräusch eines die Schallmauer durchbrechenden Flugzeugs heftig erschrocken hatte, aber keine Angst vor anderen Dingen, einschließlich Feuerwerk oder Gewitter. Angst und Schrecken vor einem ganz bestimmten Geräusch können wir getrost als Merkmal von *Nux vomica* bezeichnen.

Ursachen

Nux vomica-Beschwerden entstehen in vielen Fällen als Folge von (psycho)traumatischen Erfahrungen. Insbesondere eine schlechte Sozialisation und Prägung ist eine bekannte Ätiologie für den Nux vomica-Typ. Im Allgemeinen ist Stress ein wichtiger ätiologischer Faktor oder eine Modalität der Verschlimmerung. Beim Menschen ist *Nux vomica* zum Beispiel bei Magengeschwüren, nervöser Kolitis und Bluthochdruck angezeigt. Auch bei Hunden treten neben Verhaltensänderungen aufgrund traumatischer Erlebnisse, schlechter Prägung und/oder Stress psychosomatische Beschwerden auf, einschließlich chronisch rezidivierender kolorektaler Diarrhö (IBD).

Modalitäten

Bei Nux vomica-Patienten kommt es häufig zu einer Verschlimmerung der Symptome am Morgen. Es ist auch bekannt, dass der Nux vomica-Patient empfindlich auf Kälte reagiert. Wärme bringt dagegen Besserung. Eine Verschlimmerung von Unterleibskrämpfen wird auch unmittelbar nach dem Essen beobachtet.

Allgemein und lokal

Schlingen

Beim Nux vomica-Typ wird das Futter fast standardmäßig hastig im Eiltempo hinuntergeschlungen. Das Tempo ist noch höher, wenn ein anderer Hund in der Nähe ist, der es auf seinen Futternapf abgesehen haben könnte.

Erbrechen

Nux vomica wird zwar als Brechnuss bezeichnet, ist aber bei Hunden nicht die erste Wahl bei Erbrechen. Typisch für das Erbrechen bei *Nux vomica* ist das Erbrechen während des Fressens, bedingt durch ungehemmtes Schlingen: Die Nahrung wird hastig heruntergeschluckt, in einem Schwall erbrochen und sofort wieder hinuntergeschluckt.
Es kann zu Übelkeit kommen, aber auch dann sehen wir selten Erbrechen, wohl aber Grasfressen. *Nux vomica* wird bei Reisekrankheit eingesetzt, bei der eher von großer Unruhe, Hecheln und manchmal Lautäußerungen im Auto die Rede ist. In diesen seltenen Fällen handelt es sich beim Erbrechen um psychosomatisches Erbrechen und nicht um eine Überempfindlichkeit gegen passive Bewegungen. Bei echter

Reisekrankheit denkt man eher an homöopathische Mittel wie *Cocculus indicus*, *Petroleum* oder *Tabacum*.

Diarrhö

Charakteristisch für *Nux vomica* ist das Symptom Durchfall mit viel Schleim, der oft wie eine Hülle um den Stuhl gewickelt ist, im Wechsel mit Verstopfung und normalem Stuhlgang. In allen Fällen kommt es zu starkem (Nach-)Pressen. Manchmal sieht man nur ein Pressen, ohne dass etwas kommt: fein vergeblicher Stuhldrang, ohne dass Kot produziert wird.
Zu der für *Nux vomica* charakteristischen Herabsetzung der Erregungsschwelle passt zum Beispiel der Stuhldrang beim Wasserlassen. Magen-Darm-Beschwerden, insbesondere Colitis (Dickdarmentzündung), werden z. B. nach der Einnahme von Medikamenten, dem Verzehr anderer körperfremde Stoffe von der Straße oder auch durch eine Ernährungsumstellung ausgelöst bzw. verschlimmert.

Schlaf

Bei *Nux vomica* sehen wir im Grunde einen sehr oberflächlichen Schlaf, in dem der Hund nicht tief schläft, weil er ständig seine Umwelt im Auge behalten muss, aber nach starker Erregung, z. B. enormer emotionaler Erregung oder krampfartigen Anfällen, kann der Nux vomica-Hund in einen außerordentlich tiefen Schlaf (Dekompensation) fallen, ohne dass ihn etwas aufwecken könnte. Das gleiche Bild sehen wir bei *Opium*: Erregung im Wechsel mit Dekompensation, z. B. Tiefschlaf nach einem krampfartigen Anfall.

Bandscheibenvorfall

Nux vomica passt in das Bild der abwechselnd spastischen und lytischen Lähmung aufgrund eines zentralen Problems, wie z. B. eines Bandscheibenvorfalls (Diskushernie) zwischen zwei Wirbeln. Zusammen (zu gleichen Teilen) mit *Arnica montana* (D6) und *Hypericum perforatum* (D6) wird *Nux vomica* (D6) bei den neurologischen Folgen einer Diskushernie im (sub)akuten Stadium eingesetzt.

Potenz und Dosierung

Bei einer Schwäche der hinteren Gliedmaßen aufgrund eines zentralen neurologischen Defizits wenden wir *Nux vomica* D3 dreimal täglich eine Dosis über einen längeren Zeitraum an. Hier nutzen wir die Wirkung von Strychnin schon vor dem Kipppunkt. Die Toxizität wird abgeschwächt, die therapeutische Wirksamkeit durch Potenzierung erhalten.
Bei Durchfall und Darmkrämpfen, ohne dass es sich um einen Nux vomica-Typ handelt, können wir *Nux vomica* organotrop in einer D6 verwenden. Traditionell kennt man die Wirksamkeit des Paares *Nux vomica* D6 und *Carbo vegetabilis* D6 (Carbo-Nux), beide dreimal täglich eine Dosis für ein bis zwei Wochen.
Bei einem Bandscheibenvorfall in der (sub)akuten Phase wenden wir die Kombination *Arnica montana* D6, *Hypericum perforatum* D6 und *Nux vomica* D6 an, dreimal täglich eine Dosis der Kombination (zu gleichen Teilen), über mindestens drei bis sechs Wochen.
Zur Verschreibung bei Reisekrankheit siehe unter dem Arzneimittelbild von *Cocculus indicus*.
Nux vomica-Typen behandeln wir mit D30 eine Dosis einmal täglich zwölf Wochen lang, oder (als Nachbehandlung) mit D200 (200K), manchmal mit MK, beides je nach Reaktion, was in der Praxis meist eine Dosis einmal pro Woche bedeutet.

Hinweise

Zur Sicherheit erst ab D3/C2/2K erhältlich.

O

Opium

Schlafmohn

Mittelherkunft

Das homöopathische Arzneimittel *Opium* wird aus *Papaver somniferum* hergestellt. Die Pflanze ist auch als Schlafmohn bekannt. Pflanzenfamilie: Papaveraceae (Mohngewächse). Abk.: Op.

Arzneimittelbild

Verhalten

Der Opium-Patient reagiert in bestimmten Momenten übermäßig heftig auf seine Umwelt. Dabei können sich Phasen extremer Erregung mit Phasen der Dekompensation abwechseln: Mattheit, Abwesenheit und Tiefschlaf.

Ursachen

Verhaltensprobleme, die in das Arzneimittelbild von *Opium* passen, treten in der Regel nach schwerem Schreck oder nach einer Narkose auf. Nach einer Operation kann zusätzlich zu den Medikamenten, die zur Prämedikation, Analgesie und Anästhesie verabreicht werden, blanke Panik vor der Operation ein Verhalten auslösen, das zu *Opium* passt.

Indikationen

Opium ist bei Epilepsie indiziert, wenn der Auslöser dabei intensive Todesangst ist, z. B. durch einen Heißluftballon oder durch Feuerwerkskörper, die in der Nähe des Hundes gezündet werden. Eine Bestätigung der Arzneimitteldiagnose *Opium* (DgDx *Nux vomica*) kann sein, dass der Hund nach einem Insult (Schlaganfall) in einen Tiefschlaf fällt, aus dem er nicht mehr aufwacht.

Homöopathisch angewandt wird *Opium* auch bei den Auswirkungen einer Überdosierung oder Überempfindlichkeit gegenüber Antiepileptika, die sich in trägem Verhalten und Schwäche äußern können.

Opium könnte prinzipiell auch bei einer Strychninvergiftung indiziert sein, die heute glücklicherweise nicht mehr vorkommt. Natürlich hängt der Erfolg der Homöopathie als Stimulanzien-Therapie stark von der eingenommenen Substanzmenge ab, die in den meisten Fällen im Nachhinein nicht mehr abschätzbar ist.

Opium wird bei einer Lähmung des Enddarms eingesetzt, die zu eingedicktem Stuhlgang führt, der allmählich an Größe zunimmt. Bezeichnenderweise kommt es gar nicht zum Pressen. Die Diagnose lässt sich leicht durch eine Röntgenaufnahme bestätigen.

Potenz und Dosierung

Opium wird routinemäßig in einer D30 einmal täglich eine Dosis für zwölf Wochen verschrieben, ebenso (als Folgemaßnahme) D200 (200K) oder MK, je nach Ansprechen.

Hinweise

Aus Sicherheitsgründen erst ab D12/C6/6K erhältlich.

P

Paris quadrifolia

Einbeere

Mittelherkunft

Das homöopathische Arzneimittel *Paris quadrifolia* wird aus der gleichnamigen Pflanze hergestellt, die auch als Einbeere bekannt ist. Pflanzenfamilie: Liliaceae (Liliengewächse). Abk.: par.

Arzneimittelbild

Paris quadrifolia ist angezeigt bei Heiserkeit infolge einer Kehlkopfentzündung.

In Kombination mit *Causticum* für den neurologischen Teil der Beschwerden ist *Paris quadrifolia* auch bei Stimmbandlähmung angezeigt.

Potenz und Dosierung

Paris quadrifolia D3 dreimal täglich eine Dosis und *Causticum* D12 zweimal täglich eine Dosis, für drei bis sechs Wochen oder länger.

Hinweise

Keine

Passiflora incarnata

Passionsblume

Mittelherkunft

Das pflanzliche Arzneimittel *Passiflora incarnata* wird aus der gleichnamigen Pflanze hergestellt, die auch als fleischfarbene Passionsblume oder winterharte Passionsblume bekannt ist. Pflanzenfamilie: Passifloraceae (Familie der Passionsblumen). Abk.: passi.

Arzneimittelbild

Passiflora incarnata ist ein Beruhigungsmittel für emotionale Probleme wie Nervosität und Angstzustände. Seine milde Wirkung sorgt dafür, dass es den Hund nicht schläfrig macht. Nützlich für einen nervösen Hund, der zu einem Vereinsturnier oder einer ähnlichen Veranstaltung gehen muss, aber auch für unterwegs, wenn der Hund während der Autofahrt sehr unruhig ist. Das Medikament kann auch eingesetzt werden, wenn Angst der Auslöser für epileptische Anfälle ist.

Potenz und Dosierung

Passiflora incarnata Ø eine Dosis dreimal täglich, je nach Bedarf.

Hinweise

Verwenden Sie die (Ur-)Tinktur nicht während der Trächtigkeit und Laktation (Geert Verhelst, *Großes Handbuch der Heilpflanzen*).

Petroleum

Erdöl

Mittelherkunft

Das homöopathische Arzneimittel *Petroleum* wird durch Destillation aus Mineralöl hergestellt, daher der Zusatz zum Namen *Petroleum rectificatum*. Mineralöl wird (häufig) als hochsiedendes Destillat aus Erdöl gewonnen. *Petroleum* für medizinische Zwecke ist ein Gemisch aus Kohlenwasserstoffen der Methanreihe, aromatischen Kohlenwasserstoffen, geringen Mengen an Petroleumharz und anderen, von denen Benzin, Petrolether, Paraffin und Vaseline entfernt wurden. Abk.: petr-rect.

Arzneimittelbild

Haut

Charakteristisch für das Hautbild, das dem Arzneimittelbild von *Petroleum* entspricht, ist eine trockene (manchmal feuchte), kahle, verklebte Haut um die Körperöffnungen Maul, Augen und Anus, am Übergang von der Haut zur Schleimhaut. Auffällig ist, dass sich die betroffenen Stellen sehr deutlich von einem ansonsten sauberen Fell abheben. Auch an den Zehen kann ein verklebter Hautzustand auftreten. Durch den Juckreiz am After kann der Hund „schlittenfahren": Er reibt seinen After fest über den Boden, was die Afterschleimhaut schädigen kann und wiederum zusätzlichen Juckreiz verursacht. Die Hauterkrankung verschlimmert sich in der Regel im Winter. Letzteres ist typisch, denn viele Hauterkrankungen bei Hunden bessern sich im Winter und verschlimmern sich im Sommer.

Reisekrankheit

Auch bei *Petroleum* sind die Symptome der Reisekrankheit weitgehend auf Nervosität zurückzuführen. Der Hund ist nicht so apathisch wie der Cocculus-Hund, aber er ist auch nicht unruhig. Typisch für den Petroleum-Patienten ist, dass er zwar unruhig ist (Sabbern und Erbrechen), aber Appetit hat und Fressen die Symptome verbessert. Der Petroleum-Hund sollte also auf keinen Fall nüchtern eine Autofahrt antreten. Es wird angenommen, dass der Petroleum-Hund unter dem Einfluss von Benzingeruch reisekrank wird. Aufgrund der Regeln über Ähnlichkeit und Wirkungsumkehr, die der Homöopathie zugrunde liegen, ist diese Annahme nicht unwahrscheinlich.

DgDx Reisekrankheit

Gegen Reisekrankheit gibt es die DgDx *Borax veneta*, *Cocculus indicus*, *Petroleum* und *Tabacum*. Für Angstzustände gibt es die DgDx *Hyoscyamus niger* und *Nux vomica*. Siehe Arzneimittelbild von *Cocculus indicus* für eine etwas umfassendere DgDx.

Potenz und Dosierung

In den meisten Fällen verschreiben wir *Petroleum* in einer D6, wenn sich die Symptome in einer D12 oder D30 verschlimmern, drei-, zwei- oder einmal täglich für drei bis sechs Wochen. Für die Verschreibung von Reisekrankheit siehe das Arzneimittelbild von *Cocculus indicus*.

Hinweise

Aus Sicherheitsgründen erst ab D6/C3/3K erhältlich.

Petroselinum crispum

Krause Petersilie

Mittelherkunft

Das homöopathische Arzneimittel *Petroselinum crispum* wird aus der gleichnamigen Pflanze hergestellt, die auch als Krause Petersilie bekannt ist. Ihr naher Verwandter ist die glatte Petersilie (*Petroselinum sativum*) Pflanzenfamilie: Umbelliferae (Doldenblütler). Abk.: petros-c.
Petroselinum crispum kann als Lebensmittel, pflanzliches und homöopathisches Mittel verwendet werden.

Arzneimittelbild

Kräutermedizin

Kontraktion

Als pflanzliches Arzneimittel stimuliert *Petroselinum crispum* in Urtinktur die Kontraktion (das Zusammenziehen) der glatten Muskeln, einschließlich derjenigen des Darms und der Blase. Petersilie ist traditionell ein bekanntes Mittel für Kaninchen mit Meteorismus (Gasansammlung im Magen-Darm-Trakt), da es die Darmfunktion (glatte Muskulatur) anregt – möglicherweise in Kombination mit dem homöopathischen Mittel *Carbo vegetabilis* D6. *Petroselinum crispum* als Urtinktur ist in der Praxis auch bei Blasenwandlähmungen nützlich, die unter anderem als Komplikation einer Rückenhernie auftreten.

Schwäche der Blasenwand

Eine Schwäche der Blasenwandmuskulatur aufgrund unterschiedlicher Ursachen kann zu einer schlechten Blasenentleerung führen, sodass Restharn zurückbleibt, was zu einer chronischen (wiederkehrenden) Blasenentzündung führen kann. Hier kann *Petroselinum crispum* Ø eine entscheidende Rolle bei der Wiederherstellung der Blasenwandfunktion spielen. Charakteristisch für eine chronische Blasenentzündung durch Restharn aufgrund einer gestörten Blasenwandfunktion ist das Ausbleiben des für eine Blasenentzündung charakteristischen häufigen Harndrangs: ein großer Unterschied zur normalen Blasenentzündung. Im Falle einer Blasenentzündung aufgrund von Blasenschwäche und Restharn sagt der Besitzer in der Regel: "Unser Hund ist nachts stubenrein und hat keinen Drang zum Wasserlassen". Dies kann ein ernstzunehmender Hinweis auf die Krankheitsdiagnose einer gestörten Blasenwandfunktion und die Arzneimitteldiagnose Petroselinum crispum Ø sein. Meist liegt dann auch eine bakterielle Sekundärinfektion (u. a. Proteus mirabilis) vor.

Homöopathie

Blasenkrampf

Als homöopathisches Arzneimittel wird *Petroselinum crispum* üblicherweise in einer D6 bei dem gegenteiligen Krankheitsbild der schwachen Blasenwand, nämlich der spastischen Blasenwand, eingesetzt. Der Blasenkrampf verursacht eine charakteristische Form der

Unreinheit: Urinverlust durch Krampfen, Trockenheit die ganze Nacht, aber sobald man wach ist, stellt sich sofort ein unerträglicher Drang ein. Häufige Miktion (tagsüber). Unmittelbar nach dem Sport tropft es im Liegen (auch aufgrund von Krämpfen). Die Urinanalyse zeigt entweder keine Auffälligkeiten oder eine chronisch-rezidivierende Zystitis (Restharn in der Blase). In einigen Fällen wird dieses charakteristische Bild des Blasenspasmus auch von einer chronisch rezidivierenden Zystitis dominiert. Da die Blase am Ende der krampfartigen Kontraktion der Blasenwand in manchen Fällen einfach nicht vollständig entleert ist, verbleibt auch in solchen Fällen Restharn, was ebenfalls eine Ursache für eine Zystitis ist. Der Unterschied zwischen einer Blasenentzündung infolge eines Blasenwandschwäche und einer Blasenwandverkrampfung besteht darin, dass im letzteren Fall tatsächlich ein häufiger Harndrang besteht. Dieser Patient verspürt auch nachts oft einen Harndrang.

Diese Form der Urininkontinenz wird unterschieden von der kastrationsbedingten Inkontinenz oder der Sphinkterinkontinenz. Dort tritt passiver Urinverlust in Ruhe und im Schlaf auf, also auch oft in der Nacht, aber ohne Harndrang.

Verschlimmerung

In einigen Fällen von Blasenkrämpfen ist bei der Anwendung von *Petroselinum crispum* D6 statt einer Besserung der Blasenkrämpfe und der damit verbundenen klinischen Symptome eine Verschlimmerung der Symptome zu beobachten, wenn dieses Arzneimittel verabreicht wird. Das Gleiche beobachten wir, wenn wir *Petroselinum crispum* Ø D1 oder D2 bei einem Blasenkrampf verabreichen.

Wir haben festgestellt, dass wir, wenn wir Patienten mit Blasenkrämpfen mit *Petroselinum crispum* D30 (10^{-30}) behandeln, die Wirkung sehen, die wir normalerweise von *Petroselinum crispum* D6 erwarten würden. D30 (10^{-30}) ist eine Verdünnung in 30 Schritten von 1: 10, d. h. 6 Schritte von 1:10 über die Avogadrosche Zahl (10^{-24}) hinaus. Nach heutigen wissenschaftlichen Vorstellungen enthält eine solche Verdünnung kein einziges Molekül der ursprünglichen Substanz mehr und kann eigentlich keine medizinischen Wirkungen haben. Eigentlich …

Potenz und Dosierung

Petroselinum crispum wird normalerweise in einer Ø (Blasenwandschwäche) oder D6 (Blasenwandspasmus) dreimal täglich eine Dosis für mindestens zwölf Wochen, manchmal auch länger, verordnet. Wie aus dem vorangegangenen Text hervorgeht, sollte in Ausnahmefällen von Blasenwandspasmen *Petroselinum crispum* in einer D30 einmal täglich eine Dosis, für mindestens 12 Wochen, manchmal auch länger, verordnet werden. Hier zeigt sich einmal mehr, dass wir nicht nur das Mittel individuell anpassen sollten, sondern auch die Wahl der Potenz. Unserer Erfahrung nach liegt der Kipppunkt von *Petroselinum crispum* bei den meisten Patienten mit Blasenkrämpfen zwischen D2 und D6, bei einigen Patienten aber offenbar zwischen D6 und D30.

Hinweise

Verwenden Sie die (Ur-)Tinktur nicht während der Trächtigkeit und Laktation.

Phosphorus

Phosphor

Mittelherkunft

Das homöopathische Arzneimittel *Phosphorus* wird aus dem gleichnamigen Element Phosphor hergestellt. Elementarer Phosphor kommt in drei kristallinen Modifikationen vor, von denen der gelbe Phosphor als Ausgangsmaterial für die Herstellung der homöopathischen Potenzen von *Phosphorus* verwendet wird.
Gelber Phosphor muss wegen seiner schnellen Oxidierbarkeit unter Wasser gehalten werden, sodass man es bei der Herstellung der homöopathischen Potenzen von *Phosphor* nicht nur mit dem Element Phosphor, sondern auch mit seinen Oxidationsprodukten zu tun hat. Abk.: phos.

Arzneimittelbild

Vergiftungsbild

Phosphor hat eine breite Palette an Toxizität. Bei Intoxikation kommt es zu einer heftigen Entzündung der Magen-Darm-Schleimhaut (Gastroenteritis) und in einer späteren Phase zu einer (fettigen) Degeneration von Organen wie Leber, Nieren, Herz, Milz, Muskeln und Zellschicht der Blutgefäße (Endothel). Dies kann schließlich zum Verlust von funktionellem Lebergewebe (Parenchym) und dessen Ersatz durch Bindegewebe (Leberzirrhose), Nierenversagen und Herzmuskelproblemen führen. Auch aufgrund von Blutgerinnungsstörungen kommt es zu spontanen kleinen Haut- und Schleimhautblutungen (hämorrhagische Diathese).
Kurz vor dem Tod kommt es zu einer Entzündung der Atemwege, der Lunge (Pneumonie) und der Lungen- und/oder Rippenfellmembranen (Pleuritis). Bei lang anhaltenden leichten Phosphorintoxikationen treten Knochenprobleme wie Osteoporose (Knochenschwund), Knochenmarkentzündung (Osteomyelitis) und Knochenverfall (Karies) auf. Aufgrund des Eiweiß- und Kohlenhydratabbaus kommt es (mit der Zeit) zur Abmagerung. Typisches Merkmal für *Phosphor* ist der Funktionsverlust der Netzhaut (Retina-Atrophie).

Typ

Der Phosphorus-Typ ist wie ein Athlet gebaut: schlank, nicht zu dick, nicht zu mager, BCS (Body Condition Score) 4 bis 5 auf einer Skala von 9, wobei 5 den normalen Haushund darstellt, mit rundum gut entwickelter Bemuskelung, vollblütig, mit stolzer, aufmerksamer Haltung und fester Haut mit glänzendem, seidigem Fell. Ein starker und gesunder Hund, bereit für Höchstleistungen. Vom Körperbau her können wir den Phosphorus-Typ mit dem Arnica montana-Typ und dem Aconitum napellus-Typ vergleichen. Den Phosphorus-Typ sieht man häufiger bei Boxern, Labradoren, Settern und dergleichen.
Ein chronisch kranker Phosphorus-Patient ist abgemagert, hat rundum verringerte Muskulatur (Muskelschwund, Muskelatrophie) und ein trockenes, schuppiges Fell. Obwohl der chronisch kranke Phosphorus-Hund scheinbar körperlich gesund und nicht mehr zu Höchstleistungen fähig ist, hat es noch lange den Anschein, dass er es könnte. Das äußere Erscheinungsbild (Habitus) ist in der Tat ein Hinweis auf die geeignete Art von Heilmittel.
Der chronisch kranke Phosphor-Patient ist schließlich mit dem Iodum-Patienten vergleichbar: abgemagert mit extrem schlechtem Haarkleid. Der Iodum-Patient ist unruhig, wählerisch und aggressiv. Der Phosphorus-Typ ist lange Zeit schier unermüdlich, verspielt und sein unbeherrschtes Verhalten (Bellen, Knurren) ist Ausdruck seines immer noch starken Antriebs.
Iodum passt zu einer Schilddrüsenüberfunktion

(Hyperthyreose), einer Krankheit, die bei Hunden selten vorkommt und, in der Regel eine bösartige (maligne) Anomalie mit einer schlechten Prognose ist. Gelegentlich sehen wir das Bild einer Hyperthyreose noch bei Hunden, die mit Fleisch gefüttert werden, das Schilddrüsengewebe enthält. In diesen Fällen lässt sich das Problem leicht durch eine Anpassung der Ernährung lösen.

Ursachen

Beim Phosphorus-Patienten sind es vor allem die spezifischen Reaktionen, die die Arzneimitteldiagnose bestimmen, und nicht die Ätiologie an sich. In einigen (anderen) Fällen ist der ätiologische Faktor so charakteristisch für ein bestimmtes Medikament, dass es keinen Zweifel gibt, als ätiologisches Symptom bezeichnet zu werden. Dies trifft auf *Phosphorus* nicht zu. Zugegeben, es gibt mehrere Ätiologien für das Phosphorus-Symptom, die von Bedeutung sein können. Ich werde mich hier auf einige nennenswerte beschränken.

Ursache für Phosphorus-Beschwerden kann eine Intoxikation sein, zum Beispiel durch Medikamente oder Narkose. *Phosphorus* könnte z. B. gut passen, wenn nach einer Operation ein Leber- oder Nierenversagen vorliegt. Die Folgen einer chronischen Unterdrückung der (hyper) sexuellen Leidenschaft könnten gut zu *Phosphorus* passen. *Phosphorus* ist sicherlich auch ein Mittel, das man z. B. bei Prostatahypertrophie in Betracht ziehen kann. Es passt zu den Folgen von Störungen des Knochenstoffwechsels, besonders auch in jungen Jahren bei Hunden, die zum Phosphorus-Typ passen. Folgen eines zu schnellen Größenwachstums passen zum Phosphorus-Typ. Chronische Folgen von Infektionskrankheiten mit bakterieller Metastasierung, Toxinen aus Bakterien und Toxinen aus Gewebezerfall über das Blut im gesamten Körper (Septikämie und Toxämie) können ebenfalls zu *Phosphorus* passen.

Verhalten

Man könnte die Gemütssymptomatik von *Phosphorus* in den meisten Punkten ruhig auch als Charakteristikum für das Mittel bezeichnen.

Verlangen nach Aufmerksamkeit

Der Phosphorus-Typ ist ein Hund, der sehr viel Aufmerksamkeit verlangt, oft sogar einfordert. Nicht selten ist dieses Verhalten extrem. Beim Phosphorus-Typ passen Begriffe wie Aufmerksamkeitsdefizit-Hyperaktivitätsstörung (ADHS), Aufmerksamkeitsheischendes Verhalten (Attention Seeking Behavior) und Zwangsstörung (Obsessive Compulsive Disorder – OCD). Kurz: Hyperaktivität aufgrund eines (relativen) Aufmerksamkeitsdefizits mit einer sehr präsenten Mischung von Zwanghaftigkeit. Bemerkenswerterweise kann dieses Verhalten nicht nur zu extremer Zerstörungswut führen, wenn man allein ist, sondern auch zu einem gewollten Erbrechen.

Aufdringlichkeit

Der Phosphorus-Typ knüpft sehr leicht, wenn auch flüchtig, Kontakte. Er ist oft aufdringlich und kann dabei manchmal fast schroff werden. Wenn der andere Hund abschnappt, weil er die aufdringlichen Annäherungsversuche nicht mag, kann ein Phosphorus-Rüde manchmal zum Macho werden und knurren, teilweise aus Angst. Manchmal sehen wir auch einen Angeber: anhaltendes Bellen, möglicherweise auch teilweise aus Angst. In diesem Moment, zum Beispiel durch ein unerwartetes Knurren, kann der Phosphorus-Rüde durch die Folgen seiner eigenen Kühnheit aufgeschreckt werden. Der Pulsatilla pratensis-Rüde zeigt dieses Verhalten gegenüber anderen Hunden ebenfalls, aber der Unterschied besteht darin, dass er, wenn er selbst angeknurrt wird, mit eingezogenem Schwanz davonläuft, um dann wieder zurückzukommen und sich zu nähern, als ob nichts geschehen wäre.

Zerstörungswut

Ein wichtiges Symptom für das Verlangen nach Aufmerksamkeit ist die Zerstörungswut, prinzipiell, aber vor allem, wenn der Hund allein gelassen wird. Diese Wut beschränkt sich nicht nur auf das Zerstören seines Korbes oder eines Schuhs, der zufällig in Reichweite ist, sondern umfasst auch das Demolieren von Türen, Fensterrahmen, Sofas und dergleichen. Auch der Tarantula hispanica-Typ ist ein echter Zerstörer und beißt Löcher in die neue Sofagarnitur. Das Alleinsein kann auch mit endlosem Winseln und Bellen verbunden sein. Beim Phosphorus-Hund gibt es keine wirkliche Angst vor dem Alleinsein oder der Angst vor dem Verlassenwerden (Trennungsangst), wie wir sie vom Stramonium-Hund kennen. Der Stramonium-Hund reagiert auf seine Frustration, indem er unsauber wird, bellt, winselt und/oder etwas zerstört, während der Phosphorus-Hund destruktiv ist. Bei ihm ist es weniger Angst die Ursache, sondern vielmehr das Bedürfnis nach Aufmerksamkeit.

Geräusche

Der Phosphorus-Hund kann in der Tat ängstlich und unruhig sein. Er kann zum Beispiel überempfindlich auf Sinnesreize wie Lärm von knallenden Feuerwerkskörpern, Gewitter, Stürme, starken Regen und unangenehme Gerüche reagieren. Der Phosphorus-Typ kann auch erschrecken, wenn er für ihn ungewöhnliche Dinge sieht. Ein weiteres auffälliges Symptom des Phosphorus-Typs kann sein, dass er sich nach einem Schreck im Allgemeinen recht schnell erholt.

Wenn Merkmale wie zerstörerisches Verhalten beim Alleinsein und Angst vor Gewittern nicht vorhanden sind, ist das kein Grund gegen die Anwendung von *Phosphorus*. Besteht jedoch Angst vor Gewittern weit im Voraus, wenn eigentlich nur das Barometer wissen kann, dass eines aufzieht, ist dies ein starker Hinweis auf *Phosphorus* (DgDx *Borax veneta*).

Berührung

Besonders auffällig ist, dass der Phosphorus-Patient Angst hat oder es nicht mag, wenn er z. B. bei der normalen klinischen Untersuchung durch den Tierarzt angefasst wird. Ein Phosphorus-Hund will mit Gewalt vom Tisch herunter, beißt aber nicht. Beim Abhören (Auskultieren) des Herzens kann man hören, wie der Pulsschlag sehr schnell ansteigt. Bei Angst vor dem Tierarzt können Phosphorus-Typen auch präventiv vor der Konsultation behandelt werden, indem einige Stunden vor der Konsultation eine Dosis *Phosphorus* D200 verabreicht wird.

Dunkelheit

Der Phosphorus-Hund hat Angst vor der Dunkelheit. Unruhe in der Nacht kann natürlich auch aufgrund eines starken Aufmerksamkeitsbedürfnises verursacht werden. Unsicherheit und Angst in der Dunkelheit, vor allem aber in der Dämmerung, können durch eine verminderte Sehkraft, z. B. durch eine verminderte Netzhautfunktion (Netzhautatrophie), ebenfalls ein Symptom des Phosphorus-Arzneimittelbildes, verursacht werden.

Hast

Der Phosphor-Typ ist ein ausgelassener, enthusiastischer und hyperaktiver Hund, temperamentvoll und übermütig. Sein Verhalten gegenüber seiner Umwelt ist zwar offen – er nimmt leicht Kontakt zu allen Menschen auf –, aber auch hier ist der Kontakt flüchtig und sprunghaft.

Der Phosphorus-Hund ist intelligent, lernt sehr schnell, vergisst aber auch sehr schnell. Er ist eilig, ungeduldig, impulsiv, an allem interessiert und daher mit hundert Dingen gleichzeitig beschäftigt. Er hat ein wirkliches Konzentrationsproblem. Das ist ein Handicap für den Hund beim Gehorsamkeitstraining, beim Sport und bei der Arbeit.

Ungeduld und Eile sind bei *Phosphorus* angesagt. Charakteristisch für einen Phosphorus-

Hund, der die Praxis oder das Sprechzimmer betritt, ist, dass man zuerst den Hund sieht, dann eine straffe Leine und erst dann den Besitzer, der hinterhergezogen wird. Der Phosphorus-Hund hängt in der Leine, bis er gewürgt wird. Er ist immer in Eile. Beim *Graphites*-Typ zum Beispiel sehen wir das Gegenteil: Erst der Besitzer, dann die (straffe) Leine und erst dann der Hund, der dem Besitzer hinterherläuft oder mitgeschleift wird. Wenn wir von eilig sprechen, denken wir auch an den Tarantula hispanica-Typ, wie möglicherweise einen Zwergpinscher. Auch er hängt straff an der Leine, aber nicht aus übermäßigem Interesse, sondern aus Angst – er will so schnell wie möglich nach Hause. Der Phosphorus-Typ will sein Leben voll ausnutzen, während der Tarantula hispanica-Typ alles daran setzt, es so schnell wie möglich zu durchlaufen.

Psychose

Psychotische Verhaltensweisen wie Fliegenjagen, Schwanzjagen und zwanghaftes Lecken der (Vorder-)Beine aufgrund von Aufregung, Stress, Juckreiz, Schmerzen oder chronischem Unbehagen passen ansonsten auch zu Phosphorus.

Ausdauer

Ein wesentliches Merkmal des Phosphorus-Typs ist seine enorme Ausdauer. Menschen bezeichnen den Phosphorus-Typ als Sprinter: kurze Energieschübe, kurze Erholungsphasen und schnelles Aufladen. In der Regel sehen wir bei gesunden Phosphorus-Typen eine Explosion von Energie, die lange anhält und nicht zu stoppen ist. Wenn er von einem langen, intensiven Spaziergang nach Hause kommt, will der Phosphorus-Hund nach einer kurzen Erholungsphase wieder mit Volldampf loslegen.

Bei kranken Phosphor-Typen sehen wir das Bild von kurzen Explosionen (Sprinter), die schnell aufeinander folgen mit noch relativ kurzen Erholungsphasen. Mit ziemlicher Sicherheit hat dieses Bild der schnellen Erholung mit der Willenskraft zu tun, die über die körperliche Stärke siegt. Auch das ist Phosphorus.

Durst

Ein charakteristisches Allgemeinsymptom ist ein großer Durst nach kaltem Wasser. Der Phosphorus-Typ trinkt große Mengen auf einmal, die in vielen Fällen nach einiger Zeit wieder erbrochen werden. Bei Arsenicum album-Typen sehen wir genau das Gegenteil: Oft kleine Mengen Wasser trinken, die in vielen Fällen sofort wieder erbrochen werden.

Blutungen

Ein weiteres nahezu charakteristisches Allgemeinsymptom ist das Auftreten von Blutungen. Bei Phosporus-Typen können spontane Blutungen auftreten, wie Nasenbluten und hämorrhagische Diathesen (Haut- und Schleimhautblutungen), aber auch ein Übermaß an Blut z. B. bei Durchfall, einer Zahnextraktion oder bei einer Hitze mit viel blutigem Ausfluss über einen auffallend längeren Zeitraum. Wenn beim Erbrechen Blut zu sehen ist, ist es bei Phosphorus-Typen immer viel, bei Arsenicum album- und Ipecacuanha-Typen ist es meist nur ein klein wenig (fadenförmig). Darüber hinaus können wir *Phosphorus* auch bei Blasenblutungen und Entzündungen des Magen-Darm-Trakts mit viel Blut (hämorrhagische Gastroenteritis) einsetzen, wie wir sie zum Beispiel bei Parvovirus-Diarrhö mit *Pyrogenium, Arsenicum album, Veratrum album* und *Ipecacuanha* als DgDx sehen.

Modalitäten

Die Hauptmodalität für *Phosphorus* ist die Verschlimmerung beim Alleinsein und die Verbesserung durch Gesellschaft.

Wenn ein Phosphorus-Patient keine Gesellschaft mehr verträgt, ist er sehr krank. In dieser (fortgeschrittenen) Phase ist selbst ein Phosphorus-Patient gleichgültig und apathisch. Abends und nachts verschlimmern sich die Symptome.

Die Angst wird in der Dunkelheit und in der Dämmerung schlimmer. Zum Teil kann dies auch dadurch erklärt werden, dass der Hund nachts allein ist (keine Aufmerksamkeit erhält), zum Teil durch eine mögliche Beeinträchtigung der Netzhautfunktion (Retina-Atrophie), bei der das Sehvermögen in der Dämmerung deutlich schlechter ist. Fressen verbessert die Symptome. Grundsätzlich ist ein Phosphorus-Hund hungrig und durstig. Oft neigt der Phosphorus-Patient dazu, sein Futter nur nachts zu fressen. Das ist größtenteils darauf zurückzuführen, dass er sich tagsüber keine Zeit zum Fressen nimmt. Der Phosphor-Typ will nicht auf der linken Seite liegen. Das könnte ein Unterschied zum Sulfur-Typ sein, der gerne auf der linken Seite liegt. Leider ist dies meines Erachtens in der Veterinärmedizin noch nicht genügend belegt, und bei Hunden kann man vorläufig nicht von einer charakteristischen Unterscheidung sprechen.

Polychrest

Wie *Sulfur* nennen wir *Phosphorus* ein Polychrest. Ein Polychrest ist ein homöopathisches Arzneimittel mit einem sehr breiten Arzneimittelbild, das (deshalb) auch zu einer Vielzahl von häufig auftretenden Krankheitsbildern passt. Es gibt ein sehr vielfältiges Repertorium der Indikationen für *Phosphorus*. Dazu haben wir die Hauptmerkmale im Vergiftungsbild dargestellt. Bei der Affinität zu den verschiedenen Organsystemen denken wir neben dem Skelett vor allem an die Leber, dann an das Verdauungssystem, die Nieren, das Herz, das (zentrale) Nervensystem und nicht zuletzt an die Lunge.

Glaukom

Phosphorus wird zwar als Mittel gegen Glaukom erwähnt, aber ich rate dazu, diese Abnormität zunächst so schnell wie möglich regulär in den Griff zu bekommen und *Phosphorus*, wenn gewünscht, erst danach einzusetzen. Ich selbst habe übrigens keineswegs immer Erfolg mit *Phosphorus* bei Glaukom bei Hunden gehabt, auch wenn das Gesamtbild der Erkrankung nahtlos auf mehrere hochwertige Symptome passte.

Taubheit

Bei Taubheit alter Hunde durch degenerative Verhärtung (Sklerose) der Gehörknöchelchen im Mittelohr, die die Schallübertragung zeitweise gewährleisten, ist *Phosphorus* D12 in Kombination mit *Mercurius solubilis* D12 noch einen Versuch wert. Über die individuelle Prognose lässt sich im Voraus wenig sagen, da wir im Voraus nicht beurteilen können, ob der Prozess reparabel ist.

Demenz

Demenz wird als Indikation für *Phosphorus* genannt. Ich befürchte, dass sich die degenerativen Prozesse im Gehirn bereits in einem irreversiblen Stadium befinden, wenn sich Merkmale einer Demenz manifestieren.

Potenz und Dosierung

Bei organotropen Indikationen wird *Phosphorus* meist in einer D12 zweimal täglich eine Dosis, manchmal in einer D6 dreimal täglich eine Dosis – sicher nicht niedriger – für drei bis sechs Wochen oder länger verschrieben. Für die Behandlung von Verhalten und Typ verschreiben wir *Phosphorus* D30 einmal täglich eine Dosis, aber oft auch in einer D200 (200K) einmal wöchentlich eine Dosis oder höhere Potenzen: MK oder 10MK, je nach Reaktion.

Hinweise

Zur Sicherheit erst ab D4/C2/2K erhältlich.

Platinum metallicum

Platin

Mittelherkunft

Das homöopathische Arzneimittel *Platinum metallicum* wird aus dem Metall Platin hergestellt. Wir kennen das Metall als wertvollen Schmuck, als Bestandteil von Zahnimplantaten und als Katalysator. Abk.: plat-m.

Arzneimittelbild

Typ

Es ist nicht der Körperbau, sondern die Körperhaltung, die den Platinum-metallicum-Typ charakterisiert. Ich lernte ihn bei Hunden als geborenen Anführer kennen: ein selbstbewusster Hund.

Ein Platinum metallicum-Hund steht an der Spitze der sozialen Hierarchie, das heißt, er ist der dominanteste Hund. Und das strahlt er auch aus. Wenn Sie einen Platinum metallicum-Hund öfter in der Praxis gesehen haben, werden Sie verstehen, dass Begriffe wie dominant oder autoritär beim Platinum metallicum-Typ eine andere Bedeutung haben. Beim Menschen wird der Platinum metallicum-Typ als hochmütig und stolz beschrieben. Bei Hunden verkörpert der Platinum metallicum-Typ einen unangefochtenen Alleinherrscher.

Der Platin-metallicum-Typ strahlt allein durch seine Anwesenheit Autorität aus. Es gibt keine Zweifel, geschweige denn Aggression in seiner Umgebung. Und man sieht auch, dass die Umwelt diese hierarchische Stellung respektiert. Am schönsten sieht man das natürlich in einem Hunderudel. Ein Platinum metallicum – Hund ist der geborene Rudelführer. Schön, einen solchen Typ als Rudelführer zu haben – Ruhe und Frieden sind garantiert.

Platinum metallicum wird menschlich gesehen eher als Mittel für Frauenbelange angesehen, aber ich habe es auch erfolgreich bei Männern eingesetzt.

Direkt unter dem Platinum metallicum-Typ steht der Aurum metallicum-Typ. Dieser steht ebenfalls hoch in der sozialen Hierarchie, aber der Aurum metallicum-Typ ist zwar wie der Platinum metallicum-Typ egozentrisch, aber auch übermäßig leistungsorientiert und kämpft ständig um seine Position in der Hierarchie. Ein Aurum metallicum-Hund kann extrem aggressiv, streitsüchtig und provokativ sein.

Ursachen

Die Ursache von Platin-metallicum-Beschwerden ist die Unterdrückung von Emotionen, insbesondere wenn es um die Verletzung des Selbstwertgefühls und die Unterdrückung der sexuellen Leidenschaft geht. Ein gutes Beispiel sind Verhaltensauffälligkeiten oder körperliche Beschwerden bei einem Deckrüden, der nicht mehr zum Einsatz kommt. Es ist oft schwierig, die Verbindung zu einer unterdrückten Hypersexualität als Ursache herzustellen, da ein Platin metallicum-Typ diese nicht zeigt. Symptome wie Vertreiben, Weglaufen und lästig aufdringliches Verhalten von Rüden zu Hündinnen sind oft nicht vorhanden. Die Platinum metallicum-Hündin zeigt nie hypersexuelles Verhalten.

Die zugrundeliegende Motivation des Platinum metallicum-Typs ist Egozentrik, mit der er auf bemerkenswerter Weise umgeht. Ein schönes Beispiel aus dem wahren Leben ist ein Rüde, der im Garten war und eine läufige Hündin durch das offene Gatter wahrnahm. Und obwohl er sich enorm für die betreffende Hündin interessiert und angespannt war, ging er dennoch nicht zu ihr hin. Der Rüde wurde mit chronisch rezidivierendem Durchfall (IBD) vorgestellt. Er sprach perfekt auf *Platinum metallicum* an. Es handelte sich auch hier um einen Deckrüden.

Aggression

Eine Besonderheit von *Platinum metallicum* ist, dass dieser Typ gegenüber Welpen sehr „aggressiv" sein kann, obwohl er ansonsten keine Aggressionen gegenüber seiner Umwelt zeigt. Dabei handelt es sich eigentlich nicht um Aggression, sondern eher um eine strenge Korrektur von Welpen, die erst noch lernen müssen, wie Beziehungen zwischen Hunden im wirklichen Leben abzulaufen haben. Meist ist es eine so heftige (körperliche) Zurechtweisung eines Welpen, dass dieser wie am Spieß schreit. Es hört sich sehr heftig an, aber es gibt normalerweise keine Schäden (Bisswunden). Aber wir wissen ja, dass in den meisten Fällen von Aggression die Welpen verschont bleiben.

Beim Menschen ist der Platinum-metallicum-Typ dafür bekannt, dass er nach vielen Enttäuschungen und der Unterdrückung von emotionalen Gefühlen Aggressionen entwickelt oder phobisch werden kann. Bei Hunden habe ich das noch nicht gesehen. Bei Aurum metallicum-Menschen sehen wir, dass ein Erfolgszwang nach vielen Misserfolgen und die Unterdrückung emotionaler Gefühle in Depressionen und Selbstmordgedanken umschlagen kann. Wir sollten daher in Betracht ziehen, dass Aggressionen und Phobien bei einem Hund, der sonst einem Platinum metallicum-Typ entspricht, und Depressionen bei einem Hund, der ansonsten einem Aurum metallicum-Typen entspricht, keine Ausschlusssymptome sind. Obwohl der Platinum metallicum-Typ bei Hunden in der Regel kontrolliert mit seiner Hypersexualität umgeht, ist lästiges hypersexuelles Verhalten auch kein Ausschlusssymptom für *Platinum metallicum*.

Andere Beschwerden

Bei Platinum metallicum-Hunden sind psychische und physische Symptome miteinander verbunden. Bekannte Anzeichen sind chronisch rezidivierende Koliken (Bauchschmerzen), chronisch rezidivierende kolorektale Diarrhö (IBD), krampfartige Anfälle, verkürzter Zyklus (zu frühe und zu starke Hitze). Bei IBD und Epilepsie wird manchmal eine Kastration in Erwägung gezogen, was bei einem Platinum-metallicum-Typ verständlich wäre. In der Praxis sind die Erfolgsaussichten allerdings sehr gering.

Potenz und Dosierung

Normalerweise verschreiben wir *Platinum metallicum* in einer D30 eine Dosis einmal täglich für zwölf Wochen oder als Fortsetzung in einer D200 (200K) oder MK je nach Ansprechen, was in der Praxis normalerweise eine Dosis einmal pro Woche bedeutet.

Hinweise

Zur Sicherheit erst ab D3/C2/2K erhältlich.

Plumbum metallicum

Blei

Mittelherkunft

Das homöopathische Arzneimittel *Plumbum metallicum* wird aus dem Metall Blei hergestellt. Eine biologische Funktion ist bis heute nicht entdeckt worden. Die Substanz ist für lebende Organismen giftig. Abk.: Plb.

Arzneimittelbild

Chronisch

Bei den Krankheiten, die zu *Plumbum metallicum* passen, handelt es sich häufig um chronische Erkrankungen, die langsam fortschreiten und nicht selten in einem Stadium auftreten, in dem es weder für den regulären noch für den homöopathischen Tierarzt noch eine Chance gibt, weil sich die Abweichungen als irreparabel erweisen.

Der rote Faden im Arzneimittelbild von *Plumbum metallicum* ist die Verhärtung des Gewebes der Blutgefäße aufgrund einer chronischen Entzündung mit Ausfällungen von Fett, Bindegewebe und Kalzium, sodass das Gewebe schließlich nicht mehr in der Lage ist, seine ursprüngliche Funktion zu erfüllen (Sklerose).

Ein Beispiel ist die Arterienverkalkung (Arteriosklerose). Sie verschlechtert die Durchblutung insbesondere des Nerven-, Leber- und Nierengewebes, sodass das Gewebe, das für die wesentlichen Funktionen des Organs (Parenchym) zuständig ist, sich ebenfalls verschlechtert und allmählich zerstört wird. Es kommt zu Störungen der Gehirnfunktion, die sich in Depressionen, Apathie, Demenz, Epilepsie und neurologischen Ausfällen vom Rückenmark ausgehend äußern. Auch die Nieren- und Leberfunktion kann sich verschlechtern. Dabei wird das abgestorbene Parenchym durch Bindegewebe (Narbengewebe) ersetzt, was schließlich zu einer Schrumpfung des Organs führen kann (Schrumpfniere, Leberzirrhose).

Typ

Der Plumbum metallicum-Typ ist (chronisch) schwach, stark abgemagert, hat kein Fett und besonders wenig Muskeln, ist anämisch (blutarm) und leidet unter chronisch wiederkehrender Verstopfung. Er reagiert nicht mehr auf seine Umwelt, wirkt depressiv und dement, introspektiv und traurig.

Als Beispiel kann ich den alten, introvertierten, viel zu dünnen Hund (Haut und Knochen) mit chronischem Nieren- und/oder Leberversagen und beginnenden neurologischen Problemen (Lahmheiten und Demenz) anführen, der regelmäßig wegen rezidivierender Verstopfung, Anhäufung von großen Kotballen im letzten Teil des Dickdarms (Colon), die im Röntgenbild sichtbar sind, vorgestellt wird.

Modalitäten

Obwohl die Modalitäten von *Plumbum metallicum* oft nicht deutlich wahrgenommen werden, können sie in einigen Fällen bei der Erstellung der Arzneimitteldiagnose helfen. Eine charakteristische Modalität für *Plumbum metallicum*, die auch bei *Bryonia cretica* zu beobachten ist, besteht darin, dass jede Bewegung und jede Berührung die Symptome oberflächlich verschlimmert, während fester Druck und das Liegen auf der schmerzhaften Stelle die Symptome verbessern. Enges Krümmen bei Bauchschmerzen (Koliken) führt zu einer Besserung der Schmerzen. Auch das Dehnen (Strecken) der Muskeln soll die Schmerzen verbessern. Darüber hinaus kann eine Verschlimmerung am Abend und in der Nacht beobachtet werden.

Allgemeine und lokale Beschwerden

Akute Beschwerden

Zu den akuten Symptomen im Arzneimittelbild von *Plumbum metallicum*, die den Symptomen einer akuten Bleivergiftung ähneln, können Magen-Darm-Probleme (z. B. schwere Koliken und Verstopfung) und Lähmungen (z. B. Lähmung von Gliedmaßen und/oder Zunge) gehören.

Muskelschwund

Plumbum metallicum ist indiziert bei neurologischen Ausfällen der Hintergliedmaße, ausgehend von der Lendengegend des Rückenmarks, die mit einer Abnahme der Größe (Atrophie) der Muskeln der Hintergliedmaße einhergehen. Die Abnahme der Muskelmasse kann allmählich erfolgen, wenn die betroffene Extremität über einen längeren Zeitraum weniger oder gar nicht belastet wird. Eine sehr schnelle Atrophie der Muskelmasse tritt auf, wenn die Nervenversorgung des betroffenen Muskels beeinträchtigt ist. Dies ist ein typisches Merkmal für das Krankheitsbild von *Plumbum metallicum*. Diese Unterbrechung der Nervenversorgung kann durch eine Entzündung (Neuritis) oder Degeneration des Nervengewebes verursacht werden.
Der Befall von Nervengewebe mit auffälligem Muskelschwund kann zwar als charakteristisches Symptom für *Plumbum metallicum* bezeichnet werden, reicht aber in den meisten Fällen noch nicht für eine erfolgreiche Arzneimitteldiagnose aus.

Parese oder Lähmung

Durch die Degeneration des Nervengewebes kommt es zu einer teilweisen Lähmung (Parese) oder einer vollständigen Lähmung (Paralyse) mit ausgeprägtem Muskelschwund. Mit diesem Wissen haben wir *Plumbum metallicum* auch bei partiellem neurologischem Versagen bei Spondylose, einer früheren Hernie und Degenerativer Myelopathie eingesetzt. *Plumbum metallicum*, in Kombination mit *Harpagophytum procumbens* und *Strychninum nitricum* ist bei der ersten Indikation wirksam. Bei der zweiten Indikation ist die Wirkung offensichtlich stark von der Schädigung und dem Zeitpunkt des Eingriffs abhängig. Bei letzterem sind die Ergebnisse eigentlich immer enttäuschend.
Eine sehr bekannte Folge einer chronischen Bleivergiftung beim Menschen und damit Teil des Arzneimittelbildes von *Plumbum metallicum* ist die chronische Lähmung des Rückenmarks, begleitet von einer Atrophie der Gesäß- und Beinmuskeln. Chronische Bleivergiftungen traten früher bei Malern auf, als noch Farben auf Bleibasis verwendet wurden. Bleivergiftungen, die zu Zungenlähmung, Schluckbeschwerden und schwerem Würgen führen, waren früher eine häufige Erkrankung bei Kälbern, die durch das Ablecken und Saugen an mit Bleifarbe gestrichenen Türen verursacht wurde.

Verstopfung (Obstipation)

Plumbum metallicum ist bei Obstipation angezeigt. In der DgDx der meisten angewandten Mittel chronisch rezidivierender Verstopfung sehen wir folgende Unterschiede:

- *Plumbum metallicum* ≥ *D12*
  Klinik: Atonische Verstopfung. Kein oder geringer Drang. Röntgenbild: Ansammlung von Fäkalienballen im Dickdarm. Nicht die extreme Ausdehnung (Dilatation) des Rektums durch Überfüllung mit Fäkalien wie bei *Alumina*.

- *Nux vomica* ≥ *D6*
  Klinik: Spastische Verstopfung. Vermehrter, aber vergeblicher Drang. Röntgenbild: immer noch ziemlich normale Füllung des Dickdarms.

- *Nux vomica D3*
  Klinik: Atonische Verstopfung. Es gibt keine Anzeichen für auch nur den geringsten Drang. Röntgenbild: aufgeblähter Dickdarm,

stark überfüllt mit unförmigen Fäkalien. Hier versucht man, das Strychnin-Element im Erbrochenen zu nutzen, d. h. sich genau das Intoxikationsbild zunutze zu machen: Senkung der Reizschwelle der für die Dickdarmfunktion verantwortlichen Nerven, sodass die Nervenimpulse schneller und besser weitergeleitet werden können. Durch Verdünnung versucht man, die Toxizität zu verringern, durch Potenzierung die Wirkung zu erhalten. Anstelle von *Nux vomica* D3 könnte man auch *Strychninum nitricum* verwenden.
D3 könnte verschrieben werden, aber es ist nicht verfügbar. Bei dieser niedrigen Potenz sollte man sich immer vor Überempfindlichkeitsreaktionen (Erstverschlimmerung) in Acht nehmen!

- *Alumina ≥ D12*
  Klinik: Atonische Verstopfung. Es gibt keine Anzeichen für auch nur den geringsten Drang. Röntgenbild: sehr deutliche Atonie des Enddarms, der stark überfüllt ist mit vielen unförmigen Fäkalien. Charakteristisch für *Alumina* ist trockener, (schleimiger) klebriger Ausfluss, der am Anus kleben kann.

- *Opium ≥ D30*
  Klinik: abwechselnd spastische und atonische Obstruktion, abwechselnd Drang und kein Drang. Röntgenbild: Dickdarm überfüllt mit Fäkalienballen. Wir sehen diese Verstopfung nach einer Narkose oder nach einem extrem heftigen Schrecken mit Todesangst.

Andere (mögliche) Indikationen

Unter den unten aufgeführten Indikationen gehört *Plumbum metallicum* sicherlich in die DgDx, aber in der Praxis sind die Ergebnisse oft enttäuschend.
Hier, aber auch in vielen anderen Fällen, brauchen wir einfach die zusätzlichen Einzelsymptome, um die wirklich homöopathische Identität der einzelnen Krankheit zu erfahren. Wenn wir keine Ergebnisse erzielen, kann es auch sein, dass der Krankheitsverlauf auf der Ebene der Organe nicht dem von *Plumbum metallicum* entspricht. Es kann auch sein, dass die Krankheit eine Folgeerscheinung darstellt und die Ursache oft darin liegt, dass inzwischen zu viel Schaden entstanden ist, um die Gewebeveränderungen noch beheben zu können.

Radialislähmung

Bei der Radialislähmung ist der Radialis-Nerv an der Vordergliedmaße durch ein Trauma beschädigt, was zu einer schlaffen Vordergliedmaße und einer extremen Atrophie der Muskeln führt. Ich persönlich habe in einer sehr begrenzten Anzahl von Fällen keine Ergebnisse mit *Plumbum metallicum* gesehen, auch nicht in Kombination mit *Arnica montana* und *Hypericum perforatum*.

Cauda-Equina-Syndrom

Neurologische Symptome (Ausfälle und/oder Schmerzen) als Folge einer degenerativen neurologischen Erkrankung (auch Bandscheibenvorfall) zwischen dem letzten Lendenwirbel und dem Kreuzbein. Die bessere Wahl ist hier oft *Gnaphalium polycephalum*.

Stimmbandlähmung

Die bessere Wahl ist in dieser Hinsicht oft die Kombination aus *Causticum* D12 und *Paris quadrifolia* D3.

Myositis eosinophilica (Kaumuskelmyositis)

Eine Anomalie des Immunsystems, bei der die Muskeln des Kopfes und des Kiefers abnehmen (Muskelschwund) und das Gesicht in sich zusammenfällt. Auch hier ist die Behandlung mit *Plumbum metallicum* meist enttäuschend.

Potenz und Dosierung

Blei ist, wie bereits erwähnt, ein sehr giftiger Stoff. Ich empfehle daher, niemals eine niedrigere Potenz als D12 für Blei zu wählen. In chronischen Fällen, in denen auch die typischen Merkmale von *Plumbum metallicum* zu beobachten sind, wie Abmagerung, Schwäche, Anämie mit reduzierten oder schlecht funktionierenden Nieren und/oder Leber, empfehle ich, nicht unter eine D30-Potenz zu gehen und nicht öfter als ein- bis zweimal pro Woche eine Dosis zu geben. Höhere Potenzen, D200 (200K), MK oder 10MK sollten spätestens nach der Erstreaktion gegeben werden. *Plumbum metallicum* D12 bildet zusammen mit *Harpagophytum* D6 (Spondylose und Arthrose der großen Gelenke) und *Strychninum nitricum* D12 (neurologische Ausfälle) ein Komplexmittel zur Behandlung von Spondylose. Spondylose-Patienten werden langfristig (manchmal jahrelang) mit dem genannten Komplexmittel behandelt, ein- bis zweimal täglich eine Dosis.

Hinweise

Aus Sicherheitsgründen erst ab D6/C3/3K erhältlich.

Podophyllum peltatum

Maiapfel

Mittelherkunft

Das homöopathische Arzneimittel *Podophyllum peltatum* wird aus der gleichnamigen Pflanze hergestellt, die auch als Maiapfel oder Schildförmiges Fußblatt bekannt ist. Pflanzenfamilie: Berberidaceae (Berberisgewächse). Abk.: podo.

Arzneimittelbild

Merkmale

Bei einem meiner ersten Besuche bei unseren deutschen Kollegen vor etwa 40 Jahren lernte ich *Podophyllum peltatum* als Heilmittel der sogenannten *„Hydrantenstühle"* kennen. Das damals skizzierte Bild ist mir noch frisch in Erinnerung: Spritzdurchfall wie bei einem

Wasserhydranten, bedingt durch eine Magen-Darm-Schleimhautentzündung (Gastroenteritis), wässriger, stark riechender Stuhl mit Gasblasen („Spritzkacke"), der beim aufrecht gehenden Hund in einem kräftigen Strahl (weit) aus dem Anus spritzt.

Dieses Symptom kann als charakteristisches Lokalsymptom für *Podophyllum peltatum* angesehen werden, insbesondere, wenn auch schmerzloser Ausfluss vorhanden ist. In einigen wenigen Fällen sehen wir einen plötzlichen Drang. Der Hund muss sich beeilen, um nach draußen zu gelangen. Manchmal kommt es zu einer Vorwölbung des Enddarms (Rektumprolaps), insbesondere bei Welpen. Der Podophyllum peltatum-Patient ist durstig und trinkt große Mengen Wasser auf einmal. Wie Erschöpfung und Schwäche ist auch Durst ein logisches Symptom für einen Hund mit solch schwerem Durchfall.

Indikationen

Die Wirkung von *Podophyllum peltatum* zielt auf den Zwölffingerdarm, die Leber, die Gallenblase und den Enddarm. *Podophyllum peltatum* ist vor allem bei chronischen Dünndarm-Durchfällen angezeigt, manchmal aber auch bei chronisch-rezidivierenden Dickdarm-Durchfällen. *Podophyllum peltatum* gehört auch zu den geeigneten Mitteln bei einem Hund mit Parvovirus-Durchfall. Bei einem jungen Hund, der überhaupt nicht gegen das Parvovirus geschützt, nicht geimpft oder nicht genügend Antikörper von der Mutter bekommen hat (maternelle Antikörper), können wir mit Homöopathie nicht helfen. Bei einem zumindest teilweise geschützten Hund kann die Homöopathie den Gen-Splicing-Prozess beschleunigen.

Abgesehen von *Podophyllum peltatum* ist *Pyrogenium* vielleicht das erste, das einem bei Parvovirus-Durchfall einfällt. Darüber hinaus kommt auch *Veratrum album* in den Sinn. *Veratrum album* ist gekennzeichnet durch Apathie, Zusammenbrüche, einen eiskalten Körper und eiskalte Ausscheidungen (Urin, Kot und Erbrochenes). Auch diese Erreger sind bei nicht ausreichend gegen Parvovirose geschützten Hunden in einem fortgeschrittenen Stadium der Krankheit nicht mit Homöopathie zu heilen. Bei solchen Patienten ergreifen wir natürlich zuerst die entsprechenden regulären Maßnahmen.

Potenz und Dosierung

Normalerweise verabreichen wir *Podophyllum peltatum* organotrop in einer D6 dreimal täglich eine Dosis für ein bis zwei Wochen. Ich kann mir gut vorstellen, dass in bestimmten Fällen, in denen der Patient stark geschwächt ist, eine LM6, D12 oder LM12 gewählt wird, dreimal (LM6) bzw. zweimal (D12, LM12) täglich eine Dosis, für ein bis zwei Wochen.

Hinweise

Aus Sicherheitsgründen sollte D6/C3 in Tropfenform und D4/C2 in Granulatform während der Trächtigkeit und Laktation nicht verwendet werden.

Pulsatilla pratensis

Wiesen-Kuhschelle

Mittelherkunft

Das homöopathische Arzneimittel *Pulsatilla pratensis* (*Anemone pratensis*) wird aus der gleichnamigen Pflanze hergestellt. Andere Namen sind *Anemone pulsatilla* oder *Pulsatilla vulgaris.* Die Pflanze ist auch unter dem Namen Wiesen-Kuhschelle bekannt. Pflanzenfamilie: Ranunculaceae (Hahnenfußgewächse). Abk.: puls.

Arzneimittelbild

Meiner Erfahrung nach können wir von einem Mittel wie *Pulsatilla pratensis*, das zwar regelmäßig als organotropes Mittel verschrieben wird, die bei weitem beste und nachhaltigste Wirkung erwarten, wenn es als Simillimum angewendet wird.

Sexualhormone

Pulsatilla pratensis ist vor allem als homöopathisches Mittel bei Hündinnen mit verschiedenen Störungen im Zusammenhang mit Sexualhormonen bekannt. In Anbetracht der Indikationen, bei denen *Pulsatilla pratensis* erfolgreich eingesetzt wird, ist es plausibel, dass das Mittel hauptsächlich direkt oder indirekt über die Hypophyse auf die Funktion der weiblichen Geschlechtsorgane wirkt.
Darüber hinaus weist das Mittel auch eine hohe Affinität zu Haut und Schleimhäuten auf. Obwohl *Pulsatilla pratensis* als typisches weibliches Heilmittel bekannt ist und eher bei Hündinnen angewendet wird, scheint es auch bei Rüden in bestimmten Fällen gut zu wirken.

Typ

Dank vieler praktischer Erfahrungen haben wir eine Typenbeschreibung von Pulsatilla pratensis-Hündinnen und Pulsatilla pratensis-Rüden erstellen können. Der Pulsatilla pratensis-Typ der Hündin unterscheidet sich von dem des Rüden. Es ist bekannt, dass Pulsatilla pratensis-Rüden einige weibliche Merkmale aufweisen. Pulsatilla pratensis-Rüden würde ich eher als untypisch männlich bezeichnen.
Beim Menschen sehen wir Pulsatilla pratensis-Typen häufig bei blonden, blauäugigen, körperlich sehr attraktiven Frauen. Mein Tutor Arij Vrijlandt stellte fest, dass Pulsatilla pratensis-Frauen zwar sehr attraktiv auf Männer wirken, sie diese aber immer wieder abweisen, weil sie kein ausreichendes sexuelles Interesse zeigen. Laut Vrijlandt haben die Pulsatilla pratensis-Typen gut entwickelte sekundäre, aber unterentwickelte primäre Geschlechtsmerkmale. Bei Hunden sind es vor allem die dunkelhaarigen, sanftmütigen Typen mit einem weichen, glänzenden Fell, die zu *Pulsatilla pratensis* passen.

Unterwürfigkeit

Ein Pulsatilla pratensis-Typ ist extrem unterwürfig und zeigt (fast) nie reizbares oder aggressives Verhalten. Angst führt zur Unterwerfung, zu einer niedrigen Körperhaltung und Rückenlage, oft mit passivem Urinieren oder in einer eingefrorenen Haltung. Angst führt in der überwiegenden Mehrheit der Fälle nicht zu Aggression oder zu einem Fluchtverhalten. Reizbares Verhalten beim Pulsatilla pratensis-Typ ist jedoch möglich, z. B. in Zeiten um und/oder während der Läufigkeit oder bei Fehlgeburten. Reizbares Verhalten ist daher kein Ausschlusssymptom für das Mittel. Wenn die Symptome der Scheinträchtigkeit gut zu *Pulsatilla pratensis* passen, es nicht viele weitere Symptome gibt, die die Richtigkeit der Arzneimitteldiagnose von *Pulsatilla pratensis* weiter bestätigen können und reizbares Verhalten während der Scheinträchtigkeit auftritt, dann sollten wir auf jeden Fall auch *Lycopodium clavatum* in Betracht ziehen.

Pulsatilla pratensis- und Lycopodium clavatum-Typen sind sich sehr ähnlich. Im Differenzialdiagramm findet man sie auffallend oft nebeneinander. Ein Rottweiler passt oft zu *Lycopodium clavatum*, aber wir finden auch viele Pulsatilla pratensis-Typen in dieser Rasse. Wenn wir kritisch sind, finden wir im Lycopodium clavatum-Rottweiler immer auch ein wenig *Pulsatilla pratensis*: eine Mischung aus Freundlichkeit und Unsicherheit. Jegliche Aggression bei einem Rottweiler ist ein reines Ergebnis von Konditionierung, meist falscher Erziehung. Sie liegt fast nie in der Natur des Tieres.

Ich denke auch, dass reizbares Verhalten und/oder Aggression beim Pulsatilla pratensis-Typ meist auch eine Frage der negativen Konditionierung ist, nach dem Motto: „Ich lasse (fast) alles mit mir machen, aber es gibt auch für mich Grenzen." Diese Grenzen werden beim Lycopodium clavatum-Typ viel früher erreicht als beim Pulsatilla pratensis-Typ. Letzterer ist sicherlich nicht so gezielt reizbar wie z. B. der Sepia officinalis-Typ.

Sanftmütig

Da *Pulsatilla pratensis* mit Sicherheit als das sanfteste Mittel in der Homöopathie bezeichnet werden kann, kann dies sicherlich auch als eine Eigenschaft angesehen werden. Pulsatilla pratensis-Hündinnen sind unausgeglichen, unsicher, haben einen großen Mangel an Selbstvertrauen, sind nervös und extrem unterwürfig. Pulsatilla pratensis-Rüden sind äußerst aktiv, aufgeschlossen, nicht in Rage zu bringen und orientieren sich gern an einem etwas stärkeren Gefährten. Sowohl Rüden als auch Hündinnen haben dieses Nachfolgeverhalten. Es ist leichter, ein Pulsatilla pratensis-Pferd aus seinem Stall zu bekommen, wenn man gleichzeitig einen Begleiter als moralische Unterstützung mitbringt. Pulsatilla pratensis-Typen brauchen Unterstützung und Bestätigung durch ihr Umfeld.

Sie lassen sich von Menschen und Tieren leicht beeinflussen und/oder manipulieren. Sie sind sehr sozial, interagieren gerne mit allen, sind sehr anhänglich, aber anfangs etwas zurückhaltend.

Labil

Charakteristisch für Pulsatilla pratensis-Typen ist auch, dass sie emotional instabil und sehr empfänglich für Trost sind.

Der Pulsatilla pratensis-Typ ist nachsichtig und lässt alles mit sich machen (angenehmer Patient). Pulsatilla pratensis-Menschen und -Tiere sollten auf keinen Fall grob behandelt werden. Sie sind extrem unsicher und diese Unsicherheit wird noch verstärkt, wenn sogar der Besitzer zur Bedrohung wird. Mehr denn je gilt bei einem Pulsatilla pratensis-Tier, dass eine genaue, auf das Individuum abgestimmte Erziehung besser funktioniert als eine „Dressur von der Stange".

Hündin vs. Rüde

Die Pulsatilla pratensis-Hündin ist in der Regel etwas ruhiger und ein wenig schüchtern. Der Pulsatilla pratensis-Rüde ist sehr arbeitswillig, nicht schüchtern, wenn auch ein wenig unsicher, aber meist aufgeschlossen. Beide sind selten aggressiv. Einen Pulsatilla pratensis-Rüden könnte man ohne weiteres als Phosphorus-Typ bezeichnen: Er ist zwar ebenso arbeitswillig, aber der wesentliche Unterschied besteht darin, dass der Phosphorus-Typ sich deutlich als Rüde manifestiert, der sich immer in den Vordergrund drängt, immer nachdrücklich präsent ist und alle Aufmerksamkeit fordert. Der Phosphorus-Typ ist ein echter Macho.

Er zeigt hypersexuelles Verhalten, ist lästig aufdringlich gegenüber einer läufigen Hündin und hat einen starken Drang, sich gegenüber einem konkurrierenden Hund durchzusetzen. Der Phosphorus-Typ scheut die Konfrontation nicht. Er unterstreicht seine Dominanz, wenn nötig, mit Aggression, kann drohen (knurren, bellen) und heftig markieren.

Der Pulsatilla pratensis-Rüde ist kein „echter Rüde". Er ist hyposexuell, hat überhaupt kein Interesse an läufigen Hündinnen, manchmal nicht einmal, wenn beide unter einem Dach leben. Sein gelegentlichen exzessives Aufreitverhalten, meist nicht auf Hündinnen, sondern auf anderen, oft auch kastrierten Rüden, kann nicht als hypersexuelles Verhalten bezeichnet werden, sondern eher als ein Übersprungsverhalten für ein sehr großes Verlangen nach Aufmerksamkeit. Bei diesem aufgestauten Verhalten können wir sogar regelmäßige Erektionen beobachten.

Der Pulsatilla pratensis-Rüde ist auch nicht so sehr darauf bedacht, sich durchzusetzen. Er knurrt nicht, kämpft nicht, sondern will einfach mit allen spielen. Wenn er angeknurrt wird, weil sein Gegenüber das aufdringliche Gebaren nicht mag, weicht er für einen Moment zurück, um dann freundlich zurückzukommen und die (fröhliche) Begegnung fortzusetzen, als wäre nichts geschehen – wieder auffordernd, freundlich und erwartungsfroh. Dieses Verhalten wiederholt sich ständig. Es macht ihm nichts aus, wenn er zurückgewiesen wird, er versteht es und lässt sich davon nicht stören. Der Pulsatilla pratensis-Rüde will nur mit allen spielen – Rüden, Hündinnen, Kastraten, groß und klein: Das spielt keine Rolle.

Merkmale

Ein sehr charakteristisches Bild von *Pulsatilla pratensis* ist die Kombination von leichtem Übergewicht (vollschlank) trotz mäßigem bis schlechtem Appetit und auch extrem wenig Durst. Oft erwähnt der Besitzer eher nebenbei, dass der Hund so auffallend wenig trinkt und regelrecht gezwungen werden muss, ausreichend Flüssigkeit aufzunehmen, z. B. mit Hilfe von spezieller Nahrung.

Ursachen

In vielen Fällen scheinen die Ursachen von Pulsatilla pratensis-Beschwerden Sexualhormone zu sein – wahrscheinlich aufgrund eines Zusammenspiels von Hypophyse und Keimdrüsen (Eierstöcke, Hoden). Leider können wir diese Symptome (noch) nicht richtig durch eine Blutuntersuchung sichtbar machen. Nur beim Pulsatilla pratensis-Typ können wir Anzeichen wie etwa Hyposexualität, verlängerter Zyklus, verkürzter und weniger ausgeprägter Östrus, Sterilität, symmetrische Kahlstellen ohne Juckreiz erkennen. Kahlheit ohne Juckreiz kann ein guter Hinweis auf ein zugrunde liegendes hormonelles Problem sein.

Modalitäten

Der Pulsatilla pratensis-Patient bevorzugt Kälte, verträgt Wärme, insbesondere Sonnenschein, nicht besonders gut. Der Pulsatilla pratensis-Typ hat eine starke Neigung zu Erkältungen, die sich unter anderem in Atemwegsproblemen oder Blasenentzündungen äußern. Die Symptome verschlimmern sich bei Ruhe und Aufenthalt in warmen, stickigen Räumen und bessern sich bei Bewegung an der frischen Luft. Besonders die Bewegung ist wichtig, denn bei einem Pulsatilla pratensis-Erscheinungsbild ist eine venöse Stauung (kalte Beine) vorhanden. Ruhe und beginnende Bewegung verschlimmern die (Schmerz-)Symptome. Der Pulsatilla pratensis-Hund verträgt keine fette Nahrung, denn Fett verursacht Durchfall.

Die Symptome sind in der Regel rechtsseitig, zumindest rechtsseitig eher schlimmer oder stärker und/oder länger anhaltend. Keine Rechtsseitigkeit ist bei *Pulsatilla pratensis* noch nicht sofort ein Ausschlusssymptom, während etwa eine nicht vorhandene Linkseitigkeit bei *Lachesis mutus* fast immer ein Ausschlusssymptom ist. *Lachesis mutus* ist also viel stärker ein linksseitiges Mittel als *Pulsatilla pratensis* ein rechtsseitiges Mittel ist. Etwas, das im Repertorium unter den Rubriken „Allgemeines“, „Seite“, „Links“, „Rechts“ nicht auftaucht. Die erwartete Symptomüberlegenheit einer allgemeinen Modalität spiegelt sich in diesen unspezifischen Aufzählungen von Mitteln in diesen praktisch viel zu großen Rubriken nicht wider.

Husten und Schmerzen verschlimmern sich abends und nachts, speziell vor Mitternacht. Der Pulsatilla pratensis-Typ kann morgens nach der Ruhe etwas unruhig und nervös sein. Beschwerden, wie z. B. Hautbeschwerden, können sich verschlimmern oder durch die Unterdrückung von Ausscheidungen (Exkretionen) auftreten. Die Behandlung einer Hündin mit Medikamenten zur Unterdrückung der Hitze (Gestagene) oder eine Kastration kann beispielsweise Symptome hervorrufen, die mit *Pulsatilla pratensis* übereinstimmen.

Depressive Symptome verbessern sich durch Trost. Das ist der Unterschied zu Patienten, zu denen z. B. *Sepia officinalis*, *Ignatia amara* oder *Natrium muriaticum* passt und die Trost eher Misstrauen entgegenbringen.

Allgemeine und lokale Beschwerden

Entzündung von Eichel und Vorhaut (Balanoposthitis)

Extremes Aufreiteverhalten und (vor allem) eine schwere Vorhautentzündung (Balanoposthitis) mit übermäßigem Eiteraustritt aus der Vorhaut ist ein Symptom, das zum Arzneimittelbild des Pulsatilla pratensis-Rüden passt. Die Balanoposthitis ist so schlimm, dass der Rüde überall Flecken hinterlässt. Balanoposthitis ist ein häufiges Argument für die Kastration eines Rüden. Im Falle von Hypersexualität kann dies erfolgreich sein – wobei sich die Frage stellt, ob diese drastische Maßnahme wirklich die einzige Lösung ist. Bei einem Pulsatilla pratensis-Rüden wird die Kastration aber keine Wirkung zeigen, denn bei ihm ist der Auslöser der Balanoposthitis nicht hypersexuelles Verhalten.

Daher ist es sehr wahrscheinlich, dass nach einer Kastration bei einem Pulsatilla pratensis-Rüden übermäßiger Vorhautausfluss und Aufreitverhalten bestehen bleiben. In solchen Fällen kann es ratsam sein, vor der Entscheidung zur Kastration die Prostata entweder durch rektale Berührung oder durch Ultraschall untersuchen zu lassen. Bei einem hypersexuellen Rüden ist die Prostata in der Regel vergrößert, bei einem Pulsatilla pratensis-Rüden ist die Prostata oft so groß wie bei einem kastrierten Rüden.

In der Literatur wird *Pulsatilla pratensis* zusätzlich zu *Hepar sulfuris* als Mittel gegen jede Balanoposthitis empfohlen. Die Chance dafür, dass *Pulsatilla pratensis* tatsächlich wirksam ist, wird umso größer, je besser der Patient zu *Pulsatilla pratensis* passt. Dies gilt natürlich auch für die Anwendung von *Hepar sulfuris*.

Trinken

Dass ein *Pulsatilla pratensis*-Typ extrem wenig trinkt, wissen wir aus praktischer Erfahrung. Im Human-Repertorium finden wir 187 Mittel unter der Rubrik „Fehlendes Durstgefühl". Der extrem geringe Durst von Pulsatilla pratensis-Hunden wird daraus nicht deutlich. Dieses Wissen muss man einfach parat haben. Auch *Apis mellifica* hat im Arzneimittelbild auffallend wenig Durst, wenn auch weniger deutlich als bei *Pulsatilla pratensis*. Besonders bei Harnwegsbeschwerden, wie Gries- und/oder Steinbildung, ist dies natürlich ein ernstes Problem. Im Prinzip ist fehlendes Durstgefühl ein allgemeines Symptom, aber weil ein extrem fehlendes Durstgefühl ein so deutlicher Hinweis auf *Pulsatilla pratensis* ist, können wir dieses Symptom hierarchisch auf die Ebene eines charakteristischen Symptoms stellen, sogar abgesehen von den anderen Symptomen in der charakteristischen Kombination von „mäßigem Appetit" und „Fettleibigkeit".

Wechselnde Symptome

Ein weiteres bekanntes Merkmal von *Pulsatilla pratensis* ist das Abwechseln der Symptome, sowohl geistig als auch körperlich, in Bezug auf Intensität und Lokalisation. Die Stimmung eines Pulsatilla pratensis-Typs kann von heiter bis depressiv, von unterwürfigem Verhalten bis zu (sehr selten) fanatischem (reaktivem) reizbarem Verhalten wechseln. Der Stuhlgang kann von Tag zu Tag in Farbe und Konsistenz variieren. Ein Wechsel der Symptome ist auch beim Ignatia amara-Typ zu beobachten, bei dem der Wechsel der Symptome plötzlich und unerwartet von einem Extrem zum anderen erfolgen kann.

Zyklus

Die erste Läufigkeit tritt oft recht spät auf, etwa im Alter von 9 bis 15 Monaten. Eine erste Läufigkeit ist oft kaum oder manchmal gar nicht spürbar (stille Läufigkeit), was ein Grund für eine erste richtige Läufigkeit im Alter von etwa 15 Monaten sein kann, bei der es sich eigentlich um die zweite Läufigkeit handelt. Der Zyklus kann unregelmäßig sein. Die Brunst ist in der Regel kurz, der Ausfluss ist mäßig und der Eisprung und die Paarungsbereitschaft sind in der Regel spät, am 16. Tag der Hitze oder noch später. Auch hier ist der Symptomwechsel charakteristisch für *Pulsatilla pratensis*.

Ausfluss

In der Regel ist der Ausfluss (Sekret) aus den Schleimhäuten bei einem Pulsatilla pratensis-Patienten anders beschaffen als z. B. bei einem Silicea-Patienten. Bei einem Pulsatilla pratensis-Patienten sehen wir ein reichliches, manchmal dickflüssiges, gelbes bis gelbgrünes, nicht brennendes Sekret, während es bei einem Silicea-Patienten dünnflüssig, wässrig, eiterartig, nässend und säuerlich riechend ist.

Augen

Beim Menschen zeigt das Arzneimittelbild von Pulsatilla pratensis eine Bindehautentzündung (Konjunktivitis), die möglicherweise noch brennend und stechend sein kann, mit reichlichem Tränenfluss, begleitet von entzündeten und geschwollenen Augenlidern. Man sollte bei Hunden dann eher an *Apis mellifica* denken.

Bei Hunden ist die Empfindlichkeit der Bindehaut geringer als z. B. bei Menschen und Pferden. Wenn Hunde ihre Augen zusammenkneifen (Blepharospasmus), liegt in der Regel (auch) ein Hornhautproblem vor. Das sollte von einem Tierarzt geklärt werden. Bei Menschen und Pferden ist der Blepharospasmus bereits bei einer Bindehautentzündung vorhanden. Meiner Erfahrung nach tritt die Bindehautentzündung bei Hunden häufiger mit dem dicken, eitrigen Schleim auf, der typisch für *Pulsatilla pratensis* ist, und der eben nicht reizt. Wir sehen den Augenausfluss oft vor allem auf der rechten Seite. Dasselbe gilt für *Apis mellifica*.

Ohren

Eine eitrige Entzündung des äußeren Gehörgangs und des Mittelohrs (eitrige Otitis externa und media) mit stechenden Schmerzen, meist schlimmer auf der rechten Seite, passt zu *Pulsatilla pratensis*. Im Arzneimittelbild von *Hepar sulfuris* finden wir auch die eitrige Otitis externa und media, aber meist schlimmer auf der linken Seite und zudem riecht der Ausfluss, der zum *Hepar sulfuris*-Patienten passt, durchdringend nach altem Käse und der Patient ist extrem empfindlich gegenüber Berührungen. Außerdem bessern sich Hepar sulfuris-Beschwerden durch Wärme, Pulsatilla pratensis-Beschwerden verschlechtern sich gerade dadurch. Bei Ignatia amara-Hunden sieht man meist ein rotes Ohr auf der linken Seite, ohne Eiter. Bei Entzündungen der Scheide (Vaginitis) und der Gebärmutter (Pyometra) sieht man ebenfalls viel, manchmal dickflüssigen, dicken (gelben) grünen Eiter. Bei einer Nasenschleimhautentzündung (Rhinitis) sehen wir ebenfalls einen dicken gelben bis gelb-grünen Ausfluss.

Scheinträchtigkeit

Die Scheinträchtigkeit der Pulsatilla pratensis-Hündin zeichnet sich durch eine enorme Entwicklung der Milchdrüsen und eine starke Milchproduktion aus- Sie wäre in der Lage, einen ganzen Wurf aufzuziehen. Bemerkenswert ist, dass die Hündin im Haus einen sehr deprimierten Eindruck macht, sich kaum von ihrem gewohnten Platz entfernt, viel schläft, wenig oder gar nicht frisst und wenig trinkt. Die Pulsatilla pratensis-Hündin zeigt sich im Haus oftmals niedergeschlagen, im Freien bemerkenswerterweise gar nicht. Draußen verhält sie sich so, als ob alles in Ordnung wäre. Bei Bewegung an der frischen Luft verwandelt sie sich plötzlich in einen fröhlichen, verspielten Hund. Genau dieser Stimmungsunterschied zwischen drinnen und draußen ist für die trächtige Pulsatilla pratensis-Hündin so charakteristisch. Manchmal hat sie einen Hang zum Nestbau, mit der charakteristischen nervösen Unruhe: Aufregung, manchmal Hecheln und Winseln. Dies steht im Gegensatz zur scheinträchtigen Asa foetida-Hündin, die durch einen ständigen, stark übertriebenen Trieb zum Nestbau mit enormer Unruhe, Fiepen, Adoptieren von Puppen, Pantoffeln und ähnlichem sowie Winseln, Hecheln und Hin- und Herlaufen durchs ganze Haus wirklich jeden zur Verzweiflung bringen kann.

Die Scheinträchtigkeit von Ignatia amara-Hündinnen zeichnet sich durch eine geringe oder keine Schwellung der Milchdrüsen und eine geringe oder keine Milchproduktion aus. Die scheinträchtige Ignatia amara-Hündin ist (nur) depressiv und zieht sich gerne zurück.

Späte Hitze

Eine verzögerte Läufigkeit oder ein verlängerter Zyklus ist ein Merkmal von *Pulsatilla pratensis*. Manchmal sehen wir, dass ein vorher normaler Zyklus von etwa sechs Monaten verzögert ist. Nicht selten berichte erfahrene Züchter dann, dass es scheint, als ob die Läufigkeit nicht „durchkäme“. Aus Gründen der Wurfplanung bekommen wir dann oft die Anfrage, ob wir die Läufigkeit einleiten können. Da wir es dann oft nicht mit einem echten Pulsatilla pratensis-Typ zu tun haben, sondern mit einem Pulsatilla pratensis-Symptom, können wir am besten organotrop behandeln.

In solchen Fällen haben wir gute Erfahrungen mit *Pulsatilla pratensis* D3 (Tropfen) gemacht. Innerhalb von mindestens drei Wochen tritt in den meisten Fällen eine volle Hitze auf, oft schon am letzten Tag der Behandlung. In der Literatur wird von östrogenen Substanzen als Bestandteil von *Pulsatilla pratensis* berichtet. Es ist jedoch plausibler, dass *Pulsatilla pratensis* eher auf den Wirkungsbereich des FSH bzw. des follikelstimulierenden Hormons auf der Ebene der Eierstöcke einwirkt und damit indirekt die Östrogenproduktion stimuliert. Wir gehen davon aus, dass es unter dem Einfluss von *Pulsatilla pratensis* D3 zu einer vollwertigen (ersten) Reifung der Follikel und damit zu einer körpereigenen (endogenen) Produktion von Läufigkeitshormonen (Östrogenen) kommt, die für das Auftreten der Läufigkeitsanzeichen verantwortlich sind. Der Effekt, die Hitze auszulösen, wird nur in Form von Tropfen erreicht werden und meiner Erfahrung nach nicht mit Globuli oder Tabletten.

Der Ratschlag lautet, dass am Tag eins der sichtbaren Hitze (erster blutiger Ausfluss) *Pulsatilla pratensis* D3 abgesetzt werden sollte. Die fortgesetzte Mittelgabe könnte eine Trächtigkeit verhindern, eine Vaginitis oder schlimmer noch eine Endometritis oder Pyometra hervorrufen. Diese „Nebenwirkungen" ähneln den Nebenwirkungen einer Östrogeninjektion, die früher bei ungewolltem Deckakt verabreicht wurde. Das Östrogen verlängerte die Brunst, verringerte die Chance der Einnistung einer befruchteten Eizelle und damit die Chance einer (ungewollten) Trächtigkeit erheblich, erhöhte aber das Risiko einer Entzündung der Scheide und/oder der Gebärmutterschleimhaut. Nicht selten musste kurz nach einer solchen Injektion die mit Eiter gefüllte Gebärmutter (Pyometra) operativ entfernt werden.

Wenn wir *Pulsatilla pratensis* D3 nach dem ersten Tag der Läufigkeit verabreichen, besteht die Möglichkeit, dass wir zu einem Zeitpunkt, in dem die Hündin empfindlich auf *Pulsatilla pratensis* reagiert, eine Verdünnung vor dem Kipppunkt verabreichen und so eine Trächtigkeit verhindern und eine Vaginitis oder, schlimmer noch, eine Endometritis oder Pyometra auslösen. Eine Überempfindlichkeit gegen tiefe Potenzen wird manchmal bei größeren Rassen wie Bernhardinern und Berner Sennenhunden beobachtet.

Im Allgemeinen tun wir bei solchen Hunden und bei Pulsatilla pratensis-Typen im Allgemeinen gut daran, tiefe Potenzen zu vermeiden. In diesen Fällen müssen wir das Simillimum finden, und das wird oft *Pulsatilla pratensis* sein, das wir in höheren Potenzen mit den gleichen oder besseren Ergebnissen verabreichen können. Achten Sie bei einem Komplexmittel auch auf die Potenzen der verschiedenen Bestandteile!

Juvenile Vaginitis oder Balanoposthitis

Pulsatilla pratensis ist auch in Fällen von übermäßigem, dickflüssig-eitrigem Ausfluss aus der Scheide der Hündin oder der Vorhaut bei einem noch nicht geschlechtsreifen Rüden angezeigt – bei juveniler Vaginitis oder juveniler Balanoposthitis bzw. Entzündung der Scheide oder Vorhaut. In diesen Fällen verschreibe ich grundsätzlich eine D6. Das ist in der Regel die richtige Potenz, aber auch hier gilt, dass wir höhere Potenzen verschreiben, wenn wir feststellen, dass es sich um einen Pulsatilla pratensis-empfindlichen Hund handelt.

Unfruchtbarkeit

Hormonelle Hypoaktivität (Unteraktivität) und chronische Entzündungen der Gebärmutterschleimhaut können Ursachen für eine Unfruchtbarkeit sein. *Pulsatilla pratensis* kann in geeigneten Fällen Linderung verschaffen. Es sollte erwähnt werden, dass in einigen Fällen die Sterilität erst nach einem vollständigen normalen Zyklus behoben ist.

Pyometra

Eine besondere Form der Gebärmutterentzündung (Endometritis, Gebärmutterschleimhautentzündung) ist eine mit viel Eiter gefüllte Gebärmutter (Pyometra). Die Pyometra, die zu *Pulsatilla pratensis* passt, tritt gelegentlich bei jungen Hündinnen auf, nach der Läufigkeit oder maximal vier bis acht Wochen danach. Der Erguss ist schleimig-eitrig, (blass-)gelb, dickflüssig, manchmal etwas säuerlich riechend und ergiebig. Viel häufiger ist eine Pyometra im höheren Alter, bei der wir einen blutig-eitrigen (hämopurulenten) Ausfluss, rötlich-braun bis schokoladenbraun und stinkend, sehen. Im letzteren Fall ist die Schädigung der Gebärmutterschleim-

haut viel umfangreicher. Normalerweise tritt auch dies vier bis sechs Wochen nach der Läufigkeit auf.
Obwohl gelegentlich über gute Ergebnisse bei der homöopathischen Behandlung einer Pyometra mit hämorrhagischem Ausfluss berichtet wird, rate ich, von wenigen Ausnahmen abgesehen, in beiden Fällen immer noch zu einer Ovariohysterektomie. Die Wirksamkeit der homöopathischen Behandlung und die Wahrscheinlichkeit einer vollständigen Genesung sind in vielen Fällen nicht leicht abzuschätzen. Bei einem chirurgischen Eingriff sind die Prognose, die Wirksamkeit und die Wahrscheinlichkeit einer vollständigen und dauerhaften Genesung der Hündin in fast allen Fällen gut.

Urinverlust

Passives oder unwillkürliches Urinieren ist ein wichtiges Symptom im Arzneimittelbild von *Pulsatilla pratensis*. Bei Welpen und jungen Hunden sehen wir Angst-, Freuden- und Demutsurinieren als Reaktion auf Angst, Freude und Unterwerfung. Passiver oder unwillkürlicher Urinabgang aufgrund einer Kastration (Schließmuskelinkontinenz) kann ebenfalls auftreten und passt sehr gut zu *Pulsatilla pratensis*. Die gestörte Funktion des Blasenschließmuskels entsteht durch das Sinken des Hormonspiegels im Blut nach der Kastration, was einen passiven Urinverlust in Ruhe und im Schlaf, aber nicht während der Aktivität bedingen kann. Auch psychische Veränderungen spielen bei der Sphinkterinkontinenz eine Rolle, indem sie die Symptome manifestieren oder die Häufigkeit des passiven Urinverlusts erhöhen. Es scheint, dass *Pulsatilla pratensis* als Simillimum die mentale Verfassung weitgehend beeinflussen kann. Organotrop kann die Behandlung der Sphinkterinkontinenz mit *Pulsatilla pratensis* als Simillimum mit *Damiana* D1 = Ø unterstützt werden.
Zu *Pulsatilla pratensis* passt auch eine Blasenentzündung mit ansonsten aktiver Frequenzmiktion (Harntätigkeit), aber mit gelegentlichem, zufälligem passivem Urinverlust. Dies sehen wir besonders bei Blasenentzündungen, die kurz vor oder während der Hitze auftreten. Die Bestätigung der Heildiagnose durch weitere individuelle Symptome erhöht die Erfolgsaussichten.

Haut

Die typischen, leicht verlängerten, symmetrischen, pigmentierten kahlen Flecken ohne Juckreiz, die sich beidseitig neben der Lendenwirbelsäule befinden und von denen wir vermuten, dass sie hormonell bedingt sind, sprechen gut auf *Pulsatilla pratensis* in Kombination mit *Lachesis mutus an*. Beide in einer D30 eine Dosis einmal täglich, jeweils morgens und abends.
Besonders bei glatthaarigen Hunden, vor allem bei Staffordshire Terriern und Pitbull Terriern, sieht man ein auffallend kurzes und dünnes Fell am ganzen Körper, mit kahlen Stellen vor allem an der Brust und am Bauch, dünnem Fell auf dem Kopf und oft auch hinter den Ohren und an den Hosen. Es ist kein Juckreiz vorhanden, was eine hormonelle Ursache nahelegt. *Pulsatilla pratensis* ist das erste Mittel, an das wir hier denken sollten.
Oft bestätigen zusätzliche individuelle Symptome wie z. B. geschlechtshormonelle Merkmale und Verhaltensmerkmale die Mitteldiagnose.

Potenz und Dosierung

Es wurde oben besprochen, dass wir *Pulsatilla pratensis* bei verzögerter Läufigkeit verschreiben, in einer D3 dreimal täglich fünf Tropfen (nur in Tropfenform) für grundsätzlich drei Wochen, nicht länger als bis zum Tag eins der sichtbaren Hitze. Im Allgemeinen geben wir *Pulsatilla pratensis* organotrop in einer D6 dreimal täglich eine Dosis für bis zu drei bis sechs Wochen.

Bei der organotropen Behandlung muss immer die Möglichkeit in Betracht gezogen werden, dass der Patient noch besser für *Pulsatilla pratensis* geeignet ist, als anhand der für die Arzneimitteldiagnose verwendeten allgemeinen und lokalen Symptome geschätzt wurde. Das heißt, es besteht immer die Möglichkeit, dass sich die Symptome verschlimmern.

Wird die Arzneimitteldiagnose auch aufgrund zusätzlicher individueller Symptome gestellt, ist es sinnvoll, sofort höhere Potenzen (≥ D30) zu verordnen; D30 einmal täglich eine Dosis oder höher, D200 (200K) oder MK je nach Ansprechen, was in der Praxis meist einmal alle 7 bis 14 Tage bzw. einmal alle 14 bis 28 Tage eine Dosis bedeutet.

Hinweise

Aus Sicherheitsgründen darf während der Trächtigkeit und Laktation nicht mehr als D3/C1 in verdünnter Form oder in Tablettenform und nicht mehr als D1 in Granulatform verwendet werden.

Pyrogenium

Mittelherkunft

Das homöopathische Arzneimittel *Pyrogenium* wird aus einem Extrakt aus autolysiertem (zersetztem) Rindfleisch hergestellt, das wochenlang der Sonne ausgesetzt war. Nach einem Fäulnisprozess von zwei bis drei Wochen in Wasser unter der Sonne entsteht ein Gemisch aus Bakterien und Toxinen (giftige Substanzen). Pyrogen bedeutet entzündlich wirkend und Fieber erzeugend. Abk.: pyrog.

Arzneimittelbild

Nosode

Pyrogenium ist eine Nosode. Eine Nosode ist ein potenziertes Arzneimittel, das aus Krankheitsmaterial oder Krankheitserregern hergestellt wird. *Pyrogenium* ist ein Beispiel für eine Nosode aus Krankheitsmaterial. Ein weiteres Beispiel für eine Nosode eines Krankheitsüberträgers ist *Staphylococcinum*, eine Nosode des Bakteriums Staphylococcus.

Intoxikationsbild

Vor fast anderthalb Jahrhunderten erschien im British Medical Journal eine Veröffentlichung über einen Medikamentenversuch mit *Pyrogenium* in Hongkong (Sanderson, 1875). Dieser Versuch entsprach eher einer absichtlichen Vergiftung durch Injektion. Einem solch groben Vergiftungsbild fehlen alle Details, die ein viel weniger invasiver Arzneimitteltest liefern sollte. Beim Menschen wurden zusätzliche individuelle Symptome durch Patientenerfahrungen mit der homöopathischen Anwendung von *Pyrogenium* gesammelt. Veterinärmedizinisch ist unser Wissen über das Arzneimittelbild von *Pyrogenium* bei Tieren noch begrenzt.

Zittern, Unruhe und Bewegungsdrang wurden als Symptome einer Vergiftung beschrieben (Dosis unbekannt). Die Körpertemperatur stieg etwa drei Stunden nach der Injektion an, um etwa zwei bis drei Grad bis zum

Temperaturmaximum. Starke Muskelschwäche, Erbrechen, Durchfall und schmerzhafter Pressdrang (Tenesmus) waren die Folge. Diese Symptome verschwanden nach vier bis fünf Stunden wieder und das Tier erholte sich schnell und vollständig. Bei tödlichen Dosen (deren Höhe nicht bekannt ist) traten folgende Symptome auf: Darmblutungen, schwere Durchfälle und Zusammenbrüche. Der Tod wird sehr wahrscheinlich durch Herzschwäche verursacht.

Zu den pathologischen Befunden gehörten Blutungen in der Innenwand des Herzens (Endokard), in den Lungenhäuten (Pleura) und im Herzbeutel (Perikard). Auffällig waren Schleimhautblutungen im Magen-Darm-Trakt, insbesondere im Zwölffingerdarm (Duodenum) und Ablösungen der oberflächlichen Schleimhaut (Epithel). Die Farbe des Blutes war dunkelrot.

Blutvergiftung

Pyrogenium ist in Fällen von Blutvergiftungen angezeigt. Während des Krankheitsprozesses verbreiten sich Bakterien, Bakterientoxine und Toxine aufgrund des Gewebeschadens über den Blutkreislauf im Körper. Die Ausbreitung von Bakterien über den Blutkreislauf wird als Septikämie, die von Toxinen als Toxämie bezeichnet.

Typische Merkmale

Charakteristisch für *Pyrogenium* bei Hunden ist die Diskrepanz zwischen Körpertemperatur und Pulsfrequenz. Bei hohem Fieber gibt es einen normalen oder nicht stark erhöhten Puls, bei Senkung der Temperatur wird der Puls ansteigen. Es handelt sich hier also um die Auswirkungen von Giften aus Gewebezerfall (Autolyse), die über die Blutbahn den ganzen Körper durchdringen (Toxämie).

Es besteht ein starker Bewegungsdrang und damit eine enorme Unruhe, die sicherlich durch Schmerzen verursacht wird, verbunden mit Zittern und Schüttelfrost und stark riechende, dünnflüssige, blutige (dunkelrote) Stühle. Schließlich führen die heftigen Durchfälle und die Beeinträchtigung von Herz und Lunge durch Austrocknung und Erschöpfung zum Tod.

Parvovirose

Die Hauptindikation für *Pyrogenium* ist eine Infektionskrankheit mit Verbreitung von Bakterien (Septikämie) und Bakterientoxinen und Gewebezerstörung (Toxämie) über den Blutkreislauf im ganzen Körper (Blutvergiftung).

Ein Beispiel ist Durchfall aufgrund einer Infektion (Bakterien oder Viren). Sehr schwerer Durchfall mit wässrig-dünnem, oft blutigem Stuhl (hämorrhagische Enteritis), mit einem fürchterlichen Gestank. Dieses Bild kennen wir unter anderem von der Parvovirus-Diarrhö oder der durch das Coronavirus verursachten Diarrhö. Tierärzte und Besitzer sprechen bereits von dem typischen Parvo-Geruch.

Die Prognose für Parvovirus-Durchfall bei einem ungeschützten Hund ohne Antikörper, d. h. nicht geimpft oder nicht mit ausreichend Antikörpern über die Muttermilch versorgt, ist ausgesprochen schlecht. Auch *Pyrogenium* hilft hier nicht mehr. Bei einem einigermaßen geschützten Hund können wir dem Krankheitsprozess mit *Pyrogenium* noch eine gute Wende geben. Durchfallerkrankungen, die durch das Coronavirus verursacht werden, haben ohnehin eine bessere Prognose.

Eine Septikämie und Toxämie durch eine bösartige Milchdrüseninfektion mit Gewebezerfall (Nekrose) oder durch eine bösartige Gebärmutterentzündung nach der Geburt (Partus), verursacht durch Nachgeburts- und/oder Fruchtwasserreste oder durch eine phlegmonöse und gangränöse Entzündung, passen ebenfalls gut zu *Pyrogenium*. Eine Phlegmone ist eine akute infizierte, eitrige Entzündung, die sich allmählich in der Unterhaut, zwischen Muskeln und Sehnen ausbreitet. Ein Gangrän ist eine Phlegmone mit Gewebsnekrose und einem schwereren Krankheitsverlauf.

Potenz und Dosierung

Pyrogenium ist für schwere Pathologien geeignet. Bei Infektionen mit gestörtem Allgemeinzustand werden wir uns dann oft für höhere Potenzen, nicht niedriger als eine D12, vorzugsweise eine D30 zwei- oder dreimal täglich eine Dosis für ein bis zwei Wochen entscheiden. Eine (leichte) Erstverschlimmerung und ein leichter Anstieg der Körpertemperatur mit Schüttelfrost und Bewegungsdrang ist bei *Pyrogenium* kein Grund, die Potenz zu ändern, sondern entsprechend der Reaktion weiter zu dosieren. Bei den oben genannten Indikationen ist die Kombination aus *Echinacea purpurea* D3, *Lachesis* mutus D6/D12 und *Pyrogenium* D12 zweimal täglich eine Dosis hilfreich. Bei der Wahl von *Lachesis mutus* in einer D6 anstelle einer D12 besteht eine etwas erhöhte Wahrscheinlichkeit für eine Erstverschlimmerung der Symptome, was bei schweren Pathologien nicht wünschenswert ist. Außerdem gibt es eine Injektionslösung auf dem Markt, die das Kombinationspräparat enthält. Es ist ratsam, dieses Mittel nur unter der Aufsicht eines Tierarztes anzuwenden.

Hinweise

Aus Sicherheitsgründen nur ab D12/C6/6K erhältlich.

R

Rhododendron chrysanthum

Gichtrose

Mittelherkunft

Das homöopathische Arzneimittel *Rhododendron chrysanthum* wird aus der gleichnamigen Pflanze hergestellt, die auch als Gichtrose oder Goldgelbe Alpenrose bekannt ist. Pflanzenfamilie: Ericaceae (Heidekrautgewächse).
Abk.: rhod.

Arzneimittelbild

Furcht

Rhododendron chrysanthum ist bei Angst vor Gewitter, Stürmen und sintflutartigem Regen angezeigt. Der Hund mit Rhododendron chrysanthum-Angst spürt das Gewitter weit im Voraus, wahrscheinlich aufgrund von Veränderungen im Luftdruck.

Gelenkschmerzen

Schwankungen im Luftdruck können sich ebenfalls auf die Gelenke auswirken. Gelenkschmerzen, die sich vor Gewittern, Stürmen und sintflutartigen Regenfällen verschlimmern, passen zu *Rhododendron chrysanthum*. Man nennt diesen Schmerz daher auch „Barometerschmerz".
Rhododendron chrysanthum hat eine Affinität zu Gelenkkapseln (DgDx *Ledum palustre*). Die zu *Rhododendron chrysanthum* passenden Gelenkbeschwerden verschlimmern sich bei feuchter Kälte und bessern sich bei trockener Wärme. Im Gegensatz dazu verschlimmern sich die zu *Ledum palustre* passenden Gelenkbeschwerden bei Hitze und verbessern sich bei Kälte.

Die zu *Rhododendron chrysanthum* passenden Gelenkbeschwerden bessern sich bei Bewegung (DgDx *Rhus toxicodendron* und *Ruta graveolens*). Der Unterschied zu *Rhus toxicodendron* besteht darin, dass die zu *Rhododendron chrysanthum* passenden Gelenkbeschwerden bei anfänglicher Bewegung keine deutliche Verschlimmerung aufweisen, die Beschwerden auch bei fortgesetzter Bewegung nicht vollständig verschwinden und mehr Schmerzen als schmerzhafte Steifheit auftreten. Beim Menschen ist bekannt, dass eine Schmerzverlagerung von oben nach unten zu *Rhododendron chrysanthum*, von unten nach oben zu *Ledum palustre* passt. Bei Hunden kann ich dies nicht mit Sicherheit bestätigen.

Potenz und Dosierung

Rhododendron chrysanthum D3 eine Dosis dreimal täglich so lange wie nötig.

Hinweise

Keine

Rhus toxicodendron

Echter Giftsumach

Mittelherkunft

Das homöopathische Arzneimittel *Rhus toxicodendron* wird aus der gleichnamigen Pflanze hergestellt, die auch als Echter Giftsumach oder unter ihrem englischen Namen Poison Ivy bekannt ist. Pflanzenfamilie: Anacardiaceae (Sumachgewächse). Abk.: rhus-t.
Hahnemann verwendete für seinen ursprünglichen Arzneimittelversuch *Rhus radicans*, den so genannten Kletternden Giftsumach, der seiner Meinung nach mit *Rhus toxicodendron* gleichzusetzen ist. Mehrere Botaniker stimmen mit Hahnemann in dieser Hinsicht überein.

Arzneimittelbild

In der Veterinärhomöopathie ist *Rhus toxicodendron* vor allem als Mittel bei Verletzungen von Muskeln, Sehnen, Bändern und Gelenkkapseln bekannt. In der Humanhomöopathie ist *Rhus toxicodendron* auch als Mittel für andere Indikationen bekannt, wie z. B. Hautbeschwerden und verschiedene Entzündungen.

Typ

In der Veterinärhomöopathie sind meines Wissens keine (guten) Typbeschreibungen oder

Verhaltenssymptome von *Rhus toxicodendron* bei Tieren bekannt.

Andere Merkmale

Kombination von körperlicher Überanstrengung und feuchter Kälte

Es ist bekannt, dass übermäßige körperliche Anstrengung und feuchte Kälte als Ursachen (Ätiologie) von Beschwerden und als Beschwerden verschlimmernde Bedingungen (Modalität) eine charakteristische Kombination von Symptomen bilden, die besonders zum Arzneimittelbild von *Rhus toxicodendron* gehören. Beispiele sind schmerzhafte Versteifungen (vor allem) von Muskeln, Sehnen, Bändern und Gelenkkapseln, die durch übermäßige körperliche Belastung und feuchte Kälte hervorgerufen oder verschlimmert werden.

Weitere Beispiele sind Blasen- oder Lungenentzündungen, die durch längere Aufenthalte bei schlechtem Wetter wie Regen und Kälte entstehen oder verschlimmert werden. Betroffen sind oft Jagdhunde, die sich bei schlechtem Wetter zudem körperlich sehr anstrengen müssen.

Kälte

Wenn sich Kälte allein, d.h. nicht in der Kombination von feuchter Kälte und körperlicher Überanstrengung bei mehreren Beschwerden als nachdrücklich verschlimmernde Modalität erweist, dann könnte *Dulcamara* in diesen Fällen (viel) besser geeignet sein als *Rhus toxicodendron*. Wenn eine solche Modalität eine so starke Indikation für ein bestimmtes Mittel ist, nennen wir sie ein Schlüsselsymptom. Vor allem, wenn Kälte wiederholt die Ursache von Beschwerden ist oder diese Beschwerden verschlimmert. Ein Schlüsselsymptom oder auch Leitsymptom ist ein Symptom, das als Einzelsymptom bereits eine sehr starke Indikation für die Wahl eines bestimmten Mittels darstellt, zumal damit die Genauigkeit und Intensität des Symptoms deutlicher wird.

Obwohl feuchte Kälte auch bei *Dulcamara* eine starke Modalität ist, habe ich den Eindruck, dass bei *Dulcamara* die Kälte dominiert, z.B. ein heißer Tag gefolgt von einer kalten Nacht. Bei *Rhus toxicodendron* überwiegt die feuchte Kälte. Im Vergleich dazu gibt es auch Pathologien, die durch trockene Kälte, zum Beispiel durch einen kalten Nordostwind verursacht werden. In diesem Fall sind Mittel wie *Aconitum napellus* und *Causticum* besser geeignet.

Bewegungsdrang

Ein charakteristisches Merkmal kann von einem starken Hinweis auf das Simillimum bis zu einem Schlüsselsymptom reichen. Zu Ersterem gehört das Symptom Bewegungsdrang im Arzneimittelbild von *Rhus toxicodendron*. Wir sollten dieses Symptom sorgfältig hinterfragen und der Besitzer sollte ihm besondere Aufmerksamkeit schenken. Was verstehen wir unter Bewegungsdrang?

Unruhe: Immer wieder gibt es diesen Drang, sich zu bewegen. Offenbar hat der Patient Schmerzen, die sich bei Ruhe verschlimmern, was ihn dazu bringt, aufzustehen und sich zu bewegen. Dieser Bewegungsdrang ist so stark, dass der Patient in Kauf nimmt, dass sich die Symptome verschlimmern, wenn er aufsteht und sich zu bewegen beginnt. Der Patient seufzt, normalerweise ohne zu hecheln oder zu jammern, wie wir es bei neurologischen Schmerzen hören. Offenbar bessern sich die Symptome, wenn er eine Weile geht. Die Schmerzmanifestationen, z.B. die Lahmheit, verschwinden nach kurzer Zeit der Bewegung schnell und vollständig. In der Nacht kann sich der Patient wieder eine Weile hinlegen und sogar wieder eine Zeit lang ruhig schlafen, aber wenig später wiederholt sich das Bild. Der Besitzer kann dies als Unruhe bezeichnen, währenddessen sich der Hund jedes Mal hinlegen will. Es ist vergleichbar mit einem Menschen, der nachts mit starken Rückenschmerzen aufwacht, den Drang verspürt, sich zu bewegen, dem Schmerz des Aufstehens eine Weile trotzt und nach dem nächtlichen Gang zum Kühlschrank für das traditionelle Glas Milch wieder beschwerdefrei ins Bett kommt. Bis alles wieder von vorne beginnt …

Indikationen

Hüftdysplasie

Bei fast allen Patienten mit Hüftdysplasie zeigt sich das folgende Bild für *Rhus toxicodendron*: Die schmerzhafte Steifheit um die Hüftgelenke und die daraus resultierende Lahmheit sind bei der ersten Bewegung am deutlichsten. Beim Aufstehen und bei den ersten Schritten verschlimmert sich die schmerzhafte Steifheit offenbar. Sehr bemerkenswert ist, dass sich die Lahmheit danach (bei fortgesetzter Bewegung) nicht nur relativ schnell bessert, sondern sogar ganz verschwindet. Bei laufender Bewegung gibt es also keine Anzeichen mehr für die schmerzhafte Steifheit. Andauernde Bewegung sorgt dafür, dass sich die Symptome vollständig bessern. Das unterscheidet *Rhus toxicodendron* von den meisten anderen Mitteln gegen Bewegungsstörungen wie *Arnica montana*, *Bryonia cretica* und *Ruta graveolens*. Wir sehen diese Anlaufschwierigkeiten bei vielen anderen Mitteln. Allerdings ist die Verbesserung bei fortgesetzter Bewegung bei diesen Mitteln fast nie vollständig. Ein ähnliches Bild zeigt sich bei chronischen Lahmheiten des Schultergelenks, die durch eine Überlastung des Gewebes um das Schultergelenk herum verursacht werden.

Nach längerer körperlicher Belastung bzw. Überlastung nimmt die Lahmheit wieder zu. Bei körperlicher Überbelastung werden auch die Anlaufschwierigkeiten nach einer gewissen Zeit der Ruhe viel deutlicher zu Tage treten. Die schmerzhafte Steifheit und die Anlaufschwierigkeiten werden also meist erst am Morgen und am Abend nach einem anstrengenden Tag bemerkt. Abgesehen davon, dass sich die Symptome von *Rhus toxicodendron* bei feuchter Kälte und Überanstrengung verschlimmern, verschlimmern sie sich also auch bei Ruhe.

Arnica montana-Patienten haben ebenfalls einen ständigen Bewegungsdrang, und auch hier verschlimmern sich die Symptome, wenn sie sich zu bewegen beginnen. Bei *Arnica montana* bleiben die (Schmerz-)Symptome jedoch auch bei fortgesetzter Bewegung bestehen. *Arnica montana* ist daher als vorbeugendes Mittel bei (schmerzhaften) Operationen angezeigt, um den (schmerzbedingten) Bewegungsdrang zu verringern. Nach einer Operation ist es aber oftmals schwierig, den Patienten davon zu überzeugen, dass es für ihn besser ist, sich nicht zu bewegen. In der Praxis sehen wir die typischen Anlaufschwierigkeiten von *Rhus toxicodendron* auch unabhängig von der feuchten Kälte, und trotzdem kann der Patient immer noch gut auf *Rhus toxicodendron* eingestellt sein. Hier ist also das Fehlen der Modalität „feuchte Kälte" kein Ausschlusssymptom für das Mittel. Wenn jedoch beide Modalitäten gleichzeitig vorhanden sind, passt der Patient viel besser zu *Rhus toxicodendron*.

Außerdem darf ich anmerken, dass sich die Beschwerden bei *Rhus toxicodendron* durch warmes Wetter, trockene Hitze, warme Umschläge und Massagen verbessern. In dieser Hinsicht kann sich der Rhus toxicodendron-Patient wiederum vom Ledum palustre-Patienten unterscheiden, dessen Beschwerden sich durch Hitze enorm verschlimmern. Und auch vom Arnica montana-Patienten, dessen Beschwerden sich sogar schon durch Massagen verschlimmern.

Sonstige Indikationen

Die Berührung des Rhus toxicodendron-Strauches kann zu unangenehmen Hautreaktionen mit starkem Juckreiz und Blasenbildung führen. Es überrascht mich nicht, dass *Rhus toxicodendron* als Simillimum bei Hautbeschwerden geeignet sein könnte. Ich habe aber keine ausreichenden Erfahrungen mit *Rhus toxicodendron*

als homöopathisches Mittel bei Hautbeschwerden bei Hunden oder bei Tieren im Allgemeinen.
Im Prinzip kann *Rhus toxicodendron* auch bei einer Vielzahl von Entzündungen der Augen (Konjunktivitis), der Atemwege einschließlich Lungenentzündung, des Magen-Darm-Trakts, der Harnwege und so weiter eingesetzt werden. Aber ich denke, dass in all diesen Fällen die wichtigen Eigenschaften von *Rhus toxicodendron* „feuchte Kälte" und „körperliche Überbelastung" vorhanden sein müssen, damit das Mittel wirksam ist.
Im Allgemeinen, aber ganz besonders bei den genannten Entzündungen gilt die Devise: erst reguläre Diagnostik und Behandlung und danach die Homöopathie als Unterstützung. Nicht mehr, aber auch nicht weniger. In vielen Fällen können sich die reguläre Tiermedizin und die Homöopathie wunderbar ergänzen, da beide an verschiedenen Fronten aktiv sind. Und natürlich weiß man bei einer Kombination hinterher nicht, welches Mittel letztlich am meisten zum guten Ergebnis beigetragen hat. Aufgrund der Erfahrungen mit der Unterstützung der regulären Behandlungen durch die Homöopathie, weil die regulären Behandlungen nicht so recht wirken wollte, habe ich allmählich Vertrauen in den Nutzen der Kombination gewonnen.

Potenz und Dosierung

Bei akuten Beschwerden verschreiben wir *Rhus toxicodendron* D6 dreimal täglich eine Dosis für drei bis sechs Wochen. Bei chronischen Beschwerden D30 einmal täglich eine Dosis, für mindestens zwölf Wochen oder so lange wie nötig (z. B. bei Hüftdysplasie). Wahlweise als Folgemaßnahme D200 (200K), MK oder 10 MK, je nach Ansprechen, was in der Praxis in der Regel eine Dosis pro Woche bedeutet.

Hinweise

Zur Sicherheit erst ab D3/C2/2k erhältlich.

Aus der Praxis

Bartje und die Wahl der falschen Potenz

Bartje, ein anderthalb Jahre alter Drentse Patrijshond-Rüde, wurde zur Einholung einer Zweitmeinung wegen Hüftdysplasie vorgestellt. Der Tierarzt hatte Bartje *Rhus toxicodendron* D6 fünf Tropfen dreimal täglich verschrieben. Unmittelbar nach der Verabreichung kam es zu einer massiven Verschlimmerung der Symptome.
Meine erste Reaktion war: Das Medikament ist gut, aber die Potenz ist zu niedrig. Dann ist eine Verschlimmerung vorprogrammiert. Da es sich bei der Hüftdysplasie um ein chronisches Leiden mit konstitutionellem Hintergrund handelt, das zum Teil genetisch bedingt ist, wählen wir lieber eine D30-Potenz, eine Dosis einmal täglich. Und die Erfahrung hat auch gezeigt, dass diese Potenz in der überwiegenden Mehrzahl der Fälle von Hüftdysplasie hervorragend wirkt. Für Bartje habe ich daher *Rhus toxicodendron* D30 verschrieben. Voller Überzeugung sagte ich der Besitzerin voraus, dass wir jetzt innerhalb von drei bis sechs Wochen eine Verbesserung der Symptome um mindestens 50 % bis 80 % sehen würden. Denn so ist es immer gewesen.
Zu meiner großen Überraschung verschlimmerten sich die Symptome jedoch wieder heftig, verbesserten sich aber spontan, nachdem die Medikamente abgesetzt worden waren. Barts Symptome waren sogar viel besser als zu dem Zeitpunkt, als er zum ersten Mal zu mir kam. Jetzt wussten wir also sicher: Das Mittel *Rhus toxicodendron* war richtig, aber die Potenz war es nicht.
Weitere Fragen ergaben, dass Bartje viel besser zu *Rhus toxicodendron* passte, als ich zunächst dachte. Die Besitzerin erzählte mir nun, dass

sich die Beschwerden vor allem nach Spaziergängen bei schlechtem Wetter verschlimmerten und dass Bartje nachts sehr unruhig war, immer wieder aufwachte und eine Weile herumlief, bis er sich wieder hinlegte und einschlief – bis zur nächsten Runde.
Nach nur wenigen Gaben von *Rhus toxicodendron* MK, die sich an der Reaktion orientierten, war und blieb Bartje jahrelang symptomfrei. Er konnte lange Spaziergänge problemlos bewältigen und lief regelmäßig viele Kilometer am Fahrrad mit.
Fazit ist also, dass eine MK nicht stärker, sondern gezielter wirkt. Bei der Selbstheilung kommt es oft erst zu einer Erstverschlimmerung. Die Erstverschlimmerung bei Bartje zeigte auch, dass Homöopathie tatsächlich die Selbstheilung anregt.

Ruta graveolens

Weinraute

Mittelherkunft

Das homöopathische Arzneimittel *Ruta graveolens* wird aus der gleichnamigen Pflanze hergestellt, die auch als Weinraute bekannt ist. Pflanzenfamilie: Rutaceae (Rautengewächse). Abk.: Ruta.

Arzneimittelbild

Humanhomöopathie

Beim Menschen ist *Ruta graveolens* D6 unter anderem als wirksame Unterstützung bei der Behandlung des Tennisarms bekannt. Der Tennisarm ist eine chronische, schmerzhafte, sterile Entzündung direkt am Knochen oberhalb des Ellenbogengelenks am Ansatz der Sehne, die durch chronische Überbeanspruchung oder Fehlbelastung des Gelenks verursacht wird. Aufgrund seiner Erfolge bei Menschen kam ich auf die Idee, *Ruta graveolens* D6 bei ähnlichen Beschwerden bei Hunden einzusetzen.
Wenn wir das Arzneimittelbild für den Menschen lesen, sehen wir, dass *Ruta graveolens* mehr Symptome in seinem Arzneimittelbild hat. Soweit ich weiß, sind diese Symptome bei Hunden noch nicht bekannt oder erprobt. Mit Hilfe des Repertoriums werden wir diese Symptome von *Ruta graveolens* bei der Arzneimitteldiagnose noch mit einbeziehen können, aber wir müssen uns dann sehr bewusst sein, dass diese (noch) rein menschlich und somit nicht tiermedizinisch erprobt sind.

Veterinärhomöopathie

Ruta graveolens ist ein wichtiges Mittel in der medikamentösen Differenzialdiagnose von akuten und chronischen Lahmheiten bei Hunden. Es hat eine Affinität zu Sehnen, Bändern und Knochenhaut (Periost), insbesondere im Bereich des Ansatzes von Sehnengewebe am Knochen. Es scheint ein wirksames Mittel bei akuten und chronischen schmerzhaften sterilen Entzündungen in diesem Bereich zu sein. In der Indikation Sehnenansatz am Knochen hebt sich *Ruta graveolens* von *Arnica montana, Bellis perennis, Rhus toxicodendron* und *Symphytum officinale* ab. In diesem Zusammenhang passt *Arnica montana* eher zu den Folgen von Traumata oder Überbeanspruchung von Muskeln und Sehnen, wie z. B. Verstauchungen (Distorsion), kleineren Prellungen (Hämatomen), kleineren Muskel- und Sehnenverletzungen. *Bellis perennis eignet sich* mehr bei Folgen von Muskelverletzungen mit etwas größeren Blutergüssen (Hämatomen) und mehr Muskelgewebeschäden. *Rhus toxicodendron passt* mehr bei Traumafolgen an Sehnen und Bändern. *Symphytum officinale eignet sich* mehr bei den Folgen von Verletzungen der Knochenhaut und der Knochen. *Symphytum officinale* kommt *Ruta graveolens* in Bezug auf die klinische Indikation, Sehnen- und Knochenansatz, am nächsten.

Als Folge einer chronischen sterilen Entzündung des Übergangs von der Sehne zur Knochenhaut und zum Knochen entwickelt sich mit der Zeit auch eine Arthrose. *Ruta graveolens* ist also durchaus auch bei (beginnender) Arthrose angezeigt. Wenn eine stärkere Arthrose vorliegt, kann *Ruta graveolens* durch *Calcium fluoricum* unterstützt werden, das auch bei chronischen Entzündungen des Übergangs von Sehne zu Knochenhaut und Knochen angezeigt ist.

Symphytum officinale und *Hekla lava* können dies ebenfalls unterstützen. Diese Mittel sind bei Knochenhautproblemen mit Knochenwucherungen (Exostosen) angezeigt. Darüber hinaus kann bei chronischen sterilen Gelenkentzündungen *Bryonia cretica* angezeigt sein.

Die genannten Mittel können zu einem homöopathischen Komplex gegen Arthrose kombiniert werden. *Calcium fluroatum* D12, *Bryonia cretica* D12, *Hekla lava* D6, *Ruta graveolens* D6, *Symphytum officinale* D6 zu gleichen Teilen zweimal täglich eine Dosis des Komplexmittels. In den meisten Fällen wird es dauerhaft verabreicht, eventuell nach zwölf Wochen in einer Erhaltungsdosis von einmal täglich einer Dosis.

Ursachen

Die Ursache von Ruta graveolens-Symptomen ist in der Regel ein Trauma, eine Fehlbelastung oder eine Überbeanspruchung genau an den Ansatzstellen von Sehne und Knochen. Obwohl das Ruta graveolens-Erscheinungsbild in allen Gelenken auftreten kann, sind die bei Hunden bekanntesten chronische Lahmheiten im Handgelenk (Karpus), Sprunggelenk (Tarsus) und Schultergelenk. In einer Reihe von Fällen von chronischer Lahmheit im Schultergelenk, die als Entzündung der Sehnenansätze am Knochen diagnostiziert wurde, konnte ich innerhalb von drei Wochen eine Besserung feststellen, obwohl die Hunde bereits seit mehreren Monaten lahmten und die über einen längeren Zeitraum verabreichten NSAIDs keine ausreichende Wirkung zeigten.

Anlaufschwierigkeiten

Bei *Ruta graveolens* sehen wir wie bei *Rhus toxicodendron* anfängliche Probleme, aber bei *Ruta graveolens* sehen wir eigentlich nie eine vollständige Verbesserung der Lahmheit bei fortgesetzter Bewegung, bei *Rhus toxicodendron* dagegen schon. Kaltes und nasses Wetter kann die Symptome verschlimmern, aber auch hier ist dies nicht so offensichtlich wie bei *Rhus toxicodendron*. Auch die Unruhe und der Bewegungsdrang sind nicht vorhanden oder zumindest nicht so offensichtlich wie bei *Rhus toxicodendron*. Das könnte daran liegen, dass Menschen, die *Ruta graveolens* vertragen, auch wissen, dass bei ihnen Ruhe die Schmerzsymptome verschlimmern kann. Aber auch hier gilt, dass alle drei Modalitäten bei *Ruta graveolens* deutlich weniger ausgeprägt sind als bei *Rhus toxicodendron*.

Potenz und Dosierung

Ruta graveolens D6 wird organotrop in akuten und chronischen Fällen angewendet: Dreimal täglich eine Dosis drei bis sechs Wochen oder so lange wie nötig. In akuten Fällen drei bis sechs Wochen, in chronischen Fällen dauerhaft, als Erhaltung zwei- bis einmal täglich eine Dosis, allein oder in einem Komplex.

Hinweise

Aus Sicherheitsgründen sollte D1 als Tropfen oder Tablette nicht während der Trächtigkeit und Laktation verwendet werden.

S

Sabina

Sadebaum

Mittelherkunft

Das homöopathische Arzneimittel *Sabina* wird aus *Juniperus Sabina* hergestellt. Die Pflanze ist auch als Sadebaum, Stink-Wacholder oder Gift-Wacholder bekannt. Pflanzenfamilie: Cupressaceae (Zypressengewächse). Abk.: sabin.

Arzneimittelbild

Im 19. Jahrhundert wurde der Sadebaum in Europa innerlich angewendet, um bei Frauen einen Schwangerschaftsabbruch herbeizuführen. In der Kräutermedizin wird das Kraut wegen seiner hohen Toxizität nicht oder kaum verwendet.

Kontraktion der Gebärmutter

Ich habe vor allem Erfahrung mit der Anwendung von *Sabina* zur Unterstützung der Uteruskontraktionen während des Partus (Wehen) und der Uteruskontraktionen nach der Entbindung im Rahmen der Rückbildung, auch zur Förderung der Ausstoßung von eventuell zurückgehaltenen Plazenten (Nachgeburten) und Fruchtwasser und zur Verringerung diffuser Uterusblutungen. Im Prinzip können wir *Sabina* auch zur Ausstoßung eines eitrigen Gebärmutterinhalts (Pyometra) anwenden, aber in diesem Fall ist die chirurgische Entfernung von Gebärmutter und Eierstöcken (Ovariohysterektomie) in allen Fällen, in denen das chirurgische und anästhesiologische Risiko akzeptabel ist, die beste Lösung.

Zur Unterstützung der Uteruskontraktionen während und nach der Geburt ist es ratsam, *Sabina* in einer D3-Potenz zu verabreichen. In Absprache mit dem Tierarzt wird empfohlen, auch die notwendigen Oxytocin-Injektionen zu verabreichen, und zwar in der richtigen Dosierung und zu den richtigen Zeiten während der Geburt, unmittelbar nach dem letzten Welpen und 24 Stunden nach der Geburt.

Ich ziehe es vor, *während* der Geburt nur *Sabina* D3 zusätzlich zu Oxytocin-Injektionen unter Anleitung eines Tierarztes anzuwenden. Oxytocin wirkt nur bis zu 36 Stunden nach dem Partus. *Nach* der Geburt hat *Secale cornutum* den größten Mehrwert, da es einen positiven Einfluss (Ergotamin-Effekt) auf die Kontraktion der glatten Muskeln der Gebärmutterwand und der darin befindlichen Blutgefäße hat (Vasokonstriktion).

Beim Menschen wird *Sabina* in einer D6 bei starken Rückbildungsschmerzen nach der Geburt und als Präventivmittel bei drohender

Frühgeburt eingesetzt. Dies sind auch gute Vorschläge für die Anwendung in der Tierhomöopathie. Wir geben *Sabina* dann in einer D6 jenseits des Kipppunktes, sodass es krampflösend wirkt und die Wehen nicht stimuliert.

Potenz und Dosierung

Während der Geburt, zur Unterstützung der Wehen, geben wir *Sabina* in D3 dreimal alle zwei bis drei Stunden fünf Tropfen. Nach der Geburt, zur Unterstützung der Gebärmutterrückbildung, geben wir *Secale cornutum* D4 dreimal täglich fünf Tropfen für ein bis zwei Wochen. Hier ist es ratsam, nur die Tropfenform und nicht die Globuli- oder Tablettenform anzuwenden. Bei starken Rückbildungsschmerzen nach der Geburt und zur Vorbeugung von Frühgeburten geben wir *Sabina* in einer D6 dreimal täglich eine Dosis ein bis zwei Wochen. Manchmal, wenn sich die Symptome (Schmerzen) auf eine D6 verschlimmern, geben wir *Sabina* in einer D12 zweimal täglich eine Dosis.

Hinweise

Aus Sicherheitsgründen erst ab D3/C2/2K erhältlich. Bis einschließlich D3/C1 in verdünnter Form und in Tablettenform sowie D1 in Globuliform sollten nicht *während* der Trächtigkeit und Laktation verwendet werden. Kann in dieser Stärke zur Unterstützung während der Wehen verwendet werden.

Unterstützung der Gebärmutter

Beginn des Partus:	*Caulophyllum thalictroides* D4
während des Partus, Wehenschwäche	*Oxytocin-Injektionen, Sabina* D3
unmittelbar nach dem Partus, Rückbildung	*Secale cornutum* D4
nach dem Partus, verspätete Blutung	*Ustilago maydis* D3

Secale cornutum

Mutterkorn

Mittelherkunft

Das homöopathische Arzneimittel *Secale cornutum* wird aus dem gleichnamigen Pilz hergestellt, der auf Roggen parasitiert und auch als Mutterkorn bekannt ist. Der getrocknete Pilz wird traditionell bei Geburten angewendet. Der Name Mutterkorn leitet sich davon ab. Pflanzenfamilie: Clavicipitaceae (Mutterkornpilzverwandte). Abk.: sec.

Arzneimittelbild

Secale cornutum wurde früher auch in der Allopathie wegen seines positiven Einflusses (Ergotamin-Effekt) auf die Kontraktion der glatten Muskulatur der Gebärmutterwand und der darin befindlichen Blutgefäße verwendet (Vasokonstriktion). Das Mittel wurde auch bei kleineren Uterusblutungen verschrieben. Es wird davon ausgegangen, dass es bei einer D4 immer noch so wirkt.

Auf jeden Fall wird *Secale cornutum* D4 besonders nach der Geburt verwendet, um die Rückbildung der Gebärmutter zu unterstützen, für das Ausstoßen der verbliebenen Plazenta

(Nachgeburt) und des Fruchtwassers sowie zur Verringerung kleiner diffuser Gebärmutterblutungen, und zwar fünf Tropfen dreimal täglich für ein bis zwei Wochen. Hier es ist ratsam, nur die Tropfenform und nicht die Globuli – oder Tablettenform anzuwenden.

Ich bevorzuge es, während der Geburt zusätzlich zu den Oxytocin-Injektionen nur *Sabina* D3 zu verabreichen. In Absprache mit dem Tierarzt empfehle ich, auch die notwendigen Oxytocin-Injektionen in der richtigen Dosis und zum richtigen Zeitpunkt während der Geburt, unmittelbar nach dem letzten Welpen und 24 Stunden nach der Geburt zu verabreichen. Oxytocin wirkt nur bis zu 36 Stunden nach dem Partus. Nach dem Partus hat *Secale cornutum* den größten Mehrwert. Eine ordnungsgemäße Reinigung nach dem Partus ist notwendig, um die Entwicklung einer Gebärmutterentzündung zu verhindern, die als ruhende Entzündung die Fruchtbarkeit der Hündin in der Zukunft beeinträchtigen könnte oder in einigen Fällen (Pyometra) eine chirurgische Entfernung von Gebärmutter und Eierstöcken (Ovariohysterektomie) erforderlich machen würde.

Secale cornutum ist mit *Ustilago maydis* verwandt, einem Pilz, der auf Mais parasitiert. Beide fördern die Kontraktion der glatten Muskulatur der Gebärmutterwand und der darin befindlichen Blutgefäße (Vasokonstriktion).

Potenz und Dosierung

Nach dem Partus *Secale cornutum* D4 fünf Tropfen dreimal täglich für ein bis zwei Wochen.

Hinweise

Aus Sicherheitsgründen erst ab D3/C2/2K erhältlich. Bis einschließlich D3/C1 in verdünnter Form und als Tablette sowie D1 als Granulat darf während der Trächtigkeit und Laktation nicht verwendet werden.

Unterstützung der Gebärmutter

Beginn des Partus:	*Caulophyllum thalictroides* D4
während des Partus, Wehenschwäche	*Oxytocin-Injektionen, Sabina* D3
unmittelbar nach dem Partus, Rückbildung	*Secale cornutum* D4
nach dem Partus, verspätete Blutung	*Ustilago maydis* D3

Sepia officinalis

Gewöhnlicher Tintenfisch

Mittelherkunft

Das homöopathische Arzneimittel *Sepia officinalis* wird aus dem Inhalt des Tintenbeutels des gleichnamigen Tintenfisches hergestellt. Der Tintenfisch ist auch als Gemeiner Tintenfisch bekannt. Tierfamilie: Sepiidae. Abk.: sep.

Arzneimittelbild

Typ

Sepia officinalis wird als Mittel für Hündinnen angesehen, aber meiner Erfahrung nach ist es auch bei Rüden einsetzbar. Wenn die Repertorisation *Sepia officinalis* eindeutig als bestes Mittel identifiziert, dann kann es auch bei dem betreffenden Rüden sehr erfolgreich sein.

Männliche Merkmale

Die körperlichen Symptome und das Verhalten des Sepia officinalis-Typs weisen auf eine Insuffizienz der Eierstöcke (Ovarien) mit einem relativen Östrogenmangel hin. Infolgedessen überwiegen im Körper der Hündin die Stoffe, die normalerweise für die Entwicklung der männlichen Merkmale (Androgene) beim Rüden verantwortlich sind. Bei der Hündin werden diese Androgene von der Nebennierenrinde produziert, und wenn sie überwiegen, treten bei ihr männliche Merkmale auf. Beim Typ *Sepia officinalis* sehen wir oft eine Hündin mit männlichem Aussehen (Körperbau und Kopf), aber auch mit männlichem Verhalten, wie etwa Markieren. und dominantem oder besser gesagt eigensinnigem Verhalten. Der Sepia officinalis-Typ ist definitiv nicht so demonstrativ dominant wie der Phosphorus-Typ und sicherlich auch nicht so feindselig dominant wie der Aurum metallicum-Typ. Der Sepia officinalis-Typ zeigt ein eher reaktives dominantes Verhalten, um mit Irritationen umzugehen, aber nicht, um aktiv die Führung zu übernehmen.

Ursachen

Obwohl die Ursache von Sepia officinalis-Beschwerden in einem Ungleichgewicht der Sexualhormone liegt, sind die unmittelbaren Auslöser bei Sepia officinalis-Beschwerden Stress, Trauer und/oder Enttäuschungen. So sollten wir laut meinem Lehrer Arij Vrijlandt auch mit mehr Verständnis auf die Sepia officinalis-Frau blicken, die murrt, wenn ihr Mann nach Hause kommt: „Andere Männer bringen ihrer Frau wenigstens mal Blumen mit", und wenn der Mann dann einmal mit einem schönen Rosenstrauß nach Hause kommt, murrt sie (wieder): „Hast wohl was gutzumachen?" *Sepia officinalis* in Reinform.

Reizbar

Der Sepia officinalis-Typ lässt sich am besten durch sein Verhalten von anderen Typen unterscheiden. Abgesehen von seinem eigenwilligen Verhalten ist er besonders leicht erregbar. Dem Sepia officinalis-Typ ist alles und jeder schnell zu viel. Er ist zu müde, um seine Impulsivität und Frustration zu kontrollieren. Er zeigt ständig unberechenbares Verhalten, vor allem gegenüber den eigenen Menschen und tierischen Mitbewohnern, sogar gegenüber denen, die sich am meisten um ihn kümmern und ihm die meiste Aufmerksamkeit und Liebe schenken. Dieses auffällige reizbare Verhalten kann als ein charakteristisches Verhaltenssymptom des Sepia officinalis-Typs bezeichnet werden. Auffallend ist auch, dass sich die Reizbarkeit bei einer Sepia officinalis-Hündin sogar gegen die eigenen Welpen richten kann.

Wir sehen das typische Verhalten auch während der Paarung. Beim Ignatia amara-Typ kommt es im entscheidenden Moment zu Angst mit leichter Aggression, die nur aus Schnappen besteht, ohne tatsächlich zu beißen. Beim Pulsatilla pratensis-Typ ist es ebenfalls Angst, die sich äußert, dass er sich auf den Rücken schmeißt.

Beim Hinlegen kommt es dann oft zu unwillkürlichem Urinabgang (Angst, unterwürfiges Verhalten). Beim Sepia officinalis-Typ sind es Intoleranz und möglicherweise Schmerzen an Vulva und/oder Vagina, die zu dominanter Aggression mit tatsächlichem Beißen führen.

Aus der Praxis

Der Kater Karel

Zur Veranschaulichung hier ein Ausschnitt aus der Anamnese des Besitzers von Karel, einem markierenden Kater: Scheinbar ohne jeden Grund stand Karel auf, ging aufrecht und mit erhobenem Schwanz aus dem Zimmer, durch die Küche nach draußen. Zielstrebig kroch er durch die kleine Öffnung in der Ligusterhecke, die vor dem Nachbargrundstück wuchs. Im Garten des Nachbarn angekommen, sprang er auf die Fensterbank des Wohnzimmerfensters und lauerte dort eine Zeit lang. Sobald er, wie sich später herausstellte, den Nachbarn im Haus entdeckt hatte, drehte sich Karel um und sprühte einen Urinstrahl gegen das Fenster. Entschlossen sprang er dann vom Fensterkasten herunter und rannte auf gestreckt mit erhobenem Schwanz durch das gleiche Loch in der Ligusterhecke zurück ins Wohnzimmer. Mission erfüllt.

Das ist typisch für *Sepia officinalis*. Der Besitzer fügte hinzu, der Nachbar habe zugegeben, Karel ein paar Tage zuvor mit einem kräftigen Wasserstrahl aus dem Gartenschlauch aus dem Garten gejagt zu haben.

Karel wurde mir zur Konsultation gebracht, weil er laut seines Besitzers sehr reizbar war und, wenn er nicht gut gelaunt war, diese sogar angriff und kratzte.

Das Mittel war *Sepia officinalis* D30 fünf Globuli einmal täglich über zwölf Wochen. Etwa nach der Hälfte der Kur konnte die Besitzerin berichten, dass Karel eine Metamorphose in seinem Verhalten durchgemacht hatte: er war nicht mehr launisch, griff nicht mehr an und der Nachbar hatte Karel nicht mehr in seinem Garten gesehen.

Gewebeschwäche

Desinteresse, Langsamkeit und Trägheit in Reaktionen und Bewegungen sind Merkmale, die auch auf *Sepia officinalis* zutreffen können. Es ist nicht auszuschließen, dass eine allgemeine Gewebeschwäche ein Gefühl vermittelt, jede Belastung sei zu viel. Die Erschlaffung des Gewebes, insbesondere der glatten Muskulatur, kann ein Merkmal von *Sepia officinalis* sein. Wir kennen dies auch von *Graphites*. Beide können schlaffe Mammae (Brustdrüsen) haben – bei *Graphites* sicherlich trotz fehlender Trächtigkeit oder Scheinträchtigkeit. Letzteres ist ein charakteristisches Symptom für *Graphites*.

Ein verminderter Tonus der glatten Muskulatur kann Verstopfung, eine Erschlaffung der

Scheidenwand (Vaginalprolaps) und Harninkontinenz verursachen.

Modalitäten

Beim Sepia officinalis-Typ kommt es zu einer Besserung der Symptome durch Bewegung an der frischen Luft. Hitze und Kälte werden nicht vertragen, ähnlich wie beim Pulsatilla pratensis-Typ. Bewegung an sich wirkt positiv, aber Bewegung ist auch anstrengend. Zu viel Anstrengung verschlimmert die Beschwerden, Ruhe (aber nicht zu lange) bessert sie. Beim Sepia officinalis-Typ kommt es zu einer Verschlimmerung der Symptome vor und während der Hitze. *Sepia officinalis* könnte eher ein linksseitiges Mittel sein, *Pulsatilla pratensis* eher ein rechtsseitiges. Der Sepia officinalis-Typ hat eine Abneigung gegen Gesellschaft, zieht es aber oftmals auch vor, nicht allein zu sein: Ein typisch sprunghaftes Verhalten.

Gebärmutterentzündung

Eine wichtige Indikation für die Sepia officinalis-Hündin ist die Gebärmutterentzündung (Endometritis). *Sepia officinalis* ist angezeigt bei Endometritis mit blutigem, eitrigem, dunkelrotem bis braunem, übelriechendem Ausfluss bei der alten Hündin. *Pulsatilla pratensis* ist angezeigt bei Endometritis mit schleimigem, eitrigem, cremefarbenem, manchmal leicht säuerlich riechendem Ausfluss bei einer jungen Hündin, manchmal schon unmittelbar nach der ersten Läufigkeit.

Vaginitis

Neben der Endometritis als bekannteste Indikation gibt es weitere gynäkologische Indikationen für *Sepia officinalis*. In das Arzneimittelbild passt eine chronische Vaginitis mit Ausfluss, die Hautreizungen an und um die Vulva mit sehr starkem Juckreiz verursacht. Wahrscheinlich ist die Empfindlichkeit und das Wundsein der Scheide auch eine (körperliche) Ursache dafür, dass eine Sepia officinalis-Hündin den Rüden bei einem Paarungsversuch heftig beißt und damit das typische Sepia officinalis-Verhalten verstärkt. Juckreiz an der Vulva geht häufig mit Juckreiz am und um den Anus und das Perineum (Bereich zwischen Vulva und Anus) einher.
Beider Sepia officinalis-Hündin ist der Zyklus verkürzt und die Hitze (Ausfluss) ist mäßig. Bei einer frühen Fruchtresorption ist mit Sterilität zu rechnen.

Vaginalprolaps

Ein Symptom, das zum Arzneimittelbild von *Sepia officinalis* passt, ist das Hervortreten der Vaginalwand nach außen (Prolaps). Dies ist eine Folge des verminderten Tonus der glatten Muskeln in der Vaginalwand. Diese Schwäche des Muskelgewebes kann auch zu unwillkürlichem Urinverlust während des Schlafs oder während eines anderen ähnlichen Moments der Entspannung führen (Enuresis). Oft verschlimmert sich dies in Stressphasen.
Lilium tigrinum ist das bekannteste Mittel gegen Vaginalprolaps. Bei der Lilium tigrinum-Patientin ist ein Vaginalprolaps zusammen mit einem außergewöhnlich reizbaren und aggressiven Verhalten eine charakteristische Kombination für das Arzneimittel.

Haut

Hautbeschwerden sind eine wichtige Indikation für *Sepia officinalis*. Abgesehen von Verdickungen der Haut und Pigmentveränderungen sind die Hautveränderungen nicht sehr spezifisch für *Sepia officinalis*, sodass wir die Arzneimitteldiagnose anhand der anderen zusätzlichen individuellen Symptome stellen müssen. Wir sehen oft das Bild einer durch Bakterien verursachte Allergie (Pyodermie) mit runden Flecken (Kollaretten), die verdächtig nach Ringelflechte

(Thricophytia) aussehen, die allerdings nicht durch ein Bakterium, sondern durch einen Pilz verursacht wird.

Prostata

Sepia officinalis, obwohl ein Frauenheilmittel, könnte bei Prostatitis (Vorsteherdrüsenentzündung) wirksam sein. Ich habe in diesem Punkt noch keine wirklich überzeugenden Erfahrungen mit *Sepia officinalis*.

Potenz und Dosierung

Bei Paarungsproblemen (siehe oben) ist es bemerkenswert, dass alle drei oben genannten Mittel so schnell wirken können und dann auch noch in einer niedrigen Potenz (D6). Wenn das Problem am Tag der Paarung auftritt, kann das Mittel innerhalb eines Tages eine Verhaltensänderung bewirken. Wenn das Bild perfekt passt, sollten wir natürlich noch höhere Potenzen anwenden und vorzugsweise mindestens eine Woche vor dem Deckakt beginnen. In der Praxis können wir davon ausgehen, dass, wenn das Verhalten nur während der Paarung auftritt, die niedrigen Potenzen angewendet werden können. Tritt das Verhalten auch außerhalb der Paarung, der Läufigkeit oder der Brunst auf, müssen in der Regel höhere Potenzen eingesetzt werden. Auch in diesen Fällen können höhere Potenzen (D30, D200, MK), einmalig verabreicht, eine schnelle Wirkung zeigen.
Obwohl wir in der Vergangenheit Erfahrungen mit *Sepia officinalis* D6 als Mittel gegen Endometritis gemacht haben, empfehle ich dennoch, dass wir bei der typischen Sepia officinalis-Endometritis bei einer älteren Hündin mit einem chronischen Verlauf lieber mit Potenzen nicht niedriger als D30 einmal täglich eine Dosis für zwölf Wochen behandeln. Im Allgemeinen behandeln wir Patientinnen, die *Sepia officinalis* auf mehreren Ebenen vertragen, insbesondere im Hinblick auf Verhaltenssymptome mit einer D30 einmal täglich eine Dosis, für zwölf Wochen oder als Folgemaßnahme mit D200 (200K) oder MK, je nach Ansprechen.

Hinweise

Keine

Silicea

Kieselsäure

Mittelherkunft

Das homöopathische Arzneimittel *Silicea (terra)* wird aus Kieselsäure hergestellt. Wir sprechen von *Silicea* und nicht von Silicium, weil es sich um das Siliziumoxid handelt, das der Hauptbestandteil von Quarz und Kieselsäure ist, und nicht um das Element Silicium, das eines der am häufigsten vorkommenden Elemente auf der Erde ist. Abk.: sil.

Arzneimittelbild

Bindegewebe und Immunsystem

Aus der Humanhomöopathie wissen wir, dass *Silicea* bei Beschwerden des Bindegewebes und des Immunsystems eingesetzt wird. Kieselsäure ist ein wesentlicher Bestandteil des Bindegewebes im Körper von Mensch und Tier. Mezger, ein deutscher homöopathischer Arzt, formulierte es so: „Für das Bindegewebe scheint die Kieselsäure den gleichen maßgeblichen Wert zu haben wie Eisen für die roten Blutkörperchen, Phosphor für die Nerven und Kalzium für die Knochen". *Silicea* hat auch eine Affinität für das Immunsystem oder das retikuloendotheliales System (RES – Teil des Infektions- und Fremdstoffabwehrsystems), das wie das Bindegewebe aus dem embryonalen Bindegewebe (Mesenchym) hervorgeht. Wenn wir also an *Silicea* denken, denken wir sofort an: Bindegewebe und Immunabwehr.

Aus der Praxis

Eine versehentliche „Mittelprüfung"

Ein schönes Beispiel für die Affinität von *Silicea* zu Geweben, die aus dem (embryonalen) Mesenchym stammen, ist die Geschichte von Nora, einer etwa drei Jahre alten Rauhaardackel Hündin. Es war letztlich eine Mittelprüfung und damit ein ungewollter Medikamentenversuch.
Nora wurde vor etwa fünfunddreißig Jahren mit heftigem Erbrechen vorgestellt. Alle Untersuchungen ergaben lediglich eine Gastritis der Magenschleimhaut. Die Diagnosemöglichkeiten der Veterinärmedizin waren damals noch begrenzt. Wir hatten zwar Röntgenaufnahmen, aber noch keinen Ultraschall und keine Endoskopie. Da die vielen Versuche, das Erbrechen unter Kontrolle zu bringen, vergeblich waren, beschlossen wir, eine Schlüsselloch-Operation (Probe-Laparotomie) durchzuführen. Es stellte sich heraus, dass die gesamte Magenwand auf der Innenseite mit kleinen, haselnussgroßen, dunkelroten, leicht blutenden, blumenkohlartigen Tumoren übersät war.
Obwohl Nora sehr krank war und in der Zwischenzeit zwei Kilogramm abgenommen hatte (von fünf auf drei Kilogramm), bestand die Besitzerin darauf, dass die Euthanasie nicht sofort während der Operation durchgeführt werden sollte, sondern dass zunächst eine histologische Untersuchung der Tumore erfolgen sollte. Die histologische Untersuchung wurde von der Veterinärmedizinischen Fakultät der Universität Utrecht durchgeführt, und da es sich um einen unbekannten Tumor handelte, wurde eine zweite Meinung in einem onkologischen Institut für Menschen, dem damaligen Antoni van Leeuwenhoek in Amsterdam, eingeholt. Die endgültige Diagnose lautete maligner (bösartiger) mesenchymaler Tumor.
Da das Ergebnis der histologischen Untersuchung etwa zehn Tage dauerte, mussten wir in der Zwischenzeit eine andere Behandlung anwenden. Alle regulären Therapien hatten versagt. Ich schlug eine homöopathische Behandlung vor, abgesehen von den Infusionen und der Weitergabe von Medikamenten zur Unterdrückung des Erbrechens. Was hätten wir sonst tun sollen? Dank einer intensiven (homöopathischen) Anamnese fand ich heraus, dass nicht ausgeschlossen werden konnte, dass das Erbrechen durch eine homöopathische Behandlung mit *Silicea* verursacht worden war. Ich hatte das Mittel in einer D30-Potenz im Zusammenhang mit einer Bandscheibenhernie und einem Bindegewebsproblem verordnet. Es stellte sich heraus, dass die Besitzerin das Mittel aus eigenem Antrieb dreimal am Tag statt einmal am Tag gegeben hatte, weil sie dachte, dass es dann besser wirken würde.
Ich schlussfolgerte also, dass es möglicherweise einen Zusammenhang zwischen der Überstimulation mit *Silicea* D30 und dem Auftreten neuer Symptome geben könnte. Die Diagnose war ein mesenchymaler Tumor, und *Silicea* hat eine starke Affinität zum Mesenchym. Außerdem weist das Auftreten eines bösartigen Tumors in jungen Jahren doch verdächtig auf ein Problem des Immunsystems hin, der zweiten wichtigen Affinität von *Silicea*. Natürlich habe

ich zunächst die Silicea-Medikation abgesetzt. Unter anderem aufgrund des Symptoms des morgendlichen Erbrechens und mit der Information aus der Human Materia Medica (Boericke), dass *Hepar sulfuris* ein wichtiges Gegenmittel (Antidot) zu *Silicea* ist, behandelte ich Nora mit einigen Dosen *Hepar sulfuris* D30 und (später) D60, immer streng nach der Reaktion.

Nora war bereits auf dem Weg der Besserung, als die Ergebnisse der histologischen Untersuchung bekannt wurden. Die Medikamente schienen zu wirken. Der mesenchymale Ursprung der Tumore war eine zusätzliche Bestätigung der Tatsachen und der Richtigkeit meiner Behandlung. Nora wurde 13 Jahre alt und starb schließlich an Nierenversagen.

Mir war klar, dass die Gründe für die Wahl des Medikaments sehr begrenzt waren. Immerhin ist das morgendliche Erbrechen nicht wirklich ein hochgradiges Symptom – viele verschiedene Typen erbrechen nur am Morgen. Es könnte auch gut sein, dass es genügt hätte, die Silicea-Gabe abzusetzen.

Mangelhaftes Bild

Mein Lehrer Arij Vrijlandt erklärte, dass potenzierte Kieselsäure im Körper als Katalysator für die Funktion der Kieselsäure im Stoffwechselprozess betrachtet werden sollte. Sie sollte also nicht als Nahrungsergänzungsmittel betrachtet werden. Natürlich ist es auch unvorstellbar, dass Silicea-Potenzen, die keine oder kaum Kieselsäure enthalten, so wirken könnten. Eine Kombination von Kieselsäure als Nahrungsergänzungsmittel mit potenzierter *Silicea* ist eine gute Synergie.

Vrijlandt nannte in diesem Zusammenhang als Beispiel die Anwendung von homöopathischen Potenzen von *Ferrum metallicum* oder Eisen bei Kindern mit Anämie (Blutarmut). Das potenzierte *Ferrum metallicum* soll als Katalysator auf den Eisenstoffwechsel wirken, wodurch die Bioverfügbarkeit des Eisens verbessert und die Notwendigkeit, zusätzliches Eisen als Nahrungsergänzungsmittel zu verabreichen, für einen kürzeren Zeitraum verringert wird. Im Fall von Kieselsäure und Eisen haben wir es mit einem Arzneimittelbild zu tun, das in erster Linie auf einen relativen Mangel an und nicht auf eine Vergiftung durch die betreffende Substanz passt.

Aus der Praxis

Ein Botaniker an der damaligen landwirtschaftlichen Hochschule in Wageningen erzählte mir, dass seine Dackelhündin, die ich (mit *Silicea*) wegen eines Bandscheibenvorfalls behandelte, immer auf der Suche nach speziellen Gräsern war, besonders wenn sie Rückenschmerzen hatte. Im Winter, wenn alles mit Schnee bedeckt war, verlor der Besitzer seine Hündin regelmäßig aus den Augen, während sie sonst immer dicht bei ihm blieb. Er fand sie dann irgendwo weit weg von zu Hause an Stellen, an denen das spezielle (kieselsäurehaltige) Gras nicht von Schnee bedeckt war. Der Besitzer ging schließlich sogar so weit, dieses spezielle Gras zuhause in Kästen für seinen Hund anzusäen. Eine amüsante Anekdote, die den Zusammenhang zwischen Kieselsäure und einem Bandscheibenvorfall verdeutlicht.

Typ

Der Silicea-Typ sieht aus wie ein unterernährter, stark abgemagerter Hund. Er hat ein steifes, trockenes, manchmal verfilztes Fell, steht schwach auf den Beinen und hat eine schlechte Ausdauer. Es besteht eine ausgeprägte Anfälligkeit für chronisch wiederkehrende Entzündungen. Der Silicea-Typ ist ausgeprägt kühl und auch sehr anfällig für Erkältungen. Er macht einen traurigen, depressiven Eindruck, ist selten fröhlich und zieht sich gerne ein wenig zurück. Er ist ängstlich, hasst es, berührt zu werden, weil ihm

„alles" weh tut und kann (deshalb) manchmal etwas gereizt reagieren. Die Verhaltenssymptome sind mit ziemlicher Sicherheit eine Folge des miserablen Allgemeinbefindens des Silicea-Patienten und damit, was die Symptomhierarchie angeht, nicht wirklich eine hochwertige Indikation für das Medikament.

Modalitäten

Beim Auftreten von Silicea-Symptomen gibt es manchmal einen Zusammenhang mit einer kürzlich erfolgten Impfung. Hier ist die Impfung nicht die primäre Ursache, sondern der Auslöser für eine bis dahin latent vorhandene Immunschwäche. Wir können die Impfung dann besser als eine Modalität der Verschlimmerung bezeichnen.

Silicea-Symptome verschlimmern sich bei Kälte, und im Winter verbessert Wärme die Symptome. Einige der Symptome verschlimmern sich nachts, andere morgens, aber das ist nicht wirklich ein starker Hinweis auf *Silicea*. Schmerzhafte Gelenke in Ruhe und weniger Schmerzen bei Bewegung passen ebenfalls in das Arzneimittelbild von *Silicea*.

Anwendungen

Allgemein

Zustände, die mit *Silicea* übereinstimmen, sind chronisch, rezidivierend mit einer schlechten Heilungstendenz und treten über das gesamte Leben hinweg auf. Bei Silicea-Patienten sind eine umfassende Anamnese, klinische und zusätzliche Untersuchungen erforderlich, einschließlich der Messung von Cobalamin (Vitamin B12) und Folsäure.

In das Arzneimittelbild von *Silicea* passen: Erkrankungen der Haut, des Fells, der Nägel, der Augen, der Ohren, der Schleimhäute im Allgemeinen, der Atemwege, des Verdauungssystems, der Geschlechtsorgane und der Harnwege.

Brennender Ausfluss

Die Absonderungen (Sekrete oder Entzündungsflüssigkeiten) sind oft dünnflüssig, wässrig-fettig (seropurulent), brennend (wundmachend) und verursachen Entzündungen der umgebenden Haut an Körperöffnungen, z. B. Entzündungen der Augenlider, der Lefzen (einschließlich eines Lefzenekzems), des Anus, der Vorhautöffnung und der Vulvaöffnung. Charakteristisch für *Silicea* sind auch Entzündungen und Geschwüre in der Maulhöhle, einschließlich der Zunge und des harten Gaumens, begleitet von starkem Maulgeruch, oft auch aufgrund einer ausgedehnten schmerzhaften Entzündung der Maulschleimhaut (Stomatitis).

Unter die DgDx „brennende Sekrete und starke Abmagerung" fällt sicherlich auch das homöopathische Arzneimittel *Causticum*. Die Sekrete, die in das Arzneimittelbild von *Causticum* passen, sind vielleicht noch brennender als es beim Silicea-Patient der Fall ist. Nicht nur die Absonderungen (Sekrete, entzündliche Flüssigkeiten), sondern auch die Ausscheidungen (Exkrete, wie Speichel, Sputum, Fäkalien) stinken und sind beißend. Möglicherweise kommt *Nitricum acidum* noch in Frage, aber der Nitricum acidum-Patient ist konditionell nicht so schlecht wie der Silicea- und der Causticum-Patient.

Augeninfektion

Silicea eignet sich für chronische Entzündungen der Bindehaut (Konjunktivitis) und der Hornhaut (Keratitis). *Silicea* passt zum trockenen Auge, einer chronischen Entzündung der Bindehaut und der Hornhaut aufgrund unzureichender Tränenproduktion, die zu einem nicht heilenden Hornhautgeschwür (Ulcus indolens) führt. Die Anomalie wird als KCS oder Keratoconjunktivitis sicca bezeichnet. Bei schlecht heilenden Hornhautgeschwüren (Cornea Ulcera) hat sich die Kombination von *Silicea* D6 und *Graphites* D6 mehrfach bewährt. Dosierung: Dreimal täglich eine Tablette von beiden für mindestens sechs Wochen.

Entzündung der Vorhaut

Die Balanoposthitis oder Vorhautentzündung tritt bei den meisten Rüden auf und kann, sofern sie nicht übermäßig stark ist, als normal bezeichnet werden. Wir unternehmen nichts dagegen, wenn nur wenig Ausfluss vorhanden ist. Nur wenn die Menge des Ausflusses störend ist, greifen wir ein. Normalerweise sehen wir einen dickflüssigen, eitrigen Erguss, der nicht in das Bild von *Silicea* passt. Erst wenn es sich um einen wässrigen, eitrigen, brennenden (und damit schmerzhaften) Ausfluss handelt, denken wir an *Silicea*. Diese Schmerzhaftigkeit sehen wir bei einer normalen Balanoposthitis nicht.

Entzündung der Haut

Bei Silicea-Patienten mit Hautbeschwerden sehen wir empfindliche Haut (Schmerzen und Juckreiz), nässende Hautentzündungen mit eiternden Pickeln, meist mit einem säuerlichen Geruch. Alte Narben, die (zu) lange bestehen, passen gut zu *Silicea* (DgDx *Conium maculatum*). *Silicea* passt auch zu nicht oder schlecht heilenden Entzündungen von aufgerissenen Abszessen mit dem typischen Silicea-Sekret wie etwa bei Analbeutel-Fisteln.

Zwischenzehenekzeme

Zwischenzehenekzeme mit säuerlich riechendem, brennendem und entzündetem Schweißdrüsensekret könnten zu *Silicea* passen, aber wir müssen zunächst feststellen, ob die Entzündung primär auf ein konstitutionelles Problem von innen zurückzuführen ist oder sekundär auf eine Reizung von außen, wie z.B. Salz oder Grannen, oder auf Lecken als Übersprungshandlung oder Zwangsverhalten. Dies ist nicht immer eindeutig. Gibt es zuerst zwanghaftes Belecken und dann eine Entzündung oder zuerst eine Entzündung und dann zwanghaftes Belecken? Im ersten Fall sollten wir zumindest nach einer verhaltenstherapeutischen Lösung suchen. Im zweiten Fall müssen wir nach der Ursache suchen, einschließlich eines konstitutionellen Problems, wie z.B. einer Immunschwäche. Um es noch ein wenig drastischer zu formulieren: Ein Silicea-Patient hat aufgrund seines schlechten Wohlbefindens allen Grund, ein übertriebenes Verhalten an den Tag zu legen.

Manchmal sehen wir einen Zwischenzehenpickel zwischen zwei Zehen, (meistens) am Vorderbein, der immer wieder an der gleichen Stelle auftaucht. Nicht selten finden wir ihn auch am anderen Bein an genau der gleichen Stelle (spiegelbildlich). Wir können dann davon ausgehen, dass es sich nicht um eine lokale Anomalie, sondern um ein konstitutionelles Problem handelt. Das hat übrigens meist nicht den offensichtlichen Aspekt, der für *Silicea* typisch ist. Oft ist das Entzündungsbild verhaltener und wir erkennen nicht das für *Silicea* charakteristische säuerlich riechende, brennende und entzündete Schweißdrüsensekret. Letztendlich müssen wir in diesen Fällen nach weiteren individuellen Symptomen suchen, um den Patienten mit seinem Simillimum behandeln zu können. Das kann immer noch *Silicea* sein, auch wenn manchmal der Aspekt der lokalen Entzündung nicht typisch *Silicea* ist.

Ohrenentzündung

Silicea ist indiziert bei einer Entzündung des äußeren Gehörgangs (Otitis externa), bei der die Entzündungsflüssigkeit im Gehörgang wasserhaltig (seropurulent) und brennend (wundmachend) sein kann.

Krallenbettentzündung

Ich habe *Silicea* regelmäßig bei Krallenbettentzündungen eingesetzt. Auch hier liegt meist ein Problem des Immunsystems zugrunde: Der Körper wehrt sich gegen die eigenen Krallen, diese fallen (zunächst) ganz ab und wachsen dann aufgrund eines erkrankten Nagelbetts meist deformiert nach. Bei diesen Patienten ist das Simillimum die bessere Wahl, das nicht ganz zufällig in vielen Fällen *Silicea* ist.

Fisteln

Silicea ist bei Fisteln, insbesondere bei Knochenfisteln, angezeigt. Hier sollte unbedingt nach dem verursachenden Umstand gesucht werden, etwa nach einem Fremdkörper (Splitter oder Grasgrannen) oder in tiefergelegenen Gewebeschichten nach Entzündungen von Sehnengewebe, Knochenmembran und Knochen.

Wucherungen / Verwachsungen

Aus der Humanliteratur wissen wir, dass *Silicea* in Fällen von Verwachsungen im Unterleib, etwa nach einer Unterleibsoperation, das geeignete Mittel sein könnte – und zwar als Konstitutionsmittel (höhere Potenzen) oder als organotropes Mittel in Kombination mit *Graphites*. Die Symptome sind bei Tieren schwer zu diagnostizieren, was natürlich auch für die Auswirkungen der Behandlung gilt. Eine Indikation könnte z. B. Sterilität nach einer Sectio sein. Wir könnten in Betracht ziehen, die Kombination *Graphites* D6 und *Silicea* D6 dreimal täglich eine Tablette von beiden, für mindestens sechs Wochen als vorbeugende Maßnahme nach einer Sectio caesarea (Kaiserschnitt) zu geben.

Bandscheibenvorfall

Ein Bandscheibenvorfall, ob im Hals- oder Lendenwirbelbereich, kann gut mit *Silicea* behandelt werden. In (sub)akuten Fällen behandeln wir einen Bandscheibenvorfall organotrop mit einer Kombination aus *Arnica montana*, die es uns ermöglicht, Wundflüssigkeit und Blut (Paravasate) zu klären, *Hypericum perforatum*, das die Erholung von Nervenschädigungen fördert, und *Nux vomica* zur Wiederherstellung der peripheren Nervenfunktionen. Da letztlich die Bandscheibenqualität die tiefere Ursache ist, sollte (zusätzlich) ein Konstitutionsmittel gegeben werden, auch um Rückfälle (an anderen Stellen) zu verhindern. *Silicea* und *Calcium carbonicum* sind die beiden bekanntesten Konstitutionsmittel, wenn es um die Qualität von Bandscheiben geht.

Aus der Praxis

Ich habe das charakteristischste Bild von *Silicea* bei einem Drahthaar-Foxterrier-Rüden gesehen. Der Hund wurde mit den folgenden Beschwerden vorgestellt: Entzündete Augen und Augenlider. Wässrig-eitriger Augenausfluss, der Wunden verursachte, sodass die Augenlider dick und entzündet waren und sogar bluteten. Es bestand auch eine beginnende Hornhautentzündung (Keratitis). Der Hund schloß ständig die Augen und litt sehr. Der Übergang von der Haut zu den Lefzen war ebenfalls stark entzündet, verkrustet und manchmal blutig. Die Nasenoberfläche war entzündet, depigmentiert und in der Nasenöffnung befanden sich einige Krusten vom eingetrockneten, wässrig-öligen Nasenausfluss.
Es bestand eine schwere Entzündung der Maulschleimhaut (Stomatitis) mit Geschwüren insbesondere am harten Gaumen. Aus dem Maul und aus dem (entzündeten) Bereich (Lefzen) kam ein unerträglich faulig-säuerlicher Geruch. Die Mandeln (Tonsillen) waren vergrößert und die äußeren peripheren Halslymphknoten waren ebenfalls vergrößert. Die Ohren waren entzündet, insbesondere die Ränder waren verklebt und bluteten leicht bei Berührung. An allen vier Läufen war die Haut zwischen den Zehen und an den Pfotenballen stark entzündet, und es herrschte ein faulig-säuerlicher Geruch. Zudem hatte er noch Krallenbettentzündungen. Die Krallen waren entweder ganz ausgefallen (anfangs) oder sie waren nachgewachsen, aber sehr unförmig (klein und verschrumpelt) und von schlechter Qualität. Um die Öffnung der Vorhaut und auch um den Anus und die Haut darum herum waren heftige Entzündungen zu sehen.
Der Hund war stark abgemagert, sein Fell war struppig und trocken, und er hatte Schmerzen am ganzen Körper. Er hasste es, berührt zu werden. Obwohl der Hund sein Leiden äußerst tapfer ertrug und ich ihn gut behandeln konnte,

wurde er ansonsten zunehmend ängstlicher, machte einen traurigen Eindruck, zog sich oft zurück und war manchmal gereizt (wenn es ihm zu viel wurde). Kälte verschlimmerte seine Symptome. Der Appetit war schlecht, der Durst normal, er hatte gelegentliches Erbrechen am Morgen und regelmäßig Kolon-Durchfall (wässriger Stuhl mit etwas Schleim und etwas Blut).
Ich habe diesen kleinen Hund mit höheren Potenzen (D30, D200) *Silicea* behandelt. Es ging ihm fünf bis sechs Jahre lang gut, aber er fühlte sich nie zu 100 % wohl in seiner Haut und starb auch viel zu früh.
Als Tierärzte müssen wir in solchen Fällen mit dem Besitzer realistisch über die Prognose kommunizieren und aufpassen, dass wir nicht ständig mit Homöopathie auf Kosten des Hundes experimentieren. Bei einem solchen Patienten ist ein häufiger und niedrigschwelliger Kontakt in der Nachsorge zwischen Tierarzt und Besitzer unabdingbar.

Potenz und Dosierung

Es hat sich gezeigt, dass *Silicea* bei einem Patienten, der lokal dem Silicea-Mittelbld entspricht, aber nicht zum Silicea-Typ gehört, organotrop eingesetzt werden kann: *Silicea* D6 oder D12 drei- oder zweimal täglich eine Dosis für sechs bis zwölf Wochen. Bei Hunden, die dem Silicea-Typ entsprechen, verschreiben wir vorzugsweise höhere Potenzen: D30 einmal täglich eine Dosis für mindestens zwölf Wochen oder eine Dosis nach Ansprechen (je nach Zustand), als Folgemaßnahme in einer D200 (200K) oder MK, ebenfalls die Dosis nach Ansprechen.

Hinweise

Keine

Staphisagria

Stephanskörner

Mittelherkunft

Das homöopathische Arzneimittel *Staphisagria* wird aus den Samen von *Delphinium staphisagria*, auch als Stephanskraut bekannt, hergestellt. Pflanzenfamilie: Hahnenfußgewächse (Ranunculaceae). Abk.: staph.

Arzneimittelbild

Typ

Der Staphisagria-Typ ist den Nux vomica- und Ignatia amara-Typen sehr ähnlich. Auch beim Staphisagria-Typ sind die Ursachen traumatische Erfahrungen, unterdrückte Wut und Traurigkeit, die zu Angstzuständen und reizbarem

Verhalten führen. In den meisten Fällen spielt eine schlechte Sozialisation die Hauptrolle.

Verhalten

Wichtige Verhaltenssymptome, die zum Staphisagria-Typ passen, sind Misstrauen und Knurren, wobei sie jedes Mal ein paar kleine Schritte zurückgehen, wenn sie sich Fremden nähern. Der Staphisagria-Typ ist sensibel, sehr schmerzempfindlich, niedergeschlagen und zieht sich gerne zurück, um allein zu sein.

Der Nux vomica-Typ hingegen ist aktiv und freundlich. Wenn er aggressiv ist und beißt, dann von hinten, in dem Moment, in dem der „Feind", Mensch oder Hund, wegläuft. Der Nux vomica-Typ ist nicht gerne allein. Der Ignatia amara-Typ ist zurückhaltend, aber nicht so misstrauisch wie der Staphisagria-Typ. Der Ignatia amara-Typ knurrt nicht, wenn man sich ihm nähert, sondern ist innerlich nervös, unsicher und etwas ängstlich, bleibt offenbar sehr ruhig und introvertiert und zieht sich schließlich zurück, ohne zu knurren. Wenn beim Ignatia amara-Typ Aggression auftritt, dann in Form von plötzlichem, unerwartetem, heftigem Schnappen, ohne tatsächlich zu beißen. Typischerweise knurrt ein Staphisagria-Typ, wenn fremde Menschen oder Gegenstände (Jogger, Radfahrer, Autos und dergleichen) auf ihn zukommen, und verkriecht sich dann. Sobald die fremden Menschen oder Dinge aber an ihm vorüber sind, verfolgt er sie wie besessen und beißt zu, wenn sich die Gelegenheit bietet.

Modalitäten

Bei *Staphisagria* kommt es zu einer Verschlimmerung der Symptome durch Kälte und zu einer Besserung durch Wärme. Vor allem Bewegung an der frischen Luft verbessert die Symptome.

Hypersexualität

Eine unterdrückte Hypersexualität beim Staphisagria-Rüden führt zu Symptomen wie Masturbation, Impotenz und Abneigung gegen Hündinnen.

Blasenentzündung

Staphisagria ist angezeigt bei Blasenentzündungen durch Katheterisierung mit häufigem, schmerzhaftem und kraftlosem Harndrang (dünnem Strahl oder Tröpfeln). Bei gewöhnlichen Katheterisierungen bei Hunden treten Katheter bedingte Beschwerden nicht oder nur sehr selten auf. Bei invasiveren Katheterisierungen, z. B. bei wiederholten Versuchen, eingeklemmte Harnsteine in der Harnröhre zu entfernen, kann *Staphisagria* das richtige Mittel gegen die Nachwirkungen sein.

Chronisch entzündliche Darmerkrankung IBD

Staphisagria ist wie *Nux vomica* und *Ignatia amara* oft ein geeignetes Mittel für chronisch rezidivierende kolorektale Diarrhö (IBD), aber auch hier handelt es sich um ein psychosomatisches Leiden, sodass wir immer zuerst nach dem Simillimum suchen sollten.

Schnitt-, Stich- und Bisswunden

Traditionell wird *Staphisagria* bei schwer infizierten Schnitt-, Stich- und Bisswunden eingesetzt. *Staphisagria* ist auch angezeigt, um die Genesung nach invasiven Bauchoperationen mit begleitenden Beschwerden wie verminderter Darmperistaltik (Darmatonie) zu unterstützen.

Potenz und Dosierung

Da es sich bei der Indikation für *Staphisagria* in der Regel um psychogene Symptome handelt, verabreichen wir je nach Ansprechen eine D30-Potenz einmal täglich eine Dosis, oder als Folge davon, D200 (200K) oder MK, was in der Regel einmal wöchentlich eine Dosis bedeutet.

Hinweise

Aus Sicherheitsgründen erst ab D3/C2/2K erhältlich.

Stramonium

Stechapfel

Mittelherkunft

Das homöopathische Arzneimittel *Stramonium* wird aus der Pflanze *Datura stramonium* hergestellt, die auch als Gemeiner Stechapfel bekannt ist. Pflanzenfamilie: Solanaceae (Nachtschattengewächse). Abk.: stram.
Der Stechapfel gehört zur Familie der Nachtschattengewächse (Solanaceae). Zu dieser Familie gehören neben der Kartoffel auch die *Atropa belladonna* (Tollkirsche) und *Hyoscyamus niger* (Schwarzes Bilsenkraut), aus denen die homöopathischen Arzneimittel *Belladonna* und *Hyoscyamus niger* hergestellt werden. Die Verwandtschaft ist auch an den Ähnlichkeiten zwischen den drei Arzneimittelbildern zu erkennen.

Arzneimittelbild

Typ

Der Stramonium-Typ tritt sehr bestimmend auf, vor allem wenn er Menschen und Situationen nicht recht einzuschätzen weiß. Diese Reaktion zeigt der Stramonium-Typ nur, um (vermeintliche) Bedrohungen abzuwehren. In der Hierarchie liegt der Stramonium-Typ etwa auf dem gleichen Niveau wie der Lycopodium clavatum-Typ.

Roter Faden

Der rote Faden, der sich durch das Arzneimittelbild *von Stramonium* zieht, ist die Unsicherheit darüber, was vertraut ist und was nicht: Vertrautes erscheint fremd! Daher gibt es widersprüchliche Verhaltensäußerungen. Charakteristisch für den Stramonium-Typ ist, dass bei auch nur vermeintlichen Bedrohungen seine Unsicherheit Grund dafür sein kann, plötzlich, schnell, sehr gewalttätig, ungehemmt und blind anzugreifen – ohne auch nur eine Sekunde

nachzudenken oder zu zögern: Angriff ist die beste Verteidigung, und gleich der erste Angriff muss sitzen. Das aggressive Verhalten des (roten) englischen Cockerspaniels (Cockerwut) könnte für *Stramonium* ein Vorbild für die betreffende Form der Aggression sein. Ein wesentlicher Unterschied zum Aurum metallicum-Typ besteht darin, dass der Stramonium-Typ unmittelbar danach eine beschwichtigende Haltung einnimmt und sich sogar auf den Rücken legt.
Der Stramonium-Typ beschwichtigt, der Aurum metallicum-Typ nicht. Stramonium-Rüden können aus Unsicherheit heraus im Haus zu markieren beginnen.

Alleinbleiben

Unsicherheit kann auch ein Grund dafür sein, dass der Stramonium-Typ nicht allein bleiben kann. Er hat Angst vor dem Verlassenwerden (*Trennungsangst*). Der Hund klebt regelrecht an seinem Besitzer, geht sogar mit ihm auf die Toilette. Wenn er allein gelassen wird, bellt und/oder heult der Stramonium-Typ unaufhörlich, ist unsauber und/oder zerstörerisch.
Trennungsangst ist auf die Angst zurückzuführen, die Menschen zu verlieren, an die der Hund gebunden ist. Dies kann z. B. durch einen früheren Aufenthalt im Tierheim, einen Umzug oder andere Veränderungen in der Familie verursacht werden.

Dunkelheit

Stramonium hat Angst in der Dunkelheit, was ein starker Hinweis auf das Mittel ist. In diesem Zusammenhang ist es erwähnenswert, dass die Trennungsangst oft besonders abends oder nachts auftritt, wenn es dunkel ist, aber nicht tagsüber, wenn es hell ist. Der Stramonium-Typ kann in der Dunkelheit manchmal so ängstlich sein, dass er beim abendlichen Spaziergang nach Hause eilt, ohne sich gelöst zu haben und in der Folge nachts Urin und/oder Kot verliert.

Demenz

Stramonium kann eine gute Behandlung für ältere Tiere sein, die mehr oder weniger dement sind. Sie verstehen nicht mehr so viel von dem, was um sie herum passiert und werden deshalb unsicher und ängstlich. Wir sehen dann Unsicherheit und Unruhe, vor allem nachts.

Erkennen

Es kommt vor, dass ein Stramonium-Typ bei der Heimkehr vertraute Menschen oftmals für einen Moment nicht erkennt. Eine Stramonium-Katze verfehlt manchmal beim Sprung ihr Ziel, weil sie die Entfernung nicht richtig einschätzen kann.

Epilepsie

Stramonium und die verwandten homöopathischen Mittel *Belladonna* und *Hyoscyamus niger* stehen auf der DgDx-Liste für Epilepsie ganz oben. In einigen Fällen können Hunde, auf die eines der drei Mittel passt, nach einem Krampfanfall Aggressionen zeigen, draußen Ängste entwickeln und/oder unter übermäßigem Markieren leiden.

Potenz und Dosierung

Bei Verhaltensproblemen verabreichen wir in der Regel *Stramonium* in D30 eine Dosis einmal täglich, oder (als Folgemaßnahme) eine D200 (200K), eventuell eine MK, beides je nach Ansprechen, was in der Regel einer Dosis einmal pro Woche bedeutet.

Hinweise

Zur Sicherheit erst ab D3/C2/2K erhältlich.

Strychninum nitricum

Strychninnitrat

Mittelherkunft

Das homöopathische Mittel *Strychninum nitricum* wird aus der chemischen Verbindung Strychninnitrat hergestellt, einem Alkaloid, das aus der Frucht der Brechnuss (*Strychnos Nux vomica*) gewonnen wird. Abk.: stry-n.

Arzneimittelbild

Intoxikation

Wir erinnern uns an das berüchtigte Gift Strychnin. Es war früher als Rattengift im freien Handel, wurde aber leider auch missbraucht, um sich eigener oder fremder Hunde anonym zu entledigen. Der gemeinsame Nenner der Vergiftung ist die Herabsetzung der Erregungsschwelle, was zu heftigen Krämpfen im ganzen Körper als Reaktion auf (kleinste) sensorische Reize aus der Umwelt führt. Diese heftigen Krämpfe führen schließlich zum Tod.

Reizschwelle

Unter normalen Bedingungen legt der Körper selbst eine Reizschwelle fest, die die Reizleitung auf einem physiologischen oder normalen Niveau hält. Wenn die Reizschwelle gesenkt wird, nimmt die Reizleitungsfähigkeit zu, wenn sie erhöht wird, nimmt sie ab. Im Falle von Exzessen oder schnellen, heftigen und krampfartigen Reaktionen versuchen wir die Reizleitungsfähigkeit wieder auf das physiologische oder normale Niveau zu senken, bei unterdurchschnittlichen oder langsamen, flachen und trägen Reaktionen möchten wir sie auf das physiologische oder normale Niveau anheben.

Mit anderen Worten: Wir möchten die Reizleitung normalisieren.

Mit der Anwendung von *Strychninum nitricum* bei neurologischem Versagen aufgrund von Spondylose mit Schwäche (Parese) in der Hinterhand zielen wir tatsächlich darauf ab, die Reizschwelle zu senken, damit sich die Reaktion auf äußere Reize auf ein physiologisches Niveau normalisieren kann – dieselbe Wirkung wie bei einem unverdünnten Gift, aber ohne Vergiftungserscheinungen.

Im Prinzip könnten wir dies bereits durch die Verschreibung von *Strychninum nitricum* D3 oder D6 mit einer Dosis mal täglich erreichen, aber gemäß den Leitlinien für die Erstverschreibung empfehle ich bei toxischen pflanzlichen, tierischen und chemischen Substanzen als Potenz ≥ D12. Der Grund dafür ist, dass bei toxischen Ausgangssubstanzen die reale Möglichkeit besteht, dass es in niedrigen Potenzen, selbst in D3 oder D6, zu einer Verschlimmerung der Symptome oder einer Überstimulation wie bei einer Intoxikation kommt anstatt zu einer Normalisierung der Reizleitung. Daher wird grundsätzlich die Potenz D12 oder höher gewählt.

Im Arzneimittelbild von *Strychninum nitricum* stehen uns keine zusätzlichen Einzelsymptome zur Verfügung, anhand derer wir feststellen könnten, ob ein Patient überdurchschnittlich gut zu *Strychninum nitricum* passt, d. h. anfälliger dafür ist und daher eine höhere Aufmerksamkeit benötigt.

Die Leitlinie könnte lauten, mit einer D12 zu beginnen, wenn ein neurologisches Versagen aufgrund einer Spondylose auftritt. Solange keine Verschlimmerung auf neurologischer Ebene vorliegt, ist eine höhere Potenzierung nicht sinnvoll. Wenn auf neurologischer Ebene keine Verbesserung und keine Verschlechterung der Symptome zu beobachten ist, ist eine D6 oder sogar eine niedrigere Potenz auf jeden Fall einen Versuch wert.

Die D3-Potenz von *Strychninum nitricum* ist nicht erhältlich. Stattdessen verschreibe *ich Nux vomica* D3 (Dilutio, Tropfen). Das homöopathische Mittel *Nux vomica* wird aus der Brechnuss (Strychnos Nux vomica) hergestellt, in der Strychnin einer der Hauptbestandteile ist.

In der Praxis ist oft nicht klar, wo der Kipppunkt zwischen Reizschwellensenkung (niedrigere Potenzen) und Reizschwellenerhöhung (höhere Potenzen) von *Strychninum nitricum* beim einzelnen Patienten liegt.

Für den Einsatz von *Strychninum nitricum* bei exzessiven oder schnellen, heftigen und krampfartigen Reaktionen, bei denen wir die Reizleitungsfähigkeit auf das physiologische oder normale Niveau reduzieren möchten, empfehle ich den Einsatz von D30.

Potenz und Dosierung

Um eine Senkung der Reizschwelle zu erreichen, wählen wir grundsätzlich *Strychninum nitricum* D12 zweimal täglich eine Dosis so lange wie nötig. Wenn keine Besserung und keine Verschlechterung der neurologischen Symptome zu beobachten ist, geben wir *Strychninum nitricum* D6 oder *Nux vomica* D3 dreimal täglich eine Dosis so lange wie nötig. Um eine Steigerung der Reizschwelle zu erreichen, wählen wir grundsätzlich *Strychninum nitricum* in einer D30 einmal täglich eine Dosis so lange wie nötig.

Hinweise

Aus Sicherheitsgründen erst ab D4/C2/2K erhältlich.

Sulfur

Schwefel

Mittelherkunft

Das homöopathische Arzneimittel *Sulfur* wird aus der gereinigten Schwefelblüte hergestellt. Kurzschreibweise: sulph.

Arzneimittelbild

Polychrest

Wir nennen *Sulfur* ein Polychrest. Ein Polychrest ist ein homöopathisches Arzneimittel mit einem umfassenden Arzneimittelbild, das daher zu einer Vielzahl von häufig vorkommenden Krankheitsbildern passt. Außerdem gehört das Arzneimittelbild von *Sulfur* zu den am vollständigsten beschriebenen Arzneimittelbildern in der humanhomöopathischen Materia Medica. Das ist an sich natürlich wunderbar, aber der Haken ist, dass *Sulfur* unter den vielen weniger vollständig beschriebenen Mitteln gern (zu) prominent in einem menschlichen Repertorium wird und daher bei der Repertorisation leicht das eigentliche Simillimum verdrängt.

Typ

Sulfur lässt sich nicht nach auf einen bestimmten Sulfur-Typ festlegen. Darüber hinaus sind es, zumindest in der Tiermedizin, von den anderen zusätzlichen individuellen Symptomen bemerkenswerterweise hauptsächlich die charakteristischen lokalen und allgemeinen Symptome und Modalitäten, die die medizinische

Diagnose von *Sulfur* bestimmen, stärker als die charakteristischen und ätiologischen Symptomen und auch als die Verhaltenssymptome.
Basierend auf meinen Erfahrungen mit der homöopathischen Anwendung von *Sulfur* bei Hunden führe ich im Folgenden die von mir berichteten Symptome auf, die offensichtlich zum Heilungsbild von *Sulfur* bei Hunden passen:

Ungepflegt

Charakteristisch für die meisten Sulfur-Menschen und Sulfur-Hunde ist, dass sie ungepflegt wirken.

Sulfur-Mensch

Sulfur-Menschen sind nachlässig gekleidet, tragen meist unmoderne und oftmals verschmutze Kleidung, duschen (anscheinend) nicht gern, ihr Aussehen und ihre Haare machen einen ungepflegten Eindruck.

Sulfur-Hund

Der Sulfur-Hund haart extrem und sein Fell stinkt. Er hat ein stumpfes, trockenes, trockenes Fell mit auffallend vielen Verfilzungen und toten Haaren. Der Hund wälzt sich gerne im Dreck und hält sich nicht sauber. Auch die Sulfur-Katze ist ein schmutziger Typ.
Aber natürlich hängt es stark vom Besitzer ab, ob ein Hund gepflegt aussieht oder nicht. Wir müssen also immer bedenken, das wir ein weniger deutliches Sulfur-Bild haben können. Einem langhaarigen Collie sieht man dank der guten Pflege seines Besitzers äußerlich meist nicht an, dass er gut zu *Sulfur* passt. Aber Haut-, Bauch- und/oder Verhaltensbeschwerden können trotzdem bei ihm sehr gut zu Sulfur passen.

Ursachen

Die Unterdrückung von Symptomen mit (regulären) Medikamenten kann die Ursache für Sulfur- Beschwerden sein. Auch Vergiftungen durch oder Überempfindlichkeiten gegen (reguläre) Medikamente und/oder andere Fremdstoffe können Krankheiten verursachen, die mit *Sulfur* übereinstimmen.

Ausleitung

Es wird angenommen, dass homöopathisch angewandter Schwefel die Sulfurierung im Körper fördert. Die Sulfurierung ist der Prozess, bei dem toxische Abfallprodukte im Körper an eine Schwefelverbindung gebunden werden, um anschließend ausgeschieden zu werden. Wir bezeichnen *Sulfur* daher als ein Ausleitungsmittel.
Bei der Ausleitung werden Abfallprodukte des Körpers, darunter auch Rückstände von Fremdstoffen (z. B. Medikamente), entsorgt. Dadurch werden die ursprünglichen Symptome nicht mehr unterdrückt und die durch die Nebenwirkungen verursachten Symptome verschwinden, sodass wir einen klaren Blick auf das ursprüngliche Krankheitsbild erhalten. Dies brauchen wir, um das richtige Mittel (Simillimum) und die richtige Dosierung zu bestimmen. Wir nennen *Sulfur* daher auch ein Eintgiftungssmittel.

Alte Hunde

Generell kann man sagen, dass *Sulfur* sehr gut zu alten Hunden passt, wenn deren Stoffwechsel etwas zu wünschen übriglässt, insbesondere der Abtransport von (giftigen) Abfallprodukten. Typisch ist das Bild des alten, abgemagerten Hundes mit chronischen Hautbeschwerden, chronischem Durchfall und/oder chronischen Gelenkbeschwerden.

Verhalten

Das Verhalten eines Sulfur-Hundes ähnelt oft dem Nux vomica-Typ (extrovertiert) oder dem Ignatia amara-Typ (introvertiert).

Ähnlichkeit mit Nux vomica

Der Sulfur-Typ kann wie der Nux vomica-Typ geschäftig und ungestüm sein. Beide sind im Allgemeinen freundlich, beiden fehlt es an Selbstvertrauen und sie brauchen Anerkennung, beide sind ziemlich egozentrisch, aber weniger zwanghaft als beispielsweise der Phosphor-Typ. Der Sulfur-Hund kann auch das für den Nux vomica-Hund (in der Regel ein Rüde) typische Bellverhalten an den Tag legen: Er bellt einen anderen Hund an, aber wenn er sich ihm nähert, veranlasst ein einfaches „Wuff" des angegriffenen Hundes ihn zur Flucht. Der Phosphor-Hund bellt ebenfalls einen anderen Hund an, lässt sich aber nicht verjagen und macht weiterhin Eindruck (Knurren, Nackenhaare aufstellen und dergleichen).

Der Sulfur-Hund kann, wie der Nux vomica-Hund, sehr triebhaft und ehrgeizig sein. Es ist möglich, dass die Sulfur-Hündin wie die Nux vomica-Hündin selbstbewusster und dominanter ist als der Rüde.

Die Furcht vor bestimmten Geräuschen passt zu *Nux vomica*, aber auch zu *Sulfur*. Auffällig ist, dass die Angst dann vor etwas Bestimmtem besteht, z. B. Angst vor (nur) Flugzeugen und nicht auch vor Donner und/oder Feuerwerk. Die spezifische Furcht wurde durch ein traumatisches Erlebnis mit dem betreffenden Objekt ausgelöst, z. B. ein schwerer Schreck durch das Geräusch eines Flugzeugs, das die Schallmauer durchbricht.

Es wurde oben kurz erwähnt, dass ein Hund, der auf *Sulfur* anspricht, oft überempfindlich auf (reguläre) Medikamente und auf körperfremde Substanzen im Allgemeinen, reagiert. Auch hierin sehen wir Ähnlichkeiten zwischen *Sulfur* und *Nux vomica*. Beim Sulfur-Hund sind die Symptome der Fremdstoffüberempfindlichkeit vor allem Haut- und Magen-Darm-Probleme. Beim Nux vomica-Typ verursachen normale, relativ geringe Dosen von Medikamenten oder anderen Fremdstoffen vor allem Magen-Darm-Beschwerden (Durchfall). Bei beiden Arzneimitteln sieht man auch, dass sich Durchfall und Verstopfung abwechseln können.

Ähnlichkeit mit Ignatia amara

Die Verwandtschaft zwischen den Arzneimittelbildern von *Ignatia amara* und *Sulfur* zeigt sich z. B. darin, dass beide einen Hang zur Linksseitigkeit haben, etwa ein entzündetes linkes Ohr. Das Auftreten eines entzündeten linken Ohrs bei der Gabe von *Ignatia amara* kann entweder eine erste Verschlimmerung von *Ignatia amara* sein oder ein Zeichen dafür, dass *Sulfur* (als „Nachbarmittel") das Simillimum ist, und umgekehrt. Beide können Einzelgänger sein, aber der Ignatia amara-Typ ist viel geselliger und fügt sich in sein Schicksal mit einem starken „Will to please" ein, während der Sulfur-Typ mehr das Bild der Selbstbezogenheit hat und mehr Abneigung gegenüber seiner Umgebung ausstrahlt.

Alle drei Mittel passen zu Verhaltens-, Magen-Darm- und Hautbeschwerden. Hier könnte man anmerken, dass bei *Nux vomica* eher die ausgeprägten Brechnuss-Symptome, begleitet von den typischen Magen-Darm-Beschwerden, im Vordergrund stehen und bei *Sulfur* die Haut- und Magen-Darm-Beschwerden, vor allem, wenn sich die Beschwerden abwechseln, während bei *Ignatia amara* die Verhaltenssymptome an erster Stelle stehen, begleitet von hormonellen Störungen, an zweiter Stelle die Haut und an dritter Stelle die Magen-Darm-Beschwerden.

Modalitäten

Meiner Erfahrung nach können die Modalitäten „Verschlimmerung der Symptome durch Wärme" und „linke Lateralität" bei *Sulfur* leicht hierarchisch aufgewertet werden. Beide sind irgendwie charakteristisch für *Sulfur*.

Bei *Sulfur* ist die Hauptmodalität die „Verschlimmerung durch Wärme": warmes Wetter, warmes Zimmer, warmes Bad, warme Decke und so weiter. Darüber hinaus verschlimmern sich die

Symptome, wenn der Hund nass wird: Baden, Schwimmen, Spaziergänge im Regen und so weiter. Sulfur-Typen haben in der Regel auch eine Abneigung gegen Baden und Schwimmen. Hautbeschwerden können auch durch Wolle verschlimmert werden. Auch der Juckreiz der Haut verschlimmert sich oft nachts. *Sulfur* hat neben dem entzündeten linken Ohr auch eine linksseitige Linsentrübung (Katarakt) in relativ jungem Alter sowie Durchfall, der morgens zwischen etwa 5 bis 7 Uhr auftritt. Der Hund entwickelt plötzlich einen unkontrollierbaren Stuhldrang, Panik und Unberechenbarkeit sind die Folge. Sulfur-Menschen werden frühmorgens durch plötzlichen Stuhldrang (stinkender Durchfall) regelrecht aus dem Bett getrieben und schlafen meist auf der linken Seite. Es ist interessant, dies auch bei Hunden zu beobachten. Es könnte eine weitere Bestätigung für die relativ starke Linksseitigkeit von *Sulfur* sein.

Radar® (s. S. 432)

REKTUM – DIARRHÖE – Stuhldrang treibt morgens aus dem Bett
allox. *Aloe* alum-sil. bell. bov. bros-gau. bry. cench. chin. cic. dios. haliae-lc. hep. hydr. hyper. *Kali-bi.* kola *Lil-t.* med. nat-ar. nat-s. nat-sil. nuph. petr. *Phos.* phyt. *Podo.* psil. *Psor.* rauw. rhus-t. *Rumx.* sal-fr. *Sil.* staph. **SULPH.** syph. *Tub. Zinc.*

Haut und Gelenke

Haut und Knorpel haben einen hohen Schwefelgehalt in Form von Keratin bzw. Chondroitinsulfat. Keratin ist eine schwefelhaltige Hornsubstanz (Protein) in Haut, Haaren und Nägeln. Chondroitinsulfat ist eine schwefelhaltige Zuckerverbindung, die an Eiweiß gebunden ist und für eine gute Dämpfung des Knorpels sorgt. Sie wird oft in Kombination mit Glucosamin bei Arthrose eingesetzt.

Dass die Haut ein wichtiges Indikationsgebiet für *Sulfur* ist, ist allgemein bekannt, dass es aber auch ein wichtiges homöopathisches Mittel für Gelenke sein kann, ist weit weniger bekannt. Die Gelenkbeschwerden, die zu *Sulfur* passen, sollten im größeren Zusammenhang des alten Hundes mit Stoffwechselproblemen und Anhäufung von Schlackenstoffen (etwa durch eingeschränkte Leberfunktion und chronische Durchfälle) gesehen werden. Der homöopathisch angewandte Schwefel könnte die Bioverfügbarkeit von Nahrungsergänzungsmitteln wie Glucosamin und Chondroitinsulfat verbessern. Bei Patienten, die nicht in das Gesamtbild von *Sulfur* passen, können wir Knorpelbeschwerden gut mit einer niedrigeren Potenz (D6 oder D12) behandeln.

Brennen

Wir nennen *Sulfur* auch einen „Brenner“: Haut und Schleimhäute (siehe unten) brennen. Wir sehen eine diffuse, leuchtend rote Haut, oft auf dem Rücken, aber auch auf dem Bauch. Außerdem können wir bei *Sulfur* schwarze Pigmentflecken auf der Haut finden.
Übrigens eignet sich *Sulfur* für eine breite Palette von Haut- und Fellveränderungen, die fast immer mit Juckreiz einhergehen. Auch hierin ist *Sulfur* nicht leicht von anderen Mitteln zu unterscheiden. Auffällige Merkmale von Sulfur-Patienten sind übermäßiges Haaren, Verfilzungen und ein trockenes, steifes Fell, das übermäßig riecht: Das ganze Haus riecht nach Hund. Aber wir sehen auch Akne, nässende Hautausschläge, trockene und feuchte verdickte Haut mit übermäßiger Talgabsonderung (Seborrhö), viele Schuppen und so weiter. Der Anus und seine unmittelbare Umgebung können hellrot sein. Juckreiz am Anus führt zu (zwanghaftem) Lecken und Schlittenfahren.

Ohrenentzündung

Wenn sich ein Ohr entzündet, ist es fast immer das linke. Die Haut des Ohrs ist hellrot, verdickt und warm. Normalerweise gibt es keinen oder nur wenig Absonderungen (Ohrenschmalz oder Eiter). Die Linksseitigkeit der Ohrentzündung teilt *Sulfur* mit *Ignatia amara*. Auch beim Ignatia amara-Patienten sehen wir das gleiche „Ohrbild" wie beim Sulfur-Patienten. Beim Hepar sulfuris-Patienten sehen wir eine Menge Eiter, der wie alter Käse aussieht, stinkenden Ausfluss, das entzündete Ohr ist sehr berührungsempfindlich und damit eine Untersuchung (Otoskopie) sehr schmerzhaft.

Juckreiz im Gesicht

Ein Juckreiz im Gesicht wird möglicherweise verursacht durch Entzündungen der Bindehaut des Auges (Konjunktiva). Manchmal sehen wir deutlich entzündete Augenlider. In manchen Fällen ist es schwierig zu erkennen, was den Juckreiz im Gesicht verursacht. Bei unerklärlichem Juckreiz im Gesicht kann *Sulfur* passen, aber auch *Rhus toxicodendron*.

Juckreiz zwischen den Zehen

Ein Juckreiz in den Zehenzwischenräumen wird oft durch eine Entzündung der Haut verursacht (Pododermatitis). Bei weißen Hunden sieht man im Laufe der Zeit eine braune Verfärbung der Haare an den Pfoten (u. a. West Highland White Terrier). In mehr oder weniger starkem Maße wird dies sicherlich mit einem gewissen Überzüchtungsverhalten zusammenhängen. Übersprungsverhalten ist z. B. das Lecken oder Beißen an den (Vorder-)Beinen als Reaktion auf unerträglichen Juckreiz oder Schmerzen an anderer Stelle – vergleichbar mit dem Nägelkauen beim Menschen.

Stinkende Haut

Ein Hauptmerkmal von *Sulfur* ist eine überlriechende Haut: Das ganze Haus riecht nach Hund. Nicht selten kommt es als Komplikation auch zu nässenden Hautstellen, vor allem an Hals, Bauch, Leiste und Achselhöhlen. Auch der Ohrenausfluss stinkt. Als Komplikation kann dann auch eine Hefepilzinfektion vorliegen.

Schleimhäute

Entzündungen der Schleimhäute, die zu *Sulfur* passen, sind ebenfalls oft brennend. In das Arzneimittelbild passen Entzündungen der Augen (Bindehaut und Hornhaut) und der Atemwege, bis hin zu Lungenödemen. Ein chronisch eitriger Nasenausfluss kann zu *Sulfur* passen. Meist ist dieser Ausfluss dann Teil eines allgemeinen Unwohlseins: alter Hund, chronischer Durchfall, Arthrose, trockenes, schmutziges Fell mit vielen toten Haaren und Juckreiz. Der chronisch eiternde Nasenausfluss ist oft einseitig und basiert auf einem Immunproblem, manchmal mit einer (sekundären) Pilzinfektion (Aspergillose), und ist alles andere als einfach mit *Sulfur* oder einem anderen Mittel zu lösen, das aus der Repertorisation als Simillimum hervorgeht. Auch für die Homöopathie ist dies eine schwierige Indikation. Manchmal kann eine Nosode, zum Beispiel die Distemperinum- oder Staupe-Nosode, zusätzliche Unterstützung bieten. In allen Fällen von chronisch therapieresistentem eitrigem Nasenausfluss sollte zumindest die Cobalamin-Menge im Blut gemessen werden.

Potenz und Dosierung

Zur organotropen Behandlung von (nur) übel riechender Haut: *Sulfur* D6 zusammen mit *Solidago virgaurea* Ø dreimal täglich eine Dosis von beiden für mindestens sechs Wochen. Bei allen anderen organotropen Indikationen zunächst

Sulfur D6 dreimal täglich eine Dosis, mindestens sechs Wochen lang. Wenn sich die Symptome verschlimmern: D12 zweimal täglich eine Dosis für mindestens sechs Wochen. Wenn der Patient auf *Sulfur* D30 eine Dosis einmal täglich über zwölf Wochen oder länger anspricht, dann eventuell als Folgemaßnahme D200 (200K) oder MK, je nach Reaktion.

Hinweise

Keine

Kurzer Überblick über die häufigsten Modalitäten, allgemeinen und lokalen Symptome im Arzneimittelbild von *Sulfur* bei Hunden:

- Sehr schlechter Zustand des Fells, ungepflegtes Fell, kahl und trocken, mit vielen Schuppen, starkem Haarausfall, vielen toten Haaren und vielen Verfilzungen
- Haut und/oder Fell riechen übel. Manchmal nässende und klebrige Flecken an Hals und Bauch, in Achselhöhlen und Leisten. Komplikation: Hefepilzinfektion.
- Anthrazitfarbene Pigmentflecken hier und da auf der Haut.
- Diffuse entzündete Rötung der Haut und/oder Schleimhäute.
- Feuerrote linke Ohrmuschel, mit leicht verdickter Haut.
- Juckreiz im Gesicht.
- Roter, heftig juckender Anus.
- Die Beschwerden entstehen durch die Unterdrückung von Hautbeschwerden.
- Überempfindlichkeit gegen reguläre Medikamente.
- Die Hautbeschwerden werden durch Hitze (Sommer, Heizung im Winter), Wolldecken und Wasser (Baden, Schwimmen) verschlimmert.
- Innere und äußere Beschwerden wechseln ab: z. B. Hautbeschwerden und Husten, Hautbeschwerden und Durchfall.
- Plötzliches Auftreten von Durchfall am frühen Morgen mit unerträglichem Drang.
- Frühzeitiges Auftreten von Katarakt, insbesondere auf der linken Seite.

Symphytum officinale

Beinwell

Mittelherkunft

Das homöopathische Arzneimittel *Symphytum officinale* wird aus der frischen Wurzel der gleichnamigen Pflanze hergestellt, die auch als Beinwell bekannt ist. In der Phytotherapie wird hauptsächlich der oberirdische Teil der Pflanze zur äußerlichen Anwendung verwendet. Die Wurzel enthält deutlich weniger der giftigen Pyrrolizidinalkaloide als die oberirdischen Teile. Pflanzenfamilie: Boraginaceae (Raublattgewächse). Abk.: symph.

Arzneimittelbild

Phytotherapeutische Anwendung

Symphytum officinale wird hauptsächlich als Phytotherapeutikum verwendet, äußerlich als Tinktur und innerlich in niedrigen Potenzen (D4 oder D6). Der Begriff Arzneimittelbild, wie er in der Homöopathie verwendet wird, bezieht sich nur auf Zubereitungen aus der Wurzel zur innerlichen Anwendung.
Unser Kollege Hans Wolter hat bei Kälbern mit Aktinomykose aufgrund der Knappheit in den Kriegsjahren in der Mitte des letzten Jahrhunderts *Kalium iodatum* in einer D3 anstelle der Reinsubstanz mit dem gleichen Ergebnis angewendet. Man könnte also argumentieren, dass vor dem Kipppunkt eines Arzneimittels in höherer Verdünnung, aber in potenzierter Form, mindestens die gleiche Wirkung wie in der „Urtinktur" haben kann. Wir gehen davon aus, dass dieser Effekt auch für die niedrigen, phytotherapeutischen Potenzen von *Symphytum officinale* gilt.

Knochenbrüche

Symphytum officinale ist vor allem als Phytotherapeutikum bekannt, das die Heilung von Knochenbrüchen unterstützt. Einer der wichtigsten Inhaltsstoffe von *Symphytum officinale* ist Allantoin. Verstärkt durch die anderen Inhaltsstoffe der Pflanze ist es in der Lage, die (beschleunigte) Zellproliferation zu fördern. *Symphytum officinale*, innerlich verabreicht in niedrigen Potenzen (D4 oder D6), ist in der Lage, die Kallusbildung (Verkalkung) bei Knochenbrüchen zu fördern und damit die Frakturheilung zu beschleunigen.
Die Wirkung von *Symphytum officinale* (Allantoin) wird oft mit der von Hormonen verglichen: ein kleiner Reiz mit großer Wirkung. Indem es das strukturierte Zellwachstum anregt, sorgt *Symphytum officinale* für eine reibungslose Heilung von Knochenbrüchen und Weichteilverletzungen. Wegen dieser Eigenschaft von *Symphytum officinale* setzen wir das Mittel auch dankbar bei der Behandlung von schlecht heilenden oder nicht verschließbaren (genähten) Wunden ein, die deshalb unverschlossen (Sekundärheilung, per secundam) heilen müssen, eventuell erschwert durch Bildung von wildem Fleisch und Fisteln.

Wunden

Bei der äußerlichen Behandlung (Tinktur in Salbe oder Gel) mit *Symphytum officinale*, oft in Kombination mit *Calendula officinalis* (ebenfalls als Tinktur in Salbe oder Gel) von Wunden, die sekundär heilen müssen, sehen wir oft eine blitzschnelle Granulation (vollständiges Anwachsen der Wunde mit neuem Gewebe). Das Granulationsgewebe ist oft so aktiv (mit Blutungen), dass es notwendig ist, die äußere Wundbehandlung mit *Symphytum officinale* für einige Tage zu unterbrechen, um den erfolgten Reiz wirken zu lassen. Danach genügt oft die innerliche Behandlung mit potenzierten Verdünnungen von *Symphytum officinale* (D4 oder D6), oft auch in Kombination mit *Calendula officinalis* D3 (innerlich).

Wildes Fleisch und Fisteln

Bei der Behandlung von Wunden mit der Bildung von wildem Fleisch mit *Symphytum officinale* (in Kombination mit *Calendula officinalis*) sehen wir, wie eine unkontrollierte Zellproliferation (wildes Fleisch) in eine kontrollierte übergeht. Es beginnt eine normale Granulation und eine normale Epithelisierung. Wildes Fleisch verschwindet und die kontrollierte Wundheilung führt schließlich zu einem natürlichen Wundverschluss mit einer (kosmetischen) Narbe. Die Entzündung von Knochen, Knochenhaut, Sehnen, Bändern und Kapseln in den tieferen Schichten unterhalb einer Wunde kann eine dauerhafte Störung verursachen, die die ordnungsgemäße Wundheilung beeinträchtigt und zur Bildung von wildem Fleisch führt. Das Gleiche gilt auch für eine Fistel oder ein Ulcus cruris (tiefe, meist nässende Wunde im Bereich des Unterschenkels), also für Öffnungen in der Haut, die nicht heilen. Fisteln werden meist durch tiefgehende Wunden verursacht. Es versteht sich von selbst, dass z. B. ein Knochensplitter oder ein Holzsplitter, der sich noch in der Wunde befindet, zunächst chirurgisch entfernt werden muss. Dadurch lässt sich eine Entzündung des Knochens, der Knochenhaut und des Sehnengewebes (Übergang der Sehne zum Knochen) verringern. *Symphytum officinale* kann innerlich und/oder äußerlich angewandt neben der organisierten Granulation und Epithelisierung der Wunde einen wichtigen Beitrag zur Vorbeugung und Heilung von Zahnfleisch oder Fistelbildung leisten. Hier könnte ein Komplexmittel aus *Arnica montana* D6, *Calendula officinalis* D3/D4, *Rhus toxicodendron* D6, *Ruta graveolens* D6 und *Symphytum officinale* D6 gute Dienste leisten. *Calendula officinalis kann* die Wundheilung zusätzlich unterstützen, die Granulation und Epithelisierung anregen, die lokale Widerstandskraft stärken und eine gute Narbenbildung fördern. *Arnica montana* kann die Heilung von Traumafolgen unterstützen. *Rhus toxicodendron* und *Ruta graveolens* fördern die Heilung von Sehnengewebe, Bändern und Gelenkkapseln. Alles mit dem Ziel, Ruhe in die tiefe Wunde zu bringen. Für Wundheilung, wildes Fleisch und Fisteln siehe auch das Arzneimittelbild von *Calendula officinalis*.

Arthrose

Symphytum officinale hat nicht nur eine Affinität zum Knochen, sondern auch zur (verletzten) Knochenhaut. Es ist daher auch ein bekanntes und bewährtes Mittel zur Behandlung von Knochenhautentzündungen (Periostitis) mit schmerzhaften Knochenwucherungen (Exostosen), insbesondere als Folge von Traumata.

Alle Formen von Exostosen können im Prinzip eine Indikation für *Symphytum officinale* sein. *Symphytum officinale* ist auch bei Arthrose indiziert. Bei Osteoarthritis ist eine Langzeitbehandlung (mindestens drei bis vier Monate) mit *Symphytum officinale* eine willkommene organotrope Unterstützung, in der Regel gefolgt von einer fortgesetzten Erhaltungsdosis.

Bindegewebe

Neben verletzten Knochen und Knochenhäuten ist *Symphytum officinale* auch bei der Behandlung von verletztem festem Bindegewebe wie Sehnen, Bändern, Gelenkkapseln und sogar bei Verletzungen (Quetschungen) von Hauptnerven angezeigt.

Augapfel

Eine bekannte Indikation für *Symphytum officinale* ist die Verletzung (Prellung) des Augapfels. Quetschungen des Augapfels, des Sehnervs und des knöchernen Teils der Augenhöhle fallen ebenfalls in den Indikationsbereich von *Symphytum officinale*, aber wenn Quetschungen um den Augapfel (blaues Auge) oder auf dem Augapfel im Bereich der weißen Augenhaut (Sklera) auftreten, behandeln wir sie lieber mit *Ledum palustre*. In diesen Fällen ist *Arnica montana* von untergeordneter Bedeutung. Es spricht nichts dagegen, bei einer solchen lokalen Indikation mit äußerer Ursache die drei Mittel in einem Komplex zu verabreichen: *Arnica montana* D6, *Ledum palustre* D6 und *Symphytum officinale* D4.

Tumore

In der Literatur wird *Symphytum officinale* bei der Behandlung von Knochentumoren erwähnt. Ich habe dazu aber in der Praxis noch nie Ergebnisse gesehen.

Potenz und Dosierung

Wie oben beschrieben, werden äußerlich (extern) eine Tinktur (verarbeitet in Salbe oder Gel) und innerlich die Potenzen D4 oder D6 dreimal täglich eine Dosis empfohlen – fast immer in Kombination mit der äußeren und inneren Anwendung von *Calendula officinalis*. In chronischen Fällen ist es am besten, *Symphytum officinale* D6 dreimal täglich eine Dosis zu wählen, die oft als Erhaltungsdosis fortgesetzt wird. *Symphytum officinale* (D4 oder D6) wird in der Regel in Kombination mit *Hecla lava* (D3) bei Erkrankungen der Knochen und des Knochenmarks (Periost) verabreicht.

Hinweise

Aus Sicherheitsgründen wird *Symphytum officinale* erst ab D4/C2/2K geliefert. D4/C2 in verdünnter Form und als Tablette darf nicht nicht während der Trächtigkeit und Laktation verwendet werden.

T

Tabacum

Tabak

Mittelherkunft

Das homöopathische Arzneimittel *Tabacum* wird aus der Pflanze *Nicotiana tabacum* hergestellt, die wir als Tabak kennen. Der Hauptbestandteil ist das starke Pflanzengift Nikotin. Pflanzenfamilie: Solanaceae (Nachtschattengewächse). Abk.: tab.

Arzneimittelbild

Tabacum wird homöopathisch gegen Reisekrankheit eingesetzt, die wahrscheinlich durch Tabakgeruch verschlimmert wird (nicht im Auto rauchen!). Charakteristisch für den Tabacum-Patienten ist, dass er sich eiskalt anfühlt (DgDx *Cocculus indicus*). Der Hund bleibt regungslos liegen. Hitze verschlimmert seinen Zustand, Lüften (Frischluft) bewirkt sofortige Besserung der Symptome.

DgDx Reisekrankheit

Bei Reisekrankheit lautet das DgDx: *Borax veneta, Cocculus indicus, Petroleum* und *Tabacum*. Für Angstzustände lautet der DgDx: *Hyoscyamus niger* und *Nux vomica*. Siehe Arzneimittelbild von *Cocculus indicus* für eine etwas umfassendere DgDx.

Potenz und Dosierung

Tabacum D6 eine Dosis dreimal täglich. Siehe Arzneimittelbild von *Cocculus indicus* für die Behandlung von Reisekrankheit.

Hinweise

Aus Sicherheitsgründen erst ab D3/C2/2K erhältlich.

Tarantula hispanica | Tarantula cubensis

Spanische Wolfsspinne | Vogelspinne

Mittelherkunft

Das homöopathische Arzneimittel *Tarantula hispanica* wird aus der gleichnamigen Spinne hergestellt. Sie ist bei uns als Tarantel oder spanische Wolfsspinne bekannt. Familie im Tierreich: Lycosidae (Wolfsspinnen). Abk.: tarent-h.
Das homöopathische Arzneimittel *Tarantula cubensis* wird aus der gleichnamigen Spinne hergestellt, die auch als Kubanische Vogelspinne bekannt ist. Tierfamilie: Aviculariidae (Vogelspinnen). Abk.: tarent-c.

Mit *Tarantula hispanica* habe ich Erfahrung in der Behandlung von Verhaltensstörungen, die für das Mittel charakteristisch sind, und konnte mir so ein Bild vom Tarantula hispanica-Typ bei Hunden machen.
Mit *Tarantula cubensis* habe ich Erfahrungen bei eitrigen Infektionen.

Arzneimittelbild

Tarantula hispanica

Ich habe den Tarantula hispanica-Typ vor allem bei kleinen Rassen wie dem Zwergpinscher gesehen. Er wird oft als emsig, unruhig, hyperaktiv, aufbrausend und aggressiv beschrieben. Dem kann ich nur zustimmen. Ich habe den Tarantula hispanica-Typ eher als extrem unruhig kennengelernt, sowohl körperlich als auch geistig. Im Haus läuft er oft ständig auf und ab und draußen hängt er nur in der gestrafften Leine, ähnlich wie der Phosphorus-Typ. Beide sind immer in großer Eile. Der Tarantula hispanica-Typ aus panischer Angst, als ob er gejagt wird. Der Phosphorus-Typ aus dem Grund, nichts verpassen zu wollen.
Der Tarantula hispanica-Typ reagiert überempfindlich auf Sinnesreize, insbesondere auf Berührungen durch Fremde, manchmal aber auch,

wenn seine Menschen oder ihm bekannte lediglich einen Finger in seine Richtung strecken. Die Reaktion auf solche Reize ist äußerst heftig, hysterisch, mit intensivem Beißen, mit großen, vorquellenden Augen und fletschenden Zähnen. Den Tarantula hispanica-Typ könnte man meiner Meinung nach als den dominanten Hyoscyamus niger-Typ bezeichnen, was die hysterische und heftige Reaktion aus Angst heraus betrifft.
Der Tarantula hispanica-Rüde zeigt aufdringliches, hypersexuelles Verhalten, und aus der entzündeten Vorderhaut sickert auffallend viel Eiter. Auch die Zerstörungswut ist ein charakteristisches Symptom im Krankheitsbild von *Tarantula hispanica*, insbesondere die Intensität der Verwüstung: Körbe, Sofas, Teppiche und dergleichen werden zerstört. Es gibt noch weitere Mittel mit Zerstörungsverhalten in ihrem Arzneimittelbild, aber die Tarantula hispanica- und die Phosphorus-Typen stehen an der Spitze: Sie sind die zwei mit der größten Zerstörungswut, die ich in der homöopathischen Materia Medica für Hunde kenne. Eine sehr charakteristische Eigenschaft des Tarantula hispanica-Typs ist das Fressen von Sand, schwarzer Erde oder Blumenerde aus Blumenkästen. *Tarantula hispanica* hat auch einen neurotischen Husten im Arzneimittelbild, ähnlich dem Husten von *Ignatia amara* und *Hyoscyamus niger*.

Tarantula cubensis

Tarantula cubensis passt eher zu lokalisierten, brennenden Hautentzündungen, vor allem an den Zehen, begleitet von quälenden Schmerzen. In diesem Zusammenhang erwähne ich eine schwere Entzündung, die oft von einer Infektion der Nagelhaut ausgeht und sich dann auf andere Gewebe ausdehnt (Sehnen und Knochengewebe) in der Umgebung (Panaritium). Es kann zur Eiterbildung kommen, häufiger sieht man jedoch einen violett-blau gefärbten Entzündungsherd und nässende, blutige (dunkelrote), kaum oder nicht eitrige Wundsekrete. Von der lokalen Wunde aus verbreiten sich Bakterien, Bakterientoxine und Toxine aus dem Gewebeschaden über den Blutkreislauf im ganzen Körper (Blutvergiftung).

Potenz und Dosierung

Bei Verhaltensproblemen wird *Tarantula hispanica* in einer D30-Potenz einmal täglich eine Dosis für zwölf Wochen verschrieben oder (als Fortsetzung) eine D200 (200K), je nach Ansprechen, was in der Praxis in der Regel eine Dosis einmal pro Woche bedeutet.
Tarantula cubensis wird im Allgemeinen in einer D6 oder D12, d. h. drei- oder zweimal täglich eine Dosis für ein bis drei Wochen bei Entzündungen verschrieben, die dem Arzneimittelprofil des Medikaments entsprechen.

Hinweise

Für alle aus Giftspinnen gewonnen Mittel gilt: nur erhältlich ab D4/C2/2K.

Thuja occidentalis

Lebensbaum

Mittelherkunft

Das homöopathische Arzneimittel *Thuja occidentalis* wird aus der gleichnamigen Pflanze hergestellt, die auch als Lebensbaum bekannt ist. Pflanzenfamilie: Cupressaceae (Zypressengewächse). Abk.: thuj.

Arzneimittelbild

Traditionell kannte ich *Thuja occidentalis* als ein Mittel gegen Warzen.

Typ

Der Thuja occidentalis-Typ lässt sich nicht klar definieren. Es handelt sich in der Regel um einen Hund mit einem unkomplizierten Charakter, der leicht übergewichtig oder leicht abgemagert ist. *Thuja occidentalis* steht immer dann in der DgDx, wenn der Verdacht besteht, dass die Symptome auf ein Problem mit dem Immunsystem zurückzuführen sind.

Haut

Pyodermie und leichte Seborrhö passen zum Arzneimittelbild von *Thuja occidentalis*. Bei Hautbeschwerden, die zu *Thuja occidentalis* passen, ist meist ein Immunproblem die zugrunde liegende Ursache.

Entzündung der Haarfollikel

Charakteristisch für die Pyodermie des Thuja occidentalis-Hundes ist eine bakterielle Haarbalgentzündung (Follikulitis) ohne Juckreiz (DgDx *Hepar sulfuris*). Charakteristisch für die Pyodermie sind kleine runde Flecken, die Pilzflecken (Kollaretten) ähneln, mit einem roten, anthrazitfarbenen und leicht schuppigen Aussehen. Auf den behaarten Hautpartien sieht das Fell etwas gesprenkelt aus. Bei Pyodermie sollte immer auch die mögliche Beteiligung von Pilzen, Hefepilzen oder Demodex-Milben untersucht werden. Oftmals schlagen wir die Diagnose anhand einer Gewebeuntersuchung (Hautbiopsie) vor.
In manchen Fällen sind auch die Ohrmuscheln beteiligt. Bei der Seborrhö, die zu *Thuja occidentalis* passt, sehen wir meist eine Hefepilzinfektion als Komplikation, erkennbar an der typischen Lokalisation der Hautbeschwerden (u. a. Leisten, Achseln, Ohren, zwischen den Zehen) und dem üblen Geruch. Hefepilz ist eigentlich immer eine Begleiterkrankung, die auf ein Grundproblem zurückzuführen ist, zum Beispiel auf einen Cobalamin-Mangel infolge einer Cobalamin-Malabsorption aufgrund eines Darmproblems (IBD). *Thuja occidentalis* gehört immer zur DgDx, wenn ein Problem des Immunsystems vermutet wird.
Merkmale der Seborrhö sind leicht verdickte, anthrazitfarben pigmentierte, oft trockene und leicht verklebte Haut, mit oder ohne Juckreiz.

Die Hautbeschwerden treten vor allem am Perineum, im Bereich um und zwischen Anus und Vulva, sowie an der Rückseite des Hodensacks auf.
Auch Warzen gehören in das Arzneimittelbild von *Thuja occidentalis*. Oft sieht man anthrazitfarbene, pigmentierte Warzen, die manchmal zu Blutungen neigen. Diese Blutungsneigung ist bei Warzen, die in das Arzneimittelbild von *Nitricum acidum* passen, stärker ausgeprägt. Im Allgemeinen stehen wachsende und leicht blutende Beulen, auch scheinbar harmlose Warzen, im Verdacht, bösartige (maligne) Tumoren zu sein. Daher wird in solchen Fällen eine Gewebeuntersuchung dringend empfohlen.

Papillome

Eine besondere Art von Warze (Papillom) tritt manchmal bei jungen Hunden im ersten Lebensjahr auf. Papillome sind gutartige, weiß oder grau pigmentierte Warzen am Zahnfleisch, an der Maulschleimhaut und an der Zunge, etwas seltener an den Lefzen. Es handelt sich um eine Virusinfektion, die aufgrund des schwachen Immunsystems junger Hunde die Möglichkeit hat, diese Warzenbildung zu erzeugen. Wenn der junge Hund älter und das Immunsystem stärker wird, verschwinden die Papillome normalerweise von selbst.
Der Eindruck ist, dass es mit *Thuja occidentalis* schneller geht als ohne. In Ausnahmefällen sollten wir uns für eine chirurgische Entfernung der Papillome entscheiden. Wenn die Papillome verschwunden sind, besteht eine lebenslange Immunität gegen das verursachende Virus.

Andere Symptome

Schwellungen

Thuja occidentalis ist auch bei kleinen, gutartigen, leicht blutenden Wucherungen der Drüsen (Adenome) rund um den Anus (Zirkumanaldrüsen) angezeigt. Im DgDx ist auch *Nitricum acidum* aufgeführt. Eine Operation ist oft die erste Wahl, vor allem auch wegen des Risikos einer stärkeren Blutung. Wird bei der Gewebeuntersuchung eine pyogranulomatöse (eitrige Gewebevermehrung) Entzündung festgestellt, so passt dies häufig zu *Thuja occidentalis*.

Impfung

Außerdem ist *Thuja occidentalis* bei Beschwerden angezeigt, die höchstwahrscheinlich Folge einer Impfung sind. Aufgrund der manchmal etwas entgleisenden Debatte unter Hundebesitzern, ob geimpft werden soll oder nicht, erkläre ich dem Besitzer, dass das Problem einer ungewöhnlichen Reaktion auf eine Impfung nicht bei der Impfung liegt, sondern beim Immunsystem seines Hundes. Wir sind uns einig, dass bei der weitaus größten Gruppe von Hunden, die Impfungen gut vertragen, die Vorteile (Schutz vor schweren Infektionen) den Nachteilen gegenüber bei weitem überwiegen. Zu den Nachteilen könnte gehören, dass der Hund ein bis zwei Tage lang etwas lustlos ist, eine leicht erhöhte Körpertemperatur hat und die Injektionsstelle ein wenig empfindlich ist. Um Probleme zu vermeiden, ist es wichtig, das Impfschema zunächst zu normalisieren, d. h. nur die Grundimpfungen zu verabreichen, nicht mehr und auch nicht öfter, und wenn möglich Titerbestimmungen durchzuführen. *Thuja occidentalis* kann eine vorbeugende Wirkung haben, indem es eine Woche vor und eine Woche nach der Impfung eine D6 dreimal täglich eine Dosis verabreicht wird. Beschwerden, die nach der Impfung auftreten, können auch kurzzeitiger Durchfall oder Husten sein. Manchmal haben Hunde auch ein milchig-getrübtes Auge (Hornhautödem) als Folge der HCC- (Hepatitis contagiosa canis) oder DHP-Impfung. Hier könnte *Thuja occidentalis* relativ schnell und vollständig für Heilung sorgen.

Augenlidwarzen

Die DgDx für Augenlidwarzen ist *Causticum, Nitricum acidum, Staphisagria, Tarantula cubensis* und *Thuja occidentalis*. Da das zugrunde liegende Problem oft eine infizierte Entzündung einer Augendrüse ist, bevorzuge ich *Staphisagria* und *Tarantula cubensis*, beide in einer D6 dreimal täglich eine Dosis für ein bis drei Wochen.

Potenz und Dosierung

Thuja occidentalis wird organotrop in einer D6 dreimal täglich eine Dosis verabreicht. Wir lesen auch Ratschläge von Thuja occidentalis-Tinktur äußerlich, zweimal tägliche Behandlung oder innerlich D3 dreimal täglich eine Dosis, für ein bis drei Wochen. Als Simillimum sollten wir *Thuja occidentalis* D30 verabreichen, einmal täglich eine Dosis für, mindestens zwölf Wochen, es sei denn, die Besserung stagniert früher oder die Beschwerden treten erneut auf. Oft müssen wir dann umstellen auf *Thuja occidentalis* D200 (200K), eventuell MK, je nach Ansprechen, was in der Praxis meist einmal pro Woche eine Dosis bedeutet.

Hinweise

Bis zu D1 in Dilutio und Tabletten während der Trächtigkeit und Laktation nicht innerlich anwenden.

U

Urtica urens

Kleine Brennnessel

Mittelherkunft

Das homöopathische Arzneimittel *Urtica urens* wird aus der gleichnamigen Pflanze hergestellt, die als Kleine Brennnessel bekannt ist. Pflanzenfamilie: Urticaceae (Brennnesselgewächse). Kurzschreibweise: urt-u.
Urtica urens ist eine Pflanze, die in hohen Konzentrationen giftig ist und in niedrigeren Konzentrationen als Lebensmittel und pflanzliches Arzneimittel verwendet wird. In noch niedrigeren Konzentrationen, also in potenzierten Verdünnungen kann sie als homöopathisches Arzneimittel eingesetzt werden.

Arzneimittelbild

Haut

Urtica urens verursacht bei Berührung kleine brennende und juckende Bläschen auf der Haut. Im Falle einer (allergischen) Hautreaktion mit anderer Ursache, bei der die Hautveränderungen denen, die durch den Kontakt mit der Brennnessel entstehen, auffallend ähnlich sind, kommt *Urtica urens* in homöopathischen Potenzen durchaus als Mittel in Frage. Ähnliche „Bläschen" werden unter anderem auch bei Verbrennungen beobachtet. *Urtica urens* ist auch bei Verbrennungen angezeigt, möglicherweise in Kombination mit *Cantharis vesicatoria*. Beide Mittel haben auch eine Affinität zu den Nieren.
In homöopathischen Potenzen angewendet ist *Urtica urens* bei Hot Spots indiziert. Hot Spots sind akute, örtlich begrenzte, schmerzhafte Hautentzündungen. DgDx: *Apis mellifica, Ledum palustre, Cantharis vesicatoria* und *Urtica urens* – alle vier in einer D6-Potenz.

Haut und Gelenke

In der Volksmedizin werden bei Rheuma, Lähmungen oder Gicht die betroffenen Körperteile mit frischer Brennnessel behandelt. Wenn es ein Zusammenhang zwischen Hautbeschwerden und rheumatischen Beschwerden besteht, fällt mir *Urtica urens* ein.

Milchbildung

Als pflanzliches Arzneimittel wird *Urtica urens* innerlich in Urtinktur u. a. zur Anregung der Milchbildung bei säugenden Hündinnen verwendet, die nach der Geburt zu wenig Milch produzieren. In potenzierter Verdünnung (Homöopathie) wird sie in einer D6 genau zur Hemmung der unerwünschten Milchproduktion bei der Hündin eingesetzt, etwa bei Fehlgeburten oder zur Unterstützung des Absetzens von Welpen.

Potenz und Dosierung

In den meisten Fällen wenden wir *Urtica urens* als Ø oder D6 an, dreimal täglich eine Dosis für ein bis drei Wochen, manchmal länger.

Hinweise

Vorsichtshalber wird sowohl bei der Großen Brennnessel (*Urtica dioica*) als auch bei der Kleinen Brennnessel (*Urtica urens*) davor gewarnt, die (Ur-)Tinktur während der Schwangerschaft zu verwenden (Geert Verhelst, *Großes Handbuch der Heilpflanzen*).

Ustilago maydis

Maisbrand oder Höckerbrand

Mittelherkunft

Das homöopathische Arzneimittel *Ustilago maydis* wird aus dem gleichnamigen Pilz hergestellt, der auf Mais parasitiert. Der Pilz ist auch als Maisbrand oder Maisbeulenbrand bekannt. Pflanzenfamilie: Ustilaginaceae. Abk.: ust.

Arzneimittelbild

Blutungen nach der Geburt

Ustilago maydis ist eng mit *Secale cornutum* verwandt. Ersterer wird aus einem Pilz auf Mais gewonnen, letzterer aus einem Pilz auf Roggen. Ich habe *Ustilago maydis* erfolgreich bei Hündinnen eingesetzt, die noch Wochen nach der Geburt aufgrund schlecht regenerierender Plazentastellen in der Gebärmutter nachbluten. Ich habe diesen Rat irgendwann in grauer Vorzeit von meinem großen Lehrer Arij Vrijlandt erhalten, hatte regelmäßig Erfolg damit und habe mich nie gefragt, geschweige denn untersucht, ob wir in diesen Fällen nicht genauso gut *Secale cornutum* verwenden könnten.

Eine schlecht verheilte Gebärmutterschleimhaut ist für eine künftige Fruchtbarkeit nicht förderlich. Progesteron, das regelmäßig für die Indikation „sich schlecht regenerierende Gebärmutterschleimhaut" verschrieben wird, kann die Entwicklung einer Endometritis (Gebärmutterschleimhautentzündung) begünstigen. Wenn wir uns für die Anwendung von Progesteron entscheiden, ist es ratsam, dies mit einem gezielten Antibiotikum zu kombinieren, das auf einer bakteriologischen Untersuchung einschließlich eines Antibiogramms beruht.

Potenz und Dosierung

Auch bei *Ustilago maydis* bevorzuge ich die D3-Potenz dreimal täglich fünf Tropfen (nicht in Globuli oder Tabletten) für ein bis zwei Wochen.

Hinweise

Aus Sicherheitsgründen erst ab D3/C2/2K erhältlich.

Unterstützung der Gebärmutter

Beginn des Partus:	*Caulophyllum thalictroides* D4
während des Partus, Wehenschwäche	*Oxytocin-Injektionen*, *Sabina* D3
unmittelbar nach dem Partus, Rückbildung	*Secale cornutum* D4
nach dem Partus, verspätete Blutung	*Ustilago maydis* D3

V

Veratrum album

Weißer Germer

Mittelherkunft

Das homöopathische Arzneimittel *Veratrum album* wird aus der gleichnamigen Pflanze hergestellt, die auch als Weißer Germer oder Weißer Nieswurz bekannt ist. Die Pflanze wurde früher als Niespulver verwendet. Diese Anwendung lieferte ungewollt viele Informationen für das humanmedizinische Bild. Pflanzenfamilie: Germergewächse (Melanthiaceae). Abk.: verat.

Arzneimittelbild

Das Mittelbild von *Veratrum album* kann ich am besten anhand eines Praxisbeispiels erläutern: Vor über 20 Jahren behandelte ich eine Husky-Hündin wegen Unfruchtbarkeit. Der Verdacht war, dass es jedes Mal es zu einer frühen Resorption kam. Ich habe einmal von meinem Lehrer Arij Vrijlandt gelernt, dass *Veratrum album* ein guter Indikator für eine frühe Resorption bei Hündinnen sein kann, und so habe ich es dieser Husky-Hündin verschrieben: *Veratrum album* D30 eine Dosis einmal täglich. Die Hündin wurde trächtig und anscheinend trat nun keine vorzeitige Resorption mehr auf. Von der Besitzerin hatte ich nichts mehr gehört. Sie hatte das *Veratrum album* bis zum 63. Tag der Trächtigkeit weitergegeben.

Und dann kam es zu einem Notfall: Die Hündin wurde mir erst am 63. Tag in einem völlig erschöpften Zustand vorgestellt, abgemagert, apathisch, eiskalt und mit einem Bauch voller (großer) Welpen. Das Herz war schwach. Die Fruchtblase war bereits geplatzt, der erste Welpe war bereits auf dem Weg zur Geburt, aber die Hündin hatte keine Kraft mehr zum Pressen.

Ich schloss die Hündin an den Tropf an, legte sie in Rückenlage auf den Operationstisch, betäubte die Bauchdecke lokal und holte ohne irgendeine Gegenwehr neun kräftige, gesunde Welpen per Kaiserschnitt ans Tageslicht. Beim letzten Welpen stieß sie einen tiefen letzten Seufzer aus und starb noch während der Operation auf dem Behandlungstisch. *Veratrum album*: „Kämpfen bis zum bitteren Ende". Vielleicht war das ein ungewollter Arzneimitteltest.

Intoxikation

Veratrum album enthält eine große Anzahl von Toxinen. Die bei weitem wichtigste Wirkung dieser Gifte zielt auf das vasomotorische Zentrum.

Das vasomotorische Zentrum im Zentralnervensystem reguliert den Blutdruck. Nervenimpulse bewirken, dass sich die glatte Muskulatur der Blutgefäße zusammenzieht (Blutdruck steigt) oder erschlafft (Blutdruck sinkt). Die Wirkung von *Veratrum album* besteht in der Erzeugung einer zentralen Unterbrechung des Kreislaufs, die schließlich zum Zusammenbruch führt. Das Vergiftungsbild von *Veratrum album* wird hauptsächlich durch Symptome des Magen-Darm-Trakts, des Nervensystems und des Herzens bestimmt.

Niespulver

Veratrum album wurde früher von Kindern als Niespulver verwendet, aber es gibt auch Berichte von Schülern, die bei der Verwendung des Niespulvers bewusstseinsverändernde Wirkungen erfahren haben. Einige der Vergiftungserscheinungen sind auf Vergiftungsfälle mit Niespulver zurückzuführen. *Veratrum album* ist als Niespulver verboten.

Vergiftungserscheinungen

Zu den Symptomen einer Vergiftung gehören: Schwindel, Übelkeit, Speichelfluss, Sehstörungen, Verwirrtheit, Schläfrigkeit, große Pupillen und Kribbeln (Parästhesien). Weiterhin Erbrechen und Durchfall, nicht aufgrund einer Entzündung, sondern aufgrund einer erhöhten Durchblutung (Hyperämie) des Darms. Der Durchfall hat einen Cholera-ähnlichen Charakter: Brechreiz, Erbrechen, Bauchschmerzen, plötzlich einsetzender wässriger Durchfall und sehr schnelle Dehydratation (Austrocknung), die zum Tod führen kann.

Weitere Symptome sind eine zu langsame Herzfrequenz (Bradykardie), ein zu niedriger Blutdruck (Hypotonie), ein Absinken der Körpertemperatur (Hypothermie), eine Störung des Sensoriums, des Zentrums der Wahrnehmung von Sinnesreizen, und eine Bewusstlosigkeit (Synkope). Eine Synkope ist eine Ohnmacht (Kollaps), die auf eine kurzzeitige Verminderung der Blutzufuhr zum Gehirn zurückzuführen ist.

Typ

Der Veratrum album-Hund lebt völlig in seiner eigenen Welt. Er wirkt geistesabwesend und scheint sich wenig um seine Umgebung zu kümmern. Er geht seinen eigenen Weg. Es kann zu Hyperaktivität bis hin zu psychischem und manischem Verhalten kommen. Erregung mit Heulen und Bellen, Unruhe, Zerstörungswut und/oder Weglaufen kommen ebenfalls vor. Der Veratrum album-Typ ist ungehorsam, kümmert sich nicht um Korrekturen und ähnelt damit dem Agaricus muscarius-Typ, der allerdings entspannt und gelassen ist. Der Veratrum album-Typ kann sich gegenüber anderen Hunden oder Menschen aggressiv verhalten. Es gibt auch den depressiven Veratrum album-Patienten. Dieser ist extrem introvertiert und scheint überhaupt nicht mit seiner Umwelt interagieren zu wollen. Das ist ein deutlicher Unterschied etwa zum Ignatia amara-Typ. Letzterer behält zwar alles im Auge, scheint der Realität etwas entrückt zu sein: Er hält Kontakt, registriert, was geschieht, hält sich aber zurück. Der ruhige Veratrum album-Typ ist unnahbar, apathisch, ja fast ein bisschen meditativ, könnte man sagen. Der Veratrum album-Patient lässt buchstäblich den Kopf hängen. Der Ignatia amara-Patient tut das nicht.

Ursachen

Ursachen für Kreislaufzusammenbrüche beim Veratrum album-Patienten können nervöse Zustände, Infektionskrankheiten, Herzkrankheiten, intensive Sonneneinstrahlung und so weiter sein.

Merkmale

Ein sehr charakteristisches Verhaltenssymptom ist das Fressen des eigenen Kots. Mit Betonung auf eigenen, also nicht das Fressen des Kots anderer Tiere oder Menschen. Sobald das (auch) passiert, ist die Wahrscheinlichkeit sehr gering, dass der Patient zu *Veratrum album* passt. Auch Pferde und Kinder, die ihre eigenen Fäkalien essen, können erfolgreich mit *Veratrum album* behandelt werden. Die Ursache ist eine psychische Störung und daher nicht ein relativer oder absoluter Nährstoffmangel.

Radar® (s. S. 432)

GEMÜT – FÄKALIEN– schluckt eigene Fäkalien
Camph. *Hyos.* merc. sulph. verat. Visc.

Modalitäten

Es besteht Durst auf kaltes Wasser, was die Symptome jedoch nicht verbessert. Trotzdem ist der Veratrum album-Patient wahnsinnig durstig und verlangt nach kaltem Wasser. Eine Besserung tritt ein durch Ruhen und Wärme, allerdings findet eine Verschlimmerung durch Aufstehen und Anstrengung statt.

Andere Symptome

Blutdruck

Bekannte (allgemeine) Symptome aus dem Arzneimittelbild von *Veratrum album* sind: Bradykardie, niedriger Puls, niedriger Blutdruck, niedrige Körpertemperatur. Im kollabierten Zustand sehen wir eine völlige Erschöpfung und einen Patienten mit starker Exkretion: Erbrechen, Durchfall und Speichel. Der Patient fühlt sich eiskalt: kalte Haut, kalte Nase, kalter Atem, kalter Schweiß, kalte Beine und so weiter.

Diarrhö

Gleichzeitig kommt es zu heftigem Durchfall und starkem Erbrechen, das von schmerzhaften Krämpfen begleitet wird. Die Diarrhö verschlimmert sich beim Gehen. Es kann zu schwallartigem Erbrechen kommen (DgDx *Colocynthis*). Wir sehen zum Beispiel dieses Bild bei einem Hund mit Parvovirus-Diarrhö.

Es ist überflüssig zu erwähnen, dass diese Patienten ohne ausreichende Immunität gegen das Virus mit Homöopathie wenig oder gar keine Chance (mehr) haben und in allen Fällen auch eine adäquate reguläre Behandlung benötigen. Aber auch regulär ist die Prognose äußerst zweifelhaft oder schlecht.

Frühe Fruchtresorption

Bei der Veratrum album-Hündin ist die Hitze verfrüht und intensiv. Das charakteristischste Merkmal von Veratrum album ist die frühe Resorption des Fötus. Mein Lehrer Arij Vrijlandt sagte mir, dass *Veratrum album* sehr gut zu Frauen passt, die wiederholt Fehlgeburten hatten, weil sie sicher damit rechnen, dass es sowieso wieder passieren wird. Charakteristisch für Veratrum album-Typen ist: Man kann ihnen nichts ausreden.

Potenz und Dosierung

Veratrum album ist in der Regel mit einer schweren Pathologie verbunden. Arij Vrijlandt erklärt, dass *Veratrum album* ein starkes Herzgift ist und in zu niedrigen Potenzen zum akuten Tod führen kann. Daher wird empfohlen, niemals weniger als eine D12 zweimal täglich eine Dosis zu geben, sondern vorzugsweise eine D30 einmal täglich eine Dosis und bei sehr schweren Pathologien, vorzugsweise in Abhängigkeit von der Reaktion, auch eine D30. Die Dauer der Behandlung hängt davon ab, wie und wie schnell der Patient auf das Medikament anspricht. Bei Veratrum album-Patienten kommen auf jeden Fall auch die LM-Potenzen ins Spiel, LM6, LM12 und LM30, jeweils drei-, zwei- oder einmal täglich eine Dosis.

Hinweise

Aus Sicherheitsgründen erst ab D3/C2/2K erhältlich. Aus Sicherheitsgründen nicht bis D3/C1 in verdünnter oder Tablettenform und bis D1 nicht als Globulis während Trächtigkeit und Laktation verwenden.

Viburnum opulus

Gemeiner Schneeball

Mittelherkunft

Das homöopathische Arzneimittel *Viburnum opulus* wird aus der gleichnamigen Pflanze hergestellt, die auch als Schneeball bekannt ist. Pflanzenfamilie: Adoxaceae (Moschuskrautgewächse). Abk.: vib.

Arzneimittelbild

Viburnum opulus ist in der Veterinärmedizin traditionell als Mittel zur Vorbeugung von Resorption und Frühgeburten bekannt. Es wird organotrop angewendet. Beim Menschen ist es als homöopathisches Mittel bei Zyklusstörungen, Schmerzen durch falsche Wehen und Schmerzen nach dem Partus (Rückbildungsschmerz) bekannt. Auch hier kann es bei drohender Frühgeburt eingesetzt werden.

Potenz und Dosierung

Viburnum opulus wird in niedrigen Potenzen (D3, D6) verordnet. Ich bevorzuge eine D6 bei schmerzhaften Scheinwehen und eine D12 zur Vorbeugung einer drohenden Frühgeburt, jeweils drei- und zweimal täglich eine Dosis für ein bis zwei Wochen.

Hinweise

Keine

Z

Zincum metallicum

(incl. Zincum valerianicum)

Zink

Mittelherkunft

Das homöopathische Arzneimittel *Zincum metallicum* wird aus dem Erz Sphalerit hergestellt. Dieses Mineral wird auch als Zinkblende bezeichnet und besteht größtenteils aus Zinksulfid. Aus diesem Mineral wird reines Zink als Metall extrahiert. Abk.: zinc.

Das homöopathische Arzneimittel *Zincum valerianicum* wird aus dem Zinksalz der Isovaleriansäure (Zinkvalerianat) hergestellt. Abk.: zinc-val.

Arzneimittelbild

Nervenzuckungen

Ich habe nur begrenzte Erfahrung mit der homöopathischen Anwendung von *Zincum metallicum* und *Zincum valerianicum*. Ein Zincum metallicum-Typ kann sich durch nervöse Tics, ängstliches und vor allem unruhiges Verhalten auszeichnen. Die Arznei kann zur Behandlung von krampfartigen Zuckungen eingesetzt werden, wie sie in der Vergangenheit als Überbleibsel einer Staupeerkrankung bei Hunden beobachtet wurden. Unter nervösen Tics verstehe ich Zuckungen und Zittern der Gliedmaßen. Im Arzneimittelbild von *Agaricus muscarius* finden wir ebenfalls das Symptom nervöse Zuckungen. Der Unterschied zwischen den beiden Arzneimitteln besteht darin, dass beim Agaricus muscarius-Patienten die Zuckungen während des Schlafs verschwinden, beim Zincum metallicum-Patienten bleiben sie während des Schlafs bestehen.

Epilepsie

Zincum metallicum ist bei Epilepsie angezeigt. Charakteristische Auslöser für das Auftreten von Epilepsie können schreckhaftes Verhalten und unterdrückte Hautsymptome sein. In diesen Fällen können wir aus der homöopathischen Materia Medica des Menschen weitere Anregungen für zusätzliche individuelle Symptome entnehmen. Hier sollten wir auch an das homöopathische Mittel *Zincum valerianicum* als mögliches Similimum denken.

Potenz und Dosierung

Zincum metallicum D12 zweimal täglich eine Dosis über sechs bis zwölf Wochen. *Zincum valerianicum* wird bei Epilepsie organotrop in D3 oder D6 dreimal täglich eine Dosis angewendet. Bei Patienten, bei denen eine Überempfindlichkeit zu erwarten ist, können wir uns für LM3 oder LM6 dreimal täglich eine Dosis entscheiden.

Hinweise

Alle Zinkverbindungen sind aus Sicherheitsgründen nur ab D3/C2/2K zu beziehen.

Teil 3
Klinik

Orthopädie mit Homöopathie

Einführung

Sowohl bei akuten als auch bei chronischen orthopädischen Beschwerden kann die Homöopathie als alleinige Behandlung oder in Synergie mit anderen Behandlungen eingesetzt werden. Mit anderen Behandlungen meine ich nicht nur Behandlungen aus der regulären Tiermedizin mit Tierarzneimitteln, diätetischen Lebensmitteln, Nahrungsergänzungsmitteln und/oder chirurgischen Eingriffen, sondern vor allem wertvolle zusätzliche Behandlungsmöglichkeiten aus der komplementären Tiermedizin wie Physiotherapie, manuelle Therapien (Chiropraktik und Osteopathie), Phytotherapie (Pflanzenheilkunde) und Akupunktur.

Akute orthopädische Beschwerden

Nachfolgend finden Sie eine kurze Differenzialdiagnose (DgDx) von akuten Beschwerden an Muskeln, Sehnen, Bändern, Gelenkkapseln und Gelenken, wie sie u. a. bei Arbeits-, Sport- und Freizeithunden auftreten. Beschwerden wie Prellungen (Quetschungen), Verstauchungen (Distorsionen), Azidose, Gewebedefekte, Entzündungen, (leichte) Blutungen, Blutergüsse (Hämatome).

Arnica montana D6

Akute Beschwerden, die in das Arzneimittelbild von *Arnica montana* passen, sind die Folge eines körperlichen Traumas oder einer körperlichen Überanstrengung. Typisch für Arnica montana-Schmerzen ist der Bewegungsdrang trotz (starker) Schmerzen, der sich auch bei fortgesetzter Bewegung nicht bessert. Berührungen und Massagen der schmerzhaften Stelle lösen (heftige) Abwehrreaktionen bis hin zum (heftigen) Beißen aus. Generell gilt sowohl bei akuten als auch bei chronischen Beschwerden, dass eine stärkere Auswirkung des Traumas auf Körper und Geist, als zu erwarten wäre, eine starke Indikation für *Arnica montana* darstellt. Dennoch sind in allen Fällen die Auswirkungen eines physischen Traumas und einer physischen Überlastung ein starker Indikator für *Arnica montana*. Die Modalität Verschlimmerung durch feuchte Kälte ist weniger eindeutig als bei *Rhus toxicodendron.*

Bellis perennis D6

Akute Symptome, die in das Arzneimittelbild von *Bellis perennis* passen, sind wie bei *Arnica montana* die Folge eines Traumas. Charakteristisch für *Bellis perennis* ist, dass das Muskelgewebe stärker geschädigt ist und etwas mehr Blutergüsse (Hämatome) vorhanden sind. Wie bei *Arnica montana* kommt es auch *bei Bellis perennis* zu Bewegungsdrang trotz Schmerzen, Schmerzverschlimmerung bei Bewegungsbeginn, keiner Schmerzverbesserung bei fortgesetzter Bewegung und Schmerzverschlimmerung bei Berührung und Massage, meist einhergehend mit einer heftigen Abwehrreaktion durch Bisse. In allen Fällen ist jedoch eine größere Schädigung des Muskelgewebes und ein größerer Bluterguss bereits ein wichtiger Hinweis auf *Bellis perennis*. Die durch feuchte Kälte verschlimmerte Modalität ist der von *Rhus toxicodendron* mehr oder weniger ähnlich.

Rhus toxicodendron D6

Akute Beschwerden, die zum Arzneimittelbild von *Rhus toxicodendron* passen, sind gekennzeichnet durch körperliche Überanstrengung und insbesondere nasse Kälte als Ursache und Modalität der Verschlimmerung. Bei akuten und chronischen orthopädischen Beschwerden sind Bewegungsdrang und Anlaufschwierigkeiten besonders auffällig. Der Bewegungsdrang ist mit ziemlicher Sicherheit darauf zurückzuführen, dass der Schmerz sich bei längerem Liegen verschlimmert. Daraus resultiert eine Schmerzverschlimmerung bei anfänglicher Bewegung bis hin zur Lahmheit. Bei fortgesetzter Bewegung verschwindet die Lahmheit vollständig. Dies unterscheidet *Rhus toxicodendron* deutlich von anderen Mitteln, bei denen die Schmerzen bei fortgesetzter Bewegung zwar abnehmen, aber nicht vollständig verschwinden. Wärme und Massage werden als angenehm empfunden und verbessern die Symptome. Das Hauptanwendungsgebiet von *Rhus toxicodendron* liegt bei Sehnen und Bändern.

Ruta graveolens D6

Ruta graveolens hat eine Affinität zu Sehnen, Bändern und Periost (Knochenhaut) – insbesondere im Bereich des Ansatzes von Sehnengewebe am Knochen. Es scheint ein wirksames Mittel bei akuten und chronischen schmerzhaften und sterilen Entzündungen in diesem Bereich zu sein. Die Ursache von *Ruta graveolens*-Symptomen ist in der Regel ein Trauma, eine Fehlbelastung und eine Überbeanspruchung genau des Sehnenansatzes am Knochen. Die Modalitäten von *Ruta graveolens* haben möglicherweise eine gewisse Ähnlichkeit mit denen der anderen Mittel in der DgDx, aber in allen Fällen sind sie sicherlich nicht vorherrschend und bestimmen daher nicht die Arzneimitteldiagnose.

Symphytum officinale D3, D6

Symphytum officinale wird aufgrund seines Wirkungsspektrums verordnet: (traumatische) Erkrankungen der Knochen (Brüche, Frakturen) und traumatisierte Knochenhaut (Periost). Es ist ein bekanntes und bewährtes Mittel bei Hunden zur Behandlung von Knochenhautentzündungen mit schmerzhaften Knochenwucherungen (Exostosen, Osteoarthritis) und Entzündungen der Sehnenansätze am Knochen (passt auch zu *Ruta graveolens*). *Symphytum officinale* ist sicherlich auch von Bedeutung bei der Behandlung von schlecht heilenden Wunden, die nicht verschlossen (genäht) werden können und daher unverschlossen (per secundam) heilen müssen – eventuell erschwert durch Bildung von wildem Fleisch und Fisteln.

Chronische orthopädische Beschwerden

HÜFTDYSPLASIE (HD)

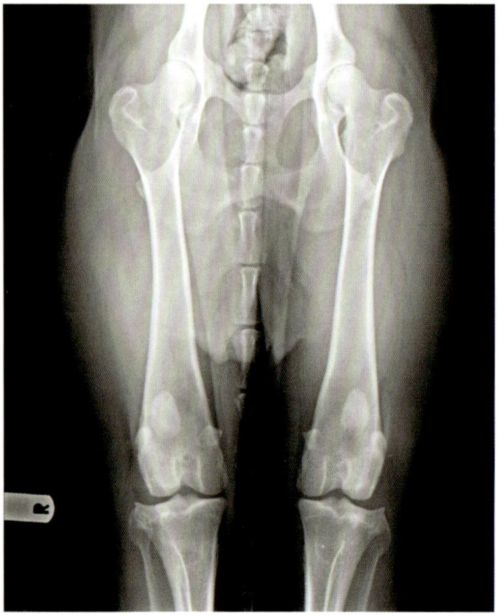

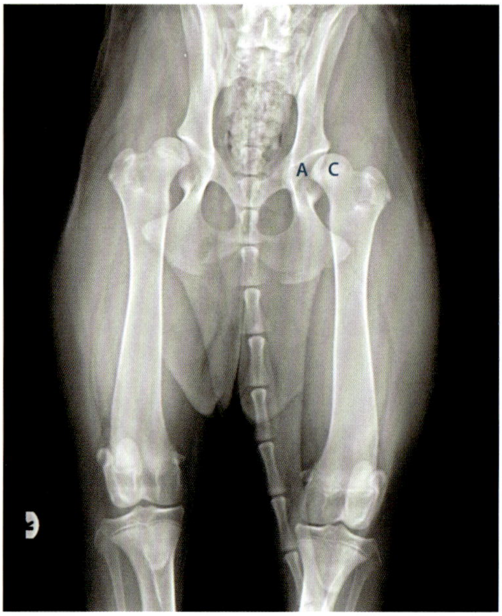

Auf dem linken Röntgenbild sehen wir normale Hüften, auf dem rechten Röntgenbild eine Hüftdysplasie. Der Hüftkopf (C = Caput femoris) ist nicht ausreichend mit der Hüftpfanne (A = Acetabulum) verbunden. Der Hüftkopf ist abgeflacht, die Hüftpfanne nicht tief genug. Die Erschlaffung des Gelenks verursacht Schmerzen, die sich mit der Zeit durch Zubildungen des Knochens um das Gelenk herum (Arthrose) noch verstärken.

Beschwerden

Bei Hüftdysplasie sehen wir Lahmheit an einem oder beiden Hinterbeinen. Normalerweise gibt es keine offensichtlichen Schmerzen, sondern es hat eher den Anschein einer Gelenksteifheit. Die Lahmheit ist zu Beginn schlimmer und verschwindet in der Regel vollständig, wenn man sich weiter bewegt. Man könnte sagen, dass der Hund ein paar Schritte braucht, um sich einzulaufen und sich aufzuwärmen. Längere Bewegung (Überanstrengung) verschlimmert jedoch die Anlaufschwierigkeiten. Das sehen wir, wenn der Hund nach längerer Bewegung eine Weile gelegen hat und wieder aufsteht. Deshalb sehen wir die Symptome meist am schlimmsten nach dem Schlafen, d. h. morgens beim Aufstehen. Auch feuchte Kälte verschlimmert die Beschwerden. Das sehen wir zum Beispiel, wenn ein nasser Hund im Herbst nach einem anstrengenden Arbeitstag zu lange draußen in der feuchten Kälte liegt (Jagdhunde).
Außerdem sehen wir oft einen engen Stand und eine enge Bewegung der Hinterbeine,

sowie eine kuhhessige (hakenenge) Stellung und einen zu steilen Stand der Hinterbeine. Auffallend ist, dass der Hund, wenn das Tempo nur leicht erhöht wird, sofort vom Schritt in den Galopp wechselt und den Trab überspringt.

Manchmal sehen wir eine ständige Lahmheit, vor allem wenn eine starke Subluxation der Hüfte und eine starke Arthrose vorliegt. Subluxation bedeutet, dass der Hüftkopf teilweise ausgekugelt ist. Bei einer Luxation ist der Hüftkopf vollständig außerhalb der Hüftpfanne. Durch den schlechten Sitz des Hüftkopfes in der Hüftpfanne entsteht ein zu großes Spiel im Hüftgelenk, das Schmerzen und eine (beschleunigte) Arthrose-Entwicklung verursacht. Die Symptome sind besonders deutlich, wenn die Muskulatur der Hinterhand (stark) reduziert ist. Die Muskelmasse an der Hinterhand nimmt ab (atrophiert), weil das Bewegungsausmaß schmerzbedingt geringer ist und die Muskeln weniger trainiert werden. Bei alten und abgemagerten Hunden und bei Hunden mit einer Schwäche der Hintergliedmaßen, die oft auf Spondylose zurückzuführen ist, tritt der Muskelschwund noch schneller und häufiger auf.

Was nicht immer klar gesehen oder wahrgenommen wird, ist das folgende Bild: Der Drang, sich zu bewegen, obwohl die Bewegung (zunächst) schmerzhaft ist. Wir kennen das Bild auch beim Menschen. Man könnte es folgendermaßen beschreiben: Der Hund hat eine Weile gelegen, spürt Schmerzen (vielleicht schon im Liegen) und verspürt den Drang, sich zu bewegen. Obwohl der Beginn der Bewegung (das Aufstehen und der erste Schritt) schmerzt (manchmal wird kurz gejammert oder gewimmert), verschwindet der Schmerz nach einiger Bewegung vollständig.

Behandlung

Ausschlaggebend für die Entwicklung einer Hüftdysplasie sind Veranlagung (genetische Veranlagung), Ernährung und Bewegung im ersten Lebensjahr. Die Vorbeugung von Problemen liegt in der Verantwortung des Züchters (genetische Vorbelastung, erste Aufzuchtphase *bis zur* Abgabe an den neuen Besitzer) und des Besitzers (Aufzuchtphase *ab* Abgabe an den neuen Besitzer). Vor allem in der Altersphase von drei bis zwölf Monaten liegt die Verantwortung für die praktische Umsetzung von richtiger Ernährung und Bewegung beim Besitzer, während der Züchter dafür verantwortlich ist, einen gesunden Welpen mit einer guten gesundheitlichen Zukunftsperspektive abzugeben, der bis dahin gut betreut wird.

Die Konstitution eines Hundes ist in seinem „Bauplan" festgelegt, und so auch die genetische Veranlagung für Hüftdysplasie. Ist hier bereits alles falsch angelegt, gibt es keine Möglichkeit mehr, etwas dagegen zu unternehmen. Solche schweren Fälle sollte es allerdings durch vierzig Jahre vorbeugender Untersuchungen in der Zucht gar nicht mehr geben.

Wir sollten uns darüber im Klaren sein, dass in der Zeit, als es noch keine TPO (Dreifache Beckenosteotomie) des Beckens gab, die Mehrheit der Hüftdysplasie-Patienten mit einem konservativen Ansatz symptomfrei gealtert ist. Der normale konservative Ansatz (ohne Operation) besteht aus angepasster Fütterung (einschließlich Nahrungsergänzungsmitteln) und Bewegungsprogrammen (Lauf- und Schwimmtherapie).Therapie-Disziplinen wie Physiotherapie, manuelle Therapien, Phytotherapie und Homöopathie haben sich in den letzten Jahren auf hohem Niveau entwickelt und sind in der Lage, Hunde bereits in der Wachstumsphase professionell zu unterstützen. Zusammen mit regulärer Ernährungsberatung und Trainingsprogrammen wird die Notwendigkeit chirurgischer Eingriffe, z. B. mit der TPO, eher die Ausnahme als die Regel. Besonders gilt dies, wenn noch Zweifel über die Notwendigkeit bestehen. Dann lässt sich das mithilfe der Diagnostik feststellen (PennHIP-Verfahren), Zudem dürfen die enormen Auswirkungen nicht außer Betracht bleiben, die (zwei) größere chirurgische Eingriffe mit einer Regenerationszeit von jeweils etwa drei Monaten bei einem sechs Monate alten Hund haben – und zwar sowohl auf die geistige als auch auf die körperliche Entwicklung.

Homöopathie

In der Homöopathie versuchen wir, ein Mittel zu finden, das den Typus positiv beeinflussen kann, vor allem während der Wachstumsphase. Und das möglichst ab dem ersten Tag nach der Geburt. Zusammen mit guter Ernährung und der richtigen Bewegung zeigt sich, dass die weitaus meisten Hüftgelenksdysplasien bei Hunden erfolgreich behandelt werden können.
Natürlich können wir im Nachhinein nie feststellen, wie es ohne Behandlung gelaufen wäre. Durch die (präventive) Behandlung einer großen Anzahl von Patienten habe ich einen positiven Eindruck von der Nützlichkeit der Homöopathie bei dieser Indikation. Auch hier können wir leider den Bauplan des Lebens nicht mehr ändern.

Typotrope Behandlung

Die beste homöopathische Behandlung ist eine typotrope Behandlung ab dem ersten Tag nach der Geburt. In einem späteren Stadium, wenn die Veränderungen nicht mehr rückgängig zu machen sind, wirkt eine typotrope Behandlung immer noch unterstützend. In der Praxis zeigt sich jedoch, dass wir dann nur mit Hilfe einer zusätzlichen organotropen Behandlung, die übrigens auch langfristig wirkt, mit einer guten Wirkung rechnen können.
Eine typotrope Behandlung erfordert eine individuelle Arzneimitteldiagnose. Dann brauchen wir hochwertige zusätzliche Einzelsymptome, die ein verlässlicher Indikator für das Similimum sind. Das ist bei einem eintägigen Welpen schwierig, wenn nicht gar unmöglich. Wir können dann ein Similimum nur auf der Grundlage eines oberflächlichen Eindrucks und/oder der Rasse verschreiben. Dies birgt zwar prinzipiell das Risiko, das falsche Mittel zu wählen, ist aber in der Praxis durchaus praktikabel.
Man kann mit Sicherheit sagen, dass die Hauptmittel bei Hüftdysplasie wie eigentlich bei den meisten (chronischen) orthopädischen Beschwerden *Calcium carbonicum*, *Calcium phosphoricum*, *Calcium fluoratum* und *Phosphorus* sind. Bei bestimmten Rassen sehen wir, dass ein bestimmtes homöopathisches Mittel häufiger passt als bei anderen Rassen. Bei einem Berner Sennenhund zum Beispiel wissen wir, dass *Calcium carbonicum* oft das passende Mittel ist, bei Belgischen Schäferhunden ist es oft *Calcium phosphoricum* und beim Boxer *Phosphorus*. Anhand der Rasse können wir also schon ziemlich genau abschätzen, welches Konstitutionsmittel am besten passen könnte. Das bedeutet natürlich nicht, dass ein Boxer z. B. immer ein Phosphorus-Typ ist. Glücklicherweise können wir in vielen Fällen bereits abschätzen, welches Mittel am besten zu dem Welpen passt, wenn man weiß, worauf man achten muss.
Der schnell wachsende, übergewichtige, zu faule und zu ruhige Welpe, der später als seine Wurfgeschwister auf den Beinen steht, passt mit ziemlicher Sicherheit zu *Calcium carbonicum*. Zum Vergleich nenne ich dann immer den Seehund: ein übergewichtiger Welpe, der im Wurf spät aufsteht und läuft. Der schlanke, etwas dünne, unruhige und leicht winselnde Welpe passt zu *Calcium phosphoriucum*. Und der perfekt aussehende, sehr energiegeladene Welpe, der „König" des Wurfes, der bei allem an vorderster Front steht, der sich nicht verdrängen lässt und den besten Platz an der „Milchbar" hat, passt zu *Phosphorus*.

Calcium carbonicum (Hahnemanni)

Calcium carbonicum-Typen sind oft klobige Rassen. Es handelt sich um schnell wachsende (in Bezug auf das Volumen), übergewichtige, faule und ruhige Welpen, die spät aufstehen

und vorübergehend einen abgeflachten Brustkorb haben können, weil sie zu lange liegen bleiben (Seehund-Welpen).
Der *Calcium carbonicum*-Typ hat eine Assimilationsstörung. Assimilationsstörung bedeutet, dass die Aufnahme von (Nähr-)Stoffen aus der Umwelt (Nahrung, Sauerstoff, Sonnenlicht und dergleichen) für gesunde Körperfunktionen nicht optimal ist.
Das grobe Skelett, einschließlich Muskeln, Sehnen, Bänder und Gelenkkapseln, ist von minderer Qualität und verfügt übermehr Haut und Fett als Muskeln. Diese schwache Konstitution ist die Ursache von Kraftlosigkeit und verminderter Ausdauer, erhöhter Blutsensibilität mit verzögerter Rehabilitation, wodurch Verletzungen wiederholt auftreten, und zwar zu einem Zeitpunkt, an dem sich der Welpe noch nicht von früheren Verletzungen erholt hat. Möglicherweise treten deshalb schon sehr früh die ersten unauffälligen Verletzungen auf, u. a. an den Hüftgelenken. Der Welpen möchte in Ruhe gelassen werden und kann leicht in Panik geraten, wenn dies nicht respektiert wird.

Calcium phosphoricum

Calcium phosphoricum-Typen sind oft schlanke, leptosomal (im späteren Leben schmal und hoch) gebaute Rassen. Sie sind im Wurf die unruhigen, quiekenden Welpen. Die Muskeln sind kräftiger als bei Calcium carbonicum-Typen, aber sie sind nicht so sportlich wie ein Phosphorus-Typ. Das Mittel hat eine besondere Affinität zu den Wachstumsknochen und ist daher besonders bei Problemen mit dem Längenwachstum der Röhrenknochen während des Wachstumsschubs angezeigt.
Es kommt zu einer unverhältnismäßigen Entwicklung der Röhrenknochen im Verhältnis zueinander sowie der Bänder und Gelenkkapseln, was zu einer Lockerheit der Gelenke und damit zu leichteren Verletzungen führt. Auch das kann für die Entwicklung einer Hüftdysplasie in jungen Jahren verantwortlich sein.
Ein Nebeneffekt ist die (scheinbar) verzögerte Heilung von z. B. Knochenbrüchen sowie ein verspäteter Zahnwechsel. Es ist daher zu erwarten, dass die Modellierung von Knochen und Gelenken während des Wachstums im Allgemeinen verzögert ist.
Der Calcium phosphoricum-Typ ist von Natur aus (im höheren Alter stärker ausgeprägt) nervös, hektisch, angespannt, leicht erregbar, unruhig und hyperaktiv. Dieses Temperament kann auch für unauffällige Verletzungen in jungen Jahren mitverantwortlich sein.

Calcium fluoricum

Der Calcium fluoricum-Typ ist meines Erachtens bei Hunden (noch) nicht so eindeutig bestätigt. Möglicherweise ist er hektischer und magerer (bei gutem bis sehr gutem Appetit) als der Calcium phosphoricum-Typ. Das Hauptproblem ist eine schlechte Qualität des Bindegewebes. Es führt zu einer Laxheit der Gelenke, die die Grundlage für die Entwicklung einer Hüftdysplasie bildet.
Calcium fluroicum enthält Spuren von Kieselsäure (*Silicea*). Kieselsäure ist ein wichtiges Element für das Bindegewebe und das Immunsystem, die beide aus dem embryonalen Bindegewebe (Mesenchym) hervorgehen. Die Einfachheit von *Calcium fluoricum* hat einen pathologischen Beigeschmack: Denn diese Eigenschaft ist oft ausschlaggebend für die Wahl des Mittels bei Welpen, besonders wenn sie zu keinem der anderen drei Mittel wirklich passen.

Phosphorus

Phosphorus findet oft Anwendung bei kraftvollen, vollblütigen, lebhaften und aufmerksamen Rassen wie etwa Boxer und Labrador Retriever. Der perfekt aussehende, sehr energiegeladene Welpe, der Anführer des Wurfes, der bei allem an vorderster Front steht, der sich nicht verdrängen lässt und den besten Platz an der „Milchbar" hat: Der ist ein Phosphorus-Typ. Als relativ junger Hund hat der Phosphorus-Typ be-

reits starke Muskeln. Vergleichen Sie zum Beispiel einen Boxer mit einem Golden Retriever im Alter von etwa fünf Monaten.
Es dürfte inzwischen klar sein, dass wir uns bei der Bestimmung der richtigen Typenmittel auch von dem Typ leiten lassen, der beim älteren Hund zu erwarten ist. Wenn es keine eindeutige Übereinstimmung zwischen dem Welpen und einem der vier Arzneimittelbilder gibt, neigt man schnell dazu, die drei Calciumverbindungen als Komplex zu geben. Optional könnte man noch *Phosphorus* und/oder *Silicea* (Affinität zu Mesenchym, Bindegewebe und Immunsystem) hinzufügen. Ich bevorzuge eine Monotherapie mit dem am besten geeigneten Wirkstoff im Rahmen der Möglichkeiten einer Arzneimitteldiagnose in sehr jungem Alter. Die Wahl der Potenz und die Dosierung sowohl für Simplex- als auch für Komplexmittel ist D12 zweimal täglich eine Dosis.
Jenseits der Wachstumsphase dürfte die Wirkung eines typotropen Mittels bei akuten und chronischen orthopädischen Beschwerden geringer sein. Es ist zu erwarten, dass eine Prävention in sehr jungem Alter wirksamer ist. Wenn im höheren Alter noch keine schwerwiegende Verschlechterung eingetreten ist, kann man immer noch eine sekundärpräventive Wirkung erwarten. Die größte klinische Wirkung im Alter muss durch organotrope Mittel erzielt werden, wie oben beschrieben. Wir können mit diesen organotropen Mitteln den Röntgenbefund nicht verbessern, das möchte ich ganz klar sagen, aber wir können in den meisten Fällen die klinischen Symptome stark reduzieren oder sogar für längere Zeit beseitigen. Bei der Hüftdysplasie wird vermutet, dass die positive Wirkung der organotropen Homöopathie vor allem darauf zurückzuführen ist, dass durch die Linderung der Schmerzen der Hund sein Hüftgelenk besser nutzt. Die Hinterhandmuskulatur entwickelt sich in erheblichem Maße, was das Spiel im Gelenk einschränkt und die Schmerzen weiter reduziert.

Organotrope Behandlung

Rhus toxicodendron

Im Arzneimittelbild von *Rhus toxicodendron* finden wir die Symptome, die für Hüftdysplasie charakteristisch sind: Anlaufschwierigkeiten. Das bedeutet eine Verschlimmerung der Symptome (schmerzhafte Steifheit) bei beginnender Bewegung und eine Verbesserung der Symptome, meist vollständig, bei fortgesetzter Bewegung. So geht der Hund nach dem Aufstehen ein paar Schritte steif oder lahm, wärmt sich kurz auf, und dann ist nichts mehr zu sehen. Die Symptome verschlimmern sich wieder durch länger andauernde Bewegung (Überanstrengung), vor allem dann, wenn der Hund nach langer Überanstrengung eine Weile gelegen hat und dann wieder aufsteht. Daher sehen wir in der Regel eine Verschlimmerung der Symptome am Morgen beim Aufstehen.
Die Kombination aus lang anhaltender Bewegung, körperlicher Überlastung, Durchnässung und feuchter Kälte führt zu Rhus toxicodendron-Symptomen.
Seltener erkennen wir bei Hüftdysplasie einen noch stärkeren Hinweis auf *Rhus toxicodendron*, nämlich den typischen Bewegungsdrang, wobei man davon ausgehen kann, dass sich die Symptome auch bei längerem Liegen verschlimmern, ähnlich wie beim Menschen (schmerzhafte Steifheit). Trotz der Verschlimmerung der Schmerzen bei Beginn der Bewegung *muss* sich der Hüftdysplasie-Patient nach längerem Liegen immer wieder bewegen, um sich dann immer wieder hinzulegen: Der Hund ist unruhig, steht immer wieder auf und legt sich immer wieder hin.
Die bei weitem am häufigsten verwendete Potenz von *Rhus toxicodendron* bei Hüftdysplasie ist D30 eine Dosis einmal täglich. In Fällen, in denen *Rhus toxicodendron* auf mehrere Punkte passt, verschreiben wir höhere Potenzen: D200 (200K), eventuell in der Folge MK, je nach Ansprechen.

Symphytum officinale

Symphytum officinale oder Beinwell wird phytotherapeutisch bei Knochenwucherungen (Exostosen) eingesetzt, insbesondere bei solchen, die durch Traumata verursacht werden. Bei der Hüftdysplasie führt das Spiel im Hüftgelenk dazu, dass der Hüftkopf ständig mit den Rändern der Hüftpfanne zusammenstößt. Dadurch entstehen Exostosen um den Hüftkopf und die Hüftpfanne, die Schmerzen verursachen können.

Symphytum officinale wird bei Exostosen in einer D4- oder D6-Potenz organotrop angewendet, meist in Kombination mit *Hekla lava* (D3 oder D6). Die übliche Dosierung ist dreimal täglich eine Dosis, aber bei einer Langzeitbehandlung wird *Symphytum officinale* in einer Erhaltungsdosis von zwei- bis einmal täglich einer Dosis gegeben.

Hekla-Lava

Hekla lava wird organotrop bei Exostosen in einer D3 oder D6 verabreicht, meist in Kombination mit *Symphytum officinale*. Die übliche Dosierung ist dreimal täglich eine Dosis, aber bei Langzeitbehandlungen wird *Hekla lava* in einer Erhaltungsdosis von zwei- bis einmal täglich einer Dosis gegeben.

Leitlinien zur (sekundären) präventiven Unterstützung bei chronischen orthopädischen Beschwerden

Von der Geburt bis zum Alter von drei Monaten

Hier geht es vor allem um (primäre) Prävention. Wir wählen einen der vier Wirkstoffe, wenn wir in der Lage sind, den Typ zu bestimmen, oder wenn das nicht möglich ist, den Komplexwirkstoff aus den drei oben genannten Kalziumverbindungen. Sowohl für den Einzelwirkstoff als auch für jeden der Wirkstoffe in einem Komplexpräparat verwenden wir in der Regel eine D12-Potenz, eine Dosis zweimal täglich. Ich habe nicht die Erfahrung gemacht, dass sich die drei Kalziumverbindungen in einem Komplexmittel gegenseitig behindern.

Alter über drei Monate

Hier geht es vor allem um die Behandlung und (sekundäre) Vorbeugung, sowohl bei klinischen Beschwerden als auch bei nur abnormalen Hüften auf einem Röntgenbild. Die erste Röntgenaufnahme wird am besten im Alter von vier bis sechs Monaten gemacht. Wir wählen einen der vier Wirkstoffe (eine der drei Kalziumverbindungen oder *Phosphor*) oder ein anderes Simillimum, wenn es besser geeignet ist. In diesem Alter ist es in den meisten Fällen etwas einfacher, das Simillimum zu finden. Wir wenden D12 oder D30 an, eine Dosis zwei- oder einmal täglich, aber es gibt auch Fälle, in denen ein D200 (200K), eventuell (als Folgemaßnahme) MK benötigt wird, dosiert je nach Reaktion, was in der Praxis normalerweise einmal pro Woche, einmal alle zwei Wochen oder einmal pro Monat eine Dosis bedeutet. Die Wahl der Potenz und die Dosierung hängen vom Grad der Ähnlichkeit und dem Ansprechen des Patienten auf das Medikament ab.

Im höheren Alter können wir durchaus die gewählte, am besten vergleichbare Kalziumverbindung oder *Phosphorus* in einer D30-Potenz mit *Rhus toxicodendron* in einer D30-Potenz kombinieren, beides einmal täglich eine Dosis. Zusätzlich geben wir die Kombination *Symphytum officinale* D4 und *Hekla lava* D3 als Sekundärprophylaxe, zur Schmerzlinderung und zur möglichen Verhinderung der Entstehung weiterer Knochenwucherungen. Die Dosis beträgt dreimal täglich eine Dosis von beiden. Für die Langzeitbehandlung ist eine Erhaltungsdosis von einmal täglich einer Dosis ausreichend.

Die Behandlung muss mindestens vier Monate lang fortgesetzt werden, oft auch länger und in einigen Fällen lebenslang. Innerhalb von sechs bis acht Wochen muss eine Verbesserung der klinischen Symptome um etwa 50 % bis 80 % eintreten, sonst ist eine Fortsetzung der Medikation sinnlos. Wir unterstützen die Homöopathie natürlich mit einer Optimierung der Ernährung (einschließlich Nahrungsergänzungsmitteln) und einer Optimierung der Bewegung (Lauf- und Schwimmtraining).

Die Optimierung der Ernährung einschließlich des Körpergewichts und die kontrollierte Bewegung sind auch in der Zeit ab der Geburt bis zum Alter von drei Monaten sehr wichtig. In dieser Lebensphase müssen die Züchter darauf achten, Verletzungen zu vermeiden. Aber auch ab dem Alter von drei Monaten ist der Bewegungsapparat eines jungen Hundes noch nicht voll belastbar und daher zumindest in den ersten sechs Monaten nicht für extrem wilde Bewegungen ausgelegt. Darin liegt eine große Verantwortung für den neuen Welpenbesitzer. Der Züchter hat hierauf wenig oder gar keinen Einfluss. In der Praxis sehen wir manchmal, dass der neue Besitzer sich darüber nicht immer genügend Gedanken macht.

SPONDYLOSE

Beschwerden

Bei Spondylose sehen wir das Bild einer Steifheit in der Hinterhand. Es gibt keine wirklich heftigen Schmerzen. Der Hund hat Schwierigkeiten beim Aufstehen und offensichtlich auch beim Hinlegen. Bevor er sich hinlegt, dreht er einige Runden und legt sich schließlich hin, meist mit einem Stöhnen. Die Hinterhandmuskeln sind eher dünn (Muskelschwund). Man sieht dann einen schmalen Hintern. Dies ist auf ein (kleines) neurologisches Defizit zurückzuführen. Infolgedessen können die Hinterpfoten beim Gehen auch ein wenig schleifen. Man hört oft, wie die Krallen der Hinterpfoten beim Gehen über den Boden kratzen, und wenn sich das neurologische Defizit verschlimmert, knicken sogar die Pfoten beim Stehen ab (Überköten).

Das Schleifen der Hinterpfoten über den Boden ist auch bei Hunden zu beobachten, die größere Schwierigkeiten haben, ihre Gelenke zu beugen und die Hinterbeine zu heben, wie z. B. bei Arthrose der Hüfte, der Knie oder der Sprunggelenke, aber auch bei alten, geschwächten Hunden, die nicht mehr die Kraft haben, ihre Beine richtig zu heben. Und natürlich auch bei anderen Ursachen für neurologische Ausfälle in der Hinterhand, wie z. B. bei der Degeneration des Rückenmarks (Degenerative Myelopathie), bei der wir im fortgeschrittenen Stadium das Schleifen und Kratzen der Krallen und/oder das Überköten in sehr starkem Maße sehen und/oder hören. Das Beugen des Rückens wird etwas schwieriger, was es dem Hund erschwert, ins Auto zu springen, Treppen zu steigen oder auf etwas hochzuspringen. Einmal in Gang, bessert sich die Steifheit erheblich oder ganz. Häufig liegt eine Kombination mit Hüftdysplasie und/oder Kniearthrose vor.

Spondylose kann in jedem Teil der Wirbelsäule auftreten, auch in der Halswirbelsäule, wo sie durchaus auch die Ursache für eine Lahmheit des Vorderbeins sein kann. Dieser Zusammenhang zwischen Spondylose in der Halswirbelsäule und einer chronischen Lahmheit des Vorderlaufs wird oft übersehen. Starke Schmerzen im Nackenbereich sind meist ein Zeichen für einen Bandscheibenvorfall und nicht für eine Spondylose.

Im Rest der Wirbelsäule verursacht die Spondylose die meisten (spürbaren) Beschwerden im Bereich der Lendenwirbelsäule. Eine Spondylose der Brustwirbelsäule zeigt selten echte Symptome. Bei einer Spondylosebrücke zwischen dem letzten Lendenwirbel (L7) und dem Kreuzbein (S1) treten meist andere Beschwerden auf, die dann auch eine andere Diagnose und einen

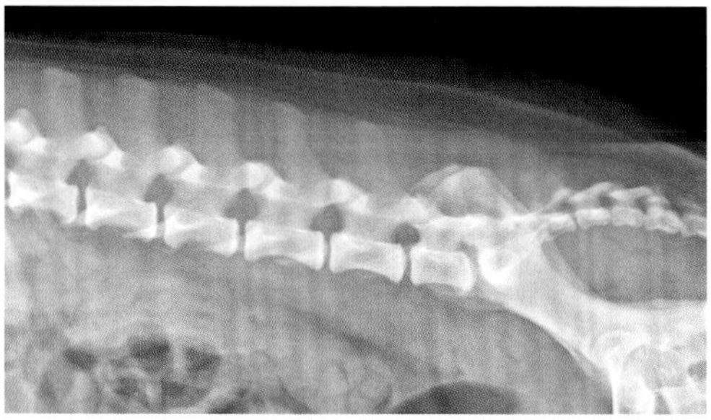

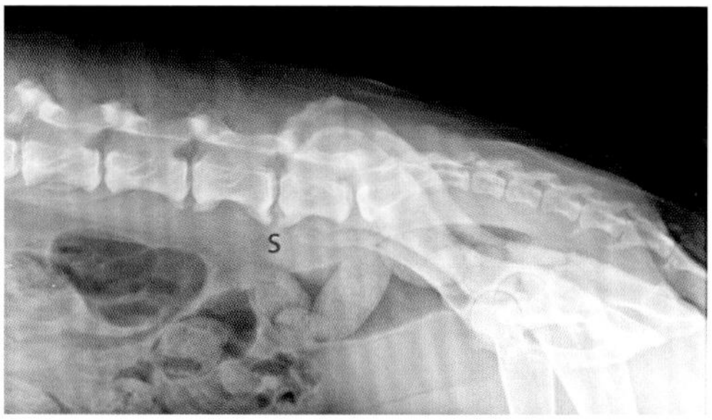

Wir sehen im linken Bild normale Lendenwirbel ohne die bekannten Spondylosebrücken und im rechten Bild Lendenwirbel mit den typischen Spondylosebrücken oder auch Spondylosehaken (S).

anderen Behandlungsweg nach sich ziehen (Cauda-Equina-Syndrom). Selten sind die Spondylose-Symptome selbst wirklich fortschreitend, die röntgenologischen Auffälligkeiten sind es jedoch häufig. Wenn die Spondylose mit zunehmenden Schmerzen einhergeht, müssen wir auf Komplikationen wie einen Bandscheibenvorfall oder ein Cauda-Equina-Syndrom achten.

Durch die Spondylose kann sich eine Hüftdysplasie mit erheblicher Arthrose manifestieren, die schon seit Jahren besteht und bis dahin klinisch nicht bemerkt wurde. Insbesondere durch den Muskelschwund und die damit verbundene vergrößerte Beweglichkeit des Hüftgelenks entstehen die Symptome durch das für die Hüftdysplasie im fortgeschrittenen Stadium so charakteristische deformierte Knochenwachstum (Arthrose). In diesen komplizierten Fällen sehen wir oft, dass die homöopathische Behandlung der Hüftdysplasie versagt, die homöopathische Behandlung der Spondylose jedoch funktioniert. Der Fehler, der in der Primärversorgung leicht gemacht werden kann, ist, dass nur die Hüften geröntgt werden und nicht auch der Rücken. Wenn zum Beispiel im Alter von sieben Jahren eine schwere Hüftdysplasie auf dem Röntgenbild festgestellt wird, sollte dem Besitzer ein Licht aufgehen, denn erst dann treten die ersten Beschwerden auf.

Wir sehen keine Probleme mit dem Abgang von Urin (Miktion) oder Stuhlgang (Defäkation), wie z.B. ständiger, bei Bewegung und in Ruhe auftretender, unwillkürlicher Urinabgang oder zufälliger Stuhlverlust bei Erregung wie, Husten oder Bellen. Dies kann manchmal in einem fortgeschrittenen Stadium auftreten. Wenn dies der Fall ist und wir außerdem eine fortschreitende Schwäche der Hinterhand feststellen, die schlimmer ist als bei der Spondylose (allein), handelt es sich in der Regel zusätzlich um eine fortschreitende Lähmung der Hintergliedmaßen aufgrund einer Degeneration des Rückenmarks (Degenerative Myelopathie). Im letzteren Fall wird auch die homöopathische Behandlung der Spondylose fehlschlagen.

In diesem Zusammenhang möchte ich auch auf die folgenden Beschwerden hinweisen, die regelmäßig auftreten: Geringfügige neurologische Ausfälle bei Spondylose können oft Ursache (oder besser: Modalität) für das Auftreten einer latenten Sphinkterinkontinenz sein. Unter Inkontinenz des Sphinkters (Blasenschließmuskels) versteht man den passiven Verlust von Urin in Ruhe oder im Schlaf als Folge der Kastration bei der Hündin. Gelegentlich tritt sie auch beim kastrierten Rüden auf. Diese Sphinkterinkontinenz tritt in der Regel kurz nach der Kastration auf, innerhalb weniger Monate. Die zugrundeliegende Ursache ist der Mangel an ausreichenden Sexualhormonen. Wenn sich die

Sphinkterinkontinenz erst viele Jahre nach der Kastration manifestiert, sollten wir uns immer bewusst sein, dass die Spondylose die aktuelle Modalität ihrer Verschlimmerung sein könnte – quasi der Tropfen, der den Eimer zum Überlaufen bringt. Auch eine erhöhte Urinproduktion (Diurese), zum Beispiel aufgrund eines Nierenproblems, könnte die Ursache für eine latente oder schlafende Sphinkterinkontinenz sein, die sich erst viele Jahre nach der Kastration manifestiert.

Wenn die Schließmuskelinkontinenz später als unmittelbar nach der der Operation auftritt (late-onset), sollte daher immer die eigentliche Ursache des Auftretens der Symptome untersucht werden. Wir müssen dann diese Ursache behandeln und nicht (alleine) ein Mittel für den Schließmuskel im Blasenhals verschreiben, der nicht so gut funktioniert, wie er sollte. Das geringe neurologische Defizit bei Spondylose kann in manchen Fällen auch die Ursache für eine chronische, wiederkehrende Blasenentzündung sein. Die Blasenentzündung entsteht und tritt immer wieder auf, weil sich die Blase nicht ausreichend entleert und der Restharn in der Blase bleibt und einen Nährboden für Bakterien bildet (siehe *Petroselinum crispum*).

Im Übrigen sehen wir in vielen Fällen, dass die Spondylose überhaupt keine für uns sichtbaren Symptome verursacht und entdecken zufällig auf einem Röntgenbild des Bauchraums Spondylosebrücken oder -haken. Wie bereits an anderer Stelle erwähnt, sollten wir immer kritisch prüfen, ob das, was wir auf dem Röntgenbild sehen, tatsächlich die Ursache für die Symptome ist.

Aus der Praxis …

Eine Fehldiagnose

Joris, ein achtjähriger gestromter Boxerrüde, hatte schon seit einiger Zeit Schmerzen im Rücken. Über einen Zeitraum von nunmehr etwa zehn Wochen wurden die Rückenschmerzen immer schlimmer. Schließlich stand Joris fast den ganzen Tag mit gebeugtem Rücken da, war etwas schlapp in der Hinterhand, zitterte am ganzen Körper und traute sich kaum, sich hinzulegen. Joris war immer ein zäher Bursche gewesen und blieb auch jetzt freundlich. Sein Schwanz wedelte unablässig hin und her, während das arme Tier mit Sicherheit starke Schmerzen hatte. Wenn er lag, schlief er, wenn er sich mühsam aufgerichtet hatte, stand er ununterbrochen hechelnd da: ein Zeichen dafür, dass es Joris sehr schlecht ging. Aber er fraß und trank weiterhin gut.

Der behandelnde Tierarzt hatte eine Röntgenaufnahme gemacht. Alle Wirbel in der Lendengegend waren zusammengewachsen. Die Diagnose war eindeutig: Spondylose. Nach Aussage des Tierarztes handelte es sich dabei nicht um ein größeres Problem. Eine ausgedehnte Spondylose tritt bei Boxern oft schon in relativ jungem Alter auf und verursacht in der Regel keine oder nur wenige Probleme. Der Tierarzt verschrieb eine Kombination aus einem Entzündungshemmer (Butazolidin) und einem Kortikosteroid (Dexamethason). Joris vertrug die Medikamente nicht. Die Nebenwirkungen waren Erbrechen und Durchfall. Auch die Schmerzen wurden dadurch nicht gelindert. Daraufhin wurde ein modernes entzündungshemmendes Mittel (Meloxicam) verschrieben, ein NSAID. Auch das wirkte nicht, es gab keine Schmerzlinderung und die gleichen Nebenwirkungen: Erbrechen und Durchfall. Es wurde ein homöopathisches Komplexmittel verschrieben, bestehend aus *Harpagophytum precumbens* D6, *Plumbum metallicum* D12 und *Strychninum nitricum* D12. Das Mittel hatte keine Nebenwirkungen, wirkte aber auch nicht schmerzlindernd oder heilend.

Bei der Untersuchung stellte ich fest, dass Joris tatsächlich starke Schmerzen hatte. Die Stellreflexe der Hinterpfoten waren stark verzögert und er hatte hohe Temperatur (39,6°C). Auffallend waren die stark verdickten Muskeln neben der Lendenwirbelsäule. Bei der Blutuntersuchung fand ich einen anomal hohen Wert an Muskelenzymen (CK 224 IU/L – Normalwert 0–280 IU/L). Im Bauchraum fand sich eine große Verdickung, die bei der Ultraschalluntersuchung wie eine stark vergrößerte Niere mit abnormer Struktur aussah. Die Nierenwerte im Blut waren jedoch nicht abnormal.

Trotz sehr hoher Dosen von Kortikosteroiden per Injektion und hoher Dosen eines Breitbandantibiotikums schienen sich die Symptome drei Tage später nur noch zu verschlimmern. Die Muskeln wurden immer dicker und die Schmerzen immer schlimmer. Joris war todkrank, aber er fraß und trank immer noch. Der Wert der Muskelenzyme waren innerhalb von drei Tagen von 224 auf 1473 IU/L angestiegen. Es lag also eine schwere Muskelerkrankung vor, bei der eine Menge Muskelgewebe abgebaut wurde. Ich überwies Joris an die Universitätsklinik in Utrecht. Dort erlag Joris dieser schrecklichen Krankheit, noch bevor die Spezialisten eine richtige Diagnose stellen konnten. Wie traurig!

Die weitere Untersuchung in Utrecht (Autopsie) ergab, dass Joris einen eitrigen Entzündungsprozess in der Rückenmuskulatur (pyogranulomatöse Myositis) im gesamten Lendenbereich zwischen dem letzten Brustwirbel und dem Becken hatte.

Was können wir daraus lernen?

Zunächst einmal wird hier wieder deutlich, wie tapfer Hunde mit Unbehagen und Schmerzen und Beschwerden im Allgemeinen umgehen. Hunde stöhnen nicht und so nimmt man an, dass es auch nicht so schlimm sein kann. Hunde, die stöhnen, haben entweder sehr ernste Beschwerden oder sind ängstlich, zum Beispiel aufgrund eines traumatischen Erlebnisses. Den Beschwerden nicht so schnell nachzugeben ist ein Weg, um im Rudel zu überleben. Das bedeutet, dass wir als Besitzer und Tierärzte jederzeit sorgfältig beobachten und die Signale von Körper und Geist ernst nehmen müssen. Wir müssen bedenken, dass die Konsultation für uns als Tierärzte eine Momentaufnahme in einer fremden Umgebung ist. Unsere Patienten sind dann für uns nicht immer leicht zu lesen. Der Besitzer sieht seinen Hund rund um die Uhr in seiner gewohnten Umgebung. Deshalb ist es wichtig, sich die Zeit für eine gute Anamnese zu nehmen. Bei Joris wurde der Ernst der Lage völlig unterschätzt, vor allem im Anfangsstadium. Praktisch gesehen passen extrem starke Schmerzen im Lendenwirbelbereich nicht zur Spondylose.

Die klinische DDx Rückenschmerzen kurz zusammengefasst:

Spondylose: Steifheit. Bandscheibenvorfall: Dauerschmerz. Cauda-Equina-Syndrom: kurzzeitige starke Rückenschmerzen bei falscher Bewegung.

Hier hatte Joris so extrem starke Schmerzen, dass er sich nicht traute, sich hinzulegen. Ich hatte eine spezielle Zusatzdiagnose bei DDx-Rückenschmerzen kennengelernt.

Behandlung

Zur (sekundär-)präventiven Behandlung von chronischen orthopädischen Beschwerden siehe die Ausführungen unter Hüftdysplasie. Spondylose lässt sich organotrop sehr gut, auch längerfristig, mit einem Komplexmittel bestehend aus *Harpagophytum procumbens* D6, *Plumbum metallicum* D12 und *Strychninum nitricum* D12 behandeln.

Harpagophytum procumbens

Harpagophytum procumbens ist ein organotropes Mittel bei Arthrose des Rückens (Spondylose) und der großen Gelenke, wie Hüft- und Kniegelenke. Mittel und Potenz wurden aus der Humanhomöopathie (Morbus Bechterew) übernommen. Ich habe seit vielen Jahren gute

Erfahrungen mit der D6 von *Harpagophytum procumbens* gemacht. Es kann aber durchaus sein, dass es in manchen Fällen, etwa bei einer Verschlimmerung der Symptome auf eine D6, besser ist, dieses Mittel in einer D12 zu geben, wenn es sich um eine solche chronische, lokale Anomalie handelt.

Plumbum metallicum

Plumbum metallicum ist angezeigt bei neurologischem Versagen der hinteren Gliedmaßen, ausgehend von der Lendengegend des Rückenmarks und begleitet von einer Abnahme der Muskelmasse (Atrophie) der Muskeln der hinteren Gliedmaßen. Die Abnahme der Muskelmasse kann allmählich erfolgen, wenn die betroffene Extremität weniger oder nicht mehr belastet wird. Der Muskelschwund tritt sehr schnell ein, wenn die Nervenversorgung des betreffenden Muskels gestört ist. Dies ist ein typisches Merkmal für das Arzneimittelbild von *Plumbum metallicum*. Dieses toxische Metall wird, vor allem bei chronischen lokalen Beschwerden, vorzugsweise in einer D12 gegeben.

Strychninum nitricum

Wir erinnern uns an das berüchtigte Gift Strychnin aus der Vergangenheit: Es war als Rattengift gedacht, wurde aber leider auch missbraucht, um anonym „lästige" Haustiere loszuwerden. Der gemeinsame Nenner der Vergiftung ist die Herabsetzung der Reizschwelle, was zu schweren Krämpfen im ganzen Körper als Reaktion auf (kleinste) sensorische Reize aus der Umwelt führt. Diese schweren Krämpfe führen schließlich zum Tod.

Es ist nicht immer klar, wo der Kipppunkt zwischen Erregungsschwellensenkung (niedrigere Potenzen) und Erregungsschwellenerhöhung (höhere Potenzen) von *Strychninum nitricum* beim einzelnen Patienten liegt. Bei der Anwendung von *Strychninum nitricum* D12 bei neurologischen Ausfällen aufgrund von Spondylose gehen wir davon aus, dass der Kipppunkt zwischen D12 und D30 liegt. Somit kann die Anwendung von Strychninum *nitricum* D12 immer noch eine Senkung der Reizschwelle bewirken, sodass die Nervenimpulse besser zur Hinterhand durchdringen können. Bei schweren neurologischen Ausfällen wähle ich lieber eine D6 oder in Ausnahmefällen sogar eine D3. Hier nehme ich das Risiko einer Verschlimmerung der Symptome in Kauf, sorge aber dafür, dass bei der geringsten Verschlechterung das Medikament sofort abgesetzt wird. Die D3-Potenz von *Strychninum nitricum* ist nicht verfügbar, stattdessen verschreibe ich *Nux vomica* D3 (Dilutio, Tropfen). *Nux vomica* wird aus der Brechnuss gewonnen, in der Strychnin einer der Hauptbestandteile ist.

Leitlinien für die homöopathische Prävention und Behandlung

Eine Behandlung der Spondylose findet eigentlich immer im Alter statt. Eine konstitutionelle Behandlung ist dann nur noch als Sekundärprävention sinnvoll, d. h. zur Schmerzlinderung und evtl. zur Verhinderung weiterer Knochenwucherungen. Die Skelettveränderungen sind in der Regel so weit fortgeschritten, dass nur noch eine organotrope Behandlung eine wohltuende Wirkung erwarten lässt.

Wir geben in den meisten Fällen die Kombination aus *Harpagophytum procumbens* D6, *Plumbum metallicum* D12 und *Strychninum nitricum* D12 zweimal täglich eine Dosis des Komplexes für mindestens drei bis vier Monate, je nachdem, wie lange es dauert, bis ein positives Ergebnis klinisch zu sehen ist. Danach wird es mit einer Erhaltungsdosis von einmal täglich einer Dosis fortgesetzt. In der Regel muss (und kann) das Kombinationspräparat einmal täglich gegeben werden, manchmal dauerhaft, manchmal zweimal täglich.

DEGENERATIVE MYELOPATHIE (DM)

Beschwerden

Die Degenerative Myelopathie oder Degeneration des Rückenmarks tritt besonders häufig bei alten Hunden auf. Langsam, aber sicher wird die Hinterhand schwächer und schwächer. Der Prozess schreitet über Monate, manchmal bis zu einem Jahr oder anderthalb Jahren, voran. Wir sehen das häufiger bei Deutschen Schäferhunden. Auffallend ist, dass es überhaupt keine Schmerzen gibt, sondern nur eine fortschreitende Schwäche oder Lähmung der Hinterhand. Die Hinterhand wankt hin und her (ataktischer Gang). Das Röntgenbild zeigt in der Regel keinerlei Auffälligkeiten. Wir müssen berücksichtigen, dass z. B. bei einem älteren Hund mit Spondylose auch eine Degeneration des Rückenmarks beteiligt sein kann (weil wir sie auf dem Röntgenbild nicht sehen können). Es ist wichtig, dies zu wissen, denn die Degenerative Myelopathie hat eine ausgesprochen schlechte und die Spondylose eine einigermaßen gute bis gute Prognose.

Der markanteste Unterschied zu den anderen orthopädischen Beschwerden in der Lendenwirbelsäule ist, dass es bei Degenerativer Myelopathie keine Schmerzen gibt. Ein positives Ansprechen auf Schmerzlinderung (nur) bei Degenerativer Myelopathie lässt sich möglicherweise durch schmerzhafte Verletzungen von Muskeln, Sehnen und Bändern der Hinterbeine und des Rückens infolge ständiger unkontrollierter Bewegungen in der Hinterhand erklären, zumal der Hund in den meisten Fällen selbst glaubt, er könne sich immer noch ungehindert bewegen.

Behandlung

In der regulären Tiermedizin kann man es noch mit der Verabreichung von zusätzlichen Vitamin-B-Komplexen und/oder anabolen Steroiden versuchen, aber die Ergebnisse sind meist enttäuschend. In der Homöopathie ist es am besten, nach dem Simillimum zu suchen. Ein Mittel wie *Natrium muriaticum* passt letztlich immer noch zu diesen Patienten. Auch wenn wir in einigen Fällen eine – oft nur vorübergehende – Besserung der Symptome sehen, ist die Prognose meist nicht gut.

Man kann natürlich Mittel wie *Ginkgo biloba* Ø, ein Phytotherapeutikum zur Verbesserung der Durchblutung des Nervengewebes wie Gehirn und Rückenmark, oder *Strychninum nitricum* D6 oder *Nux vomica* D3 zur Senkung der Reizschwelle ausprobieren, damit die Impulse besser durchkommen, aber auch diese sind in den meisten Fällen nicht sehr erfolgreich.

Die große Bedeutung der Erörterung der Degenerativen Myelopathie im Zusammenhang mit der homöopathischen Behandlung orthopädischer Beschwerden liegt also nicht im Erfolg der Homöopathie bei dieser Indikation, sondern vor allem in dem Bewusstsein, dass sie bei alten(n) Hunden mit Spondylose oft eine versteckte Komplikation darstellt. Sie kann leicht übersehen werden und dem Besitzer wird dann fälschlicherweise eine gute Prognose gestellt. Wenn bei Spondylose innerhalb von drei bis sechs Wochen keine ausreichende Besserung der Symptome mit Homöopathie eintritt und auch keinerlei Schmerz oder schmerzhafte Steifheit zu bestehen scheint, müssen wir dringend an eine zugrundeliegende Degenerative Myelopathie und damit an eine schlechte Prognose denken.

CAUDA-EQUINA-SYNDROM

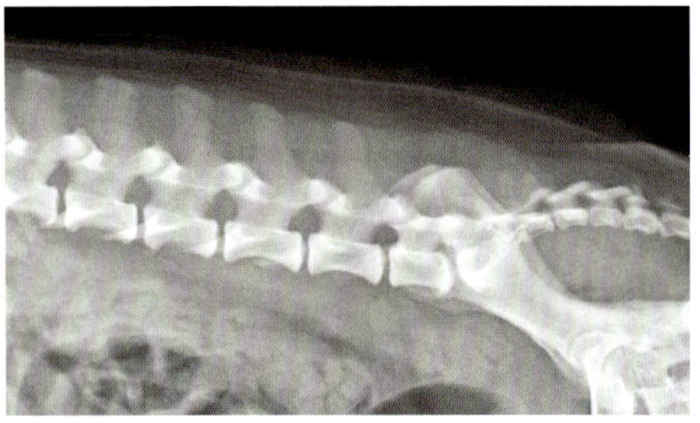

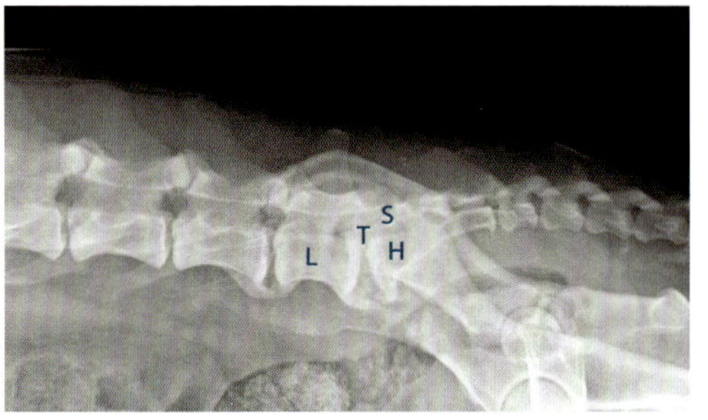

Das linke Röntgenbild zeigt einen normalen Wirbelübergang zwischen L7 und S1. Cauda Equina ist lateinisch und bedeutet Pferdeschwanz (cauda „Schwanz, Schweif", equus „Pferd"). So nennen wir den letzten Teil des Rückenmarks, der über den letzten Lendenwirbel und das Kreuzbein in die Schwanzwirbel verläuft. Dieses Bündel von Nervenendigungen ähnelt einem Pferdeschweif. Das rechte Röntgenbild zeigt ein Cauda-Equina-Syndrom. Es besteht eine Instabilität zwischen dem siebten (letzten) Lendenwirbel (L) und dem Kreuzbein (H). Es kommt zu einem Höhenunterschied, einer Art Treppenbildung (T) zwischen den genannten Wirbeln, das Rückenmark versucht, diesen Niveauunterschied auszugleichen und kann dabei eingeklemmt werden. Manchmal sieht man, dass der Wirbelkanal in Höhe des Kreuzbeins verengt ist. Man spricht dann von einer Stenose (S). Genaueres lässt sich nur mit einer CT-Untersuchung feststellen.

Beschwerden

Das Cauda-Equina-Syndrom verursacht starke Schmerzen. Sie können konstant bleiben und dann ist das furchtbar für den Hund. Dies erfordert in der Regel einen chirurgischen Eingriff, der zunächst durch eine CT-Untersuchung bestätigt werden muss. In den allermeisten Fällen sind diese starken Schmerzen jedoch nur von kurzer Dauer und äußern sich dann als plötzliches Winseln oder Jammern bei einer falschen Bewegung, z.B. bei einem wilden Sprung, einem Zusammenstoß mit einem anderen Hund oder der Belastung dieses Teils des Rückens beim Schutzdienst. Oft bleiben diese Vorfälle aus und der Hund funktioniert ansonsten völlig normal. Es gibt sogar Hunde mit diesem Defekt, die beispielsweise weiterhin Agility machen. Manchmal merkt der Besitzer selbst schon, dass der Hund im hinteren Teil des Rückens empfindlich ist, wenn er gebürstet und/oder leichter Druck auf die Stelle ausgeübt wird. In einigen wenigen Fällen sehen wir eine Lahmheit am linken oder rechten Hinterlauf, manchmal auch abwechselnd links und rechts.

Manchmal stellen wir einen verminderten Muskeltonus an einem der Hinterbeine fest, sporadisch auch an beiden. Am Bein oder an den Beinen selbst finden wir in solchen Fällen nichts. Es handelt sich um eine leichte Lähmung oder möglicherweise ein taubes Gefühl in der/den Hinterpfote(n). Dieser Zustand ist wahrscheinlich ähnlich wie Ischias beim Menschen. Ischias ist ein Schmerz im Ischiasnerv, dem Nerv, der bei Hunden von der Lumbosakralregion (L7 bis S1), dem letzten Teil des Rückenmarks zwischen dem letzten Lendenwirbel und dem Kreuzbein, entlang des Hüftgelenks zu den Muskeln von Gesäß und Oberschenkel verläuft. Interessanterweise sehen wir beim Cauda-Equina-Syndrom in der Regel weniger Atrophie der Gesäßmuskulatur als zum Beispiel bei Spondylose.

Die Erschlaffung der Hinterhand wirkt sich auch auf die Hüften und Knie aus. So können sich auf lange Sicht durchaus Knieprobleme (Kreuzbandriss, Meniskusschaden, Arthrose) oder Hüftprobleme (Hüftarthrose) entwickeln. Dann wird das klinische Bild ein wenig komplizierter. Durch genaues Zuhören bei der Schilderung der Symptome durch den Besitzer in Kombination mit einer Röntgenuntersuchung, eventuell mit einem CT-Befund, können wir in den meisten Fällen die richtige Diagnose stellen.

Behandlung

Bei anhaltenden starken Schmerzen ist eine reguläre Analgesie unerlässlich. In den meisten Fällen reichen NSAIDs nicht aus und wir müssen (hoch dosierte) kurz wirksame Kortikosteroide einsetzen. In der Regel verabreichen wir zwei (subkutane) Injektionen im Abstand von 24 Stunden. Es ist auch möglich, unter Sedierung ein lang wirksames Kortikosteroid vor Ort zu injizieren. Wenn diese Patienten mit anhaltenden starken Schmerzen schlecht oder gar nicht auf die vorgenannte Behandlung ansprechen oder wenn die CT-Untersuchung sofort zeigt, dass ein chirurgischer Eingriff erforderlich ist, wird dieser durchgeführt.

Wenn die starken Schmerzen nur gelegentlich (d. h. nicht kontinuierlich oder hochfrequent) und von kurzer Dauer sind, ist ein Beginn mit den beiden oben genannten Injektionen sinnvoll. Manchmal ist dies notwendig, oft nicht.

Es ist schwierig, prozentuale Angaben zu machen, solange keine vergleichenden wissenschaftlichen Studien über die Ergebnisse der regulären medizinischen Behandlung, der Chirurgie und der Homöopathie durchgeführt wurden. Ein Eindruck, den ich habe: Eine Minderheit der Cauda-Equina-Patienten hat ständig unerträglich starke Schmerzen und die meisten werden chirurgisch behandelt werden müssen. Die Mehrheit der Cauda-Equina-Patienten hat gelegentlich kurz diese unerträglichen Schmerzen, zumindest, was wir davon mitbekommen. Die wenigsten sprechen nicht auf die Homöopathie an und müssen ein- oder mehrmals mit Kortikosteroiden behandelt oder schließlich operiert werden. Bei einer Reihe von Patienten mit Cauda-Equina-Syndrom ist es möglich und sinnvoll, die Homöopathie nach, zusätzlich zu oder anstelle der regulären Behandlung einzusetzen.

Da der Beginn der Entwicklung des Cauda-Equina-Syndroms mit ziemlicher Sicherheit von Geburt an erfolgt, ist die Prävention auf Grundlage der Konstitution auch hier die beste Behandlung. Ich verweise dazu auf den entsprechenden Text unter „Hüftdysplasie".

Ich habe Erfahrung mit einem Komplexmittel gegen das Cauda-Equina-Syndrom, das ursprünglich als Mittel gegen Ischias beim Menschen gedacht war: Gnaphalium Pentarkan®. Ischias beim Menschen ist eine Erkrankung des Rückenmarks mit Ausstrahlung von Schmerzen, Taubheit und/oder Kribbeln durch den Ischiasnerv, den Nerv, der vom letzten Teil des Rückenmarks zwischen dem letzten Lendenwirbel und dem Kreuzbein zum Bein verläuft. Er wird beim Menschen auch Hexenschuss oder Lumbago genannt. Mit diesem Wissen habe ich das Mittel bei Hunden mit Cauda-Equina-Syndrom eingesetzt. Die Zusammensetzung von Gnaphalium Pentarkan® ist: *Aconitum napellus* D4, *Dulcamara* D3, *Gnaphalium polycephalum* D2 (D3), *Phytolacca decandra* D3 und *Rhus toxicodendron* D4.

Gnaphalium polycephalum

Beschwerden wie starke, lokalisierte, einschießende Schmerzen bei falscher Bewegung im lumbosakralen Bereich, eine unerklärliche Lahmheit eines der Hinterbeine (Kribbeln oder Taubheit), die unerklärlich ist, weil bei der klinischen Untersuchung nirgendwo im lahmenden Bein ein Schmerz auftritt, aber eine verminderte Kraft (verminderter Muskeltonus) im betroffenen Bein, passen in das Arzneimittelbild von *Gnaphalium polycephalum*.

Phytolacca decandra

Anzuwenden bei stechenden, starke rheumatischen Schmerzen in Muskeln, Nerven und Gelenken.

Aconitum napellus

Es zeigt sich ein sehr intensiver momentaner Schmerz, der plötzlich auftritt und schnell wieder verschwindet. Wir sehen das Bild eines heftigen Schreis, der plötzlich (in Bewegung) anhält, sich kurz verkrampft und heftig zittert, mit Panik in den Augen. Und dann geht es wieder ganz normal weiter, als ob nichts geschehen wäre. Die Modalität ist eine Verschlimmerung durch trockene Kälte (Nordostwind).

Rhus toxicodendron

Eignet sich für die Folgen von körperlicher Überlastung und längerem Aufenthalt in feuchter Kälte. Es handelt sich um eine rein organotrope Anwendung des Mittels bei Schmerzen von Sehnen, Bändern und Muskeln im betroffenen Bereich. Die typischen Anlaufschwierigkeiten von *Rhus toxicodendron* werden beim Cauda-Equina-Syndrom in der Regel nicht gesehen. So sind die Symptome des Cauda-Equina-Syndroms weniger typisch für *Rhus toxicodendron* als die Symptome der Hüftdysplasie. Man beachte den Unterschied in der angewandten Potenz: D4 beim Cauda-Equina-Syndrom und D30 bei der Hüftdysplasie.

Dulcamara

Das Mittel, das bei Eiseskälte als Ätiologie oder Modalität am stärksten ausgeprägt ist.

Leitlinien für die homöopathische Behandlung

Gnaphalium Pentarkan® wird nach einer Kortikosteroid-Behandlung anfangs dreimal täglich eine Dosis für sechs Wochen verabreicht. Wenn die Symptome vollständig verschwunden sind, wird das Medikament langsam abgesetzt. Zum Beispiel zwei Wochen lang zweimal täglich eine Dosis und schließlich zwei Wochen lang einmal täglich eine Dosis. Im Falle eines Rückfalls kann die Behandlung wiederholt werden. Grundsätzlich sollte die Häufigkeit der Schübe rasch abnehmen, die Abstände zwischen den Behandlungen länger und die Dauer der Medikation kürzer werden, z. B. über zwei bis drei Wochen dreimal täglich eine Dosis ohne Absetzen. Danach ist eine medikamentöse Behandlung in der Regel nicht mehr erforderlich, außer bei einer gelegentlichen Verletzung.

BANDSCHEIBENVORFALL (Diskushernie)

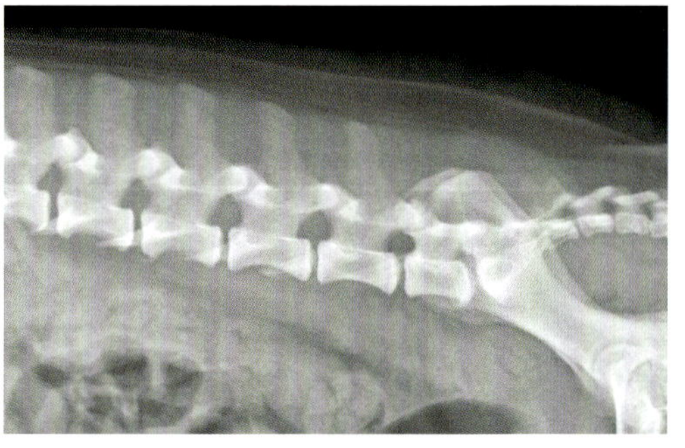

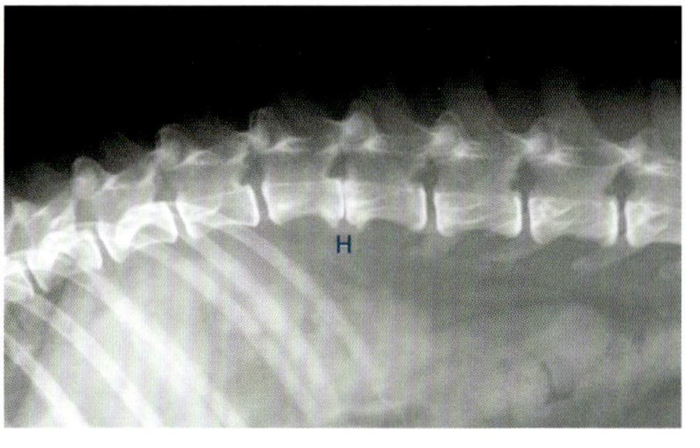

Auf dem oberen Röntgenbild sehen wir eine normale Lendenwirbelsäule. Auf dem unteren sehen wir eine verengte Bandscheibe (H), die auf einen Bandscheibenvorfall hindeuten kann. Auch hier ist eine CT-Untersuchung erforderlich, um die Details sichtbar zu machen.

Beschwerden

Bei einem Bandscheibenvorfall treten in der Regel akute, sehr starke Schmerzen auf, meist im Bereich des letzten Brust-, Lenden- oder Halswirbels, mit oder ohne neurologische Ausfälle. Lähmungserscheinungen treten bei einem Bandscheibenvorfall im Lendenbereich schneller auf als bei einem Vorfall im Halsbereich.

Das klinische Bild eines Bandscheibenvorfalls ist in der Regel leicht von einer Spondylose, einem Cauda-Equina-Syndrom oder einer Degenerativen Myelopathie zu unterscheiden. Bei einem Bandscheibenvorfall im letzten Teil der Brust- und Lendenwirbel sehen wir anhaltende starke Schmerzen (hohe Rückenverspannung), bei Spondylose eher Steifheit, beim Cauda-Equina-Syndrom kurzzeitige starke Schmerzsymptome und bei Degenerativer Myelopathie keine Schmerzen.

Die Kenntnis dieser klinischen Symptomatik ist in komplizierten Fällen erforderlich. Zum Beispiel: Spondylose + Hernie, Spondylose + Degenerative Myelopathie, Spondylose + Cauda-Equina-Syndrom. Anhand der charakteristischen Symptomatik wissen wir, was das Krankheitsbild bestimmt und was (zuerst) zu behandeln ist. Manchmal macht sich ein Bandscheibenvorfall im Bereich der Halswirbelsäule erst durch eine unerklärliche Lahmheit an einem Vorderbein bemerkbar. Als Komplikation eines Bandscheibenvorfalls im Bereich der Lendenwirbelsäule mit Lähmung der Hinterbeine sehen wir in einigen Fällen auch eine Lähmung von Blase und/oder Mastdarm. Dies führt zu einer Überlaufblase und/oder Verstopfung. Bei einer Überlaufblase wird die gelähmte Blase überfüllt. Bei maximaler Überfüllung läuft die Blase über und der Patient verliert passiv Urin. Im Gegenzug kommt es zu einer Ansammlung von Stuhl im Enddarm. Wenn dieser überfüllt ist, kann es auch zu passivem Stuhlverlust kommen – etwa durch Aufregung oder Bellen.

Bei einem Bandscheibenvorfall wird das Gewebe, das normalerweise zwischen den Wirbeln sitzt, nach oben gequetscht und drückt auf das Rückenmark. Dieses Gewebe besteht aus der defekten Bandscheibe mit Blut und Entzündungsflüssigkeit. In einer Reihe von Fällen liefern Röntgenbilder allein keine ausreichende Klarheit. Ein verengter Zwischenwirbelraum auf Röntgenbildern kann ein neuer, aber auch ein alter (verheilter) Bandscheibenvorfall sein. Das traumatisierte Gewebe im Zwischenwirbelraum ist auf Röntgenbildern oft nicht (gut) sichtbar. Um einen besseren Eindruck davon zu bekommen, was wirklich vor sich geht, wurde früher ein Kontrastmittel in das Rückenmark gespritzt. Da wir heute CT-Untersuchungen durchführen können, ist die Kontrastmitteldiagnose überflüssig geworden.

In der Praxis beginnen wir bei eindeutigen klinischen Symptomen und Anzeichen auf den Röntgenbildern, die die Diagnose eines Bandscheibenvorfalls rechtfertigen, in der Regel bereits mit der Behandlung eines Bandscheibenvorfalls, ohne eine CT-Untersuchung durchzuführen. Eine CT-Untersuchung ist teuer und muss unter Narkose durchgeführt werden.

Wir müssen dann Kosten, Patientenbelastung und diagnostischen Mehrwert einer CT-Untersuchung abwägen. Bei akuten Lähmungserscheinungen, wenn Zweifel an der Diagnose bestehen und wenn Informationen für die chirurgische Behandlung benötigt werden, ist die CT-Untersuchung unabdingbar.

Behandlung

Bei akuten (vollständigen) Lähmungen sollte die Chiropraktik als erste Behandlungsoption in Betracht gezogen werden. Bei nur (starken) Schmerzen und Lähmungen (unvollständige, reparable Lähmungen) kann zunächst eine medikamentöse Behandlung eingesetzt werden. Bei starken Schmerzen mit oder ohne Lähmungen im (per)akuten Stadium sollte immer zuerst eine Behandlung mit einem hochdosierten, kurz wirksamen Kortikosteroid durchgeführt werden, zweimal im Abstand von 24 Stunden. Dies zu unterlassen und direkt mit Homöopathie zu beginnen, ist ein Behandlungsfehler. In manchen Fällen kann es sogar notwendig sein, nach den Injektionen mit einer (ausschleichenden) Kortikosteroidkur in Tablettenform nachzubehandeln.

Erst danach(!) ist die Homöopathie an der Reihe. Als Nachbehandlung verwenden wir im Akutstadium standardmäßig die Kombination *Arnica montana* D6, *Hypericum perforatum* D6 und *Nux vomica* D6, zu gleichen Teilen, dreimal täglich eine Dosis der Kombination für vier bis sechs Wochen. Je nach Ergebnis wird die Kur verlängert oder mit einem anderen homöopathischen Mittel ergänzt.

Arnica montana D6

Arnica montana fördert die Resorption von Blutergüssen, entzündlichen Flüssigkeiten (Paravasaten) und die Verringerung von Gewebeschwellungen, die bei Gewebeschäden durch Traumata auftreten, und lindert somit auch Schmerzen. Das Arzneimittelbild von *Arnica montana* passt sowohl zu spastischen als auch zu lytischen Lähmungen, wie wir sie bei einem Leistenbruch beobachten. Bei spastischen Lähmungen sind die Gliedmaßen steif und gestreckt (Streckkrampf). Bei lytischen Lähmungen treten Schwäche, Ohnmacht und Taubheit auf.

Hypericum perforatum D6

Das Mittel ist organotrop bewährt, wenn es um die Behandlung von Verletzungen des Nervengewebes geht. Es wird nicht umsonst „die Arnika der Nerven" genannt.

Nux vomica

Nux vomica ist angezeigt bei spastischen und lytischen Lähmungen von Blase und Mastdarm. Die Wahl der Potenzierung ist hier entscheidend.

Andere Behandlungsvorschläge mit Homöopathie

Petroselinum crispum Ø, D6

Petroselinum crispum stimuliert in phytotherapeutischer Stärke, also als Urtinktur, die Kontraktionskraft der glatten Muskulatur der Blasenwand. Bei lytischer Blasenlähmung als Komplikation eines Bandscheibenvorfalls wird *Petroselinum crispum* vorzugsweise in einer Ø angewendet. Merkmale der lytischen Lähmung sind eine überlaufende Blase, bei der die Überfüllung der Blase zu passivem Harnaustritt führt (der Patient liegt in einem nassen Körbchen), sowie längeres Zurückhalten von altem Restharn (Geruch) in der Blase, was zu einer chronisch-rezidivierenden Blasenentzündung führt. In Fällen von Blasenentzündung ist auch eine gezielte antibiotische Medikation notwendig.

In homöopathischen Potenzen wird *Petroselinum crispum* jenseits des Kipppunktes bei spastischer Blasenlähmung eingesetzt, aber dann ist die erste Verschreibung *Petroselinum crispum* D6 dreimal täglich eine Dosis für drei bis sechs Wochen. Bei einer Verschlimmerung der Symptome sollte D30 gegeben werden, einmal täglich eine Dosis für, mindestens zwölf Wochen.

Eine spastische Blasenlähmung wird manchmal bei einem noch nicht ausreichend ausgeheilten Bandscheibenvorfall beobachtet. Auch bei einer spastischen Blasenlähmung kann es zu einer chronisch-rezidivierenden Blasenentzündung kommen, die auf eine längere Rückhaltung von altem Restharn (Geruch) in der Blase zurückzuführen ist. Ein ständiger Harndrang und ein passiver Urinverlust wie bei einer lytischen Blasenwandlähmung bestehen hier nicht.

Petroselinum crispum hat auch eine Affinität zu den glatten Muskeln des (rektalen) Darms. So kann das Mittel auch zur Vorbeugung und Beseitigung von Verstopfung und passivem Stuhlverlust (Ø) oder Stuhlverlust aufgrund von übermäßigem Drang (D6 oder D30) beitragen.

Conium maculatum D6, D12

Conium maculatum wird als homöopathisches Narbenmittel bezeichnet. Bei alten (vernachlässigten) Bandscheibenvorfällen kann dieses Mittel manchmal eine unverhoffte Besserung bewirken. Hier gehen wir davon aus, dass das Narbengewebe wahrscheinlich noch lokal auf das Rückenmark drückt, was Schmerzen verursacht. Offenbar ist *Conium maculatum* in der Lage, Narbengewebe zu erweichen und/oder zu reduzieren. Diese Schlussfolgerung beruht auf klinischen Erfahrungen mit chronischen Schmerzen aufgrund eines alten Bandscheibenvorfalls (auch postoperativ), bei denen mit *Conium maculatum* D12 zweimal täglich eine Dosis innerhalb von drei bis sechs Wochen Ergebnisse erzielt werden konnten. In diesen Fällen hatte die Prednisolonbehandlung keine Wirkung. In subakuten Fällen empfehle ich die Gabe von *Conium maculatum* in einer D6 dreimal täglich eine Dosis, ebenfalls für drei bis sechs Wochen.

Hyoscyamus niger D30

Wir dürfen nicht vergessen, dass Schmerzen, die gezwungene Untätigkeit, die vielen Tierarztbesuche und auch eine eventuelle Harn- und/oder Stuhlinkontinenz die Psyche des Patienten stark belasten. Unruhe, Nervosität, nicht alleine bleiben zu können, Übersprungsverhalten (beißen oder knabbern an den Pfoten oder an Gegenständen wie dem Hundebett), Panik, Hysterie, heftige Aggression und dergleichen sollten ebenfalls behandelt werden.
Hyoscyamus niger ist einer der wichtigsten Wirkstoffe für diese Indikation. Die Dosierung ist D30 einmal täglich eine Dosis für mindestens zwölf Wochen.

Sekundärprävention

Wir sollten uns darüber im Klaren sein, dass der Bandscheibenvorfall die Folge einer schlechten Qualität der Bandscheibe ist. Die herkömmliche Tiermedizin und die organotrope Homöopathie können daran nichts ändern.
Eine konstitutionelle Behandlung ist daher sinnvoll und scheint zu funktionieren. Typotrope Mittel können durch die Verbesserung der Qualität der Bandscheiben vor allem auch ein Wiederauftreten in anderen Bereichen der Wirbelsäule verhindern (Sekundärprävention). Bei der DgDx Bandscheibenvorfall stehen *Calcium carbonicum* und *Silicea* ganz oben auf der Liste.
Obwohl beide Wirkstoffe sich in tiefer Potenz (D6) als wirksam erwiesen haben, ziehe ich es vor, sie in einer höheren Potenz zu verabreichen. Vorzugsweise sammele ich genügend Symptome, um eine Entscheidung zwischen den beiden Medikamenten treffen zu können, um eventuell nicht beide gleichzeitig verabreichen zu müssen.
In Fällen, in denen die Ähnlichkeit nicht ganz eindeutig ist, wählen wir die wahrscheinlichste Arzneimitteldiagnose in einer D12 zweimal täglich eine Dosis. Wenn wir in der Lage sind, das Simillimum zu finden, geben wir es in einer D30 einmal täglich eine Dosis für mindestens zwölf Wochen, möglicherweise später in einer D200 (200K), einmal alle zwei bis vier Wochen für mindestens sechs Monate. Man hat den Eindruck, dass kleine, zierliche und temperamentvolle Typen am besten auf *Silicea* und die etwas kräftigeren, gröberen, gutmütigen Typen am besten auf *Calcium carbonicum* ansprechen.

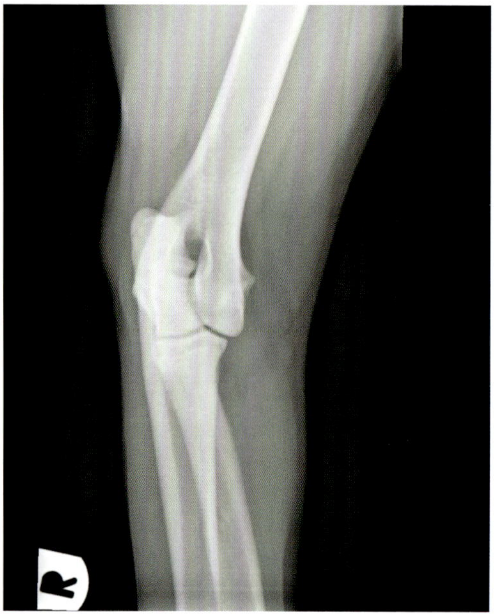

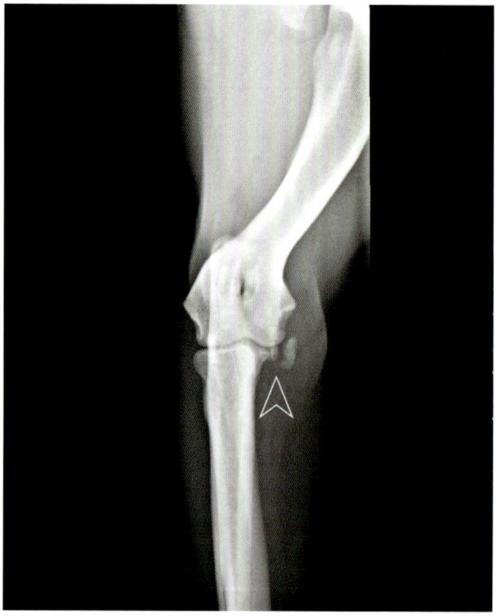

Beschwerden

Die Ellbogendysplasie (ED) tritt in der Regel als Folge einer chronischen deformierenden Arthritis auf (chronische Gelenkentzündung), bei der es zu Knochenwucherungen (Exostosen) kommt. Dadurch verändert sich das Gelenk und seine normale physiologische Funktion ist beeinträchtigt. Ein verformtes Gelenk kann weniger belastet werden und es kommt schneller zu Verletzungen, die nicht mehr so schnell oder gar nicht mehr verheilen. Dies führt zu einem fortschreitenden Prozess von Entzündung, Degeneration und Verschlimmerung. Eine häufige direkte Ursache ist, dass Radius (Speiche) und Ulna (Elle) während des Wachstums (etwa im Alter von drei bis zehn Monaten) nicht gleichmäßig in die Länge wachsen. Man spricht dann vom Short-Ulna-Syndrom.

Isolierter Processus coronoideus (IPC)

Das Ellbogengelenk besteht aus dem unteren Teil des Oberarmknochens, dem oberen Teil der Speiche und dem vorderen Teil der Elle. Normalerweise bilden sie zusammen ein funktionierendes Gelenk. Wenn die Speiche im Wachstum zurückbleibt, entsteht eine Stufe im Gelenk (siehe Abbildung). Abgesehen von der Fehlfunktion des (inkongruenten) Gelenks, die zu einer chronischen Belastung der Bänder führt, kann die Stufe auch vollkommen abreißen (isolierter Processus coronoidus) und die Gelenksfunktion weiter beeinträchtigen. Die Folgen sind: chronische Arthritis, Exostosen, Knorpeldegeneration, Knorpeldefekte in Höhe des IPC (kissing lesion), Schwellung (Überfüllung) des Gelenks und Lahmheit. Soweit wir es einschätzen können, gibt es zwei Ursachen für Kissing Lesions: ein Trauma und eine minderwertige

Knorpelschicht im Gelenk (Osteochondrosis dissecans oder OCD).
Ein IPC muss rechtzeitig chirurgisch entfernt werden. Diagnostik und Behandlung haben sich mit der Einführung der Computertomographie (genaues Bild der Situation im Gelenk) und der Arthroskopie (weniger invasiv) erheblich verbessert, sodass auch rechtzeitig die richtige Entscheidung getroffen werden kann – operativer Eingriff oder nicht.

Isolierter Processus anconaeus (IPA)

Da die Speiche schneller in die Länge wächst, drückt sie das untere Ende des Oberarmknochens nach oben gegen den Processus anconaeus der Elle, was schließlich zu deren Bruch führt.
Der isolierte Processus anconaeus (IPA) bleibt nach der Fraktur oft recht gut in Position sitzen. Bei IPA-Fällen ist es schwierig, die Entscheidung zu treffen, ob ein chirurgischer Eingriff erforderlich ist oder nicht. Es gibt in der Regel keinen oder nur einen geringen Unterschied im Ergebnis, ob man operiert oder nicht, so verrückt das auch klingen mag. Dies hat mit der komplexen Struktur an der Stelle zu tun, die es zu einem schwierigen Operationsgebiet macht. In jedem einzelnen Fall muss ein (erfahrener) Orthopäde die Entscheidung treffen. In beiden Fällen ist die Entwicklung einer Arthrose unvermeidlich.
Bei der Entwicklung der Ellbogendysplasie spielen wie bei der Hüftdysplasie Faktoren wie Veranlagung, Ernährung und Bewegungsstruktur eine wichtige Rolle. Auch bei der Ellbogendysplasie können wir *Calcium carbonicum*, *Calcium phosphoricum*, *Calcium fluoratum* und *Phosphorus* zur (Sekundär-) Prävention einsetzen. Obwohl die Typ-Diagnose hauptsächlich für die Wahl des entsprechenden Mittels ausschlaggebend ist, eignen sich *Calcium phosphoricum* und *Phosphorus* aufgrund ihrer Affinität zum Längenwachstum der Röhrenknochen eher zur (sekundären) Vorbeugung bei Ellbogendysplasie. *Calcium carbonicum* eignet sich eher für eine verminderte Qualität des Gelenkknorpels, Gelenkspiel und kissing-lesions, wie sie im Ellenbogen- und/oder Schultergelenk auftreten.
Liegt eine Arthrose vor oder entwickelt sich postoperativ eine (weitere) Arthrose, kann dies zu chronischen Beschwerden führen. In diesem Fall ist eine organotrope Behandlung sinnvoller als eine Konstitutionsbehandlung. In der etablierten Tiermedizin werden diese Arthrose-Patienten bald dauerhaft (lebenslang) auf NSAIDs gesetzt, unterstützt durch Nahrungsergänzungsmittel wie Glucosamin, Omega-3, pflanzliche Arzneimittel wie Curcuma und so weiter. Aus Erfahrung weiß ich, dass die „Verdammung" zur fortgesetzten NSAID-Medikation oft bis ins hohe Alter aufgeschoben werden kann, wenn wir die NSAIDs durch Homöopathie ersetzen, oft in Kombination mit Nahrungsergänzungsmitteln und phytotherapeutischen Arzneimitteln. In diesen Fällen kommen sicherlich auch andere komplementäre Therapien wie Physiotherapie, manuelle Therapie und Akupunktur ins Spiel.

DgDx Osteoarthritis

Calcium fluoricum

Calcium fluoricum hat wie *Ruta graveolens* und Symphytum officinale eine Affinität zu den Bändern, vor allem zu denen, die Knochen verbinden. An deren Ansatzstellen kann es zu einer chronisch-degenerativen Gelenkveränderung mit Knorpelabbau (Osteoarthritis) kommen. Es handelt sich um eine organotrope Behandlung für ein chronisches Leiden. Potenz und Dosierung: D12 eine Dosis zweimal täglich. Eine bewährte Kombination homöopathischer Arzneimittel bei Arthrose vom Beginn bis zum chronischen Verlauf ist: *Calcium fluoricum* D12, *Bryonia* D12, *Symphytum officinale* D6 und *Ruta graveolens* D6 zu gleichen Teilen zweimal täglich eine Dosis dieser Kombination. In der Regel erfolgt die Abgabe dauerhaft, eventuell in einer Erhaltungsdosis von einmal täglich einer Dosis.

Ruta graveolens

Ruta graveolens hat eine Affinität zu Sehnen, Bändern und Knochenhaut (Periost), insbesondere im Bereich des Sehnenansatzes am Knochen. Es scheint ein wirksames Mittel bei akuten und chronisch schmerzhaften sterilen Entzündungen in diesem Bereich zu sein. Die Ursache von Ruta graveolens-Beschwerden ist in der Regel ein Trauma, eine unsachgemäße Belastung oder eine Überbeanspruchung in genau diesem Bereich der Ansatzstellen der Sehne an den Knochen. Wahl des Arzneimittels und Dosierung: *Ruta graveolens* D6 dreimal täglich eine Dosis über sechs bis zwölf Wochen. In der Erhaltungsdosis ein- bis zweimal täglich eine Dosis.

Bryonia

Bryonia wird organotrop bei Arthritis, in diesem Fall chronischer Arthritis, angewendet. Die Modalitäten sind etwas anders als das, was wir normalerweise von *Bryonia* kennen: Anlaufschwierigkeiten, die durch Bewegung nicht vollständig verbessert werden. Lahmheit und Anlaufschwierigkeiten verschlimmern sich im Laufe des Tages.

Dieses Bild unterscheidet sich von dem von *Rhus toxicodendron*: Anlaufschwierigkeiten, die sich bei Bewegung vollständig bessern und vor allem am Morgen deutlich schlimmer sind.

Potenz und Dosierung: *Bryonia* D12 eine Dosis zweimal täglich.

Theoretisch könnte man von beiden Mitteln in einer D12-Potenz eine Verschlimmerung erwarten. In der Praxis tritt dies jedoch nie ein. Und wenn es in der Anfangsphase der Medikation zu einer Verschlimmerung der Symptome kommt, reicht in der Praxis eine Verringerung der Gabenhäufigkeit aus, um eine Überstimulierung zu verhindern, also statt einer Dosis zweimal täglich einmal täglich eine Dosis.

Symphytum officinale

Symphytum officinale oder Beinwell wird bei Exostosen (Knochenwucherungen, „Überbein") eingesetzt. Das Mittel hat wie *Calcium fluoricum* und *Ruta graveolens* eine Affinität zu den Bändern, die an Knochen ansetzen, wo es zur Bildung von chronisch-degenerativen Gelenkveränderungen mit Knorpelabbau (Osteoarthritis) kommen kann.

Potenz und Dosierung: *Symphytum officinale* D4 oder D6 dreimal täglich eine Dosis sechs bis zwölf Wochen lang. In der Erhaltungsdosis ein- bis zweimal täglich eine Dosis.

Hekla lava

Hekla lava wird homöopathisch bei Exostosen eingesetzt, als organotropes Mittel (D3 oder D6), meist in Kombination mit *Symphytum officinale* D4 oder D6. Potenz und Dosierung: *Hekla lava* D3 oder D6 dreimal täglich eine Dosis sechs bis zwölf Wochen lang. In der Erhaltungsdosis ein- bis zweimal täglich eine Dosis.

Gynäkologie mit Homöopathie

Einführung

In diesem Kapitel werden die Bereiche Gynäkologie und Geburtshilfe vom Paarungsakt bis hin zum Wurf der Welpen behandelt. Es kommen die häufigsten Probleme in Bezug auf Fruchtbarkeit, Geburt und die Säugezeit zur Sprache. Dazu erfahren Sie die Anwendung homöopathischer Arzneimittel: ihre Möglichkeiten, aber auch ihre Grenzen.

Der Zyklus der Hündin

Um die verschiedenen Fruchtbarkeitsprobleme der Hündin und ihre homöopathische Behandlung besser zu verstehen, ist es wichtig, zunächst den Zyklusverlauf der Hündin zu kennen.

Fortpflanzungsorgane

Die drei wichtigsten Organe, die an der Fortpflanzung der Hündin beteiligt sind:

- Zirbeldrüse (Epiphyse): Sie befindet sich im Gehirn.
- Eierstöcke (Ovarien): Sie befinden sich im Unterleib.
- Uterus (Gebärmutter): Er befindet sich im Unterleib.

Die Fortpflanzungsorgane kommunizieren vor allem durch Hormone miteinander – und zwar in dieser Reihenfolge:

- GnRH oder Gonadotropin-Releasing-Hormon
- FSH oder Follikel-stimulierendes Hormon
- LH oder Luteinisierendes Hormon
- Progesteron oder Gelbkörperhormon
- Prolaktin oder Milchbildungshormon

Diese Hormone, ihre Funktionen und ihre Zusammenhänge werden im Folgenden näher erläutert.

Hormone

GnRH oder Gonadotropin-Releasing-Hormon

GnRH oder Gonadotropin-Releasing-Hormon wird im Hypothalamus produziert, dem Teil des Gehirns, der u. a. die Hormonhomöostase steuert. Von dort aus regt es die Hirnanhangsdrüse zur Produktion von FSH (Follikel-stimulierendes Hormon) und LH (Luteinisierendes Hormon) an. Diese so genannten Gonadotropine steuern bei der Hündin die Eierstöcke (Ovarien) und beim Hund die Hoden (Testes).

Choriongonadotropine

Choriongonadotropine sind Gonadotropine, die nicht in der Hirnanhangdrüse (Hypophyse), sondern im Chorion, einem Teil der Plazenta (Mutterkuchen), gebildet werden. In der Veterinärmedizin wird zur Behandlung von Fruchtbarkeits- oder Fertilitätsstörungen das Chorion-Gonadotropin von schwangeren Frauen und trächtigen Stuten verwendet.

FSH oder Follikel-stimulierendes Hormon

FSH oder Follikel-stimulierende Hormon ist im Eierstock der Hündin für die erste Phase der Follikelreifung mit der Entwicklung der Eizellen und die Produktion von Östrogen oder Östrogenhormon verantwortlich. In den Hoden des Rüden ist FSH für die Entwicklung der Spermazellen in den Sertoli-Zellen verantwortlich.

LH oder Luteinisierendes Hormon

LH oder Luteinisierendes Hormon ist im Eierstock der Hündin für die Weiterentwicklung und Reifung der Eierstockfollikel (und der darin befindlichen Eizellen), den Eisprung (Oozytensprung) und die Bildung des Gelbkörpers (Corpus luteum) verantwortlich, in dem das Progesteron gebildet wird. In den männlichen Hoden ist LH für die Produktion von Testosteron durch die Leydig-Zellen verantwortlich.

Trächtigkeit

Die hormonellen Vorbereitungen für die Läufigkeit beginnen etwa vier bis sechs Wochen vor dem ersten Tag der sichtbaren Läufigkeit, dem Tag, an dem die erste Blutung zu sehen ist. Jetzt beginnt der Hypothalamus, die Schaltzentrale des Hormongehirns, mit den hormonellen Prozessen.

Funktionsweise von GnRH oder Gonadotropin-Releasing-Hormon

Natürliches GnRH koppelt an die GnRH-Rezeptoren, die sich an der Außenseite der Hypophysenzellen befinden. Als Reaktion darauf kommt es zur Produktion der Gonadotropine FSH und LH. Nach gewisser Zeit nutzt sich das natürliche GnRH ab und gibt die Rezeptoren frei. Die Rezeptor wandern zurück an die Oberfläche der Zelle und sind bereit, sich wieder mit neuem natürlichen GnRH zu verbinden, und so weiter.
Solange die GnRH-Rezeptoren gekoppelt sind und sich innerhalb der Zelle befinden, kann die Zelle kein neues natürliches GnRH aufnehmen. Der Rezeptor und damit die Zelle ist (vorübergehend) für den Einfluss des natürlichen GnRH blockiert. Das natürliche GnRH wird in kurzen Abständen in kleinen Mengen ins Blut abgegeben. In den Pausen können sich die Hypophysenzellen für die nächste Verbindung erholen.

Funktionsweise von synthetischem GnRH

Eine synthetische Version von GnRH wird in Form eines Chips (Suprelorin-Chip, Kastrationschip) in der Tiermedizin verwendet, um Rüden für einen längeren Zeitraum unfruchtbar zu machen. Es ist auch möglich, damit die Läufigkeit von Hündinnen über einen längeren Zeitraum zu unterdrücken. Der Unterschied zwischen synthetischem GnRH und natürlichem GnRH besteht darin, dass synthetisches GnRH länger an den Rezeptoren in der Hypophysenzelle gekoppelt bleibt und zudem in einer größeren Menge verabreicht wird. Dadurch nimmt die Zahl der verfügbaren Rezeptoren ab und die Zelle kann immer weniger zur Produktion von FSH und LH angeregt werden. Letztlich blockiert die wiederholte Gabe von synthetischem GnRH aus dem subkutanen Chip die Zelle, die letztlich nicht mehr produzieren kann und so sinken die FSH- und LH-Spiegel auf (fast) Null (Downregulation). Dadurch wird die Entwicklung von fruchtbaren Spermien und Eizellen blockiert.

Die verabreichte Form des synthetischen GnRH aktiviert zunächst für einen Zeitraum von etwa sechs Wochen die Rezeptoren, danach sind die Rezeptoren für eine längere Zeit, etwa fünf bis sechs Monate, blockiert (Downregulation). Das GnRH ist also erst sechs Wochen nach dem subkutanen Einsetzen des Chips wirksam. In den ersten sechs Wochen nach dem Einsetzen des Chips nehmen die sexuellen Funktionen und Verhaltensweisen sogar zu (flare up). Es kommt zu einem Anstieg der FSH- und LH-Produktion und damit auch zu einem Anstieg von Östrogen und Testosteron. Man sollte in den ersten sechs Wochen nach dem Einsetzen des Chips beide intakten Geschlechter noch getrennt halten.

In der Praxis wird der „Off-Label"-Effekt (nicht gemäß der Packungsbeilage) manchmal genutzt, um die Läufigkeit von Hündinnen zu unterdrücken.

Funktionsweise des Follikel-stimulierenden Hormons (FSH)

Unter dem Einfluss von GnRH wird die Produktion von FSH ausgelöst. FSH stimuliert das Wachstum von Follikeln (Bläschen) in den Eierstöcken. In diesen FSH-induzierten Follikeln, die immer größer werden, wird nach und nach Östrogen bzw. Östrogenhormon produziert und die Eizellen entwickeln sich weiter. Östrogen bedeutet der Wortherkunft nach „Leidenschaft erzeugend". Und in der Tat, wenn der Follikel groß genug geworden ist und genügend Östrogen im Blut vorhanden ist, werden die äußeren Symptome der Hitze sichtbar: Anschwellen der Vulva, blutiger Ausfluss, die Hündin wird für Rüden attraktiv. Manchmal sehen wir in dieser Phase, dass die Hündin häufiger uriniert, was auf eine Blaseninfektion hindeuteten könnte. FSH kümmert sich um die erste Phase der Follikelentwicklung: vom Beginn (vier bis sechs Wochen vor der Läufigkeit) bis zum ersten Tag der Läufigkeit.

Funktionsweise des LH oder Luteinisierenden Hormons

Irgendwann registriert die Hirnanhangdrüse, dass die Östrogenmenge im Blut auf ein Niveau angestiegen ist, bei dem die Hündin läufig geworden ist. Als Reaktion darauf reduziert die Hypophyse die Produktion von FSH und produziert ein zweites Hormon, LH, unter dessen Einfluss der Follikel weiter reift und schließlich platzt und die Eizelle freigibt (Eizellensprung oder Eisprung). Das Luteinisierende Hormon ist für die Reifung des Follikels zu einem reifen Follikel (Graafscher Follikel), den Eisprung und die Bildung des Gelbkörpers verantwortlich. LH bewirkt auch, dass die Lücke, die der geplatzte Follikel hinterlässt, mit einem Gewebe gefüllt wird, das wir als Gelbkörper bezeichnen. Lutein ist der gelbe Farbstoff z. B. im Eigelb, aber auch im Schwangerschaftskörper (Corpus luteum) im Eierstock. Der Gelbkörper beginnt mit der Produktion von Progesteron oder Schwangerschaftshormonen. Die LH-Phase ist die zweite Phase in der Entwicklung der Follikel, die (ungefähr) vom ersten Tag der Läufigkeit, dem Tag, an dem der erste blutige Ausfluss zu sehen ist, bis zur Bildung eines Gelbkörpers reicht. LH ermöglicht die Trächtigkeit.

Progesteron

Die Bestimmung von Tag eins der Brunst ist subjektiv und hängt davon ab, inwieweit der blutige Ausfluss zu Beginn sichtbar ist, aber auch von der Wahrnehmungsfähigkeit des Besitzers. Wir können also immer einen (oder zwei) Tage daneben liegen. In der Anfangsphase der Läufigkeit gibt es noch keinen Gelbkörper und auch der Progesteronspiegel im Blut ist sehr niedrig: Die Progesteronproduktion geht gegen Null, da nur sehr wenig Progesteron von anderer Stelle produziert wird, etwa in der Nebennierenrinde. Unmittelbar nach dem Eisprung und der Bildung des Gelbkörpers kommt es zu einem sehr schnellen und starken Anstieg des Progesteronspiegels im Blut. Durch die Messung des Progesteronspiegels können wir ziemlich genau abschätzen, wann eine Hündin tatsächlich fruchtbar ist. Wenn nach dem Aufplatzen des reifen Follikels (Eisprung) die Eizelle in den Eileiter gelangt, kann sie dort nach einem bis drei Tagen der Reifung befruchtet werden. Geschieht dies nicht, wird die Eizelle abgestoßen, und schließlich geht auch der Gelbkörper verloren.

Manchmal bleibt der Gelbkörper bei einer nicht befruchteten und somit nicht trächtigen Hündin etwas länger als üblich bestehen.

Prolaktin

Wenn Progesteron länger im Blut bleibt, was bei einer trächtigen Hündin jedoch normal ist, produziert die Hypophyse schließlich ein weiteres Hormon: Prolaktin. Prolaktin ist für die Vermehrung des Brustdrüsengewebes und die Einleitung der Milchproduktion verantwortlich. Bei einer Hündin, die nicht trächtig ist, bei der aber der Gelbkörper länger intakt bleibt und daher länger Progesteron im Blut vorhanden ist, kommt es zu einer Scheinträchtigkeit.

Befruchtung

Wenn es zu einer Befruchtung kommt, wandert die befruchtete Eizelle zwischen dem dritten und siebten Tag nach der Befruchtung in die Gebärmutter. In der Zwischenzeit wird diese unter dem Einfluss von Progesteron darauf vorbereitet, dass sich die Eizelle fest in der Gebärmutterschleimhaut einnistet: Eine gute Verbindung zwischen Gebärmutterschleimhaut und befruchteter Eizelle ist für die Ernährung von Embryo und Fötus unabdingbar. Wenn der Fötus voll entwickelt ist, signalisiert der Mutterkuchen (Plazenta), dass der Progesteron produzierende Gelbkörper von seiner Funktion entbunden werden und die Progesteron-Produktion eingestellt werden kann, sodass die Wehen einsetzen können. Durch die Messung des Progesterons am Ende der Trächtigkeit erhalten wir einen Hinweis darauf, wann die Geburt bevorsteht.

Zum Schluss noch eine Erklärung. Die Periode vom ersten Tag der Brunst bis zum Zeitpunkt des Eisprungs wird als Proöstrus oder Vorbrunst bezeichnet. Tatsächlich beginnt sie insgeheim vier bis sechs Wochen früher. Der sichtbare Proöstrus dauert etwa neun bis zehn Tage. Es gibt jedoch eine individuelle Schwankungsbreite von fünf bis (manchmal) weit über 20 Tagen. Nach dem Proöstrus folgt der Östrus oder die Brunst. Diese dauert etwa drei bis fünf Tage. Während dieser Zeit „steht" die Hündin (Standhitze). Da es sich bei den Angaben um Durchschnittswerte handelt, sollten Sie immer bedenken, dass die tatsächliche fruchtbare Zeit relativ kurz sein kann (wichtig, wenn eine Trächtigkeit erwünscht ist), aber auch viel länger (wichtig, wenn keine Trächtigkeit erwünscht ist). Für den Metöstrus oder den Postöstrus variieren die Angaben hinsichtlich der Länge recht stark. Dasselbe gilt für den Anöstrus oder die Ruhephase. Die Verringerung der hormonellen Aktivität (Metöstrus) bei einer nicht trächtigen Hündin dauert etwa vier Wochen. Die Phase der sexuellen Hormonpause dauert im Durchschnitt drei bis sechs Monate, je nach Zykluslänge (sechs bis neun Monate).

Läufigkeit versus Menstruation

Wenn wir die Läufigkeit einer Hündin mit der Menstruation einer Frau vergleichen, könnten wir eine Parallele zwischen den ersten neun bis zehn Tagen der Läufigkeit einer Hündin und der Menstruation einer Frau ziehen: Die Reinigungsphase, die die Gebärmutter auf die Trächtigkeit vorbereitet. Auch wenn es in der Praxis nicht immer offensichtlich ist, kann man bei der Hündin feststellen, dass der blutige Ausfluss am Tag neun bis zehn der Läufigkeit einen wässrigen Zustand annimmt: Ein Zeichen dafür, dass der

Proöstrus in den Östrus übergeht. Man könnte den Östrus, den Tag neun bis dreizehn der Läufigkeit, als fruchtbare Phase der Hündin nennen. Bei der Hündin folgt die fruchtbare Periode unmittelbar auf die Läufigkeit, bei einer Frau liegen im Allgemeinen etwa zehn Tage dazwischen (auch hier gibt es Abweichungen). Dies ist auf die Tatsache zurückzuführen, dass bei einer Hündin während der Läufigkeit zwar eine Blutung auftritt, aber es gibt keinen Gewebeverlust. Bei der Frau kommt es zu einer Blutung mit Gewebeverlust (oberflächliche Schleimhautschicht) und sie braucht Zeit, um den Gewebeverlust wieder auszugleichen, die Hündin nicht. Trotz guter wissenschaftlicher Erkenntnisse über die Wirkung von Hormonen, die bei der Fruchtbarkeit von Hunden eine Rolle spielen, sind die Behandlungsergebnisse mit diesen Hormonen bei Weitem nicht immer erfolgreich. Das liegt sicher nicht zuletzt an den Grenzen der Diagnostik, aber auch über die Wirkungsweise und das Zusammenspiel der Hormone wissen wir noch lange nicht alles. Da die regulären Hormonbehandlungen uns oft im Stich lassen, ergibt sich die Notwendigkeit einer Alternative, notfalls auch außerhalb der regulären Veterinärmedizin.

Fruchtbarkeitsprobleme

Es gibt viele verschiedene Gründe, warum eine Hündin nicht trächtig wird. Ursachen, die direkt mit Anomalien der Fortpflanzungshormone und/oder des Genitaltrakts zusammenhängen sind zum Beispiel verzögerte Läufigkeit (verlängerter Zyklus), kein oder verzögerter Eisprung, frühzeitige Fruchtresorption, Vaginitis, Endometritis, Pyometra, Nichtzulassen der Hündin des Deckakts, verminderter Decktrieb des Rüden, fehlerhafte Spermien des Rüden und/oder Verwachsungen im Bauchraum.
Darüber hinaus gibt es weitere Pathologien, die bei Fruchtbarkeitsstörungen eine Rolle spielen können, wie eine Schilddrüsenunterfunktion (Hypothyreose) oder eine Überstimulation der Nebennierenrinde (Cushing-Syndrom). Eine Langzeitmedikation mit z. B. Kortikosteroiden kann sich negativ auf die Fruchtbarkeit auswirken. Ganz zu schweigen von der Frage, ob zum Beispiel die Paarung zum richtigen Zeitpunkt erfolgt. Wurde ein Progesterontest durchgeführt? Was das Zuchtmanagement im Allgemeinen angeht, so fehlt es selbst erfahrenen Züchtern manchmal an Wissen, Einsicht und Können.

Diagnose

Wie üblich stellen wir zwei Diagnosen: eine (reguläre) Krankheitsdiagnose und eine (homöopathische) Arzneimitteldiagnose. Eine (reguläre) Krankheitsdiagnose ist notwendig, um die richtige Wahl zwischen regulärer Tiermedizin und Homöopathie zu treffen. Inzwischen können wir auch zunehmend ein homöopathisches Arzneimittel allein auf der Grundlage einer (regulären) Krankheitsdiagnose verschreiben.
Bei Fruchtbarkeitsstörungen ist es nicht immer einfach, genau zu bestimmen, worin die Ursache liegt. Wir ziehen dann bei der Behandlung regelmäßig mehrere mögliche Ursachen in Betracht, nur um sicher zu gehen, auch wenn wir sie manchmal lediglich vermuten und nicht mit Sicherheit diagnostizieren können. Eine Behandlung von Fruchtbarkeitsstörungen beginnt damit, dass man eine vollständige Checkliste aller möglichen Ursachen erstellt, einschließlich der des Rüden.

Checkliste Fruchtbarkeitsprobleme bei der Hündin

Anamnese

Wir sammeln die relevanten Hintergrundinformationen über die Hündin und den zukünftigen Rüden, soweit sie bekannt sind. Ansonsten fragen wir nach. Über frühere Bedeckungen (Deckzeitpunkt, Deckakt), Trächtigkeit, Anzahl der Welpen, Spermauntersuchung und so weiter. Wir fragen nach Daten über den Zyklus (Dauer), Intensität der Läufigkeit, (gynäkologische) Krankheitsgeschichte und Behandlungsergebnisse etc. Die Ergebnisse der unmittelbar verwandten Hunde werden ebenfalls erfasst.

Diagnose der Krankheit

Mittels klinischer Untersuchung sowie ergänzend Laboruntersuchung und diagnostischer Bildgebung finden wir heraus, ob eine Krankheit an anderer Stelle im Körper für die gynäkologischen Probleme sein kann, wie es z. B. bei Cushing, Hypothyreodose etc. der Fall ist.

Wird zum Beispiel der Deckakt durch die Angst der Hündin verhindert? Oder gibt es anatomische Defekte, die eine Paarung verhindern? Anatomische Defekte an sich könnten nicht nur die Paarung verhindern und später Probleme beim Partus (Geburt) verursachen, sondern auch den Weg der Spermien zur Eizelle blockieren.

Arzneimtteldiagnose

Eine ausbleibende Läufigkeit, eine Gebärmutterentzündung, die trotz regulärer Behandlung jedes Mal wieder auftritt, oder eine frühzeitige Fruchtresorption, um nur einige Beispiele zu nennen, können in vielen Fällen durch eine Fehlfunktion auf konstitutioneller Ebene verursacht werden. Eine Fehlfunktion, die mit einer (regulären) Krankheitsdiagnose nicht vollständig erfasst werden kann. Dann brauchen wir eine Arzneimitteldiagnose.

Vorzugsweise wird eine typotrope Behandlung (Simillimum) angestrebt, aber auch in der Gynäkologie bei Hunden gibt es inzwischen erfolgreiche organotrope Behandlungen (Similium). Wie schwer sich bestimmte gynäkologische Beschwerden auswirken können, zeigt die Tatsache, dass sie sehr häufig von der Großmutter an die Mutter und die Tochter weiter gegeben werden. Eine genetische Veranlagung ist hier sehr wahrscheinlich.

Bakteriologische Untersuchung (BU) und Mikrobiologisches Antibiogramm (MBABG)

Am Tag eins der Brunst findet eine vaginale Untersuchung und die Entnahme von Material für die bakteriologische Untersuchung (BU) statt. In einigen Fällen wird auch eine zytologische Untersuchung durchgeführt, um zusätzliche Informationen über das aktuelle Stadium der Hitze zu erhalten. Bei der bakteriologischen Untersuchung wird geprüft, ob pathogene (krankheitserregende) Bakterien vorhanden sind. Die Antibiotika-Empfindlichkeit der gefundenen Bakterien wird dann auch mit Hilfe eines mikrobiologischen Antibiogramms (MBABG) getestet.

Progesterontest

In der Regel wird ab dem neunten Tag der Läufigkeit in angemessener Regelmäßigkeit der Progesteronspiegel im Blut gemessen, um den richtigen Deckzeitpunkt möglichst genau abschätzen zu können. Der Progesteronspiegel kann auch am Ende der Trächtigkeit bestimmt werden, um einschätzen zu können, wann der Partus fällig ist.

Ultraschall

Vom 28. bis zum 35. Tag wird per Ultraschall festgestellt, ob eine Trächtigkeit vorliegt oder nicht. Eine Schätzung der Anzahl der Welpen ist zu diesem Zeitpunkt noch nicht sicher möglich. Diese Untersuchung wird erforderlichenfalls am Ende der Trächtigkeit wiederholt, um einen Eindruck über die Lebensfähigkeit der Welpen zu erhalten.

Röntgen

Etwa eine Woche vor der Geburt zählen wir die Anzahl der zu erwartenden Welpen mit Hilfe von Röntgenaufnahmen. Die Anzahl der Welpen per Röntgenbild ist eine zuverlässigere Methode als Ultraschall, insbesondere für Tierärzte, die weniger Erfahrung mit Ultraschall haben. Es ist wichtig zu wissen, wie viele Welpen es sind, damit es keine Ungewissheit mehr über das Ende des Partus gibt.

Späte Hitze (verlängerter Zyklus)

Es kann sein, dass die erste Läufigkeit (zu) spät auftritt. Spät ist natürlich ein relativer Begriff, aber sagen wir, dass die erste Läufigkeit nach einem Alter von zwölf Monaten als nicht normal angesehen werden kann. Natürlich müssen wir hier berücksichtigen, was bei bestimmten Rassen normal ist und von daher unproblematisch ist. Wir sollten dann natürlich nicht versuchen, homöopathisch einzugreifen.
Wir sehen auch oft einen (stark) verlängerten Zyklus, wenn die erste Läufigkeit erst spät eingesetzt hat. Es kommt auch vor, dass eine Hündin im Alter von etwa 13 bis 15 Monaten zum ersten Mal läufig wird, dann aber einen konstanten Zyklus von sechs Monaten hat. In einem solchen Fall besteht die Möglichkeit, dass die erste Läufigkeit im Alter von sieben bis neun Monaten nicht bemerkt wurde (stille Läufigkeit). Es ist wichtig, sich bewusst zu machen, dass es uns die Homöopathie ermöglicht, regulierend in den Zyklus einzugreifen, aber wir können nichts erzwingen. Wir können einen normalen neunmonatigen Zyklus nicht auf sechs Monate verkürzen, nur weil es uns von der Zeit her besser passen würde. Einen Zyklus, der normalerweise sechs Monate dauert, sich aber einmal neun Monate gedauert hat, können wir auf sechs Monate verkürzen (beim nächsten Mal). Eine verspätete Läufigkeit an sich ist kein großes Problem, sie stellt höchstens die Geduld des Züchters auf die Probe und/oder der Zeitpunkt fällt in eine (für den Züchter!) ungünstige Zeit. Aber ein verlängerter Zyklus kann ein Zeichen dafür sein, dass sich z. B. auch der Eisprung verzögert.

Organotrope Behandlung

Eine seit vielen Jahren bewährte organotrope Behandlung für eine Hündin, deren Läufigkeit sich im Vergleich zu ihrem normalen Zyklus verzögert, ist eine Behandlung mit *Pulsatilla pratensis* und/oder *Cimicifuga racemosa*, eventuell ergänzt durch ein Simillimum.

Pulsatilla pratensis D3 (Tropfen)

Die einfachste Behandlung einer Hündin, die überfällig ist, ist die mit *Pulsatilla pratensis* D3 (Dilutio!), dreimal täglich fünf Tropfen, für (prinzipiell) bis zu drei Wochen. Bei einer Hündin, deren Vorgeschichte zu diesem Zeitpunkt bekannt ist, kann man etwa drei Wochen vor der erwarteten Läufigkeit beginnen, wenn man die bisher übliche Zykluslänge annimmt. Eine Läufigkeit muss innerhalb von drei Wochen eintreten. Nicht selten geschieht das sogar am allerletzten Tag der Kur. Ist jedoch bis dahin (am 21. Tag der Kur) keine deutliche Läufigkeit zu erkennen, sollte sie von einem (homöopathischen) Tierarzt begutachtet werden, wie weiter zu verfahren ist. In Ausnahmefällen wird eine weitere Behandlung mit *Pulsatilla pratensis* D3 verordnet, was meistens der Fall ist und wird (wie früher) mit *Cimicifuga racemosa* D3 und/oder *Ignatia amara* D6 ergänzt (siehe weiter unten). In einigen Fällen gelingt es uns, das Simillimum zu finden.
Sobald die Läufigkeit (Blutung) deutlich eingesetzt hat, sollte *Pulsatilla pratensis* D3 auf jeden Fall abgesetzt werden. Eine Weiterführung in dieser sensiblen Phase könnte die Chance der Einnistung befruchteter Eizellen verringern und das Risiko einer eitrigen Gebärmutterentzündung erhöhen. Außerdem ist es nicht sinnvoll, *Pulsatilla pratensis* D3 nach dem ersten Tag der Brunst weiter zu geben, denn am ersten Tag beginnt die zweite Phase der Follikelentwicklung und diese liegt außerhalb des Wirkungsbereichs von *Pulsatilla pratensis*. Wir vermuten, dass *Pulsatilla pratensis* D3 in der Lage ist, die Funktion

von FSH auf der Ebene der Eierstöcke zu unterstützen. Es sorgt für die Entwicklung der ersten Phase der Follikel (einschließlich der Entwicklung der Eizellen) und damit für die Produktion von Östrogen bis zu einem Niveau, bei dem die äußeren Zeichen der Hitze auftreten. Es ist nicht möglich, einen normalen Zyklus mit Hilfe der Homöopathie zu verkürzen oder zu verlängern, aber es ist möglich, einen verzögerten Zyklus einzuleiten. Die Homöopathie kann nichts erzwingen, aber sie kann regulieren.
Hinweis: Wir geben *Pulsatilla pratensis* D3 immer in flüssiger Form (Dilutio). Es hat sich mehrfach gezeigt, dass es in Tabletten- oder Granulatform nicht oder weniger gut wirkt.

Cimicifuga racemosa D3 (Tropfen)

Wir gehen davon aus, dass *Cimicifuga racemosa* D3 organotrop die LH-Funktion auf der Ebene der Eierstöcke unterstützt. LH stimuliert die weitere Reifung von Follikeln und Eizellen bis zur Ovulation.
Die Bildung eines funktionstüchtigen Gelbkörpers wird angeregt, der durch die Produktion von Progesteron die Trächtigkeit aufrechterhält

> **Späte Hitze**
>
> **Pulsatilla pratensis D3 (Dilutio)**
> Dreimal täglich fünf Tropfen
> Beginn vier bis sechs Wochen vor der erwarteten Läufigkeit oder ab dem Zeitpunkt, an dem die erwartete Läufigkeit nicht auftritt, bis zum ersten Tag der sichtbaren Läufigkeit (erster Tag des blutigen Ausflusses), jedoch höchstens drei Wochen lang. Wenn nach drei Wochen keine Läufigkeit aufgetreten ist, sollte eine typotrope Behandlung erwogen werden.
>
> **Cimicifuga racemosa D3 (Dilutio)**
> Dreimal täglich fünf Tropfen
> Ab dem ersten Tag der sichtbaren Brunst bis sechs Wochen nach der Befruchtung.

und damit die Wahrscheinlichkeit einer vorzeitigen Fruchtresorption verringert. *Cimicifuga racemosa* D3 (Dilutio), dreimal täglich fünf Tropfen, ab dem ersten Tag der Brunst bis sechs Wochen nach der Befruchtung.
Hinweis: Wir geben *Cimicifuga* D3 immer in flüssiger Form (Dilutio). Es hat sich mehrfach gezeigt, dass es in Tabletten- oder Globuliform nicht oder weniger gut wirkt.

Typotrope Behandlung

Pulsatilla pratensis

Keine, späte und/oder kaum Brunst, wenig Ausfluss, geringe Anziehungskraft auf Rüden und verzögerter Eisprung passen zu dem homöopathischen Arzneimittel *Pulsatilla pratensis*. Praktisch gesehen hat eine Pulsatilla pratensis-Hündin in der Regel eine stille erste Läufigkeit oder eine etwas späte erste Läufigkeit (z. B. mit 10 bis zwölf Monaten) und einen Endzyklus von etwa neun bis zehn Monaten. Bei *Ignatia amara* sehen wir die Extreme, zum Beispiel die erste Läufigkeit im Alter von 20 bis 24 Monaten und einen Zyklus von anderthalb Jahren, wenn es überhaupt einen Zyklus gibt.
Wenn wir es mit einer Hündin zu tun haben, die besser für *Pulsatilla pratensis* geeignet ist als nur für das Symptom verzögerte Läufigkeit, sollten wir sicherlich vorsichtig sein mit der Anwendung von (zu) niedrigen Potenzen, vor allem in der Zeit ab Tag eins der Läufigkeit. Gerade in dieser sensiblen Phase ist der Kipppunkt von einer Krankheitsauslösung zur Heilung der Krankheit für *Pulsatilla pratensis* bei Hunden, für die das Mittel als Simillimum angesehen werden kann, offenbar schnell erreicht.
Ich habe bei niedrigen Potenzen (D3, D6) von *Pulsatilla pratensis* vor allem bei größeren Rassen wie dem Bernhardiner und dem Berner Sennenhund unerwünschte Wirkungen beobachtet. So habe ich zum Beispiel eine Verschlimmerung von Vaginitis und Endometritis mit *Pulsatilla pratensis* D6 beobachtet, obwohl

das Mittel zur Behandlung einer (leichten) Vaginitis und Endometritis verschrieben wurde. Wir können uns also gut vorstellen, dass *Pulsatilla pratensis* D3, wenn es nach dem ersten Tag der Hitze verabreicht wird, mit Sicherheit Vaginitis und Endometritis auslösen könnte. Daher die Warnung, es niemals nach dem ersten Tag der Hitze zu verabreichen.

Wenn wir den Eindruck haben, dass der gesamte Hund auch zu *Pulsatilla pratensis* passt, sollten wir uns für höhere Potenzen entscheiden. Da *Pulsatilla pratensis* eines der wichtigsten Mittel in der Indikation für verzögerte Läufigkeit ist, ist es ratsam, sein genaues Arzneimittelbild zu kennen, besonders wenn wir beabsichtigen, niedrigere Potenzen zu verschreiben, bei denen die Wahrscheinlichkeit einer Verschlimmerung der Symptome gegeben ist.

Weitere Merkmale von Pulsatilla pratensis

Der Pulsatilla pratensis-Typ ist eher sanft und unterwürfig. Typisch ist das Urinieren als Zeichen der Unterwürfigkeit und Instabilität, sowohl psychisch als auch physisch. Zum Beispiel ist er in einem Moment etwas deprimiert, im nächsten froh gelaunt oder sein Stuhlgang variiert in Farbe und Konsistenz und so weiter. Die auffälligste Kombination von Symptomen ist: extrem wenig Durst und Appetit und trotzdem dick.

Neben der verzögerten Läufigkeit besteht auch eine Anfälligkeit für eine schleimig-eitrige Vaginitis (mukopurulente Vaginitis), die in eine mukopurulente Gebärmutterentzündung (Endometritis) übergehen kann. Eine latente Vaginitis und eine Endometritis können für sich genommen eine Trächtigkeit aufgrund einer fehlerhaften Einnistung (Nidation) der befruchteten Eizellen verhindern. Ein weiteres Merkmal von *Pulsatilla pratensis* ist der reichliche mukopurulente Ausfluss bei jungen Hündinnen im Alter von etwa drei bis sechs Monaten, d. h. lange vor der ersten Läufigkeit (juvenile Vaginitis).

Pulsatilla pratensis-Hündinnen zeigen perfekte Scheinträchtigkeiten: starkes Anschwellen der Milchdrüsen mit enormer Milchproduktion, Nestbau, Depression, wenig oder keinen Appetit und extrem wenig Durst. Nach außen aktiv, innerlich extrem ruhig.

Wenn wir *Pulsatilla pratensis* als Simillimum und (auch) in der richtigen, dem Individuum angemessenen Potenz anwenden, dann ist es im Falle einer verzögerten Läufigkeit nicht nur in der Lage, den verlängerten Zyklus zu verkürzen und die Brunst zu normalisieren, sondern auch, den Zeitpunkt des Eisprungs vorzuverlegen, eine latente Gebärmutterentzündung zu heilen und damit natürlich einen hemmenden Faktor für die Einnistung der befruchteten Eizelle zu beseitigen und die Angst/Ungewissheit bei der Paarung zu verringern (siehe später).

Ignatia amara

Pulsatilla pratensis, so nehmen wir an, wirkt auf der Ebene, auf der das FSH auf Eierstöcke und Follikel wirkt. Von *Ignatia amara* nehmen wir an, dass es auf die Hypophyse wirkt. *Ignatia amara* kann auch organotrop angewendet werden, wenn zum Beispiel nach einer dreiwöchigen Behandlung mit *Pulsatilla pratensis* D3 und auch nach einer eventuellen zweiten Behandlung keine Hitze auftritt. Wenn wir *Ignatia amara* nicht als Simillimum anerkennen oder ein anderes Simillimum finden, verordnen wir *Ignatia amara* D6, dreimal täglich eine Dosis für drei bis sechs Wochen. In manchen Fällen geben wir *Ignatia amara* D6 in Kombination mit *Pulsatilla pratensis* D3, beide dreimal täglich eine Dosis für drei bis sechs Wochen.

Aber auch bei *Ignatia amara* ist die Kenntnis des Arzneimittelbildes notwendig. Wenn der einzelne Hund auf mehreren Ebenen mit *Ignatia amara* übereinstimmt, setzen wir natürlich lieber höhere Potenzen ein.

Weitere Merkmale von Ignatia amara

Der Ignatia amara-Typ ist ruhig und bleibt gerne für sich. Er ist nicht so unterwürfig wie der Pulsatilla pratensis-Typ. Er uriniert beispielsweise nicht aus Unterwürfigkeit. Es handelt sich um einen stabilen Hund mit einem starken Will to please, der dabei aber seine Persönlichkeit behält. Eines der auffälligsten Symptome bei *Ignatia amara* habe ich bereits bei der Beschreibung von *Pulsatilla pratensis* erwähnt: Bei der Ignatia amara-Hündin sehen wir die Extreme, zum Beispiel die erste Läufigkeit im Alter von 20 bis 24 Monaten und einen Zyklus von eineinhalb Jahren, wenn überhaupt. Besonders wenn ein Zyklus länger als ein Jahr dauert, ist dieses Mittel besser geeignet als *Pulsatilla pratensis*. Die Scheinträchtigkeit von *Ignatia amara* unterscheidet sich von der von *Pulsatilla pratensis*: keine oder kaum Schwellung der Milchdrüsen und keine oder kaum Milchproduktion. Das Hauptproblem bei der Scheinträchtigkeit von *Ignatia amara* ist die depressive Stimmung.

Aus Erfahrung wissen wir, dass nicht-typische Ignatia amara-Patienten bei verzögerter Hitze, die nicht so extrem spät ist wie beim Ignatia amara-Typ, gut auf *Ignatia amara* D6 dreimal täglich eine Dosis für drei bis sechs Wochen ansprechen. Auch hier gilt, dass man sich vor der Anwendung von *Ignatia amara* wirklich die Mühe machen muss, das (erweiterte) Arzneimittelbild zu studieren. Je besser die Hündin zu dem Mittel passt, je höhere Potenzen wir wählen, desto besser gehen wir das Problem an.

Graphites

Auch im Arzneimittelbild *von Graphites* finden wir einen verlängerten Zyklus, manchmal sogar einen fehlenden Zyklus. Eine Trächtigkeit ist weniger offensichtlich und die Chancen auf eine fruchtbare Paarung sind stark reduziert.

Das Arzneimittelbild von *Graphites* entspricht dem Bild der (primären) Hypothyreose: dick, dumm, träge, traurig, kalt und (manchmal) verstopft.

Da wir immer eine Krankheits- und eine Heilungsdiagnose stellen, sollten wir in einem solchen Fall zumindest einen Bluttest zur Überprüfung der Schilddrüsenfunktion durchführen. Stellt sich heraus, dass ein Schilddrüsenproblem vorliegt, ist eine reguläre Behandlung mit Schilddrüsenhormonen in den meisten Fällen vorzuziehen.

Weitere Merkmale von Graphites

Der Graphites-Typ ist zu dick und zu faul. Der Appetit ist extrem stark, aber trotz Rationierung können wir den Graphites-Patienten nicht dazu bringen, abzunehmen. Das Durstgefühl ist dagegen normal. Der Graphites-Typ ist reizbar (knurrt und läuft weg) und will in Ruhe gelassen werden. Der Zyklus ist verlängert, etwa 10 bis zwölf Monate, oder eine Läufigkeit wird übersprungen. Die Hitze ist nicht sehr ausgeprägt (wenig Ausfluss). Charakteristisch für den Graphites-Typ ist, dass es eigentlich nie eine Scheinträchtigkeit gibt, allerdings schlaffe, hängende Milchdrüsen, als ob die Hündin gerade einen Wurf oder bereits viele Würfe gehabt hätte.

DgDx Pulsatilla pratensis, Ignatia amara und Graphites

	Pulsatilla pratensis	Ignatia amara	Graphites
Verhalten	labil, unterwürfig	introvertiert, widersprüchlich	dumm, langsam, traurig
idem	keine Aggression	manchmal schnappen, nicht beißen	knurrt manchmal (will Ruhe)
Gewicht	dick	normal	zu dick
Modalitäten	Kälte und Hitze <	k.A.	kalt <
Scheinträchtigkeit	Depression; außerhalb >	Depression	nein
idem	starke Schwellung/ viel Milch	keine Schwellung/ keine Milch	Milchdrüsen erschlafft
Zyklus	Neun Monate	(viel) länger als ein Jahr	Neun Monate
Appetit	wenig	normal	viel
Durst	äußerst gering	normal	normal
Kot	unterschiedlich, Durchfall Fett	Dickdarm < IBD	Verstopfung
Ohrenentzündung	rechts	links	links
Ausflüsse	Exzessiv, Eiter	keine Angabe	(Dick) schleimig
Haut/Fell	Atopie, Kahlheit	Atopie, Pyodermie	symmetrische Kahlheit

< oder >: in der Homöopathie bedeutet < Verschlimmerung und > Verbesserung

Es ist klar, dass die drei Mittel *Pulsatilla pratensis*, *Ignatia amara* und *Graphites* bei der Indikation einer verzögerten Hitze am häufigsten verwendet werden, aber sie sind sicher nicht die einzigen Mittel bei dieser Indikation. Mit der Kenntnis der veterinärmedizinischen Materia Medica, resultierend aus tierärztlichen Erfahrungen, mit der Inspiration durch die humane Materia Medica und der Verwendung des humanen Repertoriums sollten wir immer versuchen, das Simillimum zu finden, und das könnte in diesem Fall sicherlich auch *Sepia officinalis* oder *Lycopodium clavatum* sein.

Aristolochia clematitis wurde früher bei Fruchtbarkeitsstörungen beim Menschen, aber auch bei Tieren eingesetzt, vor allem in niedrigen Potenzen (D1–D3). Es war ein erfolgreiches Mittel. Aufgrund umfangreicher Erfahrungen vor allem bei Frauen wird angenommen, dass das Mittel den gesamten Prozess vom unreifen Follikel und der unreifen Eizelle bis zur Bildung eines Gelbkörpers unterstützt, d. h. sowohl die FSH- als auch die LH-Funktion. Der Verkauf selbst in geringen Verdünnungen wurde vor nunmehr 30 Jahren wegen der angeblich krebserregenden Eigenschaften der in der Pflanze enthaltenen Aristlochiasäuren verboten. Es ist nach wie vor sehr fraglich, ob diese Maßnahme gerechtfertigt war, insbesondere da wir von potenzierten Verdünnungen sprechen, die über einen kurzen Zeitraum verabreicht werden.

Wir haben eine gute organotrope Vielseitigkeit in der Kombination von *Pulsatilla pratensis* (vermutlich auf FSH-Niveau wirkend) *bis* zum ersten Tag der Brunst und *Cimicifuga racemosa* (vermutlich auf LH-Niveau wirkend) *ab* dem ersten Tag der Brunst gefunden. In den wenigen Fällen, in denen *Aristolochia clematitis* anhand der individuellen Symptome als mögliches Simillimum aus einer Repertorisation hervorgeht, verabreiche ich das Mittel in einer D30.

Kein oder verzögerter Eisprung, frühe Fruchtresorption

Manchmal kommt es zu einer übermäßig intensiven und verlängerten Östrogenphase. Die Ursache dafür kann das Vorhandensein von persistierenden Follikeln sein. Die sichtbare Brunstphase kann dann länger dauern und auch der blutige Ausfluss kann länger und intensiver sein. Der Östrogenspiegel im Blut bleibt hoch, der Eisprung verzögert sich, das Risiko einer Gebärmutterentzündung steigt, die Chance auf eine Trächtigkeit ist minimal.

Früher wurde Östrogen gespritzt, um eine Trächtigkeit nach einer ungewollten Bedeckung zu verhindern. Ich erinnere mich noch gut daran, dass diese Östrogen-Injektionen regelmäßig zu Gebärmutterentzündungen führten, und zwar so heftig, dass wir schließlich die Gebärmutter und die Eierstöcke operativ entfernen mussten – und das zu einem Zeitpunkt, zu dem wir davon eher abraten.

Eine geringere LH-Aktivität hat mehrere Folgen: kein Eisprung, verzögerter Eisprung (manchmal fast zwei Wochen zu spät), keine oder unzureichende Bildung eines Gelbkörpers und damit unzureichende Progesteronproduktion, keine oder unzureichende Einnistung der befruchteten Eizelle (Nidation) und frühzeitige Fruchtresorption.

DgDx kein oder verzögerter Eisprung, frühe Fruchtresorption

Cimicifuga racemosa

Cimicifuga racemosa kann als einzelnes Mittel allein oder als zusätzliche Unterstützung neben dem Simillimum angewendet werden. Es wird angenommen, dass *Cimicifuga racemosa* organotrop die LH-Funktion auf der Ebene der Eierstöcke unterstützt. Die Hauptfunktion besteht in der Unterstützung des Eisprungs, der Bildung eines funktionsfähigen Gelbkörpers und der Produktion von Progesteron, das die Gebärmutter weiter auf die Schwangerschaft vorbereitet und sie aufrechterhält, wodurch das Risiko einer vorzeitigen Fruchtresorption verringert wird. *Cimicifuga racemosa* D3 dreimal täglich eine Dosis fünf Tropfen ab dem ersten Tag der Brunst bis sechs Wochen nach der Paarung.

Cimicifuga racemosa ist indiziert, wenn die Blutung zu lange anhält (länger als neun Tage), die Hündin nicht steht, aus den Progesterontests bekannt ist, dass der Eisprung nicht oder zu spät stattfindet und wenn der Verdacht auf eine frühe Fruchtresorption besteht. Informationen darüber erhalten wir aus der Anamnese.

Der Vollständigkeit halber sollte ich erwähnen, dass es manchmal vorkommt, dass die Blutung länger anhält, obwohl der Eisprung im Zeitraum von Tag 9 bis 13 der Läufigkeit liegt. Allein die Bemerkung des Besitzers, dass die Hündin beim letzten Mal spät dran war, kann bereits ein Hinweis sein. Ein objektives Diagnoseinstrument wie der Progesterontest ist hier natürlich wärmstens zu empfehlen.

Wie erkennt man eine frühe Fruchtresorption? Der erfahrene Züchter kennt das Bild: eine Hündin, die unmittelbar nach dem Deckakt Anzeichen einer Trächtigkeit zeigt, mehr oder weniger Appetit hat, ruhiger und träger ist und den Eindruck erweckt, dass sie anschwillt und einen größeren Bauch zu haben scheint. Und dann, in der Regel nach etwa drei Wochen, verschwinden diese Anzeichen plötzlich und die Hündin ist physisch und psychisch wieder ganz die Alte. Besteht der Verdacht, dass eine frühe Fruchtresorption die Ursache für die erfolglose(n) Bedeckung(en) ist, verlängern wir die Behandlung mit *Cimicifuga racemosa* von drei auf sechs Wochen. Theoretisch sollten drei Wochen für eine erfolgreiche Bedeckung ausreichen. Da eine Diagnose bei Fruchtbarkeitsstörungen nicht immer mit Sicherheit bestimmt werden kann, berücksichtigen wir bei der Behandlung des fehlenden oder verzögerten Eisprungs das Risiko einer vorzeitigen Fruchtresorption. Daher gilt immer die Verschreibung: *Cimicifuga racemosa* D3 dreimal täglich eine Dosis fünf Tropfen am ersten Tag der Brunst bis zu sechs Wochen nach der Paarung.

Auch bei Hyperöstrogenismus aufgrund bestehender Ovarialfollikel kann *Cimicifuga rasenmosa* D3 als organotroper Wirkstoff verwendet werden.

Zusammenfassend lässt sich sagen, dass *Cimicifuga racemosa* der erste (organotrope) Wirkstoff ist, an den wir denken, wenn die Anamnese zeigt, dass

- der Ausfluss zu lange blutig war (z. B. länger als neun Tage), anstatt rechtzeitig in wässrigen, „klaren" Ausfluss überzugehen.

- die Progesterontests ergaben, der richtige Deckzeitpunkt lag (viel) später als üblich, z. B. >Tag 18 der Brunst/die Hündin und/oder der Rüde war/sind nicht ausreichend an einer Paarung interessiert/der Verdacht auf eine frühe Fruchtresorption besteht.

Offensichtlich wird das Simillimum bevorzugt, wenn zusätzliche Einzelsymptome vorhanden sind. Beim Menschen sind mehr Symptome aus dem Arzneimittelbild von *Cimicifuga racemosa* bekannt, und so besteht die Chance, dass wir *Cimicifuga racemosa* auch als Simillimum finden können (bestes ähnliches Mittel) und nicht als Similium (ähnliches Mittel) verschrieben werden muss. Natürlich verabreichen wir dann höhere Potenzen in weniger häufigen Gaben.

Veterinärmedizinisch ist mir die für *Cimicifuga racemosa* beim Menschen charakteristische Kombination von einerseits Funktionsstörungen auf der LH-Ebene und andererseits rheumatischen Beschwerden an Muskeln und/oder Gelenken noch nicht begegnet, aber wenn dies der Fall sein sollte, ist das sicher ein Hinweis auf die Anwendung von *Cimicifuga racemosa* als Similimum beim Hund.

Viburnum opulus

Viburnum opulus ist in der Veterinärmedizin traditionell als Mittel zur Verhinderung von Frühresorption und Frühgeburt bekannt. Es wird auch organotrop verwendet. In der Humanmedizin ist es als homöopathisches Mittel bei Zyklusstörungen, Wehenschmerz und Schmerz nach dem Partus (Rückbildungsschmerz) bekannt. Es kann auch beim Menschen bei drohender Frühgeburt eingesetzt werden. Bei schmerzhaften Scheinwehen und zur Vorbeugung einer drohenden Frühgeburt ist meiner Meinung nach D6 oder besser noch D12 vorzuziehen, drei- bzw. zweimal täglich eine Gabe für ein bis zwei Wochen.

Apis mellifica

Das Arzneimittelbild von *Apis mellifica* passt zu einem verkürzten Zyklus, z. B. von drei bis fünf Monaten statt von sechs Monaten oder länger. Der Verlauf kann dann auch zu intensiv und zu lang sein, und manchmal besteht auch außerhalb der Hitze ein gesteigertes Interesse an Rüden. Empfindliche Hautquaddeln und -bläschen (Urtikaria) können als zusätzliches individuelles Symptom die Arzneimitteldiagnose von *Apis mellifica* bestätigen. Urtikaria (Nesselsucht) ist eine Allergieerscheinung, die sich bei Hitze verschlimmert und bei Kälte bessert. Weitere (regelmäßige) Symptome, die in das Arzneimittelbild von *Apis mellifica* passen können, sind Nierenentzündung (Nephritis) und Hirnhautentzündung (Meningitis). Bemerkenswert bei *Apis mellifica* ist verminderter Durst. Bei *Pulsatilla pratensis* ist dies noch extremer. Der Apis mellifica-Patient kann gereizt reagieren, wenn man ihn berührt oder versucht, ihn auszubremsen.

Aurum metallicum

Auch bei der Aurum metallicum-Hündin kann sich der Zyklus auf drei bis fünf Monate verkürzen, statt auf sechs Monate oder länger. Die Läufigkeit ist oft zu stark und dauert oft zu lange. Die Aurum metallicum-Hündin kann auch außerhalb der Läufigkeit ein überdurchschnittliches Interesse an Rüden zeigen. Der Aurum metallicum-Typ unterscheidet sich von anderen homöopathischen Arzneimitteltypen vor allem durch seinen oft wütenden und dominanten Charakter. Der Aurum metallicum-Typ sucht im wahrsten Sinne des Wortes den Streit, packt energisch an und ist nicht gerade zurückhaltend. Hier tritt gezielte Aggressivität auf, die zu schweren Verletzungen des Opfers (und seiner selbst) führen kann. Zu den aus dem Arzneimittelbild von *Aurum metallicum* bekannten Symptomen gehören ferner chronisch eitriger Schleimhautausfluss (auch in Nase und Gebärmutter) und eine Vorwölbung der Scheidenwand nach außen (Vaginalprolaps).

Veratrum album

Auch bei der Veratrum album-Hündin kann die Hitze verfrüht und intensiv sein. Am charakteristischsten für *Veratrum album* ist die frühe Fruchtresorption. Der Veratrum album-Patient zeichnet sich durch Schwäche, Erschöpfung, Unterkühlung und langsame Herzfrequenz aus. Eine Gastroenteritis (Magen-Darm-Entzündung), um nur ein Beispiel zu nennen, ist bei einem Veratrum album-Patienten oft sehr intensiv und anstrengend. Der Patient fühlt sich in extremen Situationen eiskalt und liegt apathisch in seinen eigenen Ausscheidungen (Urin und Fäkalien). Der Veratrum album-Typ lebt oft ganz in seiner eigenen Welt: Er ist introvertiert, distanziert, apathisch, sozusagen meditativ. Manchmal sehen wir auch das Gegenteil, z. B. Erregung mit Jaulen und Bellen, Zerstörungswut und Weglaufen. Der Veratrum album-Patient lässt buchstäblich und im übertragenen Sinne den Kopf hängen. Im Arzneimittelbild von *Veratrum album* finden wir das charakteristische Symptom Fressen des eigenen Stuhls, mit Betonung auf „des eigenen". Wir sehen, dass *Veratrum album* bei diesem Symptom bei Hunden, Pferden und Kindern wirksam sein kann.

Es versteht sich auch von selbst, dass wir uns für das Simillimum entscheiden, wenn wir in einem Fall von Unfruchtbarkeit eine größere Ähnlichkeit zwischen Krankheitsbild und Arzneimittelbild feststellen können. Mittel wie *Cimicifuga racemosa* oder *Viburnum opulus* können dann möglicherweise als organotrope Unterstützung dienen.

Vaginitis, Endometritis und Pyometra

Entzündungen der Scheidenschleimhaut (Vaginitis) und der Gebärmuttermutterschleimhaut (Endometritis) sowie die eitrige Entzündung der Gebärmutter (Pyometra) können die Chance auf eine Trächtigkeit stark einschränken oder ausschließen. Hinsichtlich der Fruchtbarkeit hat eine Vaginitis in der Regel eine gute Prognose. Eine Endometritis kann ebenfalls eine recht gute Prognose haben, aber eine Pyometra hat eine schlechte Prognose, zumindest in Bezug auf die Fruchtbarkeit. Bei einer Pyometra ist die chirurgische Entfernung der Gebärmutter (mit eitrigem Inhalt) und der Eierstöcke grundsätzlich die beste Lösung und lebensrettend für die Hündin.

Manchmal sehen wir in den ersten zwei bis drei Wochen nach der Paarung einen dickflüssigen, weiß-gelben, eitrigen Scheidenausfluss. Dies ist in der Regel ein harmloses Symptom, das wir nicht behandeln müssen. Allenfalls können wir in dieser Zeit *Echinacea purpurea* Ø verabreichen dreimal täglich 5 bis 20 Tropfen (die Dosis hängt von der Größe des Hundes ab) drei Wochen lang.

Bei gelb-grünem bis braunem Ausfluss liegt ein ernsthaftes Problem vor. In der Regel handelt es sich um eine (schwere) Infektion, z. B. als Folge einer Infektion während des Deckaktes. In diesem Fall ist der erste Schritt eine bakteriologische Untersuchung mit einem Antibiogramm, auf dessen Grundlage eine gezielte Antibiotikatherapie eingeleitet werden kann.

Ich habe zweimal einen Wurf gesehen (Labrador Retriever und Bernhardiner), bei dem alle Welpen (jeweils der gesamte Wurf) als Folge einer Antibiotikabehandlung (Trimethoprim) gegen den harmlosen dickflüssigen, weißgelben eitrigen Vaginalausfluss während der ersten ca. zwei bis drei Wochen nach der Bedeckung mit einer Gaumenspalte geboren wurden. Die Behandlung war also nicht notwendig gewesen und in diesem Fall auch sehr schädlich. Ein zusätzlicher Grund, die Verabreichung von Medikamenten (einschließlich Impfungen und Wurmkuren) während der Trächtigkeit, besonders in dieser sensiblen Phase, wenn möglich zu vermeiden.

Achten Sie zumindest auf mögliche Nebenwirkungen, aber seien Sie sich auch bewusst, dass es individuelle Arzneimittelüberempfindlichkeiten geben kann, die in der Packungsbeilage (noch) nicht erwähnt sind. Es sollte immer bedacht werden, dass bestimmte Nebenwirkungen eines Arzneimittels in dem Zeitraum, in dem die wissenschaftliche Forschung durchgeführt wurde, bevor das Präparat auf den Markt kam, (noch) nicht festgestellt wurden.

Zum Zeitpunkt der beiden oben genannten Tragödien gab der Lieferant an, dass die Nebenwirkung unbekannt sei. Ich selbst habe einige Jahre zuvor auf dem Beipackzettel eines Injektionspräparats mit demselben Antibiotikum gelesen, dass das Präparat wegen teratogener Wirkungen (Missbildungen) bei Jungtieren frühestens drei Monate vor der Verwendung als Zuchttiere in Kaninchen injiziert werden sollte.

Bei einer Vaginitis wird immer eine bakteriologische Untersuchung mit Antibiogramm durchgeführt, damit ein Antibiotikum gezielt eingesetzt werden kann (falls erforderlich), aber auch in anderen Fällen eines harmlosen oder verdächtigen Ausflusses.

Es ist ratsam, immer eine bakteriologische Untersuchung des Scheidenausflusses mit einem Antibiogramm durchzuführen. Auch wenn es sich um eine Pyometra handelt, bei der entschieden wird, die Gebärmutter (mit Inhalt) und Eierstöcke chirurgisch zu entfernen. Mit diesen Ergebnissen können wir entscheiden, ob wir postoperativ ein Antibiotikum einsetzen und wenn ja, welches. Wir sollten genau wissen, um welche Bakterien es sich handelt und mit welchem Antibiotikum wir sie am besten bekämpfen können. Wir müssen uns darüber im Klaren sein, dass insbesondere bei einer Pyometra diese Bakterien über die Blutbahn auch in andere Körperteile gelangen können, z. B. in die Nieren, wo sie postoperativ Schäden verursachen können. In diesen Fällen ist ein Antibiotikum ein Muss. Versuchen Sie also in Situationen, in denen das Immunsystem geschwächt ist, nicht (alleine) mit Homöopathie zu behandeln. Dies wäre ein Behandlungsfehler. Wir müssen nicht die Wirksamkeit der Homöopathie beweisen, sondern einen Patienten so gut wie möglich behandeln!

Eine bakteriologische Untersuchung mit Antibiogramm wird immer auch (präventiv) am Tag eins der Läufigkeit durchgeführt, an dem der Deckakt und die Trächtigkeit geplant sind. Falls erforderlich, können wir mit dieser Methode ein weniger harmloses Bakterium vor dem Deckakt bekämpfen und die Chance auf eine Trächtigkeit erhöhen.

Im Humanrepertorium finden wir unter Vaginitis insgesamt 55 Mittel. *Pulsatilla pratensis* wird hier nicht genannt. Unter chronischer Vaginitis finden wir jedoch wiederum *Pulsatilla pratensis*, obwohl das Mittel auch bei (sub)akuter und subchronischer Vaginitis bei Hunden angezeigt ist. Die Lehre, die wir daraus ziehen, ist, dass das Humanrepertorium zumindest für Hunde unvollständig ist und dass ein dringender Bedarf an bewährten tierärztlichen Praxiserfahrungen besteht, die uns helfen, Arzneimittelbilder für Hunde zu erstellen.

Pulsatilla pratensis

Keine, späte und/oder kaum Brunst, wenig Ausfluss, geringe Anziehungskraft auf Rüden und verzögerter Eisprung passen zu dem homöopathischen Arzneimittel *Pulsatilla pratensis*. Praktisch gesehen hat eine Pulsatilla pratensis-Hündin in der Regel eine stille erste Läufigkeit oder eine etwas späte erste Läufigkeit (z. B. mit 10 bis zwölf Monaten) und einen Endzyklus von etwa neun bis zehn Monaten. Bei *Ignatia amara* sehen wir die Extreme, zum Beispiel die erste Läufigkeit im Alter von 20 bis 24 Monaten und einen Zyklus von anderthalb Jahren, wenn es überhaupt einen Zyklus gibt.

Wenn wir es mit einer Hündin zu tun haben, die besser für *Pulsatilla pratensis* geeignet ist als nur für das Symptom verzögerte Läufigkeit, sollten wir sicherlich vorsichtig sein mit der Anwendung von (zu) niedrigen Potenzen, vor allem in der Zeit ab Tag eins der Läufigkeit. Gerade in dieser sensiblen Phase ist der Kipppunkt von einer Krankheitsauslösung zur Heilung der Krankheit für *Pulsatilla pratensis* bei Hunden, für die das Mittel als Simillimum angesehen werden kann, offenbar schnell erreicht.

Ich habe bei niedrigen Potenzen (D3, D6) von *Pulsatilla pratensis* vor allem bei größeren Rassen wie dem Bernhardiner und dem Berner Sennenhund unerwünschte Wirkungen beobachtet. So habe ich zum Beispiel eine Verschlimmerung von Vaginitis und Endometritis mit *Pulsatilla pratensis* D6 beobachtet, obwohl das Mittel zur Behandlung einer (leichten) Vaginitis und Endometritis verschrieben wurde. Wir können uns also gut vorstellen, dass *Pulsatilla pratensis* D3, wenn es nach dem ersten Tag der Hitze verabreicht wird, mit Sicherheit Vaginitis und Endometritis auslösen könnte. Daher die Warnung, es niemals nach dem ersten Tag der Hitze zu verabreichen.

Wenn wir den Eindruck haben, dass der gesamte Hund auch zu *Pulsatilla pratensis* passt, sollten wir uns für höhere Potenzen entscheiden. Da *Pulsatilla pratensis* eines der wichtigsten Mittel in der Indikation für verzögerte Läufigkeit ist, ist es ratsam, sein genaues Arzneimittelbild zu kennen, besonders wenn wir beabsichtigen, niedrigere Potenzen zu verschreiben, bei denen die Wahrscheinlichkeit einer Verschlimmerung der Symptome gegeben ist.

Weitere Merkmale von Pulsatilla pratensis

Der Pulsatilla pratensis-Typ ist eher sanft und unterwürfig. Typisch ist das Urinieren als Zeichen der Unterwürfigkeit und Instabilität, sowohl psychisch als auch physisch. Zum Beispiel ist er in einem Moment etwas deprimiert, im nächsten froh gelaunt oder sein Stuhlgang variiert in Farbe und Konsistenz. Die auffälligste Kombination von Symptomen ist: extrem wenig Durst und Appetit und trotzdem dick.
Neben der verzögerten Läufigkeit besteht auch eine Anfälligkeit für eine schleimig-eitrige Vaginitis (mukopurulente Vaginitis), die in eine mukopurulente Gebärmutterentzündung (Endometritis) übergehen kann. Eine latente Vaginitis und eine Endometritis können für sich genommen eine Trächtigkeit aufgrund einer fehlerhaften Einnistung (Nidation) der befruchteten Eizellen verhindern. Ein weiteres Merkmal von *Pulsatilla pratensis* ist der reichliche mukopurulente Ausfluss bei jungen Hündinnen im Alter von etwa drei bis sechs Monaten, d. h. lange vor der ersten Läufigkeit (juvenile Vaginitis).
Pulsatilla pratensis-Hündinnen zeigen perfekte Scheinträchtigkeiten: starkes Anschwellen der Milchdrüsen mit enormer Milchproduktion, Nestbau, Depression, wenig oder keinen Appetit und extrem wenig Durst. Nach außen aktiv, innerlich extrem ruhig.
Wenn wir *Pulsatilla pratensis* als Simillimum und (auch) in der richtigen, dem Individuum angemessenen Potenz anwenden, dann ist es im Falle einer verzögerten Läufigkeit nicht nur in der Lage, den verlängerten Zyklus zu verkürzen und die Brunst zu normalisieren, sondern auch, den Zeitpunkt des Eisprungs vorzuverlegen, eine latente Gebärmutterentzündung zu heilen und damit natürlich einen hemmenden Faktor für die Einnistung der befruchteten Eizelle zu beseitigen und die Angst/Ungewissheit bei der Paarung zu verringern (siehe später). *Pulsatilla pratensis* wird organotrop in einer D6 oder D12 drei- oder zweimal täglich eine Dosis für drei Wochen, oder typotrop in einer D30 einmal täglich eine Dosis für zwölf Wochen oder mehr angewendet.

Sepia officinalis

Sepia officinalis lässt sich von anderen homöopathischen Mitteln in der DgDx am besten anhand von Verhalten unterscheiden: Die Sepia officinalis-Hündin ist dominant und reizbar. Die Ignatia amara-Hündin zum Beispiel ist weder dominant noch unterwürfig, sie kann höchstens unerwartet und heftig knurren (ohne zu beißen). Die Pulsatilla pratensis-Hündin ist unterwürfig und ruht meist in sich. Bei Patienten mit *Sepia officinalis* werden Symptome wie Vaginitis (mit brennendem Ausfluss), verkürzter Zyklus, frühe Fruchtresorption und Sterilität beobachtet. Zu den Symptomen des Arzneimittelbildes von *Sepia officinalis* können auch eine Vorwölbung der Scheidenwand nach außen (Vaginalprolaps) und unwillkürlicher Urinabgang (Enuresis) während des Schlafes oder andere ähnliche Momente (Stresssituationen) zählen. Beides ist auf eine Gewebeschwäche, z. B. der glatten Muskulatur zurückzuführen. Das Arzneimittelbild von *Lilium tigrinum* passt auch zu einem Vaginalprolaps. Die Lilium tigrinum-Patientin zeichnet sich durch ein außergewöhnlich unruhiges und aggressives Verhalten aus. *Sepia officinalis* wird organotrop in einer D6 oder D12 drei- oder zweimal täglich eine Dosis für drei Wochen oder typotrop in einer D30 einmal täglich eine Dosis für zwölf Wochen oder länger angewendet.

Mercurius solubilis

In der Liste der homöopathischen Mittel gegen Entzündungen ist Mercurius solubilis das Mittel gegen Entzündungen mit beginnender Vereiterung. Es kommt nach *Aconitum napellus* (perakut) und *Belladonna* (akut), die beide für Entzündungsstadien geeignet sind, in denen sich noch kein Eiter gebildet hat, und vor *Hepar sulfuris*, dessen Arzneimittelbild durch Eiter- oder Abszessbildung gekennzeichnet ist. Ein wichtiges Merkmal von *Mercurius solubilis* ist das Nebeneinander von z. B. einer Maulschleimhautentzündung (Stomatitis) mit einer Colitis (Dickdarmentzündung), einer Stomatitis mit einer Blasenentzündung oder einer Stomatitis mit einer Scheidenentzündung (Vaginitis). *Mercurius solubilis* ist ein tief wirkendes Mittel. Es eignet sich am besten für chronische Entzündungen. *Mercurius solubilis* wird organotrop in einer D6 oder D12 drei- oder zweimal täglich eine Dosis für drei Wochen angewendet, oder, typotrop in einer D30 einmal täglich eine Dosis für zwölf Wochen lang oder länger.

Sabina

Ich habe Erfahrung mit der organotropen Anwendung von *Sabina* zur Unterstützung der Uteruskontraktionen während der Geburt (Wehen) und der Uteruskontraktionen nach der Geburt (Rückbildung) sowie zur Förderung der Ausstoßung von eventuell zurückgebliebenen Plazenten (Nachgeburten) und Fruchtwasser sowie zur Reduzierung kleiner diffuser Uterusblutungen. Ich bevorzuge die Anwendung nur während der Wehen.

Sabina D3 dreimal im Abstand von zwei bis drei Stunden fünf Tropfen, zusätzlich zu den Oxytocin-Injektionen unter Anleitung eines Tierarztes verabreichen. Oxytocin wirkt nur bis zu 36 Stunden nach der Geburt. Zwischen den Oxytocin-Injektionen während der Geburt und der Injektion unmittelbar nach der Geburt des letzten Welpen geben wir eine weitere Oxytocin-Injektion. Nach dem Partus hat *Secale cornutum* den größten Mehrwert, nämlich einen positiven Einfluss (Ergotamin-Effekt) auf die Kontraktion der glatten Muskulatur der Gebärmutterwand und der darin befindlichen Blutgefäße (Vasokonstriktion). Humanmedizinisch wird *Sabina* in homöopathischen Potenzen bei starken Rückbildungsschmerzen nach der Geburt und zur Vorbeugung von Frühgeburten eingesetzt. Gute Vorschläge für die Anwendung in der Veterinärhomöopathie. Die Indikation ist hier krampflösend und nicht wehenfördernd. Wir wenden *Sabina* dann in einer D6 oder höher, D12 oder D30, drei-, zwei oder einmal am Tag in einer Dosis an.

Unterstützung der Gebärmutter

Beginn des Partus	*Caulophyllum thalictroides* D4
während des Partus, Wehenschwäche	*Oxytocin-Injektionen, Sabina* D3
unmittelbar nach dem Partus, Rückbildung	*Secale cornutum* D4
nach dem Partus, verspätete Blutung	*Ustilago maydis* D3

Secale cornutum

Das homöopathische Arzneimittel *Secale cornutum* wird aus einem Pilz hergestellt, der auf Roggen vorkommt (Mutterkorn). *Secale cornutum* wurde früher in der regulären (Tier-) Medizin wegen seines positiven Einflusses auf die Kontraktion der glatten Muskulatur der Gebärmutterwand und der darin befindlichen Blutgefäße (Vasokonstriktion) verwendet. Es wird angenommen, dass dies auch in niedrigeren Potenzen (D4) noch so wirkt. In der Praxis gebe ich *Sabina* D3 *während des* Partus und *Secale cornutum* D4 *nach dem* Partus, um die Rückbildung der Gebärmutter zu unterstützen, grundsätzlich ein bis zwei Wochen lang dreimal täglich fünf Tropfen. Es ist ratsam, nur die Tropfenform zu verwenden und keine Globuli oder Tabletten. Dadurch wird der restliche Inhalt der Gebärmutter, wie Nachgeburt und Fruchtwasser, entfernt.

Die Bedeutung ausreichend starker Wehen während der Geburt liegt auf der Hand, aber auch die richtige Reinigung nach der Geburt oder nach der Läufigkeit ist notwendig, um eine Gebärmutterentzündung zu verhindern, die als ruhende Entzündung die zukünftige Fruchtbarkeit der Hündin beeinträchtigen könnte oder in manchen Fällen (Pyometra) eine chirurgische Entfernung der Gebärmutter erforderlich machen würde.

Ustilago maydis

Ustilago maydis ist eng mit *Secale cornutum* verwandt. Ersterer wird aus einem Pilz auf Mais gewonnen, letzterer aus einem Pilz auf Roggen. Ich habe *Ustilago maydis* erfolgreich bei Hündinnen angewendet, die nach der Geburt noch wochenlang bluteten, weil sich die Plazentastellen in der Gebärmutter schlecht regenerierten. Ich habe diesen Rat in der Vergangenheit von meinem großen Lehrer Arij Vrijlandt erhalten, hatte regelmäßig Erfolg damit und habe mich nie gefragt, geschweige denn nachgeforscht, ob wir in diesen Fällen nicht genauso gut *Secale cornutum* verwenden könnten.

Für *Ustilago maydis* bevorzuge ich die D3-Potenz fünf Tropfen dreimal täglich (nicht in Globuli oder Tabletten) für ein bis zwei Wochen. Eine schlecht verheilte Gebärmutterschleimhaut ist für die zukünftige Fruchtbarkeit nicht förderlich. Das für diese Indikation (schlecht regenerierende Plazentastellen) regulär verschriebene Progesteron kann die Entwicklung einer Endometritis begünstigen. Wenn wir uns für die Anwendung von Progesteron entscheiden, ist es empfehlenswert, es mit einem gezielten Antibiotikum zu kombinieren, das auf der Grundlage einer bakteriologischen Untersuchung einschließlich eines Antibiogramms ausgewählt wird.

Gebärmutterentzündung

Eine postpartale Endometritis entwickelt sich in der Regel recht bald nach der Entbindung. Zu den Symptomen gehören ein übelriechender Ausfluss, in der Regel Fieber (40°C bis 40,5°C) und die Patientin ist durstig. Die Aussichten auf eine Behandlung mit einem gezielten Antibiotikum (bakteriologische Untersuchung einschließlich Antibiogramm) in Kombination mit einer organotropen homöopathischen Behandlung sind gut: *Secale cornutum* D4 fünf Tropfen dreimal täglich für grundsätzlich ein bis zwei Wochen.

Eine Pyometra tritt normalerweise vier bis acht Wochen nach der Hitze auf. Bei der Entdeckung ist die Gebärmutter meist schon mit Eiter gefüllt und die Prognose für die Gebärmutter und für die Zukunft als Zuchthündin ist zweifelhaft. Im Hinblick auf eine reguläre Medikation sind die Möglichkeiten begrenzt, die Homöopathie kann hier die reguläre Medikation unterstützen. Eine alleinige Behandlung dieser Patientinnen mit Homöopathie kommt für mich nicht in Frage. Wir müssen bedenken, dass die Infektion der Gebärmutter über den Blutkreislauf auch gesundheitliche Schäden im übrigen Körper verursachen kann, wie z. B. Nierenerkrankungen. In den meisten Fällen ist eine chirurgische Entfernung die beste Lösung.

Eine Pyometra ist an folgenden Symptomen zu erkennen: Die Patientin ist oft durstig und hat in der Regel eine erhöhte Körpertemperatur (z. B. 39,5°C). Verwirrenderweise kann eine Pyometra geschlossen sein, sodass wir keinen Ausfluss sehen. Manchmal zeigt die Hündin Lustlosigkeit und dann kann eine Pyometra mit einer Scheinträchtigkeit verwechselt werden. Gehen Sie nach der Läufigkeit kein Risiko ein, wenn die Hündin schlapp ist und viel trinkt. Tun Sie dies nicht einfach als Scheinträchtigkeit ab. Es kann sich auch um eine latente (versteckte) Pyometra handeln, oder auch um ein Nierenproblem. Wenn unmittelbar nach der Läufigkeit viel getrunken wird, sollte auf jeden Fall an Diabetes gedacht werden.

In den meisten Fällen, in denen eine Pyometra auftritt, entscheiden wir uns für eine Ovariohysterektomie (Entfernung von Gebärmutter und Eierstöcken). Auch hier ist die Homöopathie also definitiv nicht die erste Wahl. Ausnahmen können jedoch Hündinnen sein, die aus anderen gesundheitlichen Gründen nicht narkotisiert werden können, wie z. B. bei schweren Herzproblemen oder einer sehr alten, geschwächten Hündin. Dann können wir nicht anders als medikamentös zu behandeln. Ein weiterer Grund, nicht zu operieren, kann sein, dass es sich um eine sehr wertvolle Zuchthündin handelt. Bei dieser Indikation sollte das Wohl des Hundes bei der Entscheidung für oder gegen eine Operation an erster Stelle stehen. Die Behandlung besteht aus Hormonen und Antibiotika, vorzugsweise in Kombination mit organotroper Homöopathie.

Bevor über eine medizinische Behandlung der Pyometra entschieden wird, werden klinische und zusätzliche Untersuchungen durchgeführt, einschließlich Blutuntersuchungen, Ultraschall und bakteriologische Untersuchungen sowie ein Antibiogramm des (vaginalen) Ausflusses. Auf der Grundlage der bakteriologischen Untersuchung und des Antibiogramms wird ein gezieltes Antibiotikum verschrieben, und zwar in einer hohen normalen Dosis über einen längeren Zeitraum (nach Ermessen des Tierarztes). Zur homöopathischen Unterstützung empfehle ich, obwohl das Simillimum zu bevorzugen ist, zunächst *Secale cornutum* D4 zu geben, fünf Tropfen dreimal täglich für drei Wochen.

Die reguläre Hormonbehandlung ist off-label, d. h. die Anwendung wird in der Packungsbeilage nicht erwähnt, sodass wir davon ausgehen müssen, dass die Behandlung für den Hund nicht evidenzbasiert, sondern empirisch begründet ist. Eine professionelle Überwachung der Behandlung und der Ergebnisse ist notwendig.

Hündin wehrt den Rüden ab

Hier hilft ein altbewährtes Rezept aus der „Trickkiste“: niedrige Potenzen (D6) mit guter Wirkung auf das Verhalten! Das stimmt nicht ganz mit der Theorie überein, aber die Praxis zeigt oft, dass die Theorie nicht immer stimmt. Die Ergebnisse stimmen mit den Arzneimittelbildern der drei Wirkstoffe überein. Und es wirkt schnell. Nicht selten werde ich in dem Moment, in dem die Hündin bereits beim Rüden ist, panisch angerufen. Und selbst dann können die Mittel innerhalb von sechs bis zwölf Stunden wirken.

DgDx Hündin wehrt Rüden ab

Ignatia amara	Angst und Aggression, Schnappen ohne Beißen
Pulsatilla pratensis	Angst, unterwürfig auf dem Rücken liegend und Angstpinkeln
Sepia officinalis	Aggression, Dominanz und tatsächliches Beißen

Dosierung: D6 eine Dosis dreimal täglich.
Da das Arzneimittelbild besser passt, sollten wir normalerweise höhere Potenzen anwenden. Wenn wir das Verhalten erwarten, ist es am besten, die Medikation mindestens eine Woche vor dem Deckakt zu beginnen. In der Praxis können wir davon ausgehen, dass, wenn das Verhalten nur während der Paarung auftritt, tiefe Potenzen verabreicht werden können. Tritt das Verhalten auch außerhalb der Läufigkeit auf, müssen in der Regel höhere Potenzen eingesetzt werden.

Verwachsungen im Unterleib

Ein weiteres Rezept aus der „Trickkiste": Bauchverwachsungen sind oft nicht oder zumindest nicht leicht zu diagnostizieren. Es ist daher (fast) unmöglich zu überprüfen, ob das Medikament tatsächlich etwas bewirkt.

Graphites und Silicea

Wenn wir es mit Sterilität (Unfruchtbarkeit)zu tun haben, für die wir in der Anamnese keine Hinweise finden können, dann könnten wir, falls bei einem früheren Wurf ein Kaiserschnitt oder eine andere Unterleibsoperation durchgeführt wurde, vermuten, dass im Unterleib eventuell Verwachsungen im Eileiter vorhanden sein können, die eine Befruchtung und Einnistung der (befruchteten) Eizelle in der Gebärmutter verhindern.
Behandlung: *Graphites* D6 und *Silicea* D6 beide dreimal täglich eine Dosis für sechs Wochen. Die Kombination wird in der Regel erfolgreich bei indolenten Entzündungen, wie z. B. einem Geschwür auf der Hornhaut (indolenter Ulkus) eingesetzt. Wenn wir planen, einen weiteren Wurf nach einem Kaiserschnitt zu züchten, wäre es besser, beide Medikamente unmittelbar nach dem Kaiserschnitt für etwa sechs Wochen vorbeugend zu geben.

Funktionsunfähiges Sperma des Rüden

Für die Vollständigkeit der Fruchtbarkeitsberatung müssen wir natürlich auch den Rüden mit einbeziehen. Wie sieht die züchterische Vergangenheit des Rüden aus? In vielen Fällen ist es auf jeden Fall ratsam, einen Spermatest durchführen zu lassen.

Pulsatilla pratensis und Cimicifuga racemosa

Bei der Bildung des Gewebes, aus dem die Spermien entstehen, und ihrer Produktion spielen FSH und LH beim Rüden ebenfalls eine wichtige Rolle. Bei zu niedrigen Werten normaler und/oder zu hohen Werten abnormer Spermien verschreiben wir *Pulsatilla pratensis* D3 und *Cimicifuga racemosa* D3, jeweils fünf Tropfen dreimal täglich. Beide in einer D3 und immer in einer Dilutio. Wir lassen das Sperma vor und nach der Kur untersuchen.
Diese Mittel werden auch bei Rüden mit Kryptorchidie (Hodenhochstand) im Alter von drei bis sechs Monaten verschrieben, um den Abstieg beider Hoden noch einzuleiten. *Pulsatilla pratensis* D3 und *Cimicifuga racemosa* D3, beide dreimal täglich fünf Tropfen für sechs 6 Wochen lang. Beide in einer D3 und immer in einer Dilutio. Nach sechs Wochen die werden die Hoden kontrolliert. Wenn noch kein Erfolg zu verzeichnen ist, dann ggf. für weitere sechs Wochen verabreichen. Nach dem siebten Lebensmonat ist grundsätzlich keine Wirkung mehr von diesem Medikament zu erwarten.

Verminderte Decklust beim Rüden

Am besten ist es, ein Simillimum zu finden und anzuwenden. Im Folgenden finden Sie einige einfache Vorschläge bei verringerter Decklust des Rüdens.

Homöopathie

Agnus castus D6	Reguliert die Libido, zu viel oder zu wenig
Arnica montana D6	Bei körperlicher Überlastung und Erschöpfung
Phosphoricum acidum D6	Bei geistiger, nervöser Erschöpfung

Dosierung für alle drei Mittel: dreimal täglich eine Dosis

Phytotherapie

Damiana D1 = Ø	Stimuliert die Libido. NB: passiver Urinverlust*	3 x täglich 5–15 Tropfen.
Ginseng D2	Verbesserung des Zustands	3 x täglich 5–10 Tropfen.
Yohimbinum D3	Stimuliert die Libido	5 Tropfen 3 Mal täglich.

* Passiver Urinverlust in Ruhe/Schlaf kann ein zusätzlicher Hinweis sein.

Bestimmung des Deckzeitpunktes

Eisprung (Ovulation)

Wir gehen davon aus, dass der Zeitpunkt des Eisprungs der zuverlässigste Moment für die Bestimmung des richtigen Deckzeitpunkts ist. Ein Eizellensprung oder Eisprung dauert einen Tag. Nach dem Eisprung braucht die Eizelle ein bis drei Tage, um zu reifen. Nur eine reife Eizelle kann befruchtet werden. Es gibt mehrere Eisprünge mit unterschiedlichen Reifungszeiten. Nach der vollständigen Reifung bleibt eine Eizelle etwa einen Tag lang am Leben.
Der Zeitpunkt des Eisprungs variiert sehr stark. Die Eisprünge finden zwischen dem fünften und 30. Tag der Läufigkeit statt. Die meisten Hündinnen ovulieren zwischen dem neunten und dem 14. Tag. Bei 44 % der Hündinnen variiert der Zeitpunkt des Eisprungs von einer Läufigkeit zur nächsten erheblich.
Der Tag der Hitze allein sagt also zu wenig über den richtigen Zeitpunkt der Bedeckung aus.

Progesterontest

Nach dem Einnisten der Eizelle entwickelt sich an Ort und Stelle ein Gelbkörper, der für die Progesteronproduktion verantwortlich ist. Ein erster leichter Anstieg des Progesteronspiegels erfolgt bereits vor dem Eisprung. Dies ist auf Veränderungen in der Funktion des Follikels zurückzuführen, der noch keinen Eisprung hatte. Ein starker Anstieg in kurzer Zeit ist ein Zeichen dafür, dass der Eisprung tatsächlich stattgefunden hat. Durch die Messung des Progesteronwerts im Blut wissen wir also, wann der Eisprung stattgefunden hat.
Es gibt nicht einen bestimmten Progesteronwert, der den Zeitpunkt des Eisprungs anzeigt, sondern zwei: Einen unteren und einen oberen Wert, zwischen denen der Eisprung stattfindet. Bei einem Progesteronwert, der unter dem unteren Wert liegt, hat der Eisprung mit ziemlicher Sicherheit noch nicht stattgefunden. Bei einem Progesteronwert, der über dem oberen Wert liegt, kann man sich fast sicher sei, dass der Eisprung stattgefunden hat. Dazwischen ist

nur ein starker Anstieg in kurzer Zeit ein Beweis dafür, dass der Eisprung tatsächlich stattgefunden hat.
Bei der Festlegung des Deckzeitpunkts müssen wir noch einige variable Faktoren berücksichtigen: Die Reifung der Eizellen dauert ein bis drei Tage, das Sperma hat eine begrenzte Lebensdauer von 24 (gefroren) bis 48 (frisch) Stunden und die Zeit, in der die Hündin „steht" (bereit ist, den Rüden aufzunehmen), ist relativ kurz (natürliche Paarung).
In der Praxis lässt sich mit dem Progesterontest der genaue Zeitpunkt der Paarung nicht bestimmen, aber sehr wohl kann der Zeitraum für den Deckakt bestmöglich eingeschätzt werden.

Fazit

Der Progesterontest ist derzeit das wichtigste Instrument, um die richtige Paarungszeit bestmöglich einzuschätzen.

Wann soll mit den Tests begonnen werden?

Statistisch gesehen ovuliert eine Hündin zwischen dem fünften und 30. Tag der Läufigkeit. Bei dieser niedrigen Untergrenze stellt sich natürlich die Frage, ob der erste Tag der Hitze korrekt bestimmt wurde. Mit ziemlicher Sicherheit und vorausgesetzt, dass die Tageszählung korrekt ist, kann man aufgrund der Praxiserfahrung sagen, dass der Test am besten am achten oder neunten Tag der Hitze durchgeführt werden kann.
Wann also decken?

Progesteronwert	ng/ml	nmol/L
Noch kein Eisprung	< 4,7	< 15,0
Eisprung: rascher Anstieg des Progesteronwertes in diesem Zeitraum!	4,7–7,8	15,0–25,0
Natürliche Bedeckung: ab 48 Stunden nach dem Eisprung*	> 7,8	> 25,0

* Der Eisprung dauert 24 Stunden, die Reifung der Eizelle dauert 24–72 Stunden

Beim natürlichen Deckakt (Hündin muss „stehen") liegt für den theoretischen Decktermin die Progesteronkonzentration im Bereich von 10,0–12,0 ng/mL (32,0–38,4 nmol/L), für den praktischen in der Regel bei etwa 9,0 ng/mL (28,8 nmol/L).
Beim theoretischen Decktermin ist es etwas wahrscheinlicher, dass es schon zu spät ist. Bei der praktischen Deckperiode ist es etwas wahrscheinlicher, dass es noch zu früh ist.

Probleme rund um Geburt und Laktation

Um mehr über die Geburt beim Hund zu erfahren, kann ich auf das (niederländische) Standardwerk von Naaktgeboren, Taverne und van der Weijden mit dem Titel „De geboorte bij de hond en zijn wilde verwandten" (Die Geburt beim Hund und seinen wilden Verwandten) verweisen. Das Buch ist seit Jahrzehnten von großer Bedeutung. Und es gibt weitere Bücher wie dieses, aus denen man viel über das Thema lernen kann. Was könnte ich hinzufügen?
Geburtshilfe ist ein praktisches Fach. Und deshalb ist es wichtig, dass wir nicht nur den Inhalt

von Büchern von Wissenschaftlern wie Naaktgeboren zur Kenntnis nehmen, sondern auch auf die Erfahrungen von Praktikern hören: erfahrenen Züchtern.

Ich habe eine Reihe von erfahrenen Züchtern gebeten, mit mir zusammen praktische Tipps für Probleme rund um und während der Geburt zu erarbeiten. Ihre Beiträge sind zahlreich und sehr wertvoll. Ich habe sie daher fast alle in meinen, oder besser gesagt, in unseren Artikeln aufgenommen. Darunter sind auch Tipps, die im Buch von Naaktgeboren nicht erwähnt werden, von denen aber erfahrene Züchter überzeugt sind, dass sie in der Praxis nützlich sein können. Es gibt auch homöopathische Ratschläge zu Bereichen, in denen dies möglich und notwendig ist.

Eine sehr erfahrene und seriöse Züchterin, die über Jahrzehnte hinweg etwa achtzig Geburten von Welpen erlebt hat, nicht nur bei ihren eigenen Hündinnen, sondern auch als „Hebamme" bei anderen Züchtern, schreibt mir: „Vielleicht wäre es gut, Leute zu warnen, die aus spaßeshalber einen Wurf züchten wollen, dass es nicht immer Spaß ist".

Denken Sie gut nach, bevor Sie mit dem Züchten anfangen, ist hier sicherlich eine angemessene Warnung. Auf dem Weg der Verpaarung, der Trächtigkeit, der Geburt und der Laktation kann es viele Probleme geben, mit der nicht zu unterschätzenden großen Sorge am Ende der harten Arbeit: Werden „meine" Welpen beim richtigen Besitzer landen? Überschätzen Sie Ihre eigenen Kenntnisse und Fähigkeiten nicht! Es gibt immer wieder Überraschungen. Züchter, die (noch) keine Erfahrung mit der Geburt von Welpen haben, tun gut daran, sich kontinuierlich und intensiv von einem Fachkollegen und/oder einem Tierarzt unterstützen zu lassen.

Tipps

Lebensfähigkeit der Welpen

Etwa ab der siebten Trächtigkeitswoche können wir deutlich sehen oder fühlen, wie sich die Welpen im Bauch der Hündin bewegen. Mit einer Ultraschalluntersuchung können wir das und ihren Herzschlag viel früher wahrnehmen, nämlich zwischen dem 28. und 35. Tag. Erst ab dem 57. Tag der Trächtigkeit, d. h. nach der achten Woche sind die Welpen außerhalb des Mutterleibs lebensfähig.

Normaler Geburtszeitpunkt

Im Durchschnitt findet die Geburt zwischen dem 60. und 63. Tag der Trächtigkeit statt. Es gibt Ausnahmen, die früher oder später gebären, zum Beispiel am 58. oder 65. Tag. Frühere oder spätere Geburten scheinen manchmal auch rassespezifisch zu sein. Es wird auch von außergewöhnlich späten Geburten berichtet. In diesen Fällen hat man sich entweder verrechnet oder viel zu spät eingegriffen. Letzteres zeigt sich in der Regel durch einen relativ hohen Prozentsatz an Welpensterblichkeit.

Stress bei der Hündin verhindern

Stress der Hündin kann sich sehr negativ auf den Geburtsvorgang und die Säugezeit auswirken. In manchen Fällen kann sich der Stress des Besitzers auch auf die Hündin übertragen. Ein Züchter gab den Tipp, eine unerfahrene, nervöse Hündin etwa zehn Tage vor dem erwarteten Geburtstermin in der Wurfkiste unterzubringen und etwa eine Woche vorher mit der Verabreichung von Bach Rescue Tropfen, einer Kombination von Bachblütenessenzen, zu beginnen. Von der regelmäßigen Verabreichung von Beruhigungsmitteln ist grundsätzlich abzuraten. Sie sollte nur in Ausnahmefällen und dann nur auf Anweisung eines Tierarztes erfolgen. Derselbe, sehr erfahrene Züchter ist der Meinung, dass, wenn der Deckakt traumatisch war, es auch mehr Stress während und um die Geburt herum gibt. Ein Grund, hier mit Bedacht und vorausschauend zu handeln.

Kurze Blutungen während der Trächtigkeit

Eine kurzzeitige Blutung, ein gelegentlicher winziger Blutverlust mitten in der Trächtigkeit oder ein bis zwei Wochen vor der Geburt ist normalerweise kein Grund zur Panik. Warten Sie in aller Ruhe ab. Theoretisch könnte man in diesem Fall *Sabina* D6, dreimal täglich eine Dosis für mehrere Tage verschreiben, aber auch ohne Homöopathie löst sich das in den meisten Fällen von selbst. Wir sollten homöopathische Arzneimittel nicht immer wahllos verabreichen, wenn wir sie nicht brauchen – nach dem Motto; „Was nicht hilft, schadet nicht". Es besteht immer eine (sehr geringe) Chance, dass ein einzelner Hund überempfindlich auf ein homöopathisches Mittel reagiert.

Kontrolle der Anzahl der Welpen vor der Geburt

Es ist ratsam, die Anzahl der Welpen vor der Geburt zu kennen. Bei ein bis zwei Welpen besteht ein reales Risiko, dass die Geburt nicht rechtzeitig beginnt und die Welpen relativ groß sind. Es ist gut, dies vorhersehen zu können. Dieses Risiko ist höher als bei einer Trächtigkeit mit drei oder mehr Welpen, aber sehr oft können ein oder zwei Welpen noch normal geboren werden. Außerdem ist es gut zu wissen, wann die Hündin bereit ist und in den Wehen liegt. Es ist daher ratsam, die Anzahl der Welpen etwa sieben bis zehn Tage vor dem voraussichtlichen Geburtstermin mit einem Röntgenbild zu ermitteln. Bei einer Ultraschalluntersuchung ist es für einen Tierarzt, der weniger Erfahrung mit Ultraschalluntersuchungen hat, sehr viel schwieriger, die genaue Anzahl der Welpen zu bestimmen. Auch mit einem Röntgenbild können wir uns manchmal bei einer sehr großen Anzahl von Welpen irren. Die Menge der verwendeten Röntgenstrahlen ist für die Welpen nicht schädlich. Es sollte jedoch darauf geachtet werden, dass die Hündin während der Röntgenuntersuchung so wenig Stress wie möglich erleidet.

Wenn die Geburt nicht am 63. Tag beginnt

Theoretisch kann auch am 70. Tag der Trächtigkeit noch eine normale Geburt stattfinden. Allerdings steigt das Risiko von ernsthaften Problemen (tote Welpen) ab dem 65. bis 67. Tag deutlich an. Ein dringender Rat ist, niemals einen Partus am 70. Tag anzunehmen! In jedem Fall empfehle ich dem Züchter, sich am 60. Tag telefonisch mit seiner Tierarzt in Verbindung zu setzen, damit man dort über die zu erwartende Geburt informiert ist und dies im Praxisalltag berücksichtigen kann. Wenn die Geburt bis zum 63. Tag nicht stattgefunden hat, empfehle ich die folgende Vorgehensweise:

Wenn am 63. Tag noch keine Anzeichen für eine beginnende Geburt vorliegen, wird bei einer Trächtigkeit von ein bis zwei Welpen der Tierarzt am 63. Tag anhand der Anamnese, der klinischen Untersuchung und des Ultraschalls feststellen, ob ein sofortiger Eingriff (Kaiserschnitt) erforderlich ist oder ob man noch bis zum 65. Tag abwartet. Tritt auch bis dahin der Geburtsvorgang noch nicht ein oder ist bereits im Gange, dann wird am 65. Tag ein Kaiserschnitt durchgeführt.

Wenn am 63. Tag noch keine Anzeichen für eine beginnende Geburt vorliegen und auch am 65. Tag noch nicht, gilt der Grundsatz,dass bei einer Trächtigkeit von drei oder mehr Welpen am 65. Tag anhand der Anamnese, der klinischen Untersuchung und des Ultraschalls festgestellt wird, ob ein sofortiger Eingriff (Kaiserschnitt) erforderlich ist oder ob bis zum Ende der Trächtigkeit gewartet werden kann. Wenn am 67. Tag immer noch kein Partus stattgefunden hat (oder noch andauert), wird am 67. Tag ein Kaiserschnitt durchgeführt.

Durchführung eines Kaiserschnitts vor der Geburt

Manchmal wird ein Kaiserschnitt durchgeführt, noch bevor die Geburt begonnen hat. Der Grund dafür sind in der Regel die zu erwartenden Schwierigkeiten bei der Geburt, wie ein bis zwei Welpen und/oder zu große Welpen und/oder ein Rasseproblem (brachycephale Welpen). Nur ein bis zwei Welpen sind für sich genommen noch kein zwingender Grund, einen Kaiserschnitt vor der Geburt durchzuführen. Die Nachteile eines Kaiserschnitts vor Beginn der Geburt, insbesondere bei einer Erstgeburt, können sein: keine oder unzureichende Milchproduktion, Nichtakzeptanz der Welpen durch die Hündin und sogar Aggression der Hündin gegenüber den Welpen. In den meisten Fällen ist es vorzuziehen, mit dem Kaiserschnitt zu warten, bis die Dilatation stattgefunden hat. In diesem Fall ist eine gute Erreichbarkeit des entsprechenden Tierarztes oder einer Tierklinik wichtig.

Normale Merkmale einer Geburt

Wenn wir den Abfall des Progesteronspiegels im Blut messen, können wir vorhersagen, dass der Partus innerhalb von 24 bis 28 Stunden stattfinden wird. Bei vielen (nicht allen) Hündinnen können wir 24 bis 48 Stunden vor der Geburt einen Abfall der Körpertemperatur beobachten. Dieser Abfall wird oft von Zittern und Hecheln begleitet. Es ist ratsam, die Körpertemperatur mindestens eine Woche vor der erwarteten Geburt zweimal täglich (morgens und abends) zu messen, damit wir wissen, wie hoch die normalen Temperaturschwankungen sind. Eine deutliche Untertemperatur ist ein recht zuverlässiger Hinweis darauf, dass die Geburt innerhalb von 24 bis 48 Stunden stattfinden wird. Es gibt aber auch Hündinnen, die diesen typischen Abfall überhaupt nicht zeigen. Es ist daher zu bedenken, dass die Wehen auch ohne diesen Abfall unerwartet einsetzen können.
In den meisten Fällen sehen wir, dass die Hündin unruhig ist, ständig hechelt und zittert, als ob sie frieren würde. Der Appetit verschwindet oft ganz. Diese Symptome können manchmal schon 24 bis 48 Stunden vor dem Partus auftreten. Danach beginnt die Hündin mit dem Nestbau (Kratzen, Hinlegen, Aufstehen, Kratzen usw.). Dies kann mehrere Stunden lang andauern.
Wenn die Wehen tatsächlich einsetzen, sehen Sie zunächst ein leichtes „Zusammenziehen" der Hündin, so als ob sie für einen Moment den Atem anhält und ihn dann wieder loslässt. Allmählich nimmt die Intensität der Kontraktion zu. Dies kann bis zu 45 Minuten dauern. Schließlich zeigt die Hündin deutliche Schubkontraktionen, die Rute geht hoch. Dann kann es bis zu 15 Minuten dauern, bis ein Welpe erscheint. Ein kleiner Welpe kann nach zwei oder drei kräftigen Kontraktionen zur Welt gebracht werden, aber ein großer Welpe erfordert mehr Mühe.
Vor dem Welpen kann eine Fruchtblase in der Vulvaöffnung erscheinen. Diese Fruchtblase reißt. Manchmal folgt die Nachgeburt unmittelbar nach dem Welpen, sie kann aber auch später kommen. Die Membran wird von der Hündin selbst oder von der Helferin entfernt und die Nabelschnur durchtrennt.
Dann gibt es einen dunkelgrünen Ausfluss, der während der gesamten Geburt bestehen bleibt. Bei länger anhaltendem, intensivem und erfolglosem Pressen, unabhängig vom Zeitpunkt der Wehen und der Anzahl der Welpen, sollte fachkundige Hilfe in Anspruch genommen werden. Der Prozess von der Dilatation bis zur Geburt des ersten Welpen kann mit *Caulophyllum thalictroides* D4 fünf Tropfen maximal dreimal im Abstand von einer Stunde unterstützt werden. Wenn die Hündin körperlich erschöpft ist oder zu sein scheint, kann *Caulophyllum thalictroides*

D4 mit *Arnica montana* D6, dreimal eine Dosis im Abstand von zwei bis drei Stunden und eventuell in Absprache mit dem Tierarzt *Sabina* D3 ebenfalls dreimal eine Gabe im Abstand von zwei bis drei Stunden zur Unterstützung der Wehen ergänzt werden. *Caulophyllum thalictroides* sollte erst verabreicht werden, wenn die Wehen tatsächlich einsetzen und die Hündin zum ersten Mal ein leichtes „Zusammenziehen" des Bauches zeigt, so als ob sie für einen Moment die Luft anhält. Geben *Sie Caulophyllum thalictroides* nicht zu früh, vor allem nicht, wenn der Progesteronspiegel noch nicht gesunken ist. Auch Oxytocin darf in diesem Stadium (noch) nicht gespritzt werden!
Ich rate einem unerfahrenen Züchter, bei einem Partus immer eine erfahrene Unterstützung an seiner Seite zu haben. Selbst wenn man die Theorie vollständig beherrscht, ist die Praxis meist anders und Entscheidungen während eines Partus müssen immer umgehend getroffen werden. Doch gerade in diesem Moment können schnell Unentschlossenheit und Panik aufkommen.

Dunkelgrüner Ausfluss vor der Geburt des ersten Welpen

Wenn sich die Plazenta von der Gebärmutterwand ablöst, wird ein dunkelgrüner Schleim freigesetzt. Wenn noch keine Welpen geboren wurden, ist dieser schwarz-grüne Ausfluss ein Hinweis darauf, dass sich mindestens eine Plazenta abgelöst hat und eine Geburt in Kürze stattfinden sollte, da der Welpe ansonsten stirbt oder bereits tot ist. Vor der Geburt des ersten Welpen ist der dunkle Schleim daher ein Signal, dass ein Eingriff erforderlich ist. Nach der Geburt des ersten Welpen ist der dunkelgrüne Schleim allerdings normal. Ein Tierarzt sollte prüfen, ob eine Wehenschwäche vorliegt oder ob ein Welpe im Geburtskanal feststeckt (zu großer Welpe oder verkehrte Lage).

Zeit zwischen der Geburt von Welpen

Die normale Zeit zwischen zwei Geburten beträgt im Durchschnitt dreißig Minuten bis zwei Stunden. Leider gibt es hier erhebliche Schwankungen, was es vor allem für unerfahrene Züchter sehr schwierig macht, die richtige Entscheidung zu treffen. Es sind Fälle bekannt, in denen zwischen den Geburten von zwei munteren Welpen ein Zeitraum von etwa zwölf Stunden lag, aber aufgrund solcher Ausnahmen ist es nicht möglich, sich immer sicher zu sein. Wenn der nächste Welpe nach zwei Stunden noch nicht geboren ist und die Hündin ihre Welpen in Ruhe säugt, kann und sollte man ruhig die nächsten Wehen abwarten, aber wenn die Hündin unruhig ist, kontinuierliche oder kurz unterbrochene Wehen hat und innerhalb einer halben Stunde noch kein Welpe geboren ist, ist es sinnvoll, sich fachkundige Hilfe zu holen.

Die Geburt schreitet nicht voran

Ursachen können Wehenschwäche, übergroße Welpen oder eine falsche Geburtslage des Welpen sein. Zunächst sollte eine Untersuchung durch einen Tierarzt erfolgen, um Probleme bei der Geburt der Welpen durch das Becken der Hündin auszuschließen und um die Lebensfähigkeit der Welpen festzustellen (vaginale Berührung, Spekulum, Röntgen, Ultraschall) -, insbesondere bei längerem erfolglosem Pressen. Es versteht sich von selbst, dass bestimmte Ursachen für Geburtskanalproblem, wie z. B. Deformationen der Vagina, ein enges Becken aufgrund eines alten Traumas und dergleichen vor dem Deckakt erkannt und wenn möglich behoben werden müssen.
Bei Wehenschwäche verabreichen wir eine Injektion von Oxytocin. Bei einer Konzentration von 10 IE pro ml Injektionsflüssigkeit beträgt die Dosis für kleine Hunde 0,1 bis 0,2 ml (1 bis 2 IE), für mittelgroße Hunde 0,3 bis 0,5 ml (3 bis 5 IE) und für große Hunde 0,5 bis 0,7 ml (5 bis 7 IE),

die subkutan injiziert werden. Entsorgen Sie das Fläschchen nach der Geburt aller Welpen und der letzten Injektion (chemischer Abfall) und bewahren Sie es nicht für einen weiteren Wurf auf.
Ein Welpe sollte innerhalb einer halben bis zu einer Stunde nach der Injektion geboren werden. Kommt es bis dahin zu keiner Geburt, muss der Tierarzt (erneut) konsultiert werden. Der Züchter sollte also nicht selbst eine zweite Injektion geben. Im Prinzip kann die Injektion in Absprache mit dem Tierarzt wiederholt werden, jedes Mal mit einem Abstand von zwei Stunden, aber wie bereits erwähnt, müssen nach jeder Injektion ein oder mehrere Welpen geboren werden. Wird Oxytocin zu viel und zu oft gespritzt, kann sich dies negativ auf den Verlauf der Geburt auswirken und auch die Milchproduktion negativ beeinflussen. In einigen Fällen, insbesondere bei kleinen Rassen, sollte zusätzlich zu Oxytocin eine Kalziuminjektion verabreicht werden.

Eklampsie

Eklampsie (Krampfanfall in der Geburts- oder Nachgeburtsphase) ist auf einen akuten Kalziummangel bei der Hündin zurückzuführen, der auf einer relativ hohen Kalziumabgabe an die (schnell wachsenden) Welpen während des Säugens oder der Laktation zurückzuführen beruht. Er erfolgt oft zwischen der zweiten und der dritten Wochen nach der Geburt, manchmal aber auch schon früher: vor, während oder nach dem Partus. Die Eklampsie tritt besonders häufig bei kleinen Rassen auf, vor allem aufgrund von Stress während des ersten Wurfes. Bei prädisponierten (kleinen) Rassen ist es ratsam, die Ernährung während der Trächtigkeit und Laktation im Hinblick auf einen erhöhten Kalziumbedarf anzupassen und Kalzium präventiv vor der Geburt zu verabreichen, insbesondere, wenn ein Kaiserschnitt notwendig ist.
Es ist wichtig, die Eklampsie frühzeitig zu behandeln und sie somit frühzeitig zu erkennen. Die ersten (manchmal vagen) Symptome sind: Wehenschwäche, geringeres Interesse an den Welpen, Unruhe, aufgeregtes nervöses, ängstliches und mehr oder weniger panisches Verhalten. Die Hündin weiß eine Zeit lang nicht, was sie mit den Welpen tun soll, sie winselt und jammert beinahe schon hysterisch. Weitere Symptome sind Hecheln und Speichelfluss, manchmal Erbrechen und Durchfall, vermehrtes Muskelzittern und Krämpfe, Ataxie (Seemansgang), Steifheit und Umkippen. Die Folge sind heftige Krampfanfälle und eine (sehr) hohe Körpertemperatur. Die Eklampsie ist unbehandelt lebensbedrohlich. Der Krankheitsverlauf dauert etwa acht bis zwölf Stunden und führt aufgrund von Atemproblemen, Überhitzung und Hirnödemen zum Tod.
Bei rechtzeitiger Behandlung ist die Prognose gut. Es werden Blutuntersuchungen auf Kalzium und Glukose durchgeführt, ein Mangel wird sofort behoben. Bei der Eklampsie handelt es sich um einen Mangel an freien Kalziumionen, während wir in der Praxis beim Messgerät das Gesamtkalzium, also auch das gebundene Kalzium, messen und damit in vielen Fällen ein „normales" Kalzium messen, obwohl ein lebensbedrohlicher Mangel an freiem Kalzium vorliegt. Das ist der Grund dafür, dass wir bei starkem Verdacht auf Eklampsie allein aufgrund der Erzählung des Züchters und des klinischen Bildes ohne Blutuntersuchungen sofort behandeln und nicht auf irgendwelche Blutwerte warten. Unklare Symptome zu Beginn sind auch ein Grund dafür, dass wir bei Wehenschwäche oft routinemäßig zusätzlich zu anderen Maßnahmen sicherheitshalber vorbeugend Kalzium verabreichen. Eklampsie kommt bei kleinen, aber auch bei großen Rassen vor. Im Falle einer Eklampsie ist es ohnehin gut für die Hündin, die Welpen sofort oder später nach der Geburt für mindestens 24 Stunden von der Hündin zu trennen. Welpen, die älter als drei bis vier Wochen sind, sollten (beschleunigt) entwöhnt werden.

Auch die Kalziuminjektion (Calciumgluconat 10 % MPC Injektionslösung) kann im Grunde vom Besitzer selbst gespritzt werden, aber nur unter Einweisung des Tierarztes. Auch bei dieser subkutan zu verabreichenden Injektion betonen wir, dass sie jedes Mal nur nach vorheriger Rücksprache mit dem Tierarzt verabreicht werden soll.
Zur Unterstützung der Kontraktionsschwäche, unabhängig davon, ob eine Behandlung mit *Caulophyllum thalictroides* D4 zur Förderung der Dilatation vorausgegangen ist oder nicht, empfehle ich die Kombination *Arnica montana* D6 dreimal täglich eine Dosis im Abstand von zwei bis drei Stunden und *Sabina* D3 in Absprache mit dem Tierarzt ebenfalls dreimal täglich eine Dosis im Abstand von zwei bis drei Stunden. *Arnica montana* ist hier als Mittel gegen Erschöpfung gedacht. Bei Hunden in schlechtem Zustand (schwache Tiere), die unter extremer Erschöpfung und Apathie leiden, ist es besser *Arnica montana* in einer D30 zu geben und je nach Reaktion vorsichtig zu dosieren. D6 könnte den Zustand verschlimmern und das geht in der Regel nicht gut aus. Es ist falsch zu glauben, dass die Kombination *Arnica montana* D6 und *Sabina* D3 ein Ersatz für Oxytocin- und Kalzium-Injektionen ist. Die Homöopathie sollte hier als sinnvolle Ergänzung gesehen werden.

Welpe bleibt stecken

Sind Teile der Fruchthülle (Amnion) zu sehen, wie etwa die Hinterbeine oder der Kopf, oft noch in der Hülle eingewickelt, und der Welpe macht keine Fortschritte, herauszukommen, ist ein schnelles Eingreifen erforderlich. Ziehen Sie sofort einen Experten hinzu, der zu diesem Zeitpunkt am besten schon vor Ort sein sollte. Wenn die Hilfe des Fachmanns zu lange auf sich warten lässt, greifen Sie selbst ein: Fassen Sie die Frucht mit der Hand (in einem trockenen Waschlappen), ziehen Sie leicht an und ziehen Sie den Welpen sanft mit den Wehen (in Richtung der Rückenkrümmung des Welpen). Verwenden Sie keine Zange oder andere Werkzeuge.

Nabelschnur

Wenn die Hündin die Nabelschnur nicht selbst abbeißt, müssen wir ihr helfen. Die Nabelschnur sollte weder zu kurz noch zu lang (etwa ein Zentimeter) gekappt werden. Niemals zu eng am Bauch, da dann die Gefahr von Blutungen besteht, und auch nie zu lange lassen, weil das die Gefahr birgt, dass der Welpe darauf tritt und die Nabelschnur am Bauch noch reißt. Die Nabelschnur wird zwischen Daumen und Zeigefinger im Abstand von etwa einem Zentimeter vom Bauch entfernt fest zusammengedrückt, an der zusammengedrückten Stelle mit einer desinfizierten Schere durchgeschnitten und erneut zwischen Daumen und Zeigefinger zusammengedrückt, um Nachblutungen zu verhindern. Binden Sie den Nabelstumpf nur in Ausnahmefällen mit einem Faden ab. Wenn die Hündin zu ungestüm ist und die Gefahr besteht, dass sie den Nabel zu nahe am Bauch abbeißt, ist es ratsam, die Nabelschnur selbst zu durchtrennen. Der Nabelstumpf kann mit Betadin (Jodlösung) desinfiziert werden. Es versteht sich von selbst, dass alles (Hände, Scheren usw.) sauber und steril ist.

Welpen auf den Weg bringen

Saugen Sie dem Welpen mit einem geeigneten Schleimabsauger den Schleim aus dem Maul, reiben Sie ihn mit einem Handtuch fest (nicht zu fest, aber auch nicht zu lasch) trocken und halten Sie ihn warm (ca. 30°C bis 33°C, also nicht zu heiß).

Keine oder unzureichende Milchproduktion

Bei fehlender oder unzureichender Milchproduktion geben Sie ein homöopathisches Komplexmittel, das die Bestandteile *Agnus castus* D1=Ø, *Alfalfa* Ø, *Asa foetida* D6 und *Urtica urens* Ø zu gleichen Teilen enthält. Unmittelbar nach dem Partus dreimal im Abstand von ein bis zwei Stunden 10 bis 20 Tropfen, danach drei- bis viermal täglich 10 bis 20 Tropfen der Kombination für mindestens eine Woche lang (Dosis abhängig vom Körpergewicht der Hündin).

Milchersatz

Wenn die Hündin nicht in der Lage ist, ihre Welpen zu säugen, keine oder nur unzureichende Milch produziert, die Qualität der Milch anormal ist (unzureichender Fettgehalt oder Infektionen) oder die Welpen die Muttermilch nicht vertragen (Erbrechen und/oder Durchfall), müssen wir auf die Verwendung von künstlicher Milch zurückgreifen.

Beispiel für natürliche Muttermilch

Energie kJ/ml	Fett %	Eiweiß %
5,1	9,3	7,2

Quelle: Veterinärmedizinische Fakultät der Universität Utrecht

Das Trinken von Muttermilch von der Mutterhündin selbst ist bei Weitem vorzuziehen, auch im Zusammenhang mit der Übertragung der sehr wichtigen Antikörper während der ersten 36 Stunden nach der Geburt.

Beispiel für industriell hergestellte Welpenmilch

Energie kJ/ml	Fett %	Eiweiß %
4,3	7,2	6,1

Quelle: Produzent

Bei industriell hergestellter Welpenmilch werden neben der metabolischen Energie-, Fett- und Proteinzusammensetzung auch das Aminosäurenmuster, die biologische Eiweißwertigkeit, die Verdaulichkeit und die Fettsäurezusammensetzung untersucht.

Beispiel für selbstgemachte Welpenmilch

Energie kJ/ml	Fett %	Eiweiß %
4,9	7,1	4,2

Quelle: 250 ml Kuhmilch, 50 ml Sahne, geschlagenes rohes Ei, ein Löffel Zucker

In dieser Zusammensetzung ist ein erheblicher Eiweißmangel vorhanden. Rohes Ei (Eiweiß) enthält Avidin. Avidin bindet Biotin, und wenn diese Mischung länger als ein paar Tage gefüttert wird, kann ein Biotinmangel auftreten.

Die praktische Schlussfolgerung lautet, dass in allen Fällen, in denen eine künstliche Milchfütterung erforderlich ist, insbesondere in Fällen, in denen Welpen länger und vollständig von einer anderen als der Muttermilch abhängig sind, zumindest industriell hergestellte Welpenmilch verwendet werden sollte.

Selbst hergestellte Kunstmilch kann im Notfall nur für ein bis zwei Tage als Zusatzfutter dienen. Ein professioneller Züchter sollte daher immer (frische) Kunstmilch (Pulver) vorrätig haben. Aus der Praxis wissen wir, dass es wichtig ist, noch einmal zu betonen, sich bei der Zubereitung von industriell hergestellter Kunstmilch strikt an die Rezeptur auf der Verpackung zu halten.

Wenn die Welpen die erste Muttermilch, die Antikörper enthält, nicht aufgenommen haben, ist es wichtig, bei den ersten Anzeichen von Gesundheitsproblemen sofort den Tierarzt zu konsultieren und die Hygienemaßnahmen in den ersten drei Wochen zu verstärken, einschließlich der Verhinderung der Einschleppung von Infektionen von außen.

Obwohl die Sondenfütterung die beste Methode zur Fütterung von Welpen ist, zeigt die praktische Erfahrung, dass viele Züchter davor zurückschrecken und die Fütterung schließlich mit der Flasche oder einer Einwegspritze (ohne Sonde) durchführen. Vor allem bei der Verwendung einer Einwegspritze ist äußerste Vorsicht geboten. Achten Sie bei der Flaschenfütterung darauf, dass der Sauger richtig funktioniert. Bei der Flaschenfütterung ist ein ausreichend kräftiger Welpe mit gutem Saug- und Schluckreflex wichtig. Bei der Flaschenfütterung besteht vor allem bei schwachen Welpen die Gefahr des Verschluckens und lebensbedrohlicher Lungenprobleme (Würgepneumonie). Die Position (natürliche Haltung) des Tieres in Bezug auf den Nuckel/die Flasche (horizontal) ist ebenfalls wichtig, um ein Verschlucken zu verhindern. Die Gesamtmilchmenge pro 24 Stunden sollte in acht gleiche Portionen aufgeteilt werden.

Milchallergie

Manchmal reagieren Welpen überempfindlich auf die Muttermilch. Die Symptome sind schwallartiges Erbrechen, Durchfall und Bauchkrämpfe. Schwallartiges Erbrechen bedeutet, dass der Mageninhalt in einem Zug herauskommt. Anstelle von Mutter- oder Kuhmilch ist dann Ziegenmilch eine sehr gute Alternative. Homöopathie: *Aethusa cynapium* D3 dreimal täglich zwei bis drei Tropfen mit Wasser verdünnt instilliert für ein bis zwei Tage.

Krankheitsvorbeugung bei der Hündin

Wenn eine Hündin eine oder wenige Nachgeburten frisst, ist das kein Problem. Es ist aber nicht so, dass die Hündin alle Nachgeburten fressen muss. Es ist ratsam, eine Hündin, die viele Nachgeburten gefressen hat, mit einem Probiotikum (zusätzliche Darmflora) zu behandeln, um zu verhindern, dass sie Magen-Darm-Probleme bekommt. Kontrollieren Sie immer, ob Nachgeburten zurückgeblieben sind (zählen). Zurückgebliebene Nachgeburten können Probleme verursachen, wie z. B. Gebärmutterentzündungen oder allgemeines Unwohlsein aufgrund der Aufnahme von giftigen, verwesenden Resten von Amnionmembranen und Fruchtwasser in der Gebärmutter.

In Absprache mit dem Tierarzt ist es ratsam, die entsprechende Dosis Oxytocin (nicht überdosieren) unmittelbar nach der Geburt des letzten Welpen und 24 Stunden nach dem Partus zu verabreichen. Es ist auch ratsam, im Zweifelsfall sofort nach der Geburt mit *Secale cornutum* D4 dreimal täglich fünf Tropfen für drei Wochen zu beginnen.

Es ist ratsam, vor allem in der ersten Woche nach der Geburt ein- bis zweimal täglich die Körpertemperatur der Hündin zu messen und die Zitzen auf Milchproduktion, Farbe, Schmerzempfinden, Wärme und (harte) Schwellung zu kontrollieren. Es ist wichtig, Krankheiten bei der Hündin frühzeitig zu erkennen, damit sofort Maßnahmen ergriffen werden können und die Welpen möglichst wenig Schaden durch eine eventuell unzureichende mütterliche Versorgung nehmen.

Bei einer Gebärmutterentzündung (Fieber, starkes Trinken und dunkelroter bis eitriger, übelriechender Ausfluss) verabreichen wir eine gezielte Antibiotika-Kur über zwei bis drei Wochen. Mit gezielt meine ich ein Antibiotikum, das auf der Grundlage einer bakteriologischen Untersuchung und eines Antibiogramms individuell ausgewählt wird. Das Gleiche gilt auch für eine Brustdrüsenentzündung (Mastitis), bei der Fieber, verminderte Milchproduktion, schmerzhafte, harte, warme und geschwollene Brustdrüse(n) auftreten. Wenn die Hündin generell einen erschöpften Eindruck macht und am Ende noch unter Mastitis leidet, nehmen Menge und Qualität (Zusammensetzung, Infektion) der Muttermilch rasch ab, was sich natürlich sehr nachteilig auf die Welpen auswirkt. Außerdem sollten wir vermeiden, dass die Welpen die Medikamente, die die Hündin im Krankheitsfall benötigt, über die Muttermilch mit einnehmen müssen. Beim Einsatz von Antibiotika sollten wir sowohl Mutter als auch Welpen mit Probiotika füreine gesunde Darmflora behandeln. Außerdem sollten wir dafür sorgen, dass Mutter und Nachwuchs Ruhe und keinen Stress haben. Dies wird definitiv zu einer besseren Genesung beitragen.

Kontrolle der Welpen nach der Geburt (Tierarzt)

Anhaltspunkte bei einem kraftlosen Welpen

- Temperatur von Welpe, Hündin und Umwelt
- Gewicht des Welpen
- Milcherzeugung der Hündin
- Erster Stuhlgang des Welpen
- Flüssigkeits- und/oder Zuckermangel
- Angeborene Anomalien
- Andere Ursachen: Fading Puppy Syndrome (siehe unten)

Die Welpen werden auf normales Gewicht, Stärke, Wärme und Ernährungszustand untersucht. Vor allem wenn die Hündin wenig Interesse an ihren Welpen zeigt, ist es unser wichtigstes Anliegen, sie warmzuhalten. Unmittelbar nach der Geburt sollte die Umgebungstemperatur etwa 30°C bis 33°C betragen. Nach dem Füttern sollte ein gesunder Welpe mit einem vollen Bauch nicht schreien, sondern schlafen.
Wir kontrollieren das Gewicht der Welpen täglich. Am ersten Tag kann das Gewicht leicht unter dem Geburtsgewicht liegen. Nach ein bis zwei Tagen erreicht der Welpe in der Regel wieder sein Geburtsgewicht und nimmt dann weiter zu. Ein gesunder Welpe hat nach etwa acht bis zehn Tagen das doppelte, und nach 16 bis 20 Tagen das vierfache Geburtsgewicht erreicht. Diese Verdoppelung pro Zeitraum von mehr als einer Woche ist ein Durchschnittswert. Es kommt regelmäßig vor, dass ein einzelner Welpe 10 % bis 15 % weniger Gewicht zulegt. Dabei muss natürlich die Gesundheit von Mutter und Welpen immer genau überwacht werden. Neugeborene Welpen, die zu wenig trinken und schwach sind, können noch unter dem ersten zähen Stuhlgang (Mekonium oder Darmpech) leiden. Oft reicht es aus, mit einem feuchten Wattebausch oder einem nassen Waschlappen über den Anus zu wischen (so wie die Hündin mit ihrer Zunge), um den Darmklumpen zu entfernen, aber manchmal muss er von einem Experten entfernt werden. Hinweis: In seltenen Fällen kann es auch sein, dass der Welpe keine Afteröffnung hat (Atresia ani).
Außerdem müssen die Welpen auf Unter- oder Überbiss, Gaumenspalte (Milch läuft durch die Nase), Nabel- und/oder Leistenbrüche und andere Fehlbildungen untersucht werden. Natürlich hört der Tierarzt auch Herz und Lunge sorgfältig mit dem Stethoskop ab.

Unruhe der Hündin

Zu den Symptomen gehören: Unruhe, Nestbau, Schleppen der Welpen, Hecheln, Hin- und Herlaufen, Aggression gegenüber den Welpen, Erdrücken der Welpen und ähnliches. Die Ursachen sind vielfältig: Unerfahrenheit der Hündin (beim ersten Mal), nach einem vor der Geburt durchgeführten Kaiserschnitt, nach der Geburt (Rückbildungsschmerz), Kalziummangel (Eklampsie) oder Verhaltensstörung. Es ist wichtig, dass ein Tierarzt eine korrekte Diagnose stellt, damit eine angemessene Behandlung eingeleitet werden kann. Außerdem sollten die Welpen, falls erforderlich, vor unerwünschtem Verhalten der Mutterhündin geschützt werden. Bei Unruhe und Aggression der Mutterhündin sollte man die Welpen kontrolliert säugen lassen und Mutter und Welpen zwischendurch trennen. Hysterisches Verhalten einer Hündin kann u. a. mit *Asa foetida* D30 einmal täglich eine Dosis über mindestens sechs Wochen behandelt werden.

Behandlung und Prävention von Durchfall bei Welpen

Unter normalen Umständen ist es nicht notwendig, vorbeugende Maßnahmen gegen Durchfall bei Welpen zu ergreifen. Es gibt jedoch Züchter, die immer wieder mit diesem Problem zu kämpfen haben. In solchen Fällen können wir Prävention betreiben.

Zur Vorbeugung oder Behandlung von Durchfall bei Welpen ist es sinnvoll, den Welpen unmittelbar nach der Geburt eine probiotische Behandlung zu geben. Es versteht sich von selbst, dass Probiotika nur unterstützend wirken und der behandelnde Arzt zunächst eine schwere Durchfallerkrankung ausschließen sollte.

Verdacht auf einen von E.-coli-Durchfall besteht, wenn ein Welpe, in der Regel der konditionell stärkste im Wurf, plötzlich schwerst erkrankt, (wässrig-)dünnen Stuhl hat, manchmal mit Gasbläschen, und innerhalb von acht Stunden stirbt. Selbst im Frühstadium sollten sowohl der kranke Welpe als auch alle Wurfgeschwister so schnell wie möglich (vorbeugend) mit einem Antibiotikum durch Injektion und einem oral verabreichten Probiotikum behandelt werden. E.-coli-Infektionen sind besonders gefährlich, wenn die Welpen in einer fremden Umgebung geboren oder von einer fremden Hündin gesäugt werden, die dementsprechend nicht über die notwendigen Antikörper verfügt und sie daher nicht auf die Welpen übertragen kann.

E.-coli-Infektionen treten hauptsächlich in den ersten drei Tagen nach der Geburt und im Alter von drei bis vier Wochen während der Entwöhnung der Welpen auf.

Wenn aufgrund der Vorgeschichte Durchfallprobleme nach der Geburt zu erwarten sind, wird empfohlen, nicht nur den Welpen unmittelbar nach der Geburt (mindestens drei Tage lang) ein Probiotikum zu verabreichen, sondern auch der Hündin ein Probiotikum zu geben, und zwar mindestens sieben Tage vor der Geburt (auch im Hinblick auf den Verzehr von Nachgeburten). Möglicherweise kann die Verabreichung eines Probiotikums während der Entwöhnung der Welpen im Alter von drei bis vier Wochen noch einen zusätzlichen Nutzen bringen.

Blutiger Ausfluss etwa vier bis acht Wochen nach der Geburt

Im Prinzip sollte eine Hündin etwa zwei bis drei Wochen nach der Geburt wenig oder gar keinen Ausfluss mehr haben. Wenn vier bis acht Wochen nach der Geburt noch etwas blutiger Ausfluss vorhanden ist, kann es sich um schlecht heilende Plazentastellen handeln. Der reguläre Ansatz ist Progesteron in Kombination mit einem gezielt gewählten Antibiotikum, dessen Auswahl auf der Grundlage einer bakteriologischen Untersuchung und eines Antibiogramms erfolgt. Homöopathie: *Ustilago maydis* D3 fünf Tropfen dreimal täglich über drei Wochen.

Fading Puppy Syndrome

Reguläre Diagnostik und Behandlung

Die Kenntnis des Fading Puppy Syndrome ist notwendig, um Klarheit über die möglichen Gesundheitsprobleme bei jungen Welpen und über die Prognose zu haben und um zu erkennen, dass reguläre (schulmedizinische) Diagnostik und Behandlung in diesem Lebensabschnitt eines Hundes von größter Bedeutung sind. In einem Stadium, in dem die Immunität der Welpen viel geringer ist als bei erwachsenen Hunden und ihre körperliche Verfassung noch fragil ist, sind die Chancen auf eine ausreichende Reaktionsfähigkeit geringer und wir können daher weniger von einer Reiztherapie, wie sie die Homöopathie darstellt, erwarten. Darüber hinaus ist es in der Regel notwendig, schnell zu handeln und in der Regel können nicht genügend zusätzliche individuelle Symptome gefunden werden, um eine genauere homöopathische Arzneimitteldiagnose zu stellen.

Welpensterblichkeit ist nichts Normales mehr

Bis vor etwa dreißig Jahren wurde es von Züchtern und Tierärzten oft noch als normal angesehen, wenn in einem Wurf ein oder zwei Welpen oder bei größeren Würfen sogar drei bis vier Welpen tot geboren wurden oder innerhalb weniger Tage nach der Geburt starben. Damals wurde dies als eine (wohlbegründete) Laune der Natur erklärt, die verhindere, dass diese Welpen, denen man ohnehin eine viel geringere Lebensqualität zutraute, noch heranwuchsen. Damit, so die Argumentation, blieb dem Hund selbst viel Leid und dem zukünftigen Besitzer viel Kummer und Kosten erspart.

Heutzutage betrachten wir tote Welpen in einem Wurf nicht mehr als normal. Durch die höhere Professionalität der heutigen Züchter ist die Wahrscheinlichkeit von Totgeburten oder kranken Welpen geringer und die Chance, Anzeichen von Krankheiten rechtzeitig zu erkennen, größer. Außerdem weiß der Tierarzt von heute, dass er – sofern die neugeborenen Welpen nicht zu klein, fragil und anfällig sind – noch viel zur Vorbeugung und Heilung tun kann.

Und wir wissen inzwischen auch, dass Welpen, die nach der Geburt erkranken, in sehr vielen Fällen nach einiger Zeit und angemessener Behandlung zu kräftigen Hunden mit einer normalen Lebenserwartung heranwachsen können. Ich habe noch einmal ein paar Dinge zum Thema Fading Puppy Syndrome zusammengestellt. Für die einen mögen die Informationen neu sein, für die anderen eine Auffrischung und/oder ein Update. Eigentlich ist der Begriff Fading Puppy Syndrome bedeutungslos. Er ist ein Überbegriff für viele verschiedene Ursachen, die dazu führen, dass Welpen nichtwachsen, krank werden und/oder sterben.

Ursachen

Das Fading Puppy Syndrome wird durch Umweltfaktoren, genetische Störungen oder Infektionen verursacht.

Umweltfaktoren

Inkompetenz und Nachlässigkeit auf Seiten der Züchter („schlechte Zuchtpraxis") kommen leider immer noch vor. Züchten muss man gelernt haben. Außerdem geht es nicht nur um Wissen, sondern vor allem um eine Menge Erfahrung.

In der ersten Woche wird die Körpertemperatur eines Welpen stark von der Umgebungstemperatur bestimmt. Welpen sind in dieser Phase sehr anfällig für zu viel Kälte (Hypothermie) und zu viel Wärme (Hyperthermie). Es ist daher wichtig, sie zu überwachen und ihre Körpertemperatur (38°C bis 39°C) und die Umgebungstemperatur (28°C bis 30°C) aufrechtzuerhalten.

Wenn Welpen zu kalt sind, laufen die Körperfunktionen auf Hochtouren: Die Verdauung der Nahrung ist unzureichend, sie saugen weniger oder gar nicht mehr, Herzfrequenz und Lungenfunktion nehmen ab, der Kreislauf bricht zusammen (Schock) und der Tod kann schnell eintreten. Zu kalte Welpen sind matt und unbeweglich, zu warme Welpen schreien.

Bei einer übergewichtigen oder zu alten Hündin ist die Wahrscheinlichkeit größer, dass sie weniger mütterliche Eigenschaften hat und deshalb Welpen verliert. Ursachen hierfür sind offensichtlich eine zu geringe oder fehlende Milchproduktion, Muttermilch mit anormaler Zusammensetzung oder mit Bakterien kontaminiert, Vernachlässigung oder Aggression gegenüber

den Welpen oder Erdrücken der Welpen (rüpelhaftes Verhalten).
Welpen reagieren aufgrund ihrer dünnen Haut leichter auf Chemikalien als erwachsene Hunde. Achten Sie daher auf die Wahl von Reinigungsmitteln und Materialien, z. B. für die Wurfkiste. Natürlich können Vergiftungen auch über den Magen-Darm-Trakt und die Atemwege auftreten.
In diesem Zusammenhang möchte ich meine Warnung wiederholen: keine Medikamente während der Trächtigkeit (nur, wenn es wirklich nicht anders geht). Auch keine homöopathischen Mittel oder Kräuter. Das Antibiotikum Trimethoprim/Sulfamethoxazol (TMP-SMX) darf auf keinen Fall während der Trächtigkeit verabreicht werden, insbesondere nicht in den frühen Stadien der Fruchtentwicklung.

Genetische Störungen

Wir denken dabei an angeborene (kongenitale) Defekte wie Herzfehler, Gaumenspalten, Nabel- und Leistenbrüche, offene Fontanelle, Fehlen des Anus (Atresia ani), verformter Brustkorb (Pectus excavatum) und dergleichen. Natürlich kann es während oder unmittelbar nach der Geburt zu sichtbaren und unsichtbaren Traumata kommen. In diesen Fällen liegt also kein erblicher Defekt vor.

Infektionen

Welpen verfügen noch nicht über ein gut entwickeltes Immunsystem und sind daher sehr anfällig für Infektionskrankheiten. Die Bakterien können über die Plazenta (d. h. noch vor der Geburt) über den Nabel, den Magen-Darm-Trakt und die Atemwege in den Welpen gelangen. Zu den Symptomen gehören Erbrechen, Durchfall, ständiges Winseln, Fieber, minimales Durstgefühl und Absterben von Ohrenspitzen, Schwanzspitze und/oder Zehen.
Berühmt-berüchtigt ist die Infektion mit Kolibakterien, Escherichia coli (E. coli). Es gibt verschiedene Arten von E. coli. Einige von ihnen sind Krankheitserreger. Die Welpen erhalten von der Mutter Antikörper gegen den E. coli-Typ, der in der häuslichen Umgebung, in der sich die Mutter lange Zeit aufgehalten hat, bereits vorhanden ist. Die Mutter hat bereits reichlich Antikörper gegen diesen speziellen E. coli-Typ gebildet. Die Welpen nehmen die Antikörper über die Plazenta und die Milch der Mutter auf. Mutter und Welpen erkranken nicht an diesem speziellen Typ von E. coli. Wenn eine fremde Art von E. coli in den Wurf eingebracht wird, haben weder Mutter noch Welpen zunächst Antikörper gebildet. Da die Welpen noch ein schlecht entwickeltes Immunsystem haben, werden sie krank. Das Immunsystem der Mutter kann dagegen rechtzeitig angemessen auf die fremden Bakterien reagieren und erkrankt nicht.
Der empfindlichste Zeitraum für E. coli bei Welpen sind die ersten drei Tage nach der Geburt und während des Übergangs von Milch zu fester Nahrung (im Alter von drei bis vier Wochen). Ein charakteristisches Bild bei einer akuten E. coli-Infektion ist, dass (normalerweise) gerade der stärkste Welpe im Wurf zuerst erkrankt und sehr schnell (innerhalb von etwa acht Stunden) sterben kann. Wir sehen oft Durchfall. Wenn ein unaufmerksamer Züchter nicht früh genug den Tierarzt ruft, können viele Welpen oder sogar der gesamte Wurf innerhalb von ein bis zwei Tagen sterben.
Die Einschleppung von E. coli erfolgt z. B. durch (fremde) Menschen oder durch fremde Welpen. Ein Beispiel ist ein Wurf von fünf Labrador Retriever-Welpen, in den drei Kleine Münsterländer-Welpen (die Mutter starb bei einem Unfall) gelegt wurden. Innerhalb eines Tages waren drei Labrador Retriever-Welpen tot, die beiden anderen überlebten dank rechtzeitiger Behandlung. Die drei Münsterländer-Welpen wurden nicht krank, denn es war ja „ihre“ Art von E. coli.
Bei Welpen und ihren Müttern treten mehrere Virusinfektionen auf: Herpes (mehr dazu am Ende dieses Kapitels), Parvovirose, Staupe und

ansteckende Leberentzündung. Die drei letztgenannten Infektionen gehören zum regulären Impfprogramm, zusätzlich sollte eine Wurmprävention stattfinden. Denn Welpen können sich unter anderem über die Plazenta (d.h. noch vor der Geburt) oder über die Milch mit Spulwürmern infizieren. Es ist wichtig, sowohl die Welpen als auch ihre Mütter in das Präventionsprogramm einzubeziehen.

Fragil und empfindlich

Neugeborene (neonatale) Welpen sind in den ersten Wochen nach der Geburt noch klein. Dadurch sind auch Diagnose und Behandlung eingeschränkt.

Die Physiologie (normale Funktionen des Körpers) eines neugeborenen Welpen unterscheidet sich von der eines erwachsenen Hundes. Das muss bei der klinischen Untersuchung und der Auswertung von Testergebnissen berücksichtigt werden. Neugeborene Welpen sind fragil und empfindlich. Sie geraten schnell in einen kritischen Zustand, wenn sie krank werden oder sich aus anderen Gründen in einem schlechten Zustand befinden, z.B. wegen schlechter Pflege durch den Züchter und/oder die Hündin. Das Immunsystem funktioniert in den ersten Wochen noch nicht ausreichend, so dass Infektionen (Bakterien und Viren) leichter Fuß fassen können. Welpen mit einem (zu) niedrigen Geburtsgewicht oder Gewicht im Allgemeinen sind anfälliger für Krankheiten. Bei Welpen sind die Nieren- und Leberfunktionen noch unzureichend. Die Nierenfunktion eines Welpen erreicht erst im Alter von acht Wochen das Funktionsniveau eines erwachsenen Hundes, die Leberfunktion sogar erst im Alter von vier bis fünf Monaten.

Intensivpflege

Aus den obigen Ausführungen geht hervor, dass sich die Intensivpflege bei Welpen, insbesondere im Alter bis zu sechs Wochen von der des erwachsenen Hundes unterscheidet. Bei der Intensivpflege von Welpen konzentriert sich der Tierarzt zunächst auf Atemwegs- und Kreislaufprobleme (Flüssigkeit). Als lebensrettende Maßnahmen bei Dehydrierung oder Schock denken wir zuerst an die Verabreichung von Sauerstoff und das Legen eines Zugangs zur Verabreichung von Flüssigkeit (Austrockung, Schock) und Medikamenten. Gleichzeitig stellen wir die Körpertemperatur her und halten sie aufrecht. Wir messen den Blutzuckerspiegel im Blut. Glukose ist ein ernsthaftes Problem, insbesondere bei Welpen mit geringem Körpergewicht Deshalb verabreichen wir wenn nötig (zu niedriger Blutzucker) Dextrose.

Erst wenn der kleine Patient stabilisiert ist, führen wir die Anamnese (Befragung des Besitzers) und unsere klinische Untersuchung sowie eventuelle Zusatzuntersuchungen (in Brustlage) durch, um die richtige Diagnose zu stellen und anhand der Ergebnisse die entsprechende Behandlung einzuleiten. Gleichzeitig halten wir die Körpertemperatur aufrecht und verabreichen, falls erforderlich, Sauerstoff.

Das Körpergewicht des (kranken) Welpen wird vier- bis sechsmal am Tag gemessen. Bei einem gesunden Welpen genügt es, ihn zweimal am Tag zu wiegen. So können wir die Flüssigkeitsaufnahme und die Gewichtszunahme überwachen. Hierfür ist eine grammgenaue Waage erforderlich.

Katheter

Da die Zeit in der Intensivpflege knapp ist, bevorzugen wir die direkte Verabreichung von Flüssigkeiten und/oder Medikamenten in die Vene (iv: intravenös). Bei kleinen Welpen ist das Anlegen eines Katheters für die Infusion oft nicht möglich. In diesen Fällen können wir die Verabreichung über das Knochenmark nutzen. Diese bemerkenswerte Art der Infusionsverabreichung hat sich als gleichwertig mit der intravenösen Verabreichung erwiesen. Im Prinzip können Flüssigkeit, Medikamente, Infusionsnahrung und sogar Blut über diesen Weg verabreicht werden.

Blutentnahme

Das Blut wird vorzugsweise aus der Halsschlagader entnommen. Dies ist nicht immer einfach. Es kann nur eine kleine Menge Blut entnommen werden. Zunächst müssen der Anteil der roten Blutkörperchen und der Anteil des Eiweißes gemessen werden. Zusammen bilden sie einen Messpunkt zur Bestimmung des Flüssigkeitsstatus des Welpen. Wir messen auch Glukose und Harnstoff (Nieren).

Abweichungen von der Norm

Um festzustellen, was anormal ist und was nicht, müssen wir wissen, was normal ist:

- Eine starke Bewegung, um die Zitze zu finden und ins Maul zu nehmen, und ein starker Saugreflex sind Anzeichen für einen gesunden Welpen. Da ein kranker oder unterernährter Welpe in den ersten Wochen schnell in einen kritischen Zustand geraten kann, ist die rechtzeitige Wahrnehmung (und Behandlung) von Anomalien entscheidend.

- Es ist normal, dass die Welpen in den ersten zwei bis drei Wochen fast immer entweder schlafen oder trinken. Kurz nach der Geburt ist ein gesunder Welpe bei der Untersuchung beweglich, fühlt sich kräftig (muskulös) und warm an. Ein kranker Welpe bewegt sich wenig oder gar nicht, fühlt sich schlaff und kalt an (insbesondere kalte Pfoten).

- Ein gesunder Welpe ist in der Lage, von der Rückenlage in die Bauchlage zurückzukehren. Ein gesunder Welpe hat einen vollen Bauch, ein kranker Welpe einen leeren Schwabbelbauch. Ein gesunder Welpe nimmt ausreichend zu, ein kranker Welpe nimmt zu wenig oder nicht genug zu oder verliert an Gewicht.

- Übrigens kann es normal sein, wenn ein Welpe in den ersten 24 Stunden nach der Geburt 10 % seines Gewichts verliert, aber danach sollte er wieder zulegen. Regelmäßiges Wiegen ist also wichtig: vier- bis sechsmal pro Tag für kranke Welpen, zweimal pro Tag für gesunde Welpen.

- Ein gesunder Welpe jammert nur eine Zeit lang, ein kranker ständig oder gar nicht. Gesunde Neugeborene liegen normalerweise nicht auseinander, kranke dagegen oft. Das Auseinanderliegen kann normal sein, wenn der Welpe fünf bis sechs Wochen alt ist.

Um festzustellen, ob ein Welpe dehydriert ist oder nicht, ist die Messung der Hautspannung (Turgor) bei einem Welpen nicht so aussagekräftig wie bei einem erwachsenen Hund. Die Haut eines Welpen hat im Vergleich zu der eines erwachsenen Hundes einen höheren Feuchtigkeits- und einen niedrigeren Fettgehalt.
Um den Turgor zu messen, ziehen wir z. B. die Haut auf dem Rücken in Schulterhöhe zwischen Daumen und Zeigefinger hoch und lassen sie wieder los. Die Geschwindigkeit und das Ausmaß der Rückbildung der Hautfalte ist (zumindest bei erwachsenen Hunden) ein Maß für den Flüssigkeitsstatus. Da die Nierenfunktion eines Welpen in den ersten acht Wochen noch nicht optimal ist, ist die Messung der Konzentration (spezifisches Gewicht) des Urins kein zuverlässiges Maß für die Dehydratation. Bei erwachsenen Hunden mit normal funktionierenden Nieren ist eine Zunahme der Konzentration (spezifisches Gewicht) des Urins zu beobachten, wenn eine Dehydratation vorliegt. Da das autonome Nervensystem und die Muskulatur der Arterien noch nicht optimal funktionieren, nimmt die Konzentration (das spezifische Gewicht) des Urins bei Dehydratation zu.
Blutdruck und Herzfrequenz (siehe Übersicht unten) bei Neugeborenen sind keine zuverlässigen Indikatoren für Dehydrierung und Schock.

Referenzdaten für gesunde neugeborene Welpen (Durchschnittswerte, es gibt eine große Varianz)

Tabelle 1

Schmerzreflex	Von Geburt an
Beugetonus	1.–4 Tag
Nabelschnurrest lose	2.–3. Tag
Strecktonus	5.–8. Tag
Augen offen	5.–14. Tag
Zittern (zum Warmwerden)	6. Tag
Hecheln (bei zu großer Hitze)	< 7 Tage
Äußere Gehörgänge offen	6.–14. Tag
Krabbeln (können)	7.–14. Tag
Rückziehreflex	7.–19. Tag
Gehen, Urinieren, Defäkation (spontan)	14.–21. Tag
Herumlaufen	16. Tag
Sehkraft normal	21.–30. Tag
Drohreflex	21.–30. Tag
Milchschneidezähne und -eckzähne kommen durch	3.–6. Woche
Gehör normal	4.–6. Woche
Hodenabstieg*	4.–6. Woche
Durchbruch der Milchprämolaren	5.–6. Woche
Bleibende Eckzähne kommen durch	12.–16. Woche
Die bleibenden Backenzähne kommen durch	16.–24. Woche
Nierenfunktion nähert sich dem Niveau eines erwachsenen Hundes	8. Woche
Leberfunktion nähert sich dem Niveau eines erwachsenen Hundes	4.–5. Monat

* Hodenabstieg 4–6 Wochen, oft mehrere Wochen später, manchmal bis 7–10 Monate

Tabelle 2

Geburtsgewicht	120 g (Zwergspitz) – 625 g (Deutsche Dogge)
Körpertemperatur (rektal)	36–37°C (ab dem 1. Monat 38°C)
Herzfrequenz	180–200/min (erwachsener Hund 80–120/min)
Atemfrequenz	10–18/min.
Blutdruck (mittlerer arterieller Druck)	50mm HG (zu niedrig für einen erwachsenen Hund)
Hämatokrit (Hkt)	47 % bei der Geburt – 29 % mit 28 Tagen (erwachsener Hund 37–55 %)

Gesamtprotein (TP)	± 4,5 g/dl (erwachsener Hund 5,2 g/dl–8,2 g/dl, Idexx Vet-Med-Labor)
Globulin	Zunahme (Antikörper aufgrund von Impfungen)
AF, GGT, Bilirubin, Ca und P	Geringfügig erhöht vgl. erwachsener Hund
Glukose, Harnstoff, Cholesterin	Geringfügig niedriger vgl. bei erwachsenen Hunden
Weiße Blutkörperchen	Geringfügig höher mit 1 Monat vgl. erwachsener Hund
Thyroxin (Schilddrüsenhormon)	Geringfügig höher mit 1 Monat vgl. erwachsener Hund
Urinkonzentration, spezifisches Gewicht (USG)	< 1,020; 1,010 von 9.–10. Woche (erwachsener Hund 1,015–1,045)
Glukose im Urin	Kann bis zur 8. Woche normal sein
Milchbedarf (5,1 kJ/ml)	3,1 ml/g Wachstum (Kunstmilch 4,4 kJ/ml = 3,7 ml/g Wachstum) *
Kalorienbedarf	16 KJ für 1 g Gewichtszunahme
Fassungsvermögen des Magens	4–5 ml/100 g Körpergewicht

* Quelle: *Pediatric critical care*; Leah A. Cohn und Justine A. Lee, Clinician's Brief, Januar 2015.

Canines Herpesvirus (CHV)

Verunreinigung

Die Infektion mit dem Caninen Herpesvirus (CHV) erfolgt durch direkten Kontakt mit Speichel, Nasensekret oder Vaginalsekret (Ansteckung von Welpen während der Geburt) oder Vorhautsekret (Ansteckung während der Paarung). Die Inkubationszeit beträgt sechs bis zehn Tage.

Bei Welpen, die jünger als drei Wochen sind, verläuft die Infektion ohne ausreichende Antikörper gegen das CH-Virus tödlich – und zwar innerhalb von ein bis zwei Tagen. Vorbeugung: Zufuhr von ausreichend Muttermilch (mit Antikörpern) innerhalb von 24 Stunden nach der Geburt, Aufrechterhaltung der Körpertemperatur der Welpen (38°C bis 39°C) und der Umgebungstemperatur (28°C bis 30°C). Das CH-Virus überlebt außerhalb des Patienten nur schlecht und reagiert gegenüber den üblichen Desinfektionsmitteln (Hygiene) sehr empfindlich. Bei Welpen, die jünger als drei Wochen sind, bleiben Behandlungen in der Regel erfolglos und die Prognose ist sehr ungünstig.

Symptome beim Welpen; zu ruhig, zu matt, trinkt zu wenig (Verlust des Saugreflexes), kein Fieber (Unterkühlung), Nasenausfluss, weicher gelber bis grüner Stuhl, angespannter (schmerzhafter) Bauch, Rötungen der Bauchhaut und der Schleimhäute, schnellere Atmung, Jammern. Auch Augeninfektionen kommen vor.

Für die Bestätigung der Diagnose bei Welpen, die jünger als drei Wochen sind, sind Blutungen aufgrund Gefäßentzündungen charakteristisch.

Bei Welpen, die älter als drei Wochen sind, können wir leichten Nasenausfluss, Niesen und/ oder eine leichte Scheidenentzündung beobachten. Bei erwachsenen Hunden beobachten wir leichten Nasen- und Augenausfluss und eine Reizung mit leichtem Ausfluss der Vulva oder der Vorhaut (Präputium). Hündin: Unfruchtbarkeit, frühe Fruchtresorption, Tod der Welpen in der Gebärmutter (Mumifizierung), Abort, Frühgeburt, Totgeburt oder zwar lebende, aber zu schwache Welpen.

Labor

Werden im Blutserum Antikörper gegen das CH-Virus nachgewiesen (Hund ist seropositiv), hat ein Kontakt mit dem CH-Virus stattgefunden oder der Hund ist dagegen geimpft worden. Dies bedeutet, dass der Hund zunächst kein Träger oder Verbreiter des CH-Virus ist und daher für andere Hunde, einschließlich Welpen, noch nicht ansteckend ist. In verschiedenen Hundepopulationen liegt der Prozentsatz der seropositiven Hunde bei 40 % bis 90 %. Nur wenn bei zwei Proben, die im Abstand von etwa vier Wochen entnommen werden, ein Anstieg der Antikörper festzustellen ist, handelt es sich um eine aktive Infektion. Spulwürmer können durch den Test von DNA aus Vaginalschleim (Membran) oder Sperma diagnostiziert werden. Es ist klar, dass Träger nicht für die Zucht verwendet werden sollten.

Es wird empfohlen, seronegative Hündinnen von drei Wochen vor bis drei Wochen nach der Geburt von anderen Hunden zu isolieren – oder noch besser, sie impfen zu lassen: Die erste Injektion erfolgt zu Beginn der Läufigkeit oder sieben bis zehn Tage nach dem Deckakt. Die zweite Injektion etwa ein bis zwei Wochen vor dem voraussichtlichen Wurftermin.

Ein ungeimpfter seropositiver (erwachsener) Hund kann ein symptomloser Überträger und Verbreiter (Spreader) sein und damit eine Gefahr für seine Umgebung darstellen, muss es aber nicht. Hündinnen mit einer CHV-Vorgeschichte (Tod eines Welpen in einem früheren Wurf) können beispielsweise genügend Antikörper haben, um sie über die Milch in einem nachfolgenden Wurf an den/die Welpen weiterzugeben.

Homöopathie

Derzeit ist eine homöopathische Behandlung bei schwerkranken Welpen mit aktiver Herpesinfektion nicht sinnvoll. Bei erwachsenen Hunden kann eine konstitutionelle Unterstützung unter Anleitung eines Tierarztes in Betracht gezogen werden.

Gastroenterologie mit Homöopathie

Einführung

In diesem Kapitel habe ich mich dazu entschieden, hauptsächlich auf das Thema der chronisch- entzündlichen Darmerkrankung, auch Inflammatory Bowel Disease (IBD) genannt, einzugehen. IBD bildet einen Sammelbegriff für entzündliche Darmerkrankungen, zu denen auch das Reizdarmsyndrom zählt.

In den letzten rund 30 Jahren konnte ich viel Erfahrung in der Behandlung von IBD bei Hunden sammeln. Die damals fast standardmäßig durchgeführten Langzeitbehandlungen mit Prednisolon (Kortison) bei einer großen Zahl von IBD-Patienten, darunter auch vielen jungen Hunden, waren ein Garant für inakzeptable Nebenwirkungen. Mittel wie Sulfasalazin und Metronidazol waren zwar schon damals für die meisten Patienten wirksam, aber leider nur vorübergehend. Andere reguläre Behandlungen und diätetische Nahrungsmittel glichen meist noch dem Prinzip von Versuch und Irrtum, bei der das Ei des Kolumbus bislang weder gelegt noch gefunden wurde. In dieser Zeit habe ich die Möglichkeiten und Grenzen der komplementären Therapien, einschließlich der Homöopathie, kennen- und schätzen gelernt.

Ein letzter und nicht weniger wichtiger Grund sich in diesem Zusammenhang auf IBD zu konzentrieren ist, dass die Erkrankungen nicht selten auch bei anderen Erkrankungen eine entscheidende Rolle zu spielen scheint, darunter Hauterkrankungen, perianale Fisteln, chronischen Krallen- und/oder Nagelbettinfektionen (SLO), exokriner Pankreasinsuffizuenz (EPI), Proteinverlust-Enteropathie (PLE) und sogar Epilepsie.

Chronisch-entzündliche Darmerkrankung (IBD)

Es handelt sich um idiopathische, chronische, kontinuierliche oder periodische Störungen des Magen-Darm-Trakts. Idiopathisch bedeutet, dass wir die Ursache der Krankheit nicht kennen. Derzeit gehen wir davon aus, dass die Ursache (Ätiologie) ein komplexes Zusammenspiel zwischen Rasseveranlagung, Ungleichgewicht im Mikrobiom (Darmflora) des Magen-Darm-Trakts, Fehlfunktionen des Immunsystems, Umwelteinflüssen (einschließlich Stress), Infektionen und/oder Ernährungsfehlern ist. Der Krankheitsverlauf kann von leicht über mittelschwer bis schwer reichen. Zu den häufigsten Syndromen der von IBD gehören:

- Chronisch rezidivierende (wiederkehrende) Koliken (Bauchschmerzen)
- Chronisch rezidivierende Dickdarmdiarrhö
- Chronische Dünndarmdiarrhöe
- Proteinverlust-Enteropathie (PLE)
- Exokrine Pankreasinsuffizienz (EPI)

Chronisch rezidivierende Koliken

Bei der leichtesten Form der IBD treten periodisch wiederkehrende Bauchschmerzen auf. Der Patient steht mit hochgezogenem Bauch da und versucht, sich so wenig wie möglich zu bewegen. Er steht verkrampft, und wenn er sich leicht bewegt, dann erfolgt das ebenfalls verkrampft. Die Symptome treten oft plötzlich auf und können auch ganz plötzlich wieder verschwinden. Bauchkrämpfe werden keineswegs immer bemerkt, weil der durchschnittliche Hund nicht so wehleidig ist.

Manchmal sehen wir häufiges Schmatzen, Luftschlucken, Ablecken (auch auf dem Boden) und Hunde, die zwanghaft unverdauliche Dinge wie Gras und Pflanzen fressen, oder Stücke aus einem Handtuch, ihrer Decke, Teppichen, Vorhängen oder Ähnlichem herausbeißen und verschlucken. Wir vermuten, dass diese Hunde mit akuten schweren Krämpfen und Hypermobilität des Magen-Darm-Trakts, oft mit äußerlich hörbarem Borborygmus (Darmgeräusche) zu tun haben. Bemerkenswerterweise kann der Appetit trotz dieser Beschwerden normal sein und durch Fressen können sich die Symptome verbessern. Erbrechen oder Durchfall sind nicht vorhanden. Abgesehen von der Tatsache, dass der Hund eine Zeit lang mit den Beschwerden zu kämpfen hat, besteht keine ernste Krankheit. Die Prognose ist gut. Bei der weiteren Befragung während der Anamnese stellt sich in der Regel heraus, dass Stress die Ursache und wahrscheinlicher Auslöser für das Auftreten der Symptome ist.

Chronisch rezidivierende Dickdarmdiarrhö

In den meisten Fällen von chronischem Dickdarmdurchfall kommt es zu periodisch wiederkehrenden Durchfällen. Periodisch bedeutet: plötzlicher Durchfall, der oft innerhalb von ein bis drei Tagen spontan aufhört, dann herrscht drei Wochen Ruhe, und plötzlich ohne erkennbare Ursache kommt er wieder, um erneut innerhalb von ein bis drei Tagen spontan aufzuhören. In einer Reihe von Fällen muss der ständige Durchfall kurzzeitig mit einer Metronidazol- oder Sulfasalazin-Kur unterstützt werden. Die Symptome treten während der Zeit oft auf und verschwinden aber relativ schnell wieder.

Es gibt einen plötzlichen Drang, der den Hund unfähig macht, seinen Stuhlgang zu halten, sodass er nicht mehr stubenrein ist. Eine Nahrungsmittelallergie ist hier unwahrscheinlich.

Vielmehr scheint Stress als Auslöser für die Hypermotilität (übermäßige Motilität) des Darms viel wahrscheinlicher zu sein als eine immer wiederkehrende allergische Reaktion auf täglich angebotene Nahrungsmittel, auch in den Wochen, in denen keine Symptome auftreten.

Der Stuhlgang variiert von weich bis dünn, oft mit Schleim und manchmal mit frischem (rotem) Blut versetzt. Zu Beginn der Defäkation sehen wir oft normalen Stuhl, am Ende ist er flüssig. Es besteht ein häufiger, heftiger Stuhldrang, manchmal schmerzhaft (Tenesmus), manchmal ist es sehr wenig oder gar vergeblich: Der Hund presst, aber es kommt nichts.

In einer begrenzten Anzahl von Fällen kommt es gelegentlich zu Erbrechen. Das charakteristischste Merkmal der chronisch-rezidivierenden Dickdarmdiarrhö ist, dass sich der Patient – mit gelegentlichen Ausnahmen – nicht krank fühlt und weiterhin einen völlig normalen Appetit hat. Auch das Körpergewicht wird beibehalten. Die Prognose ist gut.

Chronische Dünndarmdiarrhö

Chronischer Dünndarmdurchfall ist in der Regel kontinuierlich und nicht intermittierend. Das allein zeigt schon den Unterschied zwischen chronischer Dickdarm- und Dünndarmdiarrhö. Außerdem kommt es bei Dünndarmdurchfall in den meisten Fällen zu regelmäßigem Erbrechen. Auch das ist ein Unterschied zur Dickdarmdiarrhö.

Es gibt noch weitere Unterschiede. Beim „Dünndarm-Patienten" sehen wir weniger, keinen

oder im Gegenteil einen übermäßig gesteigerten Appetit. Beim der „Dickdarm-Patienten" sehen wir auch Hunde mit einem mehr als normalen Appetit, aber der Punkt ist in diesem Fall, dass er den übermäßigen Appetit auch ohne Durchfallerscheinungen hatte und hat, und dass sich der Appetit während der (schweren) Dickdarm-Diarrhö nicht ändert. Bei Dünndarmdurchfall sehen wir in einer Reihe von Fällen, dass der Patient an Gewicht zulegt oder abnimmt, lustlos und weniger aktiv oder allgemein krank ist. Das Ultraschallbild zeigt eine verdickte Dünndarmwand und eine Vergrößerung der abdominalen (mesentialen) Lymphknoten. Der Stuhl ist wässrig, dunkel (dunkelrot oder schwarz von altem verdautem Blut). Die Prognose reicht von mäßig bis gut. Bei „Dickdarm-Patienten" ist es ratsam, eine Endoskopie durchzuführen und Biopsien der Darmwand zur histologischen Untersuchung zu entnehmen. Auf diese Weise kann nicht nur ein immunbedingtes Problem (lymphoplasmazelluläre oder eosinophile Enteritis) bestätigt, sondern vor allem auch die für die Prognose wichtige Schädigung der Darmwand sichtbar gemacht werden. Der Wert der histologischen Befunde „lymphoplasmazellulär" und „eosinophil" ist nicht immer eindeutig für die Prognose.
Natürlich sollten Blutuntersuchungen im Zusammenhang mit möglichen komplizierenden Anomalien durchgeführt werden (siehe unten). Nach Auswertung von Anamnese, klinischer Untersuchung und zusätzlichen Untersuchungen sind wir beim „Dünndarm-Patienten" an dem Punkt angelangt, an dem sich die Frage stellt: Was sollte regulär (schulmedizinisch) behandelt werden und was kann mit Homöopathie ergänzt werden? An dieser Stelle rein im Rahmen der evidenzbasierten Veterinärmedizin (weiter) zu denken und nur Prednisolon zu verschreiben, ist jedes Mal eine verpasste Chance.

Exokrine Pankreasinsuffizienz (EPI)

Aufgrund einer Beeinträchtigung oder einer Schädigung von entsprechenden Drüsenzellen der Bauchspeicheldrüse werden nicht genügend Verdauungsenzyme produziert. In 50 % der Fälle kommt es zum Abbau (Atrophie) von funktionellem Drüsengewebe. Ist die Ursache hierfür unbekannt, ist es möglicherweise eine Autoimmunerkrankung und/oder ein Gendefekt. In den übrigen Fällen ist eine chronische Pankreatitis (Entzündung der Bauchspeicheldrüse) die Ursache.
Die Erkrankung tritt am häufigsten bei Deutschen Schäferhunden auf (42 % aller EPI-Fälle). Dann gibt es die idiopathische (Ursache unbekannt) atrophische Form (50 % aller EPI-Fälle). EPI aufgrund von Atrophie (Abbau) von funktionellem Drüsengewebe tritt im Alter von ein bis zwei Jahren auf. EPI aufgrund einer chronischen Pankreatitis (Entzündung der Bauchspeicheldrüse) tritt in jedem Alter auf, meist jedoch im mittleren bis höheren Alter. Das Krankheitsbild wird durch eine schlechte Verdauung und Absorption der Nahrung verursacht. Die Symptome treten auf, wenn etwa 90 % der Kapazität des Drüsengewebes verloren gegangen sind.
Zu den Symptomen gehören: dünner, teigiger (Kuhfladen), voluminöser und stinkender Kot. Der Kot ist oft (natürlich nicht immer) kittfarben (beige) und enthält manchmal unverdaute Teile. Weitere Symptome: Häufiger Stuhlgang (mehr als dreimal täglich), Kotfressen, Pica-Syndrom (Fressen seltsamer Dinge), Blähungen und von weitem hörbare Darmgeräusche. Selten muss der Hund erbrechen, aber er verliert Gewicht (Fett und Muskeln) trotz normalen oder häufiger (stark) gesteigerten Appetits. Manchmal kommt es zu häufigem Wasserlassen und starkem Trinken (Polyurie und Polydipsie – PU/PD). Dann besteht der Verdacht auf Diabetes mellitus (Zuckerkrankheit) als Komplikation (Blutzucker bestimmen!). Bei einer chronischen Bauchspeicheldrüsenentzündung als Ursache kann sich in seltenen Fällen ein Diabetes melli-

tus (Zuckerkrankheit) entwickeln. Typisch hierfür ist ein nervöses, sporadisch reizbares Verhalten. Zudem kommt es zu Dysbakteriose, einer Störung des bakteriellen Gleichgewichts im Darm, wodurch die „bösen" Bakterien überhandnehmen und zu indirekter Schädigung der Magen-Darm-Schleimhaut, die zu Funktionsverlusten führt. Von außen sichtbar: schlechter Fellzustand und/oder Hautbeschwerden.

cTLI-Wert

Für die Diagnose der EPI sind das klinische Bild und das Ergebnis der Blutuntersuchung, insbesondere der nüchterne (vor der Messung zehn Stunden nüchtern bleiben!) cTLI-Wert, entscheidend. Die endgültige Bewertung der Messergebnisse ist etwas „strenger" als die üblichen Labor-Referenzwerte (8,5 µg/L bis 35 µg/L); < 2,5 µg/L: Diagnose gesichert 2,5 µg/L bis 5,7 µg/L: grenzwertig; nach ein bis zwei Monaten erneute Testung > 5,7 µg/L: keine EPI. Diese Messergebnisse werden durch eine Enzymsupplementierung nicht beeinflusst.

Cobalamin und Folsäure

Für den Erfolg der Behandlung ist es unerlässlich, auch den nüchternen Cobalamin- (Vitamin B12) und Folatspiegel (Vitamin B9) im Blut zu messen. In mehr als 80 % der EPI-Fälle finden wir einen zu niedrigen Cobalaminspiegel. Die Messung von Cobalamin und Folsäure ist bei allen IBD-Patienten wichtig, insbesondere bei Patienten mit Dünndarm-Problemen. Cobalamin ist u. a. wichtig für ein gut funktionierendes Immunsystem. Die Normalwerte für Cobalamin werden mit 173 pmol/L bis 599 pmol/L angegeben. Da wir die Konzentrationen im Blut und nicht im Aktivitätsbereich messen, wird in der Praxis folgende Interpretation der Testergebnisse verwendet: Normalwerte 500 pmol/L bis 900 pmol/L, Supplementierung bei zu niedrigen (≤ 200 pmol/L) und niedrig-normalen Werten (200 pmol/L bis 500 pmol/L). Für Folsäure werden 21 pmol/L bis 54 nmol/L als Normalwert angegeben.

Ein zu niedriger Cobalaminspiegel kann auf einen ernährungsbedingten Mangel oder in vielen Fällen auf eine gestörte Verdauung aufgrund einer geschädigten Darmflora oder einem Gendefekt zurückzuführen sein. Ein zu niedriger Folsäuregehalt kann ebenfalls durch einen Mangel in der Nahrung und/oder eine schlechtere Absorption verursacht werden. Zu viel Folsäure kann durch eine Dysbakteriose (Störung des Mikrobioms) verursacht werden.

In vielen Fällen von Cobalaminmangel ergänzen wir wie folgt: einmal wöchentlich eine Injektion von einer Dosis subkutan (unter die Haut) über sechs Wochen. Eine Dosis entspricht für einen Hund mit einem Gewicht < 10 kg: 250 µg, für einen Hund mit einem Gewicht von 10 bis 20 kg: 500 µg, für einen Hund mit einem Gewicht von > 20 kg: 1000 µg. Vier Wochen nach der letzten Injektion injizieren Sie noch einmal eine Dosis und messen vier Wochen später erneut den Cobalaminspiegel im Blut. Ist er weiterhin zu niedrig oder zu niedrig-normal ist (≤ 500 µg), besteht eine hohe Wahrscheinlichkeit, dass die Injektionen dauerhaft verabreicht werden müssen, da es sehr wahrscheinlich ist, dass der Hund das Cobalamin nicht ausreichend aus dem Darm resorbiert. Es ist auch möglich, den Cobalaminspiegel oral (in Tablettenform) aufrechtzuerhalten.

Proteinverlust-Enteropathie (PLE)

Bei etwa 10 % der Fälle von IBD im Dünndarm liegt eine Proteinverlust-Enteropathie (PLE) vor. Dabei kommt es zu einem Eiweißverlust, wodurch die Eiweißkonzentration im Blut zu niedrig wird, was wiederum zu einer Flüssigkeitsansammlung im Bauchraum führt (viel zu dicker „Hängebauch"). In der Regel kommt es auch hier zu chronischem, starkem Durchfall, starkem Gewichtsverlust, manchmal zu Ödemen oder peripheren Flüssigkeitsansammlungen im Unterhautgewebe von Brust, Bauch und Hinterbeinen, Verdickung der Dünndarmwand und Vergrößerung der mesenterialen Lymphknoten. In einigen Fällen sind die Tiere allgemein krank.

Diagnose

Bevor wir uns für eine homöopathische Behandlung entscheiden, müssen wir zunächst eine angemessene reguläre Diagnostik durchführen. Zuerst kommt die Krankheitsdiagnose, und erst dann die Medikamentendiagnose! Zusammenfassend sind Anamnese, klinische Untersuchung und Zusatzuntersuchungen wichtig: Kotuntersuchung (Würmer, Giardien, evtl. bakteriologische Untersuchung), Blut (cTLI, Cobalamin, Folsäure, Albumin (Eiweiß), Globulin, Hämatologie, Glukose, Elektrolyte) und Biopsie (Entzündungszellen, Gewebeanomalien und Gewebeschäden).

Behandlung

In den meisten Fällen lässt sich anhand der Anamnese und der klinischen Untersuchung bereits mit großer Wahrscheinlichkeit entscheiden, um welche Form der IBD es sich bei dem betreffenden Patienten handelt: chronisch rezidivierende Kolik (Bauchschmerzen), chronisch rezidivierende Dickdarmdiarrhö, chronische Dünndarmdiarrhö, Proteinverlust-Enteropathie (PLE) oder exokrine Pankreasinsuffizienz (EPI).

Behandlung von chronisch rezidivierenden Koliken

Stressabbauende homöopathische Mittel wie *Colocynthis*, *Nux vomica* und *Platin metallicum* kommen in diesen Fällen schnell ins Spiel (siehe DgDx unten). In der regulären Praxis wird häufig der Wirkstoff Butylscopolamin (Handelsname Buscopan® oder Spasman®, beseitigt Magen-/Darmkrämpfe) eingesetzt. Es ist ein Humanarzneimittel, dessen Wirkung und Dosierung bei Hunden wissenschaftlich nicht belegt ist. Wenden Sie dieses Mittel nur auf Anraten eines Tierarztes an. Es kann zu Beginn der homöopathischen Behandlung eingesetzt werden, wenn wir noch kein Simillimum haben oder unzureichende Ergebnisse vorliegen haben, oder Als Notfallmittel wegen seiner schnellen Wirkung. In vielen Fällen wird bei dieser Diagnose vorerst keine Blutuntersuchung im Stuhl oder eine Gewebeentnahme durchgeführt. Wichtig ist natürlich die Kontrolle auf eine adäquate Wurmprävention. Auch diätetische Maßnahmen werden hier vorerst nicht ergriffen. Es gibt aber auch Ausnahmen.

Behandlung von chronisch rezidivierendem Dickdarmdurchfall

Die Ursache für einen chronisch rezidivierende Dickdarmdurchfall ist mit ziemlicher Sicherheit stressbedingt. Wir suchen nach einem Simillimum, das sich ebenfalls hauptsächlich auf den Zusammenhang mit Stress konzentriert.
Bei chronisch rezidivierendem Dickdarmdurchfall passen wir die Ernährung an: Die normale Nahrung, die der Patient zuvor erhalten hat, wird nun in drei gleichen Portionen angeboten, die in Zusammensetzung und Menge gleichwertig sind und über 24 Stunden verteilt werden, mit einem achtstündigen Abstand zwischen den Mahlzeiten. Eine hypoallergene Diät ist hier vorerst nicht angezeigt, Sie könnte die Symptome sogar verschlimmern. Neben der Anpassung der Fütterungszeiten verordne ich Probiotika für eine gesunde Darmflora und zusätzlich Ballaststoffe. Wenn ein Mangel nachgewiesen wird, ordne ich zusätzlich Cobalamin an. Vor oder zu Beginn der homöopathischen Behandlung, wenn noch keine oder nur unzureichende Ergebnisse vorliegen, können reguläre Mittel wie Metronidazol und Sulfasalazin als Notfallmittel eingesetzt werden, auch wegen ihrer schnellen Wirkung.
Bei diesen Patienten werden im Prinzip nur die Konzentrationen von Cobalamin und Folsäure im Blut gemessen. Eine Endoskopie oder Gewebeentnahme führen wir vorerst nicht durch. Bei

Verdacht auf bakterielle Infektionen oder Parasiten führen wir selbstverständlich Stuhluntersuchungen durch und leiten ggf. eine gezielte Behandlung ein.

Behandlung von chronischem Dünndarmdurchfall, Proteinverlust-Enteropathie (PLE) und exokriner Pankreasinsuffizienz (EPI)

Bei Patienten mit chronischer Dünndarmdiarrhö, bei der Proteinverlust-Enteropathie (PLE) und der exokrinen Pankreasinsuffizienz (EPI) folgen wir dem vollständigen Protokoll: Anamnese, klinische Untersuchung und zusätzliche Untersuchungen bestehend aus Stuhl- und Urinanalyse, umfangreichen Bluttests, Ultraschall und endoskopischer Untersuchung einschließlich einer Darmbiopsie anhand eines endoskopisch entnommenen Stücks der Darmwand. Bei den Bluttests führen wir ein allgemeines Screening durch, das durch zusätzliche Informationen über die Funktion der Bauchspeicheldrüse und die Werte von Cobalamin und Folsäure ergänzt wird.

Als diätetische Maßnahme wählen wir bei diesen Patienten eher eine hypoallergene, leicht verdauliche Ernährung als eine Erhöhung des Rohfaseranteils in der Nahrung. Die Standardbehandlung besteht aus einer hypoallergenen Ernährung, verordneten Probiotika, falls erforderlich, was in der Regel der Fall ist, einer Cobalamin-Supplementierung und schließlich dem Simillimum.

Da bei diesen schwereren Formen der IBD ein intensiverer Verlauf der immunbedingten Krankheit zu beobachten ist, werden wir in einigen Fällen diese Patienten noch einige Zeit mit Prednisolon weiterbehandeln, wenn sie es bereits einnehmen, oder sie auf Prednisolon setzen, wenn dies noch nicht der Fall ist. Je nach Verbesserung der Situation, die anhand des klinischen Bildes und der Testergebnisse zu beurteilen ist, können wir das Prednisolon schrittweise absetzen. In einigen Fällen werden wir Antibiotika (z. B. Sulfasalazin, Metronidazol) und/oder stärkere Immunregulatoren einsetzen, wie z. B. Cyclosporin oder Azathioprin verabreicht werden müssen. Wir verabreichen Antibiotika bei Infektionen, die als Folge einer EPI (einschließlich Dysbakteriose) zu Komplikationen führen können und nicht mit Probiotika zu heilen scheinen.

Ergänzung von Pankreasenzymen bei exokriner Pankreasinsuffizienz (EPI)

Nahrungsergänzungsmittel mit zusätzlichen Verdauungsenzymen von Rind oder Schwein sollten zu jeder Mahlzeit dazu gefüttert werden. Und zwar in Pulverform, nicht als Tabletten oder geschlossene Kapseln: Ein Teelöffel pro zehn Kilogramm Körpergewicht zu jeder Mahlzeit.

Wichtig ist, dass das Pankreaspulver etwa 70.000 F.I.P. -Einheiten Lipase pro Teelöffel enthält. Nach vollständiger Genesung kann die Dosis deutlich auf eine Erhaltungsdosis reduziert werden. Bei Blutungen der Maulschleimhaut ist die Dosis zu reduzieren.

Es ist auch möglich, dem EPI-Patienten gehackte rohe Bauchspeicheldrüse vom Rind, Schaf, Schwein oder Wild zu geben. Es wird empfohlen, 30 Gramm pro zehn Kilogramm Körpergewicht zu verabreichen. Gute Erfahrungen bei EPI-Patienten werden mit einem Gehalt von 30 % der Gesamtnahrung gemacht. Gefroren bleiben die Pankreasenzyme über Monate erhalten. Manchmal ist rohe Bauchspeicheldrüse nützlich, wenn eine Aversion oder Allergie gegen das Pulver vorliegt. Beziehen Sie rohe Bauchspeicheldrüsen von einem zuverlässigen Lieferanten, denn es kommt auf die richtige Qualität, die richtige Zusammensetzung und die Vermeidung unnötiger Infektionen an.

Nach vollständiger Genesung kann die Dosis der verabreichten Pankreasenzyme auf eine Erhaltungsdosis reduziert werden. Treten Blutungen in der Maulschleimhaut auf, sollte die Dosis ohnehin reduziert werden. Magensäureblocker können bei der Supplementierung von Pankreasenzymen angezeigt sein, wenn das Enzymsupplement durch einen zu niedrigen pH-Wert im Magen zerstört wird. Der dadurch entstehende Mangel kann zu einer unzureichenden Reaktion auf die Supplementierung führen.

Prognose

Die Prognose ist in milden Fällen gut, wie in der Regel bei IBD im Dickdarm. Manchmal sprechen Dickdarm- und Dünndarm-IBD innerhalb von ein bis zwei Wochen allein auf eine Ernährungsumstellung an (diätetisch wirksame IBD). Nach Stabilisierung der EPI-Patienten ist die Prognose in fast allen Fällen günstig. Das langfristige Ansprechen auf eine Enzymsupplementierung ist gut und es kommt nur gelegentlich zu kurzen Rückfällen. Eine normale Lebenserwartung ist im Prinzip möglich. Im Falle der hereditären idiopathischen EPI, die auf eine Atrophie des funktionellen Pankreasgewebes zurückzuführen ist, ist eine Zucht mit klinisch erkrankten Patienten natürlich nicht zu empfehlen.
Die Prognose der PLE wird ungünstiger bei Serumalbuminwerten von < 20 g/L und Cobalaminwerten von < 200 pmol/L. Ich habe den Eindruck, dass wir gerade bei dieser Gruppe folgende Kombination anwenden sollten: Hypoallergene Ernährung, Probiotika und Cobalaminsupplementierung (durch Injektion). Homöopathie kann dann immer noch mal einen Unterschied machen. Die Prognose in Fällen mit Verletzungen oder Anomalien der Darmwand ist unterschiedlich: Einige haben über mehrere Jahre ein Auf und Ab, andere entwickeln eine sehr schwere PLE, die letztlich zum Tod führt.

Differenzialdiagnose von Arzneimitteln (DgDx)

Unter dem Symptom Durchfall finden wir im Humanrepertorium 578 potenzielle Mittel für die homöopathische Behandlung von Durchfall. Es gibt also sehr viele mögliche Arzneimitteldiagnosen. Ich beschränke mich in diesem Zusammenhang (chronischer Durchfall bei Hunden) auf die DgDx der homöopathischen Mittel, die ich in meiner fünfzigjährigen Laufbahn als Tierarzt für Haustiere, insbesondere für Hunde, am häufigsten und mit überwiegend gutem Erfolg angewendet habe.

Aus der Praxis …

Vor langer Zeit erhielt ich einen Anruf von einem Besitzer eines jungen Boxerrüden. Der ansonsten gesunde Hund hatte akut zu erbrechen begonnen, und zwar nicht ein paar Mal, sondern häufig. Er fraß nicht mehr, und wenn er ein wenig Wasser trank, erbrach er es auf der Stelle. Erbrechen ist ein ernstes Zeichen, vor allem, wenn es so häufig auftritt, Ich riet dem Besitzer, schnellstmöglich mit dem Hund vorbeizukommen.
Laut eigener Aussage am Telefon war der Besitzer in der Homöopathie (für Menschen) sehr bewandert. „Häufig kleine Schlucke trinken, die sofort wieder erbrochen werden" ist typisch für das Arzneimittelbild *von Arsenicum album* und der Besitzer wollte eigentlich nur mit mir telefonisch abklären, ob ich damit einverstanden sei, dass er das Mittel verabreicht. Ich verneinte entschieden. Zur Sprechstunde wollte er aber nicht kommen. Ich legte ihm ans Herz, unbedingt anzurufen, falls es am nächsten Tag nicht gut wäre. Er rief am nächsten Tag an. Es sei schlimmer geworden, aber das sei gut, denn das sei eine homöopathische „Erstverschlimmerung". Er kam nicht in die Praxis und meinte, es würde genügen, die Medikamente abzusetzen und abzuwarten.
Am dritten Tag wurde der arme Hund mehr tot als lebendig in die Klinik gebracht. Er war erschöpft und kollabiert und wurde sofort an eine Infusion angeschlossen. Die Untersuchung einschließlich Röntgenaufnahme ergab, dass sich

ein Stein im Dünndarm festgesetzt hatte. "Das passt", sagte der Besitzer, „er hat immer mit Kieselsteinen gespielt". Na klasse! Der Hund wurde sofort in den OP-Raum gebracht. An der Stelle, an der der Stein festsaß, war die Darmwand bereits dunkel gefärbt (das Bild von verstopften Blutgefäßen) und konnte in diesem Zustand leicht reißen. Neben dem Stein musste auch ein gutes Stück (kranker) Darm entfernt werden. Der Hund überlebte, aber gerade noch rechtzeitig.

Die äußeren Symptome passten zwar zu *Arsenicum album*, aber ohne Diagnose und ohne Operation wäre dieser Patient mit Homöopathie gestorben.

Obwohl ich in diesem Kapitel über chronischen Durchfall spreche, halte ich es für sinnvoll, auch auf der Grundlage der oben genannten Erfahrungen einen Überblick über Beschwerden zu geben, die einer akuten (professionellen) Behandlung bedürfen und nicht oder zumindest nicht solange warten können.

Überblick über (per)akute Beschwerden

Im Allgemeinen ist professionelle Hilfe sofort geboten, wenn Atemprobleme (Dyspnoe), Ohnmacht (Kollaps), Lähmungen (Parese, Paralyse), unkoordinierte Bewegungen (Ataxie), Krämpfe (Krampfanfälle, epileptische Anfälle), Stress (extreme Panik) und unerträgliche Schmerzen auftreten. Wir sollten auch bedenken, dass wir bei Welpen und älteren, schwachen Hunden bei Erbrechen besonders schnell und bei Durchfall auch rasch eingreifen sollten.

Was den Magen-Darm-Trakt betrifft, so ist bei (sehr) häufigem Erbrechen, insbesondere bei sehr häufigem (leerem) Erbrechen oder Würgen, sofort professionelle Hilfe erforderlich. Letzteres passt zum Bild der Magentorsion (Magendrehung), bei der es zu einer akuten Gasansammlung im Magen kommt, die dazu führt, dass sich der Magen dreht. So kommt es es zu einem Verschluss des Mageneingangs und auch der Magenausgang ist abgeschnürt. Der Magen bläht auf wie ein Ballon. Diese akute Aufgasung des Magens ist daher immer ein Notfall.

Mäßiges bis viel Blut, frisches (rot) und schwarz gefärbtes Blut) im Erbrochenen oder Kot ist immer ein Grund, sofort einzugreifen. Durchfall und Erbrechen, kombiniert mit Nicht-Fressen und Nicht-Trinken, können schnell zu einer lebensbedrohlichen Dehydrierung führen. Eine (sehr) hohe Körpertemperatur (≥ 40°C), unerträgliche Bauchschmerzen und ein Verdacht auf eine Vergiftung (Intoxikation) sind Notfälle!

Gelegentliches Erbrechen, periodischer Durchfall und normales Fressen und Trinken ohne Gewichtsverlust, ohne Erhöhung der Körpertemperatur, ohne dass der Hund einen kranken Eindruck macht, ist in der Regel kein Notfall. Aus der Ferne (z. B. am Telefon) lässt sich aufgrund der Erzählung des Besitzers nie wirklich beurteilen, ob etwas wirklich dringend ist. Ein persönliches Gespräch in der Praxis ist bei weitem der beste Weg, um einen Patienten richtig einzuschätzen. Für den Besitzer ist es oft schwierig, die Dinge zu erklären. Ihm fehlt das Wissen über tiermedizinische Zusammenhänge und kann vor Sorge oft nicht richtig kommunizieren. Praktisch gesehen ist ein Notfall aber immer dann ein dringender Fall, wenn der Besitzer ihn selbst für einen Notfall hält.

Mikrobiom

Wenn wir von einem Nahrungsergänzungsmittel sprechen, das die Darmflora aufbaut, meinten wir (bisher) ein Probiotikum (Plural: Probiotika). Ein Probiotikum ist ein Produkt, das eine hohe Konzentration an speziellen Bakterienkulturen enthält (etwa Joghurt), die das Wachstum verschiedener Mikroorganismen im Darm fördern können. Probiotika werden eingesetzt, um den Darm zu stabilisieren, indem sie ihn von bösen (pathogenen) Bakterien (Salmonella oder E. Coli) befreien und ihm gute Bakterien zufügen. Inzwischen haben wir herausgefunden,

dass Probiotika sich zwar als wirksam erwiesen haben, für eine funktionierende Darmflora noch mehr vonnöten ist. Die Forschung hat gezeigt, dass das Funktionsprinzip der Probiotika noch nicht vollends ausreicht.
Der Begriff Mikrobiom steht für die Gesamtheit der Mikroorganismen, insbesondere der Bakterien, die im Körper von Menschen und Tieren das Ökosystem bestimmen, das einen Menschen oder ein Tier ausmacht. Der Körper von Menschen und Tieren enthält zehnmal so viele Bakterien wie Körperzellen. Weltweit wird viel über das Mikrobiom des Menschen geforscht. Die Forschung bei Tieren steckt dagegen noch in den Kinderschuhen. Gerade das Darmmikrobiom bestimmt weitgehend, ob Menschen und Tiere gesund bleiben oder krank werden. Wenn wir herausfinden können, welches Mikrobiom zu welchem gesunden Individuum passt, können wir auch feststellen, welche Korrekturen wir vornehmen müssen, um dessen Gesundheit zu optimieren. Im Moment müssen wir uns bei Hunden noch mit einer Schätzung des für sie am besten passenden Mikrobioms anhand von menschlichen Vorbildern begnügen. In Zukunft könnte die Bestimmung der Zusammensetzung des Mikrobioms die Lösung gegen verschiedene Formen von Allergien sein.

Auswahl von Arzneimittelbildern

Abrotanum	*Chamomilla*	*Lycopodium clavatum*	*Podophyllum peltatum*
Aethusa cynapium	*China officinalis*	*Mercurius vivus*	*Pulsatilla pratensis*
Aloe	*Cina maritima*	*Natrium muriaticum*	*Pyrogenium*
Antimonium tartaricum	*Colocynthis*	*Nitricum acidum*	*Staphisagria*
Argentum nitricum	*Gelsemium sempervirens*	*Nux vomica*	*Sulfur*
Arsenicum album	*Ignatia amara*	*Phosphor*	*Veratrum album*
Carbo vegetabilis	*Ipecacuanha*	*Platinum metallicum*	

Abrotanum

Abrotanum passt bei Beschwerden, die durch einen starken Wurmbefall entstehen. Glücklicherweise ist dies heute bei uns nicht mehr so häufig der Fall, da die meisten Hunde regelmäßig vorbeugend entwurmt werden. Das Medikament ist nicht in der Lage, die Würmer zu vertreiben, dazu muss ein reguläres Anthelminthikum gegeben werden. Es kann jedoch die Wiederherstellung der körperlichen Verfassung unterstützen, nachdem die Würmer ausgetrieben wurden. Symptome aus dem Arzneimittelbild von *Abrotanum*, die zu den körperlichen Folgen einer schweren Wurminfektion passen, sind: Durchfall aufgrund einer Dickdarmerkrankung (Colitis), Abmagerung trotz guten Appetits, schuppige Haut und trockenes Fell, ein geschwollener Bauch (Wurmbauch) und in extremen Fällen Schwäche oder Erschöpfung.
Abrotanum ist auch angezeigt, wenn sich der allgemeine körperliche Zustand durch Krankheit und Alter verschlechtert. Zum Arzneimittelbild gehören in diesem Fall eine chronische Dickdarmentzündung, Abmagerung trotz guten Appetits und schuppige Haut und trockenes Fell. Charakteristisch für das Arzneimittelbild von (unter anderem) *Abrotanum* sind schmerzhafte Gelenke. In chronischen Fällen kann der Abrotanum-Patient schließlich Schwä-

che und Erschöpfung entwickeln. Charakteristisch für das Arzneimittelbild von *Abrotanum* ist die Verschlimmerung von Durchfall bei gleichzeitiger Besserung der Gelenkbeschwerden und umgekehrt.

Wahl der Potenz und Dosierung

Grundsätzlich kann *Abrotanum* bei den Folgen von Wurmbefall in einer D3 dreimal täglich drei (kleine Welpen) oder fünf (größere Welpen) Tropfen über drei bis sechs Wochen gegeben werden. Da der Zustand von Abrotanum-Patienten manchmal sehr schlecht ist, kann in Ausnahmefällen eine D6 ebenfalls dreimal täglich drei (kleine Welpen) oder fünf (größere Welpen) Tropfen für drei bis sechs Wochen vorzuziehen sein. Bei älteren Hunden, welche die gleiche Charakteristik zeigen, ist es besser, sich für D12 oder D30 zwei- bzw. einmal täglich eine Dosis für sechs bis zwölf Wochen zu entscheiden.

Aethusa cynapium

Aethusa cynapium ist angezeigt bei neugeborenen Welpen, die eine Unverträglichkeit gegenüber Muttermilch aufweisen. Die Symptome sind starkes Erbrechen und schwerer Durchfall, was zu Dehydrierung und Erschöpfung führt. Manchmal kommt es zu schwallartigem Erbrechen: Die Milch wird unmittelbar nach dem Trinken in hohem Bogen herausgeschleudert. Manchmal werden einige Zeit nach dem Trinken größere verklumpte Brocken Muttermilch erbrochen. Interessant ist, dass der Welpe sofort nach dem Erbrechen wieder trinken will. Da es sehr wahrscheinlich ist, dass Koliken (Anfälle von Bauchschmerzen) auftreten, sind die Welpen unruhig und können mehr als sonst winseln und stöhnen.

Wahl der Potenz und Dosierung

Bei dieser organotropen Anwendung geben wir den Welpen *Aethusa cynapium* D3 dreimal täglich drei Tropfen (mit Wasser verdünnt) über ein bis zwei Wochen. Da bei dem Aethusa cynapium-Patienten die Gefahr einer lebensbedrohlichen Dehydrierung besteht, sollte bei Bedarf rechtzeitig zusätzliche Flüssigkeit verabreicht werden.

Aloe

Aloe als homöopathisches Arzneimittel ist angezeigt bei akuten und chronischen Dickdarmentzündungen (Colitis) mit (manchmal viel) Schleim, wenig frischem Blut und Blähungen (Flatulenz).
Charakteristisch ist der plötzliche Stuhldrang, vor allem am Morgen. Der Patient wird sozusagen aus dem „Bett" getrieben (DgDx *Sulfur*). Der Aloe-Patient kann einen solchen Drang verspüren, dass er es nicht mehr rechtzeitig zur Tür schafft. Auch die Modalität „Durchfall unmittelbar nach dem Essen oder Trinken" ist in einer Reihe von Fällen vorhanden. Manchmal kommt es zu einem unwillkürlichen Stuhlgang beim Wasserlassen. Diese Schwäche des Schließmuskels ist übrigens auch bei einer festen Stuhlentleerung möglich. Bei unwillkürlichem Stuhlabgang des Aloe-Patienten handelt es sich eher um einen Kontrollverlust aufgrund eines starken Drangs als um eine Schwäche des Schließmuskels. Im letzteren Fall sollten wir eher an *Causticum* denken. Bei *Causticum* handelt es sich um eine Schwäche des Schließmuskels aufgrund eines neurologischen Problems. Beim Aloe-Patienten hören wir ein Grummeln im Unterleib und sehen Anzeichen von Unterleibsschmerzen kurz vor der Defäkation. In einigen Fällen sehen wir, dass sich der Mastdarm aufgrund von starkem Pressen nach außen wölbt (Rektumprolaps).

Wahl der Potenz und Dosierung

Im Allgemeinen wird *Aloe* in einer D6 oder D12 drei- bzw. zweimal täglich über zwei bis drei Wochen angewendet.

Antimonium tartaricum

Es gibt drei bemerkenswerte Symptome im Arzneimittelbild von Antimonium tartaricum: Chronischer Durchfall mit wässrig schleimigem Ausfluss, abwechselnd mit Verstopfung. Auffallend dabei ist das Verhalten des Hundes: Er ist schnell reizbar, aggressiv, traurig, müde und schläft viel. Charakteristisch für *Antimonium tartaricum* sind auch lokale Schwielen der Haut und Verhornungen der Ballen (digitale Hyperkeratose) mit manchmal schmerzhaften Krallenbettentzündungen.

Ein weiteres Symptom aus dem Arzneimittelbild von *Antimonium tartaricum* ist Husten mit Produktion einer großen Menge an Schleim, der scheinbar nicht oder nur schwer abgehustet werden kann – teilweise auch wegen vorliegenden Kreislaufproblemen (z. B. Herzinsuffizienz). *Antimonium tartaricum* ist in erster Linie ein Mittel für die unteren Atemwege.

Abhusten von Schleim, Erbrechen und ein erfolgreicher Stuhlgang führen zu einer Verbesserung des Befindens – im Gegensatz zu denselben Modalitäten des Mittels *Ipecacuanha*. Liegen und Wärme verschlimmern die Symptome, besonders am Morgen. Es ist typischerweise ein Mittel für den alten Hund.

Wahl der Potenz und Dosierung

Für die organotrope Anwendung wird D6 oder D12 drei- bzw. zweimal täglich eine Dosis empfohlen. In Fällen, in denen eine Kombination von zusätzlichen individuellen Symptomen die Arzneimitteldiagnose noch verstärken, wählen wir höhere Potenzen: D30 einmal täglich eine Dosis oder D200 (200K), je nach Ansprechen, was in der Praxis meist einmal wöchentlich eine Dosis bedeutet. In noch höheren Potenzen (MK, 10MK) auf der Grundlage des Ansprechens. Die Behandlungsdauer wird in der Regel länger als üblich sein, mindestens sechs bis zwölf Wochen oder länger. Bei diesen Patienten ist es in jedem Fall wichtig, dass eine reguläre professionelle Diagnostik und Behandlung stattfindet.

Argentum nitricum

Der Argentum-nitricum-Typ ist nervös, impulsiv, unruhig, aufgeregt, ständig ängstlich und scheu wie ein verängstigtes wildes Tier. Immer überaktiv. Der Argentum nitricum-Hund fühlt sich gehetzt, ebenso wie der Tarantula hispanica-Hund. Ein Phosphorus-Hund fühlt sich gehetzt, weil er alles vom Leben möchte, ein Aurum metallicum-Hund, um sich so viel wie möglich streiten zu können.

Oft ist der Argentum nitricum-Typ ein schlanker, kleiner Hund.

Die Symptome treten auf oder verschlimmern sich, wenn der Argentum nitricum-Hund Angst hat, insbesondere wenn er beängstigende Situationen erwartet (Erwartungsangst). Beim Argentum nitricum-Typ kommt es zu akutem oder chronischem Durchfall aufgrund von Angst *vor* beängstigenden Situationen, beim Gelsemium-Typ zu Durchfall *nach* solchen Ereignissen.

Luftschlucken ist ein charakteristisches Bild, das zu *Argentum nitricum* passt. Es verursacht Blähungen und Flatulenzen. Diese Angewohnheit führt zu Luftansammlungen im Magen, die nicht nur eine Reizung der Magenschleimhaut verursachen, sondern auch das Risiko einer Magendrehung erhöhen. Das Luftschlucken wird häufig durch Übelkeit verursacht. Zu den Mitteln, die bei Luftansammlungen im Magen (Meteorismus) als organotrope Mittel eingesetzt werden, gehören *Carbo vegetabilis* und *Petroselinum crispum.*

Wahl der Potenz und Dosierung

Argentum nitricum wird fast immer in und D30 einmal täglich eine Dosis, über zwölf Wochen verabreicht. Höhere Potenzen, D200 (200K) sollten je nach Ansprechen gegeben werden, was in der Praxis in der Regel eine Dosis einmal pro Woche bedeutet. In der organotropen Anwendung, bei Patienten, die *Argentum nitricum* nicht vollständig vertragen, werden die niedrigeren Potenzen angewendet: D6 oder D12 drei- bzw. zweimal täglich eine Dosis über drei Wochen.

Arsenicum album

Der Arsenicum album-Typ hat akuten und chronischen Durchfall durch Stress (Angst), durch Zusichnehmen von eiskaltem oder gefrorenem Wasser, Eis, Schnee oder eine Virusinfektion (Magen-Darm-Grippe), aber auch durch eine Vergiftung oder eine Impfreaktion. Die Impfung ist hier der Auslöser für die individuelle Überempfindlichkeitsreaktion auf die Impfung. Der Durchfall ist oft wässrig, stark stinkend und etwas nässend (schmerzhafter After). Manchmal ist der Stuhl etwas dicker und schleimig und Dünn- und/oder Dickdarm sind entzündet. Bei *Arsenicum album* sind es immer „kleine Stückchen“: oft kleine Stückchen, die sofort wieder erbrochen werden, oft kleine Stückchen von Kot und oft kommen kleine Blutstückchen hinzu. Der Appetit ist unterschiedlich und reicht von wenig bis gar keinem. Auffallend sind schnell auftretende Schmerzen, Schwäche und Erschöpfung. Wir sehen oft eine Kombination von Erkältungs- und Magen-Darm-Symptomen. Verhalten: schüchtern, ängstlich, unruhig, leicht introvertiert.

Wahl der Potenz und Dosierung

In den meisten Fällen werden wir in der Lage sein, ein Gesamtbild von *Arsenicum album* zu bekommen. In all diesen Fällen bevorzugen wir höhere Potenzen D30,eine Dosis einmal täglich, oder D200 (200K), MK je nach Reaktion. Bei organotropen Behandlungen entscheiden wir uns für eine D6, oder häufiger, in chronischen Fällen, eine D12,drei- oder zweimal täglich eine Dosis.

Carbo vegetabilis

Als ich *Carbo vegetabilis* kennenlernte, war es für mich nichts weiter als ein Standardmittel gegen Durchfall, dessen Hauptmerkmal eine enorme Gasbildung (Meteorismus) im Magen-Darm-Trakt, Aufstoßen und Pupsen war. Es ist ein interessantes Mittel zur Unterstützung der Vorbeugung von Gasansammlungen im Magen (Meteorismus), was schließlich zu einer Magendrehung (Magentorsion) führen kann.

Bei einer akuten Gasansammlung im Magen (Dilatation) und natürlich auch bei einer Magentorsion ist zunächst ein regulärer Eingriff erforderlich. Sich in einer solchen Situation allein auf kohlenhydrathaltige Stabilisatoren zu verlassen, ist völliger Unsinn und wäre ein schwerer Behandlungsfehler. Vorboten einer Magendilatation oder Magentorsion wie Übelkeit (Appetitlosigkeit), Luftschlucken, übermäßiges Aufstoßen, Bauchgrummeln und Blähungen können natürlich mit *Carbo vegetabilis* behandelt werden. Auch als Nachbehandlung nach einer Magentorsion-OP mit Gastropexie (Fixierung des Magens an der Bauchdecke) ist *Carbo vegetabilis* eine sinnvolle Option.

Die Modalitäten, die zu *Carbo vegetabilis* passen, sind: Meteorismus ist schlimmer nach dem Essen, insbesondere nach dem Essen von fettigen oder verdorbenen Speisen.

Außerdem: Angst und Unruhe sind schlimmer in der Nacht, die Atemnot bessert sich aufgrund von Kurzatmigkeit durch frische Luft erheblich, obwohl dem Carbo vegetabilis-Patienten in der Regel kalt ist. Aufstoßen und Blähungen führen zu einer Verbesserung des allgemeinen Wohlbefindens. Ein hoher Flüssigkeitsverlust kann die Symptome verschlimmern, wie etwa bei Durchfall. Die Beschwerden können sich auch bei Hitze und in der Stillzeit verschlimmern.

Wahl der Potenz und Dosierung

Carbo vegetabilis kann gut als organotropes Mittel bei Durchfall, Meteorismus, übermäßigen Blähungen und Blähungen in einer D6, dreimal täglich eine Dosis, für ein bis drei Wochen verwendet werden. Bei Durchfall in der Kombination Carbo-Nux: *Carbo vegetabilis* D6 und *Nux vomica* D6 dreimal täglich eine Dosis von beiden für ein bis drei Wochen. Bei schwerer Pathologie verschreiben wir *Carbo vegetabilis* in einer höheren Potenz (≥ D12), vorzugsweise in einer D30 einmal täglich eine Dosis, oder als Fortsetzung D200 (200K), je nach Ansprechen. In diesen Fällen kommen sicherlich LM-Potenzen ins Spiel. LM6, LM12 oder LM30 jeweils drei-, zwei- oder einmal täglich eine Dosis. Wenn eine schwere Pathologie vorliegt, müssen wir (zunächst) eine reguläre Behandlung durchführen, und die Homöopathie wird oft nur wenig oder gar nichts beitragen (können).

Chamomilla

Chamomilla kann bei IBD angezeigt sein, insbesondere bei chronisch wiederkehrenden Koliken (Bauchschmerzen). Die meisten Hunde mit dieser Form von IBD werden davon ruhig, stehen und gehen verkrampft, ohne in Panik zu geraten. Der Chamomilla-Typ dagegen dreht hier voll auf: er winselt, schreit, kreischt, rennt planlos und in völliger Panik durch das Haus und zerstört Kissen, Sofas, Kabel und dergleichen. Der Chamomilla-Patient erbricht mit einer scheinbar ganzen Menge Wut – wieder sehr theatralisch. Eine Modalität von *Chamomilla* kann auch Durchfall als Folge von Ärger und Zahnen sein. Auch bei der Diarrhö überwiegt der psychogene Faktor. Bei Durchfall ist der Stuhl meist dunkelgrün mit viel Schleim. Im Allgemeinen ist der Chamomilla-Patient sehr unruhig (vor allem in fremder Umgebung), sehr reizbar, sehr rebellisch und reagiert übermäßig auf Schmerzen.

Wahl der Potenz und Dosierung

Da beim Chamomilla-Patienten die physischen Beschwerden durch seine Psyche verursacht werden (psychogene Beschwerden), werden wir in fast allen Fällen *Chamomilla* in einer D30 einmal täglich eine Dosis für zwölf Wochen verschreiben. Diese Potenz sollte, eventuell sogar schon vor zwölf Wochen durch eine höhere Potenz, D200 (200K) oder MK, ersetzt werden, je nach Reaktion, wenn es zu einer Verschlimmerung der Beschwerden kommt, oder mit einer D30, wenn die Beschwerden immer noch nicht ausreichend innerhalb der erwarteten Zeit reagieren.

China officinalis

Akuter Durchfall mit rascher Erschöpfung durch übermäßigen Flüssigkeitsverlust, der zur Dehydratation (Austrocknung) führt, ist eine sehr wichtige Indikation für *China officinalis*. Es kommt zu einem schmerzlosen Durchfall (wie bei *Podophyllum peltatum*) von wässrig gelber bis gelbbrauner Farbe, teilweise mit unverdauter Nahrung – aufgrund einer Infektion, aber auch z. B. als Folge einer PLE (Proteinverlust-Enteropathie). Bei der PLE beginnen wir mit einer guten regulären Diagnostik und dem regulären Ansatz der Notfallbehandlung. Zusätzlich können wir das Simillimum als Unterstützung mitgeben.
Wenn wir das Simillimum aufgrund eines Symptommangels nicht finden können, ist *China officinalis* auf jeden Fall zu empfehlen.
Was den Appetit angeht, gibt es mehrere Möglichkeiten. Entweder frisst der Patient häufig kleine Mengen, er hat Hunger, ist aber schon nach wenigen Bissen satt, oder es besteht zunächst kein Appetit, kehrt aber nach ein paar Bissen vollständig wieder. Durchfall tritt hauptsächlich nach dem Essen, nach dem Trinken (Milch) und nachts auf. Essen, Ruhe und Schlaf bringen keine Besserung. Die Bauchschmerzen

bessern sich durch Kontraktionen oder Druck auf den Unterleib.
Charakteristisch für *China officinalis* ist auch Meteorismus (Gasansammlung im Magen-Darm-Trakt), auffälliges Aufstoßen mit Maulgeruch sowie Jammern.

Wahl der Potenz und Dosierung

In akuten Fällen mit nicht allzu schwerer Pathologie können wir *China officinalis* in niedrigen Potenzen D6 oder D12 drei- bis zweimal täglich eine Dosis für ein bis drei Wochen anwenden. In chronischen Fällen werden wir uns für eine höhere Potenz entscheiden, in der Regel eine D30 einmal täglich eine Dosis. In soporösen Zuständen (Tiefschlafphasen) kommen die LM-Potenzen ins Spiel. LM6, LM12 und LM30, jeweils drei, zwei- oder einmal täglich eine Dosis.

Cina maritima

Meine Erfahrungen mit *Cina maritima* beschränken sich auf die Fälle bei Hunden, bei denen ich das Mittel organotrop bei wiederkehrenden Spulwurm-Infektionen eingesetzt habe. Bei rezidivierenden Wurminfektionen stellt sich die Frage, ob die Ursache in der Umwelt (Rekontamination) oder beim einzelnen Hund (Anfälligkeit) liegt. Die Beseitigung von Würmern erfolgt mit regulären Anthelminthika und nicht mit homöopathischen Mitteln. Bei den regulären Anthelminthika sind Wirksamkeit und Sicherheit gegeben. Bei der Bekämpfung von Würmern durch pflanzliche Mittel bin ich vorsichtig. Ich selbst verwende sie nicht, weil Wirksamkeit und Sicherheit nicht immer gegeben sind. Bei wiederkehrenden Wurminfektionen, insbesondere wenn es zu chronischen Folgen wie Appetitlosigkeit, Abmagerung, Erbrechen oder Durchfall kommt, verschreibe ich *Cina maritima* (nach der regulären Wurmkur). Ich habe den starken Eindruck, dass wir durch die Behandlung mit *Cina maritima* auch die Anfälligkeit für wiederkehrende Wurminfektionen verringern können.

Wahl der Potenz und Dosierung

Als Mittel gegen Wurmbefall verschreibe ich *Cina maritima* D6 eine Dosis dreimal täglich für sechs bis acht Wochen.

Colocynthis

Colocynthis passt gut zu chronisch wiederkehrenden Koliken (Bauchschmerzen). Diese treten krampfartig auf. Schwere Darmkrämpfe verschlimmern sich bei Bewegung, anders als beim Platinum-metallicum-Patienten, bei dem sich die Bauchkrämpfe bei Bewegung sogar verbessern. Kolikschmerzen bessern sich, wenn der Colocynthis-Patient sich zusammenrollt. Das Gegenteil, die Besserung der Schmerzen durch Hohlkreuz, flache Vorderbeine auf dem Boden und Stehen auf den Hinterbeinen (Gebetsstellung), findet sich im Arzneimittelbild von *Plumbum metallicum*. Der Colocynthis-Patient ist reizbar und unruhig, wahrscheinlich aufgrund von körperlichen Beschwerden. Folgen von unterdrückter Wut, Erregung oder geistiger Vernachlässigung passt zu *Colocynthis* (ähnlich wie *Ignatia amara*). Zum Beispiel Erbrechen aufgrund von Wut. Ein sehr auffälliges zusätzliches Einzelsymptom ist das schwallartige Erbrechen: Plötzlich, scheinbar grundlos und bemerkenswert mühelos erbricht der Colocynthis-Patient den gesamten Mageninhalt mit einem Mal nach vorne. Die Nahrung kommt oft unverdaut heraus, obwohl sie schon lange im Magen war, also eigentlich schon im Darm sein müsste.

Wahl der Potenz und Dosierung

Akute Fälle mit organotroper Anwendung, wie Koliken oder schwallartigem Erbrechen, können mit *Colocynthis* D6 dreimal täglich eine Dosis für ein bis zwei Wochen behandelt werden. Wenn es sich um eine Typdiagnose handelt, kann *Colocynthis* D30 einmal täglich eine Dosis für zwölf Wochen eingesetzt werden.

Gelsemium sempervirens

Der rote Faden, der sich durch das Arzneimittelbild von *Gelsemium sempervirens* zieht, ist extreme Erregung. Diese Erregung kann durch Erwartungsangst verursacht werden. Die aus dieser psychischen (Ver-) Spannung resultierenden Symptome treten *nach* einem Ereignis auf.
Beim Argentum nitricum-Patienten sehen wir ebenfalls eine Erwartungsangst, aber die Beschwerden, die eine Folge dieser psychischen (Ver-)Spannungen sind, treten *vor* einem Ereignis auf. Die Folgen von Angst und Aufregung können Durchfall, insbesondere chronisch rezidivierende Dickdarm-IBD und Epilepsie sein. Der Gelsemium sempervirens-Patient ist weniger sprunghaft als der Argentum nitricum-Patient. Er weiß nur zu gut, was er will. Charakteristisch für den Gelsemium sempervirens-Patienten ist eine extreme Erregung mit anhaltender Fokussierung und Zittern am ganzen Körper. Mit anhaltender Fokussierung meine ich, dass der Hund übermäßig auf ein betreffendes Objekt fixiert ist, z.B. auf ein Spiel oder einen Gegenstand oder eine läufige Hündin. Er reagiert aggressiv, wenn er dabei gestört wird.

Wahl der Potenz und Dosierung

Wir verwenden *Gelsemium sempervirens* eigentlich immer in D30 einmal täglich eine Dosis über zwölf Wochen. Falls erforderlich können höhere Potenzen als Follow-up verwendet werden, D200 (200K), möglicherweise MK, je nach Reaktion, was in der Praxis in der Regel auf eine Dosis einmal pro Woche hinausläuft.

Ignatia amara

Ignatia amara ist eines der am häufigsten angewendeten homöopathischen Arzneimittel bei chronischer rezidivierender Kolitis, kurz IBD, meist mit Schleim und manchmal mit Blutbeimischung. Das Arzneibild von *Ignatia amara* ist, wie sich herausstellt, bei Hunden weit verbreitet. Ursachen für Ignatia amara-Beschwerden sind stilles Leiden, stille Trauer über den Verlust von geliebten Menschen, Bestrafung, Unterdrückung, entgegengebrachte Feindseligkeit, Inanspruchnahme des Hundes durch einen hilfsbedürftigen Besitzer (Assistenzhund) und ähnliches. Der Appetit ist völlig normal, trotz chronisch wiederkehrender Dickdarmdurchfälle. Im Allgemeinen ist der Ignatia amara-Patient in der täglichen Praxis anhand von Verhaltensmerkmalen, Ätiologie und Charakteristika wie Introvertiertheit, Alleinseinwollen, Einzelgängertum, Schnappen in die Luft (Beißen ohne zu beißen), ambivalentes Verhalten, manchmal leicht dominant, manchmal leicht unterwürfig, verlängerter Zyklus und Scheinträchtigkeit ohne Anschwellen der Milchdrüsen und ohne Milchproduktion sowie Depression.

Wahl der Potenz und Dosierung

Tatsächlich wählen wir das Medikament *Ignatia amara* immer auf der Grundlage des Gesamtbildes aus, was in der Praxis relativ leicht zu bewerkstelligen ist, wie sich herausstellt. Wir beginnen eigentlich in allen Fällen mit einer D30 einmal täglich eine Dosis grundsätzlich zwölf Wochen lang. Es kommt häufig vor, dass innerhalb der zwölf Wochen ein Rezidiv auftritt. Dann setzen wir die D30 ab und fahren mit *Ignatia amara* D200 (200K), eventuell (als Nachfolge) MK oder sogar gelegentlich 10 MK fort. Bei einem Patienten, der in vielerlei Hinsicht sehr überzeugend *zu Ignatia amara* passt, beginne ich sofort mit einer D200 (200K). Die Hochpotenzen werden je nach Ansprechen gegeben. Bei *Ignatia amara* ist das bei Hunden oft eine Dosis alle zehn Tage.

Ipecacuanha

Ipecacuanha konzentriert sich insbesondere auf den Magen-Darm-Trakt, die Atemwege, die Kapillaren (kleine Blutgefäße) und der Vagusnerv (über das verlängerte Mark). Übelkeit und Erbrechen sind grundsätzlich immer vorhandene Symptome bei Ipecacuanha-Beschwerden. Der Stuhl ist gelb, wässrig, schaumig und blutig (kleine Blutstückchen). Ein Kennzeichen für *Ipecacuanha* ist auch die Kombination krampfhafter Husten und Erbrechen. Dabei handelt es sich nicht um ein Würgen, wie es oft bei Husten auftritt, sondern um echtes Erbrechen.

Wahl der Potenz und Dosierung

Ich verwende *Ipecacuanha* organotrop in einer D6 dreimal täglich eine Dosis für ein bis zwei Wochen.

Lycopodium clavatum

Chronische kolorektale Diarrhö (IBD) ist eine Indikation für *Lycopodium clavatum*: regelmäßiger Durchfall, Mattigkeit oder dünner Stuhlgang, oft mit Schleim und manchmal mit etwas Blut. Es ist charakteristisch, dass der Stuhl zunächst normal ist und dann mit dünnen Fladen überzogen wird. Manchmal sehen wir als Vorläufer normalen Stuhl, der von einer (dicken) Schleimschicht umhüllt ist. Es kommt zu starken Gasansammlungen (Meteorismus), vor allem im Dickdarm, Blähungen, aber vor allem Flatulenz und zu einem deutlich hörbaren Borborygmus (Darmgeräusche). Manchmal wechseln sich Durchfall und Verstopfung ab. Die Ursache für den Durchfall kann auch eine Störung der Leber- und/oder Nierenfunktion sein. In diesen Fällen sind zusätzliche Untersuchungen (Bluttests und bildgebende Verfahren) erforderlich. Trotz der Durchfälle ist der Appetit des Lycopodium clavatum-Patienten gut bis sehr gut. Gelegentlich kann es zu Erbrechen kommen.

Charakteristisches Verhalten für *Lycopodium clavatum* ist die Mischung aus Freundlichkeit und Unsicherheit, das sich in bestimmten Momenten in ein dominantes Abwehrverhalten verwandeln kann. Der Patient steht angespannt (eingefroren) und am ganzen Körper zitternd, wedelnd und knurrend auf dem Behandlungstisch. Sobald er wieder auf dem Boden steht, entspannt er sich und versucht sich wieder freundlich zu nähern.

Wahl der Potenz und Dosierung

Da es sich bei Lycopodium clavatum-Patienten in der Regel um chronische konstitutionelle Beschwerden handelt, verordnen wir in den meisten Fällen höhere Potenzen, z. B. D30 einmal täglich eine Dosis für mindestens zwölf Wochen. D200 (200K), eventuell (als Nachbehandlung) MK je nach Ansprechen.

Mercurius solubilis

Ein auffälliges Merkmal von *Mercurius solubilis* ist die Entzündung der Schleimhäute der Maulhöhle (Stomatitis), des Rachens (Pharyngitis) und der Mandeln (Tonsillitis) in Verbindung mit einer Entzündung der Schleimhäute des Dickdarms (Colitis) und des Mastdarms (Proktitis) sowie gleichzeitig auftretenden Entzündungen am Eingang und am Ausgang des Verdauungstrakts. Bei Entzündungen des Dickdarms, des Mastdarms und der Blase (Colitis, Proktitis bzw. Zystitis) steht Tenesmus (schmerzhafter Harndrang) im Vordergrund. Wenn Entzündung und Tenesmus stärker werden, wählen wir *Mercurius corrosivus* anstelle von *Mercurius solubilis*. Der Mercurius solubilis-Typ ist introvertiert. Nach außen hin erscheint er daher meist als ruhiger und stabiler Hund. Doch im Inneren ist er voller Unruhe, Angst, Eile und Misstrauen gegenüber der Außenwelt.

Ein Merkmal ist z. B. die Angst in großen Ansammlungen von Menschen und/oder Tieren. Es gibt manchmal Momente, in denen die aufgestaute Spannung nach außen hin sichtbar wird. In bestimmten Fällen kann der Mercurius solubilis-Typ seine aufgestaute Energie ausleben, manchmal mit heftigen Aggressionsausbrüchen, die sich gegen bestimmte Menschen oder Tiere richten. Und dann kann er auch schon mal zubeißen.

Wahl der Potenz und Dosierung

Bei akuten lokalen Entzündungen ohne konstitutionelle Störung oder ohne Ähnlichkeit mit *Mercurius solubilis* auf höherer Ebene können wir rasch eine D6 dreimal täglich eine Dosis, über drei bis sechs Wochen verschreiben. In allen anderen Fällen geben wir lieber höhere Potenzen: D30 einmal täglich eine Dosis. D200 (200K), eventuell (als Folgemaßnahme) MK, je nach Reaktion. In sehr chronischen Fällen mit einer schweren Pathologie und einer sehr starken Ähnlichkeit mit *Mercurius solubilis*, geben wir lieber *Mercurius corrosivus* MK, je nach Reaktion.

Natrium muriaticum

Der Natrium muriaticum-Typ ist ängstlich, misstrauisch und vor allem sehr scheu. Es kann sogar sein, dass sich der Hund nur bei einer Person innerhalb der Familie wirklich frei fühlt. Bei der geringsten Annäherung von Fremden schreckt er zurück und versucht, seinen vermeintlichen Angreifer mit Knurren zu verscheuchen. Eine Besonderheit von *Natrium muriaticum* ist, dass die chronische schematische rezidivierende Diarrhö (IBD) oft nur am Morgen auftritt und am Nachmittag spontan vorbei ist. Der Natrium muriaticum-Hund ist hungrig und trotz gutem Appetit und reichlich Futter eher mager. Zudem ist er auch sehr durstig.

Wahl der Potenz und Dosierung

In allen Fällen wird *Natrium muriaticum* in einer D30 verschrieben, einmal eine Dosis zwölf Wochen lang.

Salpetersäure

Nitricum acidum wird als homöopathisches Arzneimittel bei Störungen des Immunsystems, ähnlich Lupus erythematodes und Pemphigus, eingesetzt. Sie zeichnen sich durch leicht blutende, verklebte Hautveränderungen aus, die meist am Übergang von der Haut zur Schleimhaut rund um die Körperöffnungen wie Maul, Nase, Augen, Anus, Vorhaut und Vulva auftreten.
Bei Durchfall, der für *Nitricum acidum* spricht, treten ein Brennen im Anus und Rektum sowie ein langanhaltender Druck noch nach dem Stuhlgang auf. Normalerweise kommt es zu Blutungen: Schleimhautblutungen sind charakteristisch für *Nitricum acidum*. Wie bei Arsenicum album-Patienten sehen wir bei Nitricum acidum-Patienten einen schnellen Gewichtsverlust. Wie beim Argentum nitricum-Hund sehen wir auch beim Nitricum acidum-Hund ein Luftschlucken. Grundsätzlich kann *Nitricum acidum* auch bei perianalen Fisteln angezeigt sein, aber hier muss zunächst eine reguläre Behandlung erfolgen, einschließlich einer Cobalamin-Supplementierung bei nachgewiesenem Mangel und einer chirurgischen Entfernung der chronisch entzündeten Analbeuteln.

Wahl der Potenz und Dosierung

Bei organotroper Behandlung *Nitricum acidum* D6 dreimal täglich eine Dosis für drei bis sechs Wochen. Bei Störungen des Immunsystems empfehle ich D30 einmal täglich eine Dosis zwölf Wochen lang.

Nux vomica

Nux vomica-Typen reagieren sehr heftig auf übermächtige Sinnesreize. Man könnte sagen, dass die Reize im Durchschnitt stärker wirken als bei Typen anderer Arzneimittelbilder. Bei *Nux vomica* entsteht dadurch vor allem Erregung. Nux vomica-Beschwerden entstehen in vielen Fällen als Folge traumatischer Erfahrungen. Insbesondere eine schlechte Sozialisation und Prägung ist eine bekannte Ätiologie für *Nux vomica*. *Nux vomica* passt zu chronisch rezidivierender Colitis aufgrund einer Überaktivität (Hypermotilität) des Magen-Darm-Traktes (insbesondere des Dickdarms), Hypermotilität mit Spasmen und schmerzhaften Krämpfen. Charakteristisch für *Nux vomica* ist das Symptom der Diarrhö mit viel Schleim, der den Stuhl oft wie eine Schleimhaut umhüllt, abwechselnd mit Verstopfung und normalem Stuhlgang. In allen Fällen kommt es zu starkem (Nach-)Pressen. Manchmal sehen wir nur ein Pressen, ohne Stuhlgang. *Nux vomica* ist, obwohl sie „vomica" (von lat. Erbrechen) genannt wird, in vielen Fällen nicht die erste Wahl bei Erbrechen bei Hunden. Typisches Erbrechen, das zum Nux vomica-Patienten passt, ist das Erbrechen während des Fressens, als Folge von ungehemmtem Schlucken. Die Nahrung wird dann schwallartig erbrochen und sofort wieder aufgefressen.

Wahl der Potenz und Dosierung

Bei Durchfall und Darmkrämpfen, ohne dass es sich um einen Nux vomica-Typ handelt, können wir das Mittel organotrop in einer D6 verwenden. Traditionell kennt man die Wirksamkeit der Kombination aus *Nux vomica* D6 und *Carbo vegetabilis* D6 (Carbo-Nux), beide dreimal täglich eine Dosis über ein bis zwei Wochen. Bei Nux vomica-Typen wenden wir das Mittel in der Regel in einer D30 einmal täglich eine Dosis über zwölf Wochen an, D200 (200K) einmal wöchentlich eine Dosis, eventuell (als Nachbehandlung) MK, je nach Reaktion, was in der Praxis meist einmal wöchentlich einer Dosis entspricht.

Phosphorus

Der Phosphorus-Typ ist sehr temperamentvoll, hyperaktiv und übermütig: immer in Eile, immer auf der Suche nach neuen Herausforderungen, lernt schnell und vergisst schnell. Er will seinen Menschen um sich haben (Aufmerksamkeitsverhalten) und deshalb nicht allein sein. Aus Protest kann er dann extrem zerstörerisch sein.

Charakteristisch für die Durchfälle, die zu *Phosphorus* passen, ist die hämorrhagische Enteritis: schwere und sehr blutige Durchfälle, die in großen Mengen auftreten.

Der Kot läuft wie ein Wasserfall heraus. Wir sehen das unter anderem bei Parvovirus-Durchfall.

Zudem sehen wir heftiges mit großen Schwierigkeiten verbundenes Erbrechen mit viel Blut (hellrot bis dunkelbraun). Der Phosphorus-Hund ist durstig und oft hungrig. Er trinkt in großen Abständen große Mengen Wasser auf einmal, die kurz darauf wieder erbrochen werden. Ein auffälliges Merkmal von *Phosphorus* ist, dass der Hund nachts frisst, wahrscheinlich weil der sehr aktive Hund tagsüber nicht dazu kommt.

Wahl der Potenz und Dosierung

Bei organotropen Indikationen wird *Phosphorus* meist in einer D12 zweimal täglich eine Dosis, manchmal in einer D6 dreimal täglich eine Dosis (auf keinen Fall niedriger) gegeben. Zur Behandlung von Verhalten und Typus verschreiben wir in einigen Fällen D30 einmal täglich eine Dosis, aber meistens D200 (200K) einmal wöchentlich eine Dosis oder (als Fortsetzung) Hochpotenzen: MK oder 10MK.

Platinum metallicum

Ich lernte den Platinum metallicum-Typ bei Hunden als geborenen Anführer kennen. Der Grund für die Anwendung von *Platinum metallicum* ist die Zügelung von Emotionen, insbesondere wenn es um die Verletzung des Selbstwertgefühls geht und bei extremem Sexualtrieb.

Bei *Platinum metallicum* sind psychische und physische Symptome miteinander verbunden. Bekannte Anzeichen sind chronisch rezidivierende Koliken (Bauchschmerzen), chronisch rezidivierende kolorektale Diarrhö (IBD), krampfartige Anfälle, verkürzter Zyklus (zu frühe und zu starke Hitze). Bei IBD und Epilepsie wird manchmal eine Kastration in Erwägung gezogen, was bei einem Platinum-metallicum-Typen verständlich ist. In der Praxis zeigt sich jedoch, dass die Ergebnisse der Kastration unterschiedlich ausfallen können.

Wahl der Potenz und Dosierung

Wir ziehen es vor, *Platinum metallicum* in einer D30 einmal täglich eine Dosis für zwölf Wochen zu verschreiben, oder als Fortsetzung in einer D200 (200K) je nach Reaktion, was in der Regel eine Dosis einmal pro Woche bedeutet. In einigen wenigen Fällen geben wir je nach Ansprechen eine MK.

Podophyllum peltatum

Charakteristisch für *Podophyllum peltatum* ist der „Spritzdurchfall" aufgrund einer Entzündung der Magen-Darm-Schleimhaut (Gastroenteritis): Wassermäßiger, stark riechender Kot mit Gasblasen, der beim aufrecht gehenden Hund in einem großen Strahl (weit) aus dem After spritzt. Man kann dieses Symptom als ein charakteristisches (lokales) Symptom betrachten, vor allem, wenn es auch ein schmerzloser Durchfall ist. In einigen wenigen Fällen kommt es zu plötzlichem Harndrang: Der Hund muss sich beeilen, um aus dem Haus zu kommen. *Podophyllum peltatum* ist vor allem bei chronischer Dünndarm-Durchfallerkrankung angezeigt, manchmal aber auch bei chronisch rezidivierendem Dickdarm-Durchfall.

Wahl der Potenz und Dosierung

Normalerweise verwenden wir *Podophyllum peltatum* organotrop in einer D6 dreimal täglich eine Dosis für ein bis zwei Wochen. Ich kann mir gut vorstellen, dass in bestimmten Fällen, in denen der Patient stark geschwächt ist, eine LM6, D12 oder LM12 gewählt wird, was dann drei- bis zweimal täglich einer Dosis entspricht.

Pulsatilla pratensis

Den Pulsatilla pratensis-Patienten mit Durchfall erkennt man fast nie an einer charakteristischen Durchfallerscheinung. Vielmehr sind es immer die anderen, höherwertigen Symptome, die letztlich entscheidend für die Wahl des Simillimums sind.
Ein Pulsatilla pratensis-Hund ist wie bereits erwähnt meist eine Hündin, die extrem unterwürfig ist und (fast) nie ein reizbares oder aggressives Verhalten zeigt. Angst führt zu Unterwerfung, zu einer tiefen Haltung und zur Rückenlage, oft mit passivem Urinieren oder einer eingefrorenen Haltung, aber meist nicht zu Aggression oder Fluchtverhalten. Ein sehr charakteristisches Bild von *Pulsatilla pratensis* ist (leichtes) Übergewicht (mollig) trotz mäßigen bis schlechten Appetits und ein extrem geringes Durstgefühl. Bei der Diarrhö sehen wir die üblichen (lokalen) Symptome eines chronisch rezidivierenden Dickdarmdurchfalls: weicher, dünner Stuhl mit Schleim und gelegentlich ein wenig Blut. Ein Merkmal für *Pulsatilla pratensis* kann sein, dass der Stuhl in Konsistenz und Farbe variiert. Auch charakteristisch für *Pulsatilla pratensis* ist eine Verschlimmerung der Durchfallerscheinungen durch fetthaltige Nahrung.

Wahl der Potenz und Dosierung

Bei chronischen Beschwerden (Durchfall) geben wir *Pulsatilla pratensis* in einer D30 einmal täglich eine Dosis. Wenn wird die Arzneimitteldiagnose auf Grund von mehreren zusätzlichen Einzelsymptomen, die sehr charakteristisch für den Pulsatilla pratensis-Typ sind, entscheiden wir uns für D200 (200K), eventuell (als Folgemaßnahme) für eine MK, je nach Ansprechen. In der Regel einmal alle ein bis zwei Wochen eine Dosis bzw. einmal alle zwei bis vier Wochen eine Dosis.

Pyrogenium

Die Hauptindikation für *Pyrogenium* ist eine Infektionskrankheit mit Ausbreitung von Bakterien (Septikämie) und Toxinen aus Gewebeschäden (Toxämie) über die Blutbahn im ganzen Körper (Blutvergiftung). Es kommt zu sehr schweren Durchfällen mit hauchdünnem, oft blutigem Kot (hämorrhagische Enteritis), die fürchterlich stinken. Das kennen wir u. a. von Parvovirus-Durchfällen oder von Durchfällen, die durch das weniger verbreitete Corona-Virus verursacht werden. Tierärzte oder Besitzer sprechen bereits von dem typischen Parvo-Geruch. Die Prognose für Parvovirus-Durchfall bei einem ungeimpften Hund ohne Antikörper, d. h. einem Hund, der nicht geimpft wurde oder nicht genügend Antikörper über die Muttermilch erhalten hat, ist sehr schlecht. Wir werden dann mit *Pyrogenium* den Kampf verlieren. Bei einem einigermaßen geschützten Hund können wir dem Krankheitsprozess mit *Pyrogenium* immer noch eine gute Wendung geben, und es ist allemal besser, als nichts zu tun.

Wahl der Potenz und Dosierung

Pyrogenium passt zu diesem Krankheitsbild. Bei Infektionen mit Störungen des Allgemeinbefindens werden wir uns oft für höhere Potenzen entscheiden, nicht niedriger als eine D12, vorzugsweise D30 zwei- bis einmal täglich eine Dosis für ein bis zwei Wochen. Eine (geringfügige) Erstverschlimmerung, ein leichter Anstieg der Körpertemperatur mit Frösteln und Bewegungsdrang ist kein Grund, bei der Anwendung von *Pyrogenium* die Potenz zu ändern, sondern die Dosierung entsprechend der Wirkung fortzusetzen. Bei einem schwerkranken Tier kann dies bereits mit einer D6 und sogar einer D12 geschehen. In den meisten Fällen entscheiden wir uns dann aber für eine höhere Potenz (D30).

Staphisagria

Staphisagria ist wie *Nux vomica* und *Ignatia amara* oft ein geeignetes Mittel für chronisch rezidivierende Dickdarm-Diarrhö. Auch hier handelt es sich um ein psychosomatisches Leiden, sodass wir uns den Typus ansehen müssen. Beim Staphisagria-Typ sind die Ursachen traumatische Erlebnisse, verdrängter Ärger und Traurigkeit, die zu Angstzuständen und reizbarem Verhalten führen. Wichtige Begriffe, die zum Staphisagria-Typ passen, sind: niedergeschlagen, misstrauisch, empfindlich und knurrend, wenn er von Fremden angesprochen wird. Der Staphisagria-Typ zieht sich gerne zurück, um allein zu sein. Wenn der Staphisagria-Typ aggressiv wird, kann er auch plötzlich wild um sich beißen. Das beinah zwanghafte Jagen von Hunden, Radfahrern, Joggern und Autos (zumindest vorbeifahrende), passt zum Staphisagria-Typ. Solange sie sich dem Staphisagria-Typ nähern, hat er Angst und verkriecht sich. Wenn ein Staphisagria-Typ wirklich in die Enge getrieben wird, kann er sogar beißen.

Wahl der Potenz und Dosierung

Da es sich bei der Indikation für *Staphisagria* in der Regel um psychogene Symptome handelt, wenden wir je nach Reaktion eine D30 einmal täglich eine Dosis, D200 (200K), eventuell MK, an, was in der Regel einmal wöchentlich eine Dosis bedeutet.

Sulfur

Generell kann man sagen, dass *Sulfur* sehr gut für alte Hunde geeignet ist, wenn der Stoffwechsel nicht mehr ganz so funktioniert – insbesondere die Ausscheidung von (toxischen) Abfallprodukten. Typisch ist das Bild des alten, abgemagerten Hundes mit chronischen Hautbeschwerden, chronischem Durchfall und/oder chronischen Gelenkbeschwerden. Der Hund entwickelt plötzlich einen unkontrollierbaren Stuhldrang, meist morgens zwischen 5 Uhr und 7 Uhr. Panik und Stubenunreiheit sind dann die Folge. Sulfur-Menschen werden frühmorgens durch plötzlich auftretenden Stuhldrang (übelriechender Durchfall) aus dem Bett getrieben.

Manchmal kommt es zu mehreren Durchfallereignissen am frühen Morgen, während der Stuhlgang während des restlichen Tages normal ist. Charakteristisch kann ein roter, nasser, brennender Anus sein. *Sulfur* kann Verhaltensmerkmale von *Nux vomica* aufweisen, so dass wir neben Stoffwechselproblemen (Ausscheidungsproblemen) unbedingt an Stress als Ursache für Durchfall denken sollten.

Wahl der Potenz und Dosierung

In der organotropen Behandlung, z. B. bei Hautbeschwerden (schlechter Fellzustand, Juckreiz und Geruch), insbesondere wenn der Verdacht auf ein Problem mit der Ausscheidung von Schlackenstoffen besteht, oder bei Knorpelproblemen, können wir *Sulfur* in einer D6 oder D12 drei- bzw. zweimal täglich eine Dosis verabreichen. In den allermeisten Fällen verschreiben wir höhere Potenzen: D30 einmal täglich eine Dosis, bei empfindlichen Patienten manchmal nicht öfter als zweimal pro Woche. Höhere Potenzen wie D200 (200K), eventuell (als Folgemaßnahme) MK, nur auf der Grundlage des Ansprechens.

Veratrum album

Zu den Symptomen, die mit *Veratrum album* übereinstimmen, gehören: gleichzeitiges Auftreten von starkem Durchfall und heftigem Erbrechen, begleitet von schmerzhaften Krämpfen. Wir sehen auch schwallartiges Erbrechen (ähnlich wie bei *Colocynthis*). Außerdem kommt es zu Schwindel, Übelkeit und Speichelfluss. Der Durchfall hat einen Cholera-ähnlichen Charakter: Übelkeit, Erbrechen, Bauchschmerzen, plötzliches Auftreten von wässrigem Durchfall und sehr schnelle Austrocknung (Dehydratation), die zum Tod führen kann.

Wahl der Potenz und Dosierung

In allen Fällen beginnen wir mit nicht zu niedrigen D-Potenzen. Die bevorzugte Dosierung ist eine D12 zweimal täglich eine Dosis, oder eine D30 einmal täglich eine Dosis. Die Dauer der Behandlung hängt davon ab, wie und wie schnell der Patient auf das Medikament anspricht. Bei Veratrum album-Patienten kommen durchaus auch die LM-Potenzen ins Spiel, LM6, LM12 und LM30, jeweils drei-, zwei- oder einmal täglich eine Dosis.

Verhaltensmedizin mit Homöopathie

Einführung

Mir ist klar geworden, dass ererbte oder anerzogene Verhaltensauffälligkeiten bei Hunden in einer Reihe von Fällen gut mit Homöopathie behandelt werden können. Angeborene Verhaltensprobleme (Instinktverhalten) können mit Homöopathie nicht oder nur sehr eingeschränkt beeinflusst werden. Verhaltensauffälligkeiten, die schon sehr lange bestehen und bei denen das unmittelbare soziale Umfeld (einschließlich des menschlichen Verhaltens) als Auslöser des Problemverhaltens unverändert bleibt, werden sich mit Homöopathie in der Regel nicht verbessern lassen.
Zur Behandlung von Verhaltensproblemen muss, wie bei körperlichen Problemen, zunächst eine Diagnose gestellt werden. Die Diagnose von Verhaltensauffälligkeiten besteht aus drei Teilen:

- Reguläre Diagnose des Tierarztes
- Diagnose von Spezialisten für Hundeverhalten
- Die homöopathische Arzneimitteldiagnose

Als Tierarzt können wir jede körperliche Ursache für ein Verhaltensproblem ausschließen oder nachweisen – und gegebenenfalls eine Behandlung verordnen. Die Diagnose des Spezialisten für Hundeverhalten ist notwendig, nicht nur, weil er die meiste Erfahrung auf dem Gebiet des Hundeverhaltens hat, sondern auch, weil er den Besitzer vor Ort begleiten kann, sodass auch das soziale Umfeld berücksichtigt wird und gegebenenfalls korrigiert werden kann. Diese Zusammenarbeit ist notwendig und vergleichbar mit der Zusammenarbeit zwischen z. B. Tierarzt und Physiotherapeut: der Tierarzt operiert, der Physiotherapeut kümmert sich um die Rehabilitation. Mit der homöopathischen Arzneimitteldiagnose haben wir nicht nur eine Therapie an der Hand, die detaillierte Arzneimitteldiagnose gibt uns auch Einblick in das Wesen des einzelnen Patienten. Diese Informationen kann der Spezialist für Hundeverhalten bei der Beratung vor Ort für sich nutzen.

Differenzialdiagnose von Arzneimitteln (DgDx)

Nachfolgend beschreibe ich für 25 homöopathische Mittel denjenigen Teil des Arzneimittelbildes, der mit dem Verhalten zu tun hat und mit dem sich die Mittel am besten voneinander unterscheiden lassen. Dies sind auch diejenigen Mittel, mit denen ich selbst Erfahrung in der Behandlung von Verhalten bei Hunden habe.
Je nach der Anzahl der Fälle, mit denen ich diese Erfahrungen gemacht habe, werden die Heilungsbilder mehr oder weniger ausführlich beschrieben.
Die Verhaltensmerkmale eines Patienten sind nicht nur für die Behandlung des Verhaltens wichtig, sondern oft auch unverzichtbar, um das Simillimum in Fällen zu finden, in denen der

Hund mit anderen körperlichen Beschwerden kommt, z. B. mit Hautbeschwerden. So können wir z. B. bei einem Patienten mit chronischen Hautbeschwerden die Arzneimitteldiagnose nicht aufgrund von niedriggradigen Lokalsymptomen, sondern aufgrund von charakteristischen Verhaltensmerkmalen stellen, d. h. wir können ein Hautleiden (ausschließlich) aufgrund von Verhaltenssymptomen heilen. Verhaltenssymptome sind im Allgemeinen ausreichend vorhanden.

Ansatzpunkte für die Arzneimitteldiagnose

Verhaltenseigenschaften sind nicht immer charakteristisch und müssen manchmal sogar hierarchisch herabgestuft werden. Nehmen wir zum Beispiel ein Symptom wie „anhänglich“: Ohne weitere Spezifizierung und ohne andere hochwertige Symptome bringt uns das nicht viel weiter. Um eine korrekte Arzneimitteldiagnose stellen zu können, müssen wir in diesen Fällen zusätzlich zu den Symptomcharakteristika alle anderen nützlichen Hinweise von einem Patienten sammeln, wie z. B. konstitutionelle Merkmale, ätiologische Faktoren, charakteristische Symptome, Modalitäten und charakteristische lokale Symptome.
Um effizient arbeiten zu können und ohne die Leitlinien der Symptomhierarchie aufzugeben, klassifizieren wir verhaltensauffällige Patienten wie folgt:

- Rasse, kann mehr oder weniger Vorbild sein
- Stellung in der sozialen Hierarchie
- Art des Verhaltens
- Grund für das Verhalten
- Andere Indikation(en)

Rasse

Einige Rassen scheinen für ein bestimmtes Mittel besser geeignet zu sein als andere. Das bedeutet nicht, dass eine bestimmte Rasse immer nur für dieses Mittel geeignet ist oder dass ein bestimmtes Mittel immer nur für die betreffende Rasse geeignet ist. Wir müssen uns die Gesamtheit der Symptome und Merkmale in jeder einzelnen Situation ansehen und versuchen, das am besten passende Mittel (Simillimum) zu finden. Im Folgenden sind einige Beispiele für Rassen, die im Durchschnitt eher zu einem bestimmten Mittel passen:

Rasse	Passendes Arzneimittel
Bearded Collie	*Sulfur*
Berner Sennenhund	*Calcium carbonicum*
Boxer	*Phosphorus*
Collie	*Arsenicum album*
Deutscher Schäferhund	*Nux vomica*
Zwergpinscher	*Tarantula hispanica*
Golden Retriever	*Ignatia amara*
Rottweiler	*Lycopodium clavatum*
(Friesischer) Wasserhund	*Graphites*
Husky	*Veratrum Album*

So kann ein junger, heranwachsender Bernhardiner mit chronischem Durchfall sehr gut zu *Arsenicum album* passen, während er vom Körperbau her eher zu *Calcium carbonicum* passt. Der Arsenicum album-Hund ist in der Regel schlank, mager und hat langes Fell (vgl. Collie oder Sheltie), während der Calcium carbonicum-Hund in der Regel stärker gebaut und fülliger ist und lockiges Fell hat (vgl. junger Berner Sennenhund oder Bernhardiner). Nicht alle Hunde, die gut zu

Graphites passen, sind dümmlich, beleibt, langsam, traurig und emotionslos.

Wenn ich bei der Erörterung des DgDx-Verhaltens erwähne, dass ich bestimmte Verhaltensauffälligkeiten in meiner Praxis überdurchschnittlich oft bei einer bestimmten Rasse gesehen habe und/oder dass eine bestimmte Rasse ein Vorbild für ein bestimmtes homöopathisches Medikament sein kann, bedeutet das nicht, dass das beschriebene Verhaltensprofil standardmäßig für die gesamte Rasse gilt. Das Spektrum der verschiedenen Rassen in meiner Praxis ist nur ein Bruchteil der gesamten Hundepopulation. Außerdem gehe ich hier hauptsächlich auf die Abweichungen vom normalen Verhaltensprofil ein. Der Grund, warum ich Rassen erwähne, ist, dem Leser neben dem Text eine zusätzliche Hilfe zur Veranschaulichung eines bestimmten Typs zu geben.

Platz in der sozialen Hierarchie

Um die richtige medizinische Diagnose stellen zu können, ist es wichtig zu wissen, wo der betreffende Hund in der sozialen Hierarchie steht. Kurzer Überblick über eine soziale Hierarchie (von dominant bis unterwürfig):

Dominanz ohne Aggression. Geborener Anführer. Führt allein durch seine Anwesenheit	Platinum metallicum
Dominanz mit bewusster Aggression. Sich ständig behaupten und vor allem den Streit suchen	Aurum metallicum
Mischung aus Freundlichkeit, Unsicherheit und (reaktiver) Dominanz,	Lycopodium clavatum
Reflexhafte Aggression aus Angst ohne Beschwichtigung*	Tarantula hispanica
Reflexhafte Aggression aus Misstrauen mit Beschwichtigung*	Stramonium
Draufgängerisch. Aufdringlich. Aufmerksamkeit erregendes Verhalten. Aggression bei Gegenreaktion möglich	Phosphorus
Hinterhältig. Aggression aus dem Nichts. Aggressive Eifersucht	Lachesis mutus
Mäßig dominant (Hündin). Bluffen (Rüde).	Nux vomica
Plötzliches Schnappen aus Angst oder Verärgerung: „Beißen, ohne tatsächlich zu beißen".	Ignatia amara
Reizbar. Möchte in Ruhe gelassen werden. Wenn er gestört wird, knurrt er und rennt weg	Graphites
Reflexartige Aggression aus Angst. Schwere Panik und Hysterie. Passiver Urin- und Stuhlabgang	Hyoscyamus niger
Äußerst freundlich, anhänglich und unterwürfig (sklavisch). Passives Urinieren	Pulsatilla pratensis

* Beschwichtigung: Sobald Sie aus dem aggressiven Modus heraus sind, nehmen Sie eine unterwürfige Haltung ein.

Wir kennen den typischen Platinum metallicum-Hund: Ein geborener Anführer. Seine bloße Anwesenheit reicht aus, um Frieden im Rudel zu haben. Kämpfen tut er nicht, sein Blick reicht aus, um die Dinge zu kontrollieren. Dennoch können erwachsene Platinum-metallicum-

Typen Welpen sehr grob in ihre Schranken weisen (charakteristisches Symptom).
Der Aurum metallicum-Hund behauptet ständig seine vorherrschende Stellung: Er kämpft, packt energisch an und schaut sich um, ob es noch irgendwo eine Rechnung zu begleichen gibt. Der Aurum metallicum-Typ ist bei Haftpflichtversicherungen bestens bekannt.
Der Lycopodium clavatum-Typ ist zwar arbeitswillig, aber vor allem freundlich und unsicher. Wenn es ihm zu viel wird, kann er sich durchaus zurückziehen. Sein Gegner hat eine faire Chance: Er warnt einmal, und noch einmal, und noch einmal. Aber dann heißt es "Wer nicht hören will, muss fühlen". Der Platinum metallicum-Typ ist hochmütig, der Aurum metallicum-Typ ein kleiner Teufel und der Lycopodium clavatum-Typ ein Kavalier. Wir kennen auch die unterwürfigen Typen. Und natürlich gibt es eine ganze Reihe von Typen dazwischen.
Der Nux vomica-Rüde ist nervös, dem Herrchen gegenüber unterwürfig, kann einen anderen Hund anbluffen, aber wenn es ihm die Situation zu brenzlig wird, gibt er mit eingezogenem Schwanz auf.
Der Hund, der zu *Hyoscyamus niger* passt, hat ein große „Klappe", aber wenn man zu sehr Paroli bietet, flüchtet er und versteckt sich zitternd unter dem Schrank. In Panik verliert er Urin und/ oder Kot. Der Pulsatilla pratensis-Typ ist äußerst lieb und unterwürfig, er lässt alles zu, dreht sich lediglich leicht ab und verliert Urin passiv und reichlich. Unterwürfigkeit in Reinkultur und niemals aggressiv. Aber sagen Sie „niemals nie".

Art des Verhaltens

Knurren (Reizbarkeit), Beißen mit oder ohne Verletzung (Wut), Streiten (Streit suchen), Toben (Wut). Ein Graphites-Typ knurrt und rennt weg, wenn er gestört wird. Er will in Ruhe gelassen werden. Ein Ignatia amara-Typ kann plötzlich, unerwartet und heftig schnappen, aber ohne zuzubeißen – lediglich als Warnung. Die Aurum metallicum- und Lachesis mutus-Typen suchen wirklich nach Argumenten. Der Stramonium-Hund greift blindlings an – aus blinder unkorrigierbarer Wut. Im Anschluss erfolgt eine Beschwichtigung.

Ursache

Der Anreiz zur aggressiven Handlungen kann z. B. eine natürliche Dominanz (*Aurum metallicum*), der Wunsch, in Ruhe gelassen zu werden (*Graphites*), Eifersucht (*Lachesis mutus*) oder Angst (*Hyoscyamus niger*) sein.

Andere Indikationen

Zum Beispiel: Scheinträchtigkeit, Epilepsie, Durchfallerkrankungen und so weiter.
Im Folgenden bespreche ich eine Auswahl von Arzneimittelbildern in alphabetischer Reihenfolge. Es sind in der Tat kurze Übersichten, Auszüge der relevanten Arzneimittelbilder mit der Symptomhierarchie, den relevantesten Symptomen, natürlich unter besonderer Berücksichtigung der Verhaltenssymptome. Ich ordne die Übersichten pro Arzneimittelbild nach dem oben besprochenen Schema ein: Rasse, Platz in der sozialen Hierarchie, Art des Verhaltens, Grund für das Verhalten und andere Hinweise. Die Beschreibungen der Verhaltenssymptome sind die wichtigsten. Weitere Informationen finden sich in der Beschreibung der jeweiligen Arzneimittelbilder im Kapitel Materia Medica.

Wahl der Potenz und Dosierung

Die allgemeinen Richtlinien für die Wahl der Potenz und die Dosierung bei der typspezifischen homöopathischen Behandlung von Verhaltensproblemen lauten wie folgt: Grundsätzlich beginnen wir mit einer D30-Potenz, eine Dosis einmal täglich für mindestens zwölf Wochen. Wenn sich die Verhaltenssymptome innerhalb von drei bis sechs Wochen vollständig gebes-

sert haben, kann das Medikament nach zwölf Wochen abgesetzt werden.
Wenn nach dem Absetzen des Medikaments ein Rückfall auftritt, verabreichen Sie zunächst immer wieder die gleiche Potenz. Wenn es keine Wirkung mehr zeigt, wechseln Sie zu einer höheren Potenz.
Mit den Informationen über Ursachen und Modalitäten aus der Arzneimitteldiagnose müssen wir sehen, ob wir die negativen Auslöser im sozialen Umfeld, einschließlich des Verhaltens des Besitzers, beseitigen können.
Natürlich müssen wir auch die Möglichkeit in Betracht ziehen, dass in manchen Fällen ein anderes, komplementäres (zusätzliches) homöopathisches Mittel verabreicht werden muss. Dafür müssen wir unsere Arzneimitteldiagnose überdenken.
Stellt sich die Arzneimitteldiagnose weiterhin als richtig heraus, stagniert aber die weitere Verbesserung der Symptome, sollten wir die betreffende Potenz durch eine höhere ersetzen. Auch in Fällen, in denen zuerst eine teilweise oder vollständige Besserung der Symptome und dann eine Verschlechterung eintritt, sollten wir auf eine höhere Potenz umsteigen. Höhere Potenzen werden in der Reihenfolge D200 (200K), MK, manchmal noch 10 MK verwendet, alles grundsätzlich auf der Basis der Reaktion. Solange eine Potenz wirksam ist, gehen wir nicht zur nächsten Potenz über.

Ausgewählte Arzneimittelbilder

Aconitum napellus	*Calcium carbonicum*	*Gelsemium sempervirens*	*Lycopodium clavatum*	*Sepia officinalis*
Agaricus muscarius	*Calcium phosphoricum*	*Graphites*	*Nux vomica*	*Staphisagria*
Arnica montana	*Chamomilla*	*Hyoscyamus niger*	*Phosphorus*	*Stramonium*
Aurum metallicum	*Crocus sativus*	*Ignatia amara*	*Platinum metallicum*	*Tarantula hispanica*
Arsenicum album	*Cuprum metallicum*	*Lachesis mutus*	*Pulsatilla pratensis*	*Veratrum album*

Aconitum napellus

Rasse

Ich kann (noch) keine Rasse nennen, die dem Aconitum napellus-Typus überdurchschnittlich gut entspricht und ein Vorbild für das Mittel sein kann. Es sind aber oft athletisch gebaute Typen, sehr kräftig, stark bemuskelt und reinrassig, mit enormem Temperament: sehr schnell (plötzlich) erregt. Vom Körperbau her ist der Aconitum napellus-Typ ähnlich wie der Phosphorus- und der Arnica montana-Typ. Der Aconitum napellus-Typ ist bei weitem der heftigste der drei Typen.

Platz in der Hierarchie

Nicht dominant, nicht unterwürfig.

Art des Verhaltens

Der Aconitum napellus-Typ ist sehr schnell (plötzlich) gereizt: ein plötzlicher heftiger Schreck verursacht große Angst und Unruhe

bis hin zu schwerer blinder Panik. Seine Sinne sind überempfindlich: Berührungen, Geräusche hören, bestimmte Gerüche riechen und/oder unbekannte Gegenstände sehen.
Ein starker Schreck führt zu heftigen Reaktionen. Bei diesen Hunden kennen wir die plötzlichen heftigen Schreckreaktionen, die zu einer blinden panischen Flucht führen, ohne aufzuschauen oder sich umzuschauen und Hindernisse oder belebte Straßen zu ignorieren, möchte so schnell wie möglich nach Hause. In diesen Momenten sind sie nicht mehr ansprechbar. Der Aconitum napellus-Typ kann, wenn er in seinem Panikverhalten behindert wird, heftig zubeißen. Nicht absichtlich, sondern aus Reflex.

Ursache
Alle plötzlichen und unerwarteten Schrecksituationen und eine Überempfindlichkeit von neuen oder auch alten Sinnesreizen.

Sonstige Indikationen
Aconitum napellus ist eines der ersten Mittel in der DgDx des Schreckens vor lauten Geräuschen, insbesondere Feuerwerk und Gewitter. Das Mittel kann auch bei krampfartigen Anfällen eingesetzt werden, wenn klar ist, dass „enormer Schreck mit Panikreaktion" der Auslöser ist. *Aconitum napellus* ist auch indiziert bei plötzlichem hohem Fieber (41°C) und/oder Schmerzen, begleitet von extremer Unruhe und Panik.

Wahl der Potenz und Dosierung
Im Prinzip wird *Aconitum napellus* D30 verschrieben, einmal täglich eine Dosis für zwölf Wochen. Bei Bedarf (als Folgemaßnahme) kann D200 (200K) oder MK angewendet werden – beide auf Reaktionsbasis, was in der Praxis eine Dosis einmal pro Woche bedeutet.

Agaricus muscarius

Rasse
Ich kann (noch) keine Rasse nennen, die dem Agaricus muscarius-Typus überdurchschnittlich gut entspricht und als Vorbild für Hunde dienen kann. Dieser Typ wird hauptsächlich durch das Verhalten und nicht durch den Körperbau charakterisiert.

Platz in der Hierarchie
Der Agaricus muscarius-Typ steht über den Dingen, ist völlig entspannt und steht selbstbewusst im Leben.

Art des Verhaltens
Im Sprechzimmer macht der ruhige Agaricus muscarius-Typ einen völlig entspannten Eindruck. Er wandert ruhig durch das Sprechzimmer, schnuppert hier und da, an allem und jedem, wie z. B. Mülleimer und Instrumententisch, schaut nach draußen, ob es etwas Interessantes zu sehen gibt, Er hat alles unter Kontrolle, als ob er sich wie zu Hause fühlt.
Der Agaricus muscarius-Typ kann manchmal bis zum Alter von acht bis zwölf Monaten nicht stubenrein sein. Wenn er Urin oder Kot im Haus absetzt, tut er dies nicht heimlich, sondern auch direkt vor seinem Besitzer. Bekannte Symptome im Arzneimittelbild des Agaricus muscarius-Typs sind Zerstörungswut, z. B. von seinem Körbchen oder dem Sofa. Außerdem ist das Stibitzen von Fressbarem ein charakteristisches Symptom für den Agaricus muscarius-Typ, obwohl er keinen gesteigerten Appetit hat. Dann wäre es ein logisches Symptom. Abgesehen von der verzögerten Stubenreinheit ist der Agaricus muscarius-Typ auch erst sehr spät sexuell aktiv.

Ursache
Das Verhalten ist genetisch bedingt.

Sonstige Indikationen

Hautjucken ohne Hautläsionen, extrem starker Kratzreflex bei der kleinsten Berührung oder manchmal sogar beim Zeigen auf die Stelle. Nervenzuckungen (Tic convulsive), Kribbeln (Parästhesien) – auch durch Erfrierungen.

Wahl der Potenz und Dosierung

Agaricus muscarius wird grundsätzlich als D30 einmal täglich eine Dosis für zwölf Wochen verschrieben. Falls erforderlich, kann D200 (200K) angewendet werden (als Folgemaßnahme), wobei man sich an der Reaktion orientiert. In der Praxis ist hierfür eine Dosis einmal pro Woche angemessen.

Arnica montana

Rasse

Ich kann (noch) keine Rasse nennen, die dem Arnica montana-Typ überdurchschnittlich gut entspricht und ein Vorbild für das Mittel sein kann. Es sind aber oft athletisch gebaute Typen mit sehr kräftiger Bemuskelung und einem recht hitzigen Temperament. Der Körperbau entspricht dem des Aconitum napellus- und Phosphorus-Typs.

Platz in der Hierarchie

Nicht oder mäßig dominant, definitiv nicht unterwürfig.

Art des Verhaltens

Arnica montana-Typen sind lebhafte, freundliche, temperamentvolle, aufmerksame, aktive, manchmal etwas nervöse Hunde. Ein Typ, den wir bei den stämmigen, muskulösen Arbeits- und Sporthunden sehen. Zu den Beschwerden infolge von Traumata, einschließlich Operationen, gehören: defensive Aggression, Angst, Erschrecken, posttraumatische oder postoperative Depression, Lethargie, introvertiertes Verhalten, Apathie und Selbstverstümmelung, die von einem einfachen Leckgranulom (meistens) bis zu schwerer Selbstverstümmelung (selten) reichen kann.

Ursache

Ursache für Arnica montana-Beschwerden ist ein körperliches Trauma, z. B. ein (Verkehrs-) Unfall, Misshandlung, Kampf mit anderen Hunden, operative Eingriffe und so weiter. Die Folgen eines körperlichen Traumas können akute körperliche Beschwerden (auch Schock), aber auch chronische körperliche und chronische seelische Beschwerden sein. Die Folgen eines körperlichen Traumas sind in der Regel schlimmer, als es das Trauma vermuten lässt (relativ hohe Belastung). Körperliche Belastungen sind auch Ursache für Beschwerden, die zu *Arnica montana* passen.

Sonstige Indikationen

Verwundungen und Verletzungen mit schlechter Heilungstendenz. Chronische therapieresistente Hautbeschwerden (nach Trauma) und andere Beschwerden, die mit Trauma und/oder Überbeanspruchung verbunden sein können.

Wahl der Potenz und Dosierung

Arnica montana wird bei Verhaltensproblemen im Allgemeinen in einer D30 einmal täglich eine Dosis für zwölf Wochen verordnet. Falls erforderlich, kann D200 (200K) oder MK (als Folgemaßnahme) je nach Ansprechen verabreicht werden, was in der Praxis einmal wöchentlich eine Dosis bedeutet.

Arsenicum album

Rasse

Collies und Shelties passen überdurchschnittlich oft zu *Arsenicum album* und können meines Erachtens auch ein Vorbild für den Arsenicum album-Typ sein. Der Arsenicum album-Typ ist ein schlanker, oft etwas magerer, leicht gebauter und etwas weniger kräftiger Typ. Die Bemuskelung ist oft mäßig.

Platz in der Hierarchie

Der Arsenicum album-Typ ist sicher nicht herrschsüchtig, dazu hat er nicht die Kraft. Er ist ein bescheidener, oft etwas resignierter Typ. Nicht so unterwürfig wie Pulsatilla pratensis- oder Hyoscyamus niger-Typen. In der Hierarchietabelle (von dominant bis unterwürfig) steht er in der Mitte oder knapp darunter.

Art des Verhaltens

Der Arsenicum album-Typ ist unsicher, zappelig, angespannt, unruhig (aber nicht hektisch oder neurotisch), nervös, ängstlich und fahrig (aber keineswegs hysterisch oder panisch). Schüchtern ist wohl die beste Beschreibung für den Arsenicum album-Typ. Er ist ziemlich introvertiert und seine unterschiedlichen Gefühle spielen sich in seinem Inneren ab (DgDx *Ignatia amara*). Leicht zu behandelnder Patient und an sich sehr sauber.

Ursache

Das Verhalten ist auf den zerbrechlichen Körperbau, die Genügsamkeit und die Schüchternheit zurückzuführen.

Sonstige Indikationen

Schnelle Abmagerung (DgDx *Nitricum acidum*). Nimmt alles in kleinen Häppchen zu sich. Appetit: kleine Häppchen fressen. Durst: kleine Schlucke trinken. Stuhl: kleine Mengen Blut in kleinen Mengen Kot, und so weiter. Ursachen für körperliche Beschwerden wie chronischen Durchfall können sein: zu viel eiskaltes Wasser getrunken, gefrorene Lebensmittel, Schnee oder Eis gefressen, aber auch Virusinfektionen und Vergiftungen.

Wahl der Potenz und Dosierung

Arsenicum album wird im Allgemeinen bei Verhaltensproblemen in einer D30 einmal täglich eine Dosis für zwölf Wochen verordnet. Falls erforderlich, kann D200 (200K) oder MK (als Folgemaßnahme) angewendet werden, je nach Ansprechen, was in der Praxis auf eine Dosis einmal pro Woche hinausläuft.

Aurum metallicum

Rasse

Ich kann (noch) keine Rasse nennen, die dem Aurum metallicum-Typ überschnittlich gut entspricht und als Vorbild dienen kann. Der Aurum-Metallicum-Typ ist oft ein pyknischer Typ; kurzbeinig, stämmig, kräftig gebaut, kraftvoll und selbstbewusst.

Platz in der Hierarchie

Ausgesprochen dominant.

Art des Verhaltens

Der Aurum-metallicum-Typ hat einen anhaltenden Leistungstrieb und einen unbändigen Drang nach körperlicher und geistiger Aktivität. Er ist egozentrisch, hinterhältig, dominant (Machogehabe), energisch und greift ohne groß nachzudenken an. Scheinbar grundlos sucht er den Streit. Die Folge ist heftige Aggression mit schweren Verletzungen. Ein Aurum metallicum-Hund ist durchaus gewaltbereit und missgünstig. Charakteristisch für *Aurum metallicum* ist ein verhältnismäßig extrem heftiger Wutausbruch schon bei geringstem Widerstand. Der Aurum metallicum-Typ will allen seinen Willen aufzwingen. Es ist für den Besitzer schwierig, dieses Verhalten zu kontrollieren, selbst mit Homöopathie (genetische Veranlagung).

Ursache

Rangordnungsproblemen und Dominanz: Er will immer die Hauptrolle spielen. Ursache des Aurum metallicum-Verhaltens ist die Unterdrückung oder Behinderung dieses Geltungsdrangs oder seine Reaktion auf Widerstand (Korrektur, Bestrafung oder wenn er seinen Willen nicht bekommt). Andere Beispiele für ätiologische Symptome sind: Ärger, Verärgerung, verletzende Demütigung, unterdrückter Unmut

(DgDx *Nux vomica, Ignatia amara* und *Staphisagria*).

Sonstige Indikationen
Charakteristisch für *Aurum metallicum* sind chronische, anhaltende Entzündungsprozesse, die mit Eiterung und Gewebezerstörung einhergehen, einschließlich chronischer Rhinitis und Keratoconjunctivitis sicca (KCS).

Wahl der Potenz und Dosierung
Bei Verhaltensproblemen wird *Aurum metallicum* im Allgemeinen in einer D30 einmal täglich eine Dosis für zwölf Wochen verschrieben. Bei Bedarf (als Folgemaßnahme) kann D200 (200K) oder MK je nach Reaktion verabreicht werden, was in der Praxis einmal wöchentlich eine Dosis bedeutet.

Calcium carbonicum

Rasse
Der Calcium carbonicum-Typ ist häufiger bei großen, groben Rassen und Kreuzungen anzutreffen. Er ist in der Regel etwas schwerer, hat ein lockiges Fell, kräftige Beine und ist nicht sehr stark. Er kann sicherlich nicht als sportlicher Hund bezeichnet werden. Sein auffälligstes Merkmal ist eine schlechte Ausdauer und eine Verschlimmerung der Beschwerden durch Bewegung. Grundsätzlich ist er aufgrund eines etwas schwächeren Bewegungsapparates anfälliger für Verletzungen als der Durchschnitt. Nach außen hin scheinen die Beschwerden nicht so schlimm zu sein, da der Calcium carbonicum-Typ sich Allgemeinen Schmerzen nicht so zeigt.

Platz in der Hierarchie
Sicherlich nicht dominant, er hat nicht die Kraft dazu. In der Hierarchietabelle (von dominant bis unterwürfig) steht er in der Mitte oder knapp darunter.

Art des Verhaltens
Der Calcium carbonicum-Typ ist, besonders in ungewohnten Situationen, nervös, angespannt, ängstlich, unsicher, etwas zurückhaltend gegenüber anderen Hunden und (fremden) Menschen. Manchmal ist er etwas frustriert, weil er körperlich nicht in der Lage ist, bestimmte Dinge zu bewältigen. Er ist also definitiv kein "harter Hund". Er kann aus Verzweiflung beißen, wenn er sich in die Ecke gedrängt fühlt, beißt aber nicht richtig zu. Er bewegt sich gerne und spielt aktiv, aber es mangelt ihn aber an Ausdauer. Der Graphites-Typ kann nicht, will aber auch nicht, hat überhaupt keinen Elan. Der Calcium carbonicum-Typ ist angespannt, der Graphites-Typ ist apathisch.

Ursache
Schwächere Konstitution; Verhaltenssymptome treten vor allem bei körperlicher Anstrengung auf.

Sonstige Indikationen
Charakteristische Modalität: Verschlimmerung der psychischen und physischen Symptome aufgrund von körperlicher Anspannung. Zum Beispiel Epilepsie oder Durchfall aufgrund von Anstrengung (Bewegung). Verzögerte Heilungstendenz bei entzündlichen Prozessen. Typmittel für die Fehlentwicklung des Bewegungsapparates in jungen Jahren.

Wahl der Potenz und Dosierung
Calcium carbonicum wird für Verhaltensprobleme in einer D30 einmal täglich eine Dosis für zwölf Wochen verschrieben, aber die bevorzugte Anwendung als Simillimum in hohen Potenzen ist D200 (200K), MK, manchmal 10MK und Dosierung je nach Ansprechen – vor allem, wenn eine deutliche Ähnlichkeit bei mehreren zusätzlichen Einzelsymptomen besteht. Als (sekundäre) präventive Unterstützung bei chronischen orthopädischen Beschwerden wählen

Sie D12 oder D30 zwei- bzw. einmal täglich eine Dosis.

Calcium phosphoricum

Rasse

Der Calcium phosphoricum-Typ kommt unter anderem bei Belgischen, Deutschen und Niederländischen Schäferhunden vor. Er ist vor allem in der Wachstumsphase im Alter von drei bis zwölf Monaten ein leptosomer-Typ: ein schmaler und hochgewachsener oder schlaksiger Hund, der zu schnell in die Höhe schießt. Die Bemuskelung ist stärker als bei den Calcium carbonicum- und Calcium fluoricum-Typen, aber der Calcium phosphoricum-Typ ist sicherlich nicht so sportlich wie der Phosphorus-Typ.

Platz in der Hierarchie

Nicht dominant, nicht unterwürfig. Im Diagramm der sozialen Hierarchie (von dominant bis unterwürfig) liegt er in oder knapp über der Mitte, möglicherweise dank des Elements Phosphor.

Art des Verhaltens

Der Calcium phosphoricum-Typ ist ängstlich, nervös, ungeduldig, leicht erregbar, hektisch, angespannt, labil, launisch, leicht erregbar mit heftigen Reaktionen, sehr unruhig und hyperaktiv. Schnell geistig und körperlich erschöpft (Calcium-Element). Die Leistung bleibt oft hinter den Erwartungen zurück.

Ursache

Er ist gefangen in der Kettenreaktion seines eigenen verworrenen Verhaltens und dessen Folgen.

Sonstige Indikationen

Die Entwicklung der Röhrenknochen verläuft im Verhältnis zu den Bändern und Gelenkkapseln unverhältnismäßig, was während des Wachstums zu orthopädischen Beschwerden führen kann.

Wahl der Potenz und Dosierung

Calcium phosphoricum wird bei Verhaltensproblemen in einer D30 einmal täglich eine Dosis zwölf Wochen lang verordnet, wobei der Anwendung als Simillimum in hohen Potenzen der Vorzug gegeben wird: D200 (200K), MK, manchmal 10MK und Dosierung je nach Reaktion – vor allem, wenn bei mehreren zusätzlichen Einzelsymptomen eine deutliche Ähnlichkeit besteht. Als (sekundäre) präventive Unterstützung bei chronischen orthopädischen Beschwerden wählen wir die D12 oder D30 zwei- bzw. einmal täglich eine Dosis.

Chamomilla

Rasse

Ich kann (noch) keine Rasse nennen, die dem Chamomilla-Typ überdurchschnittlich gut entspricht und als Vorbild für das Mittel stehen kann. Der Chamomilla-Typ bei Hunden zeichnet sich vor allem durch ein ausgeprägtes Verhalten und damit nicht durch einen ausgeprägten Körperbau aus.

Platz in der Hierarchie

Der Chamomilla-Typ ist deutlich dominant und rangiert in der sozialen Hierarchie unter dem Platinum metallicum- und Aurum metallicum-Typ, aber über dem Lycopodium clavatum-Typ.

Art des Verhaltens

Der Chamomilla-Typ zeigt ein extrem verwöhntes Verhalten. Wenn ihm etwas eine Zeit lang nicht passt und er ausgebremst wird, kann er sich (unerwartet) Familienmitglieder, die er als rangniedriger ansieht, extrem aggressiv nähern, begleitet von bedrohlichem Gehabe, was manchmal zu schweren Bissverletzungen führen kann. Auch sein Besitzer, der meist als ranghöher angesehen wird, hat in einigen Situationen auch gewisse Schwierigkeiten mit ihm. Manchmal kommt man sehr schwer mit ihm aus. Am auffälligsten für einen Chamomilla-Typ ist auch eine übermäßige (hysterische) Reaktion auf Schmerz, die in zwanghaftes destruktives Verhalten umschlagen kann.

Ursache

Problem der Rangordnung. Genetisch bedingt, verstärkt durch gescheiterte Erziehung. Rückschläge sind der Hauptauslöser. Bald fühlt sich alles wie Opposition an: verwöhntes Verhalten!

Sonstige Indikationen

Chronisch rezidivierende Bauchschmerzen (IBD) bis hin zu fälschlicherweise psychogenen Darmkrämpfen. Der Chamomilla-Typ macht Tabula rasa: Er bellt, rennt wütend durch die Wohnung und zerbeißt Kissen, Sofa, Telefonkabel und dergleichen.

Wahl der Potenz und Dosierung

Chamomilla wird bei Verhaltensproblemen in einer D30 einmal täglich eine Dosis für zwölf Wochen verschrieben. Falls erforderlich, kann D200 (200K) oder MK (als Folgemaßnahme) angewendet werden, je nach Ansprechen, was in der Praxis auf einmal pro Woche eine Dosis hinausläuft.

Crocus sativus

Rasse

Der Crocus sativus-Typ ist unter anderem bei Terriern und terrierähnlichen Kreuzungen zu finden. Er ist hauptsächlich durch sein Verhalten und nicht durch seinen Körperbau gekennzeichnet.

Platz in der Hierarchie

Der Crocus sativus-Typ ist selbstbewusst und tatkräftig. In der sozialen Hierarchie steht er unter dem Platinum metallicum- und Aurum metallicum-Typ, aber über dem Lycopodium clavatum-Typ.

Art des Verhaltens

Der Crocus sativus-Typ weist eine sehr ausgeprägte Verhaltenssymptomatik auf. Er hat vor nichts Angst und ist frech. Es kann ein plötzlicher, heftiger Wechsel des Verhaltens von einem Extrem zum anderen auftreten: Zum Beispiel spielt der Crocus sativus-Typ mit einem anderen Hund fröhlich und wild. Er rennt spielerisch hinterher, schlägt schnelle Haken und beide purzeln übereinander. Eine regelrechte Explosion der Energie. Und dann, einfach so, kommt es plötzlich zu einer enormen Aggression mit heftigen Angriffen und Bissen, manchmal auch zu schweren Verletzungen.

Ursache

Genetisch bedingt. Problem der Rangordnung. Widersetzlichkeit.

Sonstige Indikationen

Meines Wissens sind in der Veterinärmedizin keine bekannt, weshalb ich mich auf die menschliche Materia Medica beziehen muss.

Wahl der Potenz und Dosierung

Bei Verhaltensproblemen wird *Crocus sativus* D30 verschrieben, einmal täglich eine Dosis über zwölf Wochen. Falls erforderlich, kann D200 (200K) oder MK (als Folgemaßnahme) je nach Reaktion verabreicht werden, was in der Praxis einmal pro Woche eine Dosis bedeutet.

Cuprum metallicum

Rasse

Ich kann (noch) keine Rasse nennen, die überdurchschnittlich gut zum Cuprum metallicum-Typ passt und als Vorbild für das Mittel dienen kann. Meine Erfahrung mit diesem Mittel ist sehr begrenzt. Im Moment ist der Typus bei

Hunden, soweit ich weiß, durch ein auffälliges Verhalten gekennzeichnet.

Platz in der Hierarchie
Zwiespältig.

Art des Verhaltens
Angst und Schrecken. Es herrscht eine sehr intensive geistige und körperliche Anspannung. Nach einiger Zeit verhaltener Wut (Angst) kommt es zu sehr heftiger, blinder Aggression mit Beißereien und schweren Verletzungen.

Ursache
Die weitaus häufigste Ursache für psychische und physische Verspannungen ist die Unterdrückung von Überforderung, die sich in völliger Verkrampfung, Knurren und so weiter äußern.

Sonstige Indikationen
Epileptische Anfälle begleitet von Schreien, krampfartige Bauchkrämpfe (Koliken) begleitet von Schreien (DgDx *Chamomilla*) oder krampfartiger Husten aufgrund krampfartiger Bronchialkontraktionen (eher eine Indikation für *Cuprum aceticum*).

Wahl der Potenz und Dosierung
Im Falle einer organotropen Behandlung (einschließlich Bauchschmerzen), verschreiben wir *Cuprum metallicum* in einer D12 zweimal täglich eine Dosis für drei bis sechs Wochen. Im Falle einer Verhaltenstherapie und Epilepsie bevorzugen wir *Cuprum metallicum* D30 einmal täglich eine Dosis für zwölf Wochen.

Gelsemium sempervirens

Rasse
Ich kann (noch) keine Rasse nennen, die dem Gelsemium sempervirens-Typ überdurchschnittlich gut entspricht und als Vorbild für das Mittel dienen kann. Dieser Typ zeichnet sich hauptsächlich durch sein Verhalten und nicht durch seinen Körperbau aus. Vorbilder könnten Jagdhunde sein, wie Pointer, Setter, Deutsch Kurzhaar und dergleichen.

Platz in der Hierarchie
Der Gelsemium sempervirens-Typ ist dominant und rangiert in der sozialen Hierarchie unter dem Platinum metallicum-Typ und dem Aurum metallicum-Typ und über dem Lycopodium clavatum-Typ.

Art des Verhaltens
Der rote Faden, der sich durch das Arzneimittelbild von *Gelsemium sempervirens* zieht, ist eine extrem schnelle und intensive Erregung. Diese Erregung kann durch Vorfreude oder Erwartungsangst vor Dingen, die bald geschehen werden, verursacht werden. Die Symptome, die eine Folge dieser geistigen Anstrengung sind, treten *nach* einem Ereignis auf. Der Gelsemium sempervirens-Patient weiß nur zu gut, was er will. Charakteristisch für ihn ist eine extreme Erregung mit anhaltender Fokussierung und Zittern am ganzen Körper. Mit anhaltender Fokussierung meine ich, dass der Hund übermäßig auf das betreffende Objekt, z. B. ein Spielzeug oder eine läufige Hündin, fixiert ist, und aggressiv reagiert, wenn er dabei gestört wird. Zudem vergisst er oft zu trinken, was vielleicht eine logische Erklärung für das Symptom „Fehlendes Durstgefühl" im Arzneimittelbild von *Gelsemium sempervirens* ist.

Ursache
Für einen Rüden löst unter anderem eine läufige Hündin ein Verhalten für *Gelsemium sempervirens* aus, aber auch die enorme Leidenschaft im Arbeitseinsatz und beisportlichen Betätigungen kann die Aufregung beim Gelsemium sempervirens-Hund enorm steigern.

Sonstige Indikationen
Hypersexualität. Zu den Folgen von Angstzuständen und Aufregung können Durchfall, be-

reits chronisch rezidivierende IBD und Epilepsie gehören.

Wahl der Potenz und Dosierung

Wir verwenden *Gelsemium sempervirens* eigentlich immer in einer D30 einmal täglich eine Dosis für zwölf Wochen. Bei Bedarf (als Folgemaßnahme) können höhere Potenzen verwendet werden, D200 (200K) oder MK je nach Reaktion, was in der Praxis einmal pro Woche eine Dosis bedeutet.

Graphites

Rasse

Es können mehrere Rassen genannt werden, darunter der (Friesische) Wasserhund, bei dem überdurchschnittlich viele Hunde dem Graphites-Typ entsprechen und als Vorbild für das Mittel dienen können.

Platz in der Hierarchie

Der Graphites-Typ ist definitiv nicht dominant, sondern zeigt Unterwürfigkeit in Form von Resignation. Er ist dabei nicht so unterwürfig wie der Pulsatilla pratensis-Typ.

Art des Verhaltens

Der Graphites-Typ ist eher übergewichtig, nicht so schnell im Denken, langsam, niedergeschlagen und fühlt sich kalt an. Er schläft viel und hat keine Lust zu laufen. Beim Spazierengehen trödelt er immer hinterher und hat keinen grazilen Gang. Morgens ist die Trägheit am größten. Der Graphites-Hund ist reizbar gegenüber Kindern und Welpen. Wenn er von Kindern angesprochen und angefasst oder einem aufdringlichen, verspielten Welpen angerempelt wird, kann er kurz knurren, läuft dann aber weg. Er zeigt keine Aggressionen. Der Graphites-Typ ist unsicher, ängstlich, aber nicht hysterisch. Er ist nicht panisch, aber leicht gereizt. Er möchte in Ruhe gelassen werden, es ist alles zu viel für ihn.

Ursache

Möchte in Ruhe gelassen werden.

Sonstige Indikationen

Bild der Hypothyreose. Auffälliges Hautbild sind symmetrische Kahlstellen hinter den Ohren, am Hals, an den Flanken, an der Rückseite der Hosen und eine kahle Stelle an der Rute, etwa eine Handbreit vom Rutenansatz entfernt. Die Hautbeschwerden sind meist ohne, manchmal auch mit Juckreiz.

Wahl der Potenz und Dosierung

Graphites wird bei Verhaltensproblemen in einer D30 einmal täglich eine Dosis für zwölf Wochen verschrieben. Falls erforderlich, kann D200 (200K) oder MK (als Folgemaßnahme) angewendet werden, je nach Ansprechen, was in der Praxis auf einmal pro Woche eine Dosis hinausläuft.

Hyoscyamus niger

Rasse

Es könnten mehrere Rassen genannt werden, bei denen überdurchschnittlich viele Hunde dem Hyoscyamus niger-Typ entsprechen und Vorbilder für das Mittel sein können. In der Regel sind es kleine(re) Rassen, die zu *Hyoscyamus niger* passen, aber auch mittlere und große Rassen können Ähnlichkeiten mit dem Arzneimittelbild aufweisen, obwohl die Symptome bei mittleren und großen Rassen weniger schwerwiegend und offensichtlich sein können.

Platz in der Hierarchie

Der Hyoscyamus niger-Typ ist unterwürfig (submissiv) und rangiert in der sozialen Hierarchie über dem Pulsatilla pratensis-Typ. Die Unterwürfigkeit des Hyoscyamus niger-Hundes geht mit Angst und heftiger Verteidigungsaggression einher.

Art des Verhaltens

Ein roter Faden im Arzneimittelbild von *Hyoscyamus niger* ist ein Einschätzungsproblem: Er ist nicht in der Lage zu beurteilen, was ihm vertraut ist und was nicht. Ein wichtiges Merkmal vom Hyoscyamus niger-Typ ist die schwere defensive Aggression mit hysterischem Bellen und Schreien, blindem um sich beißen, passivem Verlust von Urin und (oft auch) Kot. Anschließende panische Flucht und Verstecken. Angst vor dem Alleinsein, besonders nachts. Kratzen und Löcher beißen, z. B. am Hundebett, oder an sich selbst nagen: zwanghaftes Beißen oder Lecken an den eigenen Pfoten oder der Bauchhaut. Trennungsangst.

Ursache

Die Ursachen für das Verhalten des Hyoscyamus niger-Typs sind (Angst vor) Verlust der vertrauten Umgebung und Beziehungen. Darüber hinaus können Eifersucht, Heimweh, Schmerzen und ähnliches Ursachen für Verhaltensänderungen sein.

Sonstige Indikationen

Hyoscyamus niger kann die emotionale Modalität der Verschlimmerung bei unwillkürlichem Harnverlust in Ruhe und im Schlaf (Bettnässen) aufgrund von Kastration (Kastrations- oder Sphinkterinkontinenz) sein. Reisekrankheit ist auch eine Indikation für *Hyoscyamus niger*. Es ist dann mehr Nervosität und Panik als eine echte Reisekrankheit mit Übelkeit und Erbrechen. Ein neurotischer Husten mit den Modalitäten der Verschlimmerung in der Nacht, im Liegen und beim Alleinsein gehört ebenfalls zum Arzneimittelbild.
Hyoscyamus niger kann auch sehr gut bei Epilepsie oder krampfartigen Anfällen eingesetzt werden, ebenso wie *Stramonium* und *Belladonna*.

Wahl der Potenz und Dosierung

Bei Verhaltensproblemen wird *Hyoscyamus niger* D30 verschrieben, einmal täglich eine Dosis zwölf Wochen lang. Falls erforderlich, kann D200 (200K) oder MK (als Folgemaßnahme) verabreicht werden, je nach Ansprechen, was in der Praxis einmal pro Woche eine Dosis bedeutet.

Ignatia amara

Rasse

Die Golden Retriever-Hündin kann ein Vorbild für den Ignatia amara-Typ sein. Der Typ wird durch das Verhalten und andere zusätzliche individuelle Symptome und nicht durch den Körperbau bestimmt.

Platz in der Hierarchie

Der Ignatia amara-Typ ist ambivalent, d. h. er steht in der Mitte der sozialen Hierarchie mit fast immer tadellosem neutralem Verhalten und nur gelegentlichen Anflügen von Dominanz oder Unterwürfigkeit.

Art des Verhaltens

Der Ignatia amara-Typ ist gekennzeichnet durch das Spannungsfeld zwischen Hund und Umwelt. Er ist sehr empfindlich gegenüber psychischen Belastungen. Sie treffen ihn schwer und halten lange an. Der Ignatia amara-Typ verarbeitet sie ganz alleine und nimmt keine Hilfe an. Er ist ruhig, introvertiert, freundlich, kontaktfreudig, nicht offenkundig präsent, bescheiden, schüchtern und etwas geheimnisvoll. Er zieht sich gerne zurück, ist am liebsten allein (hat aber Heimweh!) und ist ein Einzelgänger im Rudel. Er ist außergewöhnlich umgänglich und passt sich nahtlos seiner Umgebung an. Für den Besitzer ist er ein Traum, sich selbst macht er das Leben schwer. Wenn er etwas wirklich nicht will, kann er plötzlich, unerwartet, schnell und heftig um sich schnappen, aber er beißt nicht zu. Manchmal wird es von kurzzeitigem hysterischem Geschrei begleitet. Dieses Verhalten steht im Widerspruch zu dem ansonsten fast immer stabilen Verhalten. Wenn ein vermeintlicher Ignatia amara-Typ tatsächlich zubeißt (mit Verletzungen), handelt es sich in der Regel nicht um einen Ignatia amara-Typ.

Ursache

Ich habe *Ignatia amara* vor allem als Heilmittel für Beschwerden kennengelernt, die aus (stiller) Trauer resultieren, z. B. durch den Verlust geliebter Menschen und Tiere, Enttäuschung, Bestrafung, Missbrauch, zu hartes Anpacken, zu strenge Anforderungen (Assistenzhunde), allein gelassen werden und Heimweh.

Sonstige Indikationen

Zu den körperlichen Folgen psychischer Störungen können Hauterkrankungen, chronischer Durchfall, Epilepsie, psychogener Husten und Leckgranulome gehören.
Die zu *Ignatia amara* passende Scheinträchtigkeit ist durch eine Depression gekennzeichnet, jedoch ohne Anschwellen der Milchdrüsen und ohne Milchbildung. Bei einem stark verlängerten oder gar ausbleibenden Zyklus (Amenorrhoe) denken wir zuerst an *Ignatia amara*.

Wahl der Potenz und Dosierung

Bei Verhaltensproblemen wird *Ignatia amara* D30 verschrieben, einmal täglich eine Dosis für zwölf Wochen. Bei Bedarf (als Folgemaßnahme) kann D200 (200K) oder MK angewendet werden, je nach Reaktion, was in der Praxis alle zehn Tage eine Dosis bedeutet.

Lachesis mutus

Rasse

Ich kann (noch) keine Rasse nennen, die überdurchschnittlich gut zum Lachesis mutus-Typ passt und als Vorbild für das Mittel dienen kann. Allerdings habe ich in einer Reihe von Fällen einen Australian Shepherd mit Angstproblemen erfolgreich mit *Lachesis mutus* behandeln können. Auch hier ist es vor allem das Verhalten, das den Typ bestimmt und nicht der Körperbau.

Platz in der Hierarchie

Der Lachesis mutus-Typ ist nicht unterwürfig, aber er kann auch nicht als dominant bezeichnet werden. Vielleicht zeigt er seine wahre Identität auch nicht.

Art des Verhaltens

Vithoulkas (ein griechischer Lehrer der Homöopathie) beschreibt das Wesen des Lachesis mutus-Typs beim Menschen als „eine Übererregung, die ein Ventil sucht". Ich habe auch oft den Eindruck, dass der Lachesis mutus-Typ sich nach außen hin zurückhaltender, ruhiger und weniger ängstlich verhält, als er es wirklich ist. Der Druck von außen verdeckt meiner Meinung nach oft seine innere Spannung. Der Lachesis mutus-Typ kann ein sehr leidenschaftlicher Hund mit einem enormen (Arbeits-)Drang sein, vorausgesetzt, man gibt ihm den Raum dazu. Darf er diesem Drang nicht nachgehen, kann das beim Lachesis mutus-Typ Verhaltensprobleme auslösen und/oder verschlimmern. Charakteristisch ist ein misstrauisches, hinterhältiges, berechnendes und rachsüchtiges Verhalten. Die Aggression wird oft durch einen Anfall von Eifersucht ausgelöst. Dieser Typ sucht bewusst den Streit mit seinem Rivalen (z. B. Futterneid) und beißt auch mit Verletzungsabsicht. Es handelt sich um eine bewusste Aggression und nicht um eine reflexartige, defensive Aggression.

Ursache

Gründe für das Verhaltendes Lachesis mutus-Typs kann die Unterdrückung seiner Bedürfnisse oder Emotionen sein, z. B. durch zu harte Erziehungsmaßnahmen, die Unterdrückung von Hormonen durch Kastration, die medikamentöse Unterdrückung der Läufigkeit bei der Hündin oder eines Kastrationschip zur Senkung des Testosteronspiegels beim Rüden.

Sonstige Indikationen

Eine sehr charakteristische Kombination von Symptomen im Arzneimittelbild von *Lachesis mutus* ist das Auftreten von Beschwerden nach einer Kastration (oder Operation im Allgemeinen), ausgeprägte Linksseitigkeit, hinterhältiges Verhalten und aggressive Eifersucht. Wenn diese vier Symptome vorhanden sind, ist die Arzneimitteldiagnose von *Lachesis mutus* so gut wie immer erfolgreich.

Wahl der Potenz und Dosierung

Lachesis mutus wird bei Verhaltensproblemen in einer D30 einmal täglich eine Dosis für zwölf Wochen verschrieben. Bei Bedarf (als Folgemaßnahme) kann D200 (200K) oder MK angewendet werden, je nach Ansprechen, was in der Praxis einmal pro Woche eine Dosis bedeutet.

Lycopodium clavatum

Rasse

Meiner Meinung nach entspricht der Rottweiler mehr als der Durchschnitt dem Lycopodium clavatum-Typ. Diese Rasse kann ein Vorbild für das Mittel sein. Es gibt andere Rassen, die sich in Körperbau und Verhalten vom Rottweiler unterscheiden (z. B. Flat Coated Retriever), die jedoch viele weitere individuelle Symptome aus dem Arzneimittelbild von *Lycopodium clavatum* aufweisen müssen, um eine Behandlung mit dem Mittel zu rechtfertigen.

Platz in der Hierarchie

Der Lycopodium-Typ befindet sich in der sozialen Hierarchie oberhalb der Mitte, d. h. auf der dominanten Seite. Ich würde bei ihm eher von bedingter Dominanz als von Dominanz sprechen. Ein Lycopodium clavatum-Hund ist von Natur aus nicht wirklich dominant, aber wenn eine bestimmte Grenze erreicht ist, kann er eine dominante Haltung einnehmen. Dominantes Verhalten tritt auf, wenn es notwendig und nützlich ist.

Art des Verhaltens

Das Verhalten des Lycopodium clavatum-Typs ist durch eine Mischung aus Freundlichkeit und Unsicherheit gekennzeichnet, die zu bestimmten Zeiten in dominantes Verhalten überschlägt. Der Lycopodium clavatum-Typ steht angespannt (steif) und am ganzen Körper zitternd, wedelnd und knurrend auf dem Behandlungstisch, wobei er sich offensichtlich zurückhält. Beruhigende Worte verstärken seinen misstrauischen Blick und seine dominante Haltung. Jegliche Aggression bei einem Rottweiler ist meiner Meinung nach nur das Ergebnis von falscher Konditionierung oder Erziehungsfehlern. Sie liegt wohl kaum in der Natur des Hundes. Sobald er wieder auf dem Boden ist, entspannt er sich und sucht sofort die Annäherung an seinen Besitzer. Der Lycopodium clavatum-Typ duldet keinen Widerstand, er will einfach zu nichts gezwungen werden. Ein zu strenger Befehlston oder zu harte Korrekturen, Strafen, Zwang und ähnliches sind für ihn kontraproduktiv. Dies sind Momente, in denen der Impuls unterdrückt wird, bis die Grenze erreicht ist. Und dann wird ein Lycopodium clavatum-Typ immer noch zuerst warnen (Nackenhaare stellen und knurren) und nicht aus heiterem Himmel zubeißen.

Ursache

Je öfter der Hund in seinem körperlichen und geistigen Bewegungsraum eingeschränkt wird, umso eher wird er aggressiv und beißt auch zu. Er wird keinen ungerechtfertigten Widerstand leisten.

Sonstige Indikationen

Chronische Magen-Darm-Erkrankungen (IBD), chronische Hautkrankheiten. Vorliebe für das Fressen von Kieselsteinen.

Wahl der Potenz und Dosierung

Da Lycopodium clavatum-Patienten in der Regel mit chronischen konstitutionellen Beschwerden kommen, verschreiben wir in den meisten Fällen höhere Potenzen wie D30 einmal eine Dosis täglich für mindestens zwölf Wochen, oder D200 (200K) oder MK, je nach Ansprechen.

Nux vomica

Rasse

Ich habe Nux vomica-Typen bei einer Vielzahl von Rassen gesehen. Es liegt in der Natur des Mittels, dass vor allem temperamentvolle, (hoch-)sensible und stressempfindliche Hunde eher in das Nux vomica-Bild passen, wie z. B. Schäferhunde und Schäferhund-ähnliche Hunde.

Platz in der Hierarchie

Beim Nux vomica-Typ ist der Rüde unterwürfig, steht aber immer noch knapp unterhalb der Mitte der sozialen Hierarchie, die Hündin ist etwas dominanter und steht daher knapp oberhalb der Mitte.

Art des Verhaltens

Der rote Faden, der sich durch das Bild von *Nux vomica* zieht, ist eine herabgesetzte Reizschwelle. Nux vomica-Typen reagieren sehr heftig auf äußere sensorische Reize. Man könnte sagen, dass die Sinnesreize bei ihnen mehr Wirkung zeigen als bei anderen Typen. Beim *Nux vomica*-Typ erzeugt dies vor allem Erregung. Schnelles und heftiges Aufschrecken bei allen Sinnesreizen wie, Hören, Sehen, Fühlen, Riechen und Schmecken. Der Nux vomica-Typ ist übermäßig wachsam und kann beim Essen sehr unruhig sein. Oftmals aus Futterneid, was dazu führen kann, dass der Hund erbricht und das Erbrochene gleich wieder auffrisst.

Er tritt gegenüber anderen Hunden großschnäuzig auf (bluffen), aber wenn es darauf ankommt, rennt er feige mit eingezogenem Schwanz weg (Rüde). Es kommt gelegentlich zu Aggression gegenüber Fremden, meist von hinten beim Weggehen (Rüde). Bei der Nux vomica-Hündinnen ist Aggression die Ausnahme, aber wenn sie auftritt, nähert sie sich von vorne. Der Nux vomica-Typ ist in einer fremden Umgebung unruhig, nervös und fühlt sich unbehaglich, aber in einer vertrauten Umgebung ist er meistens sehr ruhig. Es sei denn, die Klingel geht! Ein charakteristisches Merkmal von *Nux vomica* ist, dass die Furcht oder Angst oft auf ein bestimmtes Objekt beschränkt ist. Zum Beispiel Angst vor Flugzeugen, aber keine Angst vor anderen Dingen, einschließlich Feuerwerk oder Gewitter.

Ursache

Nux vomica-Beschwerden entstehen in vielen Fällen als Folge traumatischer Erfahrungen. Insbesondere eine schlechte Sozialisation und Prägung ist eine bekannte Ätiologie für den Nux vomica-Typ. Im Allgemeinen ist Stress ein wichtiger ätiologischer Faktor oder eine Modalität der Verschlimmerung.

Charakteristisch für den Nux vomica-Typ ist auch, dass er überempfindlich reagiert, z. B. auf die Verabreichung von regulären Arzneimitteln oder, ganz allgemein auf andere Fremdstoffe, aber auch auf eine Ernährungsumstellung oder das Fressen von etwas Falschem von der Straße.

Sonstige Indikationen

Chronische kolorektale Diarrhö (IBD) mit ausgeprägtem Schleim, der den Stuhl oft wie eine Schleimhaut umhüllt, im Wechsel mit Verstopfung und normalem Stuhlgang. In allen Fällen kommt es zu starkem (Nach-)Pressen. Manchmal sehen wir nur ein Pressen, ohne Stuhlgang. Die Reisekrankheit, die zu *Nux vomica* passt, umfasst fast ausschließlich Unruhe und wenig oder keine Übelkeit und Erbrechen.

Wahl der Potenz und Dosierung

Bei Verhaltensproblemen verschreiben wir in der Regel *Nux vomica* in einer D30 einmal täglich eine Dosis für mindestens zwölf Wochen, oder (als Fortsetzung) D200 (200K) oder MK je nach Ansprechen, was in der Praxis einmal pro Woche eine Dosis bedeutet.

Phosphorus

Rasse

Meiner Meinung nach passen der temperamentvolle Boxer und der Labrador Retriever überdurchschnittlich gut zum Phosphorus-Typ und beide Rassen können Vorbilder für das Mittel sein. Der Phosphorus-Typ ist wie ein Athlet gebaut: schlank, rundum kräftig bemuskelt, vollblütig mit stolzer und aufmerksamer Haltung und einer straffen Haut mit glänzendem Fell. Ein starker und gesunder Hund, bereit für Höchstleistungen.

Platz in der Hierarchie

Der Phosphorus-Typ ist dominant und steht in der sozialen Hierarchie dem Lycopodium clavatum-Typ nahe.

Art des Verhaltens

Der Phosphorus-Typ ist ein temperamentvoller, enthusiastischer, übermütiger und hyperaktiver Hund. Er ist immer in Eile, lernt schnell und vergisst aber auch schnell. Beim Spazierengehen zieht er ständig an der Leine. Sein Verhalten gegenüber seiner Umwelt kann offen sein, er nimmt leicht Kontakt mit allen auf, aber dieser Kontakt ist oft flüchtig und impulsiv. Es ist ein Hund, der viel Aufmerksamkeit verlangt, oft sogar einfordert. Nicht selten ist das Verhalten extrem. Auf den Phosphorus-Typ passen Begriffe wie Aufmerksamkeitsdefizit-Hyperaktivitätsstörung (ADHS), aufmerksamkeitsheischendes Verhalten und Zwangsstörung (Obsessive-Compulsive Disorder, OCD). Hyperaktivität aufgrund eines (relativen) Mangels an Aufmerksamkeit verbunden mit einer gewissen Zwanghaftigkeit. Bemerkenswert ist, dass dieses Verhalten zu extremer Zerstörungswut führen kann, wenn der Hund alleine ist.

Ursache

Egozentrik und Rangordnung. Beschwerden können eine Folge von Medikamenten, Narkose, Unterdrückung der sexuellen Leidenschaft, Stoffwechselproblemen der Knochen (während des Wachstums), Nachwirkungen von Infektionskrankheiten etc. sein.

Sonstige Indikationen

Charakteristisch für lokale Beschwerden ist ein relativ starker Blutverlust, z. B. starker blutiger Ausfluss während der Läufigkeit, der auch länger als normal anhält, blutige Blasenentzündung, blutiger Durchfall und so weiter. Störungen des Skeletts, der Leber und des Verdauungssystems, der Nieren, des Herzens, des (zentralen) Nervensystems und schließlich der Lunge.

Wahl der Potenz und Dosierung

Bei der Behandlung des Verhaltens und des Typs verschreiben wir für den Phosphor-Typ zunächst D30 einmal täglich eine Dosis, eventuell als Folgemaßnahme D200 (200K), MK, 10MK, je nach Reaktion, was im Fall von D200 (200K) in der Praxis einmal pro Woche eine Dosis bedeutet.

Platinum metallicum

Rasse

Ich kann (noch) keine Rasse nennen, die dem Platinum metallicum-Typ überdurchschnittlich gut entspricht und als Vorbild dienen kann. Es ist nicht der Körperbau, sondern die Körperhaltung, die den Platinum metallicum-Hund charakterisiert. Ich habe ihn als geborenen Anführer kennengelernt.

Platz in der Hierarchie

Der Platinum metallicum-Typ steht an der Spitze der sozialen Hierarchie von dominant bis unterwürfig, was bedeutet, dass er der dominanteste Typ ist.

Art des Verhaltens

Dem Platinum-metallicum-Typ zollt man allein durch seine Anwesenheit Respekt. Darübergibt es keinen Zweifel. Ihm gegenüber kommt es zu- keinerlei Aggressionen, woran man sieht, dass seine Umgebung ihn vollends respektiert. Am besten lässt sich das natürlich in einem Hunderudel erkennen. Der Platinum metallicum-Hund ist der geborene Anführer. Ein weiteres Merkmal des Platinum metallicum-Typs ist, dass er Welpen sehr heftig korrigieren kann. Eine wirklich heftige (körperliche) Zurechtweisung eines Welpen, der dabei wie am Spieß schreit. Der Platinum metallicum-Typ ist (nach außen hin) selbstbewusst und selbstherrlich.

Ursache

Ursache von Platinum metallicum-Beschwerden ist die Unterdrückung von Emotionen, vor allem wenn das Selbstwertgefühl verletzt zu sein scheint und der sexuelle Trieb unterdrückt werden muss. Die zugrundeliegende Motivation des Platinum-metallicum-Typs ist seine Egozentrik, die er schon recht offen auslebt.

Sonstige Indikationen

Bekannte Indikationen sind chronisch rezidivierende Koliken (Bauchschmerzen), chronisch rezidivierende Darmdurchfälle, krampfartige Anfälle, verkürzter Zyklus (zu frühe und zu starke Hitze).

Wahl der Potenz und Dosierung

Wir bevorzugen die Verschreibung von *Platinum metallicum* in einer D30 einmal täglich eine Dosis für zwölf Wochen oder (als Folgemaßnahme) in einer D200 (200K), je nach Ansprechen. Im Falle der D200 (200K) beträgt dies in der Praxis einmal pro Woche eine Dosis.

Pulsatilla pratensis

Rasse

Es gibt mehrere Rassen, bei denen der Pulsatilla pratensis-Typ überdurchschnittlich gut passt. Beispiele sind Labrador Retriever, Dackel (Rauhaar), Staffordshire Terrier und Pitbull Terrier.

Platz in der Hierarchie

Äußerst unterwürfig (Hündin). Der unterste Platz in der sozialen Hierarchie.

Art des Verhaltens

Der Pulsatilla pratensis-Typ ist oft eine Hündin, die extrem unterwürfig ist und (fast) nie erregbares bis aggressives Verhalten zeigt. Angst führt zur Unterwerfung, zum Liegen auf dem Rücken, oft mit passivem Urinieren, oder zu einer eingefrorenen Haltung, Angst führt in der überwiegenden Mehrzahl der Fälle nicht zu Aggression oder Fluchtverhalten. Ein sehr charakteristisches Bild von *Pulsatilla pratensis* ist (leicht) übergewichtig (mollig), trotz mäßigem bis schlechtem Appetit und extrem wenig Durstgefühl.

Die Pulsatilla pratensis-Hündin ist in der Regel eher bodenständig und ein wenig schüchtern. Der Pulsatilla pratensis-Rüde ist überschwänglich, nicht schüchtern, wenn auch ein wenig unsicher, freundlich aufdringlich, aber meist naiv und impulsiv. Wir sehen bei *Pulsatilla pratensis* unwillkürlichen Harnabgang aus Angst, Freude bzw. Demut, insbesondere bei Hündinnen.

Ursache

Reduzierte sexuelle Hormonfunktionen.

Sonstige Indikationen

Bei Entzündungen der Schleimhäute kommt es zu übermäßigem eitrigem Ausfluss wie bei Entzündungen der Scheide (Vaginitis) und der

Vorhaut (Balanoposthitis). Es kommt zu vermindertem sexuellem Interesse, verlängertem Zyklus, verkürzter und weniger ausgeprägter Hitze, Fruchtbarkeitsstörungen und diffuser (symmetrischer) Kahlheit ohne Juckreiz. Auch Entzündungen des Magen-Darm-Trakts (Gastroenteritis), der Blase (Zystitis) und der Ohren (Otitis). *Pulsatilla pratensis* eignet sich für die scheinträchtige Hündin mit massiver Schwellung der Milchleiste und übermäßiger Milchproduktion. Die Stimmung schwankt zwischen Depression (im Haus) und Fröhlichkeit (im Freien, Bewegung in der freien Natur).

Wahl der Potenz und Dosierung

Wir bevorzugen die Verschreibung von *Pulsatilla pratensis* bei Verhaltensproblemen in einer D30 einmal täglich eine Dosis über zwölf Wochen oder (als Folgemaßnahme) in einer D200 (200K) oder MK je nach Ansprechen. Dies entspricht in der Praxis einmal täglich einer Dosis für 7 bis 14 Tage, oder einmal alle 14 bis 28 Tage.

Sepia officinalis

Rasse

Ich kann (noch) keine Rasse nennen, die dem Sepia officinalis-Typüberdurchschnittlich gut entspricht und als Vorbild zum Mittel passt. Es ist möglich, dass wir relativ viele Sepia officinalis-Typen bei Terriern sehen.

Platz in der Hierarchie

Der Sepia officinalis-Typ ist dominant und steht in der sozialen Hierarchie knapp über dem Lycopodium clavatum-Typ. Der Sepia officinalis-Typ ist sicher nicht so aufdringlich dominant wie der Phosphorus-Typ und sicher nicht so feindselig dominant wie der Aurum metallicum-Typ. Der Sepia officinalis-Typ ist eher reaktiv-dominant: Dominantes Verhalten wird gezeigt, um zu bluffen, aber nicht, um aktiv die Führung zu übernehmen. Sepia officinalis-Hündinnen haben eher ein männliches Aussehen und Verhalten.

Art des Verhaltens

Obwohl die Ursache von Sepia officinalis-Beschwerden auf ein Ungleichgewicht der Sexualhormone zurückzuführen ist, sind die unmittelbaren Ursachen Stress, Traurigkeit und/ oder Enttäuschung. Neben eigensinnigem Verhalten ist vor allem reizbares Verhalten charakteristisch für den Sepia officinalis-Typ. Ihm ist alles und jeder schnell zu viel. Er ist es leid, seine Erregungen und Frustrationen unter Kontrolle zu halten. Er zeigt ein ständiges reizbares Verhalten vor allem gegenüber seinen eigenen Menschen und anderen im Haushalt lebenden Tieren, sogar gegenüber der Person, die sich am meisten um ihn kümmert, ihm die meiste Aufmerksamkeit und Liebe schenkt. Das ist ein charakteristisches Verhaltenssymptom für Sepia officinalis. Auffallend ist auch, dass sich die Reizbarkeit einer Sepia officinalis-Hündin sogar gegen ihre eigenen Welpen richten kann.
Beim Sepia officinalis-Typ sind es Intoleranz und manchmal auch körperliche Beschwerden, die zu Aggression mit Beißattacken führen können. Wut, gereiztes Verhalten und Aggression aufgrund von Missstimmung führen schnell zu Übergriffen.

Ursache

Stress, Traurigkeit, Widerstand und/oder Enttäuschungen. Für den Sepia officinalis-Typ ist alles und jeder schnell zu viel.

Sonstige Indikationen

Sexualhormonelle Störungen, die zu Vaginitis, Endometritis und Störungen der Fruchtbarkeit führen. *Sepia officinalis* ist angezeigt bei Endometritis mit blutigem, eitrigem, dunkelrotem bis braunem, übelriechendem Ausfluss bei der alten Hündin. Chronische Vaginitis mit Hautirritationen an der Vulva mit sehr starkem Juckreiz. Vorfall der Scheide. Hautbeschwerden.

Wahl der Potenz und Dosierung

Bei Verhaltensproblemen verschreiben wir *Sepia officinalis* in einer D30 einmal täglich eine Dosis für 12 Wochen oder (als Folgemaßnahme) in einer D200 (200K) oder MK, je nach Ansprechen. Im Falle der D200 (200K) beläuft sich dies in der Praxis auf einmal pro Woche eine Dosis.

Staphisagria

Rasse

Staphisagria-Typen gibt es bei mehreren Rassen. Auch hier bestimmen die Verhaltensmerkmale den Typ, nicht ein bestimmter Körperbau. In der DgDx des Verhaltens kommt er dem Ignatia amara-Typ oft am nächsten.

Platz in der Hierarchie

Der Staphisagria-Typ ist ambivalent und steht in der sozialen Hierarchie auf derselben Stufe wie der Ignatia amara-Typ.

Art des Verhaltens

Auch beim Staphisagria-Typ sind traumatische Erlebnisse, unterdrückte Wut und Traurigkeit die Ursache, die zu Angst und reizbarem Verhalten führen. In den meisten Fällen spielt eine schlechte Sozialisation die Hauptrolle. Wichtige Begriffe, die zum Staphisagria-Typ passen, sind: niedergeschlagen, empfindlich, misstrauisch und knurrend, geht einige kleine Schritte rückwärts, wenn sich Fremde nähern. Der Staphisagria-Typ zieht sich gerne zurück, um allein zu sein. Der Ignatia amara-Typ ist ebenfalls zurückhaltend, aber viel weniger misstrauisch als der Staphisagria-Typ.

Wenn ein Staphisagria-Typ wirklich in die Enge getrieben wird, kann er zubeißen. Typischerweise knurrt ein Staphisagria-Typ, wenn sich ihm fremde Menschen, Jogger, Radfahrer, Autos und dergleichen nähern, zieht sich aber zurück. Sobald die fremden Personen oder etwa Autos an ihm vorbei sind, verfolgt er sie wie besessen und beißt bei Gelegenheit auch zu (mit Verletzungen).

Ursache

Allgemein: Unterdrückte Emotionen wie stilles Trauer, brodelnde Wut und Freiheitseinschränkungen.

Sonstige Indikationen

Staphisagria ist wie *Ignatia ama*ra bei chronisch rezidivierender kolorektaler Diarrhö (IBD) angezeigt. Hier liegt eine psychosomatische Beschwerde vor, also müssen wir uns den Typ ansehen. *Staphisagria* wird traditionell bei (infizierten) Schnitt-, Stich- und Bisswunden, zur Unterstützung der Genesung nach invasiven Bauchoperationen und bei begleitenden Beschwerden wie einer verminderten Darmperistaltik (Darmatonie) eingesetzt. Das Mittel ist auch bei erzwungenen Harnröhrenkatheterisierungen angezeigt, z. B. bei der Entfernung von Harnsteinen in der Harnröhre.

Wahl der Potenz und Dosierung

Bei Verhaltensbeschwerden verabreichen wir in der Regel *Staphisagria* in einer D30 einmal täglich eine Dosis, oder (als Folgemaßnahme) eine D200 (200K), eventuell eine MK, beides auf der Grundlage der Reaktion, was in der Praxis einmal pro Woche eine Dosis bedeutet.

Stramonium

Rasse

Es ist nicht wirklich möglich, eine bestimmte Rasse zu benennen, die überdurchschnittlich gut zum Stramonium-Typ passt. Das aggressive Verhalten von früheren (roten) englischen Cockerspanieln könnte ein Vorbild für das Mittel gegen die entsprechende Form der Aggression sein.

Platz in der Hierarchie

Der Stramonium-Typ ist dominant, vor allem als Reaktion auf Fehleinschätzungen von Menschen und Situationen. In der sozialen Hierarchie steht er etwa auf der gleichen Stufe wie der Lycopodium clavatum-Typ.

Art des Verhaltens

Der rote Faden, der sich durch das Arzneimittelbild *von Stramonium* zieht, ist die Unsicherheit darüber, was vertraut ist und was nicht. Charakteristisch für *Stramonium* ist, dass diese Unsicherheit ein Grund sein kann, bei einer allgemeinen Bedrohung plötzlich, schnell, heftig, ungehemmt und blindlings zum Angriff überzugehen, ohne auch nur eine Sekunde zu überlegen oder zu zögern. Danach nimmt der Stramonium-Typ sofort eine tiefe, unterwürfige Haltung ein und kann sich auf den Rücken drehen: Der Stramonium-Typ beschwichtigt umgehend.

Er hat Verlassensängste und klebt regelrecht an seinem Besitzer.

Wenn er allein gelassen wird, kann er unaufhörlich bellen und/oder winseln, stubenunrein oder zerstörerisch sein. Trennungsangst eignet sich besonders für *Stramonium*, wenn die Probleme besonders oder ausschließlich nachts und bei Dunkelheit auftreten, und die Probleme tagsüber kaum oder gar nicht vorhanden sind.

Ursache

Fehleinschätzungen von Menschen und Situationen. Trennungsangst kann z. B. durch einen Tierheimaufenthalt, einen Umzug oder Veränderungen in der Familienkonstellation verursacht werden.

Sonstige Indikationen

Stramonium ist regelmäßig das geeignete Mittel bei Epilepsie, Angst in fremder Umgebung und übermäßigem Markieren.

Wahl der Potenz und Dosierung

Bei Verhaltensbeschwerden verabreichen wir in der Regel *Stramonium* in einer D30 einmal täglich eine Dosis, oder (als Folgemaßnahme) eine D200 (200K), eventuell eine MK, beides je nach Ansprechen, was in der Praxis einmal pro Woche eine Dosis bedeutet.

Tarantula hispanica

Rasse

Ich habe den Tarantula hispanica-Typ vor allem bei kleinen Rassen wie dem Zwergpinscher gesehen.

Platz in der Hierarchie

Meiner Meinung nach könnte man den Tarantula hispanica-Typ als den dominanten Hyoscyamus niger-Typ bezeichnen, was die hysterische und heftige Reaktion auf Angst angeht.

Art des Verhaltens

Der Tarantula hispanica-Typ wird oft als arbeitswillig, unruhig, hyperaktiv, leicht erregbar und aggressiv beschrieben. Das stimmt zwar, ist aber etwas übertrieben. Ich habe ihn eher als extrem ruhelos erlebt, sowohl körperlich als auch geistig. Im Haus läuft er ständig hin und her, was extrem nerven kann, im Freien hängt er ständig in der Leine (DgDx *Phosphorus*). Beide Typen, der Tarantula hispanica-Typ und der Phosphorus-Typ haben es immer sehr eilig. Der Tarantula hispanica-Typ aus panischer Angst, als würde er gejagt werden, der Phosphorus-Typ aus Sorge, etwas zu verpassen. Der Tarantula hispanica-Typ ist sehr empfindlich gegenüber Sinnesreizen, vor allem bei Berührungen durch Fremde, manchmal aber auch selbst dann, wenn die eigenen Besitzer oder bekannte Menschen nur einen Finger auf ihn richten. Die Reaktion auf solche Reize ist extrem heftig, hysterisch, mit intensivem Beißen, mit großen, vorgewölbten Augen. Es fehlt quasi nur das sprichwörtliche Messer zwischen den sichtbaren Zähnen.

Ursache

Furcht.

Sonstige Indikationen

Fressen von (dunkler) Erde, Hypersexualität, Vorhautentzündung mit viel Eiter (DgDx *Pulsatilla pratensis*), Zerstörungswut (DgDx *Phosphorus*).

Wahl der Potenz und Dosierung

Bei Verhaltensproblemen wird *Tarantula hispanica* in einer D30 einmal täglich eine Dosis für zwölf Wochen verschrieben, oder (als Fortsetzung) eine D200 (200K), je nach Ansprechen, was in der Praxis einmal wöchentlich eine Dosis bedeutet.

Veratrum album

Rasse

Ich kann (noch) keine Rasse nennen, die dem Veratrum album-Typ überdurchschnittlich gut entspricht und als Vorbild für das Mittel dienen kann. Der Husky könnte eventuell in Frage kommen.

Platz in der Hierarchie

Der Veratrum album-Typ steht in der sozialen Hierarchie auf der Stufe des Ignatia amara-Typs. Der Ignatia amara-Typ ist ambivalent, mit abwechselnden Anflügen von Unterwürfigkeit und einen Hauch von Dominanz. Der Veratrum album-Typ kümmert sich um nichts und niemanden. Er lebt ganz in seiner eigenen Welt und nimmt wenig oder gar keine Notiz von seiner Umwelt.

Art des Verhaltens

Der Veratrum album-Typ ist ein mehr oder weniger introvertierter Hund, der seiner Umgebung wenig oder gar keine Aufmerksamkeit schenkt und seinen eigenen Weg geht. Er ist ungehorsam und beachtet Korrekturen nur wenig oder gar nicht. Ähnlich wie der Agaricus muscarius-Typ, aber er ist dabei entspannt.

Es können (Momente der) Hyperaktivität bis hin zu psychotischem und manischem Verhalten, Erregung mit Jaulen und Bellen, Unruhe, Zerstörungswut, Weglaufen und manchmal Aggression auftreten. Aber wir sehen auch den depressiven Veratrum album-Patienten. Dieser ist extrem introvertiert und will überhaupt nicht mit der Welt um ihn herum interagieren. Das ist wirklich ein großer Unterschied etwa zum Ignatia amara-Typ. *Der* Ignatia amara-Typ beobachtet zwar alles, aber zieht sich gern ein wenig vom Geschehen um ihn herum zurück. Der Ignatia amara-Typ interagiert, registriert, was geschieht, hält sich aber zurück. Der „ruhige" Veratrum album-Typ ist unnahbar, apathisch, meditativ, könnte man sagen. Der Veratrum album-Patient lässt buchstäblich und im übertragenen Sinne den Kopf hängen. Der Ignatia amara-Patient tut das nicht. Veratrum album-Typen laufen immer weiter, bis sie irgendwann umfallen.

Ursache

Genetisch bedingt.

Sonstige Indikationen

Durchfall, Herz- und Kreislaufstörungen, mit Abmagerung, Erschöpfung und Unterkühlung.

Wahl der Potenz und Dosierung

Bei Verhaltensproblemen wird *Veratrum album* in einer D30 einmal täglich eine Dosis für zwölf Wochen, oder (als Fortsetzung) eine D200 (200K) verschrieben, je nach Ansprechen, was in der Praxis einmal pro Woche eine Dosis bedeutet.

Bei schwerwiegenden Komplikationen wie Dehydrierung, Erschöpfung und Schock sollten alle Potenzen entsprechend der Reaktion dosiert werden.

Dermatologie mit Homöopathie

Einführung

Der Hund mit Hautproblemen ist ein häufiger Patient in jeder Kleintierpraxis. Die häufigsten Beschwerden sind unerträglicher Juckreiz, lokale oder diffuse Kahlheit, primäre (spontan auftretende) und sekundäre (durch Kratzen, Beißen, Belecken und Abschürfungen verursachte) Hautveränderungen. Die Folgen sind Wunden, Pickel, Schorf und Hautverdickungen. Auch Hautverfärbung (Pigmentierung), schlechter Fellzustand und Geruch zählen zu den Gründen eines Tierarztbesuchs.

Manche Hautkrankheiten, meist akute Fälle, sind einfach zu behandeln. Bei Beschwerden, die auf einen starken Flohbefall zurückzuführen sind, ist die Diagnose schnell gestellt und die Behandlung auch schnell erfolgreich. Sind die Flöhe erst einmal beseitigt, erholt sich der Patient in den meisten Fällen auch ohne Behandlung vollständig von den Hautbeschwerden. Aber gerade chronische Hauterkrankungen sind in vielen Fällen eine echte Tortur für Hund, Besitzer und Tierarzt. Die Beendigung des unerträglichen Juckreizes steht in den meisten Fällen an erster Stelle. Darüber hinaus ist der Kostenaspekt eine weitere wichtige Überlegung – nicht nur für den Besitzer, sondern auch für uns als Tierärzte. Als Tierärzte sollten wir uns bemühen, im Rahmen der guten tierärztlichen Praxis so kosteneffizient wie möglich zu diagnostizieren und zu behandeln.

Grenzen der regulären Veterinärmedizin

Die Dermatologie ist ein Spezialgebiet für Erkrankungen von Fell, Haut, Ohren und Krallen. Sie ist ein Teilgebiet, bei dem wir regelmäßig an die Grenzen der regulären Tiermedizin stoßen und daher zusätzliche Behandlungsmöglichkeiten benötigen. Die Homöopathie hat eine Antwort auf einen Teil des Behandlungsbedarfs, der von der regulären Tiermedizin nicht abgedeckt werden kann. Bei Patienten mit Hautbeschwerden stelle ich daher immer zwei Diagnosen, eine (reguläre/schulmedizinische) Krankheitsdiagnose und eine (homöopathische) Arzneimitteldiagnose.

Der Blick über den Tellerrand

Bei einer Hauterkrankung sollte man immer weiter als nur bis zur Hautoberfläche schauen. Wenn neben den Hautbeschwerden auch ein anormales Ess- und/oder Trinkverhalten, übermäßige Gewichtsabnahme oder -zunahme, Erbrechen, Durchfall, Husten, anormales Verhalten, ein allgemeiner kranker Eindruck oder Ähnliches auftreten, sollte immer zuerst eine Krankheitsdiagnose gestellt werden, die auch eine andere, möglicherweise mit der Haut zusammenhängende Krankheit einschließen könnte, damit diese entweder nachgewiesen und behandelt oder ausgeschlossen werden kann. Es bedarf einer gründlichen Untersuchung der zugrunde liegenden körperlichen und seelischen Probleme, die in einer Reihe von Fällen letztlich die Lösung des Hautproblems bringen.

Im Folgenden erörtere ich kurz einige ausgewählte Hautkrankheiten bei Hunden. Dabei gehe ich zunächst auf die Beschwerden (Symptome) ein, die mehr oder weniger charakteristisch für die jeweilige Hauterkrankung sind. Ich versuche auch aufzuzeigen, wo aus meiner Sicht die Defizite der regulären Tiermedizin lie-

gen. Später in diesem Kapitel gehe ich auf die DgDx der Haut ein und bespreche 21 homöopathische Mittel, die die Lücke im regulären dermatologischen Paket teilweise füllen können.
In der Folge werden einige ausgewählte Hautkrankheiten vorgestellt.

Perakute allergische Hautreaktion

Dabei handelt es sich um eine plötzlich auftretende (perakut), schwere allergische Reaktion mit unerträglichem Juckreiz und/oder Schwellungen der Haut, die zu Panik, Selbstverletzung (durch Kratzen, Beißen, Belecken) oder sogar zu lebensbedrohlichen Situationen wie einer allgemeinen Überempfindlichkeitsreaktion des Körpers (anaphylaktischer Schock) führen kann. Das bekannteste Beispiel hierfür ist der Wespenstich, der zu einer perakuten Schwellung der Schnauze (um die Nase herum), der Augenlider und der Ohrmuscheln führen kann. Die Schwellungen treten in der Regel nur äußerlich auf, können aber theoretisch (bei einem Wespenstich im Rachen) auch in den vorderen Atemwegen auftreten und eine lebensbedrohliche Situation schaffen. In den seltensten Fällen erleidet der Hund nach einem Wespenstich einen Schock.
In den meisten perakuten Fällen ist die beste Behandlung die Verabreichung einer Injektion eines Kortikosteroids (Prednisolon oder Dexamethason), mit der wir die aktuelle allergische Reaktion schnell und wirksam unterdrücken können. Damit werden allerdings nur die Auswirkungen dieses Wespenstichs unterdrückt. Es findet kein Aufbau eines langfristig wirksamen Schutzes vor erneuten Wespenstichen statt. Die Nebenwirkungen einer solchen einmaligen Injektion von Kortikosteroiden sind vernachlässigbar und Rezidive sind selten.
Ein homöopathisches Arzneimittel kann in einem solch akuten Fall genauso schnell und effektiv wirken – oder gar nicht, wenn wir (in der Eile) die falsche (individuelle) Arzneimitteldiagnose stellen. Bei (mehrfachen) Rezidiven ist es besser, das Simillimum anhand zusätzlicher individueller Symptome zu bestimmen, die es uns ermöglichen, das Warum einer allergischen Reaktion zu ergründen. Im Allgemeinen konzentriert sich die gängige Tiermedizin im Falle einer rezidivierenden Allergie auf die Eliminierung des betreffenden Allergens (der allergieauslösenden Substanz) und nicht auf die Behandlung der eigentlichen Ursache der allergischen Prädisposition (Veranlagung).

Hefepilzinfektion

Bei einer Hefepilzinfektion (Malassezia pachydermatis) sehen wir eine entzündete, rote, mehr oder weniger pigmentierte, meist übelriechende, stark juckende und manchmal etwas feuchte Haut, vor allem in den Achselhöhlen, der Leiste, der Innenseite der Ohrmuscheln, manchmal um Maul und Augen, im Halsbereich und auf der Vorbrust, zwischen den Zehen, im Bereich um und zwischen Anus und Vulva oder Hoden (Perineum) und um die Vorhaut (Preputium). Das auffälligste Merkmal ist der strenge Geruch. Hefepilze lassen sich gut, aber oft nur vorübergehend, mit einem regulären Medikament (u. a. Ketoconazol) bekämpfen. In fast allen Fällen kommt es nach Absetzen des Medikaments zu einem erneuten Befall. Der Hefepilzbefall ist also offenbar sekundär und es gibt noch ein weiteres (primäres) Problem, das hier zugrunde liegt. Einige der Patienten scheinen einen zu niedrigen Cobalaminspiegel (Vitamin B12) im Blut zu haben und sprechen gut auf eine Cobalamin-Supplementierung an. Wenn der Cobalaminspiegel zu niedrig ist, sollten wir auf jeden Fall besonders auf mögliche Magen-Darm-Probleme als zugrundeliegende Ursache achten. Auch bei Hefepilzinfektionen kann das Simillimum in einigen Fällen Linderung verschaffen, wenn wir keine regulären Möglichkeiten mehr haben. Die Krankheitsdiagnose lässt sich am besten bestätigen, indem man ausreichend Hautmaterial in einem geeigneten Labor kultivieren lässt.

Pyodermie

Besteht das Bild aus einer diffusen Rötung der Haut am ganzen Körper oder an einzelnen Körperregionen mit Pickeln, Krusten, Haarausfall, mäßiger Verdickung und Pigmentierung der Haut, Schuppung und Juckreiz (nicht zwangsläufig) und den typischen runden Flecken, die Pilzflecken (Kollaretten) ähneln, mit einem roten, grau-schwarzen und schuppigen Aussehen, handelt es sich mit großer Wahrscheinlichkeit um eine Pyodermie. Dies ist eine bakterielle Entzündung der Haut, die häufig durch ein Staphylokokken-Bakterium verursacht wird. Dann kann eine (primäre) bakterielle Allergie vorliegen, eine sekundäre Infektion/Allergie aufgrund einer anderen Hauterkrankung, wie z. B. eine Infektion mit der Demodex-Milbe (Demodikose), eine Milbenallergie oder ein Problem mit dem Immunsystem. Die Erkrankung spricht in der Regel gut auf eine gezielte Antibiotikabehandlung an, sodass auf eine gleichzeitige Behandlung mit z. B. Korticosteroiden (Prednisolon und dergleichen), hypoallergener Diät, Nahrungsergänzungsmitteln und/oder antiparasitären Mitteln verzichtet werden kann.
Die Tatsache, dass die Erkrankung (nur) auf Antibiotika gut anspricht, ist ein Hinweis darauf, dass eine Pyodermie durch Bakterien verursacht oder kompliziert wird.
Wenn eine Pyodermie auf ein Antibiotikum hin vollständig abheilt, der Patient innerhalb von drei bis sieben Tagen völlig frei von Juckreiz und innerhalb von zwei bis drei Wochen auch völlig fleckenfrei ist, wissen wir, dass mit hoher Wahrscheinlichkeit ein Bakterium die (primäre) Ursache der Hauterkrankung ist. Da in fast allen Fällen direkt oder einige Zeit nach der Antibiotikabehandlung (auch nach längerer Heilung) ein Rezidiv auftritt, gehen wir davon aus, dass es sich um eine primäre Bakterienallergie handelt. Wenn sich die Hautveränderungen zwar teilweise oder vollständig bessern, der Juckreiz aber unverändert bleibt, sind die Bakterien mit ziemlicher Sicherheit eine Komplikation und die eigentliche Ursache der Hautbeschwerden muss noch ermittelt werden. In diesem Fall haben wir es mit einer sekundären bakteriellen Infektion oder Allergie zu tun.
Wir verschreiben bei Pyodermie häufig zunächst für drei bis vier Wochen ein Antibiotikum, (auch) in der Absicht, die Diagnose einer primären Bakterienallergie zu bestätigen oder auszuschließen. Eine solche diagnostische Behandlung ist nur dann sinnvoll, wenn lediglich Antibiotika verabreicht werden und keine weiteren begleitenden Behandlungen oder Ernährungsumstellungen. Auch eine vorgesehene Impfung sollte dann in Absprache mit dem Tierarzt besser noch eine Weile aufgeschoben werden.

Blut-Urin-Autonosode

Bei einer primären bakteriellen Allergie können wir eine homöopathische Verdünnung des eigenen Blutes und Urins verabreichen (Blut-Urin-Autonosode). Eine Nosode ist eine potenzierte Verdünnung eines Erregers oder Krankheitserregers, eine Blut-Urin-Autonosode besteht aus Krankheitsmaterial des Patienten selbst (daher Autonosode). Wir gehen davon aus, dass sich in Blut und Urin Stoffe aus den Bakterien befinden, die die Allergie auslösen können (Allergene). Die Blut-Urin-Autonosode wird in der Regel in einer C15 durch einmalige Injektion verabreicht. In Ausnahmefällen wird als Folgemaßnahme eine C30 hergestellt und verabreicht.
Das Prinzip der Zubereitung und Anwendung von Autonosoden wird manchmal mit dem eines Impfstoffs verglichen. An so einer bildhaften Darstellung ist an sich nichts auszusetzen,

aber Impfstoffe und (Auto)nosoden unterscheiden sich deutlich in der Zubereitung, der klinischen Wirksamkeit und dem Wirkprinzip. Impfstoffe sind in diesen Punkten wissenschaftlich abgesichert, (Auto)nosoden jedoch nicht. Homöopathische Arzneimittel und (Auto)nosoden können Impfstoffe vorerst nicht ersetzen.
Die sterile Autonosoden-Injektion wird einmalig verabreicht. Die Wirkung ist oft erst nach drei Wochen spürbar und kann drei bis zwölf Monate anhalten. In den ersten drei Wochen nach der Injektion, wenn die Autonosode immer noch klinisch unwirksam ist, verschreibe ich *Echinacea purpurea* Ø, dreimal täglich 5 bis 15 Tropfen (je nach Gewicht des Hundes) für drei Wochen. Oft sehen wir schon dann eine Besserung, die nur auf *Echinacea purpurea* Ø zurückzuführen ist und noch keine Vorstufe zur Heilung durch die Blut-Urin-Autonosode darstellt. In den meisten Fällen beträgt die Wirkung drei bis zwölf Monate, danach kann eine erneute Behandlung in einer C15 oder, wenn diese Potenz nicht mehr wirkt, in einer C30 durchgeführt werden. Eine Wirkung von weniger als drei Monaten bedeutet in der Regel, dass die Autonosode nicht die richtige Behandlungswahl ist. Die Autonosode wird zubereitet und das erste Mal verabreicht, wenn nach der diagnostischen Antibiotikakur ein Rezidiv auftritt. Zum Zeitpunkt der Vorbereitung und Verabreichung ist es wichtig, dass der Patient frei von Antibiotika und Kortikosteroiden ist. Der Zeitraum zwischen der letzten Verabreichung von Antibiotika und/oder Kortikosteroiden bis zur Vorbereitung und Verabreichung der Autonosode beträgt bei Antibiotika etwa 14 Tage, bei Kortikosteroiden hängt er stark von der Dosierung, der Häufigkeit der Verabreichung und der Dauer der durchgeführten Behandlung ab. Bei Langzeitmedikation mit Kortikosteroiden in normaler bis hoher Dosierung und bei täglicher Dosis kann es nach meinem Eindruck manchmal bis zu drei Monate dauern, bis eine Blut-Urin-Autonosode tatsächlich wirken kann.

Auch bei Nahrungsmittelallergien oder Milbenallergien sehen wir oft das Bild einer bakteriellen Hauterkrankung. In diesem Fall spricht man von einer sekundären bakteriellen Hauterkrankung und die Autonosode hat hier keinerlei Wirkung.
Die Behandlung mit einer Blut-Urin-Autonosode konzentriert sich (nur) auf das vermeintliche Allergen und nicht auf die zugrundeliegende Ursache, also lediglich darauf, warum ein Hund eine (primäre) bakterielle Allergie hat.
Das für den gesamten Patienten passende Simillimum zu finden und anzuwenden, könnte eine bessere Option sein, abgesehen von der Einschränkung einer Reiztherapie. Es ist es leider so, dass das am besten passende Medikament speziell für Hautkrankheiten in der regulären Medizin oft nicht zu finden ist (Symptommangel). Und dann ist es immer noch gut, dass wir eine Reihe von Patienten mit einem solchen einfachen und sicheren Mittel bedienen können.

Flöhe

Hunde können auf unterschiedliche Weise unter Flöhen leiden:

- Flohbefall
- Flohallergie
- Befall mit Bandwürmern

Flohbefall und Flohallergie

Bei einem Flohbefall sehen wir neben den Flöhen selbst einen Juckreiz am ganzen Körper, besonders an der Hinterhand: Ein intensiver Juckreiz, der sich bei Aufregung, in warmer Umgebung und bei Berührung der Haut verschlimmert. Die „Juckzone“ erstreckt sich vom Schwanzansatz bis weit über den Rücken nach vorne (Widerrist) und die Berührung der Haut dort löst einen heftigen Kratzreflex aus. Die Hunde kratzen sich mit den Hinterbeinen bis (fast) hoch zum Rücken. Kratzen, Beißen, Belecken und Reiben verursachen Wunden, Schorf und Haarausfall.

Bei einer Flohallergie sehen wir einen ähnlichen Hautzustand, aber kaum oder häufiger gar keine Flöhe. Die Hautbeschwerden aufgrund von Flohbefall oder Flohallergie gehen oft mit einer Pyodermie einher.

Zur Vorbeugung und Bekämpfung von Flohbefall sind wir auf die üblichen Antiparasitika angewiesen. Heilpraktiker, die sich mit der langfristigen Verabreichung von chemisch-toxischen Mitteln schwertun, können alle möglichen Mittel verwenden. Aber wenn Hunde regelmäßig und/oder über einen längeren Zeitraum mit Flöhen in Kontakt gekommen sind, besteht die Möglichkeit, dass sie zudem noch eine Flohallergie entwickeln. Dann haben wir eine Lösung des Problems erschwert.

Bei einer Flohallergie ist der Hund extrem empfindlich gegenüber Flöhen. Ein einziger Floh reicht aus, um über lange Zeit starken Juckreiz zu verursachen. Bei einer Flohallergie reicht eine normale Flohbekämpfung oft nicht mehr aus, um den Juckreiz zu bekämpfen. Grundsätzlich sollte ein Hund mit Flohallergie in einer befallenen Umgebung zur Vorbeugung ganzjährig mit Flohschutzmitteln behandelt werden. Von daher sollten wir eine Flohallergie lieber verhindern. Übrigens können auch wir Menschen gegen Hunde- und Katzenflöhe allergisch werden.

Befall mit Bandwürmern

Ein Bandwurmproblem kann einfach durch eine reguläre Wurmkur gelöst werden, nachdem ein Flohbefall behandelt und Maßnahmen zur Verhinderung eines erneuten Befalls getroffen wurden.

Lebenszyklus des Flohs

Für eine angemessene Flohbekämpfung ist es gut, etwas über die verschiedenen Stadien im Lebenszyklus eines Flohs zu wissen. Er besteht aus vier Stadien: erwachsener Floh → Ei → Larve → Puppe → erwachsener Floh. Und dann beginnt der Zyklus wieder von vorn. Die erwachsenen Flöhe auf dem Hund machen nur rund 5 % der Gesamtpopulation aus. Die restlichen 95 %, die aus Flöhen im Entwicklungsstadium bestehen, befinden sich in der Umgebung. Nur die erwachsenen Flöhe, d. h. 5 % der Population, sind mit bloßem Auge sichtbar, die anderen 95 % sind mit bloßem Auge nicht oder kaum sichtbar.

Die Eier befinden sich überall dort, wo sich das Haustier aufhält und lassen sich im Gegensatz zu den Larven zu 70 % leicht mit dem Staubsauger entfernen. Larven sind lichtscheu und verstecken sich in dunklen Bereichen, die oft schwer zu erreichen sind. Larven sind im Gegensatz zu Eiern sehr schwer zu entfernen. Mit einem Staubsauger lassen sich nur 5 % bekämpfen. Puppen stellen das Ruhestadium im Zyklus dar. Der zukünftige Floh wartet als Puppe auf den richtigen Zeitpunkt zum Schlüpfen. Larven sind mit dem Staubsauger kaum zu entfernen und können auch nicht mit chemischen Mitteln, einschließlich Reinigungsmitteln und/oder Anti-Floh-Umweltsprays, bekämpft werden. Unter den günstigsten Bedingungen vergeht der schnellste Zyklus in 12 bis 14 Tagen. Wenn Flöhe auf dem Hund entdeckt werden, wird empfohlen, den Hund mit regelmäßiger Anwendung von Pestiziden für zwei bis drei Monate zu behandeln. Darüber hinaus werden zusätzliche Maßnahmen ergriffen wie z. B. zusätzliches Waschen von Decken und Korbüberzügen, intensives Staubsaugen und die Anwendung eines Umgebungssprays. Diese zusätzlichen Maßnahmen sollten über einen längeren Zeitraum durchgeführt werden, nachdem die reguläre Behandlung des Hundes mit Antiparasitika be-

endet wurde. Diese Ratschläge sind als Leitlinien zu verstehen und müssen auf die individuellen Umstände zugeschnitten werden.
Wenn die Bedingungen ungünstig sind, kann ein Zyklus bis zu zwei Jahre dauern. Eine solch schlafende Flohpopulation kann unter günstigen Bedingungen plötzlich „erwachen" und es kann zu einer wahren Explosion von Flöhen kommen. Das kann zum Beispiel nach der Rückkehr aus dem Sommerurlaub geschehen: Das verlassene und geschlossene, von der Sonne erwärmte Haus ist eine günstige Umgebung für eine Beschleunigung des Flohzyklus.

Behandlung von Flohallergien

Die reguläre Behandlung einer Flohallergie besteht in der ununterbrochenen Anwendung von Anti-Floh- und Anti-Juckreiz-Medikamenten, mit berechtigten Zweifeln über bekannte oder (noch) nicht bekannte Nebenwirkungen und den oft hohen Kosten dieser Medikamente. Dabei ist man sich auch bewusst, dass die angewandte Medizin nicht heilt, sondern nur lindert, und somit der Patient für lange Zeit oder dauerhaft zur Medikation verdammt ist.

Natürliche Heilmittel gegen Flöhe

Bei der Bekämpfung von Flohbefall sollten wir uns nicht zu sehr auf die angeblich sicheren natürlichen Produkte einschließlich der Homöopathie verlassen. In der Praxis zeigt sich, dass die Anfälligkeit für Flöhe bei den einzelnen Hunden unterschiedlich sein kann. Es ist zu erwarten, dass wir unter bestimmten Umständen, z. B. bei einem geringeren Befall, mit natürlichen Produkten bei Hunden, die weniger anfällig für Flöhe sind, eine zusätzliche Unterstützung der natürlichen Widerstandskraft leisten können.

Homöopathie bei Flohallergie

Bei der Behandlung einer Flohallergie muss mehr getan werden als Flöhe zu bekämpfen. In erster Linie müssen wir Maßnahmen ergreifen, um den Zustand von Haut und Fell zu verbessern. Wir kennen das Phänomen, dass manchen Hunden ein einziger Floh im Sommer nichts ausmacht (oder auszumachen scheint, aber während des Fellwechsels im Frühjahr und Herbst leiden sie aufgrund eines einzigen Flohs unter starkem Juckreiz – nur, weil sich in dieser Zeit Haut- und Fellzustand vorübergehend verschlechtern.
Bei einer hartnäckigen Flohallergie, bei der oft nur ein einziger Floh der Auslöser für den Juckreiz ist, sollten wir uns daher mehr auf den Zustand von Haut und Fell konzentrieren als auf den Floh. Der Zustand der Haut und des Fells kann durch eine Anpassung der Ernährung – und es muss nicht gleich eine hypoallergene Ernährung sein – und/oder durch Nahrungsergänzungsmittel verbessert werden. Bei manchen Hunden müssen wir auf jeden Fall weitere Untersuchungen zu möglichen anderen körperlichen Problemen durchführen, die ebenfalls zu einem schlechten Zustand von Haut und Fell führen könnten. Sogar Verhaltensprobleme können die Qualität von Haut und Fell beeinflussen. Sobald wir eine reguläre Diagnose gestellt und den Patienten behandelt haben, und auch andere (menschliche) Auslöser ausgeschlossen haben, können wir bei ausreichenden zusätzlichen individuellen Symptomen das Simillimum zur Unterstützung der Konstitution des Hundes im Allgemeinen und seines Haut- und Fellzustandes im Besonderen finden.

Demodex-Milben

Die Hauterkrankung Demodikose wird (teilweise) durch eine abnorme Vermehrung von Haarbalg-Milben (Demodex canis) verursacht, die meist in den Haarfollikeln der Hunde sitzen. Zu dieser übermäßigen Vermehrung kommt es, wenn der Körper des Hundes sie aufgrund eines zu schwachen Immunsystems nicht abwehren kann. Ein schwaches Immunsystem wiederum kann u. a. aufgrund des Alters (Welpe), (starken) Wurmbefalls, (erheblichen) Stresses, mangelnder Hygiene, chronischer Krankheiten und/oder Langzeitmedikation (einschließlich Kortikosteroiden) entstehen.

Bei (sehr) jungen Hunden sind die Folgen einer Demodikose in der Regel auf einige wenige Stellen beschränkt, und die Infektion heilt von selbst ab. Wenn der Hund etwas älter und das Immunsystem stärker wird, erfolgt die Heilung spontan, d. h. innerhalb weniger Wochen bis zu zwei Monaten. Dies zeigt, wie wichtig die Rolle des Immunsystems in den Fällen von juveniler Demodikose ist.

In der Regel können wir auf herkömmliche Milben-Bekämpfungsmittel verzichten. Eine Kur mit *Echinacea purpurea Ø* dreimal täglich fünf bis zehn Tropfen mit Wasser verdünnt für drei Wochen ist oft ausreichend. Den größten Teil der Heilung müssen wir Mutter Natur überlassen.

In allen anderen Fällen von Demodikose sollten wir immer versuchen, die zugrundeliegende Ursache zu erkennen und zu behandeln. Milben abtötende Medikamente allein reichen in solchen Fällen nicht aus.

Eine Demodikose kann grundsätzlich bei jeder Hauterkrankung auftreten. Als Faustregel gilt: Bis zum Beweis des Gegenteils lautet die Diagnose Demodikose. Wir unterscheiden drei verschiedene Krankheitsbilder:

Juvenile lokalisierte Demodikose

Die juvenile Demodikose tritt bei jungen Hunden auf. Das Bild besteht aus einzelnen kleinen, befallenen Hautflecken, und nur dort sind auch die Milben. Lokaler Haarausfall (manchmal nur das), leichte Rötung, Schwärzung und manchmal Mitesser oder Ansammlung von Horn und Talg in den Haarfollikeln aufgrund der Reizung durch Milben. Wichtigstes Merkmal ist, von wenigen Ausnahmen abgesehen, das Fehlen von Juckreiz.

Juvenile generalisierte Demodikose

Die juvenile generalisierte Demodikose tritt bei jungen Hunden auf. Das durchschnittliche Erkrankungsalter liegt bei sechs Monaten. Möglicherweise ist sie genetisch bedingt. Sie beginnt als lokalisierte Demodikose (siehe oben), breitet sich aber diffuser aus.

Milben können nun auch auf nicht befallenen Hautstellen nachgewiesen werden (alle Stadien des Lebenszyklus). Lokalisierter und diffuser Haarausfall, Rötung, Schwärzung, Pickel, manchmal Mitesser (Komedonen) oder Horn- und Talgansammlungen in den Haarfollikeln aufgrund der Reizung durch Milben. Es kann sich auch eine Eiterbeule entwickeln, manchmal mit Ausbreitung von Bakterien über das Blut in der gesamten Lunge (Septikämie), mit allgemeinem Unwohlsein und Fieber. Manchmal tritt kein Juckreiz auf, meistens jedoch schon. Manchmal zeigt sich nur eine schwere, schmerzhafte Entzündung zwischen den Zehen und an den Pfotenballen (Pododermatitis) mit Vergrößerung nahegelegener Lymphknoten.

Demodikose im Erwachsenenalter

Die Demodikose im Erwachsenenalter entwickelt sich im höheren Alter. Im jungen Erwachsenenalter gibt es (oft) keine Demodikose-Anamnese. Sie ist möglicherweise genetisch bedingt und kann lokalisiert oder generalisiert sein. Ursache: eine zugrundeliegende (möglicherweise noch latente) Erkrankung. Eine Vermehrung der Demodex-Milben ist bereits in der Latenzphase möglich, d. h. in der Phase, in der noch keine Hautsymptome sichtbar sind.

Prognose

Die Prognose für die lokalisierte Form bei Welpen und Junghunden ist in der Regel ausgezeichnet, und zwar sowohl ohne Behandlung (selbstlimitierende Krankheit) als auch mit (regulär oder phytotherapeutisch). Nur in etwa 10 % der Fälle kommt es zu einer lokalisierten Form. Bei der lokalisierten Form sind milbenabtötende Mittel in der Regel nicht notwendig und können in jungen Jahren auch schädlich sein. Wir können hier mit *Echinacea purpurea Ø* dreimal täglich fünf bis zehn Tropfen verdünnt mit etwas Wasser den Zustand des Hundes verbessern, daneben noch mit einer Optimierung der Ernährung, Entwurmung und Stressminimierung. Homöopathie ist möglich, aber in der Regel hilft sich der Körper bei dieser Form der Demodikose selbst.
Für die generaliserte Form bei jungen und erwachsenen Hunden ist Nichtstun dagegen keine Option. Wenn Demodex-Milben eindringen, sind reguläre Milben-Bekämpfungsmittel auf jeden Fall notwendig. Die Überzahl an Demodex-Milben wird das Immunsystem des Wirtes zweifellos weiter beeinträchtigen. Darüber hinaus müssen wir nach den Ursachen für die Schwächung des Immunsystems suchen. Es ist keine Ausnahme, wenn diese mit der üblichen Diagnostik nicht gefunden werden können. Das sind Fälle, in denen wir versuchen, das Simillimum anhand zusätzlicher individueller Symptome zu finden. In solchen Fällen sollte auf jeden Fall auch eine Blutuntersuchung auf Cobalamin (B12) durchgeführt werden.
Die Prognose dieser Formen von Demodikose ist in der Regel schlecht, wenn nichts unternommen wird, wobei wiederholte antiparasitische Behandlungen dem Körper auch sehr zusetzen. Zusammen mit konstitutionsoptimierenden Mitteln, einschließlich der Homöopathie, sehen wir in einer Reihe von Fällen eine Heilung, die mit ziemlicher Sicherheit auch bei generalisierter Demodikose in jüngerem Alter hilft, wenn der Hund ein Alter von etwa einem Jahr oder mehr erreicht hat. Die Behandlung muss manchmal über zwei oder drei Monate fortgesetzt werden. Der Erfolg hängt von der individuellen Reaktionsfähigkeit des Patienten und der korrekt Arzneimitteldiagnose ab.
Während für die generalisierte Form beim erwachsenen Hund die gleichen Überlegungen und Ratschläge gelten wie beim Junghund, ist die Prognose beim erwachsenen Hund deutlich weniger rosig. Hier fehlt offenbar der Vorteil, dass das Immunsystem während der Entwicklung vom Welpen zum erwachsenen Hund stärker wird. Ich erkläre dem Besitzer, dass die Reaktionsfähigkeit des einzelnen Patienten nicht gemessen werden kann. Wir können nur eine grobe Schätzung auf der Grundlage unserer Befunde bei dem betreffenden Patienten und unserer Erfahrung mit anderen Fällen vornehmen, und danach gilt: „Abwarten und beobachten".

Andere parasitäre Krankheiten

Bei allen Hautkrankheiten sollten wir nach Parasitenbefall Ausschau halten und diesen entweder nachweisen (und behandeln) oder ausschließen. Neben Flöhen und Demodex-Milben gibt es weitere Parasiten, die bei Hauterkrankungen eine Rolle spielen können. Hier eine Auswahl:

Würmer

Das Vorhandensein von Spul- und Bandwürmern kann den Zustand des Hundes schwächen und sich negativ auf das Immunsystem im

Allgemeinen sowie den Zustand von Haut und Fell im Besonderen auswirken. Therapie: regelmäßige Kontrolle auf Würmer und/oder Entwurmung mit einem regulären Entwurmungsmittel.

Milben

Die Cheyletiella yasguri-Milbe ist eine relativ harmlose Milbe, die in der Regel nur wenig oder gar keinen Juckreiz verursacht, aber vor allem auf dem Rücken, in Höhe des Widerristes, eine starke Schuppenbildung hervorruft. Auch der Besitzer selbst kann Juckreiz bekommen, der verschwindet, wenn der Hund gegen Cheyletiella yasguri-Milben behandelt wird. Therapie: reguläres Antimilbenmittel.
Die Krätzemilbe (Sarcoptes scabiei) tritt nur noch selten auf. Sie verursacht oft starken Juckreiz und rote Bläschen, die u. a. auf der (Bauch-)Haut sichtbar sind. Therapie: reguläre Antimilbenmittel.

Schimmelpilz

Lokalisierte, schuppige, haarlose Flecken, die sich allmählich vergrößern, mit geringem oder keinem Juckreiz. Therapie: regelmäßige Einnahme von Antimykotika. Bei chronischen rezidivierenden Pilzinfektionen kann es zu einer erneuten Infektion und/oder einer individuellen Anfälligkeit kommen. In letzterem Fall kann das Simillimum eine gute Unterstützung sein.

Läuse

Winzige Tierchen, typische Lokalisation an den Rändern der Ohrmuschel, früher häufiger bei Welpen beobachtet. Therapie: reguläre antiparasitäre Behandlung.

Leishmaniose

Grundsätzlich tritt sie nur bei Hunden auf, die in einem Mittelmeerland waren, aber ich habe auch schon Fälle von Hunden gesehen, die nicht im Ausland waren und trotzdem infiziert wurden. Die Symptome: seltener Juckreiz, trockene schuppige Haut, dicke schuppige Flecken (Exfoliation), Kahlheit, Schorf (vor allem an Körperöffnungen wie z.B. an Augenlidern), allgemeine Schwäche, Gewichtsverlust und geschwollene Lymphknoten. Therapie: regelmäßige Einnahme von Medikamenten gegen Leishmanien (z.B. Allopurinol).

Kahlheit ohne Juckreiz

Lokale Merkmale

Bei Kahlheit (Alopezie) ohne einen Juckreiz gibt es lokale Merkmale, die Anhaltspunkte für die Krankheits- und Arzneimitteldiagnose und daher auch für die Behandlung und die Prognose liefern können. Die kahle Haut ist oft anthrazitfarben pigmentiert, kann leicht verdickt sein (Myxödem) und sich manchmal eiskalt anfühlen (Minderdurchblutung). Bei einem Myxödem handelt es sich um eine schleimige Ansammlung von Flüssigkeit in der Haut. Die Kahlheit ist fleckig oder diffus über den Körper verteilt. Die Grenze zwischen kahler und normal behaarter Haut ist entweder scharf abgezeichnet oder zerklüftet. Die Flecken können ein- oder beidseitig auf dem Körper vorkommen. Im letzteren Fall kann das Spiegelbild des jeweils anderen vorhanden sein, muss aber nicht.
Wenn Juckreiz auftritt, kann er durch eine komplizierte Floh- oder Milbenallergie in Verbindung mit Pyodermie verursacht werden. Bei gescheckten Hunden sieht man oft, dass nur die schwarzen oder braunen Fellstellen kahl werden und nicht die weißen.

„Kosmetische" Anomalie?

Kahlheit ohne Juckreiz wird manchmal sogar von einigen Fachleuten als kosmetischer Defekt angesehen, der nicht mit medizinischen Anomalien verbunden sei. Dann wird oft behauptet, dass es nur den Besitzer störe, aber nicht den Hund, und daher eine Behandlung nicht notwendig sei. Abgesehen davon, dass ein Hundehalter in der Regel ein intaktes Fell seines Hundes schätzt, kann man nicht ausschließen, dass die Hautbeschwerden auch ein Signal für Pathologien an anderer Stelle im Körper sind, die wir offenbar (noch) nicht kennen.

Ursachen

Ursachen für Kahlstellen ohne Juckreiz können endokrine Störungen sein. Häufige Hormonstörungen, deren Pathologie wir kennen, sind eine zu wenig produzierende Schilddrüse (Hypothyreose), eine zu viel produzierende Nebennierenrinde (Cushing-Syndrom) und, seltener, ein Hodentumor (Sertoli-Zelltumor).

Wir sehen auch Fälle von Kahlheit ohne Juckreiz, deren Pathologie wir (noch) nicht so genau kennen, bei denen aber eine hormonelle Ätiologie stark vermutet wird. Ein Beispiel ist die Flankenkahlheit, bei der vermutlich ein Mangel des Hormons Melatonin eine Rolle spielt. Als homöopathische Mittel kommen hier Mittel wie *Graphites*, *Pulsatilla pratensis*, *Lachesis mutus* und *Apis mellifica* in Frage. Das sind alles Mittel, die mehr oder weniger Affinität zu Hormonen haben. Bei kurzhaarigen Rassen wie Staffordshire Terrier, Pitbull Terrier und Kurzhaardackel sehen wir diffuses (extrem) dünnes Haar und Kahlheit vor allem an Brust, Bauch und Hosen – ohne Juckreiz: Hier wirkt *Pulsatilla pratensis* oft recht gut. Es besteht der dringende Verdacht auf ein (geschlechts-)hormonelles Problem, aber wir können dies (noch) nicht durch zusätzliche reguläre Diagnostik verifizieren. Die vollständige Genesung des Haarkleids kann drei bis sechs Monate dauern.

Cushing-Syndrom

Bei Kahlstellen infolge des Cushing-Syndroms ist zu beobachten, dass die Haut zunächst vor allem am Rücken immer dünner wird. Damit wird auch das Fell dünner und schließlich tritt dort eine vollständige Kahlheit auf, die sich weiter über den Körper ausbreiten kann. Patienten mit Morbus Cushing sollten in jedem Fall nach einer regulären Diagnostik zunächst mit einer regulären Therapie behandelt werden. Diese besteht darin, die übermäßige Produktion von Nebennierenrindenhormonen zu normalisieren. Sobald die Patienten stabilisiert worden sind, könnte theoretisch ein Versuch unternommen werden, das Simillimum zu verwenden, wenn auch unter tierärztlicher Begleitung. Das Ziel könnte sein, die reguläre Medikation zu reduzieren.

Meiner Erfahrung nach ist die Homöopathie beim Cushing-Syndrom unwirksam, wobei eine falsche Heilmittel-Diagnose aufgrund des Fehlens geeigneter zusätzlicher individueller Symptome sehr wahrscheinlich ein großer Stolperstein ist. Die vollständige Genesung des Haarkleids kann drei bis sechs Monate dauern.

Hypothyreose

Bei einer Hypothyreose treten keineswegs immer Hautbeschwerden auf. Wenn es Hautbeschwerden gibt, ist es meist mehr oder weniger das Bild einer symmetrischen Kahlheit. Patienten mit einer Schilddrüsenunterfunktion sollten auf jeden Fall zunächst auf der Grundlage einer regulären Diagnostik mit einer regulären Schilddrüsenhormonergänzung behandelt werden. Sobald die Patienten eingestellt sind, könnte dann theoretisch versucht werden, das Simillimum zu verwenden, vorausgesetzt, es erfolgt eine tiermedizinische Begleitung. Das Ziel könnte sein, die Medikation zu reduzieren und die Genesung zu beschleunigen. Aufgrund der enttäuschenden Ergebnisse, die ich in der Vergangenheit mit der Homöopathie erzielt habe, und in dem Wissen, dass die Supplementierung bei Mangelzuständen (vorerst) ein sicheres Medikament ist, beschränke ich mich bei Hypothyreose zunächst noch auf die reguläre Supplementierung. Die vollständige Genesung des Haarkleids kann drei bis sechs Monate dauern.

Sertoli-Zelltumor

Bei Kahlheit aufgrund eines Sertoli-Zelltumors sehen wir eine diffuse Kahlheit, die sich vom Rücken aus nach vorne, nach hinten und nach unten ausbreitet. Manchmal bleiben nur noch Haare auf dem Kopf und am unteren Teil der Beine. Bei einem Sertoli-Zelltumor ist meines Erachtens die Kastration indiziert: Entfernung des Hodens/der Hoden aus dem Hodensack (Skrotum) oder aus dem Bauch, wenn sich der/die Hoden noch im Bauchraum befinden (Kryptorchismus). Dies kann und sollte nicht mit Homöopathie behandelt werden. Die vollständige Genesung des Haarkleids kann drei bis sechs Monate dauern.

Flankenkahlheit

Bei der Flankenkahlheit sieht man einige mehr oder weniger deutlich abgegrenzte kleine bis mittelgroße kahle Stellen an den Flanken, manchmal auf einer Seite und manchmal auf beiden Seiten, die nicht unbedingt spiegelbildlich zueinander sein müssen. Diese kahlen Stellen können sich manchmal bis zum Rücken und bis zum Widerrist erstrecken. Bei glatthaarigen Hunden wie Boxer und Rhodesian Ridgeback sind diese Flecken deutlich sichtbar. Die Flecken sind oft anthrazitfarben pigmentiert und können sich manchmal kalt anfühlen (verminderte Durchblutung).

Beim Wasserhund sehen wir ein etwas komplizierteres Krankheitsbild. Normalerweise gibt es symmetrische kahle Stellen an beiden Flanken. Manchmal sind die Flanken fast vollständig kahl und auf dem Rücken bleibt ein schmaler Streifen Haar übrig. Wenn das Bild komplizierter ist, sehen wir auch eine symmetrische Kahlheit hinter beiden Ohren, auf der Rückseite beider Hinterbeine (Hosen), eine kahle Stelle auf der Oberseite der Rute etwa eine Handbreit vom Rutenansatz entfernt, manchmal Kahlheit auf der Höhe beider Sitzbeinhöcker und in einigen Fällen Kahlheit im Nacken und Halsbereich. Interessant ist, dass in den meisten Fällen nur die farbigen Haare (schwarz und braun) betroffen sind, sodass bei mehrfarbigen Hunden die weißen Haare intakt bleiben.

Die Ursache für diese Flankenkahlheit ist vermutlich (teilweise) ein Melatoninmangel, der durch den Mangel an Sonnenlicht im Winter entsteht. Ein Mangel an dem Hormon Melatonin verschlechtert die Funktionsfähigkeit der Haarfollikel, was zu (lokalisiertem) Haarausfall führt. Häufig (d. h. nicht immer) ist die Flankenkahlheit saisonal bedingt. Diese Saisonale Alopezie tritt ab November auf, Eine spontane Besserung tritt ab dem Frühjahr ein, eine vollständige Erholung im Sommer. In einigen Fällen ist die Kahlheit nicht eindeutig saisonal. Ich führe dies unter anderem auf Melatoninmangel zurück, weil eine Reihe von (Friesischen) Wasserhunden ebenfalls eine saisonale Hauterkrankung haben und diejenigen von ihnen, bei denen die Flankenkahlheit nicht saisonal ist, trotzdem gut auf die Kombination von Homöopathie (oft *Graphites*) und Melatonin-Ergänzung ansprechen. Das homöopathische Arzneimittel *Graphites* passt in das Bild einer verminderten Schilddrüsenfunktion. Bei einer verminderten Schilddrüsenfunktion und der durch Bluttests bestätigten Diagnose einer Schilddrüsenunterfunktion behandle ich mit einer Schilddrüsenhormonergänzung. Wenn die Bluttests die Diagnose ausschließen, behandle ich den Hund aufgrund des klinischen Bildes und zusätzlich individuell festgestellter Symptome mit *Graphites*. Beim (Friesischen) Wasserhund sehen wir Patienten mit verminderter Schilddrüsenfunktion ohne Flankenkahlheit und Patienten mit normaler Schilddrüsenfunktion mit Flankenkahlheit. Beim (Friesischen) Wasserhund habe ich mehrfach erlebt, dass sich die Flankenkahlheit mit der durch Bluttests bestätigten Diagnose einer Schilddrüsenunterfunktion durch die Einnahme von Schilddrüsenhormonen vollständig zurückbildet. Die Welt der Hormone birgt immer noch Geheimnisse.

DgDx Flankenkahlheit

Bei Flankenkahlheit sind die wichtigsten Wirkstoffe in der DgDx *Pulsatilla pratensis*, *Lachesis mutus*, *Apis mellifica* und *Graphites*. Letztendlich wird die Arzneimitteldiagnose hauptsächlich durch das Sammeln zusätzlicher individueller Symptome bestimmt.

Pulsatilla pratensis und Lachesis mutus

Längliche kahle Hautstellen mit einer klaren Grenze zwischen kahl und behaart, symmetrisch, auf beiden Seiten der Lendenwirbel, sind besser geeignet für eine Kombination von *Pulsatilla pratensis* und *Lachesis mutus*, beide in einer D30 einmal täglich eine Dosis für zwölf Wochen, *Pulsatilla pratensis* am Morgen und *Lachesis mutus* am Abend.

Apis mellifica

Kahle Stellen, insbesondere im Bereich der Flanken und der Lenden, einseitig oder beidseitig. Wenn beidseitig vorhanden, liegen sie normalerweise nicht spiegelbildlich zueinander. Die Flecken können sich nach oben (dorsal), nach vorne (kranial) und/oder nach hinten (kaudal) erstrecken, in der Regel nicht über die Schulterblätter hinaus. Dieses Bild passt zu *Apis mellifica* D30 einmal täglich eine Dosis über 12 Wochen.

Graphites

Symmetrische Kahlheit an mehreren Stellen, die sich auf beiden Körperseiten spiegelbildlich gegenüberliegen, passt eher zu *Graphites*. Es gibt positive praktische Erfahrungen mit *Graphites* D6 dreimal täglich ein bis zwei Tabletten und Melatonin einmal täglich 5 mg (kleine Hunde) oder zweimal täglich 5 mg (große Hunde) über zwölf Wochen. Bei ausgeprägter saisonaler Alopezie kann dieses Medikament im November zur Vorbeugung eingesetzt werden.
Bei einer Behandlung kann in den meisten Fällen innerhalb von drei bis sechs Monaten mit Haarwachstum gerechnet werden. Neues Haar,

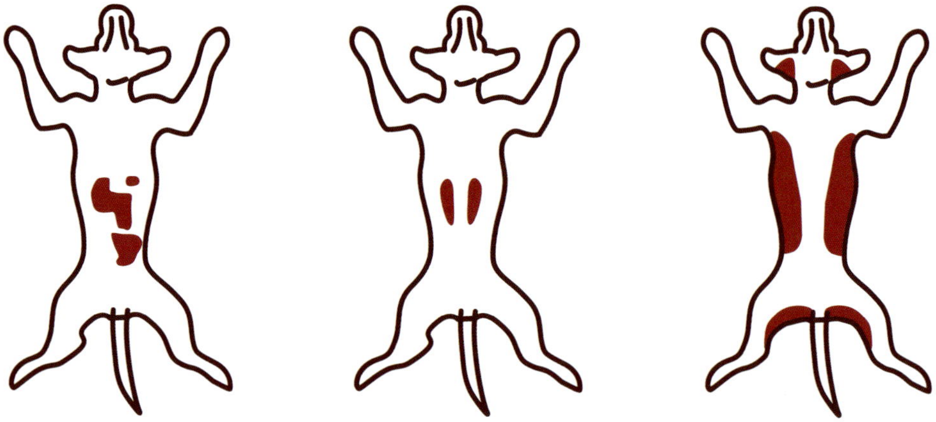

1. Apis	2. Pulsatilla / Lachesis	3. Graphites
Kahle Stellen ohne Juckreiz im hinteren Körperbereich, nicht symmetrisch, klar abgegrenzt	Kahle Stellen ohne Juckreiz auf beiden Seiten der Lendenwirbel, symmetrisch, klar definiert	Kahle Stellen ohne Juckreiz am ganzen Körper, symmetrisch, weniger klar definiert

das lockig ist und sich leicht ausreißen lässt, ist kein Zeichen für eine Genesung. Nur ein neues kurzes, kräftiges Haar, das sich nicht leicht ausreißen lässt, deutet auf baldige Besserung hin.
Aus jahrelanger Erfahrung mit Flankenkahlheit bei Wasserhunden habe ich festgestellt, dass die Verabreichung von Kortikosteroiden (Prednisolon und verwandte Produkte) oft zur Manifestation oder Verschlimmerung führt. Es gibt auch keinen Grund, Kortikosteroide zu verabreichen, wenn kein Juckreiz vorhanden ist.

Hormonell bedingte Kahlheit

Bei kurzhaarigen Rassen wie Staffordshire Terrier, Pitbull Terrier und Kurzhaardackel sehen wir diffuses (extrem) dünnes Haar und Kahlheit vor allem an Brust, Bauch, Hosen und auf dem Kopf. Hier wirkt als erste Wahl *Pulsatilla pratensis* recht gut. Es besteht der starke Verdacht auf ein (geschlechts-)hormonelles Problem, aber abgesehen vom klinischen Bild können wir dies (noch) nicht mit regulärer Diagnostik verifizieren. Auch hier dauert die Wiederherstellung des Haarkleids drei bis sechs Monate. Wir beginnen in den meisten Fällen mit *Pulsatilla pratensis* D30 einmal täglich eine Dosis, oder (als Fortsetzung) D200 (200K) oder MK, je nach Ansprechen, was in der Praxis eine Dosis alle ein bis zwei Wochen bzw. eine Dosis alle zwei bis vier Wochen bedeutet.

Alopezie nach dem Scheren

Wenn kahle, haarlose und damit ungeschützte Haut (langfristig) einer (extremen) Kälte ausgesetzt ist, reagiert der Körper mit einer Verringerung der lokalen Durchblutung, um den Verlust von Körperwärme zu verhindern. Schließlich nimmt die Zahl der funktionsfähigen Blutgefäße ab und die Haarfollikel werden nicht mehr mit den notwendigen Nährstoffen versorgt.
In der Folge entsteht eine irreversible, therapieresistente Kahlstelle. Gelegentlich tritt dies bei Haut auf, die zu chirurgischen Zwecken rasiert wurde. Dann spricht man von einer Post-clipping Alopezie. Ich habe gelegentlich gesehen, dass die Haare nur an der Operationswunde nachwuchsen, offenbar aufgrund der besseren Durchblutung an dieser Stelle. Um die kahlen Stellen vor der Winterkälte zu schützen und dadurch (hoffentlich) eine Verringerung der Hautdurchblutung mit irreversiblen Schäden zu verhindern, wird empfohlen, den Hund während der Winterzeit einen Mantel tragen zu lassen.
Im Falle der Flankenkahlheit ist die Kahlheit nicht das Ergebnis der Rasur, sondern die Folge eines hormonellen Problems. Dies könnte aber darauf hindeuten, dass bei allen Patienten mit einer Post-clipping Alopezie ein hormonelles Problem wahrscheinlich unbemerkt bleibt. Die Diagnose Post-clipping Alopezie kann durch die Untersuchung einer Reihe von Hautbiopsien gestellt werden (Fehlen von Blutgefäßen).

Autoimmunerkrankungen

Pemphigus, CLE und SLO

Es gibt eine Gruppe von Hautkrankheiten, die dadurch entstehen, dass körpereigene Antikörper bestimmte Strukturen der Hautangreifen und sie zerstören (Autoimmundermatose). Zu den Hautsymptomen gehören: Zerstörung der Epidermis, Ulzeration, Krustenbildung, Pusteln, Blasen und (manchmal) Blutungen. Gelegentlich ist auch die (Mund-)Schleimhaut betroffen (Pemphigus). Hautdefekte zeigen sich oft auf der Haut rund um Körperöffnungen wie Augen, Maul, Anus, Vulva und Vorhaut. Manchmal sehen wir auch Läsionen an der (Mund-)Schleimhaut. Obwohl *Nitricum acidum*, *Silicea* und *Thuja occidentalis* hier gut passen, muss auch hier zuerst die Arzneimitteldiagnose auf der Grundlage des individuellen Gesamtbildes gestellt werden.

In anderen Fällen kommt es zu einer Depigmentierung des Nasenspiegels, des Gesichts und der Ohren. Das bezeichnet man dann als kutanen Lupus erythematodes (CLE). Bei einer anderen (wahrscheinlichen) Variante einer Autoimmunerkrankung kommt es zu einer schmerzhaften Krallenbettentzündung, zum Verlust der Krallen und zum Nachwachsen missgebildeter Krallen. Das nennt man Symmetrische Lupoide Onychodystrophie (SLO). Obwohl einem hier sofort *Silicea* und *Thuja occidentalis* in den Sinn kommen, muss auch hier die Arzneimitteldiagnose auf der Grundlage des individuellen Gesamtbildes gestellt werden.

Pyodermie ohne Juckreiz

Bei der Pyodermie (mit Kollaretten und Schuppung) ohne Juckreiz handelt es sich mit ziemlicher Sicherheit um eine immunbedingte bakterielle Follikulitis (Haarbalgentzündung). Obwohl man hier sofort an *Thuja occidentalis* und *Hepar sulfuris* denken mag, sollte auch hier die Arzneimitteldiagnose auf der Grundlage des individuellen Gesamtbildes gestellt werden.

Juvenile Zellulitis

Bei jungen Welpen sehen wir gelegentlich eine juvenile Zellulitis (Canine juvenile Cellulitis). Dabei handelt es sich um eine perakute Schwellung der Augenlider, der Schnauze und der Ohrmuscheln, oft mit vielen rot-blauen Pusteln, einer Schwellung der Unterkieferlymphknoten (Kopfspeicheldrüsenerkrankung) und Fieber. Diese Anomalie ist mit normalen Mitteln oft nicht gut heilbar. Antibiotika und sogar Kortikosteroide, auch wenn sie länger verabreicht werden, haben oft keine ausreichende Wirkung.
Apis mellifica D12 zweimal täglich drei bis fünf Tropfen mit etwas Wasser verdünnt für drei Wochen erzielt hier meist bessere und schnellere Ergebnisse – oft in Kombination mit *Echinacea purpurea* Tinktur (Ø) dreimal täglich drei bis fünf Tropfen für drei Wochen. *Apis mellifica* kann ein tiefgreifendes Mittel bei Krankheiten sein, die auf eine Fehlfunktion des Immunsystems zurückzuführen sind. Die juvenile Zellulitis bei einem Welpen ist eine Fehlfunktion des Immunsystems. *Apis mellifica* kann auch das geeignete Mittel bei Demodikose sein, wenn sie sich bei einem jungen erwachsenen oder etwas älteren Hund als hartnäckig erweist. Dann kann ein Wespenstich oder eine juvenile Zellulitis in der Anamnese ein wertvoller Hinweis sein.

Psychogener Juckreiz

Juckreiz ohne Haut- und/oder Fellveränderungen, der nicht auf Prednisolon oder andere moderne Juckreizhemmer anspricht, ist mit ziemlicher Sicherheit ein psychogener Juckreiz. In diesen Fällen sollten wir auch eine Arzneimitteldiagnose stellen, die sich hauptsächlich auf Verhaltenssymptome stützt.

Zusätzliche Diagnostik

Um eine korrekte Krankheitsdiagnose zu stellen, können wir neben dem klinischen Befund zusätzliche Diagnostik einsetzen.

Allergietest

In der Praxis gibt es zwei Möglichkeiten zu testen, gegen welche Stoffe (Allergene) ein Hund allergisch ist. Durch einen Hauttest (intradermaler Test) und durch einen Bluttest (serologischer Test). Beim intradermalen Test injizieren wir eine kleine Menge des Allergens in die Haut und messen die Reaktion bzw. den Grad der Schwellung für jedes Allergen. Beim serologischen Test wird die Menge der Antikörper bestimmt, die der Körper gegen die Allergene bildet. Die Anzahl der Allergene, die getestet werden können, ist bei beiden Methoden begrenzt. Für Nah-

rungsmittelallergien gibt es leider (noch) keine zuverlässigen regulären Allergietests.
Beim serologischen Test besteht die Möglichkeit eines falsch positiven Ergebnisses. Das bedeutet, dass ein bestimmtes Allergen im serologischen Test positiv getestet werden kann, aber klinisch bedeutungslos ist. Die einzige Möglichkeit, dies herauszufinden, ist ein Intrakutantest, bei dem wir sehen können, welches Allergen tatsächlich eine allergische Reaktion (Schwellung) bei dem Patienten auslöst und welches nicht. Dies ist wichtig zu wissen, um die richtige Zusammensetzung der Allergieinjektion zu wählen, mit der ein Hund letztlich weniger empfindlich auf das betreffende Allergen reagiert (Hyposensibilisierung).
Die reguläre Behandlung einer Allergie im Anschluss an einen Allergietest erfolgt in der Regel durch mehrmalige Injektionen mit steigender Menge der Substanz(en), auf die der Hund allergisch reagiert. Auf diese Weise wird versucht, den Hund weniger empfindlich für die betreffende(n) Substanz(en) zu machen. Die Ergebnisse der Hyposensibilisierung sind jedoch in zu vielen Fällen enttäuschend. Dies ist der Grund, warum Tierärzte in bestimmten Fällen vor einem Allergietest abraten, zumal es sich auch um eine kostspielige Untersuchung handelt.
Ein weiterer wichtiger Punkt ist, dass bei der Bestimmung der Substanzen, die für die Allergie verantwortlich sind, und der damit verbundenen Hyposensibilisierung nur das Allergen im Mittelpunkt steht und (noch) nicht die zugrundeliegende Ursache, warum ein Hund auf eine Substanz allergisch reagiert und ein anderer Hund, der unter den gleichen Bedingungen lebt, nicht. Indem wir ausreichende Ähnlichkeit zwischen Erreger und Patient finden, hoffen wir, mit der Homöopathie auf dieser niedriggradigen Ebene behandeln zu können.
Die Erfahrung zeigt, dass, wenn der Test nur eine Allergie gegen eine oder mehrere Milben zeigt und das klinische Bild auch zu einer Milbenallergie passt, die Erfolgsaussichten einer Hyposensibilisierung recht gut sind. Zeigen die Tests aber mehrere Allergien gegen eine Vielzahl von Substanzen, z. B. eine Allergie gegen Milben und verschiedene Pflanzen, ist das Ergebnis der Hyposensibilisierung zu oft enttäuschend.

Hautbiopsie

Zur Diagnose wird in einigen Fällen eine Gewebeprobe (histologische Untersuchung) entnommen. Dabei werden mehrere Gewebestücke aus der betroffenen Hautregion entnommen (Biopsie). In vielen Fällen ist die Diagnose eine Bestätigung dessen, was wir bereits vermutet haben, und die endgültige therapeutische Effizienz ist begrenzt. Auch hier sollte die Kostenfrage, ob eine Hautbiopsie durchgeführt werden soll oder nicht, in die Überlegungen einbezogen werden.

Futtermittelverträglichkeitstest

Da es (noch) keinen anderen zuverlässigen Test zum Nachweis einer Futtermittelallergie gibt, müssen wir einen Verträglichkeitstest durchführen, bevor die Diagnose Futtermittelallergie gestellt werden kann. Um herauszufinden, ob ein Hautproblem etwas mit Futtermitteln zu tun hat oder ob eine Futtermittelallergie vorliegt, sollte der Patient etwa neun Wochen lang nur Nahrungsmittel zu sich nehmen, die keine als allergen bekannten Bestandteile enthalten (Ausschlussdiät).
Wenn die Hautbeschwerden unter dieser Ausschlussdiät (Eliminationsdiät) vollständig und dauerhaft verschwinden, kann man von einer Futtermittelallergie ausgehen.
Wir können dann schrittweise verschiedene Futtermittel zugeben (provozieren), um zu sehen, auf welche der Patient mit einer allergischen Reaktion reagiert und auf welche nicht.
In der Praxis wird oft schon bei Verdacht auf eine Futtermittelallergie ein handelsübliches

Diätfuttermittel verschrieben, und wenn das gut geht, ist der Hund ein Leben lang zu dieser einseitigen Ernährung verdammt. Durch einen Futterverträglichkeitstest könnten wir unseren Patienten möglicherweise etwas mehr Abwechslung im täglichen Speiseplan bieten. Bei einer Futtermittelunverträglichkeit ist es sicherlich auch gut, die Diagnostik etwas weiter auszudehnen auf ein möglich zugrundeliegendes Problem, wie z. B. ein Problem mit der Darmflora) oder ein Cobalaminmangel. Bei Futtermittelallergien sollte auf jeden Fall die Homöopathie angewandt werden.

DgDx Hauterkrankungen

In der Differenzialdiagnose (DgDx) der Hauterkrankungen bespreche ich die lokalen Hautsymptome von 21 homöopathischen Mitteln, die jeweils mehr oder weniger charakteristisch für das Arzneimittelbild stehen. Es ist immer ratsam, auch das vollständige Arzneimittelbild des jeweiligen Mittels im Kapitel Materia Medica zu lesen, um ein vollständigeres Bild für die Arzneimitteldiagnose zu erhalten. Bei einigen Hauterkrankungen, wie z. B. Pyodermie oder Flohallergie, sind die lokalen Hautsymptome nicht ausreichend ausgeprägt und wir stützen die Arzneimitteldiagnose auf andere, zusätzliche individuelle Symptome.

Bevor ich auf die Differenzialdiagnose der Hautbeschwerden eingehe, möchte ich noch ein paar Anmerkungen machen.

Das Ergebnis einer Behandlung ist oft Teil der Diagnose. Bei der Behandlung von Hautkrankheiten sollten nach Möglichkeit grundsätzlich nicht verschiedene Maßnahmen gleichzeitig angewendet werden. Das Ergebnis einer regulären Behandlung, die aus einem Antiparasitikum, einer langwirksamen Prednison-Spritze, einem Antibiotikum und einer handelsüblichen hypoallergenen Diät besteht, wird wenig zur (Bestätigung) der richtigen Diagnose beitragen. Gerade wenn wir mit einer Wahrscheinlichkeitsdiagnose beginnen müssen, ist ein einziger Ansatz am besten. Ein Hund sollte mit normalem Futter gefüttert werden. Hypoallergenes Diätfutter ist nur notwendig, wenn eine Futtermittelallergie vermutet oder diagnostiziert wird. Hypoallergenes Diätfutter ist also nicht immer das Mittel der Wahl bei Hautproblemen. Es ist bekannt, dass in einer Reihe von Fällen bereits die Umstellung von einem Trockenfutter auf ein anderes Trockenfutter oder von Trockenfutter auf Nassfutter oder Barf wahre Wunder bewirken kann. Manchmal können auch Nahrungsergänzungsmittel allein den Unterschied ausmachen, wie z. B. essenzielle Fettsäuren.

Die Fellpflege ist natürlich sehr wichtig. Dabei spreche ich nicht nur von der normalen täglichen Fellpflege und dem normalen Trimmen bei bestimmten Rassen. Auch Hunde, die aus welchen Gründen auch immer einen gestörten Fellwechsel haben, können etwas zusätzliche Pflege gebrauchen. Genauso wie ein Hund, der aufgrund seiner Hautbeschwerden einen miserablen Fellzustand hat. So kann es vorkommen, dass ein Hund, der rassebedingt eigentlich nicht in den Hundesalon müsste, bei Hautproblemen trotzdem von regelmäßigem Besuch dort profitieren kann.

Bei der homöopathischen Behandlung versuchen wir, das am besten geeignete Mittel für den individuellen Hund zu finden. Dazu sind nicht nur die Eigenschaften der Hautsymptome von Interesse, sondern auch die anderen, zusätzlichen individuellen Symptome.

Das größte Problem bei der homöopathischen Behandlung von Hautkrankheiten ist, dass oft zu wenige zusätzliche Einzelsymptome gefunden werden können. Bei einem Mangel an Symptomen sind wir oft nicht in der Lage, das richtige homöopathische Mittel zu finden. Das ist eine Realität, die wir dem Besitzer mitteilen müssen.

Und wenn es dann nicht klappt …

Ich erinnere mich an einen verzweifelten Besitzer, der mit einem großen Einkaufskorb voller Medikamentenreste, homöopathischer Tropfen, Kräutertinkturen, Nahrungsergänzungsmitteln, diversen Zetteln mit Zusammenstellungen verschiedenster hypoallergener Nahrungsmittel und einem dicken Stapel Rechnungen mit verschiedenen Praxislogos darauf zu mir in die Sprechstunde kam.

Auf dem Behandlungstisch stand ein 13-jähriger West Highland White Terrier, dessen Rücken mit dicken, roten, verkrusteten, kahlen Hautfalten bedeckt war, chronisch entzündete Gehörgänge hatte und dessen Pfoten vom ständigen Lecken braun waren. Trotz des körperlichen Elends wedelte er fröhlich mit dem Schwanz. Und dann dachte ich: Was für ein Segen, dass es noch Prednisolon gibt.

Wenn wir nichts anderes mehr tun können, weil all unsere gutgemeinten Ansätze, einschließlich der modernen Juckreizhemmer gescheitert sind und wir deshalb mit der Gabe von Kortikosteroiden beginnen müssen, lautet mein Rat, dass dies nur dann akzeptabel ist, wenn wir mit minimalen Dosen und minimaler Häufigkeit der Gabe eine maximale Wirkung ohne Nebenwirkungen erzielen. Wenn wir aber mit hohen Dosen und vielen Nebenwirkungen kaum Ergebnisse erzielen, sollten wir darüber nachdenken, ob dies das Leben ist, das wir für unseren Patienten wollen.

Bei der Verabreichung von Kortikosteroiden streben wir die niedrigste wirksame Dosis (≤ 0,5 mg pro kg Körpergewicht) an, die niedrigste Verabreichungshäufigkeit (einmal alle zwei bis drei Tage) und die Verabreichung vorzugsweise am Morgen. Es ist notwendig, dass der behandelnde Tierarzt den Zustand dieses Patienten in regelmäßigen Abständen kontrolliert.

Auswahl von Arzneimittelbildern

Agaricus muscarius	*Graphites*	*Natrium muriaticum*
Antimonium tartaricum	*Hepar sulfuris*	*Nitricum acidum*
Apis mellifica	*Hyoscyamus niger*	*Petroleum*
Arnica montana	*Ignatia amara*	*Pulsatilla pratensis*
Arsenicum album	*Lachesis mutus*	*Silicea*
Berberis vulgaris	*Ledum palustre*	*Sulfur*
Causticum	*Lycopodium clavatum*	*Thuja occidentalis*

Agaricus muscarius

Ein charakteristisches lokales Symptom bei *Agaricus muscarius* ist Hautjucken ohne Hautläsionen. Es ist möglich, dass der Agaricus muscarius-Patient eher ein Kribbeln (Parästhesien) als echten Juckreiz verspürt. Die Lokalisation der Beschwerden verläuft von der Hinterhand über den Rücken bis zum Hinterkopf. Schon die Berührung oder das bloße Zeigen auf die Stelle erzeugt einen heftigen Kratzreflex. Kratzen und unruhiges ständiges Bewegen und Drehen mit den Hinterbeinen. Das Bild der typischen Lokalisation und des intensiven Kratzreflexes passt auch zu einer Floh- und/oder Milbenallergie. In diesem Fall treten aber Hautveränderungen auf:

Wunden, Schorf, Haarausfall. Bei Floh- oder Milbenallergie wird *Ledum palustre* oder ein anderes Simillimum verordnet.

Antimonium tartaricum

Charakteristisch für *Antimonium tartaricum* sind die manchmal schmerzhaften lokalen Schwielen (Kallus) und Verhornungen der Pfotenballen sowie schief gewachsene Krallen, die ständig abbrechen oder auch ganz abfallen können, begleitet von einer sehr schmerzhaften Krallenbettentzündung. Auch an anderen Stellen des Körpers können sich schwielige Verdickungen mit Rissen bilden, wie z.B. an den Maul- und Augenwinkeln, an den Ellenbogen, an den Fersen und in den Nasenhöhlen. Manchmal sieht man auch schwielige Warzen. Risse und leichte Kallusbildung passen auch in das Arzneimittelbild von *Graphites*, aber hier gibt es viel weniger Kallus als beim Antimonium tartaricum-Patienten. Krallenbettentzündungen, Krallenverlust, Krallenverformungen und Risse in der Haut um Körperöffnungen passen sicherlich auch in das Arzneimittelbild von *Silicea*, aber hier sehen wir wenig oder keine Kallusbildung.

Apis mellifica

Es gibt verschiedene Hautbilder, die zu *Apis mellifica* passen:

Urtikaria

Urtikaria oder Nesselsucht ist eine akute allergische Reaktion, bei der einige wenige, manchmal viele heftig juckende Hautverdickungen (Quaddeln) auftreten. Bei Patienten, die auf das Arzneimittelbild von *Apis mellifica* passen, kann die Rechtsseitigkeit ein zusätzlicher Hinweis auf das Arzneimittel sein. Bei eindeutiger Linksseitigkeit denken wir bei diesen Beschwerden als erstes an *Lachesis mutus*.

Wespenstich

Eine akute allergische Reaktion auf einen (vermuteten) Wespenstich kann ebenfalls auf das Arzneimittelbild von *Apis mellifica* passen. Wir sehen eine akute, erheblich schmerzhafte, ödematöse Schwellung der Schnauze, der Augenlider und oft der Ohren. Die Schwellung ist bei Berührung sehr empfindlich. Das Ödem kann durch eine Entzündung oder eine allergische Reaktion, z.B. auf einen Wespenstich, entstehen, aber auch eine subkutane Flüssigkeitsansammlung aufgrund einer Stauung im Blutkreislauf oder eines zu niedrigen Eiweißgehalts im Blut sein. Die letztgenannte Form des Ödems ist nicht schmerzhaft und fühlt sich weniger warm an. Man kann mit dem Finger eine Delle hineindrücken, ohne dass der Patient eine Reaktion zeigt.

Juvenile Zellulitis

Bei jungen Welpen sehen wir gelegentlich eine juvenile Zellulitis. Dabei handelt es sich um eine perakute Schwellung der Augenlider, der Schnauze und der Ohrmuscheln, oft mit vielen rötlich-blauen Pusteln, vor allem zwischen Nase und Lefzen und am Kinn, begleitet von einer erheblichen Schwellung der Unterkieferlymphknoten (Kopfspeicheldrüsenerkrankung), beschleunigtem Puls, Fieber und Unruhe. Diese Anomalie lässt sich mit den üblichen Medikamenten oft nicht gut heilen. Antibiotika und sogar Kortikosteroide haben oft keine ausreichende Wirkung, auch wenn sie über einen längeren Zeitraum verabreicht werden. *Apis mellifica* D12 zweimal täglich drei bis fünf Tropfen mit etwas Wasser verdünnt über drei Wochen verabreicht, erzielt in den meisten Fällen bessere und schnellere Ergebnisse – meist in Kombination mit *Echinacea purpurea* Tinktur (Ø) dreimal täglich drei bis fünf Tropfen drei Wochen lang. *Apis mellifica* kann, wie bereits angedeutet, ein tief wirkendes Mittel für Krankheiten sein, die auf eine Fehlfunktion des Immunsystems zurückzuführen sind. Die juvenile Zellulitis bei einem Welpen ist eine solche Fehlfunktion des Immunsystems. *Apis mellifica* kann auch das geeignete Mittel für die Demodikose sein, wenn sie sich bei einem jungen Erwachsenen oder etwas älteren Hund als hartnäckig erweist. In diesem Fall kann die Anamnese eines Wespenstichs oder einer juvenilen Zellulitis ein wertvoller Hinweis sein.

Kahlheit ohne Juckreiz

Manchmal sieht man, oft bei einem Rüden, große kahle Stellen (Alopezie) ohne Juckreiz am Hinterteil (Kruppe), die nicht symmetrisch verteilt sind, Hier ist die Haut anthrazitfarben bis schwarz und fühlt sich manchmal kalt an. Für DgDx siehe „Kahlheit ohne Juckreiz".

Arnica montana

Arnica montana ist eigentlich kein spezielles Mittel für die Haut. In der Dermatologie ist sie aus ätiologischer Sicht besonders interessant und daher anschaulich für die Denk- und Arbeitsweise der Homöopathie. Das Hautbild, das zu *Arnica montana* passt, ist die Pyodermie, die (zum Teil) durch Bakterien wie Staphylokokken verursacht wird. Der Ursprung dieser Hauterkrankung liegt in einer Fehlfunktion des Immunsystems, in diesem Fall verursacht (oder ausgelöst) durch körperliches Trauma und körperliche Überlastung. Die Folgen des körperlichen Traumas oder der körperlichen Überlastung sind schlimmer, als es das Trauma vermuten ließe. Leckgranulome, die häufig an den (Vorder-)Beinen auftreten, passen ebenfalls zu *Arnica montana*, sofern die Ursache oder der Auslöser ein körperliches Trauma oder eine körperliche Überlastung ist.

Arsenicum album

Arsenicum album zeichnet sich durch feuerrote Haut aus, die vor allem am Bauch zu sehen ist und sich von dort auf die Flanken ausbreitet. Die Rötung kann auch auf die Beine übergehen. Es besteht ein starker Juckreiz. Trotz der Hautbeschwerden scheint das Fell (oder was davon übrig ist) einigermaßen gepflegt auszusehen. In den geröteten Hautbereichen finden wir Mengen an kleinen roten Knötchen (Papeln). In einer Reihe von Fällen ist die typische Ätiologie von *Arsenicum album* ein wichtiger Anhaltspunkt etwa für Hautbeschwerden nach Impfungen, Virusinfektionen, Vergiftungen oder Magen-Darm-Beschwerden (einschließlich Problemen mit der Bauchspeicheldrüse). Auch feuerrote Schleimhäute sind häufig vorhanden. *Arsenicum album* wird wie *Sulfur* als Brenner bezeichnet (feuerrote Haut). Beim Sulfur-Patienten sehen wir eine diffuse Rötung und einen sehr schlechten Zustand des Fells, einschließlich Verfilzungen, Schuppenbildung und Geruch. Beim Hyoscyamus niger-Patienten sehen wir gelegentlich einen ähnlichen feuerroten Fleck auf der Haut, der einseitig lokalisiert ist (Bauch) und durch psychogenes Belecken entsteht. Es handelt sich also nicht um eine Allergie.

Berberis vulgaris

Liegt eine gestörte Leberfunktion und damit eine Anhäufung von toxischen Abfallprodukten (Stoffwechselstörungen) vor, so ist es denkbar, dass Hautbeschwerden auftreten. Auch wenn wir bei einer Blutuntersuchung keine auffälligen Leberwerte finden, kann die Entgiftungsfunktion der Leber eingeschränkt sein.
Wir sehen chronische Dermatitis (Hautentzündung), eine Kombination aus Pyodermie (Staphylokokkeninfektion) und Seborrhö. Seborrhö ist eine chronische Hautentzündung mit anthrazitfarbener (pigmentierter) Haut, Hautverdickung, manchmal sogar bis zur Elefantenhaut, mit reichlicher Talgabsonderung. Es ist verständlich, dass eine solche Haut übel riecht. Die Hautprobleme können sich in einigen Fällen allmählich verschlimmern. Auch die Ohren (und Ohrmuscheln) sind chronisch entzündet chro-

nische Entzündung des äußeren Gehörgangs (Otitis externa), verstopfte Gehörgänge und honigartiger Ohrenschmalz. Neben komplizierenden bakteriellen Infektionen sehen wir vor allem komplizierende Hefepilzinfektionen, die natürlich auch mit regulären Medikamenten behandelt werden sollten.
Es besteht ein quälender Juckreiz. Typische Hautveränderungen finden sich außerdem im Halsbereich, an der Brust, in den Achselhöhlen, am Bauch (Nabelbereich), in der Leiste und am Perineum (Haut unter dem Schwanz, um den Anus, die Vulva und den Hodensack), um die Vorhautöffnung und nicht zuletzt zwischen den Zehen und den Pfotenballen. Von oben betrachtet sieht das Fell des aufrecht gehenden Hundes ausgezeichnet aus. Also kein Arzneimittelbild für eine Floh- oder Milbenallergie. Die Lokalisation befindet sich wirklich nur auf der Unterseite des Hundes.
Der für *Berberis vulgaris* typische Wechsel zwischen Juckreiz und keinem Juckreiz wird häufig beobachtet. In den meisten (anderen) Fällen von Hautjucken sehen wir diesen Wechsel zwischen Juckreiz und keinem Juckreiz nicht. Dieses Symptom sollte also auffallen. Ein übelriechendes Lefzenekzem passt sicherlich auch in das Hautbild von *Berberis vulgaris*. Weitere Untersuchungen zu einem zugrunde liegenden Immunproblem sind dann sicherlich wünschenswert.
Früher war der Rat, ein Lefzenekzem chirurgisch zu entfernen. Diese lokale Korrektur war nutzlos, da in fast allen Fällen ein Rezidiv auftrat, Mit der Operation haben wir die Ursache nicht beseitigt.
Früher haben wir dieses Krankheitsbild häufiger bei Spaniels gesehen. Wenn eine Beschwerde in gewissem Maße rasse- oder zuchtspezifisch ist, sollten wir eine genetische Veranlagung in Betracht ziehen. Daher kann es sein, dass *Berberis vulgaris*, obwohl es das geeignete Mittel ist, in einigen Fällen nur teilweise oder gar nicht wirkt.

Causticum

Bei *Causticum* ist es die Kombination von Symptomen, die die Wahl bestimmt. *Causticum* passt zum Hautbild, wie wir es in der Regel beim alten Hund sehen: ein trockenes, schütteres Fell mit vielen toten Haaren, vielen Schuppen, einigen Verfilzungen und äußeren Warzen. Aber das Hautbild allein ist keineswegs ein Schlüsselsymptom für *Causticum*. Mit dem Hautbild in Kombination mit Muskelschwund, Arthrose und brennendem Ausfluss (z. B. Augenbrennen mit Lidrandentzündung) sind wir dem Arzneimittelbild von *Causticum* schon viel näher. Beim Abrotanum-Patienten sehen wir ebenfalls eine Kombination aus trockenem Fell, Muskelschwund und Arthrose, aber nicht die heftigen brennenden Ausflüsse. *Sulfur* ist generell das Mittel vor allem für den alten Hund mit chronischen Hautbeschwerden und chronischem Durchfall.

Graphites

Die bekannteste Indikation für *Graphites* ist die symmetrische Kahlheit, meist ohne, manchmal mit Juckreiz. Wir sehen das Krankheitsbild vor allem beim (Friesischen) Wasserhund. Aber es gibt auch weitere Rassen, bei denen diese typische Anomalie auftritt. Es besteht eine symmetrische Kahlheit hinter den Ohren, an den Flanken und an den Hosen. In einem fortgeschrittenen Stadium dehnt sich die Kahlheit aus und Hals und Nacken werden ebenfalls kahl.
Diese symmetrische Kahlheit etwa hinter den Ohren ist an sich ein starkes Symptom für *Graphites*. Es ist eine Aufwertung eines ansonsten (nur) lokalen Symptoms ohne Ohrenentzündung, da in diesem Fall die Kahlheit durch Kratzen verursacht ist und somit ein logisches (lokales) Folgesymptom mit einem niedriggradigen hierarchischen Symptomwert darstellt.
Eine bekannte Indikation für *Graphites* ist die Seborrhö (Elefantenhaut). Dabei handelt es

sich um eine chronische Haut- und Ohrenentzündung mit Talgabsonderung, die zu fettiger, verdickter und anthrazitfarben pigmentierter Haut führt. Häufig ist ein Hefepilz (*Dermassezia pachydermatis*) eine unerwünschte komplizierende Folge. Typisch für Hefepilze ist eine chronische (übelriechende) Haut- und Ohreninfektion mit anthrazitfarbener Verfärbung der Haut an den Innenseiten der Ohren, am Hals, manchmal auch um die Augen und die Schnauze, zwischen den Zehen, vor allem aber auch in den Achselhöhlen und Leisten, um den Anus, die Vulva und die Vorhautöffnung. Es kommt zur Hornhautbildung, auch an den Ellenbogen (viel weniger als bei *Antimonium tartaricum*).

Im Allgemeinen sind trockene und verklebte Haut an der Nase den Pfotenballen und den Zitzen Merkmale, die in das Arzneimittelbild von *Graphites* passen – ebenso Fissuren (Risse) an Körperöffnungen. Chronische Entzündungen der Haut mit Pusteln (Akne), insbesondere zwischen den Zehen, am Kinn und an der Schnauze, können ebenfalls zu *Graphites* passen. Anomales Krallenwachstum (Deformität, Brüchigkeit) im Rahmen von chronischen Haut- und Ohrenbeschwerden, wie oben beschrieben, gehören ebenfalls zum Arzneimittelbild von *Graphites*. Als Folge einer chronischen Konjunktivitis (Bindehautentzündung) mit schleimigem, eitrigem Ausfluss und Blepharitis (Augenlidentzündung) kann es zu einer Kahlheit der Augenlider kommen. Es ist klar, dass wir zusätzliche individuelle Symptome brauchen, um die Arzneimitteldiagnose *Graphites* tatsächlich zu stellen.

Hepar sulfuris

Hepar sulfuris kann bei Pyodermie eingesetzt werden. Die Ursachen können eine primäre oder sekundäre bakterielle Allergie oder ein Autoimmunproblem sein, auch komplizierend mit Demodikose. Bei der primären oder sekundären bakteriellen Allergie kommt es zu einer Pyodermie mit Juckreiz. Ist die Pyodermie durch ein Autoimmunproblem verursacht, tritt normalerweise kein Juckreiz auf. Bei der Pyodermie ist der eitrige Charakter der Hautentzündung mit bloßem Auge oft nicht als solcher zu erkennen. *Hepar sulfuris* ist auch bei einer schmerzhaften eitrigen Ohrenentzündung (riecht wie alter Käse) und bei Flechten (Impetigo) am Kinn, am Scheitel und zwischen den Zehen angezeigt.

Hyoscyamus niger

Hyoscyamus niger passt zu psychogenen Hautbeschwerden. Merkmale der Art und des Verhaltens bestimmen letztlich die Arzneimitteldiagnose. Häufigstes Beispiel ist das Leckgranulom, das zwanghafte Belecken einer oder mehrerer Pfoten oder das zwanghafte Belecken einer bestimmten Stelle am Bauch. Diese Flecken heilen spontan ab, wenn der Hund sie nicht mehr erreichen kann (Verband, Body, Kragen), sind aber sofort wieder vorhanden, sobald der Hund sie wieder erreichen kann. Das Anlegen eines Verbands um die betroffene Pfote führt dazu, dass sich das zwanghafte Verhalten auf die andere Pfote überträgt.

So kann beispielsweise ein Schäferhund, der beim Training sehr angespannt ist, anfangen, sich in die Beine zu beißen und dadurch ein Leckgranulom entwickeln. Es sollte berücksichtigt werden, dass große Hunde nicht oder viel weniger hysterisch oder panisch sind, als wir es von dem Mittel *Hyoscyamus niger* erwarten würden. Gelegentliches Belecken, insbesondere zwischen den Zehen und an den Pfotenballen, führt zur Bildung von Pickeln an dieser Stelle. In einem solchen Fall sind die Pickel zwischen den Zehen sekundär als Folge des zwanghaften Beleckens, also nicht primär als Folge einer Atopie (angeborene allergische Neigung).

Ignatia amara

Ignatia amara gehört zu den vier Hauptmitteln bei hyperaktivem Verhalten. Das bedeutet, dass auch hier Merkmale des Typs und des Verhaltens die Arzneimitteldiagnose bestimmen. Differenzialdiagnostisch denken wir z. B. bei Pfotenbeißen, das zu einem Leckgranulom führt, an *Ignatia amara*, wenn die Ursache stiller Kummer ist, an *Hyoscyamus niger*, wenn die Ursache Panik ist, an *Arnica montana*, wenn die Ursache ein physisches Trauma oder eine physische Überlastung ist und an *Hypericum perforatum*, wenn die Ursache eine Nervenschädigung ist.

Rötungen und leicht verdickte Haut speziell der linken Ohrmuschel, begleitet von Juckreiz und Schmerzen, sind starke Hinweise auf *Ignatia amara* (DgDx *Sulfur*). *Hepar sulfuris* und *Graphites* sind eher linksseitige Mittel für eine Otitis externa (Entzündung des äußeren Gehörganges) mit einer Hautentzündung der Ohrmuschel. Für *Hepar sulfuris* kommt es zu einer akuten oder subchronischen, sehr schmerzhaften und empfindlichen Entzündung mit einem wässrigen Ausfluss, der nach altem Käse riecht. Bei *Graphites* ist der Ausfluss oft honigartig. Beim Graphites-Hund kommt es meist zu einer sehr chronischen Otitis externa.

Ignatia amara ist auch oft das Simillimum bei Pyodermie, Flohallergie, Milbenallergie oder Nahrungsmittelallergie. Auch dann wird die Heilungsdiagnose letztlich durch Art und Verhalten bestimmt.

Lachesis mutus

Auch bei *Lachesis mutus* stellen wir die Arzneimitteldiagnose bei Hautbeschwerden fast ausschließlich aufgrund anderer Symptome wie Typmerkmale, Verhalten, Ätiologie und einer starken linksseitigen Modalität. Dazu ist es notwendig, das Arzneimittelbild von *Lachesis mutus* zu kennen. Ich habe eine Reihe von Fällen von Nesselsucht (Urtikaria) behandelt, bei denen vor allem die deutliche Linksseitigkeit ausschlaggebend war. Nesselsucht oder Urtikaria ist eine akute allergische Reaktion, bei der wenige bis viele heftig juckende Hautverdickungen (Quaddeln) auftreten. Bei Patienten, die auf das Arzneimittelbild von *Apis mellifica* passen, kann die Rechtsseitigkeit ein zusätzlicher Hinweis auf das Arzneimittel sein. Bei offensichtlicher Linksseitigkeit denken wir bei diesen Symptomen zuerst an *Lachesis mutus*. Manchmal sehen wir, dass die Urtikaria morgens auftritt, sich im Laufe des Tages vollständig zurückbildet, um dann am nächsten Morgen wieder aufzutreten.

Ledum palustre

Ledum palustre ist angezeigt bei Floh- und Milbenallergie. Es handelt sich um einen sehr intensiven, scheinbar beißenden Juckreiz der Haut mit Rötung, kleinen Pickeln, Schorf und Haarausfall. Mit beißendem Juckreiz meine ich ein plötzliches lokalisiertes, intensives Beißen des Fells oder einen plötzlichen intensiven Kratzreflex, als ob der Hund gerade gestochen wird und wir uns sofort fragen: Hat mein Hund Flöhe? Beißen, Lecken, Kratzen und Scheuern, manchmal bis die Haut wund ist und sogar leicht blutet.

Die Lokalisation ist hauptsächlich an der Kruppe um die Hinterhand (Floh- und Flohallergie), kann sich aber auch weiter nach vorne ausdehnen (Milbenallergie). Das typische Bild der Milbenallergie ist eine Spur quer über den Rücken vom Rutenansatz bis zum Hinterkopf mit Pickeln, Schorf, selbst zugefügten Läsionen und einem sehr intensiven Kratzreflex (nur) in diesem Bereich bei Berührung. Man muss eigentlich nur darauf deuten und die Hinterbeine gehen schon hoch, um sich zu kratzen. Abgesehen von den Hautproblemen am Rücken gibt es sonst keine Hautbeschwerden. Höchstenfalls in den Achselhöhlen durch (versehentliches) Kratzen an den Vorderbeinen und durch Beißen in die Beine als Übersprungshandlung (wegen des starken Juckreizes). Charakteristisch für *Ledum palustre* sind die Intensität des Juckreizes und die Besessenheit, mit der der Hund sich leckt, beißt, kratzt und scheuert – manchmal begleitet von einem leisen Winseln.

Manchmal sehen wir lokalisierte, stark juckende, nässende, eiternde Hautentzündungen, die auch dazu führen, dass die Haut wie besessen gebissen oder gekratzt wird. Es ist möglich, dass der Juckreiz schlimmer ist als der Schmerz und dass, wie wir Menschen es bei Mückenstichen erleben, das Kratzen es nur noch schlimmer macht. Wir nennen diese Stellen, die sich sehr schnell entwickeln können, Hot Spots. Offensichtlich handelt es sich nicht nur um eine sekundäre Selbstverletzung, denn wir sehen manchmal, dass sich die intensive akute Dermatitis in einem Hot-Spot sehr schnell (spontan) auf eine größere Fläche ausbreiten kann. *Ledum palustre* ist die erste Wahl bei der Behandlung (möglicherweise zur Vorbeugung) eines Hot Spots, *Apis mellifica* ist eine gute zweite Wahl. Bei wiederkehrenden Hot Spots wird eine Blutuntersuchung auf den Cobalaminspiegel empfohlen.

Beide Mittel, Apis mellifica und Ledum *palustre*, zielen hauptsächlich auf die allergische Reaktion und nicht auf die zugrunde liegende Ursache. In diesen Fällen muss ein Simillimum gefunden werden, und das könnte genauso gut *Apis mellifica* oder *Ledum palustre* sein. Der Unterschied liegt dann in der Wahl der Potenz. Bei organotropen Anwendungen verwenden wir tiefe Potenzen (D6, D12), bei typotropen Anwendungen höhere Potenzen (≥ D30).

Eine bemerkenswerte Modalität bei *Ledum palustre* ist die Verschlimmerung der Symptome durch Hitze, insbesondere bei heißem Wetter oder durch staubige Wolldecken (mit vielen Milben), durch die durch Fenster scheinende Sonne oder wenn die Heizung im Winter in den Räumen auf 24°C oder höher eingestellt ist. Oft sind diese Beschwerden im Sommer m schlimmsten, aber natürlich sind gerade dann Flöhe und Milben aktiver und in größerer Zahl vorhanden. Während des Fellwechsels sind Hunde allgemein anfälliger für allergische Reaktionen.

Lycopodium clavatum

Lycopodium clavatum ist bei Floh- und Milbenallergie angezeigt. Die Fellbeschaffenheit des Lycopodium clavatum-Typs lässt in vielen Fällen zu wünschen übrig. Oft ist das Fell etwas trocken und schuppig, und es kann zu Haarbruch (*Trichorrhexis nodosa*) kommen, insbesondere am Widerrist. Dieser schlechte Zustand des Fells, der möglicherweise mit einer Abmagerung einhergeht, hängt mit ziemlicher Sicherheit mit Störungen der Stoffwechselvorgänge zusammen, z. B. mit Problemen des Verdauungssystems und der Leber. Eine schlechte Haut- und Fellbeschaffenheit kann leicht zu Hautproblemen einschließlich Floh- und Milbenallergie führen. Die genaue Diagnose von *Lycopodium clavatum* bei Floh- und Milbenallergie erfolgt in allen Fällen auf der Grundlage zusätzlicher individueller Symptome und damit nicht oder kaum auf der Grundlage der lokalen (Haut-)Beschwerden, wegen derer der Patient vorgestellt wird. Bei Problemen des Verdauungssystems ist es in einer Reihe von Fällen notwendig, neben der klinischen Untersuchung zunächst zusätzliche Untersuchungen wie Labortests und diagnostische Bildgebung durchzuführen.

Natrium muriaticum

Ein Hautsymptom im Arzneimittelbild von *Natrium muriaticum* passt in erster Linie zu einer sekundären Floh- oder Milbenallergie. „Sekundär" bedeutet, dass in erster Linie ein schlechter Haut- und Fellzustand aufgrund eines zugrundeliegenden Problems vorliegt, das im Allgemeinen die Anfälligkeit für eine Allergie erhöht.

Ein zugrundeliegendes Problem bei einem Hund, der auf *Natrium muriaticum* anspricht, ist beispielsweise die chronisch rezidivierende Diarrhö (IBD). So zeigt der Natrium muriaticum-Hund, dass Probleme im Verdauungssystem und/oder beim Stoffwechsel existieren. Der Natrium muriaticum-Patient ist hungrig, und trotz guten Appetits und ausreichender Nahrung eher mager.

Nitricum acidum

Inzwischen habe ich ausreichende Erfahrungen mit *Nitricum acidum* bei Störungen des Immunsystems gemacht, ähnlich wie bei Lupus erythematodes und Pemphigus. Charakteristisch sind leicht blutende, verklebte Hautläsionen, meist am Übergang von Haut zu Schleimhaut, um Körperstellen wie Maul, Nase, Augen, Anus, Vorhautöffnung und Vulva. Die Absonderungen (Sekrete) sind brennend und es sieht aus, als ob an den Rändern der Körperöffnungen genagt wurde. Zudem entstehen übelriechende Haut- und Schleimhautinfektionen mit Geschwürbildung. Verklebte Hauterscheinungen um die Körperöffnungen passen auch zu *Petroleum*, aber hier sehen wir keine oder nur eine geringe Blutungsneigung. *Nitricum acidum* ist auch bei leicht blutenden Warzen und Tumoren angezeigt. Bei Autoimmunerkrankungen und bösartigen Tumoren erfolgt natürlich zunächst eine reguläre Diagnostik und ggf. eine reguläre Behandlung.

Petroleum

Charakteristisch für das Hautbild, das mit dem Arzneimittelbild *von Petroleum* übereinstimmt, ist eine trockene (selten feuchte), kahle, verklebte Haut um die Lefzenöffnungen, die Augen und den Anus, am Übergang von der Haut zur Schleimhaut. Auffällig ist oft, dass sich die betroffenen Stellen sehr deutlich von einem ansonsten sauberen Fell abheben. Auch im Bereich der Zehen kann ein verklebter Hautzustand auftreten (Bildung um die Krallen). Durch den Juckreiz am After kann der Hund zum Schlittenfahren neigen: Er reibt seinen After kräftig über den Boden, wodurch die Afterschleimhaut verletzt wird und zusätzlicher Juckreiz entsteht. Die Hauterkrankung verschlimmert sich in der Regel im Winter. Letzteres ist typisch, da sich viele Hautkrankheiten bei Hunden im Winter verbessern und im Sommer verschlimmern.

Pulsatilla pratensis

Pulsatilla pratensis ist in einigen Fällen auch bei einer Allergie gegen Flöhe und/oder Milben oder bei einer Allergie gegen bestimmte Nahrungsmittel angezeigt. Aber auch hier sind die Merkmale des Typs und des Verhaltens wertvolle Anhaltspunkte für die Arzneimitteldiagnose.
Vor allem bei glatthaarigen Hunden, insbesondere bei Staffordshire Terriern und Pitbull Terriern, sehen wir ein auffallend kurzes und dünnes Fell am ganzen Körper, mit ausgedehnter Kahlheit an Brust und Bauch, dünnem Fell auf dem Kopf und oft auch hinter den Ohren und an den Hosen. Es gibt keinen Juckreiz, was auf eine hormonelle Ursache hindeutet. *Pulsatilla pratensis* ist hier das erste Mittel, an das wir denken. Häufig bestätigen zusätzliche individuelle Symptome, wie z. B. geschlechtshormonelle Merkmale und Verhaltensweisen, die Arzneimitteldiagnose.
Pulsatilla pratensis passt auch zu einer besonderen Form der Flankenkahlheit. Die typischen, leicht ausladenden, symmetrischen, pigmentierten Kahlstellen ohne Juckreiz, die sich beidseits der Lendenwirbelsäule befinden und bei denen wir vermuten, dass Hormone hier eine Rolle spielen, sprechen gut auf *Pulsatilla pratensis* in Kombination mit *Lachesis mutus* an. Beide in einer D30 einmal täglich eine Dosis jeweils morgens und abends.

Silicea

Bei Silicea-Patienten mit Hautbeschwerden sehen wir eine empfindliche Haut (Schmerzen und Juckreiz) nässende Hautekzeme mit eiternden Pickeln und nehmen meist einen säuerlichen Geruch wahr. Hinzu kommt oft eine für den Hund sehr unangenehme Hautentzündung zwischen den Zehen (Zwischenzehenekzem) mit ebenfalls einem säuerlichen Geruch und oftmals einhergehendem brennendem und entzündetem Schweißdrüsensekret. *Silicea* ist auch bei einer Entzündung des äußeren Gehörgangs (Otitis externa) angezeigt, bei der die Absonderung der Gehörgangsentzündung aus Serum und Eiter besteht (seropurulent) und zudem sehr brennen kann.

Ich habe *Silicea* regelmäßig organotrop bei Krallenbettentzündungen angewendet. Auch hier liegt in der Regel ein Problem des Immunsystems zugrunde: Der Körper wehrt sich gegen die eigenen Krallen, diese fallen (zunächst) ganz ab und wachsen in der Regel durch ein krankes Krallenbett hindurch deformiert nach. Bei diesen Patienten ist das Simillimum die bessere Wahl, das nicht ganz zufällig in vielen Fällen *Silicea* ist. *Silicea* ist auch bei Fisteln angezeigt, insbesondere bei Knochenfisteln.

Bei Fisteln sollte unbedingt nach dem verursachenden Faktor gesucht werden, wie z. B. einem Fremdkörper (Splitter oder Grashalm), einer Störung in den tieferen Geweben, wie Sehnengewebe, Knochenhaut und Knochen.

Sulfur

Da das umfangreiche Arzneimittelbild *von Sulfur* im Repertorium sehr gut vertreten ist, kommt es in vielen Fällen sehr schnell ins Differenzialdiagramm. *Sulfur* ist geeignet, andere Anwärter auf das Prädikat Simillimum zu verdrängen.

Bei *Sulfur* wird die Arzneimitteldiagnose in vielen Fällen vor allem auf der Grundlage der Kombination von lokalen und allgemeinen Symptomen einschließlich lokaler und allgemeiner Modalitäten gestellt. Damit haben wir auch einen Eindruck vom homöopathischen Profil des Sulfur-Typs. Im Allgemeinen spielen Verhaltenssymptome und ätiologische Symptome eine eher untergeordnete Rolle bei der Erstellung der Arzneimitteldiagnose für *Sulfur.* Ich führe Punkt für Punkt einige bewährte charakteristische Symptome von *Sulfur* bei Hunden auf. Hier ein kurzer Überblick über die häufigsten Modalitäten, Allgemein- und Lokalsymptome im Arzneimittelbild:

- Sehr schlechter Zustand des Fells, ungepflegtes Fell, kahl und trocken, mit vielen Schuppen, starkem Haarausfall, vielen toten Haaren und vielen Verfilzungen.
- Haut- und/oder Fellgeruch. Manchmal feuchte, klebrige Stellen an Hals und Bauch, in Achselhöhlen und der Leistengegend. Komplikation: Hefepilzinfektion.
- Anthrazitfarbene Pigmentflecken hier und da auf der Haut.
- Diffuse brennende Rötung der Haut und/oder Schleimhäute.
- Feurig rote linke Ohrmuschel, mit leicht verdickter Haut.
- Juckreiz im Gesicht.
- Roter, heftig juckender Anus.
- Die Beschwerden entstehen durch die Unterdrückung von Hautbeschwerden.
- Überempfindlichkeit gegen reguläre Medikamente.

- Die Hautbeschwerden werden durch Wärme (Heizung im Winter), Wolldecken und Wasser (Baden, Schwimmen) verschlimmert.

- Wechsel zwischen inneren und äußeren Beschwerden: z.B. Hautbeschwerden und Husten, Hautbeschwerden und Durchfall und umgekehrt.

- Plötzliches Auftreten von Durchfall am frühen Morgen mit unerträglichem Drang.

- Eine frühe Linsentrübung (Katarakt), insbesondere auf der linken Seite.

Thuja occidentalis

Pyodermie und leichte Seborrhö passen zum Arzneimittelbild von *Thuja occidentalis*. Bei Hautbeschwerden, die zu *Thuja occidentalis* passen, liegt meist ein Problem des Immunsystems zugrunde.
Merkmale der zu *Thuja occidentalis* passenden Pyodermie sind bakterielle Follikulitis (Haarbalgentzündung) und Kollaretten ohne Juckreiz (DgDx *Hepar sulfuris*). Merkmale der Seborrhö sind anthrazitfarben pigmentierte, oft trockene und leicht verklebte Haut, mit oder ohne Juckreiz (DgDx *Graphites*). Seborrhö tritt vor allem am Perineum auf, dem Bereich zwischen Anus und Vulva und der Rückseite des Hodensacks. In einigen Fällen sind auch die Ohrmuscheln beteiligt. Bei der zu *Thuja occidentalis* passenden Seborrhö tritt als Komplikation häufig eine Hefepilzinfektion auf, die an ihrer typischen Lokalisation und ihrem eindringlichen Geruch erkennbar ist.
Auch Warzen gehören in das Arzneimittelbild von *Thuja occidentalis*. Wir sehen oft anthrazitfarbene, pigmentierte Warzen, die manchmal zu Blutungen neigen. Einige kleine warzenartige Wucherungen können den Verdacht auf eine weniger gutartige Natur erwecken. In diesen Fällen führen wir eine Gewebeuntersuchung durch.
Thuja occidentalis wird ebenfalls hauptsächlich als Simillimum verwendet, wenn ein starker Verdacht auf den Zusammenhang mit einer Impfreaktion als möglichem ätiologischen Faktor oder als Grund der Manifestation besteht.

Anhang

Begriffserklärungen
Index
Informationsquellen
Danksagung
Über den Autor

Danksagung

Mein besonderer Dank für Ermutigung, Inspiration und Input gilt:
Arij Vrijlandt (†), homöopathischer Arzt. Einst regelmäßig Dozent der Gruppe für Veterinärhomöopathie der Königlichen Niederländischen Gesellschaft für Veterinärmedizin (KNMvD). Dank Arij wurde ich von einem überzeugten Skeptiker der Homöopathie, der ich vor 50 Jahren war, zu einem begeisterten praktizierenden Tierarzt, der die Homöopathie jahrzehntelang erfolgreich in die reguläre Veterinärmedizin integrierte.
Jan Fontijn (†), Pharmazeut. Damals Direktor von VSM Medicines in Zaandam/Alkmaar. Dank der jahrelangen Inspiration und Unterstützung von Jan und seiner Assistentin Martje Couwenhoven konnte ich die Veterinärhomöopathie im In- und Ausland bekannt machen. Dies wäre ohne meine Kollegen Vera Baumans, Jan van der Heul, Marijke Lutz, Ardo Menges (†), Klaas Rienks, Bert Rigter (†), Willy Roelofsen und Evelien van der Waa nicht möglich gewesen.
Ein besonderer Dank geht auch an Martin Dicke, Apotheker und damaliger Leiter der Hahnemann-Apotheke in Heiloo. Er hat mir mit seinen zahlreichen Vorschlägen zur Verbesserung der Informationen in meinem Buch sehr geholfen. Ein besonderer Dank geht auch an Eveline Meijer, Tiermedizinische Assistentin an der EduVet Tierklinik in Veenendaal, die zusammen mit Sandra Valck und Edwin Lipperts von der Naturapotheke in Pijnacker intensiv an dem Bildmaterial im Kapitel Materia Medica gearbeitet hat. Ein besonderer Dank geht auch an Wil Mulders, Direktor von Prins Petfoods, der mich zu diesem Buches inspiriert und es vorangetrieben hat.
Nicht zuletzt gilt mein Dank meiner Frau Pauline. Seit über 30 Jahren arbeiten wir gemeinsam in unserer Praxis mit der derselben Leidenschaft und großer Befriedigung. Dass ich monatelang viel freie Zeit – auch während unseres Urlaubs – in das Schreiben dieses Buches investiert habe, war daher nie ein Thema.

Über den Autor

1949	Geboren in Bussum (NL) am 21. Mai
1955–1961	Grundschulausbildung an der Prinses-Beatrix-Schule in Bussum
1961–1967	Gymnasium-B am Willem de Zwijgerlyceum in Bussum
1967–1973	Studium der Veterinärmedizin an der Fakultät für Veterinärmedizin der Universität Utrecht
1973–1991	Tierarzt für Haustiere, Nutztiere und Pferde in der Tierarztpraxis Wageningen
1973–1983	Präsident der Niederländischen Vereinigung für Stabij- en Wetterhounen (NVSW)
1977–1987	Gründer, Vorsitzender und Ehrenmitglied der Fachgruppe Veterinärhomöopathie der Königlich Niederländischen Gesellschaft für Tiermedizin (KNMvD), heute Verband der Komplementärtierärzte
1977–1997	Tierärztlicher Berater bei VSM Medicines in Alkmaar, Hersteller von homöopathischen und phytotherapeutischen Arzneimitteln
1986	Gründer der Internationalen Vereinigung für Veterinärhomöopathie (IAVH)
1987–2009	Dozent für die Weiterbildung Deutscher Tierärzte im sechsköpfigen Aude Sapere Team; mit Akkreditierung der Akademie für Tierärztliche Fortbildung
1989/2000	Buch *Hond & Homeopathie*, auch ins Deutsche bzw. Englische übersetzt. *Homöopathie für Hunde* und *Your Dog and Homeopathy*
1991–2000	Tierärzt in der Tierklinik Kortenoord in Wageningen
2001–2005	Tierarzt für Haustiere in der Westerhuis Clinic for Companion Animals und in Dodewaard; nach 2005 weitergeführt unter dem Namen WHG Westerhuis Clinic for Companion Animals
2005–2010	Tierärztlicher Direktor WHG Vets: Westerhuis Clinic for Companion Animals Dodewaard, Dierenziekenhuis Alkmaar, Dierenziekenhuis Rotterdam, Roest Praktijk voor Gezelschapsdieren Voorburg
2005–2013	Tierarzt für Haustiere in der WHG Westerhuis Clinic for Companion Animals in Dodewaard; vor 2005 unter dem Namen Westerhuis Clinic for Companion Animals
2012–2017	Vorsitzender von De Wetterhoun Vereniging Nederland (DWVN)
2013–2018	Tierarzt in der Klinik Klaver4Animal in Dodewaard. Außerdem tierärztlicher Leiter von EduPet Education in Veenendaal
2018–heute	Tierarzt in der EduVet Tierklinik in Veenendaal
2020	Buch *Handbuch der Tiermedizin mit Homöopathie bei Hunden, 1. Auflage*
2024	Buch *Handbuch der Tiermedizin mit Homöopathie bei Hunden, 2. Auflage*

Informationsquellen

Homöopathie

https://www.radaropus.com
Das im Buch öfter erwähnte RADAR bzw. RadarOpus ist eine Homöopathie-Software, die verschiedene Repertorien zusammenfasst und auswertet. Sie ist in deutscher und englischer Sprache sowie in mehreren Modulen erhältlich.

https://www.dzvhae.de
Der Deutsche Zentralverein homöopathischer Ärzte (DZVhÄ) ist der Berufsverband homöopathisch tätiger Ärzte. Er wurde 1829 in Köthen gegründet und ist der älteste noch bestehende deutsche Ärzteverband. Der Verein dient der Wahrnehmung und Vertretung der berufspolitischen Interessen der homöopathischen Ärzte. Die ärztliche Fort- und Weiterbildung im Bereich Homöopathie ist eines der weiteren zentralen Aufgabengebiete. Nach entsprechender Ausbildung wird durch manche Ärztekammern gegenwärtig noch die Zusatzbezeichnung „Homöopathie“ verliehen. Darüber hinaus fördert der DZVhÄ die Homöopathieforschung und die Etablierung der Homöopathie an den Hochschulen.

https://ggtm.de/fachgruppen/fg-homoeopathie
Die Gesellschaft für Ganzheitliche Tiermedizin ist die deutschsprachige Dach- und Fachgesellschaft für alle ganzheitlich und regulationsmedizinisch tätigen und forschenden sowie an Naturheilverfahren interessierten Tierärztinnen und Tierärzte. Einige GGTM-Mitglieder haben sich zu Fachgruppen zusammen geschlossen. Die Fachgruppe Homöopathie hat es sich zum Ziel gesetzt, die Interessen aller homöopathisch arbeitender Tierärztinnen und Tierärzte zu vertreten. Sie bietet eine fachkompetente Anlaufstelle, um sich über Homöopathie in der Tiermedizin aus erster Hand zu informieren.

https://www.wisshom.de
Die Wissenschaftliche Gesellschaft für Homöopathie (WissHom) setzt sich aktiv für die Weiterentwicklung der Homöopathie ein. Zweck der WissHom sind Forschung und Lehre im Bereich der homöopathischen Medizin und Tiermedizin, der homöopathischen Pharmakologie und der homöopathischen Pharmazie. Die Arbeit der Gesellschaft findet im Rahmen der drei Sektionen "Forschung", "Praxis" und "Weiterbildung, Fortbildung und Lehre" statt.

https://www.hri-research.org/de/
Das *Homeopathy Research* Institute (HRI) ist eine in Großbritannien ansässige Wohltätigkeitsorganisation, die sich auf internationaler Ebene der Förderung qualitativ hochwertiger Forschung in der Homöopathie widmet Das Homöopathische Forschungsinstitut bietet viele Hintergrundinformatio-

nen über die Wissenschaft der Homöopathie, wie z. B. die Debatte über Homöopathie durch Wissenschaftsberichte: https://www.hri-research.org/de/informationsquellen/die-homoopathie-debatte/

https://homeopathyeurope.org/research/
Dies ist die Website des Europäischen Komitees für
Homöopathie, die zahlreiche Hinweise auf alle Formen der Forschung im Bereich der Homöopathie und einen Link zur internationalen Datenbank bietet.

https://www.carstens-stiftung.de/databases/#/
Die Karl und Veronica Carstens-Stiftung schuf ein kostenfreies Datenbank-Portal zur Komplementärmedizin, Naturheilkunde und Homöopathie. Über sie wird die Datenbank HomBRex betrieben. Diese Datenbank enthält momentan 1383 klinische Studien auf dem Gebiet der Homöopathie und 2418 dokumentierte experimentelle Studien auf dem Gebiet der Grundlagenforschung zur Homöopathie.
Zudem findet sich hier auch die HomVetCR-Datenbank. Beide Datenbanken wurden allerdings nur bis 2018 gepflegt.

https://iavh.org/en/the-iavh
International Association for Veterinary Homeopathy (IAVH). Die internationale Organisation für alles rund um Veterinärhomöopathie. Sprache: englisch

Phytotherapie

Susan G. Wynn und Barbara J. Fougère, „Leitfaden Naturheilverfahren in der Kleintierpraxis", Urban & Fischer Verlag/Elsevier Gmbh

Andrew Chevallier, „Das große Lexikon der Heilpflanzen: 550 Pflanzen und ihre Anwendungen", Dorling Kindersley Verlag

Ursel Bühring, „Lehrbuch Heilpflanzenkunde: Grundlagen – Anwendung – Therapie", Haug
Ursel Bühring und Michaela Girsch, „Praxis Heilpflanzenkunde", Haug

Geert Verhelst, „Groot handboek geneeskrachtige planten" (Großes Handbuch der Heilpflanzen), Mannavita. Sprache: niederländisch

Begriffserklärungen

Abortivum	Abtreibungsauslösendes Mittel
Acetabulum	Hüftpfanne (Teil des Hüftgelenks)
Akute Beschwerden	Die Symptome treten relativ schnell oder abrupt auf (perakut) und haben oft einen heftigen Verlauf
Alkaloide	Meist pflanzliche, oft hochgiftige Stickstoffverbindungen, die in geringen Dosen als Arzneimittel verwendet werden können
Allergen	Substanz, die eine allergische Reaktion hervorrufen kann
Allergie	Immunreaktion des Körpers auf bestimmte Substanzen, die zu einer Reaktion der Haut oder Schleimhäute mit Rötung, Schwellung und Juckreiz führt
Amenorrhö	Ausbleiben der Läufigkeit bei der Hündin (kein Zyklus)
Anaboler Stoffwechsel	Aufbauende Stoffwechselprozesse in den Zellen
Analgetikum	Schmerzmittel
Anamnese (spontane)	Befragung des Besitzers zu Beginn der Konsultation über den Gesundheitszustand des Hundes. Er soll dabei seine Beobachtungen schildern, ohne dass ihm Fragen gestellt werden. Das Ergebnis sind Symptome von hoher Authentizität und Intensität.
Antibiogramm (MBABG)	Test, um herauszufinden, gegenüber welchen Antibiotika ein bestimmter bakterieller Krankheitserreger resistent bzw. sensibel ist.
Antiphlogistisch	Entzündungshemmend
Antipyretisch	Fiebersenkend
Arterie	Schlagader; das enstprechende Adjektiv: arteriell
Arthritis	Akute oder chronische Gelenkentzündung
Arthrose	Degenerative Gelenkerkrankung, chronische Gelenkentzündung

Arzneimittelprüfung	Indem wir gesunden Probanden abgeschwächte Verdünnungen einer bestimmten Substanz verabreichen, lernen wir das Arzneimittelbild kennen.
Assimilationsstörung	Die Aufnahme von lebenswichtigen (Nähr-)Stoffen aus der Umwelt (Nahrung, Sauerstoff, Sonnenlicht u.ä.) kann vom Körper nicht optimal umgesetzt werden
Ätiologie	Ursache von Erkrankungen und ihren auslösenden Faktoren
Atopie, atopisches Syndrom	Angeborene Neigung des Körpers, auf den Kontakt mit bestimmten Umweltreizen, die eigentlich für den Körper ungefährlich sind, allergisch zu reagieren
Atresia ani	Angeborener Defekt: Fehlen des Anus
Atrophie	Gewebeschwund z. B. der Muskelmasse (Muskelschwund)
Autolyse	Absterben von Körperzellen
Autoimmunerkrankung	Intoleranz des Immunsystems gegenüber bestimmten körpereigenen Zellen und Substanzen führt zur Bildung von Antikörpern
Automutilation	Selbstverstümmelung
Autopsie	Untersuchung eines toten Körpers, Sektion
Avogadro-Zahl oder Avogadro-Konstante	Verdünnungsgrad 10^{-24}, bei dem keine Moleküle der ursprünglichen Substanz mehr vorhanden sind
Bakteriologische Untersuchung (BU)	Kultivierung von Bakterien auf einem Nährboden, um die Identität der fraglichen Bakterien zu bestimmen
Balanoposthitis	Entzündung der Vorhaut
Begleitsymptome	Begleitende oder gleichzeitige Symptome
Biologische Verfügbarkeit	Tatsächliche Aufnahme an der richtigen Stelle im Stoffwechselprozess
Biopsie	Entnahme von Zellen oder Gewebestücken zur (mikroskopischen) Untersuchung
Borborygmus	Darmgeräusche, z. B. ein blubbernder oder knurrender Bauch
Blepharospasmus	ein- oder beidseitiger Lidkrampf
Bronchien	Große Äste des Bronchialsystems

Bronchioli	Kleinste Äste des Bronchialsystems
Bronchiolitis	Entzündung der Bronchiolen
Bronchitis	Entzündung der Bronchien
Butylscopolamin	Wirkstoff aus der Humanmedizin, krampflösendes Mittel, gut bei Magen-Darm-Krämpfen
Caput femoris	Hüftkopf, Teil des Oberschenkelknochens
Cauda-Equina-Syndrom	Degenerative Veränderungen der Wirbelsäule. Dabei ist vor allem der Übergang vom letzten Lendenwirbel (L7) zum ersten Kreuzwirbel (S1) betroffen. Durch Instabilität kann es zu Verengung des Wirbelkanals (Stenose), Spondylose und/oder Bandscheibenvorfall kommen
Centesimalpotenzial (C)	Siehe: Potenzskala
Cheyletiella yasguri	Pelzmilbe. Starke Schuppenbildung, manchmal Juckreiz. Selten können auch Tierbesitzer darauf überempfindlich mit juckenden Pusteln reagieren.
Chondroitinsulfat	Schwefelhaltige Substanz, die dem Gelenkknorpel eine gute Puffereigenschaft verleiht. Wird oft in Kombination mit Glucosamin bei Arthrose verwendet.
Chronische Beschwerden	Langanhaltende Symptome, oft dauerhaft (von subchronisch bis chronisch)
Chronische Niereninsuffienz	Reduzierte Nierenfunktion, bei der die Nieren zu viel Flüssigkeit verlieren und Toxine (Harnstoff, Kreatinin, Phosphor) nicht ausreichend ausgeschieden werden.
Coli-Durchfall	Durchfall, verursacht durch E. coli. Die Bakterien scheiden ein Zellgift aus, das zu einem schweren Krankheitsverlauf bis hin zum Tod führen kann.
Colitis, psychogene -, – ulcerosa	Dickdarmentzündung, z. B. durch Stress (psychogen), mit Bildung von Geschwüren (ulcerosa)
Corpus luteum	Gelbkörper, produziert Progesteron und Östrogene
cTLI	Canine Trypsin-like Immunoreactivity: Wert zur Bestimmung der Menge von Trypsinogen/Trypsin (Bauchspeicheldrüsenenzyme) im Blut
Cushing-Syndrom, auch: Morbus Cushing	Die Nebennierenrinde arbeitet zu schnell (Hyperadrenokortizismus), was zu einer übermäßigen Produktion von körpereigenen Kortikosteroiden (Kortison) führt.
Darmatonie	Tonusverlust (Atonie) der Darmmuskulatur in Folge einer neurologisch bedingten Darmlähmung (Darmparalyse)

DDx	Differenzialdiagnose. Erkrankungen mit ähnlicher bzw. nahezu identischer Symptomatik, die vom Arzt neben der eigentlichen Verdachtsdiagnose ebenfalls als mögliche Ursachen der Patientenbeschwerden in Betracht gezogen werden müssen. Siehe auch: DgDx
Decompensatio cordis	Schwere Beeinträchtigung der Herzfunktion
Defäkation	Stuhlgang
Degenerative Myelopathie	Progressiv verlaufende, nicht heilbare neurologische Erkrankung des Rückenmarks beim älteren Hund. Es entwickelt sich zunehmend eine Paraparese.
Dehydrierung	Austrocknung
Demodikose	Infektion mit der Demodex-Milbe (Haarbalgmilben)
Desensibilisierungsperiode	Zeitraum, der benötigt wird, um ein bestimmtes Verhalten zu verlernen oder allergische Symptome zu reduzieren
Dezimalpotenz (D)	Siehe: Potenzskala
DgDx	Differenzialdiagnose von Arzneimitteln. Siehe auch: DDx
Diabetes mellitus	Zuckerkrankheit
Diagnostische Bildgebung	Röntgen, Ultraschall, EKG, Endoskopie, CT, MRT
Dilatation des Magens	Ausdehnung des Magens
Dilutio	Verdünnung eines Stoffes. In der Homöopathie ist eine Dilution eine in Wasser oder Alkohol hoch verdünnte, „potenzierte" flüssige Darreichungsform eines Wirkstoffs.
Diskushernie	Bandscheibenvorfall. Plötzlich oder langsam zunehmende Verlagerung, bzw. Austritt von Gewebe des Nucleus pulposus der Bandscheibe. Dabei kann es zu einer Kompression des Rückenmarks oder der Nervenwurzeln kommen.
Distorsion	Verstauchung
Diurese, erhöhte	Erhöhte Urinproduktion, die in der Regel mit vermehrtem Trinken einhergeht. Siehe: Polyurie (PU) und Polydipsie (PD)

Dosis, Dosierung	Die Dosis ist die Stärke und/oder Menge des zu einem bestimmten Zeitpunkt verabreichten Arzneimittels. Die Dosierung besteht aus einer bestimmten Menge eines Arzneimittels in einer bestimmten Häufigkeit und über eine bestimmte Dauer (Behandlung).
Drainage	Ableitung oder Absaugen krankhafter oder vermehrter Körperflüssigkeiten oder von Gasen, um wieder einen Normalzustand herzustellen.
Dreifach-Beckenosteotomie (TPO)	Triple Pelvic Osteotomy – TPO: chirurgischer Eingriff mit dem Ziel, den Oberschenkelkopf besser mit dem Pfannenrand zu überdachen und das Gelenk zu stabilisieren
Duodenum	Zwölffingerdarm
Dysbakteriose	Störung des Mikrobioms. Die Besiedelung des Darms mit nützlichen Bakterien ist krankhaft gestört.
Eklampsie oder Puerperale Tetanie	Systemische Erkrankung im Puerperium der Hündin, die durch eine Hypokalzämie (akuter Kalziummangel) verursacht wird. Dadurch kommt es bei der Hündin während der Geburt und Laktation zu Krämpfen.
Eliminationssymptom oder Eliminierungssymptom	Symptom, bei dessen Fehlen ein bestimmtes Mittel als Simillimum ausgeschlossen werden kann
Embolie	Plötzlicher Verschluss eines Blutgefäßes durch einen Pfropf. Auslöser ist ein Embolus, ein Gebilde (z. B. Blutgerinnsel, Gewebe, Fetttropfen), das mit dem Blutstrom abgeschwemmt wird und ein Gefäß verstopft.
Empirisch	Auf Erfahrung basierend
Endogen	Körperspezifisch. Aus dem Inneren des Körpers stammend. Siehe: Exogen.
Endokard, Endokarditis	Innenwand des Herzens, Entzündung der Herzinnenwand
Endometritis	Gebärmutterschleimhautentzündung
Endoskopie	Innere Untersuchung mit einem Endoskop, zum Beispiel zur Inspektion der Darmwand im Inneren
Enostose	Siehe: Panosteitis
Enuresis	Unwillkürlicher Urinabgang während des Schlafs oder einer anderen ähnlichen Entspannungsphase; oft schlimmer in Stresssituationen
Eosinophile Granulozyten	Untergruppe der weißen Blutkörperchen (Leukozyten)
Eosinophile Entzündung	Entzündung mit relativ vielen eosinophilen Granulozyten ; ein Hinweis auf eine parasitäre Infektion oder ein immunbedingtes Problem.

Epilepsie	Fallsucht mit krampfartigen kurzzeitigen Muskelkrämpfen am ganzen Körper (Anfälle)
Epithel	Oberflächliche Zellschicht von Haut und Schleimhaut
Ergotamin	Mittel, das u. a. die glatte Muskulatur der Gebärmutterwand zum Zusammenziehen bringt (Uteruskontraktionen)
Evidenzbasiert	Auf der Grundlage wissenschaftlicher Erkenntnisse
Exkretion, Exkrete	Ausscheidungsprodukte, wie z. B. Urin, Ausfluss, Schweiß, Blutungen. Siehe 'Sekrete'.
Exogen	Prozesse, die von außen auf den Körper einwirken. Siehe: Endogen
Exokrine Pankreasinsuffizienz	Unzureichende Funktion desjenigen Teils der Bauchspeicheldrüse, der die Verdauungsenzyme produziert und im Darm für die Verdauung von Fetten, Proteinen und Kohlenhydraten zuständig ist.
Exostosen	Knochenwucherungen
Exsudative Entzündung	Entzündung bei der es zur Absonderung einer eiweißreichen Flüssigkeit (Exsudat) kommt.
Extravasat	Aus einem Blutgefäß, Lymphgefäß oder dem Harnsystem in das umliegende Gewebe ausgetretene Flüssigkeit. In der Folge entsteht ein Hämatom
Exzitation	Aufregung
Fertilität	Fruchtbarkeit; Gegenteil von Sterilität
Fissur (Knochen)	Riss im Knochen
Fistel	Wunde in der Haut, die nicht heilt, weil das dortige Gewebe (noch) entzündet ist
Follikulitis, follikuläre Dermatitis	Entzündung der Haarfollikel. Hauterkrankung mit sich ausbreitender Entzündung der Haarfollikel
Fraktur(Knochen)	Knochenbruch
FSH	Follikelstimulierendes Hormon, ein Sexualhormon der Hündin
Futtermittelallergie	Diagnose: 9 Wochen Eliminierung der verdächtigen Lebensmittelstoffe, dann provozieren: Testen, welche Inhaltsstoffe toleriert werden und welche nicht.

Frühresorption	Früchte, die nach etwa 3-4 Wochen nach der Fruchtbildung absterben und resorbiert werden
Gangrän, gangränöse Entzündung	Gewebsnekrose, meist infolge von Blutunterversorgung, bei der das betroffene Gewebe durch Verwesung und Autolyse (Selbstverdauung) zerfällt und sich als Folge von Hämoglobin-Abbau verfärbt
Ganzheitlicher (holistischer) Ansatz	Ganzheitslehre, nicht nur krankheitsorientiert, der Kranke steht im Mittelpunkt. Dieser Ansatz verlangt eine Betrachtung des Patienten als Ganzes auf verschiedenen Ebenen in seinem Umfeld, inklusive der Krankheitshistorie
Gastroenteritis	Entzündung von Magen und Darm
Gastropexie	Chirurgische Fixierung des Magens zur Verhinderung einer erneuten Magendrehung
Gaumenspalte	Die Gaumenspalte ist ein Geburtsfehler, bei dem der Gaumen nicht richtig ausgebildet und geschlossen ist.
Genitaltrakt	Geschlechtswege und -organe
Gewebsnekrosen	Abgestorbenes Gewebe
Glatte Muskeln	Nicht willkürliche Muskeln, die autonom und ohne unseren Willen handeln wie z. B. der Herzmuskel
Globuli	Streukügelchen (1 mm) aus Zucker als Trägermaterial für den homöopathischen Wirkstoff
Glucosaminsulfat	Schwefelhaltige Verbindung, die den Knorpel stärkt und aufbaut und häufig in Kombination mit Chondroitinsulfat bei Arthrose eingesetzt wird.
GnRH	Gonadotropin-Releasing-Hormon, ein Geschlechtshormon
Gonaden	Keimdrüsen. In den männlichen Hoden, in den weiblichen Eierstöcken
Guttae	Tropfen. Siehe: Dilutio
Habitus	Äußeres Erscheinungsbild
Hahnemann, Samuel	Christian Friedrich Samuel Hahnemann (1755 – 1843), deutscher Arzt, Begründer der Homöopathie
Hämatom	Bluterguss
Hämolyse	Auflösung von Erythrozyten (rote Blutkörperchen) durch Zerstörung der Zellmembran mit Übertritt von Hämoglobin (roter Blutfarbstoff) in das Plasma.

Hämopurulent	Blutig-eitrig
Hämorrhagien	Blutungen
Hepatitis	Entzündung der Leber
Hernia ingualis	Leistenbruch
Hernia umbilicalis	Nabelbruch
Histologische Untersuchung	Gewebeuntersuchung, liefert Informationen über die Eigenschaften von Tumoren und Krebszellen
Hormesis	Grundsatz, dass giftige Stoffe unverdünnt schädlich sind (z. B. das Zellwachstum hemmen oder Zellen abtöten), während dieselben Stoffe in verdünnter Form die gegenteilige Wirkung haben können (z. B. das Zellwachstum anregen).
Hüftdysplasie	Fehlentwicklung des Hüftgelenks mit Arthrose als Folge
Humerus	Oberarmknochen
Hyperadrenokortizismus	Siehe: Cushing-Syndrom
Hyperämie	Verstärkte Durchblutung eines Gewebes bzw. Organs
Hypermotilität	gesteigerte Bewegungsfähigkeit oder Beweglichkeit, z. B. des Darms
Hyperöstrogenismus	Krankheitsbild, das durch eine Überproduktion von weiblichen Geschlechtshormonen (Östrogene) verursacht wird, z. B. aufgrund von persistierenden Follikeln
Hyperthermie	Unphysiologische Überwärmung des Organismus gegen die Steuerung des Thermoregulationszentrums im Bereich des Hypothalamus, Fieber
Hypertonie	Bluthochdruck
Hypokalzämie	Siehe: Eklampsie
Hypophyse	Hirnanhangdrüse, Basis einer Hormondrüse
Hypothermie	Untertemperatur
Hypothese	Vermutung, die mit großer Wahrscheinlichkeit zutrifft; Ausgangspunkt für wissenschaftliche Forschung

Hypothyreose	Schilddrüsenunterfunktion (SDU); die Funktion der Schilddrüse ist gestört), was dazu führt, dass sie zu wenig Schilddrüsenhormone produziert.
Hypotonie	Niedriger Blutdruck
Idiopathische Krankheit	Krankheit, deren Ursache nicht bekannt ist
Ikterus	Gelbsucht aufgrund von Leberproblemen; Gelbfärbung von Haut, Schleimhäuten sowie der Lederhäute der Augen durch eine erhöhte Konzentration von Bilirubin im Blut
Immunbedingt	Verursacht durch eine Störung des Immunsystems
Indolente Entzündung	Schmerzfreie Entzündung
Inflammatory Bowel Disease (IBD)	Entzündliche Darmerkrankungen, chronische Erkrankung des Magen-Darm-Trakts.
Inkongruente Verbindung	Teile passen nicht mehr nahtlos zusammen
Infarkt	Lokaler Verschluss eines Blutgefäßes, der infolge einer Sauerstoffunterversorgung zum Absterben von Gewebe führt,
Infauste Prognose	Die Prognose ist schlecht (tödlich)
Innervation	Funktionelle Versorgung eines Organs, eines Körperteils oder eines Gewebes mit Nervengewebe, d. h. Nervenzellen und Nervenfasern
Invasion	Medizinische Maßnahmen zur Diagnostik oder Therapie, die in den Körper eindringen
Involutionsschmerzen	Rückbildungsschmerzen – Schmerzen aufgrund der Kontraktion der Gebärmutter nach dem Partus, um sich auf die ursprüngliche Größe zu normalisieren.
IPA – Isolierter Processus anconaeus	Knochenfortsatz der Elle im Rahmen des Wachstums nicht angewachsen
IPC – Isolierter Processus coronoideus	Abgebrochenes Knochenstück des inneren Gelenkfortsatzes der Elle
Ischialgie	Akute oder chronische, in Schüben auftretende Schmerzen am Übergang der Lendenwirbelsäule zum Kreuzbein, die in die Hinterbeine ausstrahlen
Juvenile Balanoposthitis	Entzündungen der Vorhaut, vermehrt bei intakten Rüden
Juvenile Vaginitis	Entzündliche Erkrankung der Vaginalschleimhaut, vor allem bei jungen, nicht geschlechtsreifen Hündinnen

Juvenile Zellulitis	Perakute Schwellung des Gesichts: der Augenumgebung, der Schnauze, der Ohrmuscheln und der Unterkieferlymphknoten (Kopfspeicheldrüsenerkrankung) und Halslymphknoten sowie Fieber bei Welpen.
Kapillaren	Kleinste Blutgefäße
Kapillarfüllungslzeit (Capillary Refill Time – CRT)	Die Zeit, die nach Druck mit einem Finger auf die Maulschleimhaut vergeht, bis sich die entstandene blasse, blutleere Stelle wieder mit Blut füllt und rosa wird. Unter normalen Umständen beträgt diese Zeit < 2 Sekunden.
Kastrations-Inkontinenz	Siehe: Sphinkter-Inkontinenz
Kataboler Stoffwechsel	Abbau von Stoffwechselprozessen in Zellen zur Energiegewinnung
Keratin	Schwefelhaltige Hornsubstanz (Eiweiß) in Haut, Haaren und Nägeln.
Keratitis	Entzündung der Hornhaut (Kornea)
Kipppunkt	Siehe: Hormesis
Kissing lesion	Siehe: Osteochondrosis dissecans (OCD)
Klassische Homöopathie	Die homöopathische Arznei wird auf der Grundlage lokaler und allgemeiner Symptome sowie zusätzlicher individueller Symptome ausgewählt.
Klinische Homöopathie	Die homöopathische Arznei wird auf der Grundlage lokaler und allgemeiner Symptome ausgewählt.
Kollaps	Ohnmacht, Schock aufgrund von Kreislaufversagen
Kollaretten	Kleine runde Flecken auf der Haut, die rot, grau-schwarz und schuppig aussehen und Pilzflecken ähneln
Kolon (s. a. Colon)	Dickdarm
Konjunctivitis	Bindehautentzündung. Konjunctiva ist die Bindehaut des Auges.
Konstitution	Körperliche Verfassung
Kontusion	Prellung, Schädigung von Organen, Gewebebereichen oder Körperteilen
Kornea	Hornhaut des Auges

Kortikosteroide	Hormone der Nebennierenrinde. Therapeutisch verwendet, innerlich und äußerlich unter Bezeichnungen wie Prednisolon, Dexamethason, Moderin usw.; z. B. bei Hautbeschwerden (Juckreiz), Entzündungen Schwellungen, (Auto)-Immunerkrankungen.
Kolik	Anfall von Unterleibsschmerzen
Korsakow Potenz	Siehe: Potenzskala
Krankheitsbild (homöopathisch)	Lokale und allgemeine Symptome (reguläre Pathologie) plus zusätzliche individuelle Symptome; die Kombination wird in der Homöopathie kurz Krankheitsbild genannt.
Krankheitsbild (schulmedizinisches)	Krankheitsbild in der regulären Medizin: Lokale und allgemeine Symptome bestimmen die Diagnose.
Krankheitsdiagnose	Diagnose des regulären Krankheitsbildes. Die Diagnose des (homöopathischen) Krankheitsbildes wird Arzneimitteldiagnose genannt (siehe dort).
Kryptorchismus	Ausbleiben des Abstiegs der Hoden in den Hodensack. Wenn nur ein Hoden vollständig absteigt und der andere in der Leiste oder im Bauchraum verbleiben, spricht man von Monorchidismus.
Laktationsperiode	Säugezeit
Laryngitis	Entzündung des Kehlkopfes
Larynx	Kehlkopf
Late-onset Syndrom	Eine Beschwerde, die lange Zeit latent vorhanden war und sich erst viel später im Leben manifestiert
Leckgranulom	Wiederholtes und intensives Lecken einer bestimmten Stelle – meistens am unteren Abschnitt der Gliedmaßen; Verhaltensstörung mit vielen möglichen Ursachen
Leishmaniose	Durch Leishmanien (Blutparasiten) verursachte Krankheit
Leptosomer-Typ	Schlank, hochbeinig und eher mager („schlaksig"). Das Gegenteil des pyknischen Typs.
Leukozyten	Weiße Blutkörperchen
LH	Sexualhormon (luteinisierendes Hormon)
LM-Potenz	Siehe: Potenzskala
Lumbago	Siehe: Ischialgie

Lumbosakraler Übergang	Übergang von der Lendenwirbelsäule zum Kreuzbein (L7-S1)
Lupus erythematodes	Autoimmunerkrankung
Luxation	Vollständiger oder unvollständiger (Subluxation) Kontaktverlust gelenkbildender Knochenenden oder eine Verlagerung anderer anatomischer Strukturen aus ihrer physiologischen Position z. B. Hüftgelenkluxation. Siehe: Subluxation.
Lymphoplasmazelluläre Entzündung	Entzündung mit relativ vielen Lymphozyten und Plasmazellen; ein Hinweis auf ein immunbedingtes Problem
Lymphozyten	Untergruppe der Leukozyten (weiße Blutkörperchen)
Magentorsion	Magendrehung aufgrund einer Gasansammlung im Magen
Malassezia pachydermatis	Hefepilze, Ursache von (sekundären) Hautinfektionen durch Hefepilze. Übelriechende, heftig juckende, oft etwas nässende Hautentzündungen, lokalisiert im Nacken, in den Achselhöhlen, in der Leiste, zwischen den Zehen, in den Ohrmuscheln, um den Anus und/oder die Vulva, manchmal auch um Augen und Maul
Mastitis	Brustdrüsenentzündung
Materia Medica	Lat.: heilende Substanz, Arzneimittellehre in der Homöopathie
Medulla oblongata	Verlängertes Mark, Markhirn; liegt im Hirnstamm zwischen Pons und Rückenmark
Mekonium	Darmpech. Der erste Stuhl eines neugeborenen Tieres.
Meningitis	Hirnhautentzündung
Mesenchym	Embryonales Bindegewebe, aus dem verschiedene Gewebe des Körpers entstehen, wie Bindegewebe, Knochen, Sehnen, Blut, Fettgewebe, Muskelgewebe und Knorpelgewebe
Mesenteriale Lymphknoten	Lymphknoten der Bauchhöhle, insbesondere die Lymphknoten in dem Teil des Bauchfells (Mesenterium)
Metabolismus	Stoffwechsel
Meteorismus	Blähungen, übermäßige Gasansammlung im Verdauungstrakt, zum Beispiel im Magen oder Dickdarm
Metronidazol	Antibiotikum zur Behandlung von Infektionen mit anaeroben Bakterien (besonders im Vaginal-, Magen-Darm-, Hals-Nasen-Ohren- und Mundbereich) Siehe auch: Sulfasalazin.
Mikrobiom	Gesamtheit aller Mikroorganismen (z. B. Bakterien oder Viren), die den Menschen oder andere Lebewesen besiedeln

Miktion	Vorgang des Urinierens
Monorchismus	Siehe: Kryptorchismus
Mukopurulente Entzündung	Entzündung mit schleimigem, eitrigem Ausfluss. Die Farbe des Ausflusses ist gelb, die Konsistenz gallertartig.
Myxödem	Schwellung, Verdickung der gesamten Haut aufgrund eines Ödems in der Haut
Nebennierenrinde, Hormone der	Siehe: Kortikosteroide
Nebennierenrinde, zu viel produzierend-	Siehe: Cushing-Syndrom
Nekrotisierende Entzündung	Entzündungen mit Absterben von Gewebe
Nephritis	Nierenentzündung
Nesselsucht (Urtikaria)	Lokale Schwellungen auf der Haut (ähnlich einer allergischen Reaktion auf Brennnesseln)
Neurotoxizität	Toxische Wirkung auf das Nervensystem
Nidation	Einnistung der befruchteten Eizelle(n) in die Gebärmutterschleimhaut, sodass der Embryo/Fötus ernährt werden kann
NSAID	Nichtsteroidale Antirheumatika, entzündungshemmendes und schmerzstillendes Medikament ohne (Kortikosteroide)
Ödem	Wassersucht, Schwellung von Körpergewebe aufgrund einer Einlagerung von Flüssigkeit aus dem Gefäßsystem, aufgrund von Stauung oder Eiweißmangel im Blut, schmerzlos, fühlt sich leicht kalt an. EntzündlichesÖdem: schmerzhaft, Gefäßwände durchlässiger, sodass mehr Flüssigkeit aus dem Blut ins Gewebe austritt.
Off-Label-Use	Andere Verwendung als laut Beipackzettel und sinngemäß nicht bestimmungsgemäßer Gebrauch.
Organon der Heilkunst	Hauptwerk Samuel Hahnemanns, dem Begründer der Homöopathie, Grundlagenwerk der Homöopathie, für die Anwendung der Homöopathie (am Menschen).
Organotrop	Homöopathische Arzneimittel, die auf das betreffende Organ abzielen
Östrogen	Sexualhormon (weiblich)
Osteochondrosis dissecans (OCD)	Störung der enchondralen Ossifikation, die zu einer Schädigung des Gelenkknorpels bei Hunden führt, im Bereich des Ellenbogengelenks fast ausschließlich am innen liegenden Rollhöcker des Oberarmknochens, OCD mit Knorpelerosionen (kissing lesions) wird oft mit einem FPC verwechselt

Otitis externa und media	Entzündung des äußeren Gehörganges bzw. des Mittelohres
Ovariohysterektomie	Chirurgische Entfernung von Eierstöcken und Gebärmutter
Ovarium	Eierstock
Ovulation	Eisprung
Oxytocin	Hormon, das u. a. dazu dient, die Gebärmutter zusammenzuziehen, die Geburt einzuleiten und die Milchproduktion auszulösen
Pankreatitis	Bauchspeicheldrüsenentzündung
Panostitis	Wachstumsschmerzen. Immunbedingte Entzündung des Knochengewebes
Papillomatose	Warzen in der Maulhöhle bei jungen Hunden (vorübergehendes Immunsystemproblem)
Paralyse	Lähmung
Paraplegie	Vollständige Lähmung aller vier Extremitäten
Parästhesien	Kribbeln, Ameisenlaufen
Parenchym	Gewebe eines Organs, welches von Parenchymzellen gebildet wird. Parenchymzellen sind Zellen eines Organs, die für die spezifische Organfunktion verantwortlich sind.
Parese	Unvollständige Lähmung, Siehe: Lähmung
Pars pylorica	Magenausgang, distaler Endabschnittl des Magens vor dem Übergang zum Zwölffingerdarm
Pathogen	Eine Krankheit verursachend
Pathologie	Lehre von den anormalen und krankhaften Vorgängen und Zuständen im Körper und deren Ursachen
Partus	Geburt
Pemphigus	Gattungsbegriff für eine Gruppe Hautkrankheiten, die zu den blasenbildenden Autoimmundermatosen gehören
PennHIP-Methode	Relativ neue röntgenologische Untersuchung auf Hüftgelenksdysplasie (HD) zur Feststellung des Grades der Subluxation des Hüftkopfes aus der Hüftpfanne; Indikation für einen chirurgischen Eingriff bei HD. Siehe: TPO

Perakute Beschwerden	Plötzlich auftretende Symptome
Perianale Fistel	Hartnäckige Fistel um den Anus
Perikard, Perikarditis	Herzbeutel, Herzbeutelentzündung
Peripheres Nervensystem	Teil des Nervensystems, der außerhalb des Gehirns und Rückenmarks gelegen ist.
Periost, Periostitis	Knochenhaut, Knochenhautentzündung
Peritonitis	Bauchfellentzündung
Persistierende Follikel	Eierstockfollikel, die keinen Eisprung haben und weiterhin (reichlich) Östrogen produzieren
Pharyngitis	Kehlkopfentzündung
Phlegmone, Phlegmonöse Entzündung	Die Phlegmone ist eine eitrige, sich diffus ausbreitende Infektionserkrankung der Weichteile. Als akute Entzündung breitet sie sich allmählich zwischen Muskeln, Sehnen und Unterhautgewebe aus
Phytotherapie	Pflanzen- oder Kräutermedizin
Pica-Syndrom	Fressen seltsamer, oft ungenießbarer und unverdaulicher Dinge wie z. B. Steine
Pilulae	Tabletten (in der Homöopathie)
Plasmazellen	Besondere Form der Lymphozyten; Zellen des Immunsystems, dienen der Produktion und Sekretion von Antikörpern
Plazenta	Mutterkuchen, Nachgeburt
Pleura, Pleuritis, Pleuropneumonie	Brustfell, Brustfellentzündung, Lungenentzündung
Post-clipping-Alopezie	Kahlheit nach dem Scheren und längerer Exposition der kahlen Haut gegenüber (extremer) Kälte
Postoperativ	Nach der Operation
Postpartal	Nach dem Partus (Entbindung)
Potenzarten	D-Potenzen – Dezimalpotenzen (Verdünnung 1:10), C-Potenzen – Centesimalpotenzen (Verdünnung 1:100), K-Potenzen – Korsakow-Potenzen (Verdünnung 1:100) LM-Potenzen (Verdünnung 1:50.000)

Potenzieren	Schrittweise Verdünnung von Flüssigkeiten (durch kräftiges Verschütteln – Dilution) oder trockenen Substanzen (kräftiges Verreiben – Trituration)
Potenzstufe	Anzahl der Verdünnungsstufen, z. B. D6, D12, usw.
Prädisposition	Veranlagung; z. B. ist eine bestimmte Rasse für eine bestimmte Krankheit prädisponiert
Probiotika	Lebende Mikroorganismen (Laktobazillen, Bifidobakterien), für den Aufbau der Darmflora
Progesteron	Sexualhormon (weiblich)
Progestagene	Medikamente zur Unterdrückung der Läufigkeit bei der Hündin
Proktitis	Schmerzhafte Entzündung der Schleimhaut des letzten Teils des Rektums (Enddarms): Anus und/oder Mastdarm
Prolapsus vaginae	Siehe: Vaginalprolaps
Proteinverlust-Enteropathie – (Protein losing entheropathie – PLE)	Übermäßige Proteinverlust über die Darmschleimhaut, mit diversen klinischen Symptomen mit hoher Variabilität, etwa auch Flüssigkeitsansammlungen im Bauchraum, Pleuraerguss, Blutungen Diarrhö, Gewichtsverlust, usw.
Psychogen	Entstehung eines Krankheitsbildes bzw. eines bestimmten Symptoms durch die Psyche des Patienten bedingt K
Ptyalismus	Vermehrter Speichelfluss
Puerperale Tetanie	Siehe: Eklampsie
Purulent	Eitrig
PU/PD	Abkürzung für Polyurie/Polydipsie – häufiges Wasserlassen und starkes Trinken
Pyknischer Typ	Klein, stämmig, kräftig gebaut, manchmal leicht übergewichtig. Das Gegenteil des leptosomen Typs.
Pylorus	Übergang zwischen dem letzten Abschnitt des Magens (Pars pylorica) und dem Zwölffingerdarm (Duodenum)
Pyodermie	Bakterielle Entzündung der Haut, häufig verursacht durch Staphylococcus aureus, oft eine primäre bakterielle Allergie (Juckreiz) oder ein Immunsystemproblem (ohne Juckreiz).
Pyogranulomatöse Myositis	Eitriger Entzündungsprozess der Skelettmuskulatur
Pyometra	Gebärmutterentzündung mit Ansammlung von viel Eiter

Quergestreifte Muskeln	Muskeln, die wir selbst bewusst steuern können.
Radius	Speiche, einer der beiden Unterarmknochen. Siehe: Ulna
Reaktion	Geleitet von der Reaktion ist bei der Dosierung je nach Reaktion in der Regel bei Verwendung von Hochpotenzen (≥ D200/200K) die Dosis nicht zu wiederholen, solange noch eine Besserung spürbar ist.
Reaktionsfähigkeit	Die (verbleibende) Fähigkeit eines Patienten, (noch) ausreichende Abwehr- und Selbstheilungskräfte zu mobilisieren
Reiztherapie	Therapieform, die unspezifsche Reize (z. B. Kälte, Wärme oder Licht) mit dem Zweck einsetzt, eine allgemeine Beeinflussung gestörter Körpervorgänge zu erzielen, Anregung des Körpers zur Produktion zusätzlicher Abwehr- und Selbstheilungskräften
Rektum	Mastdarm, Teil des Enddarms
Renaler Diabetes insipidus	Nierenanomalie, bei der die Nieren nicht genügend Flüssigkeit zurückhalten, aber Abfallprodukte ausreichend ausscheiden.
Repertorium	Symptomregister in der Homöopathie; die Symptome sind der homöopathischen Materia Medica entnommen
Resorption	Aufnahme (Absorption) von Stoffen aus dem Nahrungsbrei im Darm während der Verdauung.
Retrospektive Bewertung	Wenn der Patient geheilt wird, passt das Arzneimittelbild des verwendeten Medikaments offensichtlich zum Krankheitsbild
Rhinitis	Nasenschleimhautentzündung
Roborans	Stärkungsmittel
Rückbiss	Angeborene Fehlstellung: Schneidezähne des Unterkiefers überlappen die Schneidezähne des Oberkiefers, Unterkiefer verlängert
Saisonale Alopezie	Saisonale Kahlheit ohne Juckreiz
Sarcoptes scabiei	Grasmilbe, Krätzemilbe (Scabies)
Scheinträchtigkeit	Symptome wie bei einer trächtigen und säugenden Hündin, ohne Trächtigkeit oder Welpen: Depression, Nestbau, Anschwellen der Milchdrüsen und/oder Milchproduktion
Schilddrüsenunterfunktion	Siehe: Hypothyreose
Seborrhö	Chronische Haut- und Ohrenentzündungen mit Verdickung der Haut (Elefantenhaut), anthrazitfarbener Verfärbung (Pigmentierung), Fettabsonderung (Talg), üblem Geruch, Haarausfall

Subluxation	Unvollständige Ausrenkung eines Gelenkes, wobei der verschobene Gelenkkopf sich noch teilweise in der Gelenkpfanne befindet. Siehe: Luxation
Submissiv	Unterwürfig
Substitution	Ersatz eines Medikaments durch ein anderes mit gleicher Wirkung und gleicher Dosierung
Sulfasalazin	Mittel gegen Durchfallerkrankungen. Siehe auch: Metronidazol
Supplementierung	Gezielte und ergänzende Aufnahme von Nährstoffen anstelle oder zur Ergänzung der gewöhnlichen Nahrung
Synkope	Bewusstseinsverlust (Kreislaufkollaps) aufgrund einer kurzfristigen Durchblutungsstörung des Gehirns
Tachykardie	Überschreitung der altersüblichen physiologischen Herzfrequenz (HF), beim erwachsenen Hund 60 bis 120 Schlägen pro Minute
Tenesmus	Schmerzhafter Stuhl- und Harndrang
Teratogene	Biologische, chemische oder physikalische Einflussfaktoren, die bei einem Organismus (Embryos/Fötus) Missbildungen hervorrufen.
Testosteron	Sexualhormon (männlich)
Tetanische Kontraktionen	Typische Muskelkrämpfe, die bei Wundstarrkrampf auftreten.; Tetanus wird durch das Bakterium Clostridium tetani verursacht.
Thorakolumbaler Übergang	Übergang von der Brustwirbelsäule zur Lendenwirbelsäule (Th13-L1)
Thrombus	Blutgerinnsel
TMP-SMX	Trimethoprim Sulfa, eine Kombination von Antibiotika (Trimethoprim mit Sulfamethoxazol)
Tonsillitis	Entzündung der Mandeln (Tonsillen)
Toxämie	Giftstoffe aus Bakterien und/oder aus Gewebezerfall, die sich über den Blutkreislauf im ganzen Körper verbreiten.
TPO	Siehe: Dreifach-Beckenosteotomie
Trachea	Luftröhre
Tracheitis	Luftröhrenentzündung

Tremor	Zittern
Trichophytton/Microsporum	Beide Hefepilze verursachen Hautinfektionen
Typotrop	Homöopathische Arzneimittel, das nach dem Typ des Patienten ausgewählt wurde
Ulkus	Geschwür tiefliegender Substanzdefekt der Haut oder Schleimhaut, z. B. infektiöser Herkunft
Ulna	Elle, einer der beiden Unterarmknochen Siehe: Radius
Urtikaria	Nesselsucht. Angioödematöse Schwellungen der Haut aufgrund einer Allergie, krankhafte Reaktion der Haut mit Rötungen, Quaddeln und Juckreiz
Urtinktur	Erste Verdünnung des Auszugs aus der Ausgangssubstanz; Symbole: Ø, OER oder MT (Muttertinktur).
Uterus	Gebärmutter
Vaginalprolaps	Scheidenvorfall, krankhafte Ausstülpung der Vagina nach außen
Vaginitis	Scheidenentzündung
Vagus, Nervus (Vagusnerv)	Hirnnerv, größter Nerv des Parasympathikus und an der Regulation der Tätigkeit fast aller inneren Organe beteiligt: an der vegetativen Funktion und an der motorischen Steuerung von Kehlkopf, Rachen und der oberen Speiseröhre.
Vaskulär	Blutgefäße betreffend
Vasokonstriktion	Verengung der (kleinen) Blutgefäße, sodass die Blutung aufhört
Vasomotorisches Zentrum	Zentrum im zentralen Nervensystem, das den Blutdruck reguliert.
Vegetatives Nervensystem	Unwillkürliches Nervensystem, das autonom und ohne unseren Willen handelt
Visus	Sehvermögen
Vorbiss	Angeborene Fehlstellung: Schneidezähne des Oberkiefers überlappen die Schneidezähne des Unterkiefers Oberkiefer verlängert
Wolfskralle, auch Afterkralle	Angeborene zusätzliche Zehen an der Innenseite des Hinterbeins auf einer oder beiden Seiten

Zell-Mineralien	Stark verdünnte Verbindungen (Salze) von Mineralien, von denen angenommen wird, dass sie auf zellulärer Ebene in Stoffwechselprozessen aktiv sind.
Zellsalze	Siehe: Zellmineralien
Zentraler Diabetes insipidus	Mangel an einem Hormon, das den Wasserhaushalt in den Nieren reguliert. Dadurch sinkt die Fähigkeit der Niere, konzentrierten Harn zu produzieren und Wasser zu resorbieren. Aber auch Abfallprodukte werden nicht ausreichend ausscheiden.
Zentrales Nervensystem	Nervenstrukturen in Gehirn und Rückenmark
Zerebrospinal	Gehirn und Rückenmark betreffend
Zirkumferentielle Drüsenadenome	Ringförmige, gutartige Wucherungen
Zwingersyndrom	Routinemäßige Haltung in kleinen Räumen und kein Sozialisierung mit Menschen und Artgenossen; zwanghaftes Hin- und Herlaufen entlang der Gitterstäbe oder des Fensters an der Vorderseite des Geheges, in dem der Hund eingesperrt ist
Zyanose	Blauverfärbung der Haut durch Blutergüsse oder Schleimhäute, u. a. aufgrund von Herzinsuffizienz
Zystitis	Blasenentzündung
Zytologische Untersuchung	mikroskopische Untersuchung von Zellen
Zytolyse	Zellauflösung

Index

A

B

C

D

E

F

G

H

M

N

Das könnte Sie auch interessieren:

Andrew Gardiner & Maggie Raynor

Arbeitsbuch Hundeanatomie

Eine Lernhilfe für Studenten der Tiermedizin und verwandter Berufe

Das Arbeitsbuch Hundeanatomie ist die ideale Lernhilfe für alle, die sich für Struktur und Funktion des Hundekörpers interessieren. Besonders hilfreich ist es für Studierende der Tiermedizin, Tierarzthelferinnen, Tierheilpraktiker, Hunde-Physiotherapeuten und Hunde-Osteopathen, aber auch für Züchter und Richter. Im erläuternden Text finden sich außerdem Querverweise zur Relevanz der jeweiligen anatomischen Strukturen für häufige Erkrankungen und deren Behandlung.
Über 250 Einzelzeichnungen, die aktiv bearbeitet werden können, ermöglichen es dem Lernenden, sich mit den Einzelheiten des Hundekörpers vertraut zu machen – egal, ob dieser einem Yorkshire Terrier oder einer Deutschen Dogge gehört.

Spiralbindung, 216 Seiten, zum Ausmalen
ISBN 978-3-95464-014-0

Gisa Löwe & Olof Löwe

Notfälle bei Hund und Katze
Vergiftungen bei Hund und Katze

Flexicover, 192 Seiten, farbig
ISBN 978-3-95464-268-7

Dieses Buch bietet umfassende Erste-Hilfe-Informationen für Hund und Katze – von Checklisten und Normwerten über Wiederbelebung bis zum sicheren Transport. Im Hauptteil werden Notfälle alphabetisch mit Symptomen, Maßnahmen und Quellen erklärt. Im Titel Vergiftungen bei Hund und Katze liegt der Schwerpunkt auf dem Erkennen, Handeln und Vorbeugen. Ideal zum schnellen Nachschlagen im Ernstfall.

Flexicover, 208 Seiten, farbig
ISBN 978-3-95464-269-4